건물자산관리학원론

김 일 효 저

도서출판 상 학 당

欲爲大者 當爲人役

크고자 하거든 남을 섬기라

머 리 말

현대사회에 있어서 건물 없는 인간의 삶과 생활과 일의 영위는 상상조차 할 수 없다. 왜냐하면 건물은 인간의 삶과 생활과 일의 영위에 있어서 오늘날까지 인간의 손에 의하여 만들어진 어떤 재화보다 지대한 영향을 미칠 뿐만 아니라, 기본적으로 삶의 보금자리가 되고, 생활의 터전이 되며, 일의 기반으로 작용하는 최고 최선의 자산이자 최적의 인프라이기 때문이다. 또한 건물은 가계, 기업, 정부 등 각 경제주체 조직의 활동을 물리적으로 또는 정서적으로 뒷받침해 주는 재화이자 자본이며 자산이기 때문이다. 따라서 건물은 인간의 삶과 생활과 일의 영위에 있어서 가장 중요하고 필요한 필수 자산이라 할 수 있다. 이와 같은 이유로 인간은 건물에 대한 다양한 필요(needs)와 욕구(wants) 및 수요(demand) 충족의 대안으로 각자의 여건과 형편 및 능력에 따라 바람직한 삶과 생활과 일의 영위를 위하여 끊임없이 건물을 건축하고 취득하여 보유하거나 운영 관리하다가 마침내 법률적 처분 또는 물리적 처분의 반복을 통하여 건물과 더불어 삶과 생활과 일을 영위하면서 살아가고 있다. 이와 같은 관점에서 바람직한 인간의 삶과 생활과 일의 영위를 위한 이상적 건물자산은 어떤 건물자산이어야 하고, 인간의 삶과 생활과 일의 영위를 주 환경 측면에서 지원하기 위한 합목적적 건물자산은 어떤 조건과 방법으로 생산 · 취득해야 하고, 취득 건물자산은 어떻게 정상적 보존과 이용 및 개량 중심의 효과적으로 운영 관리해야 하며, 종국적으로 보유 건물자산을 어떻게 처분해야만 합리적 처분으로서 의미와 가치가 있는가? 에 대하여 강한 의문을 가지게 된다.

저자는 바람직한 인간의 삶과 생활과 일의 영위에 가장 적합한 이상적 건물자산의 조건과 생산 및 취득의 방법과 이를 위한 정상적 건물자산관리 방법에 대한 강한 의문을 가지고 이를 화두 삼아 건물자산관리의 의문에 대한 학문적 해법을 도출하기 위하여 오랜 세월 동안 건물자산관리의 학문적 이론 체계화에 관하여 연구 노력을 경주해 온 결과 오늘에야 비로소 낮은 단계나마 건물자산관리의 개념지식과 방법지식 및 활동지식을 이해하게 되었다.

저자는 그간의 연구노력의 결과로 얻어진 건물자산관리의 학문적 이론 체계화 연구를 통하여 얻어진 건물자산관리의 개념지식과 방법지식 및 활동지식을 이 책《건물자산관리학원론》에 담아 이론적으로 설명함으로써 독자로 하여금 바람직한 인간의 삶과 생활과 일의 영위를 위한 이상적 건물자산 조건의 발견과 정상적 건물자산관리활동을 위하여 작으나마 유용하게 활용되기를 소망하고 있다.

이 책 《건물자산관리학원론》은 건물자산관리의 학문적 이론 체계화 연구를 토대로 개발한 건물자산관리의 개념지식과 방법지식 및 활동지식의 내용을 소개하기 위하여 이 책의 전체를 3개편과 8개의 장으로 구성하고 제 I 편에 건물자산관리학의 이론적 기초 편을 설정하여 2개의 장을 두고 제1장을 통하여 건물자산관리의 학문적 이론 체계화 연구의 의의와 목적 및 문화적 배경과 이론 체계화 연구 내용 등을 설명하고 있으며, 제2장을 통하여 건물자산관리의 이론 체계화 연구를 토대로 태동한 건물자산관리학 태동의 의의와 역사 및 건물자산관리학의 발전단계와 방향 그리고 학문적 과제를 제시하고 있다.

또한 이 책 제 II 편에 건물자산관리의 방식과 방법론 편을 설정하여 2개의 장을 두고 제3장을 통하여 건물자산관리의 방식에 대하여 이론적으로 설명하고 있으며, 제4장을 통하여 건물자산관리의 방법론에 대하여 이론적으로 접근하고 있다.

이 책 마지막 편인 제 III 편에 건물자산관리 실무활동 편을 설정하고 4개의 장을 통하여 건물자산관리활동의 기초 개념과 건물자산 경영관리 실무활동, 건물부동산 운영관리 실무활동 그리고 건축시설물 유지관리 실무활동의 실천 요령을 소개하여 전체적으로 건물자산관리의 학문적 이론 체계화 연구를 통하여 얻어진 건물자산관리의 개념지식과 방법지식 및 활동지식을 소개함으로써 건물자산관리자로 하여금 건물자산관리의 개념지식을 이해하고 방법을 숙지하여 정상적 건물자산관리 실무활동을 정신적으로 이해하고 기능적으로 수행 실천하게 유도하여 정상적 건물자산관리활동을 도모함으로써 건물자산을 기반으로 이루어지는 인간의 삶과 생활과 일(업무)의 영위가 바람직하게 이루어져 이 책에서 소개하는 건물자산관리의 개념지식과 방법지식 및 활동지식이 건물자산을 기반으로 이루어지는 인간의 삶과 생활과 일의 지원(주 환경 측면의 인간 생존 지원)과 건물자산 이해관계자 최유효 만족제공 그리고 이를 통한 국가경제발전 이바지에 유용하게 쓰임 받기를 충심으로 기대해 마지않는다.

이를 위하여 이 책 《건물자산관리학원론》은 다음과 같은 목적으로 출판되었다.

첫째, 건물자산관리의 학문적 이론 체계화 연구 결과로 얻어진 건물자산관리 이론을 통하여 건물자산관리의 사물과 현상을 효율적으로 설명하고 건물자산관리의 개념지식과 방법지식 및 활동지식을 통일적으로 설명할 목적으로 출판되었다.

둘째, 건물자산관리의 용어 통일과 이론의 체계화를 목적으로 출판되었다. 우리나라 건물자산관리학의 연구 역사가 일천하여 연구자의 수가 매우 극소수이고 국내 연구 자료의 부족으로 인하여 건물자산관리업계와 학계에서조차 미국 일본 등의 외국 자료를 국내 건물자산관리 상황과 실정과는 상관없이 마구잡이로 도입하고 과학적 기준도 없이 각자의 생각과 느낌에 따라 중구난방으로 해석하여 무분별하게 사용하는 우를 범하고 있어 건물자산관리의 과학적 관리와 기술적 관리 및 전문적 관리를 위한 교육에도 적지 않은 지장을 초래하고 있다.

뿐만 아니라 우리나라의 경우 건물자산관리 연구 수준은 건물자산관리 이론의 체계화 초보단계에 있고 건물자산관리 업계에서조차도 건물자산관리의 용어조차 통일적으로 사용이 어려운 환경 속에서 건물자산관리의 이론마저 체계화가 되지 않아 저마다의 상식과 경험만으로 건물자산관리의 현상과 사물을 설명하고 있을 뿐만 아니라 과학적 사실과 조건 및 환경요인의 조합과 결합에 의하여 이루어지는 건물자산관리의 현상과 사물에 대한 해석이 매우 미흡하여 건물자산관리를 위한 신기술의 연구 개발은 물론 건물자산관리 전문 인력의 양성을 위한 교육에도 적지 않은 문제점이 나타나고 있어 이의 개선을 위한 지적 창조 작업의 일환으로 건물자산관리 용어의 통일과 건물자산관리 이론의 개념화 및 건물자산관리 이론 체계화를 목적으로 기획되고 출판되었다.

셋째, 이 책 《건물자산관리학원론》은 건물자산관리 이론 전반을 체계적으로 설명할 목적으로 출판되었다.

건물자산관리 이론(건물자산관리 개념지식과 방법지식 및 활동지식)은 건물자산의 목적(바람직한 인간의 삶과 생활과 일의 영위를 위한 취득 건물자산 또는 보유 건물자산의 최유효 사용과 수익 및 처분)을 효과적으로 달성하게 하는 이론적 도구일 뿐이며, 달(건물자산의 목적 달성)을 가리키는 손가락일 뿐이므로 건물자산관리의 목적을 효과적으로 달성하기 위해서는 건물자산관리 전반적 이론을 이해하고 방법을 숙지해야 한다. 따라서 건물자산관리 이론의 체계적 설명은 건물자산의 목적(건물자산의 취득목적) 달성에 선결조건이 된다.

넷째, 저자가 10여 년간 건물자산관리 현장에서 직접 체험하고 고민하였던 건물자산관리 현장의 부정적 현상과 문제의 원인과 해법의 제시를 목적으로 출판되었다.

다섯째, 저자가 그간에 연구하고, 강의하며, 출판한 저서의 자료와 건물자산관리 이론을 현재의 건물자산관리 현장과 시장의 변화에 비추어볼 때 잘못 설명되었거나 잘못 해석하여 오류를 범한 용어나 개념을 바로 잡을 목적으로 출판되었다.

여섯째, 이 책 《건물자산관리학원론》은 대학과 대학원에서 건물자산관리학을 전공하는 대학생과 대학원생의 강의와 연구교재의 용도 및 건물자산관리 현장 실무종사자의 참고용도 목적으로 출판되었다.

희망하건대, 이 책《건물자산관리학원론》에서 설명하고 소개하는 건물자산관리학의 건물자산관리의 개념이나 방법 및 활동의 이론이나 지식이 비록 가설수준에 머물고 있으나 건물자산을 기반으로 영위되는 개인의 삶과 생활과 일의 영위에 있어서 그리고 가계, 기업, 정부 등 경제주체 조직의 경제 및 경영 활동에 유익하게 활용되기를 충심으로 바라며, 건물자산관리학을 학습하거나 연구하는 독자제현에게 보다 유익한 건물자산관리의 정보나 자료로 활용되기를 충심으로 기대한다. 특히, 건물자산관리 실무에 종사하는 실무자 제위께서도 이 책을 통하여 실무적으로 도움 되는 정보나 필요한 자료를 접하게 되기를 진심으로 희망해 마지않는다.

또한 저자가 일생을 바쳐 연구하고 있는 건물자산관리의 학문적 이론 체계화 연구가 우리나라 제도권 교육기관인 대학과 대학원에 건물자산관리학과 개설로 이어져 유능한 건물자산관리 인재의 양성으로 건물자산관리 산업에 접목되어 건물자산관리 산업의 발전을 견인함으로써 건물자산관리 기업의 사회적 인정과 발전은 물론 기업에 몸담고 있는 건물자산관리 종사자 모두가 건물자산관리 분야의 유능한 전문 직업인으로서 높은 경제적 대우와 전문직업에 대한 사회적 인정으로 전문 직업인으로서 거듭 태어나는 데 일조하기를 충심으로 희망하면서, 건물자산관리의 이론이 국가경제발전에 다소나마 유익한 이론적 도구가 되기를 충심으로 소망하고 있다.

끝으로, 어려운 출판계의 경제 여건에도 불구하고 오직 건물자산관리학의 발전만을 위하여 이 책의 출판을 기꺼이 허락하고 도와준 상학당 남승우 사장님의 건물자산관리학 사랑에 대하여 진심으로 감사드리고, 언제나 건물자산관리학 연구와 집필에 전념할 수 있도록 지원과 배려를 다해오고 있는 가족 모두에게 고마움을 전하면서 이 책에 작은 영광이 있다면, 언제나 건물자산관리학 연구에 힘이 되어 주신 하나님께 이 책의 모든 영광을 바치고자 한다.

2014년 3월 7일

(사)한국건물관리학회 연구실에서

저자 김 일 효 씀

차 례

• 제 I 편 •

건물자산관리학의 이론적 기초

제Ⅰ편은 이 책 《건물자산관리학원론》의 전체를 구성하는 3개 편 중 건물자산관리학의 이론적 기초 편으로서 2개의 장을 두고 제1장을 통하여 건물자산관리의 학문적 이론 체계화 연구와 건물자산관리학의 태동을 주제로 건물자산관리의 학문적 이론 체계화 연구의 의의와 문화적 배경, 이론 체계화의 대상 및 기준과 방법 그리고 이론 체계화 연구의 내용 등을 소개하고 있으며, 건물자산관리의 학문적 이론 체계화 연구에 기초하여 태동한 건물자산관리학 태동의 의의와 역사 그리고 건물자산관리학 태동의 목적 및 발전방향과 학문적 목표를 소개하고 있다. 또한 제2장을 통하여 이 책 《건물자산관리학원론》의 핵심 건물자산관리의 이론인 건물자산관리학의 본질적 원리와 건물자산관리의 기본적 개념 전반을 소개하여 이 책을 접하는 독자제현에게 건물자산관리학의 본질적 원리 이론과 건물자산관리의 기본적 개념 이론을 체계적으로 이해하도록 구체적으로 설명하고 있다.

《건물자산관리학원론》 제1편은 건물자산관리학의 본질적 원리와 건물자산관리의 기본적 개념의 내용을 건물자산관리 이론 체계화 기준과 방법에 따라 소개함으로써 제Ⅱ편의 건물자산관리의 방식과 방법론과 제Ⅲ편 건물자산관리 실무활동에 건물자산관리 방법의 기초 이론과 활동 기초 이론을 각각 제공하고 있다.

뿐만 아니라 《건물자산관리학원론》 제1편은 건물자산관리의 학습과 연구 및 실무에 필요한 건물자산관리의 기초 자료와 정보를 함께 제공하고 있으며, 건물자산관리학의 각론과 응용 분야에도 건물자산관리학의 본질적 원리와 건물자산관리의 기본적 개념의 이론을 통하여 건물자산관리의 개념지식과 방법지식 및 활동지식을 이론적으로 지원하고 있다.

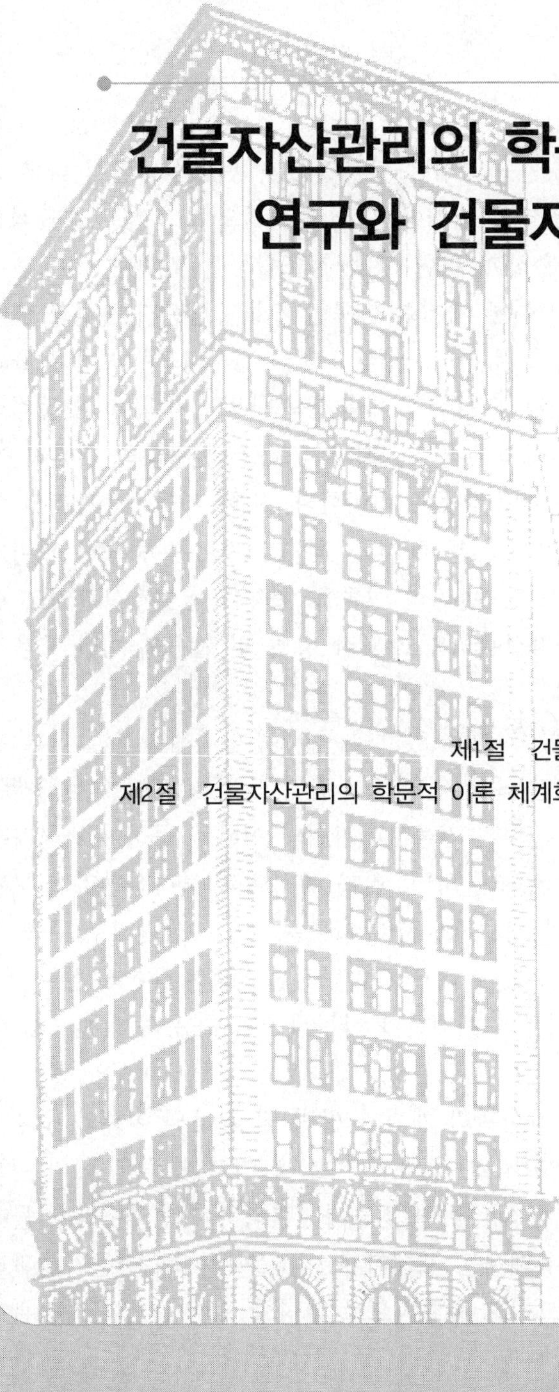

제1장

건물자산관리의 학문적 이론 체계화 연구와 건물자산관리학의 태동

제1절 건물자산관리의 학문적 이론 체계화 연구

1. 이론 체계화 연구의 의의

건물자산관리의 학문적 이론 체계화 연구라 함은 탐구활동을 통하여 날날이 다른 건물자산관리의 사물과 현상을 일정한 원리와 법칙에 따라 통일적으로 그리고 효율적으로 설명할 수 있는 보편적 지식을 도출하기 위한 지적 창조활동을 말한다.

다시 말하면, 건물자산관리의 학문적 이론 체계화 연구란 건물자산관리 사물과 현상에 대한 관찰과 분석을 통한 탐구활동을 통하여 날날이 다른 건물자산관리의 사물과 현상을 통일적으로 설명하고 건물자산관리 업무의 개념지식과 방법지식 및 활동지식을 효율적으로 설명하는 건물자산관리학의 본질적 원리와 건물자산관리의 기본적 개념에 대한 이론의 체계화를 위한 지적 창조활동을 의미한다. 또한 건물자산관리의 이론 체계화 연구의 의의란 건물자산관리의 이론 체계화 연구가 지니는 중요한 의미나 가치를 말하는 것으로서 체계화된 건물자산관리의 이론을 통하여 건물자산관리의 현상과 사물에 대한 통일적 설명과 건물자산관리의 개념과 방법 및 활동에 대한 효율적 설명에 의미와 가치를 말하고 있다.

건물자산관리학은 응용과학의 성격을 가지고 있기 때문에 건물자산관리의 이론 분야와 실무 분야가 병존하고 있으므로 건물자산관리의 바람직한 업무 수행을 위해서는 건물자산관리의 이론을 체계화하고 체계화된 건물자산관리의 이론을 통하여 건물자산관리 개념을 이해해야 하고 방법을 숙지해야 하며, 이를 통하여 건물자산관리 실무활동을 기능적으로 수행 실천해야 하는바 건물자산관리 이론은 건물자산관리 실무를 바람직하게 견인해야 하는 책무를 안고 있다. 그러므로 바람직한 건물자산관리 실무활동을 수행하기 위해서는 건물자산관리 이론의 체계화가 학문적 연구를 통하여 반드시 이루어져야 한다.

따라서 건물자산관리의 이론은 건물자산관리 개념과 방법 및 활동의 이해와 수행에 필요한 이론이므로 건물자산관리의 개념(사실)과 방법(절차) 그리고 활동(행동)의 이론이 개발되어야 하고 체계화되어야 한다. 왜냐하면 건물자산관리자나 연구자가 건물자산관리 업무를 수행하거나 연구하기 위해서는 체계화된 이론을 통하여 건물자산관리의 현상과 사물에 대하여 효율적으로 그리고 통일적으로 설명할 수 있는 건물자산관리의 개념이론을 먼저 이해하여야 하고, 방법이론을 숙지해야 하며, 활동이론을 소화하여 기능적으로 또는 정신적으로 수행 실천해야 하기 때문이다. 그러므로 건물자산관리 업무의 수행이나 연구를 위해서는 건물자산관리의 개념과 방법 및 활동에 대한 이론의 체계화 연구가 매우 중요하고 필요하다.

또한 건물자산관리 이론 체계화 연구의 의미와 내용을 보다 정확하게 이해하기 위해서는 건물자산관리의 학문적 이론 체계화 연구의 문화적 배경의 이해와 함께 건물자산관리의 학문적 이론 체계화 연구의 주제와 내용을 설명하는 핵심 용어들의 의미를 살펴볼 필요가 있다. 왜냐하면 건물자산관리의 이론 체계화 연구 주제와 내용의 의미를 표상하는 것은 핵심 용어들이기 때문이다. 건물자산관리의 학문적 이론 체계화 연구의 내용을 이해하기 위하여 살펴보아야 할 주제어에는 〈건물자산〉, 〈건물부동산〉, 〈건축시설물〉, 〈주 환경 측면의 물적 기반시설〉, 〈건물자산관리 서비스〉, 〈건물자산관리〉, 〈학문과 지식〉, 〈이론 체계화 연구〉 등이 있으며, 이에 대한 의미를 살펴보면 다음과 같다.

2. 이론 체계화 연구 핵심 용어의 의미

1) 건물자산

건물자산관리의 학문적 이론 체계화 연구의 내용을 설명하는 핵심 용어 중 하나인 〈건물자산〉이란 〈토지에 정착하고 있는 독립된 건물로서 개인 또는 단체가 소유하고 있는 건물이자 유형무형의 경제적 가치가 있는 건물인 동시에 건물자산을 기반으로 이루어지는 인간의 삶과 생활과 일의 바람직한 영위와 개인 또는 단체의 활동에 주 환경 측면의 물적 기반시설로서 자산 성격의 건물부동산 또는 건축시설물〉을 말한다.

건물자산관리의 목적물인 건물자산은 건물자산관리 3측면의 관리영역과 업무의 성격에 따라 건물자산의 성격과 건물부동산의 성격 그리고 건축시설물의 성격 등으로 건물자산의 성격이 물리적으로 변화하게 된다. 예컨대, 건물자산이 건물자산관리 3측면의 하나인 경영관리의 대상(object of business management)이 되는 경우에는 자산 성격의 건물이 건물자산(building asset) 성격 그대로 유지되나, 건물자산이 보유 단계 동안 이루어지는 운영관리의 대상(object of operation and management)이 되는 경우에는 건물자산의 성격은 물건 성격의 건물부동산(building property)으로 물리적 변화가 이루어지며, 유지관리의 대상(object of maintenance)이 되는 경우에는 건축시설, 건축설비, 토목시설, 기타 부대시설의 총합의 의미인 건축시설물(building facilities)의 성격으로 물리적으로 변화하게 된다.

자산 성격의 건물자산과 물건 성격의 건물부동산 및 시설물 총합 성격의 건축시설물은 건물자산관리의 업무 성격이나 대상에 따라 개별적으로 건물자산이 건물부동산 또는 건축시설물 등으로 각각 호칭되고 있으나, 전체적으로는 건물자산에 포함되는 또 다른 건물자산의 별칭이라 할 수 있다. 다시 말하면, 건물자산은 건물자산관리 3측면의 관리영역과 업무의 성격에 따라 건물의 성격이나 용도 또는 형태의 변화 없이 자산 성격의 건물자산과 물건 성격의 건물부동산 그리고 시설물 총합 성격의 건축시설물 등으로 물리적으로 변화를 하게 되며, 건물자산 경영관리의 경우에는 금융자산 또는 실물자산을 대상으로 투자 수익을 목적으로 수행하는 경영자의 의사결정이나 선택의 목적물은 주로 자산의 경제적 가치(사용가치/수익가치/처분가치) 극대화에 중점을 두는 활동이므로 그 대상이 되는 경영관리의 목적물은 자산 성격의 건물자산이어야 하고, 완공 후 건물의 용도나 성격에 따라 사용과 수익의 목적으로 수행하는 운영관리의 경우에는 사용가치와 수익가치 극대화에 중점을 두고 있으므로 그 대상은 자산이 아닌 물건의 성격(재화의 성격)을 가지는 부동산 성격의 건물부동산이 되어야 마땅하며, 건물의 기능과 성능의 보존과 유지를 통하여 사용가치 극대화에 중점을 두는 유지관리의 경우에는 유지관리의 영역과 업무의 성격상 유지관리의 대상은 자산 성격의 건물자산이나 물건 성격의 건물부동산이 아닌 시설물 총합 성격의 건축시설물이어야 마땅하다. 건물자산관리의 학문적 이론 체계화 연구의 핵심 용어인 건물자산은 건물을 접두어로 하고 자산을 접미어로 결합하여 탄생한 자산개념 건물의 신조어이다.

따라서 건물자산의 접두어로 사용되는 〈건물〉의 의미를 살펴보면 건물은 건설공사를 통하여 생산한 건축물을 줄여서 건물이라 하며, 건축주의 의도와 목적대로 건축의 컨셉이 일반적으로 정하여지나, 건축설계사의 지적 창조활동에 의하여 설계도가 완성되고, 일반 건축물의 건축의 경우 해당 시 · 군 · 구의 장으로부터 건축 허가를 득해야 하나, 특수 건축물인 경우에는 특별 자치시와 광역시 및 시도의 장으로부터 건축허가를 받은 후 건축시공사의 건축, 토목, 기계, 전기, 통신, 전자 등의 엔지니어와 전문 건설기술 인력에 의하여 완공되나, 공사과정에서 공종별 또는 분야별 공사감리를 경유하여 완공되며, 건축 허가청으로부터 검사를 통하여 사용 승인가(준공허가)를 받아 보존등기함으로써 마침내 인간의 삶과 생활과 일의 영위와 조직의 활동 수행에 필요한 하나의 건물자산으로 탄생하게 된다.

이와 같은 건물에는 기본적으로 용도, 공간, 안전, 기능, 에너지, 환경 등 건축물의 기본 요소가 있어야 하고 건축법 시행령 상의 건축용도를 가지고 있어야 한다(단독주택, 공동주택, 업무 시설, 근린생활시설 등 28종의 건물용도). 국토교통부 연감에 의한 건물의 용도분류는 주거용 건물, 상업용 건물, 공업용 건물, 문교 사회용 건물 기타용도 건물(공공용 건물과 농수산용 건물 등) 등 다섯 가지 건물용도로 분류되고 있다. 건물은 일반적으로 용도에 따라 사용과 수익 및 처분하게 되며 용도를 변경하려면 특별히 용도 변경 허가를 받아야 한다. 건물자산관리학에서 말하는 건물의 개념은 인간의 자본과 기술과 노동력의 결합에 의하여 생산된 건설물을 말하며 이에는 건축물만을 지칭하는 협의의 건물 개념과 건축물을 포함하여 시설물, 구축물, 구조물, 구축물 등을 포괄하는 광의의 건물 개념이 있다.

건물은 인간의 손에 의하여 만들어진 물건(유체물 전기 기타 관리 가능한 자연력) 중 하나이나, 다른 물건과는 달리 인간의 삶과 생활과 일을 동시에 담아내는 용기이자 보금자리이고, 터전이며, 물적 기반이 되는 동시에 인간에게 육체적 · 정신적 · 정서적으로 영향을 주고 종족 보존의 장이 되며, 사생활을 보호하거나 자연의 더위와 추위, 비와 눈과 바람 등을 막아 주는 shelter(피난 장소 또는 은신처)로서 인간의 생존을 지원하는 도구가 되어 줄 뿐만 아니라 가정, 기업, 단체, 정부 등 조직의 활동을 물적 기반 기능을 가진 인프라로서 생활과 활동을 지원하는 역할을 하고 있다. 건물자산의 구성요소를 살펴보면 세 종류의 구성요소가 있으며 이에는 제1 구성요소로서 유형적 건축물이 있고 제2 구성요소에는 재산권 성격의 건축물 소유권이 있으며 제3 구성요소에는 무형적 건축물의 경제적 가치가 있다.

다시 말하면, 건물자산은 유형적 건축물(건축 자산)과 무형적 건축물의 소유권(권리 자산) 및 무형적 건축물의 경제적 가치(가치 자산) 등이 3위 1체식 결합에 의하여 구성된 신 개념의 자산 개념이라 할 수 있다. 또한 건물은 토지에 정착한 정착물로서 건축 대지와 함께 부동산의 성격을 가지고 있으며, 건축 대지와 별도로 부동산 등기의 목적물이 되고 소유권 보존등기 또는 소유권 이전등기에 의하여 건물 소유권의 물권 변동이 일어난다. 또한 건물자산에 존재하는 물권인 〈소유권〉은 민법이 정하고 있는 8종의 물권(점유권, 소유권, 지상권, 지역권, 전세권, 유치권, 질권, 저당권) 중 하나의 물권으로서 부동산과 동산을 불문하고 물건 위에 원칙적으로 1물 1권 주의가 적용되는 하나의 권리개념(다만, 집합건물의 구분 소유권은 예외임)으로 존재하는 권리로서 사용가치와 교환가치 모두를 가지고 있는 기본물권인 동시에 채권 및 무체재산권과 함께 재산권을 형성하는 재산권의 중심 권리이다. 소유권은 부동산과 동산 모두에 존재하는 물권이나 부동산의 경우에는 반드시 등기해야만 거래나 담보의 대상이 되며, 사용권능과 수익권능 및 처분권능을 모두 가지고 있는 완전 물권이다. 그러나 아무리 소유권이라 할지라도 관련 법령과 공공복리 원리에 위반되지 않은 범위 내에서만 소유자가 마음대로 사용하고 수익하며 처분할 수 있는 권리이다.

〈건물자산〉은 전술한 바와 같이 건물을 접두어로 하고 자산을 접미어로 상호 결합시켜 다른 의미를 가지는 자산 중심의 건물로 탄생하게 하므로 건물의 접미어인 자산의 의미를 살펴볼 필요가 있다. 〈자산〉의 사전적 의미는 토지나 건물 또는 금전 따위의 재산을 의미하며 법률에서는 자본이 될 수 있거나 채무의 담보가 될 수 있는 재산으로 설명하고 있다. 건물의 용어를 접두어로 자산을 접미어로 활용하여 〈건물자산〉으로 결합되는 경우에는 물건 개념 중심의 건물에서 자산 개념 중심의 건물로 변화되며, 건물은 기본적으로 건물자산의 되기 이전의 건축물의 성격을 떠나 자산 개념 중심의 건물자산으로만 존재하고 기능하며 역할을 하게 된다. 또한 건물과 자산이 결합하여 건물자산이 되는 경우에는 건물자산은 자산 의미 중심으로 건물자산의 용어에 물건성의 부동산 및 건축시설물의 건물과 경제가치 및 소유권이 포괄되어 신개념의 건물자산 호칭을 가지게 된다. 또한 건물자산이 건물자산관리 업무의 성격에 따라 건물자산은 건물부동산과 건축시설물로 성격이 물리적으로 변화하게 된다. 다시 말하면, 건물이 경제적 가치(사용가치/수익가치/처분가치) 극대화 목적의 경영관리 목적물이 되는 경우에는 건물자산 본래의 성격이 유지되나 운영수익의 최대화와 운영비용의 최소화와 사용가치 및 수익가치 극대화를 목적으로 하는 운영관리의 목적물이 되는 경우에는 물건 성격의 건물부동산이 되고, 사용가치 극대화와 내구화, 안전화 및 편리화를 목적으로 하는 유지관리의 목적물이 되는 경우에는 시설물 총합의 건축시설물로 성격이 변화하게 된다.

건물자산관리의 영역과 업무의 성격에 따라 변화되는 건물자산관리 목적물 별칭의 의미를 살펴보면 운영관리의 목적물인 〈건물부동산〉의 의미는 토지와 그 정착물을 의미하며 건물은 토지 위에 정착한 정착물의 일종으로서 부동산의 물건 개념을 가지고 있다. 토지의 정착물에는 건물을 포함하여 입목법에 의하여 등기된 수목이나 명인방법(明認方法)에 의하여 거래의 객체가 된 미분리 과실 그리고 농경지 위에 경작한 농작물 등이 있으며, 건물은 부동산에 해당되는 물건의 일종이다. 건물은 부동산으로서 부동산 등기의 목적물이 되며, 개별 건물부동산 등기 권리증을 가지게 된다. 따라서 건물부동산은 건물인 동시에 부동산을 의미하는 신조어이다.

전술한 바와 같이 건물자산이 유지관리의 목적물이 되는 경우는 건축시설물로 물리적으로 변화된다. 〈건축시설물〉의 의미는 사전적으로 기계나 장치 및 도구 등을 시설해 놓은 것을 의미하나, 시설물 안전에 관한 특별법에서는 시설물의 의미를 건설공사를 통하여 만들어진 구조물과 그 부대시설로 설명하고 있으며, 이에는 건축물을 포함하여 도로, 항만, 교량, 터널, 철도, 하천 둑, 상하수도 시설 등이 포함되어 있다. 특히 건축물의 경우에는 면적이나 층수에 따라 1종 시설물과 2종 시설물로 분류되고 있으며 건축물은 시설물의 일종으로서 건축물 중심의 시설물로 해석된다. 따라서 건물자산의 개념 설명에서 나타나는 건축시설물은 건축대지와 건축시설 그리고 건축설비와 기타 부대시설 등으로 구성되는 시설물의 총합을 의미한다.

한편 건물자산은 인간의 삶과 생활과 일의 영위 및 개인과 조직의 활동에 주 환경 측면에서 기반시설로서 기능하고 작용하고 있어 이에 대한 의미를 살펴볼 필요가 있다. 〈주 환경 측면의 물적 기반시설〉이라 함은 전술한 바와 같이 건물자산은 물리적으로 또는 정신적으로 삶의 보금자리가 되고 생활의 터전이 되며 일의 영위를 위하여 기반이 되어 주는 인간 생존의 주 환경이 되어 인간의 생활과 조직활동을 가능하게 지원하게 된다. 이와 같이 건물자산이 시설물로서 기반기능과 역할을 통하여 인간의 생활과 조직활동을 물리적으로 주 환경 측면에서 지원해 주는 것을 주 환경 측면의 물리적 기반시설이라 한다.

앞에서 설명한 건물자산관리의 학문적 이론 체계화 연구 주제를 설명하는 핵심 용어 중 핵심 용어인 건물자산의 개념에 대하여 구체적으로 살펴보았으나, 건물은 관리업무의 성격과 대상에 따라 자산 성격의 건물자산이 되고, 물건 성격의 건물부동산이 되며, 시설물 성격의 건축시설물이 될 수 있을 뿐만 아니라 물리적 기반시설이 되기도 한다. 그러나 건물자산관리의 학문적 이론 체계화 연구 논제의 핵심 용어인 건물자산은 건물의 의미를 떠나 자산의 성격의 건물자산으로 인정되기 위해서는 건물자산의 구성요소와 유효요건을 반드시 충족해야만 한다. 건물자산의 구성요소와 유효요건은 다음의 (표 1)과 (표 2)와 같다.

(표 1) 건물자산의 구성요소

제1 구성요소 - 유형적 건축물(건축 자산)
제2 구성요소 - 무형적 건축물의 소유권(권리 자산)
제3 구성요소 - 무형적 건축물의 경제적 가치(가치 자산)

(표 2) 건물자산의 유효요건

① 유형적 건축물 – 정상적 건물의 기능과 성능이 유지되고 있을 것.
② 무형적 건축물의 소유권 – 온전한 건물사용권능과 수익권능 및 처분권능이 함께 존재하고 있을 것.
③ 무형적 건축물의 경제적 가치 – 완전한 건물의 사용가치와 교환가치가 함께 존재하고 있을 것.

건물자산의 보다 구체적인 의미와 내용은 제 I 편 제2장 제5절 건물자산관리학의 연구대상 절에서 다시 설명하기로 한다.

2) 건물자산관리 서비스(건물자산관리 용역)

건물자산관리 서비스란 건물자산관리 용역을 의미하는 것으로 건물자산의 생산과 취득, 사용과 수익 및 처분에 필요한 각종 용역을 말한다. 건물자산의 생산과 취득 및 사용과 수익 및 처분은 〈건물자산관리 서비스〉에 의하여 이루어지므로 건물자산관리 서비스에 대하여 이해할 필요가 있다. 건물자산관리학의 생산 목적물에는 재화 성격의 건물과 용역 성격의 건물자산관리 서비스가 있으며 재화 성격의 건물은 주로 설계 서비스와 건축허가 서비스 그리고 시공 서비스와 감리 서비스 및 사용승인 서비스와 보존등기 서비스 등에 의하여 완성되고 사용과 수익 및 처분의 대상이 된다. 또한 건물 유지관리 서비스에 의하여 건물의 사용가치가 극대화되고 정상적으로 기능하게 되며 건물의 성능이 장기적으로 유지하게 된다. 또한 운영관리 서비스에 의하여 사용가치와 수익가치가 극대화되며 운영관리 비용의 최소화와 운영관리 수익의 최대화가 달성하게 된다. 뿐만 아니라 경영관리 서비스에 의하여 자산가치 극대화가 이룩되고 자산위험(risk)의 최소화와 투자 수익(return)의 최대화가 달성된다. 또한 건물자산을 기반으로 이루어지는 인간의 삶과 생활과 일의 바람직한 영위를 위하여 요구되는 건물자산의 최유효 사용과 수익 및 처분은 전적으로 건물자산관리 서비스(건물자산관리 용역)에 의하여 이루어지는 특징이 있다.

건축(신축)에 의한 건물자산의 취득의 경우에는 전술한 바와 같이 건축설계 서비스와 건축허가 서비스, 시공 서비스, 시공감리 서비스와 사용승인 서비스, 보존등기 서비스 등의 다양한 서비스의 결합에 의하여 건축에 의한 건물자산의 취득이 이루어지며, 매입에 의한 건물자산의 취득의 경우에도 조사·분석 서비스와 중개 서비스 그리고 각종 자문 서비스와 계약 서비스, 소유권 이전등기 서비스와 조세 서비스 등에 의하여 건물자산이 승계취득 된다.

뿐만 아니라 보존·이용·개량 및 운영관리의 경우에도 매우 다양한 기술적 서비스와 임대 서비스 및 입주자 지원 서비스 등이 제공되어야만 건물자산의 보존과 이용 및 개량 그리고 운영관리가 이루어지며, 처분의 경우에도 건물자산관리 물리적 처분 서비스와 법률적 처분 서비스의 제공이 필요하다. 건물자산관리 서비스는 건물자산관리 용역을 말하며 건물자산관리 서비스에는 건물자산 경영관리 서비스와 건물부동산 운영관리 서비스 및 건축시설물 유지관리 서비스 등이 있다. 건물자산관리 서비스 주제어를 표상하는 〈서비스〉의 사전적 의미는 생산된 재화를 운반 또는 배급하거나 생산이나 소비에 필요한 노무를 제공함을 의미하고 있으나, 경제학에서는 서비스를 무형의 용역 또는 비물질적 재화라 하여 유형물인 제품과 구별하고 있다.

또한 아담 스미스(A. Smith)는 서비스를 비생산적 노동으로 설명하고 있으며, 서비스를 정의하는 학설에 따라 다음과 같이 정의되고 있다. 활동론적 서비스의 정의를 주장하는 미국마케팅학회(america marketing association)에서는 서비스를 활동론적 입장에서 서비스란 판매목적으로 제공되거나 상품 판매와 연계하여 제공되는 모든 활동이나 편익 또는 만족으로 정의하고 있다.

그러나 서비스를 봉사론적 입장에서 주장하는 레빗(Levitt)은 서비스 개념을 인간의 주종관계에서 나타나는 인간의 인간에 대한 봉사로 정의하고 기계에 의한 봉사(서비스의 공업화)로 대체함이 효율적 봉사로 설명하고 있다. 또한 서비스를 속성론적 입장에서 설명하는 라스멜(Rathmell)은 서비스를 시장에서 판매되는 무형의 상품으로 정의하였다. 그러나 서비스를 인간 상호관계 입장에서 주장하는 인간 상호관계론적 서비스란 무형의 성격을 띠는 일련의 활동으로서 고객과 종업원 사이에서 발생하는 고객의 문제를 해결해 주는 것으로 설명하고 있다.

서비스의 본질적 특성에는 무형성과 비분리성, 이질성, 소멸성 등이 있으며, 서비스의 부수적 특성에는 다음과 같은 특성이 있는바 건물자산관리 종사자는 서비스의 본질적 특성과 함께 부수적 특성에 대해서도 폭넓게 이해할 필요가 있다.

① 서비스는 물건이 아니며 행위이고 과정이다.
② 서비스 평가는 고객의 주관에 따라 평가된다.
③ 서비스는 고객과의 상호작용에 의하여 생산된다.
④ 서비스는 소유권의 이전을 동반하지 않는다.
⑤ 서비스는 주로 사람에 의존하므로 사람의 기술에 따라 서비스의 품질이 결정된다.
⑥ 서비스의 수요와 공급은 시간적 요소와 공간적 요소 조절이 필요하다.
⑦ 서비스는 서비스의 유통경로가 있기는 하나 매우 짧은 편이다.
⑧ 서비스 생산계획은 불확실하다.
⑨ 서비스 품질 평가는 소비 즉시 결정된다.
⑩ 서비스 혁신은 가능하나 정보 및 커뮤니케이션 기술에 민감하다.

건물자산관리에 있어서 건물자산관리 서비스란 건물자산의 취득과 사용과 수익 및 처분에 필요한 노무의 제공을 말하고 건물자산관리 서비스에는 건물자산 이해관계자의 해당자에게 각각 제공되는 건물자산 경영관리 서비스와 건물부동산 운영관리 서비스 및 건축시설물 유지관리 서비스 등이 있다.

3) 건물자산관리

건물자산관리 이론의 체계화 연구의 내용을 설명하는 핵심 용어의 하나인 〈건물자산관리〉 개념의 의미를 살펴보면 〈건물자산을 기반으로 일생 동안 이루어지는 인간의 삶과 생활과 일의 바람직한 영위와 개인 또는 조직활동에 반드시 필요한 건물자산의 최유효 사용과 수익 및 처분의 건물자산 목적과 이를 지원하기 위한 합목적적 건물자산의 취득, 정상적 보존과 이용 및 개량 중심의 효과적 운영관리 그리고 합리적 처분과 취득 또는 보유 건물자산의 최유효 사용화와 수익화 및 처분화의 건물자산관리 목적을 건물자산 최유효 관리법에 따라 가장 경제적 방법으로 안전하게 효율적으로 적합하게 효과적으로 달성하는 데 요구되는 건물자산의 경영관리와 건물부동산의 운영관리 및 건축시설물 유지관리의 개별관리 또는 통합관리의 과정이자 활동〉을 말한다. 건물자산관리의 개념을 다른 관리의 개념과 명확히 구분 짓기 위하여 건물자산관리 개념을 다시 정의하면 〈건물자산의 목적과 이를 지원하기 위한 건물자산관리의 목적을 건물자산 최유효 관리법에 따라 효과적으로 달성하는 데 요구되는 건물자산의 경영관리와 건물부동산의 운영관리 및 건축시설물 유지관리의 개별관리 또는 통합관리의 과정이자 활동〉으로 정의할 수 있다. 건물자산관리 개념의 구체적 내용은 제Ⅰ편 제2장 건물자산관리학의 본질적 원리와 건물자산관리의 기본적 개념에서 다시 설명하기로 한다.

4) 학문과 지식

건물자산관리의 학문적 이론 체계화 연구의 주제를 설명하는 핵심 용어 중 하나인 〈학문〉이란 일정한 이론에 따라 체계화된 지식을 말하며 〈지식〉은 사물에 대한 명료한 의식과 그것에 대한 판단을 말하나 철학에서는 인식으로 얻어져 객관적으로 확정된 성과를 지식으로 설명하고 있다.

건물자산관리의 지식에는 개념지식(사실지식)과 방법지식(절차지식) 및 활동지식(행동지식) 등이 있으며, 이를 건물자산관리의 완전지식이라 한다. 건물자산관리의 학문적 이론 체계화 연구에서 말하는 〈학문적〉의 의미는 〈的〉의 용어가 학문의 명사 뒤에 붙어서 그 명사 상태로 된 또는 그런 성질을 띤 등을 의미하므로 학문적의 의미는 학문의 성질과 상태로 연구해야 한다는 의미를 내포하고 있다.

5) 이론 체계화 연구

건물자산관리의 학문적 이론 체계화 연구 논제 설명에 협력하고 있는 〈이론〉의 의미는 낱낱의 사물이나 현상을 일정한 원리와 법칙에 따라 통일적으로 설명할 수 있는 보편적 지식체계를 말한다. 또한 건물자산관리 이론 체계화 연구에 협력하고 있는 〈체계화〉의 의미는 낱낱이 다른 것을 계통을 세워 통일한 전체로 만드는 일로 설명할 수 있다. 건물자산관리의 학문적 이론 체계화 연구는 건물자산관리의 현상과 사물을 효율적으로 설명하고 건물자산관리의 개념 지식과 방법지식 및 활동지식을 통일적으로 설명해야 하므로 건물자산관리 이론의 체계화는 개념이론과 방법이론 및 활동이론을 통합하는 이론 체계화 연구가 이루어져야 한다. 또한 건물자산관리 이론의 체계화 연구는 이론 체계화의 대상을 먼저 설정하고 체계화의 기준과 방향을 정한 후에 이론 체계화 접근방법에 의하여 이론 체계화의 지적 작업이 이루어져야 한다.

건물자산관리의 학문적 이론 체계화 연구에 협력하고 있는 〈연구〉의 의미는 사물을 깊이 생각하거나 조사하여 어떤 이치나 사실을 밝혀냄이나 밝혀낸 그 내용을 의미하며, 남도 모르고 연구자도 모르는 사실을 탐구활동을 토대로 관찰과 실험 등을 통하여 새로운 사실과 진실을 밝혀내는 지적 창조활동을 의미한다.

앞에서 설명한 건물자산관리의 학문적 이론 체계화 연구의 핵심 용어의 의미를 살펴본 바를 토대로 〈건물자산관리의 학문적 이론 체계화 연구〉의 의미를 종합적으로 정리하면 〈건물자산관리의 학문적 이론 체계화 연구〉란 개인 또는 단체가 등기하고 소유하고 있는 독립된 건물이자 유형무형의 경제적 가치가 있는 건물인 건물자산을 기반으로 일생 동안 이루어지는 인간의 삶과 생활과 일의 바람직한 영위와 개인 또는 조직의 활동에 주 환경 측면의 물적 기반시설로서 반드시 요구되는 합목적적 건물자산의 취득과 취득 건물자산의 정상적 보존과 이용 및 개량 중심의 효과적 운영관리와 합리적 처분 그리고 취득 건물자산의 최유효 사용화와 수익화 및 처분화를 건물자산 경영관리 기능과 최유효 관리법에 따라 가장 경제적 방법으로 안전하게 효율적으로 적합하게 효과적으로 처리하는 데 요구되는 건물자산의 경영관리와 건물부동산의 운영관리 및 건축시설물 유지관리의 개별관리 또는 통합관리 과정이자 활동을 일정한 원리와 법칙에 따라 통일적으로 설명하는 보편적 건물자산관리의 개념지식과 방법지식 및 활동지식의 건물자산관리 이론 전체를 계통을 세워 하나의 이론으로 만드는 지적 창조활동을 의미한다. 이와 같은 건물자산관리 이론의 체계화를 학문적 방법으로 연구하고 체계화하는 지적 작업을 건물자산관리의 학문적 이론 체계화 연구라 하고, 이를 논리적으로 정리한 글이 건물자산관리에 관한 학술논문이며, 건물자산관리 지식을 일정한 이론에 따라 체계화한 보편적 이론체계가 〈건물자산관리학〉이라 할 수 있다. 따라서 건물자산관리학은 건물자산관리의 학문적 이론 체계화 연구의 결과물로서 건물자산관리의 이론체계를 통하여 건물자산관리의 낱낱이 다른 현상과 사물을 효율적으로 그리고 통일적으로 설명하기 위하여 건물자산관리의 개념과 방법 및 활동의 이론을 체계화할 필요가 있다. 이와 같은 건물자산관리의 학문적 이론 체계화 연구의 필요성이 자연스럽게 건물자산관리학 태동의 문화적 배경으로 작용하였음은 이미 설명한 바와 같다. 건물자산관리의 이론은 학문적 이론의 체계화 연구의 과정을 거쳐 건물자산관리 개념이론과 방법이론 및 활동이론 중심으로 건물자산관리 통합 이론체계를 갖추고 이를 통하여 건물자산관리의 낱낱이 다른 사물과 현상 및 건물자산관리 개념과 방법 및 활동의 이론을 효율적으로 그리고 통일적으로 설명하여 건물자산관리자로 하여금 건물자산의 경영관리와 건물부동산의 운영관리 및 건축시설물 유지관리를 과학적 관리와 기술적 관리 및 전문적 관리를 효과적으로 수행하여 바람직한 건물자산의 경영관리 성과와 건물부동산 운영관리 성과 및 건축시설물 유지관리 성과 창출에 유용한 정태적 도구로 활용되고 있다.

3. 이론 체계화 연구의 문화적 배경

건물자산관리의 학문적 이론 체계화 연구는 건물자산관리의 학문적 이론 체계화 연구의 학문적·문화적 배경의 영향과 작용에 의하여 시작되었으므로 건물자산관리의 학문적 이론 체계화 문화적 배경에 대하여 살펴볼 필요가 있다. 건물자산관리의 학문적 이론 체계화 연구의 〈문화적 배경〉의 의미는 건물자산관리의 지식을 구하고 끊임없이 진보하고 향상하려는 인간의 정신적 학문활동을 뒤에서 돌보아주거나 뒷받침해주는 힘을 말한다. 건물자산관리의 학문적 이론 체계화 연구는 전술한 바와 같이 건물자산관리의 현상과 사물에 대한 효율적 설명과 통일적 설명을 기초로 연구 개발한 건물자산관리의 기술을 통하여 인간의 생활과 조직의 활동 및 건물자산관리 산업에 대한 지원의 목적과 다음과 같은 건물자산관리의 학문적 이론 체계화의 문화적 배경에 의하여 시작되었다.

1) 건물자산의 물리적 변화와 건물자산관리업 생태 환경의 변화가 건물자산관리의 학문적 이론 체계화 연구를 요구하는 문화적 배경으로 작용하였다.

건물자산관리업과 건물자산관리 산업 분야의 본격적인 출발 역사는 1차적으로 1·2차 석유파동과 1997년의 IMF에 의한 외환위기, 미국발 금융위기 등의 국내외 사회 경제적 환경의 변화에 따라 발생한 국내 다수 기업의 도산 사태로 인하여 기업 보유 건물자산이 금융권과 자산관리 공사 및 부동산 신탁회사로 넘어가 경매의 대상이 되거나 자산관리 공사의 관리대상 또는 부동산 신탁회사의 신탁관리의 목적물로 전락하여 이에 대한 전문 관리의 필요성이 대두됨에 따라 건물자산 위탁관리 업체가 대기업을 중심으로 우후죽순처럼 창업하여 건축시설물 종합용역관리 시장에 진입하면서부터 건물자산관리업의 생태 환경이 1차적으로 변화되기 시작되었으며, 2차적 변화는 1970년대부터 본격적으로 시작된 정부의 경제정책과 건설정책에 의한 대도시 집중화 현상과 이에 편승한 도시 외곽의 건축 붐, 건축기술과 자재 장비의 발달, 대형 국제 체육대회의 개최, 대기업 중심의 사옥 개발 붐과 부동산 개발 사업, 해외 대형 투기자본의 상륙 등의 요인이 복합적으로 작용하여 우리나라 역사 이래 대형, 첨단, 고층, 복합의 특성을 가진 현대 건물이 수도권 대도시를 중심으로 즐비하게 늘어나 대형 건물의 홍수시대를 연출함에 따라 건물자산의 물리적 환경이 급변하기 시작 하였다. 이와 같은 건물자산의 물리적 변화와 건물자산관리업 생태환경의 변화는 대기업마다 건물자산관리 자회사가 설립되고 사옥 및 자사 보유 또는 소유의 건물자산을 중심으로 건물자산관리업에 본격적으로 진출하여 대기업은 우월적 지위에서 건물자산관리 중소기업과 경쟁관계를 유지하는 가운데 우리나라 건물자산관리업을 선도하면서부터 건물자산관리 전문업 시대가 본격적으로 자리 잡기 시작하였다. 이와 같은 건물자산의 물리적 환경변화로 인하여 대형, 고층, 첨단, 복합 등의 특성을 가진 현대 건물이 2012년 12월 31일 현재 6,796,239동으로 증가하였고, 20층 이상의 대형 건물이 무려 3,215동이나 건축되었으며, 30층 이상 또는 120미터 이상의 고층 건물이 242동에 이르고 있을 뿐만 아니라 소수이긴 하나 100층 이상의 초고층 건물이 수도권과 부산 등 대도시를 중심으로 건축 중에 있어 건물의 물리적 환경변화를 가속시키고 있다. 또한 건물자산의 물리적 환경변화는 대형 화재와 붕괴 등의 안전사고를 증가시키고 있으며, 건물자산 수급 불균형에 의한 거래가격의 폭등과 폭락 그리고 공실률과 미분양 사태와 전세 대란 등 건물자산관리의 부정적 현상과 문제를 양산하여 인적·물적 피해를 유발하고 있으며, 이로 인하여 사회적 문제를 야기하고 있다. 또한 현대 건물의 특성으로 인하여 건물자산관리를 수행함에 있어서 과학적 관리와 전문적 관리 그리고 기술적 관리를 강력히 요구하고 있을 뿐만 아니라 이를 위한 효율적 건물자산관리 전산화 시스템의 구축과 전문인력의 양성, 건물자산관리 첨단 기술과 기법의 개발, 건물자산관리 업무 표준화를 요구하고 있다. 이와 같은 건물자산의 물리적 환경변화와 건물자산관리업의 생태 환경변화가 근본적으로 요구하는 건물자산의 과학적 관리와 전문적 관리 그리고 기술적 관리를 위한 효율적 전산시스템의 구축, 전문 인력의 양성, 건물자산관리 첨단 기술과 원리 개발, 건물자산관리 업무의 표준화 등의 요구는 건물자산관리자의 한낱 경험이나 상식 또는 판단으로 해결할 수 없는 중대 연구 과제이므로 건물자산관리의 학문적 이론 체계화 연구를 기초로 연구 개발한 경영관리와 운영관리 및 유지관리의 기술을 통하여 해결해야 할 과제로 인식되고 있다. 이와 같은 건물자산의 물리적 환경변화와 건물자산관리업의 생태 환경의 변화가 건물자산관리의 학문적 이론 체계화 연구를 촉진하는 문화적 배경으로 작용하였다.

2) 건물자산시장의 환경변화가 건물자산관리의 학문적 이론 체계화 연구를 촉진하는 문화적 배경으로 작용하였다.

건물자산관리시장 환경 또한 격세지감을 느낄 정도로 변화하여 전문화와 분업화되었고, 건물자산관리 전문 업종 간의 전략적 제휴는 일반화 추세를 보이고 있으며, 건물자산관리시장은 건물자산의 거래시장과 용역(서비스)관리시장으로 양분되어 활발하게 작동되고 있다.

또한 건물자산관리 용역시장은 FM시장과 PM시장 및 LM시장과 AM시장으로 전문화되어 운영되고 있으며, PM시장과 LM시장 및 AM시장의 현황은 2013년 12월 31일 현재 매우 저조한 운영 상태를 보이고 있으나, FM시장은 시설관리 용역과 환경미화관리 용역 그리고 시설경비 용역을 중심으로 종합시설물관리 또는 개별 시설물관리 성격으로 정상적으로 운영되고 있으며, 연구 자료에 의하면 2012년 12월 31일 현재 8조 6000억 원 상당의 시장 규모를 갖추고 있는 것으로 조사되고 있다(최결성, 상업용 건물관리제도의 평가와 개선방안에 관한 연구, 2011). 그러나 2012년도 국가통계포털 통계청 서비스업 조사에 의하면 주거용 부동산과 비주거용 부동산관리의 매출 총액은 13조 4970억 원으로 조사되고 있다.

또한 건물자산 거래시장은 건물자산 분양시장과 임대시장으로 양분되어 거래시장으로서 기능을 보여 주면서 정상적으로 작동되고 있으나, 국내외 경제사정의 악화로 활성화되지 못하고 있는 실정에 있다.

건물자산관리시장 환경의 변화로 건물자산 임대시장은 종전의 임대인중심 시장에서 임차인중심 시장으로 변화되었으며, 종전의 건물자산 임대시장의 경우 임차인의 건물의 사용과 수익의 욕구는 단순한 건물의 공간 제공만으로 충분하였으나, 비주거용 건물자산 임대시장의 경우에는 임차 목적물인 건물 공간의 제공 외에 건물의 쾌적성, 청결성과 편리성, 안전성과 보안성, 보건성과 미관성, 경제성과 효율성 등 매우 다양한 건물자산관리 서비스를 요구하고 있어 건물자산 소유자가 임대소득을 창출하기 위해서는 건물자산 임차인의 다양한 서비스 욕구 충족에 최선을 다해야 하는 시대를 맞이하고 있다.

또한 2012년대와 2013년대 국내 경제사정의 악화로 건물자산 분양거래시장이 정상적으로 작동되지 못하여 미분양 건물이 늘어나고 공실률이 증가되고 있으며, 건설에 투입한 자금이 적기에 회수되지 못하여 자금의 흐름이 선 순환되지 않아 소수 건설사의 경우 도산과 파산의 조짐이 지속적으로 나타나고 있으며, 주택 전세시장의 경우에도 부동산 임대시장의 왜곡으로 인하여 전세물량 부족 사태와 전세금의 고공행진이 연일 계속되어 서민의 주거안정이 위협 수준에 달하는 부정적 현상마저 나타나고 있다.

이와 같은 건물자산의 거래시장과 건물자산관리 용역시장의 변화는 수많은 부정적 현상과 문제를 양산하여 이에 대한 해법과 개선방안을 시급히 요구하고 있다. 그러나 건물자산관리시장의 변화에 기인한 건물자산과 건물자산관리시장의 부정적 현상과 문제는 전술한 바와 같이 어느 건물자산관리 기업이나 그 종사자의 단순한 경험이나 상식 또는 판단에 의하여 건물자산관리의 부정적 현상에 대한 해법이 도출되거나 건물자산관리 문제에 대한 개선방안이 추론되는 사안이 아니므로 이를 위한 건물자산관리의 학문적 이론 체계화 연구가 요구되고 있다. 이와 같이 건물자산관리시장의 환경변화와 이로 인한 건물자산 임차인의 다양한 서비스의 요구는 건물자산관리의 부정적 현상과 문제를 더욱 야기하여 이에 대한 해법과 개선에 대한 학문적 연구 필요성의 대두로 이어져 건물자산관리의 학문적 이론 체계화 연구의 또 다른 문화적 배경으로 작용하였다.

3) 건물자산관리의 현상과 사물에 대한 효율적 · 통일적 설명의 필요성이 건물자산관리의 학문적 이론 체계화 연구를 견인하는 문화적 배경으로 작용하였다.

우리나라 건물자산관리 기업의 역사가 일천한데다가 건물자산관리 업체의 대부분이 영세하고 사회적으로 건물자산관리업을 가볍게 인식하여 전문적 지식이나 과학적 기술 없이도 단순한 노동력이나 기능으로 처리할 수 있는 단순 건물관리용역업인 것으로 간주하고 있으며 건물의 청소나 경비 정도를 건물자산관리 전체 업무로 인식하는 건물자산관리업에 대한 인식의 오류로 인하여 건물자산관리 업무를 아무나, 누구나, 언제나 할 수 있는 단순 업무로 착각하여 제도권 교육계의 주목을 받지 못한 나머지 국내 4년제 대학에 건물자산관리학과가 전무하고 건물자산관리 전문 서적이 저자가 대학강의 용도로 편찬한 몇 권에 불과하며 건물자산관리학의 연구자와 전공교수가 극소수에 지나지 않아 건물자산관리의 이론 체계화 연구가 학문적으로 지속적으로 연구되지 못한 나머지 건물자산관리의 현상과 사물을 효율적으로 그리고 통일적으로 설명하기란 역부족 상태에 있다.

또한 건물자산관리업체의 실무자 또는 소수의 연구자가 외국으로부터 무분별하게 건물자산관리 실무이론을 비판 없이 수용하여 건물자산관리의 현상과 사물을 제각각 해석하여 느낌과 생각 수준으로 각각 설명하고 있어 건물자산관리의 용어조차 통일되지 못하고 있는 실정에 있다.

뿐만 아니라, 이와 같은 건물자산관리의 학문적 이론 체계화 연구의 부재로 건물자산관리의 이론이 체계화되지 못하여 건물자산관리 산업 발전의 기초인 건물자산관리의 현상과 사물에 대한 효율적 설명이 제한적으로 이루어지고 있으며, 현대 건물자산의 물리적 환경변화에 따라 요구되는 과학적 관리와 전문적 관리 및 기술적 관리를 위하여 요구되는 기술 개발과 연구는 고사하고 전문 인력의 양성을 위한 교육에도 막대한 지장을 초래하고 있다.

특히 유감스러운 점은 건물자산관리 현장과 시장에서 20년 이상 건물자산관리 실무 종사자 중 일부의 경우에는 건물자산관리의 현상과 사물에 대한 느낌과 생각은 충분하게 가지고 있으나, 이에 대한 통일적 · 효율적 설명이 불가능하여 현장 근무자 후배의 실무교육에도 효율적으로 임하지 못하고 있는 실정이며, 전술한 바와 같이 현대 건물의 관리에 반드시 요구되는 과학적 관리와 전문적 관리 및 기술적 관리에 제한적으로 임하고 있다는 점이다. 이와 같은 건물자산관리의 현상과 사물에 대한 효율적 · 통일적 설명의 필요성은 자연스럽게 건물자산관리의 이론 체계화 연구의 문화적 배경으로 작용하였다.

4) 건물자산의 중요성과 건물자산관리 필요성에 대한 사회인식의 변화가 건물자산관리의 학문적 이론 체계화 연구를 촉진하는 문화적 배경으로 작용하였다.

삶과 생활과 일의 영위를 통하여 이루어지는 인간의 생활과 활동의 대부분은 건물자산을 기반으로 영위되며, 가정생활이나 기업의 경영활동 그리고 정부의 행정활동 역시 건물자산을 기반으로 대부분 수행되고 있음은 주지의 사실이다. 왜냐하면, 인간의 삶과 생활과 일의 영위는 1년 365일 하루 24시간 대부분 건물자산을 기반으로 이루어지기 때문이며 주 환경 측면의 지원으로만 인간의 활동이 긍정적으로 가능해질 수 있기 때문이다.

뿐만 아니라, 전술한 바와 같이 가계, 기업, 정부 등 경제 주체의 각 조직 역시 목적사업의 수행은 대부분 건물자산을 기반으로 수행되기 때문이다. 그러므로 건물자산은 인간의 활동에 있어서 없어서는 안 될 필수적 자산으로서 삶의 보금자리요, 생활의 터전이며, 업무(일) 수행의 물적 기반인 동시에 인프라 기반의 의미와 가치를 가지고 있어 개인과 조직 모두에게 건물은 매우 중요한 자산임이 분명하다.

특히, 국제사회가 21세기 지식경제사회에 진입하면서 컴퓨터를 주된 생산도구로 활용하기 시작하면서부터 건물자산의 중요성이 어느 시대보다 강조되고 있다. 그러나 인간의 삶과 생활 및 일의 영위와 조직의 활동 수행을 건물자산의 물리적 기능과 문화적 작용을 통하여 긍정적으로 지원하기 위해서는 건물자산 자체의 그 존재만으로는 불가능하다. 왜냐하면, 건물자산관리활동의 접목 없이 건물자산 자체의 그 존재만으로 인간의 삶과 생활과 일의 영위와 조직의 활동에 필요한 건물자산의 물리적 기능의 수행과 문화적 작용을 스스로 감당할 수 없기 때문에 건물자산 그 존재만으로 주 환경 측면에서 인간의 삶과 생활과 일의 영위를 지원할 수 없기 때문이다. 그러므로 건물자산이 건물자산으로 하여금 인간의 삶과 생활과 일(업무)의 영위와 조직의 활동 수행을 주 환경 측면에서 지원하려면 정상적 건물자산관리활동의 접목이 필요하며 정상적 건물자산관리활동을 수행하기 위해서는 건물자산관리의 현상과 사물을 효율적으로 설명할 수 있는 건물자산관리의 이론이 학문적 연구를 통하여 체계화할 필요가 있다. 또한 이를 통하여 정상적 건물자산관리활동의 수행에 요구되는 건물자산의 중요성과 전문적·과학적·기술적 건물자산관리의 필요성에 대한 사회적 인식이 점차 긍정적으로 변화 조짐을 보여 주고 있어 정상적 건물자산관리활동의 필요성이 어느 시대보다 요구되고 있다. 건물자산관리활동이 건물자산관리 현장과 시장에 접목되어 정상적으로 작용하려면 다음과 같은 문제점을 학문적 연구를 통하여 해결 또는 개선하여야 한다.

첫째, 건물자산관리의 부정적 현상과 문제를 해결 또는 개선해야 한다.

건물자산관리의 부정적 현상과 문제 해결을 통하여 건물자산관리활동을 정상화하고 이를 통하여 바람직한 인간의 삶과 생활과 일의 영위와 조직의 활동 수행의 지원에 반드시 요구되는 합목적적 건물자산의 취득과 취득 건물자산의 정상적 보유 및 효과적 운영관리 그리고 보유 건물자산의 합리적 처분을 건물자산 최유효 관리법에 따라 가장 경제적 방법으로, 안전하게, 효율적으로, 적합하게, 효과적으로 수행하여야 한다.

둘째, 정상적 건물자산관리활동의 주요 수단이자 요소인 효율적 건물자산전산시스템의 구축, 건물자산관리 업무의 표준화, 전문 인력의 양성, 과학적 건물자산관리 기술과 전문적 경영기법의 개발 등을 학문적 연구를 통하여 실현 또는 개발하고 적극적으로 활용되어야 한다.

또한 효율적 건물자산전산시스템과 건물자산관리 업무의 표준을 기반으로 건물자산관리의 과학적 기술과 전문적 지식 및 고도의 경험과 충분한 정보를 가진 전문 인력에 의하여 건물자산관리활동을 체계적으로 수행하여야 한다.

셋째, 정상적 건물자산관리활동을 전문적으로 수행하는 건물자산관리자는 건물자산의 물리적 기능과 문화적 작용 및 인간의 활동과 건물자산 간의 상호관계 그리고 바람직한 인간의 활동을 지원하기 위한 건물자산의 필요조건 등 건물자산의 물리적 기능과 문화적 작용에 대하여 충분히 이해할 필요가 있다.

따라서 건물자산을 기반으로 이루어지는 모든 인간의 삶과 생활과 일의 영위와 개인과 조직활동의 바람직한 수행을 위한 주 환경 측면의 지원을 건물자산의 물리적 기능과 문화적 작용에 의하여 건물자산의 중요성이 사회적으로 인식되어 가고 있으며 건물자산관리의 필요성에 대한 사회적 인식이 변화되어 정상적 건물자산관리활동이 요구됨에 따라 이를 위한 과학적 관리와 전문적 관리 및 기술적 관리의 연구 개발이 학문적 과제로 등장하게 되었다. 이와 같은 건물자산의 중요성과 건물자산관리의 필요성에 대한 사회적 인식의 변화가 자연스럽게 건물자산관리의 학문적 이론 체계화 연구의 문화적 배경으로 작용하였다.

5) 현대 건물의 특성에 의한 과학적 관리와 기술적 관리 및 전문적 관리의 시대적 요구가 건물자산관리의 학문적 이론 체계화 연구를 촉진하는 문화적 배경으로 작용하였다.

컴퓨터를 생산도구로 영위되는 21세기 지식경제사회에서 전자 · 정보 · 통신의 발전과 현대 물질문명이 고도로 발달됨에 따라 건물자산의 기반으로 영위되는 현대인의 활동은 개인의 삶과 생활과 일의 영위와 경제 주체 각 조직의 목적사업활동에 있어서 보다 편리하고 쾌적하며 안전한 건물의 편의 시설을 요구하게 하였다.

이와 같은 개인과 조직의 요구는 건물의 물리적 변화를 가져와 층수의 고층화, 규모의 대형화, 건축설비와 시설의 첨단화(지능화)와 자동화, 용도의 복합화 형태의 현대건물을 양산하여 인간의 삶과 생활과 일의 영위와 개인과 조직의 활동은 보다 편리하고 쾌적하며 안전하게 생활하고 활동하도록 주 환경 측면에서 지원하게 되었으나, 현대 건축시설물의 유지관리는 현대 건물의 특성상 고도의 과학적 관리와 전문적 관리 및 기술적 관리의 필요성을 시대적으로 강력하게 요구하게 하였다. 이와 같은 현대 건물의 특성에 의한 과학적 관리와 전문적 관리의 요구가 건물자산관리의 이론 체계화 연구를 촉진하는 문화적 배경으로 작용하였다.

6) 건물자산에 대한 인간의 욕구와 불균형 문제 및 갈등구조 개선 필요성의 대두가 건물자산관리의 학문적 이론 체계화 연구를 촉진하는 문화적 배경으로 작용하였다.

건물자산을 기반으로 영위되거나 수행되는 개인의 활동과 조직의 활동의 면면을 살펴보면 건물자산에 대한 인간의 욕구와 건물자산의 희소성과 유한성에 의한 불균형의 문제가 심각하게 대두되고 있음을 인식할 수 있어 이에 대한 개선이 요구되고 있어 이에 대한 학문적 연구가 필요하다.

첫째, 건물자산의 생산과 취득 그리고 보유 및 처분은 인간의 욕구와 사정과 여건 및 형편에 따라 이루어지고 건물자산의 사용목적과 수익목적 및 처분목적의 경제적 목적에 의하여 사용용도와 수익용도 및 처분용도가 결정되며 건물자산의 사용과 수익 및 처분활동이 반복적으로 순환되고 있으나, 생산되고 취득된 건물자산의 희소성과 유한성으로 인하여 인간의 건물자산에 대한 욕구와 건물자산 사이에 갈등구조가 형성되고 있어 이에 대한 개선 연구가 필요하다.

따라서 건물자산의 생산과 취득은 개인과 단체조직에 의하여 생산 취득되고 건물자산의 사용과 수익 및 처분에 필요한 건물자산관리 서비스는 건물자산관리활동에 의하여 생산 제공되며, 생산 제공된 건물자산관리 서비스에 의하여 건물자산의 기반 작용과 역할 및 기능이 나타나며, 이를 통하여 건물자산을 기반으로 영위되는 개인과 경제주체 조직의 활동이 가능하게 되는 연쇄 현상이 나타나게 되어 건물자산의 생산 취득과 인간의 삶과 생활과 일의 영위를 위한 건물자산 간에는 갈등구조가 형성되고 있어 이에 대한 대책과 개선 방안 연구가 시급하다.

둘째, 인간의 건물자산에 대한 욕구와 건물자산 간에 존재하는 갈등구조를 해결하기 위해서는 취득단계에서부터 합목적적 건물자산의 적절한 생산과 공급 및 취득이 이루어져야 하며, 보유 단계를 통하여 정상적 보존 · 이용 · 개량 및 효과적 운영관리가 이루어져야 하고, 처분 단계를 통하여 합리적 처분이 전략적으로 이루어져야 한다. 또한 이와 같은 건물자산관리의 목표를 위하여 인간은 건물자산으로부터 보다 많은 건물의 유익을 요구하고 있으며, 보다 편리하고 안전하며 쾌적한 건물의 공간 환경을 요구하고 있다.

이와 같은 이유로 인간의 건물자산에 대한 욕구와 건물자산 간의 균형이 건물자산의 유한적 존재와 희소성으로 인하여 깨어져 불균형화됨으로써 인간과 건물의 관계가 악화 일로에 있다. 따라서 인간이 건물자산으로부터 보다 많은 유익을 얻으려면 건물자산의 희소성과 유한성을 극복하여야 하기 때문에 수요에 부합하는 건물자산 공급 정책을 견지하고 거래가격의 적정성을 유지해 주어야 한다.

셋째, 인간과 건물자산 간의 상호의존관계와 상호보완관계를 원만히 유지하거나 발전시키기 위해서는 과학적 건물자산관리 기술과 전문적 지식과 경험과 정보를 확보한 전문 인력에 의하여 건물자산을 정상적으로 경영하고 전문적으로 관리하여 건물자산으로부터 건물자산의 취득과 보유 및 운영관리 그리고 처분에 필요한 양질의 건물자산관리 서비스를 가장 경제적 방법으로 안전하게 효율적으로 적합하게 생산하고 적절히 제공할 수 있어야 한다.

넷째, 첫째의 인식과 같이 인간과 건물자산 그리고 조직과 건물자산 간의 상호의존관계와 상호보완관계를 이해하고, 둘째와 같은 요구와 셋째와 같은 양질의 건물자산관리 서비스의 생산과 제공이 이루어지는 경우, 개인과 건물자산 및 조직과 건물자산 간에는 바람직한 상호의존관계와 상호보완관계가 원만히 이루어져 건물자산을 기반으로 영위되는 인간의 삶은 품격 있는 삶이 되고, 생활은 편리하고 쾌적한 생활이 되며, 일의 영위는 생산적이고 창조적으로 영위되는 상호관계의 틀이 형성될 것으로 판단되며, 경제주체 각 조직의 목적사업 수행활동 역시 원만한 상호관계의 구조 속에서 생산적이고 창조적으로 바람직하게 조직의 목적사업활동을 수행하게 될 것으로 판단된다.

전술한 바와 같은 상호의존관계를 바람직하게 유지하고 발전시키기 위해서는 건물자산관리의 학문적 연구가 필요하며 이와 같은 학문적 연구의 필요성이 자연스럽게 건물자산관리의 학문적 이론 체계화 연구의 문화적 배경으로 작용하였다.

7) 건물자산의 물리적 기능과 문화적 작용에 대한 국민 의식의 변화가 건물자산관리의 학문적 이론 체계화 연구를 촉진하는 문화적 배경으로 작용하였다.

건물자산을 기반으로 이루어지는 인간의 활동과 조직의 활동을 건물자산을 통한 주환경 측면에서 지원하는 중심 개념에는 건물자산의 물리적 기능개념과 문화적 작용개념이 자리 잡고 있다. 따라서 건물자산의 물리적 기능과 문화적 작용을 이해하기 위해서는 건물자산의 물리적 기능과 문화적으로 작용하게 하는 건물자산의 개념을 먼저 이해할 필요가 있다. 건물자산은 건물이라는 유체물의 물건의 개념 위에 소유권의 권리개념과 경제적 가치라는 추상적 가치개념의 구성요소가 복합적으로 결합하여 생성된 신개념의 자산개념이다.

건물자산이란 전술한 바와 같이 〈토지에 정착하고 있는 독립된 건물로서 개인 또는 단체가 소유하고 있는 건물이자 유형무형의 경제적 가치가 있는 건물인 동시에 건물자산을 기반으로 이루어지는 인간의 삶과 생활과 일의 바람직한 영위와 개인 또는 단체의 활동에 주 환경 측면의 물리적 기반시설로서 자산 성격의 건물부동산 또는 건축시설물〉을 말한다.

따라서 건물이 자산의 의미와 가치가 인정되는 건물자산이 되려면 우선 먼저 건축허가를 받아 건축하여 완공한 건물로서 개인 또는 기업, 단체, 정부 등의 이름으로 보존

등기나 이전등기를 경료하여 등기 공부상으로 소유권을 취득한 건물이어야 하고, 현실적으로는 전면지배와 점유가 가능한 건물이어야 하며, 사용가치와 수익가치 및 처분가치 등의 경제적 가치가 존재하는 자산 성격의 건물부동산 또는 건축시설물이어야 비로소 건물자산으로서 인정된다. 또한 건물자산은 건물자산관리 개념이 접목되면 다음과 같은 물리적 기능과 문화적 작용을 하게 되며 이를 통하여 인간의 생활과 조직의 활동을 주 환경 측면에서 지원하게 된다.

(1) 건물자산의 물리적 기능

건물자산에는 물건의 성격에 따라 건물자산을 기반으로 영위되는 인간의 삶과 생활과 일의 영위를 편리성과 안전성 및 쾌적성과 내구성 등을 통하여 지원하는 건물 고유의 물리적 기능이 있으며, 건물자산의 거주자와 재실자 및 점유자 등에게 건물자산의 점유에 대한 사회적 평가와 신뢰감 및 자부심 그리고 건물 공간의 분위기가 인간에게 정신적으로 또는 정서적으로 영향을 주는 문화적 작용이 있다.

건물자산이 인간의 삶과 생활과 일(업무)의 영위와 조직의 목적사업활동 수행에 기반이 되는 이유는 3차원의 물리적 건축물의 공간을 중심으로 건축대지와 건축시설물의 물리적 기능과 건축설비의 물리적 기능 및 기타 부대시설의 물리적 기능에 의하여 인간과 조직활동의 기반 기능을 수행할 수 있으며, 이를 통하여 주 환경 측면에서 지원하게 된다. 건물자산의 물리적 기능이라 함은 건축물의 물건 기능을 의미하는 것으로서 건물자산의 사용과 수익 및 처분을 위한 작용이나 건물자산의 활용에 필요한 능력을 말한다. 예컨대, 건축물의 공간기능, 온습도 조절기능, 음용수 공급 및 하수처리 기능, 전원 공급 및 조명 기능, 승강 및 이동 기능, 실내공기 조절기능, 안전기능, 위생처리기능 등이 건물자산의 주요 물리적 기능에 해당된다.

건물자산의 물리적 기능의 적합과 부적합 및 수준과 질의 양호 여부는 건물자산관리 활동의 수준과 품질에 전적으로 의존하는 경향이 있으며, 비례하는 성질이 있음이 건물자산관리 현장에서 실증적으로 조사되고 있다.

(2) 건물자산의 문화적 작용

인간은 요람에서 무덤에 이르기까지 자연환경의 영향과 주 환경의 영향을 받아 건물의 공간에서 태어나고, 양육되며, 교육과 훈련의 과정을 거치면서 성장하고 삶과 생활과 일의 영위를 도모하면서 살아가고 있다. 가정이나 기업과 단체 및 정부 조직 역시 건물자산을 기반으로 조직의 목적 사업의 활동을 통하여 발전과 번영을 도모하고 있다.

건물자산의 인간에 대한 문화적 작용이라 함은 건물자산을 소유 또는 점유함으로써 건물자산이 건물자산 소유자와 점유자에게 자부심과 외부로부터의 인정과 신뢰 그리고 정신적 또는 정서적 안정감과 개인의 프라이버시와 인간다운 생활로 인격과 품격의 유지 등의 작용을 말한다. 또한 건물자산의 소유자와 사용자 및 이용자가 건물자산의 소유와 사용 및 이용에 보다 편리하고 안전하며 쾌적하게 소유하거나 사용하고 이용하여 삶과 생활과 일의 영위가 정신적으로 바람직하게 이루어지는 현상이나 건물자산을 기반으로 이루어진 생활이 건강하고 쾌적하여 안전성과 즐거움과 기쁨이 문화적으로 또는 정신적으로 나타나도록 영향을 미치는 것을 말한다.

건물자산의 문화적 작용의 선기능과 역기능은 정상적 건물자산관리 수단의 필요적 준비와 서비스 정신으로 수행하는 정상적 건물자산관리활동의 수준과 품질에 따라 결정되는 경향이 있다.

8) 건물자산 필요조건의 사회적 인식 변화가 건물자산관리의 학문적 이론 체계화 연구를 촉진하는 문화적 배경으로 작용하였다.

건물자산은 인간의 생활과 조직활동에 있어서 건물의 사용목적과 수익목적 및 처분목적에 부합할 때, 비로소 건물자산의 필요성과 중요성이 인정되며 건물자산의 가치와 의미가 부여된다. 이와 같은 의미에서 건물자산의 필요조건이란 인간이 바람직한 건물자산의 사용과 수익 및 처분에 있어서 없어서는 안 될 근본적인 조건이나 반드시 갖추어야 할 요소를 말한다. 다시 말하면, 건물자산의 필요조건이라 함은 바람직한 인간의 삶과 생활과 일의 영위를 위하여 요구되는 건물자산의 사용목적과 수익목적 및 처분목적에 반드시 요구되는 조건이나 구비해야 할 근본적 요건을 말한다.

수학에서 말하는 필요조건은 〈p가 q이다〉라는 가언 명제에서 p와 q가 모두 참일 때 p에 대한 q를 필요조건이라 한다. 예컨대, 〈건물자산은 생활의 기반이다〉라는 가언 명제에서 건물자산이 생활 기반의 의미가 참일 때, 생활 기반이 건물자산에 대한 필요조건이 되며, 건물자산의 기반의미가 인정될 때 비로소 건물자산의 가치와 중요성 및 필요성과 의미를 가지게 된다. 다시 말하면 건물자산의 필요조건이란 인간이 건물자산의 취득과 사용과 수익 및 처분의 욕구를 충족하는 요소를 말한다.

건물자산이 건물자산으로서 가치와 의미를 인정받기 위해서는 다음과 같은 부분별 필요조건을 구비하고 있어야 한다. 왜냐하면, 다음의 부분별 필요조건을 구비하지 못하는 경우에는 전체적으로 건물자산의 사용 수익 및 처분의 가치나 의미가 없어지기 때문이다.

(1) 건물자산의 생산과 공급(유통) 및 사용 수익 부분의 필요조건

정부, 기업, 단체 등의 건물자산 생산과 건설의 주체는 관계법과 정책 및 제도를 마련하고 이의 정상적 작동에 따라 건물자산 거래시장의 수요에 맞추어 개인 또는 조직의 사용목적과 수익목적 및 처분목적에 부합하는 합목적적 건물자산을 최유효 관리법에 따라 가장 경제적 방법으로, 안전하게, 효율적으로, 적합하게, 효과적으로 수요량에 부합하는 건물자산을 생산·공급하고 수요자는 같은 조건으로 구입하여 사용 수익할 수 있어야 한다.

(2) 건물자산 자체 부분의 필요조건

건물자산의 관리를 통하여 인간이 바람직한 삶과 생활과 일의 영위를 위하여 주 환경 측면에서 인간의 생존과 건물자산 이해관계자에게 최유효 만족을 제공하려면 건물자산의 그 자체가 다음과 같은 필요조건을 구비하고 있어야 한다.

① 안전과 안정 및 편의성이 보장되어야 한다.
② 쾌적하게 사용 수익할 수 있어야 한다.
③ 일정한 내구성이 존재하여 건물의 사용 수익을 가능하게 해야 한다.
④ 청결성과 보건성 및 미관성이 유지되어야 한다.
⑤ 경제적 방법으로, 안전하게, 효율적으로, 적합하게 합목적적 건물자산의 취득과 소유가 가능해야 하고 효과적 보유 및 운영관리로 최유효 사용과 수익할 수 있어야 하며, 합리적으로 처분할 수 있어야 한다.
⑥ 기술적으로, 경제적으로, 법률적으로, 환경적으로, 행정적으로, 안전상의 문제나 하자가 없어야 한다.
⑦ 건물자산의 정상적 기능과 설비의 성능이 가장 경제적 방법으로, 안전하게, 효율적으로 적합하게 장기적으로 유지되어야 한다.

(3) 건물자산관리 서비스 부분의 필요조건

건물자산 자체의 존재만으로 바람직한 인간의 삶과 생활과 일의 영위를 주 환경 측면에서 지원할 수 없음은 전술한 바와 같다. 왜냐하면 건물의 운영관리 없이는 건물 스스로 인간이 건물자산을 기반으로 삶과 생활과 일의 영위에 필요한 건물자산관리 서비스를 제공할 수 없기 때문이다. 그러므로 인간이 건물자산을 바람직하게 사용 수익 및 처분하려면 건물자산관리활동을 통한 건물자산의 취득 서비스와 운영관리 서비스 그리고 처분의 서비스가 적절하게 생산되고 제공되어야 한다. 따라서 주 환경 측면에서 인간의 삶과 생활과 일의 영위를 지원하려면 건물자산관리활동에 지장이나 저해하는 부정적 현상이나 문제가 없이 이루어지는 정상적 건물자산관리활동을 수행하여야 하고 정상적 건물자산관리활동을 통하여 생산되고 공급되는 건물자산관리 서비스는 다음의 조건을 구비한 서비스이어야 한다.

① 고품격 서비스 조건을 갖춘 양질의 서비스이어야 한다.
② 고객의 필요(needs)와 욕구(wants) 및 수요(demand)에 부합하는 서비스이어야 하고 고객을 만족하게 만드는 서비스이어야 한다.
③ 가장 경제적 방법으로, 안전하게, 효율적으로, 적합하게 서비스를 생산 · 공급하고 소비할 수 있는 서비스이어야 한다.
④ 건물자산의 소유와 사용과 수익 및 처분에 유익한 서비스여야 한다.

9) 건물자산관리의 부정적 현상과 문제 개선 필요성의 대두가 건물자산관리의 학문적 이론 체계화 연구를 촉진하는 문화적 배경으로 작용하였다.

(1) 건물자산관리의 부정적 현상

① 건물자산관리의 부정적 현상의 개념

바람직한 인간의 삶과 생활과 일을 주 환경 측면에서 지원하려면 전술한 바와 같이 정상적 건물자산관리활동을 통하여 건물자산 최유효 관리법에 따라 사용 목적과 수익 목적 및 처분 목적에 부합하는 합목적적 건물자산의 취득과 이의 사용과 수익 및 처분을 지원하기 위한 건물자산관리 서비스를 가장 경제적 방법으로, 안전하게, 효율적으로, 적합하게 생산하고 공급하여야 한다. 그러나 이와 같이 요구되는 정상적 건물자산관리활동을 저해하거나 방해 또는 왜곡시키는 건물자산의 부정적 현상과 문제가 계속 나타나고 있어 이에 대한 개선이 건물자산관리 시장과 현장에서 조사되고 있다.

② 건물자산관리 부정적 현상의 생성 요인과 부작용

우리나라 건물자산관리 시장과 현장에서 발생되어 정상적 건물자산관리활동을 저해하거나 왜곡시키는 부정적 현상의 생성요인과 부작용의 사례를 살펴보면 다음과 같이 나타나고 있다.

첫째, 건물의 용도별 생산 공급과 유통 및 수요의 예측이 과학적 방법에 따라 일정하게 통제 또는 조절되지 못함에 따라 건물자산 거래 시장에서 나타나는 공급량과 소비량의 불균형과 공급가격과 소비가격 사이에 정상가격을 유지하기보다 불규칙적으로 폭등과 하락이 반복되고 있으며, 공급과잉과 공급축소 현상이 불규칙적으로 일어나 일반 국민의 주거안정과 경제활동에 부정적으로 작용하는 건물자산 공급과 가격의 부정적 현상이 나타나고 있어 이에 대한 개선이 요구되고 있다. 뿐만 아니라 이와 같은 공급과잉과 공급축소 현상은 공실률을 증가시키고 공급부족에 의한 거래가격을 계속 폭등시켜 건물자산거래 시장을 혼동과 혼란으로 몰아가고 있으며 사회 불안 요인이 되고 있다. 이와 같은 건물자산관리의 부정적 현상은 건물자산 관련 산업에 악영향을 미치어 미분양 사태를 몰고 옴에 따라 일부 건설업체를 비롯한 관련 하도급업체로 하여금 도산과 파산이 속출하게 하고 있으며, 건물자산의 소유자와 투자자 및 임차인 모두에게 경제적 고통을 안겨 주고 있다.

둘째, 설계과정에서부터 완공 후 건물의 효율적 운영관리를 위하여 요구되는 효율적 운영관리 조건을 선진 외국과 같이 설계에 의무적으로 반영하지 아니하고 있으며 시공과정에서조차 완공 건물의 효율적 건물 사용과 수익 및 처분을 고려하지 않은 가운데 건물을 완공시키고 있다. 이로 인하여 건물의 효율적 운영관리가 이루어지지 못하여 건물자산관리에 있어서도 고질적 병폐인 고비용 저 품질의 서비스 생산구조가 고착되고 조기 노후화 현상이 나타나고 있으며, 건물 유지관리의 생산성이 미국이나 일본의 건물관리 생산성의 약 2분지 1의 수준에 머물고 있으며, 물리적 내용연수조차 점차 줄어드는 부정적 현상이 나타나고 있어 건물자산관리 연구자와 관계자를 매우 안타깝게 하고 있다. 또한 조기 대수선과 조기 재건축 및 재개발로 인하여 건축자원의 경제적 낭비가 심화되고 있으며, 이로 인한 사회적 비용이 증가되고 있다.

셋째, 시공 중심의 건축정책으로 완공 이후의 건축물의 유지관리에 대한 법령과 제도 및 정책과 대책이 매우 미흡하여 건물의 소유자와 관리자에 의한 책임 관리가 이루어지지 못함에 따라 건물의 물리적 수명과 기능 및 성능이 설계 수준 이하로 떨어지고 있으며, 건물자산의 경제적 가치와 문화적, 사회적 가치의 보호가 바람직하게 이루어지지 못하여 건물자산가치 보존과 이용 및 개량에 부정적 현상이 나타나고 있다.

넷째, 공공 건물자산의 입찰 관계법과 제도의 모순으로 1년 단기 계약제도가 법적으로 시행되고 있으며, 법적 또는 기술적 검증 없는 건물관리 용역 업체조차도 국유 건물자산과 시설물의 유지관리 입찰 참여가 허용되어 국유 건물자산의 가치 유지나 제고는 고사하고 건물기능과 성능 유지에만 급급한 나머지 국유 건물자산가치의 보존과 이용 및 개량에 한계가 있어 국유 건물자산 관리가 사각지대에 방치되고 있으므로 국유 건물자산의 가치의 유지 또는 제고가 부분적으로 이루어지지 못하고 있다. 뿐만 아니라, 건물의 사용 주체가 완공 건물의 인수 시부터 물리적 유지관리 단계에서 건축물의 점검과 보수, 진단과 교체, 정밀안전진단과 개량 및 보강 등의 건물유지관리 계획을 세우고 이에 따라 지속적으로 그리고 체계적으로 유지관리가 이루어지지 못함에 따라 허술한 건물의 유지관리로 인하여 자원의 낭비가 심화 되고 있으며, 국유 건물자산의 생애주기가 단축되어 가고 있어 국민의 혈세가 낭비되는 부정적 현상이 나타나고 있다.

다섯째, 건물자산관리는 과학적 관리와 전문적 관리 및 기술적 관리에 의하여 체계적으로 수행하는 것이 모든 선진국의 일반상식으로 인식되고 있으나, 우리나라 건물자산관리의 경우에는 일부를 제외한 대부분의 건물자산의 소유자와 건물자산관리 전문기업이 아직도 건물자산의 과학적 관리와 전문적 관리 및 기술적 관리에 대한 인식의 부족으로 건물자산관리의 기술과 원리 및 과학에 대한 연구나 학습도 없이 자기 경험과 직관 및 상식에 의하여 건물자산관리 용역을 발주하거나 운영관리하고 있으며, 건물자산관리 전문 관리업체조차도 건물자산관리 용역 수주에 의한 영업수익에만 급급한 나머지 건물자산관리의 기술과 원리 및 전문 인력 양성에 대한 연구와 개발 투자가 매우 미흡하여 기술개발과 관리 능력 개발이 지연되고 있으며, 이로 인하여 건물자산관리의 생상성이 후퇴하고 건물자산의 소유자와 사용자 및 이용자의 건물자산의 소유와 사용 및 이용의 만족도가 하향 곡선을 향하는 부정적 현상이 나타나고 있다.

여섯째, 건물자산관리의 중요성과 필요성에 대한 사회적 무관심과 이해 부족으로 우리나라 건물자산의 가치와 수명을 함께 후퇴시키고 있으며 화재, 붕괴 등 안전사고가 근절되지 않아 인적 물적 피해를 점증시키는 건물 안전관리 상의 부정적 현상이 지속적으로 나타나고 있다.

일곱째, 건물자산관리의 중요성과 필요성에 대한 우리나라 제도권 대학과 교육계의 이해 부족과 산업계의 인식 부족으로 건물자산관리 전문 인력의 교육과 양성 및 접목이 일반적으로 이루어지지 못하여 건물자산관리 업무의 일상적 관리 업무는 매일 매일 반복적으로 이루어지고 있으나, 건물자산관리의 업무가 창조적이고 생산적이며 능률적으로 수행되지 못하여 건물자산관리 업무의 생산성이 외국 선진국의 건물관리 서비스 생산성이 전술한 바와 같이 약 2분지 1의 수준에 머물고 있어 건물자산관리 생산성에도 건물자산관리의 부정적 현상이 나타나고 있다.

③ 부정적 현상의 사회적 영향

앞에서 설명한 우리나라 건물자산관리의 부정적 현상은 건물자산의 수요와 공급의 불균형, 건물자산 가격의 폭등과 폭락, 건물의 붕괴사고와 대형 건물화재 사고로 인한 인적 물적 피해의 증가, 건물자산 소유자와 사용자(입주고객) 및 이용자의 건물의 소유와 사용 및 이용 상의 불만지수 증가, 건물자산관리 업무 생산성의 저하, 국유 건물자산가치의 보존과 이용 및 개량의 한계 노정, 자원의 낭비와 사회적 비용의 증가 등의 문제로 이어지고 있다.

만일 우리사회가 건물자산관리의 부정적 현상을 계속 방치하거나 경시하는 경우에는 대형 건물자산관리 사고로 인하여 인적 물적 피해의 지속적 발생은 물론 국가 자산의 낭비가 계속 점증되고 사회 전반에 악영향을 끼쳐 도시기능이 제한적으로 불능상태에 빠지게 될 개연성이 잠재되어 있으며 건물자산을 기반으로 이루어지는 개인의 삶과 생활 및 일의 영위와 경제주체 조직의 활동에도 적지 않은 피해와 고통을 주게 되어 바람직한 삶과 생활과 일의 영위가 어렵게 될 뿐만 아니라 크고 작은 경제주체 조직의 경제활동과 사회활동에도 부정적으로 작용하게 될 것으로 판단된다. 그 대표적 사례로는 전기에너지 생산과 수요 예측의 실패에서 발생한 전기블랙아웃(전국 규모의 전기단전 사고)에서 찾아 볼 수 있다.

그러므로 건물자산관리의 부정적 현상은 반드시 해결 또는 개선해야 하며 이를 해결 또는 개선하기 위해서는 우리나라 건물자산의 본질적 3대 기본 문제와 현실적 문제를 면밀히 관찰하고 조사 연구하여 건물자산관리 문제의 해법과 개선방안이 학문적 연구를 통하여 탐구되고 제시되어 우리나라 건물자산관리 시장과 현장에 접목되어야 한다.

이와 같은 시대적 요청이 건물자산관리의 학문적 이론 체계화 연구를 문화적으로 견인하였다.

(2) 건물자산관리의 문제

① 건물자산관리 문제의 개념

건물자산관리의 문제라 함은 정상적 건물자산관리활동을 저해하거나 방해하는 요인으로서 바람직한 건물자산 경영성과와 관리효과 창출을 왜곡하는 문제점을 말하며 연구하거나 탐구를 통하여 개선 또는 해답이 요구되는 건물자산과 건물자산관리의 과제(issue)를 말한다.

건물자산과 건물자산관리의 문제에는 근본적으로 해결해야 하는 본질적 문제와 건물자산관리 시장 또는 현장에서 현상적으로 나타나 바람직한 건물자산의 목적과 그 목적을 지원하기 위한 건물자산관리의 목적 및 목표달성을 저해하거나 방해하는 문제점이나 저해 요인으로 작용하는 현실적 문제가 있다.

② 건물자산관리 문제의 종류와 내용

가. 건물자산관리의 본질적 문제

건물자산관리의 본질적 문제라 함은 건물자산관이에 있어서 근본적으로 연구하여 반드시 해결해야 하는 과제를 말한다. 건물자산관리의 본질적 문제는 건물자산관리학의 연구 대상의 하나로서 학문적인 연구를 통하여 반드시 해결 또는 개선해야 하는 건물자산관리학의 연구 과제를 말하며, 건물자산관리의 본질적 문제에는 다음과 같은 세 종류의 문제가 있다.

첫째의 건물자산과 건물자산관리의 본질적 문제는 "무엇을 얼마만큼 언제 생산할 것인가?" 의 문제이다.

첫 번째의 건물자산과 건물자산관리의 본질적 문제는 본질적 문제 중의 문제로서 정부가 건축물에 대한 국민 수요를 예측하고 생산량과 생산 및 공급시기를 계획·조정·통제하고 적정하게 조절하여 건물자산의 거래시장을 정상적으로 유지하여 국민의 주거안정을 기하고 국민에게 행복하고 쾌적한 주거환경을 제공하여 건물자산을 기반으로 하는 인간의 삶과 생활과 일의 영위와 크고 작은 경제주체 조직의 목적사업활동을 바람직하게 수행할 수 있도록 연구를 통하여 학문적으로 해결해야 하는 문제이다. 건물자산관리를 통하여 생산하고 건물자산 이해관계자에게 제공해야 하는 생산대상에는 재화 성격의 건축물과 용역성격의 건물자산관리 서비스가 있다.

재화 성격의 건물자산은 건축물의 용도에 따라 다소 상이성은 있으나 주거용 건물자산의 경우, 자유 시장경제체제의 보이지 않은 손에 의하여 건물자산의 수요와 공급을 맡기는 것보다 혼합경제체제에 의한 중앙정부의 경제정책에 따라 기획과 조절 기능에 의하여 주택 장기 수급계획을 세우고, 세워진 장기수급계획에 따라 중앙정부의 통제에 의하여 공공 공급 기관과 민간 공급 기업이 건축물의 건설과 공급을 분담하여 건설하되 건물자산 거래 시장의 수요와 공급에 균형이 이루어지도록 건물자산의 생산과 공급을 조절할 필요가 있다. 또한 생산되고 취득된 건물자산의 사용과 수익 및 처분을 바람직하게 수행하기 위하여 요구되는 건물자산관리 서비스의 생산은 당해 현장에 입주하고 있는 입주자 고객의 필요(needs)에 따라 생산하고 소비의 타이밍에 맞게 적절히 제공하여 고객의 욕구(wants)를 충족하게 하여 만족하도록 건물자산관리 서비스를 생산하고 제공하여야 한다. 건물자산과 건물자산관리의 첫 번째의 본질적 문제가 원만히 해결되는 경우, 혼합경제체제에 의한 건축물의 생산량의 결정과 수급조절을 통하여 건물자산의 수요와 공급을 사전에 조절함으로써 수요와 공급의 문제 및 가격의 폭등과 폭락을 사전에 방지하여 건물자산의 공급자와 수요자 모두를 적정한 수준에서 만족하게 하며, 적절한 건물자산관리 서비스의 생산과 제공을 통하여 건물자산의 소유자와 사용자 및 이용자 모두 만족하게 건물자산의 소유와 사용 및 이용에 있어서 만족하게 만드는 문화적 작용을 하게 된다.

두 번째의 건물자산과 건물자산관리의 본질적 문제는 "누가, 무엇을 가지고, 어떻게 생산하여, 어떤 방법으로 공급할 것인가?" 의 문제이다. 건물자산의 주요 취득 방법에는 신축에 의한 원시취득 방법과 매매계약이나 교환계약 등에 의한 승계취득방법이 있다.

신축에 의한 원시취득방법은 개인, 단체, 기업, 정부가 사용목적과 수익목적 및 처분목적에 따라 용도에 맞게 건물은 기획하고 설계하여 시공하고 준공하여 건축물관리 대장을 작성하고 등기함으로써 종전에 없었던 건물의 소유권을 취득함으로써 마침내 건물자산을 취득하는 방법이고, 승계취득방법은 존재하고 있는 건물자산에 소유권이 등기된 소유권을 매매계약이나 교환 계약에 의하여 등기된 소유권의 이전등기를 통하여 종전의 건물을 취득하는 방법이다.

건축물 생산의 경우를 보면, 건설회사가 사업시행주체가 되어 자사의 사업목적에 따라 건축하는 경우도 있으나, 타 사업시행주체의 요구에 의한 도급계약에 따라 건축공사를 시공하는 경우도 많이 볼 수 있다.

건축물의 생산은 건축주의 의도와 요구조건에 의하여 기획되고 설계되어 시공과 감리를 경유하여 관할 허가관청의 사용 승인을 받음으로써 마침내 완공되고 등기함으로써 사용과 수익 및 처분이 가능하게 된다. 따라서 건축물의 생산은 건축주의 요구에 따라 체결된 건축도급계약에 의하여 건설회사가 시공함으로써 완공되나 사용자재와 장비 및 주요 부재와 마감 부재는 설계도서에 의하여 결정된다. 따라서 건축물의 건축은 건축주의 자본과 건설회사의 건축기술 및 근로자의 노동력의 총합에 의하여 완공된다.

그러나 건물자산관리 서비스는 서비스 소비자의 필요(needs)에 따라 서비스 생산자가 유상의 반대급부의 조건으로 서비스를 생산하고 소비자에게 공급 제공된다. 유의할 점은 서비스의 생산은 생산자 단독으로 생산하는 경우도 있으나, 소비자와 함께 생산하고 소비자가 소비하는 경우도 자주 있음을 유의할 필요가 있다.

세 번째의 건물자산과 건물자산관리의 본질적 문제는 "생산된 건물자산과 건물자산관리 서비스를 누구에게 제공하여 어느 정도로 만족하게 할 것인가?"의 문제이다.

생산된 생산물에는 전술한 바와 같이 재화 성격의 건물자산과 용역성격의 건물자산관리 서비스가 있으며, 생산물은 화폐를 매개로 거래되는 하나의 상품으로서 일정한 대가를 지불하고 구매한 건물자산과 건물자산관리 서비스는 구매한 소비자를 주관적으로 만족을 제공해 주는 건물자산과 건물자산관리 서비스라야 한다.

건물자산관리의 본질적 문제를 정리하면 다음의 (표 3)과 같다.

(표 3) 건물자산관리의 본질적 문제

1. 무엇(건물자산과 건물자산관리 서비스)을 얼마만큼 언제 생산할 것인가?
2. 누가, 무엇을 가지고, 어떻게 생산하여 어떻게 공급할 것인가?
3. 생산된 건물자산과 건물자산관리 서비스를 누구에게 제공하여 어느 정도로 만족하게 할 것인가?

나. 건물자산관리의 현실적 문제

가) 건물자산관리 현실적 문제의 개념

건물자산관리의 현실적 문제라 함은 건물자산관리 시장이나 현장에서 지각이나 인식이 가능한 사물로서 나타나고 있는 건물자산관리의 부정적 현상이나 문제점을 의미하며, 이와 같은 건물자산관리의 부정적 현상과 문제점이 건물자산거래 시장과 건물자산 관리시장에서 이루어지는 건물자산관리활동에 부정적으로 작용하거나 방해 또는 저해 요인으로 작용하여 정상적 건물자산관리활동을 비정상적 건물자산관리활동으로 변질 시켜 바람직한 건물자산관리의 경영성과나 관리효과를 왜곡되게 나타나게 하여 물질적 피해와 정신적 피해를 가중시키는 건물자산관리의 문제점이나 요인을 말한다.

나) 건물자산관리 현실적 문제의 생성 요인

건물자산은 인간의 자본과 기술과 노동력의 결합에 의하여 기획되고 설계되어 시공의 과정을 거쳐 생산되는 재화이나, 건물자산은 인간의 손에 의하여 만들어진 다른 물건과는 달리 인간의 삶과 생활과 일의 영위에 정서적으로나 정신적으로 또는 물질적으로 크게 영향을 주는 물적 기반 건축시설물로서 인간의 삶과 생활과 일의 영위를 가능하게 지원할 뿐만 아니라 가계, 기업, 정부 등 크고 작은 경제주체 조직활동의 인프라가 되고 무대가 되어 조직의 목적사업을 수행할 수 있게 한다. 그러므로 건물자산은 개인의 삶과 생활과 일의 영위와 조직의 목적 사업 수행에 있어서 없어서는 안 될 필수적 재화라 할 수 있다.

이와 같이 인간의 생활과 조직활동에 있어서 필수적 재화인 건물자산을 바람직한 인간의 삶과 생활과 일의 영위를 위하여 가치 있고 의미 있게 활용하려면, 사용목적과 수익목적 및 처분 목적에 부합하는 합목적적 건물자산을 건축하여 생산하고 법률적으로 취득하여야 하며, 취득한 건물자산은 정상적으로 보유(보존)하거나 효과적으로 운영관리해야 하고, 시간의 경과나 사정에 의하여 세워진 새로운 계획에 따라 합리적 방법으로 물리적 처분이나 법률적 처분을 실시하여 건물자산의 새로운 경제 가치를 부가적으로 창출할 필요가 있다.

그러나 이와 같이 바람직한 인간의 삶과 생활과 일의 영위와 조직의 목적 사업의 수행을 위하여 반드시 요구되는 합목적적 건물자산의 취득이나 효과적 보유 및 운영관리 그리고 합리적 처분을 가장 경제적 방법으로, 안전하게, 효율적으로, 적합하게, 효과적으로 수행하는 건물자산의 경영관리는 건물자산관리 종사자의 상식이나 경험 또는 직관으로만 경영 관리할 수 없는 사안으로서 고도의 건물자산관리 전문성과 기술을 요하는 전문적 기술 업무이므로 건물자산관리 전문 인력과 건물자산관리의 과학적 기술 및 원리와 이론에 따라 정상적 건물자산관리활동이 접목되어 과학적 관리와 전문적 관리 및 기술적 관리를 통하여 경영과 운영 및 관리되어야 한다.

뿐만 아니라, 21세기 지식경제사회에 진입하면서부터 컴퓨터가 주된 생산도구로 활용됨에 따라 최근에 건축되는 건물의 특성은 건축설비의 첨단화, 건물 규모의 고층화와 대형화, 건물용도의 복합화 등의 특성을 가지고 건축되고 있어 건물자산관리의 과학화와 전문화 및 기술화가 크게 요구되고 있으나, 건물자산관리 시장과 현장에서는 현대 건물자산관리에 요구되는 첨단, 고층, 대형, 복합 건물자산의 관리 기술의 연구와 학습이나 교육이 충분하게 이루어지지 못하여 관리 기술과 전문성이 답보 상태에 있어 첨단, 고층, 대형, 복합 건물자산의 관리에 비동시화 현상을 낳고 있다.

또한 우리나라 건물자산관리의 역사와 현황 및 실태를 고찰해 보면 1960년대에는 건물자산다운 건물자산의 동수가 적은데다가 규모 또한 저층 중심의 건물자산이 대다수를 차지하였고, 시설이나 설비 또한 일반 시설이나 설비의 수준이었으며, 건물자산의 용도 또한 주거용과 상업용 또는 공업용과 문교사회용 중심의 건물자산이 대부분을 차지하고 있어 건물자산의 관리에 있어서도 건물자산의 소유자가 중심이 되는 거래시장과 관리시장이 형성되어 건물자산의 소유자가 주도하는 갑이 되고 건물자산의 사용자(임차인/점유자/재실 자/입주자 등)와 이용자가 을이 되는 건물자산의 사용과 수익 구조 형태로 운영 관리되어 임차인의 건물자산의 사용과 수익활동을 위하여 요구되어야 하는 건물자산관리 서비스의 생산과 제공이 건물자산관리 종사자의 단순한 노동력이나 기능 및 경험과 상식에 의하여 점검 보수하고 쓸고 닦고 지키며 임대료나 관리비를 받아 처리하는 정도의 협의 건물관리개념 수준으로도 관리가 가능하였으나, 건물자산의 소유자나 사용자 및 이용자의 불만 없이 건물자산의 사용과 수익 및 처분에 만족하였으나, 1990년대부터 건물자산관리의 시장과 현장의 상황이 급변하여 물리적으로는 초고층 건물자산이 대도시를 중심으로 건축 붐을 타고 대량으로 건축되기 시작하면서 건축시설과 설비가 첨단화 되고 건물자산의 규모 역시 대형화, 대단지화 되었으며, 건물자산 용도 또한 복합화가 되면서 고도의 건물자산관리의 과학적 기술과 전문성의 접목이 요구되어 건물자산관리 전문 인력의 양성과 기술교육이 크게 요청되었으나 우리나라 제도권 교육기관의 무관심과 관련 업계의 준비 부족 및 관계당국의 대비 소홀로 인하여 이에 적절히 대처하지 못하는 우를 범하였다.

또한 건물자산거래시장과 건물자산관리시장의 거래환경과 관리환경이 건물자산의 소유자 또는 건물자산의 임대인중심 시장에서 매수자 또는 임차인(사용자)중심 시장으로 변화되었으며, 건물자산관리 현장에서는 건물자산 사용자의 요구가 종전과 같이 단순한 건물의 공간만의 제공과 일반 시설의 사용에 만족하지 아니하고, 보다 편리한 자동화 시설, 첨단 사무 자동화 기기의 제공, 실내 공기의 쾌적화 등 매우 다양한 건물자산 사용의 새로운 욕구가 나타나기 시작하여 건물자산의 소유자나 임대인과 관리자는 사용자의 다양한 욕구 충족으로 건물자산의 사용과 수익에 만족을 제공하기 위하여 요구하는 사무환경에 부합하는 사무자동화 시설과 편리하고 안전한 시설, 쾌적한 사무실 환경의 제공 등 전문적인 원스톱 서비스를 제공하여야 하는 현실을 적절히 대처하지 못함으로써 현실적으로 건물자산의 소유자와 사용자 및 이용자 간에는 갈등 구조가 형성되고 건물자산의 사용 만족지수보다 불만지수가 점차 고조되어 가고 있어 건물자산의 거래시장과 관리시장이 직면하고 있는 현실적 문제가 되고 있다.

건물자산거래시장과 건물자산관리시장 및 현장에서 잠재되어 있거나 발생하여 인적 물적 피해를 조장하는 건물자산거래와 건물자산관리의 부정적 현상과 문제에 대한 효율적 대응과 해법 도출을 위한 건물자산 및 건물자산관리 서비스의 생산과 취득 및 유통(제공)과 소비(사용)에 관한 관계법령이나 정책 및 제도의 대비 소홀로 건물자산의 수요와 공급 간에 불균형 현상이 일상화 되어 건물자산 가격의 폭등과 폭락이 이어지고, 미분양 주택과 건축시설물의 양이 증가일로에 있으며, 상업용 건물자산의 공실률이 점차 높아져 사회적 문제화되어 감에 따라 건물자산의 소유자나 투자자 및 임차인 모두에게 경제적 손실과 함께 사회적 고통을 증가 시키고 있다.

뿐만 아니라, 우리나라 건물자산 대부분을 운영 관리하고 있는 건물자산관리 전문업체의 경우를 살펴보면 소수의 건물자산관리업체를 제외한 대부분의 건물자산관리업체에서는 건물자산관리의 전문성과 과학적 관리기술의 필요성과 중요성에 대한 인식부족으로 업체 소속 현재의 건물자산관리 종사자 스스로 최고의 건물자산관리 전문가 또는 최고의 기술자로 자처하는 현상이 현실적으로 존재하고 있으며, 건물자산관리 업체의 영세성으로 인하여 건물자산관리 전문성과 기술 연구와 개발 및 학습 기회를 충분히 갖지 못한 가운데 급변하는 건물자산관리 시장과 현장에 임하고 있어 건물자산관리의 기술과 전문성이 점차 퇴보하는 현상이 감지되고 있으며 이로 인하여 현금의 변화해 가는 건물자산 거래시장과 건물자산관리시장에 적절히 대응하지 못하고 있다.

더욱 한심하게 생각되는 사실 중에는 산업사회의 변화에 따라 요구되는 특정 산업분야의 전문 인력이 교육을 통한 전문 인력 수요에 학문적으로 부응해야 할 우리나라 제도권 대학에서조차 일부의 대학을 제외한 대부분의 대학의 경우 건물자산관리의 필요성과 중요성에 대한 인식조차 하지 못하고 있으며 건물자산관리의 업무 범위와 내용의 파악이 되지 않은 가운 데 건물자산거래시장과 건물자산관리시장의 현황과 실태에 대한 파악이 전혀 이루어지지 못하여 작금의 건물자산거래시장과 건물자산관리시장의 변화에 적절히 대응할 전문 인력 양성 교육에 교육적 관심조차 보여주지 못하고 있다는 사실이다.

이와 같은 사실이 앞에서 논의한 바와 같은 요인에 의하여 바람직한 인간의 삶과 생활과 일의 영위와 경제주체 조직의 목적사업 수행을 위하여 요구되는 정상적 건물자산관리활동을 저해하고 방해하여 바람직한 건물자산관리 성과와 효과를 왜곡시키는 현실적 문제를 양산하여 사회적 비용을 증가 시켜 사회적 문제가 되고 있다. 이와 같은 건물자산관리의 현실적 문제는 사회적 비용과 고통을 증가시키는 요인이 되고 있으므로 학문적 연구를 통하여 반드시 해결 또는 개선해야 한다. 건물자산관리 시장과 현장에서 부정적으로 작용하거나 정상적 건물자산관리활동을 방해 또는 저해하여 건물자산관리 경영성과와 관리효과를 왜곡시키는 건물자산관리의 현실적 주요 문제를 요약 정리하면 다음의 (표 4)와 같다.

(표 4) 건물자산관리의 현실적 주요 문제

(1) 주택 수급 불균형과 주택 거래 시장 왜곡에 의한 전세 대란과 서민 주거불안 심화 문제
(2) 건물 붕괴와 화재 및 안전사고에 의한 인적 물적 피해증가 문제
(3) 비주거용 건물의 공급과잉과 공실률 증가로 인한 경제적 손실 증가 문제
(4) 무분별한 재개발과 재건축에 의한 자원 낭비 문제와 사회적 지출 증가 문제
(5) 과학적 관리와 기술적 관리 및 전문적 관리 미흡으로 초대형 건물의 관리 부실로 화재와 붕괴 등의 건물위험성 증대 문제
(6) 단기 위탁관리계약에 의한 건물자산의 물리적 수명 단축 문제
(7) 건물자산관리 시장과 현장의 변화에 적절히 대응할 관계법령과 제도 및 정책 미흡의 문제
(8) 건물자산관리 교육제도 및 교육시설 부재로 인한 건물자산관리 전문 인력의 체계적 양성 미흡 문제
(9) 건물자산관리업체 영세성에 의한 기술개발 R&D 노력 부재 문제
(10) 건물자산관리의 중요성과 필요성에 대한 건물자산 이해관계자의 총체적 인식 결여 문제
(11) 건물자산관리의 부정적 현상과 문제의 사회적 무관심의 문제
(12) 수요예측 및 타당성 조사 부실에 의한 무분별한 건축으로 인한 국민의 혈세 낭비 심화 및 대책 부재 문제
(13) 고비용 · 저효율 건물자산관리 구조 문제

앞에서 설명한 건물자산관리의 부정적 현상과 문제는 연구를 통하여 반드시 해결 또는 개선해야 할 사회적 과제로 인식됨에 따라 이에 대한 학문적 연구의 필요성이 시대적으로 강조되고 있다. 이와 같이 건물자산관리의 부정적 현상과 문제의 해결과 개선을 위한 학문적 연구의 필요성이 건물자산관리의 학문적 이론 체계화 연구를 촉진하는 문화적 배경으로 작용하였다.

10) 건물자산관리 전문교육의 필요성이 건물자산관리의 학문적 체계화 연구의 문화적 배경으로 작용하였다.

건물 층수의 고층화, 규모의 대형화, 시설과 설비의 첨단화와 지능화 및 자동화, 용도의 복합화 등의 특성을 가진 현대 건물의 등장과 건축, 전기, 기계, 전기, 전자, 통신 기술의 발전과 함께 기술환경과 경제환경 그리고 사회환경 및 법 · 제도 환경 등이 시간을 다투어 변화하고 있어 건물자산의 과학적 관리와 기술적 관리 및 전문적 관리가 시대적으로 크게 요청되고 있어 기술 교육과 전문성 교육 등 전문 인력의 양성 교육의 필요성이 대두하고 있다. 이와 같은 건물자산관리 전문 교육의 필요성이 건물자산관리의 학문적 이론 체계화 연구의 배경으로 작용하고 있다.

4. 이론 체계화 연구의 목적

이론이란 낱낱의 사물이나 현상을 일정한 원리와 법칙에 따라 통일적으로 설명할 수 있는 보편적 지식체계를 말하며, 이론에 의하여 탄생되는 학문은 일정한 이론에 따라 체계화된 지식을 의미하므로 건물자산관리의 학문적 이론 체계화 연구의 지적 작업은 일정한 원리와 법칙에 따라 건물자산관리의 이론을 체계화하고, 이를 바탕으로 건물자산관리의 학문화에 기여하여야 한다.

건물자산관리학 이론 체계화 연구의 목적은 건물자산관리에 관계되는 사물과 현상을 효율적으로 그리고 통일적으로 설명하고 이를 토대로 관련 업무 처리와 건물자산관리 업무 수행에 필요한 경영관리기술을 연구 개발하여 건물자산관리 실무활동을 바람직하게 견인하여 건물자산관리의 목적과 목표를 가장 경제적 관리방법으로 안전하게 효율적으로 적합하게 효과적으로 달성하는 데 건물자산관리의 학문적 이론 체계화 연구의 목적이 있다. 또한 건물자산관리학은 응용과학의 성격을 가지고 있으므로 건물자산관리의 이론을 먼저 체계화하고 이를 바탕으로 건물자산관리의 기술을 연구 개발하여 건물자산을 기반으로 영위되는 인간의 생활과 건물자산관리 산업 현장에 제공하여 인간의 생활과 산업을 바람직하게 영위하게 하고 발전하도록 견인하는 데 건물자산관리의 학문적 이론 체계화 연구의 목적이 있다.

뿐만 아니라, 건물자산관리의 이론 체계화 연구는 이론 체계화를 통하여 업무 처리와 전문업의 바람직한 수행을 학문적으로 지원하고 견인하는 데 의미와 가치가 있다. 왜냐 하면, 건물자산관리학의 이론은 이론 그 자체가 중요한 것이 아니라, 체계화 된 건물자산관리 이론을 업무 처리나 전문업 수행의 도구로 활용하여 건물자산관리 업무와 과업을 바람직하게 처리하고 수행하는 데 의미와 가치가 있기 때문이다. 건물자산관리의 체계화된 이론은 업무의 처리와 전문업의 수행에 필요한 과업의 개념을 먼저 이해하게 하고 방법과 절차를 숙지하도록 하며 종국적으로 육체적 또는 정신적으로 수행할 수 있게 만들어 주는 기능과 역할에 건물자산관리의 이론 체계화 연구의 목적이 있다.

그러므로 건물자산관리의 학문적 이론 체계화 연구는 바람직한 건물자산관리의 업무 처리와 전문업 수행을 위하여 절대적으로 필요하며 중요하다.

결론적으로 건물자산관리의 학문적 이론 체계화 연구는 지속적으로 이루어져야 하고 이를 바탕으로 건물자산관리의 학문화가 이루어져야 하며 이를 통하여 건물자산관리 산업에 학문적으로 기여하여야 한다.

5. 이론 체계화 연구의 대상과 기준 및 방향

건물자산관리 이론의 체계화 연구는 건물자산관리 실무에 앞서 건물자산관리 대상에 대하여 일정한 기준에 따라 설정한 방향으로 이론 체계화 연구의 지적 작업이 우선적으로 이루어져야 한다. 왜냐하면, 건물자산관리의 이론 체계화 연구의 의미와 가치는 건물자산관리 이론의 체계화를 통하여 건물자산관리의 현상과 사물을 효율적·통일적으로 설명하여 건물자산관리의 개념을 먼저 이해하고 방법을 숙지하여 스스로 육체적으로 또는 정신적으로 건물자산관리 실무를 바람직하게 가이드해 주기 때문이다.

따라서 건물자산관리의 이론 체계화의 순서와 대상은 건물자산관리학총론의 이론을 먼저 체계화하고 이를 토대로 건물자산관리학 각론의 이론을 체계화하며 이들을 통하여 건물자산관리학 응용 분야(전문업 분야)의 개념이론과 방법이론 및 활동이론을 개발하고 체계화하여야 한다. 건물자산관리의 학문적 이론 체계화 연구의 대상과 기준 및 방향은 (표 5)와 같다.

(표 5) 건물자산관리 이론 체계화 연구의 대상과 기준 및 방향

체계화 연구의 대상	체계화 기준	체계화 방향
건물자산관리학 총론	건물자산관리의 개념/방법/활동의 효율적·통일적 설명	- 건물자산관리 개념이론의 체계화 - 건물자산관리 방법이론의 체계화 - 건물자산관리 활동이론의 체계화
건물자산관리학 각론	각론 해당 주제 개념/방법/활동의 효율적·통일적 설명	- 건물자산경제관리의 개념/방법/활동 이론의 체계화 - 건물자산기술관리의 개념/방법/활동 이론의 체계화 - 건물자산환경관리의 개념/방법/활동 이론의 체계화 - 건물자산위험관리의 개념/방법/활동 이론의 체계화 - 건물자산법률관리의 개념/방법/설명 활동이론의 체계화 - 건물자산행정관리의 개념/방법/활동 이론의 체계화

체계화 연구의 대상	체계화 기준	체계화 방향
건물자산관리학 응용 분야	해당 분야 주제 개념/방법/활동의 효율적·통일적 설명	- 건물자산경영관리(AM)의 개념/방법/활동 이론의 체계화 - 건물부동산운영관리(PM)의 개념/방법/활동 이론의 체계화 - 건축시설물유지관리(FM)의 개념/방법/활동 이론의 체계화 - 건물자산평가의 개념/방법/활동 이론의 체계화 - 건물자산투자의 개념/방법/활동 이론의 체계화 - 건물자산개발의 개념/방법/활동 이론의 체계화 - 건물자산중개의 개념/방법/활동 이론의 체계화 - 건물자산임대관리의 개념/방법/활동 이론의 체계화 - 건물자산금융의 개념/방법/활동 이론의 체계화 - 건물자산 마케팅의 개념/방법/활동 이론의 체계화 - 건물자산관리 컨설팅의 개념/방법/활동 이론의 체계화 - 건물자산관리연구용역의 개념/방법/활동 이론의 체계화 - 건물자산관리정책의 개념/방법/활동 이론의 체계화 - 건물자산 세무·회계 관리의 개념/방법/활동 이론의 체계화 - 건물자산권리분석의 개념/방법/활동 이론의 체계화 - 건축경영(CM)의 개념/방법/활동 이론의 체계화 - 건물자산관리기업경영의 개념/방법/활동 이론의 체계화 - 건물자산경매의 개념/방법/활동 이론의 체계화 - 건물자산관리교육의 개념/방법/활동 이론의 체계화 - 건물자산관리전산기술의 개념/방법/활동 이론의 체계화 - 건물자산 권리분석의 개념/방법/활동 이론의 체계화

6. 이론 체계화의 접근방법

1) 이론 체계화 접근방법의 의의

건물자산관리 이론은 이론 체계화 연구를 통하여 건물자산관리 이론의 체계를 구축하고 이를 통하여 건물자산관리의 현상과 사물을 효율적으로 설명해야 하며 건물자산관리의 개념과 방법 및 활동에 대하여 통일적으로 설명해야 하므로 건물자산관리 이론 체계화 연구의 지적 작업은 학문적으로 또는 실무 상 대단이 중요한 과제이다. 따라서 건물자산관리 이론 체계화 연구의 도구인 이론 체계화 연구 방법 역시 대단히 중요하다. 또한 건물자산관리학이 하나의 학문적 연구영역을 가지고 독자적으로 존재하려면, 그리고 학문적 연구를 통하여 국가나 사회에 학문적으로 기여하려면 통일적이고 체계적인 이론의 구축과 구축된 이론을 가지고 건물자산의 경영과 운영 및 관리상의 문제와 현상 및 활동 등을 효율적으로 설명할 수 있어야 한다.

건물자산관리학은 학문으로서의 역사가 짧은 관계로 연구다운 연구의 결과가 아직까지는 미미한 상태이나 독자적인 실용학문으로서의 연구과제와 목적 및 학문적 이념을 구현하기 위하여 뜻있는 학자와 연구자에 의하여 건물자산관리에 대한 연구활동이 지속적으로 수행되고 있다.

건물자산관리학은 앞에서 언급한 태동의 배경에서 살펴본 바와 같이 하루가 다르게 질적 또는 양적으로 변화되어가는 건물자산의 홍수 속에서 대거 등장하고 있는 건물자산의 다양한 문제와 심각한 부정적 현상은 건물자산관리학의 태동을 견인 하였고, 건물자산관리의 학문적 이론 체계화 연구를 촉진하였으며, 학문의 성격과 연구방향(접근방법)을 자연스럽게 제시하도록 유도하였다.

건물자산관리학은 건물자산관리 학문적 이론 체계화 연구 초기에는 김영진 교수에 의하여 최초로 학문으로 개척된 부동산학에 배경을 두고 출발하였으나, 건물자산관리학은 전술한 바와 같이 독자적 연구대상과 학문적 연구 과제가 명백히 주어진 독립된 학문이므로 독자적인 이론의 체계를 가지고 학문의 성격과 연구방향의 제시가 구체적으로 가능한 학문이라야 하므로 부동산학 외에 경영학과 경제학, 법학과 행정학, 환경공학과 안전공학 등 인접과학으로부터 건물자산관리에 필요한 이론과 법칙 및 원리의 지원을 받아 건물자산관리의 이론 체계화 연구가 이루어 졌다. 또한 건물자산관리학은 아직까지는 태동의 연구역사가 짧고 이론 체계화 연구가 초기단계에 있으며, 학자나 연구자의 수 역시 소수에 불과하여 연구결과는 보편성의 부족으로 아직까지는 만족할 수준이 되지 못하고 있는 실정에 있다.

그러나 건물자산관리학은 이미 태동되었고 국내 대학과 대학원에서 정규 교과과정으로 채택되었으며, 건물자산관리학 강의가 정규대학에서 시작된 지가 이미 10년이 경과하였을 뿐만 아니라 건물자산관리학 전공 석 박사 학위 자가 2013년 12월 31일 현재 건물자산관리학 전공 박사 학위 자 16명과 석사 학위 자 47명이 우리 사회에 이미 배출되어 전원이 건물자산관리 현장에서 현업에 종사하고 있으며, 건물자산관리학과 개설 및 전공 교수 채용시대를 마지하고 있다. 또한 건물자산관리학 연구는 계속 진행되어야 하므로 연구자의 연구태도나 연구에 대한 접근방향의 제시는 후학들을 위하여 매우 중요한 학문적 과제요 지적작업이라 판단된다.

이와 같이 건물자산관리학의 연구대상인 건물자산의 경영관리상의 문제와 현상 및 경영관리활동 등의 연구에 필요한 다른 인접과학의 이론과 원리와 법칙 등을 차용하여 하나의 건물자산관리학이 통일된 이론의 전체에 대한 연구자가 갖는 연구태도나 연구에 대한 시각을 건물자산관리학의 이론 체계화 연구방법이라 한다.

전술한 바와 같이 건물자산관리학은 연구 역사가 일천하고 연구자수의 부족으로 연구의 방법이 아직은 학문적 비판이나 검토의 단계는 아니나, 앞으로의 연구방향과 연구자의 바람직한 연구태도를 위하여 부동산학의 이론 체계화 방법을 원용하여 건물자산관리학의 이론 체계화 접근방법으로 채택하고 설명하는 것은 건물자산관리학 이론 체계화 접근방법으로서 바람직한 방법이라 판단된다.

특히, 건물자산관리학에서 이론 체계화 방법을 강조하는 이유는 건물자산관리학은 우리나라에서 최근에 태동한 신학문이기 때문에 독자적인 이론의 구축이 필요하고 이론의 체계를 세워 나가야 하며, 건물자산관리학의 이론적 체계는 여러 인접과학의 지원이 필요하므로 상호협력과 지원 및 연구의 한계로 인한 연구방향 제시가 필요하다. 또한 전문적이고 체계적이며 과학적 원리를 통하여 양질의 경영성과와 관리효과 창출과 건물의 유익의 생산을 위하여 접근방법은 반드시 제시되어야 한다. 또한 건물자산관리학의 독자적인 학문적 과제와 향후 외국 부동산자산관리(물건 중심의 부동산관리) 제도와 연계하고 비교연구를 위해서도 연구방향의 제시는 반드시 필요하다.

건물자산관리학의 이론 체계화 방법에는 종합식 접근방법, 다학제 접근방법 등이 있으나, 건물자산관리학은 이론 체계화 연구방법으로 종합식 접근방법을 채택하여 건물자산관리의 이론 체계화 연구에 활용하였다.

2) 종합식 접근방법의 내용

건물자산관리학의 경우에는 저자에 의하여 처음으로 독자적 이론체계를 구축한 관계로 여러 가지 이론 체계화 연구방법 중에서 종합식 접근방법을 중심으로 이론 체계화를 시도하였다. 연구방법 또는 접근방법은 연구자가 갖는 연구대상에 대한 태도나 사고 또는 생각이 서로 상이함으로 인해서 여러 가지 연구접근방법이 달라질 수 있다. 즉, 건물자산관리문제와 현상 및 활동 등에 대한 인식의 차이는 연구자의 연구방향과 연구태도에 의하여 얼마든지 접근방법을 달리할 수가 있다. 그러므로 부동산학의 경우 부동산 이론체계를 위하여 여러 가지 접근방법이 동원되었다.

부동산학의 경우 부동산의 학문적 이론 체계화 연구에 있어서 이론 체계화의 기초이론을 법 · 제도 측면에서 찾거나(법 · 제도 접근방법), 부동산의 복합개념을 인정하여 복합개념에 이론적 기초를 두고 이들을 시스템화하여 접근하는 방법(종합식 접근방법) 및 부동산활동에 내재하는 부동산 인간의 요인에 근거하여 부동산 행태를 기초로 하여 부동산활동의 본질을 이해하려는 방법(행태과학 접근방법), 현상학에서 출발한 현상적 접근방법, 합리적 의사결정의 분석에 기초한 접근방법(의사결정 접근방법) 등 다양한 접근방법이 부동산 이론 체계화에 공헌하였다. 그러나 건물자산관리학은 전술한 바와 같이 연구자의 부족으로 연구자의 여러 형태의 이론 체계화 시도가 없는 가운데 저자에 의하여 유일하게 국내 최초로 건물자산관리의 학문적 이론 체계화 연구를 수행한 관계로 저자가 채택한 종합식 접근방법이 유일무이한 건물자산관리의 학문적 이론 체계화 방법이라 할 수 있다. 따라서 종합식 접근방법에 관하여 보다 구체적으로 살펴보고, 이론 체계화에 대한 연구태도나 방향을 제시하고자 한다.

3) 종합식 접근방법의 고찰

건물자산관리의 현상과 사물에 대한 효율적 설명과 건물자산관리의 개념과 방법 및 활동에 대한 통일적 설명을 위하여 건물자산관리의 학문적 이론 체계화 연구가 필요하다.

또한 건물자산관리학의 이론 체계화 및 건물관리활동에 관한 개념설명과 이론, 응용, 개발, 건물자산경제가치 극대화의 원리와 건물자산관리활동의 최유효화 기술 개발 등을 위하여 학문적 분석과 연구가 필요하다. 이와 같은 학문적 분석과 연구를 위해서 여러 가지 연구방법이 있을 수 있음도 전술한 바와 같다. 부동산학의 경우 이론 체계화를 위하여 여러 가지 접근방법이 시도되었으나, 건물자산관리학의 경우 의 건물자산관리의 이론 체계화 접근방법으로는 전술한 바와 같이 종합식 접근방법을 채택하고 이를 활용하였다.

건물자산관리 대상(관리객체)으로서의 건물은 어느 한 면의 측면에서 접근하는 경우(예컨대 기술적 측면) 건물자산관리학 이론의 체계화는 불가능하다. 왜냐하면, 건물자산의 관리대상인 건물자산에는 여러 가지 복합성 개념을 가지고 있기 때문에 이로 인한 건물자산관리 업무에는 복합성 업무가 존재하고 있기 때문이다. 다시 말하면, 건물자산의 개념에는 단지 기술성 개념만이 존재하고 있는 것이 아니라 법률성 개념, 경제성 개념, 행정성 개념, 환경성 개념 그리고 위험성 개념 등의 복합성 건물자산관리 개념이 존재하고 있기 때문이다. 따라서 건물자산관리학의 이론을 체계화하기 위해서는 건물자산의 복합성 개념을 이해해야 할 뿐 아니라, 복합성 관리 업무의 방법과 활동에 대하여 숙지하고 기능적으로 처리해야 하기 때문에 이를 위한 이론을 인접과학으로부터 차용하여 이론을 체계화할 필요가 있다.

건물자산관리활동 역시 건물자산의 복합개념에 기초하여 이를 관리객체로 보고 각 관리객체에 관계되는 인접과학의 이론과 원리와 법칙을 차용하여 연구하고, 이를 시스템화하여 건물자산관리활동의 이론으로 체계화한 후 이를 토대로 건물관리활동에 필요한 기법 · 기술 등의 개발과 건물자산관리활동의 효율화를 도모해야 할 필요가 있다.

따라서 이와 같은 이론의 체계화와 건물관리활동의 이론 · 원리 · 체계화 및 관리 기법 · 기술의 개발과 효율화를 위해서 건물자산관리학의 성격상 독자적인 이론의 체계화가 불가능하므로 부득이 인접과학의 이론의 지원과 원리 · 법칙 등을 차용하지 않을 수 없다. 그러므로 저자는 종합식 접근방법을 활용하여 건물자산관리학의 본질적 원리와 건물자산관리의 기본적 개념의 이론을 체계화하고 건물자산관리의 현상과 사물을 효율적으로 설명하며 건물자산관리의 개념과 방법 및 활동에 대하여 통일적으로 설명하고 있다.

종합식 접근방법은 김영진 교수가 1970년 부동산 기초이론(김영진, 부동산 기초이론, 1970)에서 처음으로 소개한 연구방법으로서 부동산의 복합개념과 부동산활동을 연구하는 데 있어서 크게 공헌한 연구방법으로 평가된다. 종합식 접근방법은 부동산의 개념을 기술·법·경제·물리 측면의 복합개념으로 이해하고 단편적 측면이 아니라 다원적 측면에서 접근하는 것만이 부동산이론을 구축할 수 있다는 사고에 의해 1958년 Raleigh Barlowe에 의하여 처음 시도되었으며, 1970년대 이후 김영진 교수, Robert. K. Brawn, Edmund. Ficek, Thomas. P. Henderson 그리고 Ross. H. Johnson 등에 의하여 발전되어 왔다.

그러나 종합식 접근방법은 부동산의 이론을 체계화한 연구방법으로 채택되었던 법제도 접근방법에 대한 비판의 산물로 나타난 제도이기도 하다. 법제도 접근방법은 A. A. Ring에 의하여 개발된 연구 접근방법으로서 부동산활동의 분류나 내용 등이 표준화되지 못하여 다소 빈약하다는 비판을 받아왔다.

결론적으로, 저자는 건물자산관리학의 독자적인 연구대상과 영역 및 활동이 있음을 인식하고 이를 위한 건물자산관리학 이론의 체계화 및 건물자산관리활동의 기술·기법 및 시스템 등의 응용과 효율화 연구를 위하여 건물자산의 6대 복합성 개념(경제성 개념·법률성 개념·행정성 개념·기술성 개념·환경성 개념·위험성 개념)과 이로 인한 건물자산관리활동의 6개 측면의 복합적 관리영역에 착안하고, 김영진 교수의 이론을 참고하여 종합식 접근방법을 통하여 건물자산관리의 이론 체계화를 시도하였다.

따라서 건물자산관리학의 이론 체계화 연구 접근방법은 종합식 접근방법이나 향후 연구대상이나 연구내용에 따라 다른 연구접근방법도 활용되어야 할 것으로 인식된다.

건물자산관리학의 이론과 건물관리활동의 개념과 활동의 이론·기술·기법 연구에 관하여 종합식 접근방법은 건물자산관리 문제를 외부적 관점에서 접근하는 데는 다른 연구접근방법보다 우수한 장점을 가지고 있으나, 건물자산관리의 현상 및 건물자산관리활동에는 적절한 연구방법으로서 다소 미흡하다는 단점도 가지고 있다.

왜냐하면, 건물자산관리의 현상과 건물자산관리활동의 환경적 변화와 가변성 및 복합성으로 인하여 건물자산 경영관리활동이 학문적으로 예측이 언제나 일치되지 않는다는 점이 항상 내부적으로 존재하고 있기 때문이다. 그러므로 전술한 바와 같이 건물자산관리학의 연구 대상과 영역 및 건물자산관리활동의 환경변화에 따라 향후 새로운 연구접근방법이 채택되고 활용될 것으로 전망된다.

7. 이론 체계화 연구의 내용

건물자산관리의 학문적 이론 체계화는 전술한 바와 같이 건물자산관리의 현상과 사물 및 건물자산관리의 개념과 방법 및 활동에 대한 효율적·통일적 설명과 이를 통하여 건물자산관리의 개념을 이해하고 방법을 숙지하여 건물자산관리활동을 통하여 바람직한 건물자산관리 업무의 처리와 전문업의 수행을 가장 경제적 방법으로 안전하게 효율적으로 적합하게 효과적으로 수행하여 건물자산관리의 목적과 목표를 효과적으로 달성하도록 견인하는 데 건물자산관리의 이론 체계화의 목적이 있으며 가치와 의미가 있다.

따라서 건물자산관리학 이론의 학문적 체계화 연구는 건물자산관리의 개념이론과 방법이론 및 활동이론에 대하여 연구되고 체계화되어야 하며 학문화되어 건물자산관리의 개념지식과 방법지식 및 활동지식으로 발전되어야 한다.

이와 같은 이론 체계화 연구의 인식을 바탕으로 건물자산관리학의 이론 체계화 연구는 건물자산관리의 개념이론과 방법이론 및 활동이론의 체계화 연구를 통하여 다음과 같은 건물자산관리 이론을 도출하였다.

1) 건물자산관리 개념이론의 체계화 내용

건물자산관리 개념에 대한 이론 체계화 연구를 통하여 다음과 같은 건물자산관리학의 본질적 원리와 건물자산관리의 기본적 개념을 도출하였다. 건물자산관리 이론 체계화 연구를 통하여 도출한 건물자산관리학의 본질적 원리와 건물자산관리의 기본적 개념 이론을 구체적으로 건물자산관리 개념과 방법 및 활동을 효율적으로 그리고 통일적으로 설명하는 이론으로서 구체적인 내용은 이 책 제I편 건물자산관리의 이론적 기초편의 제2장 건물자산관리학의 본질적 원리와 건물자산관리의 기본적 개념의 장을 통하여 설명하기로 한다. 건물자산관리 개념이론은 건물자산관리학의 본질적 원리와 건물자산관리의 기본적 개념을 중심으로 도출한 이론으로서 건물자산관리 개념을 설명하는 개념이론을 제목 중심으로 소개하면 다음과 같다.

(1) 건물자산관리학의 연구 필요성과 건물자산관리의 필요성
(2) 건물자산관리학의 정의와 건물자산관리의 개념
(3) 건물자산관리학의 연구대상과 건물자산관리의 대상
(4) 건물자산관리학의 학문적 성격과 건물자산관리 개념의 성격
(5) 건물자산관리학의 연구 목적과 건물자산관리의 목적

(6) 건물자산관리학의 이론 체계화 접근방법과 건물자산관리의 방식
(7) 건물자산관리학의 지도원리와 건물자산관리의 원칙
(8) 건물자산관리학의 인접과학과 건물자산관리의 기초과학
(9) 건물자산관리학의 각론 분야와 건물자산관리의 응용 분야
(10) 건물자산관리학의 교육방향과 건물자산관리자의 훈련 방향

2) 건물자산관리 방법이론의 체계화 내용

건물자산관리 이론 체계화 기준과 방향에 따라 건물자산관리의 방법이론 체계화 연구는 제목 중심으로 다음과 같은 건물자산관리 방식과 방법에 대한 연구 결과를 도출하였으나, 구체적인 연구 내용은 이 책 제II편 건물자산관리의 방법론의 제3장과 제4장을 통하여 설명하기로 한다.

(1) 건물자산관리의 방식

① 건물자산 경영관리 방식

- 건물자산 투자 방식(직접투자 방식/간접투자 방식)
- 건물자산 AM 방식(1원화 방식/2원화 방식/3원화 방식)

② 건물부동산 운영관리 방식

- PM 방식(high level PM 방식과 low level PM 방식)
- 시설운영 위탁관리 방식

③ 건축시설물 유지관리 방식

- 자치관리 방식
- 직영관리 방식
- 관리위탁 방식
- 혼합관리 방식
- 신탁관리 방식

(2) 건물자산관리의 방법

① 건물자산 과학적 관리법
② 건물자산 최유효 관리법
③ 건물자산 in house/outsourcing/out task 관리법

④ 건물자산 창조적 5단계 관리법
⑤ 건물자산 1원화/2원화/3원화 관리법
⑥ 건물자산 동시화 관리법
⑦ 건물자산 경영과정 관리법
⑧ 건물자산 사람중심 관리법

3) 건물자산관리 활동이론의 체계화 내용

건물자산의 재화나 건물자산관리 서비스는 건물자산관리활동을 통하여 생산·공급되는 특징이 있다. 따라서 건물자산관리에 있어서 건물자산관리활동은 건물자산관리의 핵심 수행 실천과정이라 할 수 있다. 왜냐하면 건물자산관리의 궁극적 목적은 건물자산관리의 목적과 목표를 효과적으로 달성하는 데 있기 때문이다. 그러므로 건물자산관리자는 건물자산관리활동의 이론을 이해하고 숙지하여 건물자산관리활동을 능률적으로 수행할 수 있어야 한다. 건물자산관리 이론 체계화 기준과 방향에 따라 제목 중심의 연구 내용은 다음과 같으나 구체적인 내용은 이 책 제Ⅲ편 건물자산관리 실무활동 편의 제5장 내지 제8장을 통하여 설명하기로 한다.

(1) 건물자산관리활동의 기본개념
(2) 건물자산 경영관리활동(AM활동)
(3) 건물부동산 운영관리활동(PM활동)
(4) 건축시설물 유지관리활동(FM활동)

제2절 건물자산관리의 학문적 이론 체계화 연구에 의한 건물자산관리학의 태동

1. 건물자산관리학 태동의 의의

건물자산관리학은 건물자산관리의 학문적 이론 체계화 연구를 통하여 얻어진 건물자산관리의 이론으로 하여금 낱낱이 다른 건물자산관리의 현상과 사물을 효율적으로 설명하거나 통일적으로 설명하는 이론의 체계화는 건물자산관리 이론을 바탕으로 연구 개발한 건물자산관리의 기술을 건물자산을 기반으로 영위되는 인간의 삶과 생활과 일의 영위와 조직의 목적사업활동의 수행을 주 환경 측면의 지원을 통하여 바람직한 삶과 생활과 일의 영위와 조직활동을 성공적으로 수행하도록 학문적으로 지원하는 데 건물자산관리학 태동의 의미와 가치를 부여하고 있다. 전술한 바와 같이 인간이 삶을 유지하거나 생활하며 일을 영위하면서 살아가기 위해서는 의 · 식 · 주의 생존 조건 모두를 반드시 충족하여야 하는 당위성으로 인하여 주(住)의 조건 역시 인간의 삶과 생활과 일의 영위에 절대적으로 요구되는 생존의 필수 조건으로서 반드시 충족되어야 한다. 그러므로 바람직한 생존을 위해서는 생존조건에 부합하는 건물다운 건물의 건축이 필요하며 완공된 건물의 유지관리 또한 매우 중요하다. 이를 위해서는 건물자산 경영관리의 전문성과 기술 개발이 요구되며 이를 개발하기 위해서는 건물자산관리 이론 체계화의 대상을 일정한 기준에 따라 학문적으로 이론이 체계화되어야 하고, 일정한 이론에 따라 체계화된 지식은 특정 분야의 학문을 창조적으로 탄생하도록 작용해야 한다. 건물자산관리의 학문적 이론 체계화 연구에 전적으로 힘입어 탄생한 건물자산관리학은 전술한 바와 같이 건물자산관리 분야 종합응용과학으로서 건물자산관리의 학문적 이론 체계화를 통하여 낱낱이 다른 건물자산관리의 사물과 현상을 통일적으로 그리고 효율적으로 설명할 수 있게 하였고, 체계화된 건물자산관리 이론을 바탕으로 개발한 건물자산 경영관리 기술로 하여금 합목적적 건물자산의 취득과 정상적 보존 · 이용 · 개량 중심의 효과적 운영관리 그리고 합리적 처분은 물론 취득 건물자산의 최유효사용화와 수익화 및 처분화를 건물자산 최유효 관리법에 따라 가장 경제적 방법으로, 안전하게, 효율적으로, 적합하게, 효과적으로 수행할 수 있게 함으로써 건물자산을 기반으로 이루어지는 인간의 삶과 생활과 일의 영위를 바람직하게 영위할 수 있도록 주 환경 측면에서 지원하며, 건물자산관리 산업 발전의 견인과 건물자산 이해관계자 만족 제공 및 국가경제발전의 이바지에도 학문적으로 기여할 수 있게 하였다.

2. 건물자산관리학 태동의 역사

어떤 학문이 학문성으로 인정되려면 특정 분야의 이론이 일정한 기준에 따라 체계화되고 학문적 방법으로 검증되어 특정 분야의 사물과 현상에 대하여 효율적 설명과 통일적 설명이 가능해야 하며, 응용과학 성격의 학문은 그 분야의 개념지식과 방법지식 및 활동지식으로 체계화된 이론을 통하여 기술을 개발하고, 생활 현장과 산업현장에 제공하여 편리하고 쾌적한 생활과 생산적이고 창조적인 산업으로 발전하도록 기술적으로 지원할 학문적 능력이 있어야 한다.

뿐만 아니라, 검증된 이론은 특정 사물이나 현상에 대한 느낌이나 생각만의 지식이 아니라 느낌과 생각 및 설명이 모두 가능한 지식이어야 한다. 1987년부터 약 7년 동안 저자가 건물자산관리자로서 건물자산관리 현장에서 직접 경험하고 체험한 우리나라 건물자산관리의 문제는 어느 한 개인의 경험과 상식 또는 판단이나 직관만으로는 도저히 해결할 수 없는 문제임을 인식하였으며, 건물자산관리 문제를 해결하기 위한 유일한 대안은 학문적 연구를 통하여 건물자산관리의 개념과 방법 및 활동에 대한 이론을 체계화하고 기술화하여 이를 건물자산관리 시장과 현장에 접목하는 것만이 최적의 해법임을 확신하고 그로부터 건물자산관리의 개념과 방법 및 활동의 이론 체계화의 틀을 세우고 이를 토대로 건물자산관리의 이론 체계화 연구를 계속하여 오늘에 이르고 있다. 또한 저자는 건물자산관리의 학문적 이론 체계화 틀에 따라 체계화된 이론을 건물자산관리의 사물과 현상에 대한 효율적 설명과 통일적 설명의 가능 여부와 건물자산관리 업무의 바람직한 가이드에 의한 건물자산관리 실무 처리가 가장 경제적 방법으로 안전하게 효율적으로 적합하게 효과적으로 수행 가능 여부를 실증적으로 검정해 보기 위하여 건물자산관리 시장과 현장 및 교육 현장에서 접목하고 지속적으로 관찰하여 검증해 본 결과 건물자산관리학의 건물자산관리 이론이 건물자산관리 시장과 현장 및 교육현장에서 긍정적으로 작용하고 작동되고 있음을 실증 조사 결과 확인되었다.

따라서 건물자산관리학은 건물자산관리 분야의 종합응용과학으로서 학문성의 검증을 거쳐 태동한 건물자산관리 분야 응용과학 성격의 실용학문으로서 우리 시대의 건물자산관리에 반드시 필요한 이론임을 확신하게 되었다. 그러나 건물자산관리학의 태동 역사가 일천한데다가 연구자의 수가 극소수에 불과하고 건물자산관리 이론이 아직은 체계화의 진행 과정에 있어 현재와 같은 연구 노력이 지속된다 하드라도 건물자산관리학 이론이 보편성을 가진 건물자산관리의 이론으로 발전하려면 적어도 향후 약 50여년의 연구 기간이 더 소요될 것으로 판단된다.

3. 건물자산관리학 태동의 목적과 발전 단계 및 방향

1) 건물자산관리학 태동의 목적

건물자산관리학 태동의 목적은 건물자산관리의 이론을 학문적 방법으로 체계화하고 이를 토대로 건물자산관리의 원리와 기술을 연구 개발하여 인간의 생활과 산업에 필요한 건물자산관리 기술을 제공하여 바람직한 생활의 영위와 산업의 발전을 목적으로 하고 있으며, 부차적으로 다음과 같은 학문적 기능과 역할에 목적을 두고 있다.

(1) 건물자산관리의 사물과 현상의 효율적 설명과 건물자산관리의 개념과 방법 및 활동에 대하여 통일적으로 설명할 수 있게 한다.

건물자산관리의 이론을 학문적으로 연구하여 체계화하고 이를 통하여 건물자산관리의 사물과 현상 및 건물자산의 경영관리와 건물 부동산의 운영관리 및 건축시설물 유지관리의 개념과 방법 및 활동을 효율적으로 그리고 통일적으로 설명하게 한다.

(2) 건물자산관리 이론의 기술화로 과학적 관리와 전문적 관리 및 기술적 관리를 가능하게 한다.

건물자산관리 이론의 체계화 연구를 바탕으로 체계화 건물자산관리 이론을 다시 기술화하여 과학적 관리와 전문적 관리 및 기술적 관리를 가능하게 한다.

(3) 건물자산관리의 부정적 현상과 문제를 학문적 방법으로 해결하고 개선하게 한다.

건물자산관리의 부정적 현상과 문제의 해결과 개선을 위한 원리와 이론과 기술개발을 통한 해법의 도출과 개선방안의 추론으로 우리나라 사회와 건물자산관리 시장과 현장에 산재하고 있는 건물자산관리의 부정적 현상과 본질적 문제와 현실적 문제를 학문적 방법으로 해결 또는 개선한다.

(4) 건물자산과 건물자산관리의 목적 및 목표를 건물자산 최유효 관리법에 따라 효과적으로 달성하게 한다.

건물자산의 목적인 건물자산의 최유효 사용과 수익 및 처분과 이를 지원하기 위한 합목적 건물자산의 취득과 정상적 보유 및 효과적 운영관리 그리고 합리적 처분과 취득 건물자산의 최유효화와 수익화 및 처분화의 건물자산관리 목적을 가장 경제적 방법으로 안전하게 효율적으로 적합하게 합리적으로 달성하게 한다.

(5) 건물자산 기반의 삶과 생활과 일의 영위와 조직활동의 수행을 주 환경 측면에서 지원하게 한다.

건물자산가치 극대화의 원리와 건물자산관리활동 최유효화 기술 및 건물자산과 건물자산관리 서비스에 대한 인감의 활동을 연구하고 연구를 통하여 건물자산의 사용가치와 수익가치 및 처분가치를 극대화하여 인간의 삶과 생활과 일의 영위 및 조직의 활동을 바람직하게 영위되도록 주 환경 측면에서 지원하게 한다.

(6) 국가경제발전의 이바지에 학문적으로 기여하게 한다.

건물자산관리의 이론체계를 바탕으로 건물자산관리 이론을 기술화하여 인간의 생활현장에 접목하여 편리하고 안전하며 쾌적한 생활을 영위하게 하고, 건물자산관리 산업현장에 접목하여 생산적이고 창조적으로 산업이 발전하도록 견인하여 국가경제발전의 이바지에 학문적으로 기여하게 한다.

(7) 건물자산의 이해관계자(건물자산의 투자자/소유자/사용자/입주자 등)에게 건물자산의 투자와 소유 및 사용과 이용에 주 환경 측면의 만족을 제공한다.

건물자산관리활동을 정상화하고 양질의 건물자산관리 서비스를 생산하여 건물자산관리 이해관계자에게 적절히 제공하여 줌으로써 건물자산관리 이해관계자 모두로 하여금 건물자산의 투자와 소유 및 사용과 이용에 주 환경 측면에서 만족하게 한다.

2) 건물자산관리학의 발전단계와 발전방향

건물자산관리의 학문적 이론 체계화 연구를 통하여 진행될 건물자산관리학의 발전단계와 발전방향은 다음의 (표 6)과 같다.

현재의 건물자산관리학의 발전단계는 제1단계에 있으며 건물자산관리의 이론 체계화 방향으로 연구를 계속하고 있으며, 건물자산관리학의 궁극적 발전단계는 제5단계로서 건물자산관리 지적 상품 기술의 글로벌 시장의 사업화와 산업화에 두고 있다.

(표 6) 건물자산관리학의 발전단계와 발전방향

발전단계	발전방향
제1단계	건물자산관리 이론의 체계화
제2단계	건물자산관리의 체계화 이론의 기술화
제3단계	건물자산관리 기술화 기술의 지적 상품화
제4단계	건물자산관리 지적 상품화 기술의 국내 시장의 사업화와 산업화
제5단계	건물자산관리 지적 상품 기술의 글로벌 시장의 사업화와 산업화

4. 건물자산관리학의 학문적 과제

건물자산관리학 태동에 의한 건물자산관리의 학문적 연구를 통하여 수행해야 할 학문적 과제는 다음과 같다.

① 건물자산관리 분야 종합응용과학 성격의 실용 학문임을 증명한다.

② 건물자산관리의 이론체계가 건물자산관리의 지식체계임을 증명한다.

③ 건물자산관리의 이론체계가 건물자산 기반의 인간의 삶과 생활과 일의 영위와 경제 주체 조직의 활동 및 건물자산관리 산업 발전에 기여하는 응용과학임을 증명한다.

④ 건물자산관리의 체계화 이론이 건물자산의 최유효 사용과 수익 및 처분과 이를 위한 합목적적 건물자산의 취득과 정상적 보존과 이용 및 개량 중심의 효과적 운영관리 그리고 합리적 처분에 유용한 이론임을 증명한다.

⑤ 건물자산 체계화 이론이 건물자산의 최유효 사용화와 수익화 및 처분화에 크게 기여하는 건물자산관리 분야 이론체계임을 증명한다.

제2장

건물자산관리학의 본질적 원리와 건물자산관리의 기본적 개념

제 1 절 건물자산관리학 연구의 중요성과 건물자산관리의 필요성

1. 건물자산관리학 연구의 중요성

건물 규모의 대형화와 층수의 고층화 및 건축시설과 설비의 첨단화와 지능화와 자동화 그리고 건물 용도의 복합화 등 다양한 특성을 가진 현대 건물의 대거 출현은 종전의 전통적 건물관리 기술이나 건물관리자의 단순한 경험과 직관 또는 상식으로 현대건물을 가장 경제적 방법으로 안전하게 효율적으로 적합하게 효과적으로 경영하고 운영하며 관리하기란 쉽지 않게 하였다. 왜냐하면 현대 건물은 하나같이 현대 건물의 특성을 지니고 있어 과학적 관리와 기술적 관리 및 전문적 관리를 요하고 있기 때문이며, 이를 위한 과학적 기술과 경영 기법 및 전문성에 대한 연구를 요구하고 있기 때문이다. 뿐만 아니라 현대 건물의 과학적 관리와 기술적 관리 및 전문적 관리를 위해서는 건물자산관리의 사물과 현상에 대한 효율적 설명과 건물자산관리 개념과 방법 및 활동에 대한 통일적 설명을 위한 건물자산관리 이론의 체계화 연구가 함께 요구되고 있기 때문이다.

또한 현대 건물은 종전의 보유 중심의 건물에서 최유효 사용과 수익 및 처분 중심의 건물로 성격이 변모하여 건물자산 이해관계자의 사회 경제적 욕구와 가치 및 만족을 충족하기 위해서는 건물자산의 생산과 유통 그리고 취득과 보유 및 운영관리 그리고 처분에 있어서 고도의 건물자산관리 기술과 전문성을 요구하고 있어 이를 위한 학문적 연구가 불가피하게 하였다.

건물자산관리학의 연구를 더욱 중요하게 하는 것은 건물자산과 건물자산관리에 대한 사회적 문제로서 우리나라 사회에서 다양하게 발생하는 건물자산의 수급 불균형의 문제와 폭등과 폭락의 가격 문제, 전세대란과 깡통주택 문제, 서민의 하우스 푸어(house poor) 문제, 대형화재와 붕괴의 안전 문제, 이로 인한 인적 물적 피해의 증가 문제, 무분별한 재개발과 재건축에 의한 자원 낭비 문제 등의 부정적 현상과 문제에 대한 해법의 도출과 개선방안이나 대책의 추론과 제시의 요구는 건물자산관리학의 학문적 연구를 강력하게 요구하게 하고 중요하게 인식하게 만들었다.

특별히 건물자산관리학의 연구가 중요한 점은 건물자산관리 분야는 응용과학 분야이기 때문에 건물자산관리 이론을 연구를 통하여 체계화하고 이를 바탕으로 건물자산의 취득과 보유 및 운영관리 그리고 처분의 전문적 기술과 원리를 개발하여 건물자산관리 실무에 접목함으로써 건물자산관리 실무를 바람직한 방향으로 견인해야 한다는 점에서 건물자산관리학 연구의 중요성을 크게 강조하고 있다. 건물자산관리학 연구의 중요성을 요약하여 정리하면 다음과 같다.

첫째, 건물자산관리의 사물과 현상에 대한 통일적 설명과 건물자산관리 개념지식과 방법지식 및 활동지식에 대한 효율적 설명을 위한 건물자산관리의 이론 체계화 연구를 위하여 건물자산관리학의 연구가 중요하다.

둘째, 건물자산관리의 부정적 현상의 해결을 위한 해법의 도출과 개선방안 및 대책의 추론을 위하여 건물자산관리학의 연구가 중요하다.

셋째, 건물자산에 대한 인간의 욕구와 건물자산의 희소성과 유한성으로 인한 불균형의 문제와 이로 인한 건물자산과 인간 간의 갈등 구조의 개선을 위하여 건물자산관리학의 연구가 중요하다.

넷째, 건물자산관리의 본질적 문제와 현실적 문제의 해결과 개선을 위하여 건물자산관리학의 연구가 중요하다.

다섯째, 현대 건물의 특성과 대거 등장에 의한 과학적 관리와 기술적 관리 및 전문적 관리의 기반이 되는 고도의 건물자산관리 기술과 전문적 이론과 원리를 개발하기 위하여 건물자산관리학의 연구가 중요하다.

여섯째, 건물자산관리 전문 인력의 양성과 배출을 위한 건물자산관리 전문 교육을 위하여 건물자산관리학의 연구가 중요하다.

일곱째, 건물자산관리 기업과 산업의 발전 및 그 종사자의 건물자산관리 직업에 따른 경제적 대우와 직업에 대한 사회적 인정을 위하여 건물자산관리학의 연구가 중요하다.

여덟째, 건물자산관리 이론의 체계화와 체계화 이론의 기술화와 지적 상품화 그리고 지적 상품의 국내 시장의 사업화와 산업화 및 국내 시장의 사업화와 산업화 지적 상품의 글로벌 시장의 사업화와 산업화를 위하여 건물자산관리학의 연구가 중요하다.

2. 건물자산관리의 필요성

건물자산관리의 개념은 건물자산관리의 본래의 성격이나 가치 및 목적을 표상하는 여러 가지 사물과 현상을 설명하는 개념을 포괄하는 관리개념의 성격을 가지고 있다. 따라서 건물자산관리의 개념을 설명하고 이해하기 위해서는 건물자산관리 개념을 구성하고 있는 여러 가지 성격의 사물과 다양한 현상 및 물리적·관념적 요소에 대하여 구체적으로 살펴볼 필요가 있다.

건물자산은 건물자산관리의 개념을 설명하는 물리적 요소이고 건물자산관리의 필요성은 관념적 개념이기 때문에 건물자산관리 개념의 이해를 위하여 건물자산을 먼저 살펴볼 필요가 있다. 왜냐하면 건물자산의 의미와 가치의 중요성을 이해해야만 건물자산관리의 필요성이 대두되기 때문이다.

건물자산의 의미는 전술한 바와 같이 〈토지에 정착한 독립된 건물로서 개인 또는 단체가 소유하고 있는 독립된 건물이자 유형무형의 경제적 가치가 있는 건물인 동시에 인간의 삶과 생활과 일(업무)의 영위와 개인과 단체의 활동에 주 환경 측면의 물적 기반시설로서 반드시 요구되는 자산성격의 건물부동산 또는 건축시설물〉을 말한다. 이와 같은 개념의 건물자산은 건물자산을 기반으로 이루어지는 인간의 삶과 생활과 일의 바람직한 영위를 위한 주 환경 측면의 지원 목적을 가지고 있다. 따라서 건물자산은 인간에게 매우 중요한 인간 생존의 기반자산임이 분명하다.

이와 같이 건물자산은 인간에게 삶의 보금자리가 되고, 생활의 터전이 되며, 일의 기반이자 도구가 되어 인간의 삶과 생활과 일의 영위를 바람직하게 영위하도록 주 환경 측면에서 지원하게 된다. 뿐만 아니라, 건물자산은 각 경제주체 조직의 목적사업활동의 기반이 되어 조직활동을 지원하여 조직의 운영과 지속적 발전을 가능하게 한다. 그러므로 건물자산은 개인과 조직 모두에게 없어서는 안 될 보금자리요 터전이며 기반으로서 매우 중요한 의미와 가치를 지니고 있어 건물자산은 인간에게 매우 중요한 재화 중 최고의 재화라 할 수 있다.

따라서 건물자산이야 말로 인간의 삶과 생활과 일의 영위와 조직의 활동에 없어서는 안 될 소중한 자산이므로 건물자산의 소유자는 물론 사용자와 이용자 그리고 이를 생산하고 관리하는 건설업자와 건물자산관리자 모두가 건물자산의 생산과 소유, 사용과 이용 및 관리에 있어서 매우 가치 있게 건물자산을 생산하고 소유해야 하며 유용하게 사용하고 이용해야 하며 특히 건물자산관리자는 신의 성실의 원칙에 따라 건물자산관리자의 재산과 동일하게 효과적으로 관리해야 한다.

건물자산이 아무리 개인의 삶과 생활과 일의 영위 및 개인의 생활과 조직활동의 기반의 도구라 할지라도 건물자산 이해관계자의 사용 목적과 수익 목적 및 처분 목적에 부합하는 건물을 건축하여 생산하여야 하고, 생산된 건물자산 그 자체의 존재만으로는 개인의 삶과 생활과 일의 영위 및 개인의 생활 및 조직의 활동 기반의 도구 역할을 감당하거나 지원할 수 없기 때문에 인간의 삶과 생활과 일의 영위 및 개인과 조직의 활동에 필요한 건물자산의 기능과 역할을 다할 수 없다.

(표 7) 건물자산관리의 필요성

(1) 건물자산 이해관계자의 사용 목적과 수익 목적 및 처분 목적에 부합하는 건물자산의 적절한 생산과 공급을 위하여 건물자산관리가 필요하다.
(2) 바람직한 인간의 삶과 생활과 일의 영위와 개인과 조직의 활동 수행에 필요한 합목적적 건물자산의 생산과 공급 및 취득, 정상적 보존과 이용 및 개량 중심의 효과적 운영관리와 합리적 처분 그리고 보유 건물자산의 최유효 사용화와 수익화 및 처분화를 가장 경제적 방법으로 안전하게 효율적으로 적합하게 효과적으로 달성하기 위하여 건물자산관리가 필요하다.
(3) 건물자산을 기반으로 이루어지는 인간의 삶과 생활과 일의 영위와 조직의 목적사업 수행에 필요한 양질의 건물자산 경영관리 서비스와 건물부동산 운영관리 서비스 및 건축시설물 유지관리 서비스의 적절한 생산과 제공을 통한 건물자산 이해관계자의 건물자산 사용과 수익 및 처분의 만족과 경제적 가치와 기능적 가치 및 심리적 가치를 위하여 건물자산관리가 필요하다.
(4) 건물자산의 물리적 상태의 정상적 보존과 기능과 성능의 장기적 유지 및 개량을 위하여 건물자산관리가 필요하다.
(5) 물리적 내구성의 향상과 경제적 내용 연수의 장기화를 위하여 건물자산관리가 필요하다.
(6) 건물자산의 점유자와 입주자의 생명과 건강을 보호하고, 재산의 멸실이나 감손으로부터 자유롭게 하기 위하여 건물자산관리가 필요하다.
(7) 건물자산 경제적 가치의 보존 · 이용 · 개량을 위하여 건물자산관리가 필요하다.
(8) 건물자산 환경의 보존과 이용 및 개량을 위하여 건물자산관리가 필요하다.
(9) 건물자산의 부정적 현상과 본질적 문제 및 현실적 문제의 해결 또는 개선하기 위하여 건물자산관리가 필요하다.
(10) 건물자산 사용자와 수익자의 업무 생산성의 향상과 경제적 이익을 위하여 건물자산관리가 필요하다.
(11) 건물자산의 소유권(재산권)의 보존과 이용 및 개량을 위하여 건물자산관리가 필요하다.
(12) 건물자산으로부터 예상되는 인적 물적 피해의 방지와 최소화를 위하여 건물자산관리가 필요하다.

따라서 건물자산을 기반으로 바람직한 개인의 삶과 생활과 일을 영위하려면 또는 개인과 조직의 목표를 생산적이고 능률적으로 수행하려면 정상적 건물자산관리활동을 접목하여 건물자산의 사용 수익과 처분 목적에 부합하는 합목적적 건물자산을 최유효 건물자산관리법에 따라 생산 취득하여야 하고, 정상적 보존과 이용 및 개량 중심의 효과적 운영관리를 통하여 건물자산의 투자자와 소유자, 사용자와 이용자의 욕구와 가치를 충족할 수 있는 양질의 건물자산관리 서비스를 창출하고 적절히 제공하여야 하며, 법률적 처분을 통하여 양도 차익이나 수익을 실현하는 것은 물론, 물리적 처분을 통하여 건물자산의 사용 · 수익 가치와 함께 교환가치를 최대화해야 한다.

건물자산관리 필요성이 특별히 강조되어야 하는 이유는 전술한 바와 같이 건물자산은 그 존재 자체만으로는 스스로 개인의 생활이나 조직의 활동을 위하여 건물자산의 사용이나 수익 및 처분에 필요한 건물의 기능이나 역할을 다할 수 없는 관계로 건물자산의 소유자나 관리자에 의하여 건물자산의 취득, 보유 및 운영관리 그리고 처분에 필요한 경영관리활동과 운영관리활동 및 유지관리활동을 통하여 개인의 삶과 생활과 일의 영위 및 조직활동 수행에 필요한 건물자산관리 서비스를 생산하고 제공하여야 하기 때문이다.

특히, 건물자산관리가 특별히 필요한 이유는 건물자산관리활동을 통하여 건물자산을 기반으로 이루어지는 인간의 삶과 생활과 일의 영위 및 조직활동 수행에 필요한 주 환경의 조건과 사용 수익에 요구되는 건물자산의 사용과 수익활동에 필요한 조건을 조성하고 관련 산업 지원 기술 및 이론을 개발하여 주 환경 측면의 인간 생존 지원(삶과 생활과 일의 지원)과 조직활동 수행의 지원, 건물자산관리 이해 관계자 최유효 만족 제공 그리고 국가경제발전 이바지의 건물자산관리학의 학문적 이념을 달성해야 한다는 점이다.

건물자산관리 필요성을 요약 정리하면 (표 7)과 같다.

제2절 건물자산관리학의 정의와 건물자산관리의 기초개념

1. 건물자산관리학의 정의

1) 건물자산관리학 정의화의 문화적 배경

컴퓨터를 주된 생산도구로 활용하여 이루어지는 21세기 지식경제사회에 있어서 개인의 삶과 생활과 일의 영위는 3차원 공간의 건물자산을 기반으로 대부분 영위되며, 크고 작은 경제주체의 모든 조직의 목적사업활동 역시 대부분 건물자산을 기반으로 수행되고 있다. 그러므로 건물자산은 개인이나 조직의 활동에 있어서 매우 중요한 도구이자 기반으로서 의미와 가치를 함께 가지고 있는 필수적 재화라 할 수 있다.

건물자산관리의 학문적 이론 체계화 연구의 목적은 전술한 바와 같이 건물자산관리의 이론을 체계화하여 건물자산관리의 사물과 현상을 효율적으로 그리고 통일적으로 설명하고 이를 토대로 건물자산관리의 원리와 기술을 개발하여 건물자산을 기반으로 이루어지는 개인의 삶과 생활과 일의 영위와 조직의 목적사업활동을 주 환경 측면에서 학문적으로 지원하는 데 있음은 이미 논의한 바와 같다.

개인과 조직이 건물자산을 기반으로 영위되는 삶과 생활과 일 그리고 조직의 활동이 성공적으로 영위되려면, 개인의 삶과 생활과 일의 영위와 조직의 활동에 적합한 합목적적 건물자산을 건물자산 최유효 관리방법에 따라 최고 최선의 방법으로 취득하여야 하고, 가장 유리한 조건과 환경에서 건물자산을 사용 · 수익 · 처분할 수 있어야 한다.

이와 같은 관점에서 건물자산의 중요성이 인정되고 건물자산관리의 필요성이 대두하게 되며, 건물자산관리의 이론 체계화와 원리 및 기술의 연구와 개발이 요청받게 된다.

왜냐하면, 건물자산관리 이론의 체계화와 원리 및 기술의 연구 개발 없이 건물자산의 존재 그 자체만으로는 바람직한 개인의 삶과 생활과 일의 영위와 조직의 목적사업활동에 필수적으로 요청되는 합목적적 건물자산의 취득과 취득 건물자산의 최유효 사용화와 수익화 및 처분화를 가장 경제적 방법으로 안전하게 효율적으로 적합하게 효과적으로 처리하고자 하는 개인과 조직의 의도나 목적을 주 환경 측면에서 지원할 수 없기 때문이다.

이와 같이 건물자산을 기반으로 영위되는 인간의 삶과 생활과 일의 영위와 조직 목적사업활동의 수행을 위하여 필수적 기반이 되는 건물자산의 중요성과 이를 지원할 건물자산관리의 필요성의 대두가 건물자산관리의 학문적 이론 체계화 연구의 요구로 이어져 자연스럽게 건물자산관리의 이론과 기술의 연구와 개발을 촉진하는 계기가 되었으며, 마침내 건물자산관리의 이론 체계화 연구의 결과가 건물자산관리 산업 분야 종합응용과학 성격의 건물자산관리학을 태동하게 하였다.

앞에서 설명한 바와 같이 건물자산관리의 학문적 이론 체계화 연구의 필요성에 따라 태동한 건물자산관리학의 학문적 이념은 건물자산관리 이론의 체계화와 이를 통한 건물자산관리의 원리와 기술의 연구 개발로 과학적 관리와 전문적 관리 및 기술적 관리를 도모하여 개인의 삶과 생활과 일의 영위와 조직의 목적사업활동을 주 환경 측면에서 지원하여 개인의 삶과 생활과 일의 바람직한 영위와 조직 목적사업의 성공적 활동을 지원하는 데 있으며, 건물자산관리 이해관계자 모두에게 최유효 건물자산의 사용과 수익 및 처분의 만족과 경제적 가치와 기능적 가치 및 심리적 가치를 제공하고, 나아가 국가경제발전에 이바지하는 데 있다.

건물자산관리학은 1980년대부터 나타나기 시작한 경제발전의 영향과 신도시 건설 및 도시 집중화 현상 등에 힘입어 대도시를 중심으로 건물자산의 물리적 변화를 가져와 신축 건물의 대부분이 고층화, 대형화, 복합화, 첨단화와 지능화 및 자동화 등의 특성을 가지고 우후죽순처럼 건축되어 마침내 건물의 홍수시대를 연출함에 따라 종전의 전통적 건물자산관리 방법만으로는 현대 건물자산관리에 요구되는 기술 수준이 턱 없이 미흡하고 부족하여 기술적으로 적절한 관리 대응이 어려워진 건물자산의 물리적 환경변화와 건물 입주자의 건물자산의 사용과 수익에 필요한 건물자산관리 서비스의 욕구가 종전과는 달리 매우 다양하게 분출하게 만든 건물자산관리시장의 생태 환경 또한 급변하여 종전의 건축물의 공간시설과 서비스만으로는 신규 건물 입주자의 욕구를 충족할 수 없는 건물자산관리 상황과 1995년 삼풍백화점의 붕괴로 502명의 사망자가 발생하여 국내는 물론 외국에 이르기까지 한국의 건축기술과 건축물 안전관리에 신뢰가 추락됨에 따라 국내 건축학계와 건물관리업계 모두에게 반성을 촉구하는 경종을 울리는 계기가 되면서부터 국토교통부와 시설안전기술공단과 건축학계를 중심으로 건축물의 기획 단계에서부터 완공 후 보유 단계 동안 효율적 유지관리가 가능하도록 설계의 기준과 유지관리 매뉴얼 개발연구에 착수하고 개발된 효율적 유지관리 조건을 건축설계에 반영하여 시공하도록 함으로써 완공 건축물의 유지관리를 효율적으로 수행할 수 있는 제도적 장치를 마련하기 시작하였으며, 건물자산관리업계에서도 고층, 대형, 첨단, 복합 등으로 대표되는 현대 건축물의 안전관리와 입주자의 다양한 건물자산의 사용과 수익에 필요한 욕구와 수요를 충족하기 위하여 고품질의 건물자산과 건물자산관리 서비스의 생산이 효율적으로 이루어지고 적절히 제공되어 수요자의 만족을 위하여 노력하기 시작하였다.

전술한 바와 같이 1980년대부터 대도시 중심으로 등장하기 시작한 고층화, 대형화, 복합화, 첨단화와 자동화로 대표되는 현대 건물의 홍수사태와 건물자산 입주자의 건물사용과 수익을 위한 다양한 고품질의 건물자산과 건물자산관리 서비스의 요구 및 대형건축물의 잦은 화재와 안전사고 그리고 건물자산 소유자의 건축물의 유지관리에 대한 재인식과 함께 건축물 유지관리 업계의 현대 건물에 대한 유지관리 기술 개발의 필요성이 복합적으로 작용하여 최고 최선의 환경과 조건에서 건물자산의 사용과 수익 및 처분을 위하여 필수적으로 요구되는 합목적적 건물자산의 취득과 취득 건물자산에 대한 효과적 보유 및 운영관리 그리고 합리적 처분 그리고 취득 건물자산의 최유효 사용화와 수익화 및 처분화의 연구 필요성이 대두하여 건물자산관리의 학문적 이론 체계화 연구의 문화적 배경으로 작용하였다.

이와 같은 건물자산관리의 학문적 이론 체계화의 문화적 배경을 바탕으로 1987년부터 건물자산관리의 학문적 이론 체계화 연구가 시작되어 1999년에 마침내 건물자산관리학의 태동으로 발전되었으며 이를 계기로 건물자산관리학 연구 목적의 한국건물관리학회가 2006년도에 국토교통부 장관으로부터 비영리 사단법인으로 허가를 받아 설립되었으며, 인접과학 전공 교수들과 함께 건물자산관리의 이론 체계화와 원리 및 건물자산관리활동의 최유효화 기술의 개발에 연구역량을 집중하여 오늘에 이르고 있다. 건물자산관리학의 총론과 각론 및 응용 분야 교과서가 대부분 개발되어 2003년에 전북과학대학교에 국내 대학 역사상 최초로 건물관리과가 개설되어 6회에 걸쳐 건물자산관리 전공 준 학사 학위 자를 배출하였으며, 극동대학교 대학원에 건물자산관리학 전공과정을 신설하여 2013년 8월 말 현재 박사 16명, 석사 47명의 학위 자를 배출한 가운데 현재에도 극동대학교 대학원을 중심으로 건물자산관리학 강의와 연구가 계속되고 있다.

건물자산관리학 발전사에 크게 기록될 특별한 사건은 명문 사학인 건국대학교 산학협력단과 (사)한국건물관리학회와 산학협약을 체결하고 국내 대학 역사상 최초로 건물자산관리 전문교육을 실시하게 되었다는 사실이다. 또한 건물자산관리학은 연구를 통하여 건물자산을 기반으로 영위되는 개인의 삶과 생활과 일의 바람직한 영위와 경제주체 조직의 목적사업활동의 성공적 수행을 학문적 방법으로 지원하기 위하여 연구 역량을 모아 나가고 있다.

결론적으로 건물자산관리의 학문적 이론 체계화 연구와 이를 통한 건물자산관리의 원리 및 기술 연구 개발의 요구가 자연스럽게 건물자산관리의 학문적 이론 체계화 연구의 문화적 배경으로 작용하여 마침내 건물자산관리 분야 종합응용과학 성격의 건물자산관리학 태동의 기반을 제공하였다.

2) 건물자산관리학의 정의

건물자산관리의 학문적 이론 체계화 연구의 문화적 배경에 의하여 시작한 건물자산관리의 이론적 체계화 연구에 기초하여 태동한 건물자산관리학을 다른 학문과 구분 짓기 위해서는 학문의 정의화 작업이 요구된다. 왜냐 하면 건물자산관리학의 정의는 다른 학문과 건물자산관리학을 명확히 구분할 수 있도록 한정해 주기 때문이다. 이와 같은 인식을 바탕으로 건물자산관리학을 정의하기 위해서는 건물자산관리학을 설명하는 여러 관념 중에서 공통적 요소를 뽑아 종합하여 하나의 건물자산관리학의 내용이나 뜻을 보편적 관념으로 개념화하고, 개념화한 건물자산관리학의 보편적 관념을 다시 다른 학문과 명확히 한정하기 위하여 건물자산관리학을 정의할 필요가 있다.

건물자산관리학 정의하기 위하여 건물자산관리학의 내용과 의미에 대한 보편적 관념을 정의하면 건물자산관리학이란 〈건물자산관리의 이론체계로서 건물자산가치 극대화의 원리와 건물자산과 건물자산관리에 대한 인간의 행동을 연구하고 건물자산관리활동의 최유효화 기술을 개발하여 인간의 생활과 건물자산관리 산업을 주 환경 측면에서 학문적으로 지원하는 건물자산관리 분야 종합응용과학〉로 정의할 수 있다.

3) 건물자산관리학 정의의 내용

건물자산관리학 정의의 내용을 보다 구체적으로 이해하기 위해서는 건물자산관리학의 정의화에 협력하고 있는 핵심 용어들을 살펴 이해할 필요가 있으며, 이를 통하여 건물자산관리학 정의의 내용을 살펴 이해할 필요가 있다. 이와 같은 인식을 바탕으로 건물자산관리학 정의의 내용을 설명하면 다음과 같다.

(1) 건물자산관리학은 건물자산관리의 현상과 사물을 효율적 · 통일적으로 설명하는 건물자산관리의 이론체계로서 이론과학과이다.

건물자산관리의 이론체계라 함은 건물자산관리의 사물과 현상을 일정한 원리와 법칙에 따라 통일적으로 설명할 수 있는 보편적 지식체계를 의미한다. 또한 지식이란 사물과 현상에 대한 명료한 의식과 판단을 말하며, 철학에서는 지식을 인식으로 얻어서 객관적으로 확정된 성과로 해석하고 있다. 따라서 건물자산관리의 지식은 건물자산관리의 사물과 현상에 대한 느낌이나 생각에 머물지 아니하고 효율적으로 그리고 통일적으로 설명할 수 있는 이론체계를 말하며 실천을 가능하게 한다.

건물자산관리의 이론체계는 건물자산관리의 지식체계이므로 결과적으로 건물자산의 경영관리의 지식체계이자 건물부동산 운영관리의 지식체계 및 건축시설물의 유지관리 실천 지식체계로서 건물자산관리의 복합적 통합 지식체계로 이해된다. 따라서 건물자산관리의 이론과학이자 실천과학이다.

(2) 건물자산관리학은 건물자산가치 극대화의 원리를 연구하고 기술화하여 활용하는 실천과학이다.

건물자산관리학의 정의에서 말하는 "건물자산가치 극대화의 원리"라 함은 건물자산의 용도나 위치 또는 성격과 규모 등에 따라 존재하는 경제적 가치와 기능적 가치 및 심리적 가치 그리고 문화적 가치, 역사적 가치와 종교적 가치 등 건물자산의 의의나 중요성을 가장 크고 높게 만드는 기본 이치나 법칙을 의미한다. 건물자산가치 극대화의 원리는 후술하는 건물자산관리활동 최유효화 기술과 함께 건물자산관리학의 연구대상 중 하나로서 건물자산관리 현장과 시장에서 이루어지는 건물자산의 취득과 보유 및 운영관리 그리고 처분에 관계되는 현상을 관찰하고 이를 분석하여 건물자산의 가치나 건물자산관리 서비스 품질의 극대화 원리를 발견하여 실제 건물자산관리활동에 적용하여 실천하는 실천과학이다.

(3) 건물자산관리학은 건물자산관리활동의 최유효화 기술을 연구 개발하여 인간의 생활과 산업을 주 환경 측면에서 학문적으로 지원하는 응용과학이다.

건물자산관리학 정의에서 말하는 "건물자산관리활동의 최유효화 기술"이라 함은 건물자산의 경영관리활동과 건물부동산의 운영관리활동 및 건축시설물 유지관리활동의 최유효화 기술을 의미하는 것으로서 최고 경영자나 의사결정권자인 가정, 기업, 단체, 정부 등 소유 주체나 경영주체가 소유권과 경영권을 바탕으로 건물자산의 투자, 개발, 건축, 매입, 매각 등에 대하여 포괄적 · 정책적 · 거시적으로 의사를 결정하고 선택하여 건물자산의 사용가치와 수익가치 및 처분가치를 극대화하는 동태적 경영관리활동의 기술과 건물자산 소유주체 또는 경영주체로부터 경영활동에 의하여 얻어진 건물자산이나 경영관리의 결과물에 대하여 운영권을 위임받아 일부의 경영개념과 일부의 관리개념을 믹스하여 건물자산 용도에 따라 운용함으로써 건물자산의 사용가치와 수익가치의 극대화를 도모하는 건물부동산 운영관리활동의 기술을 의미하며 건축시설물 유지관리활동의 최유효화 기술이란 건물자산의 소유주체나 경영주체 또는 운영주체로부터 관리권을 위임 받아 건축 시설물 종합관리에 대하여 미시적 · 기계적 · 실천적으로 수행 또는 집행하여 건물자산의 사용가치를 극대화하는 관리 측면의 솜씨를 말한다.

결론적으로 건물자산의 경영과 운영 및 관리활동의 최유효화 기술이라 함은 바람직한 건물자산관리 효과(경영성과와 운영성과 및 관리성과) 정확하고 능률적으로 처리하는 건물자산관리의 솜씨를 말한다. 경영관리활동은 소유권 또는 경영권에 기초하여 경영자의 경영기능에 따라 경영의 인적자원과 물적 자원 그리고 재무적 자원과 기술적 자원 및 정보자원 등 경영자원의 투입을 계획, 조직화, 지휘, 통제의 경영기능의 순환에 의한 투입물(input)의 변환과정을 통하여 산출물(output) 경영성과를 산출하는 경영자의 경영활동의 솜씨를 말하며, 운영관리활동의 기술이란 위임 받은 운영권에 기초하여 경영개념과 관리개념을 믹스 개념을 바탕으로 운영자원의 투입물을 계획, 조직화, 명령, 조정, 통제의 운영기능의 순환으로 운영의 결과물인 산출물(운영성과)로 변환하여 건물자산의 사용가치와 수익가치를 극대화하는 건물부동산 운영자의 운영관리활동의 솜씨를 말하고, 유지관리활동의 기술이란 건물자산관리자가 위임받은 관리권에 기초하여 관리자원의 계획, 조직화, 명령, 조정, 통제의 관리기능의 순환에 따라 관리투입물의 변환과정을 통하여 관리의 산출물인 사용가치 극대화의 관리성과를 창출하는 건축시설물 관리자의 유지관리활동 솜씨를 말한다.

(4) 건물자산관리학은 건물자산과 건물자산관리에 대한 인간의 행동을 관찰하고 분석하여 일정한 건물자산관리의 법칙과 원리 및 기술을 연구하는 사회과학이자 경험과학이다.

건물자산과 건물자산관리에 대한 인간의 행동은 건물자산관리학 정의화에 협력하고 있는 개념이면서 건물자산관리학의 연구 대상이기도 하다. 건물자산과 건물자산관리에 대한 인간의 행동의 의미는 건물자산 이해관계자가 건물자산의 생산과 취득, 사용과 수익 및 처분에 대한 행위와 이를 지원하는 건물자산관리 서비스의 생산 유통 및 제공과 소비에 대한 건물자산 이해관계자의 다양한 행위를 말한다. 건물자산과 건물자산관리에 대한 인간의 행동은 건물자산과 건물자산관리에 대한 필요(needs)에 의하여 시작되며 욕구(wants)를 충족해 주는 대안에 의하여 만족과 가치를 느끼며 건물자산에 대한 욕구가 능력에 의하여 뒷받침될 때(능력이 수반될 때) 비로소 수요(demand)가 발생하며 수요를 충족하기 위하여 의사를 결정하거나 선택하는 행위로 나타난다. 이와 같은 건물자산과 건물자산관리에 대한 인간의 행동의 결과를 경험법칙과 원리 및 기술을 발견하고 이를 이론화하여 실제 건물자산관리활동에 적용하는 사회과학이자 경험과학이다.

(5) 건물자산관리학은 건물자산관리 분야의 종합과학이자 종합응용과학이다.

건물자산관리학 정의에서 말하는 응용과학이란 이론과학과 상반된 과학 개념으로서 인간 생활이나 산업에 실제 사용될 기술을 연구하는 과학을 의미하며 응용과학에는 공학, 의학, 농학 등이 있다.

건물자산관리학은 인접과학인 건축공학, 경영학, 경제학, 법학, 부동산학, 행정학 등의 인접과학으로부터 이론과 법칙을 차용하고 시스템적 사고로 융합하여 건물자산의 경영관리 이론을 체계화하고 이를 바탕으로 건물자산을 기반으로 영위하는 인간의 생활과 산업에 실제로 사용될 건물자산 경영관리 기술을 연구하는 학문이므로 건물자산관리학은 건물자산관리 분야의 종합과학이자 종합응용과학이다.

2. 건물자산관리의 기초개념

1) 건물자산관리의 개념

건물자산관리의 개념은 건물자산관리의 기초개념 중 핵심 기초개념이다. 따라서 건물자산관리의 기초개념을 이해하기 위해서는 우선적으로 건물자산관리 개념에 대하여 이해할 필요가 있으며, 이를 위하여 건물자산관리 개념의 문화적 배경과 개념화의 조건과 기준 그리고 인접과학의 유사 관리개념의 고찰을 통하여 건물자산관리학의 건물자산관리 개념을 도출하고 이를 다시 정의하여 건물자산관리 개념을 정확히 이해할 필요가 있다. 건물자산관리의 의미와 내용을 개념화하고 이를 다시 정의하는 목적은 건물자산관리 개념이 다른 분야의 관리개념과 명확히 구분하기 위함이며 건물자산관리 개념의 의미와 내용을 정확하게 이해하기 위함이다.

(1) 건물자산관리 개념화의 문화적 배경

건물자산의 중요성과 건물자산관리의 필요성은 양질의 건물자산관리 서비스를 생산하고 건물자산의 투자자, 소유자, 사용자, 이용자 등 건물자산 이해관계자에게 적절히 제공하여 건물자산을 기반으로 이루어지는 개인 삶과 생활과 일의 영위와 기업, 단체, 정부 등 조직의 목적 사업을 최고 최선의 住의 조건과 환경에서 바람직하게 수행할 수 있도록 주 환경 측면에서 지원하여 건물자산 이해관계자로 하여금 건물자산의 취득과 사용과 수익 및 처분에 만족하게 하는 데 있다.

이와 같은 건물자산의 중요성의 가치와 건물자산관리 필요성의 이유를 충족하기 위해서는 건물자산관리자는 건물자산관리의 개념과 방법 및 활동(행위/행동)의 지식이 필요하며, 이를 위하여 여러 가지 다른 건물자산관리의 생각이나 관념을 종합하여 개념화할 필요가 있다. 왜냐하면 건물자산 이해관계자가 건물자산을 기반으로 이루어지는 생활과 활동을 건물자산관리자가 주 환경 측면에서 지원하기 위해서는 양질의 건물자산관리 서비스를 생산하고 적절히 제공해야 하기 때문에 건물자산관리자는 건물자산관리의 개념을 먼저 이해하여야 하고, 방법을 숙지하여야 하며 이를 바탕으로 최종적으로 건물자산관리자는 스스로 건물자산관리활동을 수행해야 하기 때문이다. 그러므로 낱낱이 다른 건물자산관리의 여러 관념 속에서 공통적 요소를 뽑아 종합하여 얻은 하나의 보편적 건물자산관리의 관념으로 개념화할 필요가 있다.

전술한 바와 같은 건물자산관리학 정의화의 문화적 배경과 건물자산관리 개념 개념화의 문화적 배경으로 작용하는 건물자산과 건물자산 이해관계자 그리고 건물자산관리자 상호관계에서 이루어지는 경제적 · 문화적 상황을 살펴보면 다음과 같은 또 다른 건물자산관리 개념화의 문화적 배경이 존재하고 있음을 알 수 있다.

건물자산의 존재 이유이자 건물자산 취득의 목적은 건물자산을 기반으로 이루어지는 개인의 삶과 생활과 일의 바람직한 영위와 가정, 기업, 단체, 정부 등 각 조직의 목적 사업을 위하여 이루어지는 조직활동을 생산적이고 능률적이며 창조적으로 수행하는 데 반드시 요구되는 최고 최선의 조건과 환경에서 건물자산을 최유효 사용과 수익 및 처분(물리적 처분 및 법률적 처분)에 있으며, 건물자산의 목적달성을 구체적으로 지원하기 위한 건물자산관리의 목적은 합목적적 건물자산의 취득과 정상적 보존 및 운영관리 그리고 합리적 처분과 취득 건물자산의 최유효 사용 수익화와 처분화에 필요한 건물자산관리 서비스를 건물자산 최유효 관리법에 따라 가장 경제적 방법으로, 안전하게, 효율적으로, 적합하게, 효과적으로 생산하고 제공하여 건물자산 이해관계자의 건물자산 최유효 사용과 수익 및 처분을 지원하는 데 있다.

따라서 건물자산관리자는 건물자산 이해관계자(건물자산의 투자자나 소유자 및 사용자와 이용자 등)가 최고 최선의 조건과 환경에서 합목적적 건물자산을 취득하게 지원하고, 취득 건물자산을 최고 최선의 조건과 환경에서 사용 · 수익 및 처분할 수 있도록 지원하며, 보유 건물자산을 합리적으로 처분할 수 있도록 지원해야 한다. 그러므로 건물자산관리자는 건물자산관리자의 건물자산의 취득과 보유 및 운영관리 그리고 처분을 지원하기 위하여 필요한 양질의 건물자산관리 서비스를 건물자산 최유효 관리법에 따라 건물자산 이해관계자의 필요와 욕구 충족에 적합한 최적의 서비스를 적합하게 생산하고 적절히 제공하여 건물자산관리 이해관계자로 하여금 건물자산 최유효 관리법에 따라 건물자산의 사용목적과 수익목적 및 처분 목적에 가장 부합하는 합목적적 건물자산의 취득과 취득 건물자산의 정상적 보존 · 이용 · 개량 중심의 효과적 운영관리 그리고 처분 목적에 부합하는 합리적 처분을 가능하도록 지원하여 건물자산 이해관계자로 하여금 건물자산의 취득활동의 시작과 보유 및 운영관리의 과정과 처분의 결과에 대하여 개별적으로 또는 전체적으로 만족하게 해야 한다. 건물자산의 최유효 사용화와 수익화 및 처분화를 위해서는 전술한 바와 같이 건물자산의 사용가치와 수익가치 및 처분가치의 극대화를 도모해야 하며, 이를 위해서는 이에 필요한 양질의 건물자산 경영관리 서비스와 운영관리 서비스 및 유지관리 서비스가 두루 필요하다. 또한 양질의 건물자산 경영관리 서비스는 건물자산관리 전문 관리자나 관리 조직(기업)에 의하여 과학적 · 전문적 · 기술적인 건물자산관리활동(합목적적 건물자산 취득활동/정상적 보존(보유) 및 효과적 운영관리활동/합리적 처분활동)을 통하여 생산 · 제공되므로 건물자산관리의 계획, 조직화, 지휘, 통제의 건물자산관리의 경영과정이 필요하며 건물자산관리 업무의 성격에 따라 존재하는 건물자산관리 3측면의 건물자산의 경영관리활동과 건물부동산의 운영관리활동 및 건축시설물 유지관리활동 등 건물자산관리활동이 요구된다.

이와 같이 건물자산의 최유효 사용화와 수익화 및 처분화의 건물자산의 취득 목적 달성에 요구되는 건물자산 경영관리 서비스를 생산 · 제공하기 위해서는 건물자산관리자가 건물자산관리의 현상과 사물을 이해하고 설명할 수 있어야 하며 숙지하여 건물자산관리활동을 과학적 · 전문적 · 기술적으로 수행하여야 한다.

따라서 건물자산관리의 의미와 내용을 개념화하고 관리방법과 수행절차를 표준화하여 건물자산관리활동을 시스템적으로 수행하여야 한다. 다시 말하면, 건물자산관리에 대한 개념지식과 방법지식 및 행동지식에 대한 연구로 건물자산관리 이론을 개념화하고 이해해야 하며 숙지하고 기능적으로 수행할 수 있어야 한다.

왜냐하면 건물자산관리의 개념지식과 방법지식 및 행동지식을 개념화하지 못하는 경우에는 건물자산관리자가 건물자산관리의 현상과 사물을 이해조차하기 어려워 건물자산 최유효 사용과 수익 및 처분에 필요한 건물자산관리 목표를 건물자산 최유효 관리법에 따라 과학적 · 전문적 · 기술적으로 건물자산관리활동을 수행할 수 없게 되며, 양질의 건물자산 경영관리 서비스와 운영관리 서비스 및 유지관리 서비스를 적합하게 생산하고 적절히 제공할 수 없기 때문이다.

(2) 건물자산관리 개념화의 조건과 기준

건물자산관리의 개념은 건물자산관리 개념지식(사실지식) 중의 개념지식의 성격을 지니고 있어 건물자산관리의 여러 관념 중에서 공통적 요소를 뽑아 종합하여 얻은 보편적 관념이어야 하므로 건물자산관리의 의미와 내용의 개념화 작업은 단순한 지적 작업으로 개념화하고 정의하기가 쉽지 아니하다. 그러나 건물자산의 관리개념은 건물자산관리자가 바람직한 건물자산관리활동을 수행하기 위하여 건물자산관리활동 계획 이전에 반드시 이해하고 숙지해야 하는 건물자산관리의 개념지식이므로 건물자산관리학은 연구를 통하여 건물자산관리의 의미와 내용을 개념화할 필요가 있다. 왜냐하면 건물자산관리자가 건물자산관리활동을 과학적 관리방법에 따라 전문적으로 수행하려면 건물자산관리의 전반적 현상과 사물을 이해하여야 하고 효율적으로 설명하는 건물자산관리 이론으로 무장되어야 하기 때문이다.

또한 건물자산관리 개념은 건물자산관리의 이론이어야 하므로 건물자산관리의 낱낱이 다른 건물자산관리 현상이나 사물을 일정한 원리와 법칙에 따라 통일적 설명과 효율적 설명이 가능한 보편적인 지식체계를 갖추어야 한다. 따라서 건물자산관리 개념의 구성은 건물자산관리의 현상과 사물을 효율적으로 설명이 가능한 용어로 개념화되어야 하며, 건물자산관리의 개념 지식으로서 기능과 역할을 할 수 있어야 한다. 뿐만 아니라, 건물자산관리의 개념화는 건물자산 취득 목적의 효과적 달성을 위한 동태적 경영관리의 수단의 성격과 도구의 성격을 가져야 하며, 건물자산관리 업무의 성격에 따라 구축되어 전략적 전문화 · 분업화 형태로 운영되나 종국적으로는 하나의 건물자산관리로 통합되는 건물자산관리 3측면의 건물자산(building assets)의 경영관리와 건물부동산(property)의 운영관리 및 건축 시설물(facilities)의 유지관리의 개념이 포괄적으로 포함되어야 하고, 건물자산의 목적과 건물자산관리의 목적 및 목표가 건물자산 최유효 관리법에 따라 효과적으로 달성되어야 하는 건물자산관리의 당위성과 건물자산관리의 과학적 · 기술적 · 전문적 건물자산관리활동을 위한 계획, 조직화, 지휘, 통제의 경영과정 이론이 접목되어야 한다.

이상과 같은 건물자산관리의 개념화에 대한 문화적 배경과 필요조건의 인식을 통하여 건물자산관리의 개념화의 지적 작업에 반드시 고려되어야 하는 조건과 기준을 요약 정리하면 다음과 같다.

첫째, 건물자산관리 개념은 건물자산 최유효 사용과 수익 및 처분의 건물자산 목적의 달성을 위하여 요구되는 경영과 운영 및 관리의 동태적 도구이자 수단의 성격을 가지고 있어야 하며, 따라서 건물자산의 경영과 건물부동산 운영 및 건축시설물 관리의 개념을 포괄하는 통합관리 개념이어야 한다.

둘째, 건물자산관리 개념은 건물자산의 전 생애단계를 건물자산관리의 범주로 설정하고, 설정된 건물자산관리의 범주에 따라 건물자산의 취득과 보유 및 운영관리 그리고 처분에 대한 건물자산관리 업무 전반의 현상과 사물을 효율적으로 설명하고 효과적으로 처리하는 관리개념이어야 한다.

셋째, 건물자산관리 개념은 전술한 바와 같이 건물자산관리 3측면의 건물자산의 경영관리와 건물부동산의 운영관리 및 건축시설물 유지관리 업무 전체를 건물자산관리 업무의 범주로 하는 포괄적 관리개념의 성격을 가지고 있어야 하며, 건물자산관리 개념 중 상위 관리개념으로서 투자 수익 극대화를 목표로 하는 건물자산의 경영개념(AM/assets business management)과 중위 관리개념으로서 운영관리 비용의 최소화와 운영관리 수익의 최대화를 목표로 하는 부동산건물의 운영개념(PM/property operation and management) 그리고 건물자산의 하위 관리개념이자 기초 관리개념으로서 건축시설물의 정상적 상태 보존과 건물기능과 성능의 유지 및 사용가치 극대화 그리고 입주자(재실자/점유자/임차인 등)의 건물 최유효 사용 수익 및 처분에 필요한 양질의 시설물관리 서비스(예, 냉난방 서비스, 전원 공급 서비스, 음용수 공급 서비스 등)의 생산과 공급 및 지원을 목표로 하는 건축시설물의 관리개념(FM/facilities maintain and maintenance/FM)을 포괄하는 복합관리 개념의 성격을 가지고 있어야 한다. 그러므로 건물자산의 관리개념은 관리범주에 따라 건물자산관리의 대상인 건물자산은 건물자산관리 업무영역과 성격에 따라 assets 이 되고 property가 되며 facilities의 성격으로 바뀌게 되며, 이를 개별대상으로 하는 관리개념은 FM(facilities management), PM(property management), AM(asset management)으로 호칭할 수 있겠으나, 건물자산관리학에서 정의하는 건물자산관리 개념(building assets management)은 assets 성격의 건물자산, property 성격의 건물부동산, facilities 성격의 건축시설물 등 모두에 대한 종합관리 개념이자 포괄적 관리개념이어야 한다.

넷째, 건물자산관리 개념은 건물자산관리 대상 건물자산이 건축학의 건축물 개념(물건 개념)과 경제학의 경제적 가치개념 및 법학의 소유권 권리개념의 융합에 의하여 도출한 개념이어야 하므로 건축공학적 건축물과 경제학적 경제적 가치 및 법학적 소유권의 3요소를 삼위 일체화의 구조로 결합하여 건축물과 경제적 가치 및 소유권 권리 중심의 건물자산에 대한 경영관리와 건물부동산 운영관리 및 건축시설물 유지관리 개념의 복합적 건물자산관리 개념이어야 한다.

다섯째, 건물자산관리 개념은 건물자산의 최유효 사용과 수익 및 처분의 건물자산의 목적 달성에 요구되는 합목적적 건물자산의 취득과 정상적 보존과 이용 및 개량 중심의 효과적 운영관리 그리고 합리적 처분의 건물자산관리 목적을 가장 경제적 방법으로, 안전하게, 효율적으로, 적합하게 효과적으로 수행하여 양질의 경영관리와 운영관리 및 유지관리의 서비스를 계획, 조직화, 지휘(커뮤니케이션), 통제의 경영기능에 의한 경영과정과 건물자산의 경영과 건물부동산의 운영 및 건축시설물관리활동을 통하여 적합하게 생산하고 적절하게 제공하는 건물자산관리의 경영관리와 운영관리 및 유지관리의 과정이자 활동의 성격을 가지고 있어야 한다.

여섯째, 건물자산관리학은 인접과학의 경영과 관리이론의 지원을 바탕으로 시작된 건물자산관리의 학문적 이론 체계화 연구에 의하여 탄생한 건물자산관리 분야의 종합응용과학이므로 건물자산관리의 개념화 작업에도 인접과학의 유사 관리개념에 대한 검토와 분석의 결과를 참고하고 종합하여 응용과학 성격의 건물자산관리 개념화 작업이 이루어져야 한다.

일곱째, 건물자산관리학의 건물자산관리 개념은 건물자산의 복합성 개념 성격과 건물자산관리 업무의 복합성으로 인하여 최광의 관리개념의 적용이 타당하므로 경제·행정·법률·기술·환경·위험 관리개념을 포괄하는 최광의 관리개념을 바탕으로 개념화가 이루어져야 한다.

(3) 인접과학의 유사 관리개념

건물자산관리의 개념은 전술한 바와 같이 건물자산관리학의 인접과학으로부터 경영이론과 관리 이론의 지원을 받아 시스템적 사고로 종합하여 이론을 체계화한 건물자산관리 분야 종합응용과학이므로 건물자산관리학의 인접과학인 법학과 부동산학 및 행정학의 관리개념과 경영학의 경영개념 그리고 건축학의 유지관리개념의 이론을 차용하고 종합하여 시스템적 사고로 융합하고 개념화하여 건물자산관리의 의미와 내용을 효율적으로 설명할 수 있는 건물자산관리 개념을 도출할 필요가 있다.

왜냐하면, 건물자산관리학은 인접과학의 이론과 원리를 차용하여 종합식 접근방법에 의하여 건물자산과 건물자산관리의 현상과 사물에 대하여 효율적 설명과 통일적 설명을 목적으로 건물자산관리 이론을 체계화하고 인접과학의 이론을 융합하고 개념화하여 건물자산관리 분야의 종합응용과학으로 태동한 관계로 건물자산관리학에서 설명하는 건물자산관리 개념은 건물자산관리학의 인접과학인 경영학의 경영개념과 관리개념 및 행정학의 행정개념과 관리개념 그리고 법학의 관리개념과 건축학의 유지관리 개념을 종합하여 건물자산관리 개념을 도출할 필요가 있다.

뿐만 아니라, 관리개념에 대한 사회의 일반적 인식은 물건의 경우, 물건의 일생 중 물건의 취득단계와 처분단계를 제외한 보유단계의 물건에 한하여 보존·이용·개량 개념으로 인식하고 있으나, 건물자산관리학의 건물자산의 관리개념은 건물자산의 재화(물건)와 건물자산관리 용역(서비스)의 취득단계(서비스는 생산단계)에서부터 보유단계(서비스는 유통단계)는 물론 처분단계(서비스는 소비단계)에 이르기까지 물건 전체 일생에 걸쳐 취득(생산)과 보유(유통) 및 처분(소비)을 관리의 범주로 상정하고 건물자산(재화)과 건물자산관리 서비스(용역)의 생산과 유통 및 소비 모두를 관리의 목적물로 설정하고 있으며, 건물자산의 최유효 사용화 수익 및 처분을 건물자산관리 업무로 인식하고 있다.

그러므로 건물자산관리 개념은 건물자산의 목적을 지원하기 위하여 합목적적 건물자산의 취득과 정상적 보존과 이용 및 개량 중심의 효과적 운영관리 그리고 합리적 처분을 건물자산관리의 목적으로 설정하고 이를 가장 경제적 방법으로, 안전하게, 효율적으로, 적합하게 효과적으로 처리하게 하는 데 필요한 건물자산의 경영관리와 건물부동산 운영관리 및 건축시설물 유지관리의 통합관리과정인 동시에 활동으로 이해하고 있다.

따라서 건물자산관리학의 건물자산관리 개념을 보다 폭넓게 이해하기 위하여 건물자산관리학의 관리개념 도출에 이론적으로 협력하고 있는 경영학, 행정학, 법학, 부동산학, 건축공학 등 건물자산관리학 인접과학의 경영개념과 행정개념 및 관리개념과 유지관리 개념을 살펴본 후에 전술한 건물자산관리의 개념화에 요구되는 조건과 기준을 참고하여 건물자산관리학 건물자산관리 개념을 도출하고 이를 정의함이 현명할 것으로 판단된다.

① 경영학의 경영개념

일반적으로 경영은 기업을 경영하는 활동으로 이해하고 있으나, 경영개념을 보다 정확히 이해하기 위해서는 경영개념을 경영학으로 발전시킨 미국과 프랑스 대표 경영학자의 경영개념에 대한 다양한 정의에 대한 견해를 살펴볼 필요가 있다.

가. 폴리트(M.P. Follet)의 견해

폴리트는 경영 개념을 "사람을 통하여 일을 성취하는 기술"로 정의하였다.

나. 드러크(P. Drucker)의 견해

드러크는 경영개념을 "기업의 목표를 설정하고 나아갈 방향을 제시하여 리더십을 발휘하고 경영자원을 사용하여 목표를 달성해 가는 과정"으로 정의하였다.

다. 다프트(R.L.Daft)의 견해

다프트는 경영 개념을 "경영자원을 계획하고, 조직하고 지휘하고, 통제하여 기업의 목표를 효율적으로 달성해 가는 과정"으로 정의하였다.

라. 페이욜(H. Fayol)의 견해

페이욜은 "계획하고, 조직하고, 지휘하고, 통제하는 과정"으로 경영개념을 정의하였다.

② 법학의 관리개념과 유지관리 개념

법학의 범주에 속해 있는 민법과 시설물의 소유 및 관리에 관한 법률 및 건축법에서 명시하고 있는 관리의 개념과 유지관리 개념을 살펴보면 다음과 같다.

가. 민법의 관리개념

건물자산관리 사법 성격의 민법 제734조 제1항 사무관리 조항에서 "관리"란 타인의 사무를 처리하는 것으로서 보존. 이용. 개량 행위 뿐만 아니라 처분행위로 명시하고 있다. 민법에서 말하는 관리는 사실행위(주택의 수선행위)와 법률행위(도급계약) 등으로 처리할 수 있는 행위로 설명하고 있다(김 준호, 민법강의, 법문사, 2005 p.1497).

나. 시설물의 안전관리에 관한 특별법의 유지관리 개념

건물자산관리 공법 성격의 시설물의 안전관리에 관한 특별법의 용어 정의에서 〈유지관리〉란 완성된 시설물의 기능을 보전하고 이용자의 안전과 편의를 높이기 위하여 일상 점검 정비하고 손상된 부분은 원상 복구하며 시간의 경과에 따라 요구되는 보수, 보강, 개량, 교체에 필요한 활동(시설물의 안전관리에 관한 특별법, 제2조 9항)으로 정의하고 있다.

다. 건축법의 유지관리 개념

최근에 개정된 건축법에서는 유지관리 개념을 건축물의 소유자 또는 관리자가 사용승인된 건축물의 대지, 구조, 설비 및 용도 등을 지속적으로 유지하기 위하여 건축물이 멸실될 때까지 관리하는 것으로 정의하고 있다(건축법, 제2조 제1항의 16의2).

③ 행정학의 행정개념과 관리개념

가. 행정학의 행정개념

행정학에서 명시하고 있는 행정의 본래 의미는 국가기관이 법에 따라 행하는 사무를 의미하나 학문적으로 행정의 의미는 사무로서 목적을 달성하기 위한 사람과 물건의 관리이며, 의사 결정과정인 동시에 정책결정과정을 의미한다.

나. 행정학의 관리개념

행정학에서 규정하고 있는 관리개념은 물건을 유지하고자 하는 활동, 일정한 목적 달성을 위하여 주어진 수단을 사용하는 기술, 제 활동(諸 活動)의 궁극적 목적을 효과적으로 달성하기 위한 원리로 설명하고 있다.

④ 부동산학의 관리개념

부동산에 대한 인간의 활동을 연구하는 부동산학에서는 부동산학의 학자나 실무자의 견해를 빌어 다음과 같이 정의하고 있다.

가. 김영진 교수의 견해

부동산의 학문적 이론 체계화 연구를 통하여 응용과학 성격의 부동산학을 우리나라 토종학문으로 개척한 김영진 교수는 부동산관리 개념을 기술적 · 법률적 · 경제적 보존, 이용, 개량의 총합으로 정의하고 있다.

나. 아브라함(S.V. Abraham)의 견해

아브라함은 부동산관리란 타인의 부동산을 맡아 관리 · 유지하고 임료를 수납하는 것으로 정의하였다.

다. 엘렌(R.D. Allen)과 울프(T.E. Wolfe)의 견해

알렌과 울프는 부동산관리란 이용 가능한 기간에 가장 많은 소득을 올릴 수 있는 부동산 운영 측면의 총체적 관리이며, 빌딩의 유지와 개수, 인사 및 고용원, 회계 및 광고관리를 포함하여 부동산관리라 한다(김영래, 부동산학개론, 삼영사, 2007, p.401).

⑤ 건축공학의 유지관리 개념

건축공학에서는 유지관리 개념을 건축물의 생애단계인 기획단계〉설계단계〉시공단계〉유지관리단계 중 마지막 단계를 유지관리라 한다. 시설물관리를 운전 · 조작 · 정비 · 수선 업무로 상정할 때 협의의 유지관리는 정비 · 수선 등 관리적 작업을 의미하고, 광의적 유지관리란 고정자산에 관한 모든 종류의 작업 및 사무를 말한다. 즉, 고정

자산인 건물의 경제성 · 생산성 등을 보존하고 고정자산을 취득, 운용, 처분하는 것을 말한다(김일효, 건물관리 실무용어, 남두도서, 2004, pp. 19-20).

(4) 건물자산관리의 개념과 정의

앞에서 설명한 건물자산관리 개념의 문화적 배경과 조건 및 기준 그리고 건물자산관리학 인접과학의 건물자산관리 유사 관리개념 성격을 가지고 있는 경영개념과 행정개념 및 관리개념과 유지관리 개념을 종합하여 하나의 보편적 관념으로서 건물자산관리 개념을 도출하고 이를 다시 정의하면 다음의 (표 8)과 (표 9)와 같다.

(표 8) 건물자산관리의 개념

〈건물자산을 기반으로 일생 동안 이루어지는 인간의 삶과 생활과 일의 바람직한 영위와 개인 또는 단체의 활동에 반드시 필요한 건물자산의 최유효 사용과 수익 및 처분의 건물자산 목적과 이를 지원하기 위한 합목적적 건물자산의 취득, 정상적 보존과 이용 및 개량 중심의 효과적 운영관리와 합리적 처분과 취득 또는 보유 건물자산의 최유효 사용화와 수익화 및 처분화의 건물자산관리 목적을 건물자산 최유효 관리법에 따라 가장 경제적 방법으로, 안전하게, 효율적으로, 적합하게, 효과적으로 달성하는 데 요구되는 건물자산의 경영관리와 건물부동산의 운영관리 및 건축시설물 유지관리의 개별관리 또는 종합관리의 과정이자 활동〉

(표 9) 건물자산관리 개념의 정의

〈건물자산의 목적과 이를 지원하기 위한 건물자산관리의 목적을 건물자산 최유효 관리법에 따라 효과적으로 달성하는 데 요구되는 건물자산의 경영관리와 건물부동산의 운영관리 및 건축시설물 유지관리의 개별관리 또는 종합 관리의 과정이자 활동〉

(5) 건물자산관리 개념의 내용

건물자산관리 개념의 핵심 내용은 건물자산의 목적(건물자산 최유효 사용과 수익 및 처분)과 이를 달성하기 위한 건물자산관리 목적(건물자산 최유효 관리법에 따라 합목적적 건물자산의 취득과 정상적 보유와 운영관리 그리고 합리적 처분 그리고 건물자산의 최유효 사용화와 수익화 및 처분화)을 효과적으로 달성하기 위하여 수행하는 건물자산의 경영관리와 건물부동산의 운영관리 및 건축시설물 유지관리활동에 있어서 투입하는 투입물(인적 자원/물적 자원/재무적 자원/기술적 자원/정보 자원)을 계획 · 조직화 · 지휘 · 통제하여 바람직한 경영관리 성과와 운영관리 성과 및 유지관리 성과를 가장 경제적 방법으로 안전하게 효율적으로 적합하게 효과적으로 창출하고 건물자산

이해관계자에게 적절하게 제공하여 건물자산의 투자자와 소유자 및 사용자와 이용자를 주 환경 측면에서 지원하여 만족하게 하는 동태적 경영과 운영 및 관리의 도구이자 수단의 개념이다. 따라서 건물자산관리를 위하여 건물자산관리의 방법(절차)과 활동 방식을 이해하기 전에 건물자산관리의 기본적 개념 중 하나인 건물자산관리 개념을 건물자산관리 개념화에 협력하고 있는 핵심 용어를 통하여 구체적으로 이해할 필요가 있다. 왜냐하면, 건물자산관리 개념은 핵심 용어의 조합과 결합에 의하여 완성된 개념이기 때문이다.

건물자산관리의 개념화에 협력하고 있는 핵심 용어 중심으로 건물자산관리의 개념을 살펴보면 다음과 같다.

① 건물자산관리란 합목적적 건물자산 취득의 과정이자 활동을 말한다.

〈합목적적 건물자산〉이라 함은 건물자산 이해관계자의 필요와 욕구에 능력이 접목되어 수요로 이어지는 경우 건물자산의 사용목적과 수익목적 및 처분목적이 결정되고 이를 구매행위로 나타나게 되는바 이와 같은 구매 목적(취득목적)에 가장 부합하는 건물자산을 합목적적 건물자산이라 하고, 〈건물자산의 취득〉의 의미는 건물 신축에 의한 원시취득 및 매매계약에 의한 승계취득 등의 방법으로 취득 목적물(건축물)의 완전 점유와 소유권 등기를 경료 함을 말한다. 그리고 〈취득과정이자 활동〉의 의미는 건물자산을 취득하기 위하여 실시하는 계획, 조사, 분석, 준비, 실행(신축 또는 매입), 점유와 소유권 보존등기 또는 이전등기 등 일련의 건물자산 취득의 프로세스나 건물자산의 취득을 위한 건축 또는 매입의 실행 행위를 말한다.

② 건물자산관리란 취득 또는 보유 건물자산의 정상적 보존과 이용 및 개량 중심의 효과적 운영관리 그리고 합리적 처분의 과정이자 활동을 말한다.

〈정상적 보존과 이용 및 개량 과정이자 활동〉이란 취득 또는 보유 건물자산 유형물의 마감 부재와 주요 부재 및 구조부의 상태가 완공 초기 상태대로 온전하게 장기적으로 유지하게 함을 말하고, 건물자산의 무형물인 건축물의 기능과 건축설비의 성능을 완공 초기의 기능과 성능으로 장기적 유지를 말하며, 경제적 가치와 소유권 권리를 온전하게 유지함을 의미한다. 이를 위해서는 건물자산의 유형물과 무형물에 대하여 일상적으로 점검 · 정비 또는 보수하고 손상된 부분 또는 문제된 부분은 원상 복구해야 하며, 시간의 경과에 따라 요구되는 개량, 교체, 보강을 해야 하고 원상회복 또는 경제적 가치 또는 법률적 가치를 유지하게 하는 프로세스이자 실천 행위를 말한다. 또한 〈정상적 이용과 개량의 과정이자 활동〉이라 함은 취득 또는 보유 건물자산을 용도에 맞게 운용하여 사용가치와 수익가치 및 처분가치를 최대화하고 수익성 건물자산은 임대 등의 방법으로 임대 수익을 최대화하며 시설물의 기술적 하자나 법률적 하자 또는 경제적 문제점을 바람직하게 원래의 상태로 원상회복하도록 개량하고 극대화하여 건물자산을 이용하고 개량하는 프로세스와 실천 행위를 말한다. 그리고 〈합리적 처분의 과정이자 활동〉의 의미는 건물자산 이해관계자의 이익에 부합되게 법률적 처분(매매 또는 임대나 권리 설정 등) 이나 물리적 처분(용도 변경, 개량, 교체, 대수선 등의 프로세스나 실천 행위를 말한다. 따라서 건물자산관리란 건물자산의 목적과 이의 달성을 지원하기 위한 건물자산관리의 목적을 건물자산 최유효 관리법에 따라 가장 경제적 방법으로 안전하게 효율적으로 적합하게 효과적으로 달성하기 위한 건물자산의 경영관리와 건물부동산 운영관리 및 건축시설물 유지관리의 개별관리 또는 종합관리의 과정이자 활동을 의미한다.

③ 건물자산관리 개념에서 말하는 〈건물자산의 목적〉이라 함은 건물자산의 취득을 통하여 달성하고자 하거나 얻고자하는 목표나 방향을 말하는 것으로 건물자산 취득의 이유와 필요성을 말한다.

건물자산은 인간의 삶과 생활과 일의 영위에 절대적으로 필요한 재화(경제적 가치가 있는 물건)이자 생존을 위한 住의 조건이고 환경이며 필수 도구이기 때문에 건물자산을 기반으로 이루어지는 인간의 삶과 생활과 일의 영위를 위하여 건물자산의 생산(건축)과 법률적 취득의 필요(needs)가 나타나고 필요 충족의 대안인 욕구(wants)가 마련되면 능력과 결부하여 수요(demand)로 이어져 결과적으로 건물자산의 사용목적과 보유목적 및 처분목적이 결정되는데 이를 건물자산의 목적 또는 건물자산 취득의 목적이라 한다. 〈건물자산의 목적〉은 전술한 바와 같이 건물자산을 기반으로 이루어지는 인간의 삶과 생활과 일의 영위를 위하여 요구되는 건물자산의 최유효 사용과 수익 및 처분을 말한다. 따라서 건물자산의 목적은 취득 또는 보유 건물자산을 건물자산관리활동으로 생산 공급되는 건물자산관리 서비스(건물자산관리 용역)의 지원을 받아 취득 또는 보유 건물자산을 최고 최선의 조건과 환경에서 가장 유리하게 사용하고 수익하며 처분하도록 경영과 운영 및 관리하여 건물자산을 기반으로 이루어지는 인간의 삶과 생활과 일의 영위가 바람직하게 실현될 수 있도록 주 환경 측면에서 지원하는 데 두고 있다.

④ 한편 〈건물자산관리의 목적과 목표〉란 건물자산관리의 목적은 취득 또는 보유 건물자산을 최고 최선의 조건과 환경에서 건물자산 이해관계자가 가장 유리하게 사용하고 수익하며 처분을 건물자산 취득의 목적대로 바람직하게 실현할 수 있도록 건물자산관리 서비스를 통하여 지원하는 데 있다. 다시 말하면, 건물자산관리의 목적은 건물자산의 투자자나 소유자와 사용자가 취득, 보유, 사용하고 있는 건물자산을 최고 최선의 조건과 환경에서 소유하게 하거나 사용하게 하고 수익을 창출하게 하며 물리적 처분과

법률적 처분을 바람직하게 실행하도록 지원하여 건물자산의 목적이 바람직하게 효과적으로 실현될 수 있도록 능률적으로 지원하는 데 있다.

또한 건물자산 목적의 효과적 달성 지원을 목적으로 하는 건물자산관리의 목적은 건물자산관리 목표의 달성에 의하여 이루어지게 되는 특징이 있다. 왜냐하면 건물자산관리의 목적은 건물자산관리 목표의 달성에 전적으로 의존하는 특성이 있기 때문이다.

전술한 바와 같이 건물자산의 목적 달성을 지원하기 위한 건물자산관리 목적은 합목적적 최적 건물자산의 취득과 취득 건물자산의 정상적 보존 및 효과적 운영관리 그리고 합리적 처분과 보유 건물자산의 최유효 사용화와 수익화 및 처분화를 의미하며, 이를 지원하기 위한 건물자산관리의 목표는 건물자산 최유효 관리법에 따라 건물자산의 투자목적과 소유목적, 사용목적과 수익목적 및 처분 목적에 부합하는 합목적적 건물자산의 취득과 취득 또는 보유 건물자산의 정상적 보유와 운영관리 그리고 보유 건물자산의 합리적 처분과 취득 건물자산의 최유효 사용화와 수익화 및 처분화를 가장 경제적 방법으로 안전하게 효율적으로 적합하게 효과적으로 달성하는 것을 말한다.

또한 건물자산관리의 목표는 건물자산의 소유자와 사용자가 취득 건물자산을 바람직한 인간의 삶과 생활과 일의 바람직한 실현을 위하여 최고 최선의 조건과 환경에서 가장 유리하게 소유하고 사용하며 수익과 처분을 수행하는 데 요구되는 건물자산관리 서비스를 적절히 생산 제공하고 이를 통하여 건물자산관리 목적의 효과적 달성을 지원하며, 이와 같은 건물자산관리 목적의 효과적 달성은 건물자산의 목적 달성을 지원하여 건물자산을 기반으로 영위하는 건물자산의 이해관계자(건물자산의 투자자와 소유자 및 사용자와 이용자)의 삶과 생활과 일의 영위를 바람직하게 이루어지도록 주 환경 측면에서 지원하게 된다.

앞에서 설명한 건물자산의 목적과 건물자산관리의 목적 및 목표 사이에는 다음과 같은 효과와 작용이 나타나는 상관관계에 의하여 건물자산의 목적인 건물자산의 최유효 사용과 수익 및 처분으로 건물자산 기반으로 이루어지는 인간의 삶과 생활과 일의 영위가 바람직하게 실현되고, 건물자산 이해관계자가 건물자산의 투자와 소유 및 사용·수익과 처분에 만족하게 될 뿐만 아니라 이를 통하여 국가경제발전에도 이바지하게 된다.

건물자산의 목적과 건물자산관리의 목적 및 목표와 수행 업무의 내용과 기대효과를 요약 정리하면 다음의 〈표 10〉과 같다.

(표 10) 건물자산과 건물자산관리의 목적과 내용 및 기대효과

목적 및 목표	목적의 내용	기대효과
건물자산의 목적 (건물자산 취득의 목적)	건물자산 기반의 삶과 생활과 일의 바람직한 영위를 위한 건물자산의 최유효 사용·수익·처분	- 건물자산의 투자자와 소유자 및 사용자와 이용자의 투자 목적과 소유목적 및 사용목적과 이용목적의 효과적 달성으로 건물자산 기반의 삶과 생활과 일의 바람직한 영위 - 건물자산 기반의 개인의 생활과 조직 목적 사업의 효과적 달성 - 건물자산이해관계자 최유효 만족 - 국가경제발전 이바지
건물자산관리의 목적	건물자산 최유효 관리법에 의한 합목적적 건물자산의 취득과 정상적 보존과 이용 및 개량 중심의 효과적 운영관리 및 합리적 처분 그리고 건물자산의 최유효 사용화와 수익화 및 처분화	- 건물자산 투자가치와 사용·수익 가치 및 처분가치의 유지와 극대화로 건물자산 투자자, 소유자, 사용자, 이용자 등 건물자산 이해관계자의 건물자산 투자만족, 소유만족, 사용 수익 만족, 이용만족 - 건물자산 목적의 효과적 달성
건물자산관리의 목표	합목적적 건물자산의 취득과 정상적 보존과 이용 및 개량 중심의 효과적 운영관리 및 합리적 처분 그리고 취득 또는 보유 건물자산의 최유효 사용화와 수익화 및 처분화를 가장 경제적 방법으로 안전하게 효율적으로 적합하게 효과적으로 달성	- 건물자산관리 목적의 효과적 달성 직접지원 - 건물자산의 목적(건물자산의 취득목적)의 효과적 달성 간접지원

⑤ 〈건물자산의 경영관리와 건물부동산 운영관리 및 건축시설물 유지관리의 과정〉의 의미는 경영과 운영 및 관리의 자원을 계획, 조직화, 지휘, 조정, 통제의 경영관리과정을 통하여 경영관리 성과와 운영관리 성과 및 유지관리 성과의 산출을 도모하는 변환과정을 말한다.

⑥ 〈건물자산 최유효 관리법〉이란 합목적적 건물자산의 취득과 정상적 보유와 운영관리 그리고 합리적 처분과 취득 또는 보유 건물자산의 최유효 사용화와 수익화 및 처분화를 가장 경제적 방법으로 안전하게 효율적으로 적합하게 효과적으로 달성하는 건물자산관리 방법을 말한다.

⑦ 〈건물자산의 경영관리와 건물부동산 운영관리 및 건축시설물 유지관리의 개별관리 또는 종합관리의 과정〉의 의미는 경영관리와 운영관리 및 유지관리의 과정은 경영개념과 운영개념 및 관리개념을 복합적으로 바탕에 깔고 경영·운영·관리자원의 투입물을 계획, 조직화, 지휘, 조정, 통제의 다섯 가지 경영관리 기능의 순환에 의하여 산출물(경영성과와 운영성과 및 관리성과)로 전환시키는 개별변환과정 또는 종합 변환과

정을 말한다. 경영과 운영 및 관리의 자원과 경영관리기능 및 경영관리성과 등에 대해서는 제II편 건물자산관리의 방식과 방법론 편에서 구체적으로 설명하기로 한다.

⑧ 〈경영관리와 운영관리 및 유지관리의 개별관리 또는 종합관리활동〉의 의미는 경영관리와 운영관리 및 유지관리를 1원화 조직에 의하여 전체 건물자산관리 업무를 하나의 조직으로 일괄 관리하는 활동을 종합관리활동이라 하고, 3원화 조직에 의하여 경영관리와 운영관리 및 유지관리 업무를 건물자산관리 3측면 개념에 따라 각각 관리하는 활동을 개별관리활동이라 한다. 개별관리활동을 구체적으로 설명하면 다음과 같다.

가. 건물자산 경영관리활동

건물자산 경영관리활동이란 건물자산관리 3측면 중 한 측면으로서 건물자산관리의 중심 활동을 의미한다.

건물자산관리의 의의와 의미 및 내용의 개념화에 협력하고 있는 건물자산 경영관리활동이라 함은 건물자산의 투자자와 소유자 또는 경영자가 건물자산의 소유권과 경영권에 기초하여 건물자산의 취득과 처분 및 운영관리에 대한 조사와 분석을 통하여 건물자산의 투자 목적과 경영목표를 수립하고 건물자산 경영자원을 계획하고 조직화하여 지휘하고 통제하는 경영기능의 순환을 통하여 경영자원을 투입하고 변환과정을 거쳐 목표 경영성과를 산출하는 일련의 활동을 말한다.

건물자산의 경영은 기업조직의 경영자에 속한 고유 업무로서 경영 업무에 대한 의사결정과 선택을 정책적 · 포괄적 · 거시적으로 행하는 기업 경영활동의 동태적 도구를 의미한다. 다시 말하면, 건물자산관리에 있어서 경영관리활동이라 함은 경영자가 경영자 고유 업무인 정책적 의사결정과 선택 또는 거시적이며 포괄적인 의사결정이나 선택활동을 계획하고, 조직화하며, 지휘하고, 통제하는 경영자의 경영기능에 의한 행위를 말하며, 이를 통하여 경영성과를 창출하는 경영자의 고유활동이다. 건물자산관리에 있어서 건물자산의 매입과 매각 또는 투자 및 건물자산 운영관리업체의 선정 등의 건물자산관리 업무는 경영관리 업무로서 경영관리활동을 통하여 수행된다.

건물자산이 경영관리의 대상이 되는 경우에는 제 I 편 제1장에서 이미 설명한 바와 같이 건물자산의 성격은 건물자산 본래의 성격을 그대로 유지하게 되며, 경영자의 의사결정과 선택에 따라 직접 또는 위탁에 의하여 취득되고 보유 및 운영 관리되며 유지관리하게 된다. 건물자산의 위탁관리의 경우에는 건물자산의 취득과 보유 및 운영관리 그리고 유지관리의 업무의 수행은 분야별 건물자산관리 전문 업체와 전략적으로 제휴하거나 분업화하여 건물자산의 취득과 처분은 AM fee를 주는 조건으로 AMC(asset management company)에 위탁하여 대리 또는 대행하게 하거나, 취득 또는 보유 건물자산의 운영과 관리는 PM 전문 업체에게 일정한 PM fee를 주는 조건으로 PMC (property management company)에게 전략적으로 운영과 관리 또는 운영만을 위탁으로 대리하게 하고 건축시설물의 유지관리 업무는 관리용역비를 주는 조건으로 FMC (facilities management company)에게 전략적으로 위탁 관리하는 이른바 건물자산관리 3원화 조직(AMC+PMC+FMC)에 의하여 처리할 수 있으며, 건물자산관리회사(AMC)를 통한 1원화 조직에 의하여 건물자산관리 전체 업무인 건물자산의 취득과 처분 중심의 건물자산 경영 업무와 건물자산 임대관리 업무 중심의 건물부동산의 운영 업무 그리고 유지관리 업무 중심의 건축시설물 유지관리 업무 전반을 단독 조직으로 수행할 수도 있다. 또한 2원화 조직(AMC+PMC)에 의하여 전체 건물자산관리 업무를 수행하고 처리할 수 있음도 물론이다. 이와 같은 관점에서 건물자산의 경영관리활동은 건물자산의 소유권과 경영권에 기초하여 수행하는 건물자산의 경영관리에 대한 의사결정과 선택에 관한 활동을 말한다. 따라서 건물자산의 투자활동과 건물자산의 투자자 또는 소유자로부터 경영권을 위임받아 건물자산관리 업무를 대행하는 AM업무가 건물자산 경영관리활동의 대상이 된다. 따라서 건물자산의 경영관리활동을 통상 AM활동으로 이해하고 있다.

건물자산의 경영관리활동은 건물자산의 최유효 사용화와 수익화 및 처분화를 통하여 건물자산의 투자자나 소유자 또는 경영자를 직접 지원하는 경영활동으로서 건물자산관리의 핵심 건물자산관리활동이라 할 수 있다. 건물자산 경영관리활동은 건물자산에 대한 경영관리활동을 통하여 건물자산의 사용가치와 수익가치 및 처분가치 등 경제적 가치의 극대화를 추구한다.

나. 건물부동산 운영관리활동

건물자산관리 3측면 중 하나의 측면인 건물부동산 운영관리활동이란 건물자산관리의 한축을 담당하는 건물자산관리 분야로서 수익가치와 사용가치의 극대화를 추구하는 취득 또는 보유 건물자산의 운영활동과 관리활동을 통합하여 운영관리하는 건물자산관리 개념을 말한다. 건물자산 운영관리활동은 건물자산의 임대관리와 건축시설물 유지관리 중심의 건물자산관리 업무로서 건물자산의 소유자나 경영자가 직접 운영하거나 또는 건물자산의 소유자나 경영자로부터 운영관리권을 위임받아 대행하는 건물부동산 경영 업무이자 건축시설물 관리 업무 처리활동을 말한다.

운영의 사전적 의미는 어떤 조직이나 일의 기능을 부리어 쓰거나 경영함을 의미하기 때문에 운영은 건물자산의 보유단계 동안 개인 또는 단체가 소유하고 있거나 경영하고 있는 건물자산에 대하여 직영관리 또는 위탁관리 방식에 의하여 건물자산의 용도에 따라 사용가치와 수익가치를 극대화하는 건물자산관리활동을 말한다.

건물부동산 운영활동은 전략적 건물자산관리 차원에서는 건물자산의 투자자나 소유자 또는 건물자산관리 대행사(AMC)로부터 PM계약을 체결한 PMC의 고유 업무로서 운영비용의 최소화와 운영수익의 최대화를 목적으로 하는 건물부동산의 경영활동이자 관리활동이다. 운영개념이 접목되는 동안의 건물자산은 임대관리 중심의 운영 업무 성격에 따라 건물자산의 물리적 변화 없이 건물자산의 성격이 건물부동산의 성격으로 변화하게 된다.

건물부동산 운영관리활동은 건물자산의 최유효 수익화와 사용화를 통하여 건물자산의 경영관리활동을 직접 지원하는 활동으로서 통상 PM활동으로 호칭하고 있다. 건물부동산 운영관리활동은 건물부동산 운영활동과 유지관리활동을 통하여 취득 또는 보유 건물자산의 사용가치의 극대화와 수익 가치의 최대화를 추구한다.

다. 건축시설물 유지관리활동

건물자산관리의 3측면 중 하나의 측면인 건축시설물 유지관리활동은 취득 또는 보유 건축시설물의 사용가치 극대화를 추구하는 물적 관리활동으로서 건물자산의 물리적 상태와 기능 및 용도의 보존과 유지 및 개량과 건축설비의 기능과 성능의 유지와 개량 그리고 건축물과 시설물의 편리화와 쾌적화, 청결화와 보건화, 내구화와 안전화 등을 통하여 건물자산의 사용가치 극대화를 추구하는 건물자산관리활동을 말한다.

건축시설물 유지관리활동은 전술한 바와 같이 취득 또는 보유 건물자산의 최유효 사용화를 지원하는 물적 관리활동으로서 건축시설물의 기능을 보전하고 사용자와 이용자의 안전과 편의를 높이며, 고장 난 부분은 원상복구 하고 시간의 경과에 따라 요구되는 보수, 보강, 개량활동 중심의 유지관리활동으로서 건축시설물의 사용가치 극대화를 통하여 건물자산의 소유자나 경영자 또는 AMC를 간접지원하고 PMC를 직접 지원하는 기술적 관리활동을 말한다. 건물자산이 유지관리의 대상이 되는 경우에는 유지관리 업무의 성격에 따라 건물자산의 성격은 건축시설물 성격으로 물리적으로 변화하게 된다.

건축시설물 유지관리활동을 통상 FM활동으로 호칭하고 있으며 건축시설물 유지관리활동은 비주거용 건물자산의 경우 일반적으로 직영관리 방식이나 위탁관리 방식 또는 혼합관리 방식으로 관리할 수 있으나, 일반적으로 위탁관리 방식에 의하여 주로 수행되고 있다. 건축시설물 유지관리는 건축시설물 유지관리활동을 통하여 건물자산의 사용가치 극대화를 추구한다.

라. 개별관리활동 또는 종합관리활동

건물자산은 건물자산관리영역과 업무의 성격에 따라 건물자산 사용가치와 수익가치 및 교환가치 중심의 경영관리영역과 사용가치와 수익 가치 중심의 운영관리영역 그리고 사용가치 중심의 유지관리영역으로 3분되고 있으며, 이에 따라 건물자산관리 업무도 경영관리 업무와 운영관리 업무 그리고 유지관리 업무로 나누어진다. 이와 같은 연유로 건물자산관리활동 역시 건물자산 경영관리활동과 건물부동산 운영관리활동 및 건축시설물 유지관리활동으로 건물자산관리영역에 따라 개별적으로 또는 종합하여 경영관리와 운영관리 및 유지관리할 수 있다.

따라서 건물자산의 경영관리와 건물부동산 운영관리 및 건축시설물 유지관리가 1원화 구조로 종합적으로 이루어질 때, 이를 건물자산 종합관리활동이라 하고 이를 통하여 완전한 건물자산관리 효과를 창출하게 된다. 그러나 건물자산관리를 수행함에 있어서 3원화 조직에 의하여 각각 개별적으로 이루어지는 건물자산관리활동(예, 건축시설물 유지관리활동)의 경우를 건물자산 개별관리활동이라 한다. 개별관리활동을 개별관리활동의 속성상 제한적으로 건물자산관리 3측면 중 하나의 측면만의 건물자산관리 효과만을 창출하는 한계가 있음을 유의해야 한다.

2) 건물자산관리의 주체와 객체 및 수단

(1) 건물자산관리의 주체와 객체 및 수단의 개념

건물자산관리의 기초개념 중 하나인 건물자산관리 주체와 객체 및 수단의 개념은 건물자산관리활동의 3요소로서 3요소 중 단 하나의 요소가 존재하지 않은 경우에는 건물자산관리활동 자체가 성립되지 않는다. 왜냐하면 건물자산관리활동은 건물자산관리 기반을 바탕으로 건물자산관리 주체가 건물자산관리 객체에 대하여 건물자산관리 수단을 효율적으로 배분하고 활용하여 경영관리 성과와 운영관리 성과 및 유지관리 성과를 도출하는 활동이기 때문이다.

건물자산관리의 주체와 객체 및 수단은 건물자산관리의영역(경영관리영역/운영관리영역/유지관리영역)에 따라 다소 상이하나, 건물자산관리주체가 관리객체에 대하여 관리수단을 가지고 경영관리와 운영관리 및 유지관리를 수행하여 건물자산 경영관리의 목적과 건물부동산 운영관리의 목적 및 건축시설물유지관리의 목적을 달성하는 물리적 구조성격과 관념적 구조의 성격을 모두 가지고 있다. 그러므로 건물자산관리의 주체와 객체 및 수단의 개념은 건물자산관리 기본 틀의 성격을 가지고 있어 건물자산관리 기초개념 속에 포함된 개념이다.

건물자산관리의 주체라 함은 자신의 의사에 의하여 건물자산관리활동을 수행하는 자연인의 개인이나 법인인 기업, 단체, 정부 등을 말한다. 건물자산관리의 주체에는 건물자산의 투자주체와 소유주체 및 경영주체, 운영주체와 관리주체 및 사용주체 등이 있다. 건물자산의 소유주체는 건물자산의 소유권에 의하여 지위가 주어지며, 자신의 책임과 비용 그리고 자신의 의사결정과 선택으로 경영대상 건물자산을 포괄적으로/거시적으로/정책적으로 경영 관리하는 개인, 기업, 단체, 정부를 말하고, 건물자산의 경영주체는 건물자산의 소유자로부터 경영권의 위임 또는 관계법령(예, 국유재산관리법)에 따라 경영권을 위임 받은 자로서 타인의 비용으로 자신의 책임과 의사 결정과 선택으로 건물자산 경영관리를 포괄적으로 또는 정책적으로 수행할 수 있는 개인, 기업, 단체, 정부를 말하며, 관리주체는 건물자산의 소유자나 경영자 또는 관계법령 상의 권한 있는 자에 의하여 관리권을 위임받은 자연인 또는 법인으로서 타인의 의사 결정과 비용과 자신의 책임으로 건물자산관리활동을 미시적으로 또는 기계적으로 실천하는 개인, 기업, 단체, 정부를 말한다.

건물자산관리의 객체라 함은 건물자산관리의 대상 또는 목적물을 말하며, 이에는 경영관리 객체와 운영관리 객체 그리고 유지관리 객체 등이 있다. 또한 건물자산관리 수단이라 함을 건물자산관리의 방도를 말하는 것으로 이에는 경영관리 수단과 운영관리 수단 및 유지관리 수단이 있다. 이상에서 설명한 건물자산관리 주체와 객체 및 수단의 내용은 다시 설명하면 다음과 같다.

(2) 건물자산관리의 주체

건물자산의 투자자와 소유자는 소유권에 기초하여 소유주체와 경영주체 및 관리주체가 동시에 될 수 있다. 또한 건물자산의 소유자와 관계법령에서 건물자산의 경영권을 위임 받은 자는 경영주체가 되어 건물자산을 취득하거나 보유 및 직영관리 방식으로 운영관리하거나 처분하는 경우에는 건물자산의 소유자를 대리하여 경영주체 및 관리 주체의 지위에서 타인의 비용으로 자신의 의사 결정과 책임에 따라 건물자산의 경영과 운영 및 관리를 자유롭게 수행할 수 있다. 그러나 건물자산의 소유자나 경영자의 관리권의 위임 또는 위탁관리 계약이나 관계법령에 의하여 관리권을 위임 받아 건물자산을 위탁 관리하는 경우에는 관리주체의 지위에서 건물자산의 보존, 이용 개량만 가능하다. 건물자산의 소유자는 소유주체와 경영주체 및 관리주체로서 소유자의 비용과 책임으로 건물자산의 경영과 운영 및 관리를 위하여 직영 관리나 위탁관리 또는 혼합관리 방식의 선택과 의사결정을 할 수 있으며, 경영과 운영 및 관리의 조직을 둘 수 있고, 각 조직별로 건물자산의 경영자와 관리자 및 근무자를 선발하고 배치하여 건물자산관리 업무를 담당하게 하거나 계획, 조직화, 지휘, 통제의 경영기능을 순환하여 경영관리 성과와 운영관리 성과 및 유지관리 성과를 창출하고 결과를 분석하며 피드백을 통하여 건물자산의 경영과 운영 및 관리의 결과를 통제하게 된다. 건물자산관리 주체에는 전술한 바와 같이 (표 11)과 같은 주체의 종류가 있다.

(표 11) 건물자산관리 주체의 종류와 자격

주체의 종류	주체의 자격
투자 주체	건물자산 직접 투자자, 건물자산 간접 투자자
소유주체	건물자산의 소유자, 국유재산 총괄청의 장(기획재정부 장관)
경영주체	건물자산의 소유자, 건물자산의 경영자 건물자산 소유자로부터 경영권을 수임한 자 국유재산 관리청의 장
운영주체	운영권(PM권)수임 자
관리주체	건물자산의 소유자, 건물자산의 경영자, 계약에 의한 관리권 수임자 공동주택 입주자 대표회의, 공동주택관리 소장, 공동주택사업 인계 전의 사업주체 집합건물의 관리단 및 관리인, 국유재산 분임관
사용주체	건물자산 소유자, 건물자산 경영자 계약에 의한 입주자 또는 점유자, 고용에 의한 재실자 또는 점유자 관계법령에 의한 점유자 등

앞에서 설명한 건물자산의 투자주체와 소유주체, 경영주체, 운영주체, 관리주체 및 사용주체 상호관계를 그림으로 정리하면 [그림 1]과 같다.

[그림 1] 건물자산 각 주체의 상호관계 개념도

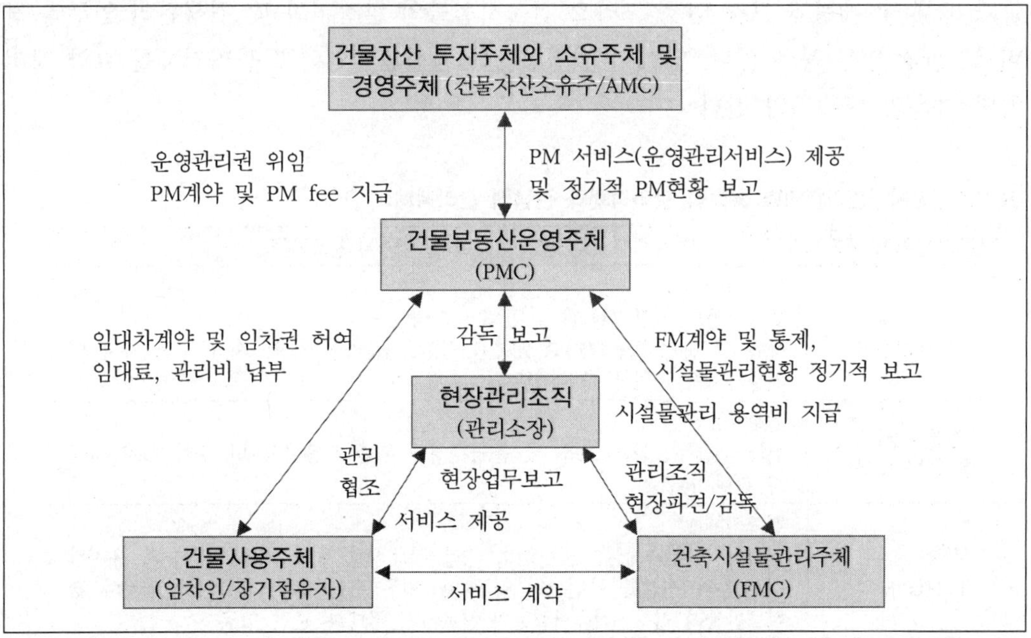

② 건물자산관리의 객체

건물자산관리의 객체라 함은 건물자산관리활동의 대상을 말 하는 것으로 이에는 건물자산 경영관리의 객체와 건물부동산 운영관리 객체 및 건축시설물 유지관리 객체 등이 있다. 건물자산 경영관리의 객체라 함은 경영관리의 대상을 말하는 것으로서 이에는 물리적 경영관리객체와 관념적 경영관리 객체가 있다.

물리적 경영관리의 객체에는 취득한 건물자산 또는 보유 건물자산이 있으며, 관념적 경영관리의 객체에는 건물자산의 취득과 보유 및 운영관리 그리고 처분을 통한 사용가치와 수익가치 및 처분 가치 극대화 관련 경영관리 업무가 있다. 건물자산관리의 3측면 중 운영수익 중심의 건물부동산의 운영관리영역의 운영관리의 객체란 건물부동산의 용도에 따라 건물부동산을 운용하여 경영하는 대상을 말하는 것으로 물리적 운영관리의 객체에는 건물부동산이 있으며, 관념적 운영관리의 객체에는 건물부동산 임대관리 업무와 건축시설물 종합관리를 통한 사용가치와 수익가치 극대화 관련 운영관리 업무가 있다. 건축시설물 유지관리의 객체라 함은 건축시설물을 유지하고 관리하는 대상을 말하는 것으로서 물리적 유지관리의 객체에는 건축시설물이 있으며, 구체적으로는 건축시설물을 구성하는 건축대지와 건축시설 및 건축설비와 기타 부대시설 등이 있다. 그러나 관념적 유지관리의 객체에는 건축시설물 종합관리를 통한 건축시설물 사용가치의 극대화 관련 유지관리 업무가 있다. 건축시설물 종합관리의 업무에는 건축시설물의 유지보수와 영선 업무, 건축설비의 기능 보전과 일상 점검 및 보수와 정비 업무, 진단과 교체 및 개량과 보강 업무 그리고 건축시설물의 환경미화 및 위생관리 업무와 경비보안관리 업무 등이 있다. 앞에서 설명한 건물자산관리영역별 관리객체를 요약 정리하면 다음의 (표 12)와 같다.

(표 12) 건물자산관리영역별 물리적 관리객체와 관념적 관리객체

건물자산관리영역	물리적 관리객체/관념적 관리객체
건물자산 경영관리영역	건물자산/ 건물자산의 생산 취득과 보유 및 운영관리 그리고 처분을 통한 건물자산 사용가치와 수익 가치 및 처분가치의 극대화 관련 업무
건물부동산 운영관리영역	건물부동산/ 취득 건물부동산의 보유 및 운영관리를 통한 사용가치 및 수익 가치 극대화 관련 업무
건축시설물 유지관리영역	건축시설물/ 건축대지, 건축시설, 건축설비, 기타 부대시설 등의 기능과 성능의 유지관리 업무와 시설물 안전관리 업무 및 에너지관리 업무, 환경미화 업무와 경비보안관리 업무, 건축시설물의 사용가치 극대화 관련 업무

(3) 건물자산관리의 수단

건물자산관리의 수단이라 함은 건물자산의 경영관리와 운영관리 및 유지관리의 목적을 달성하기 위한 방도를 말하는 것으로서 이에는 건물자산의 경영관리 수단과 건물부동산 운영관리 수단 및 건축시설물 유지관리 수단 등이 있다.

① 건물자산의 경영관리 수단

건물자산(building asset)의 경영관리 수단이란 건물자산의 경영관리의 목적을 달성하기 위한 방도를 말하는 것으로 이에는 인적 경영관리 수단과 물적 경영관리 수단 및 재무적 경영관리 수단과 기술적 경영 관리 수단 그리고 정보 경영관리 수단 등이 있다.

② 건물부동산의 운영관리 수단

건물부동산(building property) 운영관리 수단이란 건물부동산의 운영 관리 목적을 달성하기 위한 방도를 말하는 것으로 이에는 인적 운영관리 수단과 물적 운영관리 수단 및 재무적 운영관리 수단과 기술적 운영관리 수단 그리고 정보 운영관리 수단 등이 있다.

③ 건축시설물의 유지관리 수단

건축시설물(building facilities)의 유지 관리수단이라 함은 건축시설물의 유지관리 목적을 달성하기 위한 방도를 말하는 것으로 이에는 건축시설물의 인적 유지관리 수단과 물적 유지관리 수단 및 재무적 유지관리 수단과 기술적 유지관리 수단 그리고 정보 유지관리 수단 등이 있다.

3) 건물자산관리의 기반

건물자산관리는 건물자산관리의 기반을 바탕으로 건물자산관리 주체(경영관리 주체/운영관리 주체/유지관리 주체)가 건물자산관리 수단(경영관리 수단/운영관리 수단/유지관리 수단)을 효율적으로 배분하고 활용하여 건물자산관리 객체(경영관리 객체/운영관리 객체/유지관리 객체)에 대하여 경영기능과 관리기능의 순환을 통하여 건물자산관리 자원(경영관리 자원/운영관리 자원/유지관리 자원)을 투입하고 변환과정을 거처 마침내 경영관리 성과와 운영관리 성과 및 유지관리 성과를 산출하는 과정이자 활동이라 할 수 있다.

그러므로 건물자산관리의 기반은 건물자산관리활동의 토대가 되고 기초가 되므로 건물자산관리에 있어서 매우 중요한 의미를 가지는 건물자산관리의 기초 개념의 성격을 가지고 있다. 건물자산관리의 기반이라 함은 건물자산관리의 기초관계나 건물자산관리를 영위할 수 있게 하는 기초와 권원 또는 토대를 말한다. 다시 말하면, 건물자산관리의 기반은 건물자산관리활동(경영관리활동/운영관리활동/유지관리활동)을 위한 건물자산관리 수단(경영관리 수단/운영관리 수단/유지관리 수단)을 계획하고 조직화하며 지휘 통제하는 권원이나 권한, 계약과 관계법령 및 제도 등의 기초관계와 건물자산 전체를 경영관리하고 운영관리하며 유지 관리하는 법적 근거나 권원 또는 토대를 말한다.

건물자산관리 기반구조는 건물자산관리의 기반들이 서로 짜인 관계나 그 체계를 말하는 것으로서 건물자산관리의 기반에는 건물자산의 소유권과 경영권 및 관리권 등의 건물자산관리 관련 기초 권리와 건물자산 경영관리의 권리와 건물자산 위탁관리 계약과 관계법령 및 법적 제도 그리고 관계법령과 이에 의한 건물자산관리권의 위임과 기업의 고용에 의한 건물자산관리권의 위임, 건물자산관리 허가 및 신고 조직과 시스템, 건물자산의 소유자 또는 경영자의 건물자산 경영관리방침, 건물자산관리 전산 프로그램, 건물자산관리 매뉴얼과 자치법규 및 지침서, 건물자산관리 종사자의 법정 자격, 과업 지시서 등이 건물자산관리의 기반으로 자리 잡고 있다. 건물자산관리의 기반이 되는 기초관계나 권원 또는 토대의 주요 건물자산관리의 기반을 살펴보면 다음과 같다.

(1) 건물자산의 소유권과 경영권 및 운영관리권

건물자산관리의 기반이 되는 권리에는 건물자산의 소유권과 경영권 및 운영관리권 등이 있다. 건물자산의 소유권은 물권으로서 권리에 해당되나 경영자에 위임되는 경영권과 관리자에게 위임되는 관리권은 권리라기보다 권한(대리인이 법령이나 계약에 따라서 행사할 수 있는 권능의 범위 또는 사무를 처리할 수 있는 자격)이라 할 수 있다. 건물자산관리에 있어서 가장 중요한 기반인 건물자산의 소유권은 해당 건물자산의 사용권능과 수익권능 및 처분 권능을 가진 물권(특정 물건을 직접 지배하여 사용과 수익 및 처분의 권리를 배타적으로 누리는 권리)을 말하고, 제한물권 중 용익물권이 지니는 사용가치와 담보물권이 가지고 있는 교환가치 모두를 가지고 있는 기본 물권을 말한다. 건물자산의 소유권은 신축 건물의 건축에 의한 보존등기와 기존 건물자산의 매입에 의한 이전등기에 따라 일반적으로 발생한다. 건물자산의 소유권을 취득하는 경우, 특별한 경우를 제외하고는 경영권과 운영관리권이 동시에 주어지게 된다.

한편, 건물자산의 경영권은 건물자산의 소유자나 경영자가 건물자산의 취득과 처분 등 건물자산을 경영·운영·관리할 수 있는 권리를 말하며, 건물자산의 소유권에 기초하여 발생하거나 관계법령에 의한 계약 등에 의하여 경영자에게 주어지는 권리이다. 건물자산의 운영관리권은 건물자산의 소유자와 경영자에 의한 운영관리계약 또는 관계 법령의 규정에 따라 건물자산의 관리주체나 관리자에 주어지는 권리(관리권/타인의 재산을 관리하는 권리)를 말한다. 민법에서 명시하고 있는 관리권은 대상건물에 대한 보존과 이용 및 개량의 권한을 말한다. 보존활동은 건물자산의 관리자가 관리 대상 건물자산의 형상과 모양 및 용도를 바꾸지 않은 범위 내에서 마음대로 행할 수 있으나, 이용활동과 개량활동은 건물자산 소유자의 동의 없이 건물자산관리자의 마음대로 행할 수 없는 권한을 말한다.

(2) 건물자산 위탁관리계약

건물자산의 관리 방식을 크게 대별하면 자신의 조직과 권한과 책임 및 비용으로 관리하는 전체 건물자산관리 업무를 수행하는 〈직영관리 방식〉과 자신의 비용으로 타인의 조직과 권한과 책임으로 전체 건물자산관리 업무를 대행 관리하는 〈위탁관리 방식〉 그리고 자신의 책임과 권한 및 비용으로 자신의 조직에 의하여 일부의 건물자산관리 업무를 직접 관리하는 직영관리 방식과 자신의 비용으로 타인의 조직과 권한 및 책임으로 건물자산을 관리하는 일부의 위탁관리 방식을 병용하여 전체 건물자산관리 업무를 관리하는 〈혼합관리 방식〉 등이 있다.

건물자산관리의 권원으로서 기반이 되는 건물자산 위탁관리 계약이란 자신의 비용으로 타인의 조직과 권한 및 책임으로 일정한 급부와 반대급부를 조건으로 건물자산관리 업무 전체를 관리하도록 위탁자가 수탁자에게 관리권을 위임하는 계약을 말한다. 여기서 계약의 법적 의미는 사법상의 일정한 법률적 효과의 발생을 목적으로 두 사람 이상의 계약당사자 의사표시 합치에 의하여 성립하는 법률행위를 말하며, 청약자의 청약의 의사표시와 승낙자의 승낙의 의사표시가 주관적으로 합치(계약 당사자의 합치)하고 객관적으로 합치(계약 내용의 합치)하는 것을 의미한다. 건물자산위탁관리 계약은 건물자산관리에 있어서 또 하나의 중요한 기반이 된다.

(3) 건물자산관리 관계법령

건물자산관리에 있어서 건물자산관리 관계 법령은 건물자산관리에 중요한 기반이 된다. 건물자산관리 관계법령이라 함은 건물자산관리에 직접 관계되거나 작용 또는 영향을 미치는 헌법 조항과 법률, 시행령과 시행령 규칙 그리고 지방자치단체의 조례와 규칙을 말한다.

건물자산관리 관계법령은 건물자산관리 관계법의 성격에 따라 건물자산관리 사법과 공법으로 대분류되고, 건물자산 생애 단계에 따라 적용되는 건물자산 취득 관계법령, 건물자산 보유 관계법령 그리고 건물자산 처분 관계법령 등으로 중 분류되며, 건물자산관리 주요 항목별로 건물 유지관리 관계법령, 건축설비관리 관계법령, 건축대지 관계법령, 건물안전 및 보안관리 관계법령, 건물 위생환경관리 관계법령, 건물 공시관계 관계법령, 건물 리모델링 관계법령, 건물 조세 및 부담금 관계법령, 재건축 관계법령, 건물소유권 및 임대차 등 계약 관계법령 등으로 소분류 된다. 건물자산관리 관계법령 전체를 하나의 기준에 따라 분류하면 다음과 같은 건물자산관리 관계법령 분류표가 완성된다.

건물자산관리 관계법령의 분류표는 다음의 (표 13)과 같다.

(표 13) 건물자산관리 관계법령 분류표

구분	내용
대분류	건물자산관리 사법 건물자산관리 공법
중분류	건물자산 취득 관계법령 건물자산 보유 관계법령 건물자산 처분 관계법령
소분류	건축물 유지관리 관계법령 건축설비관리 관계법령 건축대지 관계법령 건물안전관리 관계법령 건물위생환경관리 관계법령 건물부동산 공시관계법령 건물 리모델링 관계법령 건물조세 및 부담금 관계법령 재건축 관계법령 건물 소유권 및 임대 등 계약 관계법령

앞에서 기술한 건물자산관리 관계법령 중 소분류 체계를 소개하면 다음의 (표 14)와 같다.

(표 14) 건물자산관리 관계법령 소분류 체계

건물자산관리 관계법령 소분류 체계

- 건축물유지관리 관계법령
  - 건축법
  - 주택법
  - 임대주택법
  - 국유재산법
  - 집합건물소유 및 관리에 관한법률
  - 주차장법
  - 승강기 제조 및 관리에 관한법률
  - 소방시설설치유지 및 안전관리에 관한법률
  - 시설물의 안전관리에 관한특별법
- 건축설비관리 관계법령
  - 에너지이용합리화법
  - 건축법
  - 수도법
  - 수질환경보전법
  - 오수분뇨 및 축산폐수 처리에 관한법률
  - 소방시설유치 및 안전관리에 관한법률
  - 도시가스사업법
  - 전기사업법
  - 건축물의 설비기준 등에 관한규칙
  - 고압가스안전관리법
- 건축대지관리 관계법령
  - 국토기본법
  - 국토의 계획 및 이용에 관한법률
  - 도시 및 주거환경정비법
  - 건축법
  - 농지법
  - 산림법
  - 도시개발법
  - 개발제한구역의 지정 및 관리에 관한 특별조치법
  - 지적법
- 건물안전 관계법령
  - 소방기본법
  - 소방시설설치유지 및 안전관리에 관한법률
  - 위험물안전관리법
  - 공공기관의 방화관리규정
  - 전기용품안전관리법
  - 시설물의 안전관리에 관한특별법
  - 산업안전보건법
  - 도시가스사업법
  - 고압가스안전관리법
  - 전기사업법
  - 액화석유가스의 안전관리 및 사업법
  - 경비업법
  - 주택법
  - 재난관리법
  - 산업재해보상보험법
  - 청원경찰법
- 건물위생환경관리 관계법령
  - 환경정책기본법
  - 공중위생관리법
  - 폐기물관리법
  - 전염병예방법
  - 가축분뇨의관리및이용에 관한법률
  - 수도법
  - 수도시설의 위생관리에 관한법률
  - 먹는 물 관리법
  - 대기환경보전법
  - 토양환경보전법
  - 다중이용시설 등의 실내공기 질 관리법
  - 에너지이용합리화법
  - 자원의 절약과 재활용에 관한법률
  - 소음진동관리법
  - 수질및생태계보전에 관한 법률
  - 하수도법
  - 악취방지법
  - 학교보건법

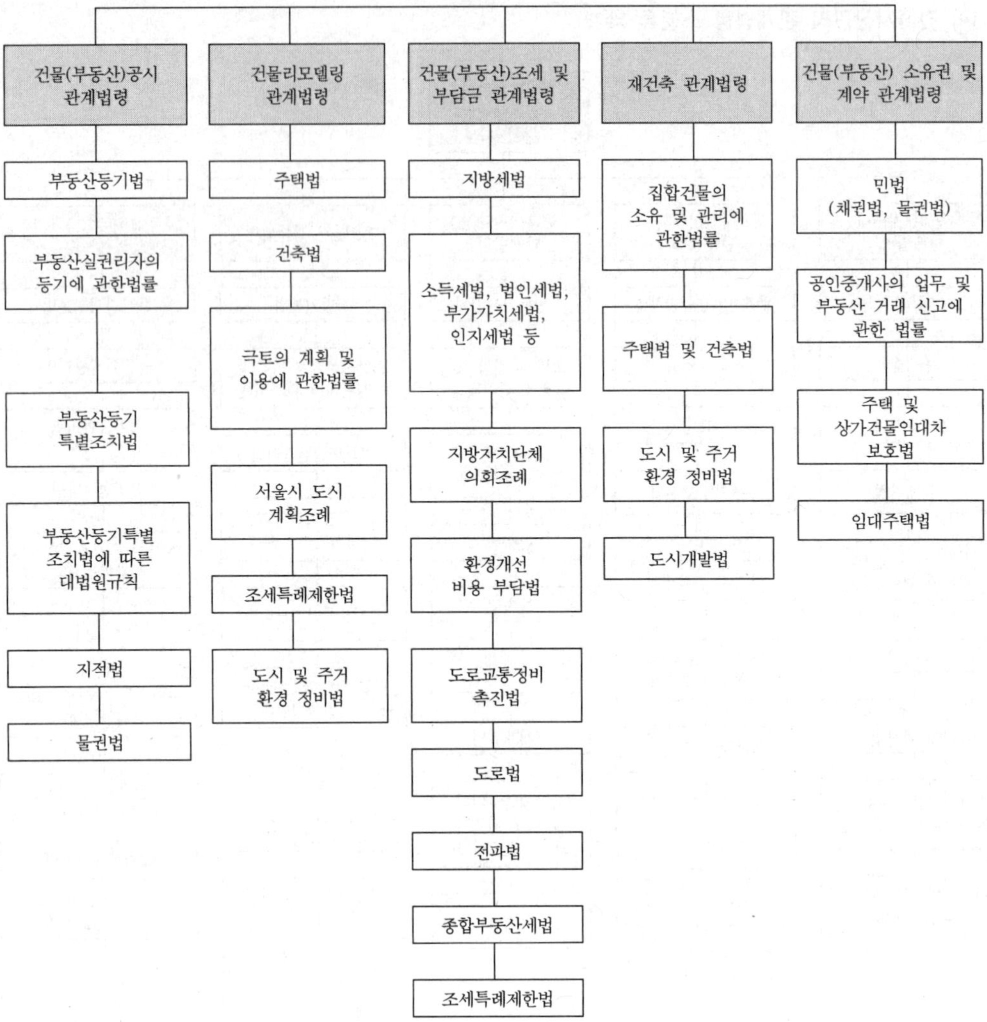

(4) 건물자산관리 법적 제도

건물자산관리에 있어서 건물자산관리 법적 제도는 건물자산관리의 기반으로 작용하고 있다. 왜냐하면 법적 제도는 관리 관계법령과 법적 성질을 가지는 계약에 의하여 강제적으로 만들어진 제도이기 때문이다. 또한 건물자산관리는 관계법령과 법적 제도에 따라 건물자산관리활동을 수행해야 하기 때문이다. 다시 말하면, 건물자산관리의 법적 제도는 건물자산관리에 직접 영향을 미치거나 긍정적 또는 부정적으로 작용하는 건물자산관리 제도로서 관계법령과 법적 성질을 가지는 계약에 의하여 제도화된 제도만을 의미한다.

건물자산관리 법적 제도에서 말하는 〈제도〉의 사전적 의미는 정해진 법규나 마련된 법도 또는 나라의 법칙을 의미하며, 국가나 사회의 구조체계 및 형태를 말한다. 건물자산관리에 있어서 건물자산관리의 제도는 건물자산관리활동에 직접 영향을 미치는 제도로서 관계법령과 지방자치단체의 조례 및 계약에 의하여 성립된 법적 성질을 가진 제도만을 의미한다. 건물자산관리에 직접 영향을 미치는 법적 제도로서 건물자산관리자가 건물자산관리활동을 수행하기 전에 반드시 숙지하고 알아야 할 건물자산관리 관련 법적 제도에는 여러 종류의 법적 제도들이 있으며, 이를 건물자산 취득과 보유 및 처분 관련 법적 제도로 구분하여 주요 법적 제도를 소개하면 다음의 (표 15)와 같다.

(표 15) 건물자산의 취득과 보유 및 처분 관련 주요 법적 제도

1. 건물자산 취득 관련 법적 제도
• 건축허가 제도 • 건축허가 사전예고 제도 • 건축감리 제도 • 건축 사용승인 제도 • 주택분양 제도 • 빌딩/주택 매매계약 제도 • 부동산 공시 제도(등기 제도)와 등록 제도 • 부동산 경매 제도 • 부동산 입찰 제도 • 부동산 공매 제도 • 부동산 거래허가 제도 • 부동산매매계약 검인 제도 • 부동산 중개 제도 • 건축물 환경/교통 영향평가 제도 • 용적률/건폐율 제도 • 토지 지구/지역/구역 제도 • 개발제한지역/상수원보호지역/문화재보호지역/군사보호지역 • 재건축 초과이익 환수 제도 • DTI 제도 • LTV 제도 • BTL 제도 • BOT 제도 • 환매권 제도 • 공동주택 분양가격 산정 제도 • 점유 취득 시효 제도 • 등기 취득 시효 제도 • 부동산 취득 관련 조세 제도 • 전기/가스/수도/지역난방 에너지 장기 수급계약 제도 • 건축물 지적 공부 제도 • 부동산 실권리자 명의 등기 제도 • 주택 차익 및 차손 공유대출 제도

- 한국은행 기준금리 제도
- 공시주택가격 제도(토지 공시지가 제도/건물 기준시가 제도)
- 토지 건물 보상 제도
- 관리처분 제도
- 공공기관 자산관리 제도
- 부동산 담보 제도
- 도시개발 제도
- 재개발 · 재건축 제도

2. 건물자산 보유 관련 법적 제도

- 한국은행 법정 이자율 제도
- 건물 및 주택 임대차 제도(전세 제도와 월세 제도 및 반전세 제도)
- 채권적 전세 제도와 물권적 전세 제도
- 주택 등기명령 제도
- 주택 및 상가 건물 소액 임차 보증금 최우선 보호 제도
- 주택 및 상가 건물 대항력 제도
- 주택 및 상가 건물 임대차 계약 확정일자인 제도
- 국유재산 관리 제도
- 건물에너지 평가 제도
- 시설관리/건축물 클리닝/경비 서비스 KS 인증 제도
- 친환경 건축물 인증 제도
- 1종 및 2종 시설물 안전 검사 및 정밀안전 진단 제도
- 건축물 소유자/관리자 정기 유지관리 보고 제도
- 특수 건축물 의무 보험가입 제도
- 보안 대상 시설물 사전 보안 검사 제도
- 다중 이용 시설물 법정 소독 제도
- 다중 이용 시설물 실내공기 질 측정 제도
- 건축소방설비 정기검사 제도
- 건물 음용수 수질검사 제도
- 건물관리 법정 기술 및 자격 제도
- 건물환경/교통 부담금 제도
- 건물소유자 및 관리자 의무 유지관리 제도
- 건물용도 사용 의무 제도
- 건축물 대수선 허가 제도
- 건물 번호 제도
- 금연 건물 제도
- 불법 건축물 강제철거 이행금 제도
- 집합 건물 및 공동주택관리 제도
- 임대주택관리 제도
- 공공건물 및 학교시설 담보 제한 제도
- 건물소유자 및 관리자 영업배상 책임보험 제도
- 부동산 감정평가 제도
- 토지 공시지가 및 건물 기준시가 제도
- 건물 법정 내용연수 제도
- 주택 전세금 보증 제도
- 저당권 유동화 제도
- 녹색 건축물 인증 제도

- 지능형 건축물 인증 제도
- 부동산 보유관련 조세 제도
- 생활 폐기물 관리 제도
- 소음 · 진동 · 악취 방지 제도
- 공동주택소장 주택관리사 채용의무 제도 및 아파트 민원 조정 및 신고 제도
- 부동산 거래허가 제도
- 건물소방시설 정기검사 제도
- 경비지도사/건물 가스안전/전기안전/위생관리자 선임 및 신고 제도
- 보일러 기기 정기검사 제도

3. 건물자산 처분 관련 법적 제도

- 재개발 및 재건축 제도
- 부동산 소유권 이전등기 제도
- 처분 관련 조세 제도
- 부동산 거래허가 제도
- 부동산 관리신탁 제도
- 부동산 감정평가 제도
- 부동산 중개 제도
- 건물 멸실 및 철거 신고 제도
- 재건축 초과이익 환수 제도

주) 상기 법적 제도 외에 추가적으로 법정 제도가 있을 수 있으며 건물자산생애단계별 적용되는 제도가 중복될 수 있음.

이상에서 열거한 수많은 건물자산관리의 법정 제도 외에도 또 다른 법정 제도가 건물자산관리의 기반으로서 작동되고 있는 바 건물자산관리자는 건물자산관리 계획을 수립하기 전에 관련 법적 제도에 대하여 관계법령과 함께 검토해야 한다. 건물자산관리는 건물자산관리자가 건물자산관리 대상에 대하여 건물자산관리 수단을 효율적으로 배분하여 활용하고 건물자산관리의 관계법령과 제도에 따라 관리활동을 통하여 건물자산관리의 성과와 효과를 창출하는 서비스의 생산 및 제공을 목적으로 하는 경영관리활동과 운영관리활동 및 유지관리활동인 동시에 건물자산의 경영관리와 운영관리 및 유지관리의 과정이기 때문에 건물자산관리의 관계법령과 법적 제도는 건물자산관리에 있어서 매우 중요한 기반이 된다.

(5) 건물자산관리 자치법규

건물자산관리의 각종 자치법규인 매뉴얼과 규정 및 지침서가 건물자산관리의 중요한 기반이 된다. 건물자산관리 자치법규는 건물자산관리 조직이 업무의 효율화와 질서유지를 위하여 자체 조직에서 일정한 절차에 따라 제정한 사내 법규로서 기업 조직 종사자 전원에게 성실한 준수를 강제하고 있다. 건물자산관리 자치법규의 종류에는 건물자산 취득단계 자치법규와 보유단계 자치법규 및 처분단계 자치법규 등이 있다. 건물

자산의 경영자와 관리자는 건물자산관리의 기반이 되는 건물자산 단계별 자치법규를 제정하고 이를 기반으로 건물자산관리를 효율적으로 수행하여야 한다. 건물자산의 취득단계와 보유단계 및 처분단계에 해당하는 주요 자치법규의 종류를 소개하면 다음의 (표 16)과 같다.

(표 16) 건물자산관리 주요 자치법규의 종류

(1) 건물자산 취득단계의 주요 자치법규
① 건축에 의한 건물자산 취득 매뉴얼 ② 매입에 의한 건물자산 취득 매뉴얼
(2) 건물자산 보유단계의 주요 자치법규
① 건물자산 운영관리 매뉴얼 ② 건물자산 임대관리 매뉴얼 ③ 인사노무관리 매뉴얼 ④ 교육훈련 매뉴얼 ⑤ 시설물 유지보수 및 정비 매뉴얼 ⑥ 시설관리 규정 ⑦ 계약관리 규정 ⑧ 조직 및 업무분장 규정 ⑨ 건축물인수 업무관리 규정 ⑩ 입주 및 퇴거지원 규정 ⑪ 시설운영 서비스 규정 ⑫ 환경관리 규정 ⑬ 고객재산관리 규정 ⑭ 안전관리 규정 ⑮ 방화관리 규정 ⑯ 시설관리 규정 ⑰ 계측기관리 규정 ⑱ 고객 불만처리 규정 ⑲ 고객만족도관리 규정 ⑳ 기록관리 규정 ㉑ 교육훈련 규정 ㉒ 방침관리 규정 ㉓ 문서관리 규정 ㉔ 사내표준관리 규정 ㉕ 경영검토 규정 ㉖ 시정예방조치 규정 ㉗ 구매 관리 규정 ㉘ 건축운영 지침서 ㉙ 기계설비 운영 지침서 ㉚ 전기설비운영 지침서 ㉚ 전기설비운영 지침서 ㉛ UPS 및 비상발전설비 관리 지침서 ㉜ 승강설비운영 지침서

㉝ 방재설비운영 지침서
㉞ CCTV운영 지침서
㉟ 급수위생설비운영 지침서
㊱ 냉난방설비운영 지침서
㊲ 위험물관리 지침서
㊳ 손해보상관리 지침서
(3) 건물자산 처분단계의 주요 자치법규
① 건물자산 매각관리 매뉴얼
② 건축물 대수선 및 용도전환 공사 발주관리 매뉴얼
③ 건물자산 재개발/재건축 매뉴얼/리모델링 매뉴얼

주) 건물자산의 용도나 성격 등에 따라 자치법규의 종류가 증감될 수 있으며 내용이 달라질 수 있음.

(6) 건물자산 소유자 및 경영자의 건물자산 경영관리 방침

건물자산 소유자와 경영자의 건물자산 경영방침이 또 하나의 건물자산관리 기반으로 작용한다. 왜냐하면 건물자산관리자는 건물자산의 소유자나 경영자의 경영방침에 따라 경영하고 운영하며 유지관리 해야 하기 때문이다.

(7) 건물자산관리업 허가서 및 등록 또는 신고필증

건물자산관리에 있어서 해당 건물자산을 운용하거나 위탁관리 하는 경우 관련법령에 따라 업을 영위하는 기업은 반드시 허가나 신고 또는 등록을 필해야 한다. 예컨대, 경비용역업은 본사 주소지를 관할하는 지방 경찰청장으로부터 경비업의 허가를 득해야 하고, 건물자산(부동산) 운용사는 국토교통부 장관으로부터 허가를 받아야 한다. 또한 건물위생관리업(시설물청소용역업)의 경우에는 청소 현장을 관할하는 시. 군. 구에 신고를 필해야 한다. 뿐만 아니라, 조달청 발주 용역 전자 입찰의 경우와 일반 발주처가 실시하는 건물관리용역 경쟁 입찰의 경우에도 해당 용역에 필요한 허가 증빙자료를 요구하고 있어 건물자산관리업 허가서와 등록 또는 신고필증이 건물자산관리의 토대와 기초 또는 권원으로 작용하므로 또 하나의 건물자산관리의 기반이 된다.

(8) 건물자산관리 통합정보시스템 및 전산 프로그램

건물자산관리 업무의 효율화와 능률화를 위하여 본사와 현장에 설치하고 있는 통합정보시스템과 전산 프로그램 또한 건물자산관리의 기반으로 작용한다. 왜냐하면 건물자산관리 업무는 통합정보시스템과 전산 프로그램에 따라 자동적으로 또는 시스템적으로 수행되기 때문이다.

(9) 건물자산관리 종사자의 법정 자격

건축시설물 유지관리의 경우 방화관리를 위한 소방기사, 전기나 가스 안전관리를 위한 전기안전관리자와 가스 안전 관리자를 선임하고 관련 기관에 신고하도록 관계법령에서 규정하고 있으며, 의무관리 대상 공동주택관리 소장에는 주택관리사 또는 주택관리사 보를 선임하도록 강제하고 있으며 경비현장의 경우 일정한 경비원을 상주 시키는 경우에는 경비지도 사를 의무적으로 배치하도록 명시하고 있어 건물자산관리 종사자의 법정 자격이 건물자산관리의 기반으로 작용한다.

건물자산관리에 요구되는 법정 자격의 내용은 다음의 (표 17)과 같다.

(표 17) 건물자산관리 종사자의 법정자격

관리 영역	선임 직종	관련 분야	법정자격	관련법규	관리처	법정면허 선임기준
공동주택 (아파트) 관리 분야	관리 책임자 (소장)	공동주택 총괄관리	주택관리사(보)	주택법시행령 제72조	국토 교통부	500세대 이상–주택관리사 1인 500세대 미만–주택관리사 또는 주택관리사보 1인
시설 경비 분야	경비 지도사	경비지도 및 감독	경비지도 사	경비업법 제12조	지방 경찰청	경비원 200명까지 경비지도사 1인, 초과 100인당 1인씩 추가배치, 경비원배치 근무하고 있는 지방경찰청 관할구역별 1인
산업 안전 보건 분야	안전 관리자	산업안전	산업안전지도사 산업안전기사 산업안전산업기사 이상 건설안전산업기사 이상	산업안전 보건법 제15조 동 시행령 제12, 14조	노동부	상시근로자 1,000인 이상 : 2인 상시근로자 50~1000인 미만 : 1인 상시근로자 50~500인 미만 : 2인
	보건 관리자	보건위생	의사, 간호사 산업위생관리산업기사 이상 환경기사, 환경산업기사 산업보건환경위생관리학 과를 졸업한 자 등	산업안전보건법 제16조 동 시행령 제16조	노동부	상시근로자 1,000인 이상 : 3명(의사 1인 포함) 상시근로자 300~1,000인 미만 : 2명(의사, 간호사 중 1인 포함)
소방 안전 가스 분야	소방 관리자	소방 시설물	- 1급방화관리대상 소방시설관리사, 소방시설산업기사 이상, 산업안전기사	소방시설설치유지및안전관리에관한법률 제20호	소방서	1급대상 : 연면적 10,000㎡ 이상 1인
			- 2급방화관리대상 1급대상 자격자, 건축기사, 전기기사, 방화관리자 강습 과정 수료자			2급대상 : 연면적 2,000㎡ 이상 판매시설 : 1,000㎡ 이상 자탐시설 설치대상 1인
	위험물 안전 관리자	유류설비 (탱크) 위험물 소비	위험물취급기능장 위험물취급기능사 2급 이상 위험물취급자	위험물안전 관리법 제15조	소방서	- 위험물 취급주임 : 지정수량의 10배 이상 - 위험물 취급자 : 지정수량의 10배 미만 난방용으로 사용시 수량에 관계없이 취급자로 선임가능(호텔 제외) 각각의 지정수량을 더하여 지정수량 결정 1인

관리 영역	선임 직종	관련 분야	법정자격	관련법규	관리처	법정면허 선임기준
소방 안전 가스 분야	안전 관리자	LPG사용 신고시설	· 가스 산업 기사 이상 · 고압가스급기능사 이상 · 고압가스기계기능사 이상 · 고압가스화학기능사 이상 · 안전관리원 양성교육 자이수자	액화석유가스의안전관리및사업법 제14조 동법시행령 제7조	구청 산업과	- 저장량 250kg 이상 안전관리 총괄자 1인, 안전관리책임자 1인 - 저장량 250kg 미만 안전관리총괄자 1인 · 총괄자 : 당해 사업운영의 최고 상급책임자 · 책임자 : 해당기술자격자 중 1인 선임
		도시가스 (LNG) (특정가스 사용시설)	· 가스 산업 기사 이상 · 고압가스취급기능사 이상 · 고압가스화학기능사 이상 · 고압가스기계기능사 이상 · 안전관리 원 양성교육이수자	도시가스사업법 제29조 동법시행령 제5조, 제6조	구청 산업과	- 단일건물 4,000㎥/월 초과 안전관리 총괄자 1인 안전관리책임자 1인 - 단일건물 4,000㎥/월 이하 안전관리 총괄자 1인 · 총괄자 : 당해 사업운영의 최고 상급책임자 · 책임자 : 해당 기술자격자 중 1 인선임
에너지분야	에너지 관리자	열 분야	열관리기능사 이상 보일러기능사 이상	에너지이용 합리화법 제2조 제4항	에너지 관리공단 각 지부	열 관리사 : 석유환산 250톤/년 이상 (사용량) 1인 선임 전기관리사 : 1백만 kW/년 이상 (사용량) 1인 선임
		전기 분야	전기산업기사 이상			
	검색대상 기기 조종자	보일러 열교환기 압력용기 취급	열관리기능사 이상 원동기취급기능사 안전검사기기조종자	에너지이용합리화법 제59조	에너지 관리공단 각 지부	검사대상기기 : 강철 및 주철제 보일러 1,2종 압력기기, 안전검사대상기기 조장자로 선임 가능범위 - 관류보일러 : 전열면적 10㎡ 이하 - 증기보일러 : 7kg/㎠, 5㎡ 이하 - 보일러출력 : 50만kcal/h 미만 가스버너 부착 시는 고압가스 자격 포함한 동일인이어야 함 · 안전검사 : 연1회 · 성능검사 : 3년경과 후 1년에 1회(난방용 5톤 이상) 해당기술자격중 1인 선임
냉동 공조 분야	안전 관리자	냉동제조 산업 고압가스 왕복동 냉동기	공기조화 및 냉동기계 기사 이상 고압가스 냉동기계기능사 이상 안전관리 원 양성교육이수자(프레온 100톤 이하 해당)	고압가스 안전관리법제 15조 동법 시행령제 12조, 제13조	구청 산업과	- 냉동능력 50톤 이하 (프레온 100톤 이하) 안전관리책임자 : 1명 - 냉동능력 50~100톤 (프레온 100~250톤) 안전관리총괄자 : 1명 안전관리책임자 : 1명 안전관리원 : 1명 - 냉동능력 100~300톤 (프레온 200~600톤) 안전관리총괄자 : 1인 안전관리책임자 : 1인 안전관리원 : 1인 · 자체검사 : 1회/6개월 · 정기검사 : 1회/2년

관리 영역	선임 직종	관련 분야	법정자격	관련법규	관리처	법정면허 선임기준
환경위생분야	환경 기술인	대기 분야	1종 : 환경기사 2종 : 환경산업기사(실무 5년) 4, 5종 : 업무종사자	대기환경 보전법 제24조	환경 지청, 구청 산업과	- 1종사업장 : 고체환산연료 10,000톤/1년 - 2종사업장 : 고체환산연료 2,000~10,000톤/1년 - 3종사업장 : 고체환산연료 1,000~3,000톤/1년 - 4종사업장 : 고체환산연료 200~1,000톤/1년 1인
		수질 분야 (폐수)	1, 2종 : 환경기사 3종 : 환경산업기사 이상 4, 5종 : 업무종사자	수질환경 보전법 제23조	구청 청소과	- 1종사업장 : 폐수배출량 3,000톤/일 이상 - 2종사업장 : 폐수배출량 1,000톤~3,000톤/일 - 3종사업장 : 폐수배출량 500~1,000톤/일 - 4종사업장 : 폐수배출량 50~500톤/일 1인
		소음진동 분야	환경산업기사 이상 업무종사자	소음, 진동 규제법 제21조	구청 산업과	국토계획및이용관리에관한법률상 공업지역 업무종사자, 도시계획법 규정의 일반 및 전용 공업지역 : 업무종사자 상기내용 이외의 5,000HP 미만인 사업장 : 업무종사자 상기내용 이외의 5,000HP 이상인 사업장 : 환경기사산업 이상 1인
	공중위생 감시원 명예공중 위생 감시원	공중이용 시설	위생사, 위생시험사, 환경산업기사 이상, 화공산업기사 이상, 수의학, 약학, 화학, 위생학 전공 (대졸 및 전문대졸 경력 1년)	공중위생관리법 제15조 동법시행령제8조	구청 청소행정과 건축 지도과	- 연면적 3,000㎡ 이상의 사무용 건물 - 연면적 2,000㎡ 이상의 복합동 건물 - 연면적 3,000㎡ 이상의 지하상가 *해당 기술자격증 1인 선임
전기통신분야	전기안전 관리자 (전기 안전 관리사) 전기안전 관리 보조원 (전기 안전 관리원)	수변전 설비	수전용량 2,000kW 이상 (안전관리사) - 기사 취득 후 실무 3년 이상 - 산업기사 취득 후 실무 5년 이상(안전관리원) - 전기기능사 이상 수전용량 2,000kW 미만 (안전관리사) - 기사 취득 후 실무 2년 이상 (안전관리원) - 기능사 이상	전기사업법제73조	전기 기사 협회 경유 구청 산업과 시 · 도 산업과	· 수전용량 50~2,000kW 미만 : 안전관리사 1인 2,000~10,000kW : 안전관리사 1인, 안전관리원 2인 10,000kW 이상 : 안전관리사 1인, 안전관리원 3인 * 수전 1,000kW 이상(발전기 포함) : 법정선임자 상주 * 수전 1,000kW 미만(발전기 포함) : 선임대행 가능
	무선 종사자	무선설비	무선설비산업기사 이상 전파통신기능사 이상	전파법 제71조	정통부 무선국	무선설비의 통신조작 : 전파통신산업기사 이상 1인

(10) 과업 지시서

과업 지시서라 함은 건물자산관리 용역을 위탁하는 기업 또는 기관(통상 갑의 입장에서는 기업이나 기관)이 용역을 수탁하는 기업 또는 현장대리인에게 건물자산관리 업무의 종류와 범위, 관리방법, 보고체계, 책임과 의무, 관리기준 등을 상세하게 기술한 지침서 성격의 서면을 말하며, 건물자산관리 용역을 수탁하는 업체나 현장 대리인(현장소장)은 과업 지시서가 명시하는 내용에 따라 건물자산관리를 해야 하므로 과업지시서는 또 하나의 건물자산관리의 기반으로 작용하게 된다.

4) 건물자산관리의 업무

(1) 건물자산관리 업무의 개념

건물자산관리 업무라 함은 건물자산관리에 관계되는 일로서 계속해서 하는 공적 업무나 사적 업무를 말한다. 건물자산관리 업무는 매우 다양하고 복잡하여 "이것만이 건물자산관리 업무이다"라고 단정적으로 말할 수 없으나, 건물자산의 취득목적과 이를 위한 건물자산관리의 목적 및 건물자산관리 목적을 바람직하게 달성하기 위한 건물자산관리 목표를 효과적으로 달성하기 위해서는 어떤 종류나 내용을 불문하고 건물자산관리 업무를 수행해야 하므로 건물자산관리 업무의 내용을 파악하고 이해함이 전체 건물자산관리 기초개념의 이해에 도움이 될 것으로 판단된다.

건물자산관리 업무에는 전술한 바와 같이 업무의 성격이나 내용 및 단계나 기준에 따라 업무의 종류와 내용 및 범위와 성격이 다를 수 있으나 건물자산의 취득과 보유 및 운영관리 그리고 처분에 관계되는 일체의 일이 건물자산관리의 업무라 할 수 있다. 중요한 것은 건물자산의 취득이나 보유 및 운영관리 그리고 처분에 대한 개별적 건물자산관리 업무도 건물자산관리의 업무임이 분명하나, 건물자산관리 업무라 함은 건물자산의 취득과 보유 및 운영관리 그리고 처분의 전체 업무를 지칭함을 유의해야 한다. 예컨대, 보유단계의 건물자산관리 업무에도 운영 업무와 관리 업무가 있으며 운영 업무에도 건물자산 성격과 용도에 따라 다소 상이하나 수익성 건물의 경우, 임대업무와 시설물 유지관리 업무가 있고, 시설물 유지관리 업무에도 직영관리와 위탁관리 그리고 시설물 종합유지관리와 시설물 개별 유지관리에 따라 업무의 종류와 내용 및 업무의 범위와 성격이 달라지기 때문에 이 책에서는 건물자산 생애단계나 관리 업무의 성격과 기준 등에 따라 업무의 종류만을 기술하고 건물자산관리 업무의 구체적인 내용은 제Ⅲ편 건물자산관리 실무활동 편에서 설명하기로 한다.

(2) 건물자산관리 업무의 종류

건물자산관리 업무라 함은 전술한 바와 같이 건물자산의 취득과 보유 및 운영관리 그리고 처분에 관계되는 일체의 업무를 말하며 건물자산관리자가 건물자산의 개념을 이해하고 건물자산관리 방법을 숙지하여 스스로 건물자산관리활동을 기능적으로 수행해야 함으로 건물자산관리자의 건물자산관리 개념에 대한 이해를 돕기 위하여 건물자산관리 업무 기준을 인위적으로 설정하고 이에 따라 건물자산관리 업무를 분류하면 다음과 같다.

① 건물자산 생애 단계 기준의 건물자산관리 업무

건물자산 생애단계 기준의 건물자산관리 업무에는 건물자산 취득 업무와 보유 및 운영관리 업무 그리고 처분 업무가 있으며 단계별로는 다음의 업무를 포함하고 있다. 다음에서 기술하는 건물자산 생애단계에 관계되는 건물자산의 취득과 보유 및 운영관리 그리고 처분에 관계되는 일체의 업무가 건물자산관리의 본질적 업무임을 유의해야 한다.

건물자산관리의 본질적 업무를 건물자산 생애단계를 기준으로 소개하면 다음과 같다.

가. 건물자산 취득 업무

가) 건축에 의한 원시취득 업무
나) 법률행위(계약)에 의한 승계 취득 업무
다) 법령에 의한 원시 취득과 승계 취득 업무
라) 단독행위와 합동행위에 의한 원시취득과 승계취득 업무

나. 건물자산 보유 및 운영관리 업무

가) 직영 보유 및 직영 운영관리 업무
나) 직영 보유 및 위탁운영관리 업무
다) 위탁 보유 및 위탁운영관리 업무
라) 위탁 보유 및 직영운영관리 업무

다. 건물자산 처분 업무

가) 법률적 처분 업무
나) 물리적 처분 업무

② 건물자산관리 주요 업무기준의 건물자산관리 업무

건물자산관리 주요 업무를 기준으로 건물자산관리 업무를 소개하면 다음과 같다.

가. 건물자산 자산운용 업무
나. 건물자산 재무관리 업무
다. 건물부동산 임대관리 업무
라. 건축시설물 유지관리 업무

③ 건물자산관리 4 분야와 3 영역 기준의 건물자산관리 업무

건물자산관리에는 4 분야 개념과 3 영역 개념이 존재하고 있다. 건물자산관리 4 분야에는 건물자산 투자 분야와 건물자산 경영 분야 그리고 건물부동산 운영 분야와 건축시설물 관리 분야가 있으며, 3 영역에는 건물자산 경영관리영역과 건물부동산 운영관리영역 그리고 건축시설물 유지관리영역 등이 있다.

이를 기술하면 다음과 같다.

가. 건물자산관리 4 분야 기준 건물자산관리 업무

가) 건물자산투자 업무
나) 건물자산경영 업무
나) 건물자산운영 업무
다) 건물자산관리 업무

나. 건물자산관리 3 영역 기준 건물자산관리 업무

가) 건물자산 경영관리 업무(투자 업무와 AM업무)
나) 건물부동산 운영관리 업무(PM업무와 시설운영 위탁관리 업무)
다) 건축시설물 유지관리 업무(FM업무/시설물유지관리 업무/환경미화관리 업무/경비보안관리 업무/주차시설관리 업무 등)

다. 최광의 관리개념 기준 건물자산관리 업무

건물자산의 복합성 개념과 건물자산관리 업무의 복합성 업무 성격으로 인하여 다음과 같은 최광의 건물자산관리 업무가 있다.

가) 건물자산 경제관리 업무
나) 건물자산 법률관리 업무
다) 건물자산 행정관리 업무
라) 건물자산 기술관리 업무
마) 건물자산 환경관리 업무
바) 건물자산 위험관리 업무

5) 건물자산관리의 방법과 방식 및 프로세스

건물자산관리 방법은 건물자산관리 개념의 업무를 건물자산관리활동으로 매개하는 건물자산관리 방법 지식(절차지식)으로 매우 중요한 건물자산관리 완전 지식 중 하나이다. 건물자산관리의 방법이라 함은 건물자산관리의 목적을 달성하기 위한 수단을 말하고, 건물자산관리 방식이란 건물자산관리를 위한 일정한 형식이나 법식을 말하며, 건물자산관리 프로세스란 건물자산관리가 수행되어 가는 절차나 과정을 말한다.

건물자산관라는 건물자산관리의 성격이나 대상에 따라 경영성과와 운영성과 및 관리성과를 창출하는 응용업무이므로 응용업무의 특성상 다양한 방법이나 방식 또는 프로세스가 요구된다.

건물자산관리의 방법과 방식 및 프로세스에는 일정하게 하나로 정해진 건물자산관리 형식이나 방법과 법식 또는 과정은 없다. 그러나 건물자산의 일생 동안 일어나는 건물자산의 취득이나 보유 및 운영관리 그리고 처분과 이를 위한 보유 건물자산의 최유효 사용화와 수익화 그리고 처분화를 가장 경제적 방법으로 안전하게 효율적으로 적합하게 효과적으로 처리하여 건물자산의 경영성과와 운영성과 및 관리성과를 창출하여 건물자산을 기반으로 이루어지는 인간의 삶과 생활과 일의 바람직한 영위와 조직의 목적 사업 수행의 바람직한 활동을 주 환경 측면에서 지원하여 건물자산 이해관계자에게 최유효 만족을 제공하여야 하며, 이를 통하여 국가경제의 발전에 이바지해야 하므로 효과적인 건물자산관리 방법이나 방식 및 과정을 연구를 통하여 도출하고, 이를 건물자산관리활동에 접목하여 바람직한 건물자산의 경영성과와 운영성과 및 관리성과를 창출해야 한다.

건물자산관리 방법과 방식 및 프로세스(과정)를 도출하기 위하여 문헌조사와 실증조사 및 연구 자료를 참고하여 바람직한 건물자산관리의 방법과 방식 및 과정을 간략하게 소개하면 다음과 같다.

(1) 건물자산관리의 방법

건물자산관리 방법이란 전술한 바와 같이 건물자산관리의 목적을 달성하기 위한 수단을 말한다.

건물자산관리 방법은 건물자산관리의 목적을 달성하는 건물자산관리활동의 절차 이론으로서 건물자산 경영관리 성과와 건물부동산의 운영관리 성과 및 건축부동산 유지관리 효과를 창출하는 건물자산관리활동을 지원하는 역할을 담당하고 있다.

건물자산관리학은 건물자산(building asset)의 경영성과와 건물부동산(property)의 운영성과 및 건축시설물(facilities)의 관리성과를 창출하는 건물자산관리 방법으로서 건물자산 과학적 관리법, 건물자산 경영과정 관리법과 건물자산 최유효 관리법 그리고 건물자산 인 하우스/아웃소싱/아웃 테스크 관리법, 건물자산 1원화/2원화/3원화 관리법, 건물자산 사람 중심 관리법, 건물자산 동시화 관리법 등을 건물자산관리방법의 가설이론으로 채택하고 이를 실무적으로 현장에 접목하여 활용하면서 검증하고 있다.

건물자산관리학이 채택하고 있는 건물자산관리법(방법)의 내용은 제II편 건물자산관리의 방식과 방법론 제4장 건물자산관리 방법론에서 구체적으로 설명하기로 한다.

(2) 건물자산관리의 방식

건물자산관리 방식이란 전술한 바와 같이 건물자산관리를 위한 일정한 형식이나 법식을 말하며, 일반적으로 공인된 관리 방식과 연구를 통하여 도출한 건물자산관리 방식을 함께 소개하면 다음과 같다.

건물자산관리 방식에는 건물자산 경영관리 방식과 건물부동산 운영관리 방식 및 건축시설물 유지관리 방식 등이 있다.

건물자산 경영관리 방식에는 투자 방식(직접투자 방식/간접투자 방식)과 AM 방식(1원화 방식/2원화 방식/3원화 방식) 등이 있으며, 건물 부동산 운영관리 방식에는 PM 방식(high level pm 방식/low level pm 방식)과 시설운영 위탁관리 방식(보증부 시설운영 위탁관리 방식/무보증부 시설운영 위탁관리 방식)이 있고, 건축시설물 유지관리 방식에는 자치관리 방식과 직영관리 방식, 위탁관리 방식과 혼합관리 방식 그리고 신탁관리 방식 등이 있다.

(3) 건물자산관리 프로세스

건물자산관리의 프로세스라 함은 전술한 바와 같이 건물자산관리 수행절차나 과정을 말한다. 건물자산관리 프로세스 역시 건물자산관리 업무의 성격상 경영관리 프로세스와 운영관리 프로세스 및 유지관리 프로세스가 있다. 건물자산관리 프로세스는 업무의 성격과 종류 및 내용에 따라 프로세스가 달라 질 수 있으며, 건물자산관리 분야와 영역에 따라 건물자산관리 프로세스가 달라짐을 유의해야 한다.

다음에서 소개하는 건물자산관리 프로세스는 건물자산관리 3측면 기준의 업무 프로세스임을 유의하기 바란다.

① 건물자산 경영관리 업무 프로세스

가. 경영계획
나. 경영자원 조직화
다. 경영지휘
라. 경영통제
마. Feed back

② 건물부동산 운영관리 업무 프로세스

가. 건물자산 운영대상 실사 및 분석
나. 운영 제안 또는 입찰
다. 운영계약(PM Agrement) 체결
라. 현장 문제 조사 파악 및 운영계획과 운영관리자원 조직화
마. 현장 운영 시스템 구축 및 operation
바. 현장운영 명령/조정/통제
사. Feed back

③ 건축시설물 유지관리 업무 프로세스

가. 건축시설물 현장 실사 및 분석
나. 제안 또는 입찰
다. 건축시설물 유지관리 위탁계약 체결
라. 현장 문제 조사 파악 및 관리계획 수립과 유지관리 자원 조직화
마. 현장 관리시스템 구축 및 유지관리활동
바. 현장관리 명령/조정/통제
사. Feed back

6) 건물자산관리의 환경

건물자산관리의 환경이라 함은 건물자산 경영조직과 건물부동산 운영조직 및 건축시설물 관리조직의 경영활동과 운영활동 및 관리활동에 직접 또는 간접으로 부정적 영향과 긍정적 영향을 미치는 자연 또는 사회의 조건이나 형편을 말한다.

건물자산관리의 환경에는 내부 환경과 외부 환경이 있으며, 내부 환경은 경영자와 종업원 그리고 조직문화로 이루어지고, 외부 환경은 과업 환경과 일반 환경으로 이루어지며 과업환경은 경쟁사, 노동시장, 원료 또는 서비스 공급업체 등으로 이루어지고,

일반 환경은 자연환경, 국제환경, 경제환경, 법 · 제도 환경, 정치 · 사회 환경, 기술환경 등으로 이루어진다.

건물자산관리 환경을 논의하는 이유는 어떤 종류의 환경을 불문하고 경영조직이나 운영조직 및 관리조직이 적극적으로 극복하고 능동적으로 대응하여 약점은 강점으로 전환하고, 위협을 기회로 바꾸어 적극적으로 극복하거나 능동적으로 대처하여 마침내 목표 경영성과와 운영성과 및 관리성과를 가장 경제적 방법으로 안전하게 효율적으로 적합하게 효과적으로 창출하는 데 의의와 목적이 있다.

7) 건물자산관리시장

(1) 건물자산관리시장의 개념

건물자산관리시장이란 건물자산의 재화와 건물자산관리의 서비스를 경제 원리에 따라 거래하는 장소를 의미하며, 이에는 건물자산투자시장(직접투자시장/간접투자시장), 건물자산매매시장(주택매매시장/빌딩매매시장), 건물자산임대시장(주택임대시장/오피스빌딩임대시장) 그리고 건물자산관리용역시장 등이 있다. 건물자산관리용역시장은 건물자산경영관리 용역시장(AM시장)과 건물부동산운영관리 용역시장(PM시장), 건축시설물유지관리 용역시장(FM시장) 그리고 건물자산관리 전문 서비스시장으로 다시 세분된다.

건물자산관리업 분야의 하나인 건축시설물유지관리 용역업의 본격적인 효시는 1963년 서울 을지로 소재 삼성빌딩의 시설관리를 중앙개발에 의하여 시설물유지관리를 시작하면서부터라 할 수 있다. 그 후 현대건물의 특징을 가지고 신축된 삼성본관 빌딩과 대우센터빌딩은 과학적 관리와 기술적 관리 및 전문적 관리를 요구하게 하였으며, 1980년대 경제 고도경제성장과 '86아시안게임, '88올림픽게임과 2002년 한일월드컵대회 국내개최 등은 국내 대형빌딩 건축 붐의 촉매제가 되어 건물자산관리시장을 성장시키는 기회를 제공하였다.

특히 1990년대부터 본격적으로 도입이 시작된 자동화설비 BAS(building automation system)와 첨단지능형 건물인 IBS(intelligent building system)의 등장은 외국 선진 시설관리기술 도입의 계기와 함께 본격적인 기술관리 중심의 건물자산관리시장을 태동케 함으로써 건물자산관리용역업은 고도성장과 양적성장의 혜택을 잠시 누렸다. 그러나 1997년 IMF 외환위기로 대대적인 구조조정의 시련을 겪었으며, 1998년 부동산시장의 개방정책에 따라 해외 건물자산관리기업의 국내 진출로 우리나라 건물자산관리시장은 무한경쟁시대를 맞아 생존차원의 각축을 벌이고 있다.

본 절에서는 우리나라의 건물자산관리시장의 발달배경과 시장의 환경변화에 대하여 구체적으로 살펴보기로 한다.

(2) 건물자산관리시장 발달의 배경과 환경의 변화

① 건물자산관리시장 발달의 배경

오늘날 선진 외국과 우리나라의 건물자산관리시장의 발달은 우연하게 이루어진 것이 아니었다. 다시 말하면, 건물자산의 소유와 경영이 분리된 가운데 건물자산관리의 3측면인 AM과 PM 및 FM으로 건물자산관리 전문화와 분업화 체계를 가지고 과학적 관리법을 접목시켜 효율적이고 체계적이며 조사와 분석을 토대로 건물자산의 경제적 가치인 사용가치와 수익가치를 극대화하여 건물자산의 소유자(투자자 포함)와 사용자 및 이용자 모두를 경제적으로 그리고 사회적으로 만족하게 하는 이른바 선진 건물자산 관리제도는 우연하게 태동하여 발달한 것은 아니었다.

미국의 경우, 현재와 같은 건물자산관리제도는 1930년대 경제 대공황으로 인하여 수많은 기업이 도산함에 따라 기업소유 부실기업자산이 대거 거래은행이나 보험회사 등 채권단에 인수되는 초유의 사태가 발생하게 되자 채권자인 은행, 보험회사 등이 부실채권으로 취득한 부실기업자산을 효과적으로 관리하고자 은행과 보험회사 자체조직 내부에 별도의 부동산자산관리부서를 두고 협의의 자산관리개념으로 소극적으로 자산의 보존과 유지 차원에서 건물자산관리 업무를 시작하였다. 그 후 1970년대에 접어들면서 은행, 보험회사, 연기금, 신탁회사의 자금에 의한 수익 창출을 목적으로 투자개념으로 임대수익과 양도차익 실현을 목적으로 타인의 건물자산을 전략적으로 매입하고 운용하여 매각함으로써 오늘날 같은 전문 건물자산관리업이 태동하게 되었다.

또한 민간 기업에 의한 건물자산관리업의 본격적 태동은 1980년대 미국 경제 불황으로 부실부동산에 대한 관리와 처리가 민간자산관리기업에 위탁됨에 따라 결정적으로 미국 건물자산관리업 발달의 계기가 되었다. 다시 말하면, 미국 건물자산관리제도의 경우, 1930년대 대공황과 1980년대 극심한 경제 불황의 여파로 건물자산관리제도가 태동하고 결정적으로 발전하는 계기가 되었다.

우리나라의 경우, 1960년대와 같이 전문 관리대상 건물자산이 많지 않은 가운데 수익목적의 건물자산 취득보다 소유(보유)중심의 건물자산 취득 사고(思考)가 팽배한 가운데 소유와 경영이 분리된 건물자산관리시장의 부재로 건물자산전문관리업의 태동은 기대하기 어려웠다. 그러나 1980년대 이후 대기업중심으로 자사 보유 건물자산을 자체 회사 내에 관리 부서를 두고 보존·유지중심의 유지관리차원에서 관리하기 시작하였다.

그러나 우리나라 건물자산관리제도와 건물자산관리시장의 결정적인 태동과 본격적인 출발은 아이러니컬하게도 1997년 외환위기가 계기가 되어 부실기업의 구조조정과 해외 투자펀드의 국내 상륙 및 부동산간접투자 활성화정책에 힘입어 시설관리업 중심으로 전문 건물자산관리업이 본격적으로 태동하여 국가통계청 2012년도 서비스업 조사에 의하면 2012년 12월 31일 현재 건물자산관리 업체 수가 무려 27,140개사에 달하고 있으며, 종사자의 수는 208,309명에 이르고 건물자산관리업 매출규모는 13,497,124백만 원에 달하고 있는 것으로 조사되고 있다.

또한 건물자산관리 기업은 시설관리회사와 소수의 대기업의 자회사가 PM형태와 FM형태로 건물자산관리용역업을 영위하고 있다. 따라서 현재 우리나라 건물자산관리업의 중심은 건축시설물 유지관리업이며, 건물자산 임대관리 업무를 병행하는 PM형태의 건물자산 운영관리업을 부분적으로 수행하고 있다. 또한 2001년부터 은행, 증권, 토지개발공사, 건설 회사들이 자본을 투자하여 코람코, 코리츠, 리얼티 어드바이져 코리아, 맥쿼리 인터내셔널 자산관리, 한국토지신탁 명의로 코크랩 1~7호, 케이원, 리얼티 코리아 1호 등의 자산을 운영하고 이를 건물자산(부동산)에 투자하여 투자수익을 창출하는 건물자산 투자시장이 형성되어 가고 있다.

이를 계기로, 국토교통부와 산업통상자원부 중심으로 건물자산관리의 중요성과 필요성이 정책적 차원에서 인식되기 시작하였으며, 민간 건물자산관리회사와 건물자산관리종사자 및 건물자산의 소유자와 기관투자 자에 이르기까지 건물자산관리의 중요성과 필요성을 인식하기 시작하면서 건물자산 사용목적의 보유중심에서 수익중심의 보유목적으로 바뀌고 있으며, 특히 건물자산의 관리 방식 역시 건물자산의 소유자들이 고수하여 왔던 종래의 전통적인 직영관리 방식에서 건물자산관리 전문 업자에 의하여 위탁관리 방식으로의 전환을 시작하면서부터 건물자산위탁관리 수요가 크게 늘어나 건물자산관리시장의 활성화가 가시화되기 시작하였다.

우리나라 관련 학계에서도, 부동산학, 건축학, 법학, 경제학 전공 석·박사과정의 연구자와 교수중심의 학자들에 의하여 건물자산관리 관련 논문이 다수 발표되고 있으며 건물자산관리학 분야에 대한 학문적 관심을 보여주고 있다.

특히, 극동대학교에서는 저자에 의하여 개척된 건물자산관리학을 응용과학의 학문으로 인정하고 2003년부터 일반 대학원 정규과정에 건물자산관리학 전공 석·박사과정을 설치하여 건물자산관리학의 교육과 연구에 최대의 지원을 다하고 있으며, 국토교통부에서도 때를 맞추어 건물자산관리학을 학문적으로 발전하도록 지원하기 위하여 2005년에 사단법인 한국건물관리학회를 허가해 줌으로써 건물자산관리학 연구의 토대를 마련해 주었다.

이와 같은 건물자산관리학의 환경변화와 학문적 연구노력으로 건물자산관리문제에 대한 16편의 박사학위논문이 2013년 12월 31일 현재 발표되었으며, 사단법인 한국건물관리학회와 극동대학교 부설 건물관리연구소와 공동으로 협력하여 건물자산관리 문제 개선과 정책개발에 관한 연구에 착수함으로써 우리나라 건물자산관리산업 발전에 필요한 제도, 정책, 시스템, 이론, 실무방법론, 기술매뉴얼 등을 개발하고 전문 인력을 양성하여 마침내 국내 건물자산관리시장의 활성화에 대한 대비와 함께 해외 건물자산관리시장 진출을 위한 전문 인력 양성과 건물자산관리 산업 측면의 국가경제발전 지원을 현실화시켜 가고 있다.

이와 같은 건물자산관리학은 건물자산관리의 연구와 교육의 후진성을 가지고 있는 우리나라 건물자산관리기술과 전문성을 한 단계 업그레이드시켜 우리나라 건물자산관리기업이 불원장래에 선진국 자산관리기업과 경쟁하여 건물자산관리시장에서 경쟁우위에 설 수 있도록 지원하는 데 기여할 것으로 판단된다.

현재 우리나라 건물자산관리업은 건축시설물 유지관리업 중심으로 편제되어 있어 건물자산의 경영관리업과 건물부동산의 운영관리업은 다소 부진한 형편에 있으며, 전술한 바와 같이 시설관리업 중심의 소수대기업만이 자회사에 의한 Property Management 수준에서 건물자산 임대관리업과 건축시설물 유지관리업을 병행하는 수준에 머물고 있는 현황을 보여주고 있다.

또한 국내에 진출한 외국 건물자산관리회사에 의한 건물자산관리의 전문성과 기술 및 시스템, 매뉴얼, 기법 등의 차별성으로 인하여 대부분의 시설물관리전문업이 시설관리 분야 외국 건물자산관리회사의 협력회사로 점차 종속되어가는 안타까운 조짐이 보이고 있어 국내 건물자산관리업계의 연구 개발의 노력이 요구되고 있으며 경영자에 의한 경영개선과 함께 분발이 크게 요청되고 있다.

② 건물자산관리시장 환경의 변화

건물자산관리시장이란 전술한 바와 같이 건물자산의 재화와 건물자산관리 서비스를 경제원리에 따라 거래하는 장소를 의미하며, 건물자산관리시장의 종류에는 건물자산매매시장, 건물자산투자시장, 건물자산임대시장, 건물자산관리 용역시장(AM시장/PM시장/FM시장) 그리고 건물자산관리 전문 서비스시장 등이 있다. 다시 말하면, 건물자산관리시장이란 매도자와 매수자, 임대인과 임차인, 도급인과 수급인, 위탁자와 수탁자 상호 간에 상품과 서비스가 교환되는 장소로서 건물자산의 권리교환, 가액의 결정, 공간배분 또는 공간이용 방법 등의 결정과 수급조절을 지원하는 의도된 상업활동의 장소를 의미한다.

건물자산투자시장은 건물자산 투자 목적의 시장을 말하며, 이에는 직접투자시장과 간접투자시장이 있다. 건물자산매매시장은 매도자와 매수자 사이에 현실 매매계약에 의하여 소유권과 매매대금이 교환되는 현실 매매시장과 법원 등의 경매에 의한 경매시장 등이 있다. 건물자산임대시장은 임대인과 임차인 사이에 건물 사용 수익의 임차권을 임대계약에 따라 이전하고 반대급부로 임대료를 받음으로써 일정한 임대수익을 발생하게 하는 시장으로서 주택임대시장과 오피스빌딩 임대시장으로 크게 대별된다.

건물자산관리용역시장 중 하나인 건축시설물 유지관리 용역시장은 의뢰자의 요청에 따라 서비스(용역)계약에 의하여 서비스와 용역비가 교환되는 시장으로서 시설관리용역, 청소위생관리용역, 경비보안관리 용역 등의 시설물 유지관리 용역시장 등이 있다.

건물자산관리 전문 서비스시장이란 경영관리컨설팅, 투자 및 금융컨설팅, 임대차컨설팅, 매입 · 매각 자문 · 대행 · 중개 등의 건물자산 경영상담 서비스와 관리용품의 공급 서비스 및 검사 · 진단 등의 안전검사 서비스, 정비 · 보수 등의 기술 서비스, 건물자산의 중개 서비스나 임대대행 서비스, 건물조사 서비스 등을 제공하는 전문 서비스시장을 의미한다. 이와 같은 건물자산관리시장은 종류가 매우 다양한 시장 형태로서 건물자산의 특성상 추상적 시장의 성격과 불완전 시장의 성격으로 운영되고 있다. 1997년 외환위기 이전까지만 하더라도 국내의 경우 건물자산의 소유와 경영의 미 분리로 건물자산관리시장다운 시장은 전무하였다. 뿐만 아니라 외환위기 이전의 건물자산은 자산시장에서 증권이나 채권수준의 투자대상 상품이 아니었다.

그러나 미국의 건물자산관리시장 형성과 발달이 전술한 바와 같이 1930년대 경제공황과 1980년대의 극심한 경제 불황의 여파로 부실화된 기업건물자산의 효율적 관리의 필요성과 수익목적의 전문적 관리의 수요 등으로 채권단의 위치에 있던 은행, 보험사 등이 보유건물자산을 자사소속 관리부서로 하여금 1930년대에는 소극적 관리대응을 해오다가 1980년대에 진입하면서 본격적인 민간위탁관리의 전환으로 수익중심의 자산전문관리시대와 분업화관리시대를 열어 오늘날과 같은 건물자산관리시장의 태동과 발달을 가져왔다. 그러나 우리나라 건물자산시장의 본격적인 태동과 발달은 전술한 바와 같이 1997년 IMF 외환위기 후부터 시작되었다고 볼 수 있다.

이와 같이 태동한 국내 건물자산관리시장의 환경 역시 크게 변화하였다. IMF 이전까지만 하더라도 건물자산은 보유대상으로서 사용에 목적을 두고 취득(매입)하였으며, 소유자의 물리적 시설관리의 품질에만 주력함으로써 수익목적의 건물자산 취득은 소수의 사례에 불과하였다. 다시 말하면, 1997년 이전에는 건물자산은 보유의 대상으로서 사용에 목적을 두었으나 수익은 고려대상이 아니었다. 그러나 오늘날의 건물자산은 투자대상상품으로서 수익에 목적을 두고 취득하는 이른바 수익목적의 투자대상으로 인식하고 있다. 즉, 오늘날의 건물자산은 투자의 대상이며 수익이 건물자산 취득의 핵심목적이 되고 있다.

투자목적의 건물자산은 단순한 물리적 공간이나 시설만으로는 투자의 대상이 될 수 없으며, 투자대상 건물자산은 친환경적이어야 하고, 사람의 건강에 필요한 쾌적한 시설과 환경이 전제되어야만 매매나 임대의 목적물이 될 수 있는 것으로서 건물자산 취득자의 인식과 목적이 크게 변화하였다. 특히 건물자산시장의 구조 측면에서도 크게 변화하였다.

종전의 건물자산시장은 공급자 중심의 시장이었으나 현재의 건물자산시장 구조는 수요자 중심의 시장으로 변화하였다. 또한 종전의 건물자산시장에서 거래되는 건물자산은 보유대상으로서 사용가치에 무게를 두었으나 현재의 건물자산은 투자대상으로 수익가치에 비중을 두고 있다. 뿐만 아니라, 건물자산관리체계는 건물소유자나 소유자에 의하여 구성된 자회사가 용역위주로 품질중심의 시설관리에 주력하였으나 현재의 건물자산관리체계는 수직적 분업체계로서 건물자산관리전문회사에게 전략적으로 아웃소싱 하여 건물자산관리의 효율성을 크게 강조하고 있다. 따라서 종전의 협의의 건물자산관리 개념인 시설물관리는 단순한 시설물관리 능력만 요구되었으나, 현재와 같은 건물자산관리의 전문경영관리에 있어서는 효율성 중심의 건물자산관리 개념으로서 건물자산관리의 정보력과 마케팅능력 및 글로벌 스탠더드의 품질규격에 맞는 one stop service의 종합건물자산관리 능력이 요구되고 있다.

최근 건축기술의 급속한 발달로 도시건물 등은 대형화, 초고층화, 다목적화, 과밀화, 첨단화의 경향을 보이고 있으며 이와 같은 현대 건물의 특징은 전문성과 기술에 의한 전문적 관리의 필요성을 요구하고 있어 국내에서 다수의 건물자산관리회사가 창업되고 있으며 대기업에서도 자사보유 건물자산에 대한 전문적 관리를 위하여 자회사를 설립하여 직접 관리하는 모습이 날로 증가추세를 보이고 있다.

또한 IMF 이후 외국자본이 국내시장에 상륙하면서부터 외국계 건물자산관리 전문관리회사들이 선진기술과 글로벌 스탠더드 매뉴얼, 전문 인력, 전문 관리시스템으로 국내 건물자산관리용역시장과 전문 서비스시장에 진출하여 국내 건물자산 관리회사들과 차별적 관리와 전문적 관리 및 전문적 PM업무로 외국계가 건물자산관리시장을 선점하고 점차 전체 건물자산관리시장을 잠식하고 있는 실정이다.

이와 같은 건물자산관리시장의 상황 속에 국내 대기업들 중 일부는 외국 전문 건물자산관리회사와 라이선스 계약을 체결하고 외국 선진기술과 전문 인력 및 시스템의 도입을 시도하여 건물자산관리용역시장과 서비스시장에서 점유율을 점차 높이거나 건물자산관리시장 서비스 방어에 노력하고 있으나, 대부분의 영세시설관리업체들은 재정의 악화와 기술력 부족 등으로 고전하고 있는 실정에 있다. 또한 국내 건물자산관리시장에는 시설관리용역시장인 FM시장은 물론 PM시장과 건물자산 전문 서비스시장의 하나인 AM시장 등의 중요성이 크게 강조되고 있으며, 전략적 제휴가 느린 속도로 진행되고 있다.

우리나라 건물자산관리시장의 형태는 주로 건물자산의 투자시장과 매매시장, 임대시장, 건물자산관리용역시장, 전문 서비스업 등으로 5분되어 추상적 시장 성격과 불완전 시장 성격을 가지고 운영되고 있으며, 건물자산관리용역시장의 하나인 건축시설물관리 용역시장은 공동주택관리 용역시장과 빌딩관리 용역시장으로 양분되어 점차 전문화되어 가는 양상을 보여 주고 있다.

건물자산시장은 전술한 바와 같이 건물자산관리시장의 일종인 건축시설물관리 용역시장인 FM시장과 건물부동산 운영관리시장의 PM시장, 투자시장 성격과 건물자산 경영관리시장 성격의 AM시장으로 나뉘어 시장이 형성되면서 거래가 점차 확장되어 가는 추세를 보이고 있다. CR-REITs의 경우, 구조조정 대상 건물부동산 매입을 중심으로 한시적 명목회사의 특성으로 인하여 반드시 고용이 요구되는 자산관리회사인 AMC(asset management company)를 고용하여 AMC로 하여금 투자관리와 AMC나 건물자산소유자의 의뢰에 의한 PMC(property management company)의 수익관리 중심의 재산관리 그리고 FMC(facilities management compay)에 의한 건축시설물 유지관리 등으로 구분되어 업 형태로 운영되고 있으나 CR-REITs의 AMC의 투자관리는 한시적이고 명목상으로 이루어져 아직은 규모면에서 주목받지 못하고 있으며 PMC에 의한 수익관리 중심의 건물자산관리는 외국 PMC에 의해서 주도되고 있으나 국내 몇몇 회사들도 PM시장을 스스로 개척하여 참여하고 있다.

그러나 소수의 외국 부동산투자회사가 자국에서 부동산투자 또는 개발용도의 펀드를 조성, 국내에 상륙하여 여의도와 테헤란로 또는 서울 중심지역에 문제가 있거나 투자가치가 있는 건물을 싼 값에 매입한 후 약간의 renovation 또는 re-positioning, 건물의 임대구조를 개선하여 자산가치를 높여 한국의 PM회사나 FM회사에게 임대관리나 시설관리 등을 위탁관리하게 한 후 일정한 시점에 유리한 조건으로 전략적으로 매각함으로써 엄청난 양도차익을 실현시키고 있어 건물자산투자시장의 성공사례가 되고 있으나 엄청난 양도차익의 실현은 사회적 문제로 비화되고 있다.

그러나 국내 대부분의 건물자산관리시장은 FMC에 의한 건축시설물 유지관리 용역시장 중심의 건물자산관리시장으로 형성되어 영위되고 있다. 즉, 건물자산의 경영과 건축시설물 관리가 이원화되어 건축시설물 관리주체와 건물자산 경영주체가 2원화되어 별도의 관리시스템을 운용하고 있다.

그러나 관리대상이 개인 건물자산인 경우에 건물자산경영주체와 건축시설물 관리주체가 동일하여 건물자산소유자의 비용과 책임으로 건물자산경영과 건축시설물관리가 1원화구조를 가지고 관리되고 있다. 관리대상 건물자산이 기업소유인 경우에 건물자산관리는 회사조직에서 직접 전담하나 건물자산의 시설물관리는 주로 관리회사에 위탁관리하게 하는 2원화 관리시스템을 활용하고 있다.

또한 국유재산관리는 조달청 또는 발주청별로 경쟁입찰 방식에 의하여 시설물관리만을 위탁하거나 한국자산관리공사 또는 한국토지신탁 등에게 국유건물 또는 토지 등을 보관 또는 위임관리하게 하고 국유재산관리는 국유재산법에 따라 총괄청인 기획재정부장관 중심으로 각부 장관의 관리청과 재산관리관 또는 분임재산관리관 등에게 각각 위임하여 관리하고 있다.

우리나라 건물자산관리시장의 변화 추이를 요약 정리하면 다음의 (표 18)과 같다.

또한 건물자산관리시장은 건축시설물관리용역업 중심으로 편제되어 간접 관리되고 있으며, 건물자산관리부문은 소극적 방법으로 체계화되지 못한 가운데 소유자 개인 또는 기업에 의하여 직접 관리되고 있다.

(표 18) 건물자산관리시장의 변화 추이

구 분	종 전	현 재
건물자산의 소유목적	· 보유목적 · 사용목적	· 투자목적 · 수익목적
건물자산시장의 성격	· 공급자중심 시장 (소유자/임대인 중심) · 물리적 시설(공간)에 대한 임대시장 중심	· 사용자(매수인/임차인)중심 시장 · 친환경 needs, well-being 욕구, 편의에 부합하는 IBS건물 · 매각/임대 복합시장
건물자산관리구조와 목표	건물주/자회사/소속부서 관리 구조 · 용역위탁구조 · 품질우선목표	· 공개경쟁, 아웃소싱 관리 구조 · 건물자산전문경영구조와 전략적 분업화구조(AM－PM－FM) · 효율성 우선 목표
건물자산관리자 요구능력	시설물관리 기술능력	· 자산운용 능력 및 건물자산운영 능력 · 건물자산 정보수집능력 및 분석능력과 마케팅 능력 · global standard 적응능력

(자료 : 한국생산성 본부, 기업부동산 자산관리실무, 2006. 참조, 재구성)

③ 건물자산관리시장의 거래규모와 변동요인

가. 건물자산관리시장의 거래규모

국내 건물자산관리시장 규모에 관한 정확한 통계나 자료를 거의 찾아볼 수 없으며 소수의 연구 문헌에서조차 각기 다른 시장규모를 추상적으로 주장하고 있다. 그러나 다행스럽게도 한국생산성본부의 기업부동산자산관리실무 교재에서 오피스빌딩의 자산시장 규모와 시설관리시장 규모를 다음과 같이 기술하고 있다.

먼저 국내 오피스빌딩의 PM시장 규모는 850억 원으로 추계하고 있으며 오피스빌딩의 시설관리규모는 약 8,500억 원으로 추정하고 있다. 그러나 각종 시설물(호텔, 극장, 학교, 병원, 백화점, 컨벤션, 주상복합, 오피스텔, 콘도미니엄 등)까지 포함한 건축시설물관리시장(FM시장)의 규모는 3배 내지 5배까지 확대될 것으로 추정되어 약 6조원에서 10조원의 시장규모인 것으로 추정되고 있다. 연구 자료에 의하면 2012년 12월 31일 현재 약 8조 6000억 원 규모로 조사되고 있다(최걸성, 상업용 건물 관리제도의 평가와 개선에 관한 연구, 2012, 박사학위 논문). 그러나 2012년도 통계청 서비스업 조사에 의하면 건물자산관리업(부동산관리업) 매출규모는 13,497,124백만 원에 달하고 있는 것으로 조사되고 있다.

나. 건물자산관리시장의 변동요인

건물자산시장은 전술한 바와 같이 매도자와 매수자, 임대인과 임차인, 용역위탁자와 수탁자, 도급인과 수급인 사이에 이루어지는 가격에 의하여 상품과 서비스가 교환되는 장소이므로 교환가격과 수요공급, 자산가치 등은 여러 가지 변수나 요인에 의하여 변화를 받게 된다. 따라서 건물자산운영관리자는 건물자산운영관리활동을 함에 있어서 건물자산관리시장의 변동요인을 면밀히 살피고 분석하여 미리 예측함으로써 경제적 변화가 나타나기 전에 필요한 조치를 적절히 취해야 한다.

건물자산관리시장의 주요 변동요인으로는 크게 경기순환적 변동요인과 계절적 변동요인, 무작위적 변동요인과 장기적 변동요인 그리고 정부 정책적 변동요인 등이 있다.

가) 경기순환적 변동요인

일반경기와 건물자산(부동산)경기는 상호 밀접한 영향을 미치고 있다. 일반경기순환은 상승운동과 하강운동의 반복적 순환이라고 할 수 있으며, 일반적으로 확장기(expansion), 후퇴기(recession), 수축기(contraction) 그리고 회복기(revival) 등 4가지 국면으로 변화된다. 이를 그림으로 구성하면 [그림 2]와 같다.

[그림 2] 경기순환 주기의 변화

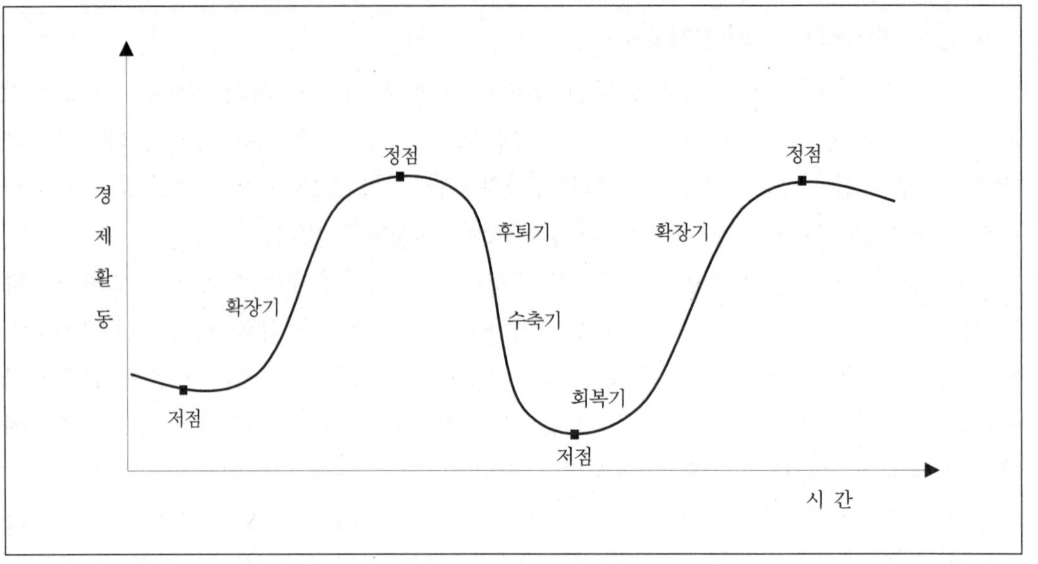

또한 경기순환 주기 4국면의 경제적 현상과 특징은 다음의 (표 19)와 같다.

(표 19) 경기순환 4국면의 경제적 현상과 특징

확장기 (expansion)	생산 및 공급 증가, 완전고용, 임금상승, 고용증대, 구매력상승, 수요증가, 가격상승, 화폐가치하락, 생산설비 확장, 임대료상승, 임차수요증가, 건축활동 활성화, 관리비 상승, 공실률 최저
후퇴기 (recession)	제품 서비스 과잉공급, 건축공실과잉공급, 침체 초기현황, 임대율 하강, 공실률 증가 조짐, 순환정점 신호
수축기 (contraction)	제품 서비스 수요감소, 공급감소, 고용감소, 실업률 급상승, 수축기 초기현상, 가격하락, 화폐가치 상승, 의 · 식 · 주 생활 보통수준 유지, 임대차율 유지, 건물자산 가격 유지
회복기 (revival)	초과공급소비, 구매현상, 생상증가, 공실률 감소, 경기최소 상승, 고용증대 초기현상, 생산설비 완만한 증가, 건축활동 증가, 확장국면 초기 신호

경기순환적 변동요인 관리방법으로는 경기변동 주기변화의 현상을 사전에 분석하고 변동요인에 대한 신호를 읽어 사전 대응이 효과적이다.

나) 계절적 변동요인

봄, 여름, 가을, 겨울과 같이 자연 계절에 따라 일정한 기간 동안 정기적으로 나타나는 요인으로서 이를 계절적 변동요인이라 하고 건물자산관리시장에서 가격변동 요인으로 작용한다. 예컨대, 대학촌의 경우 여름방학, 겨울방학으로 임대주택 공실률의 증가와 임대료 하락은 계절적 변동요인의 영향 때문으로 해석된다. 계절적 변동요인을 완전히 관리하기란 쉽지 않으나 미리 예측하여 사전에 적절히 대처해야 한다.

다) 무작위적 변동요인

무작위적 변동요인이란 인간의 작위적 노력 없이 자연재해나 변화, 개혁, 정치적 상황, 근로자파업, 전쟁 등에 의하여 건물자산관리시장에 영향을 미치는 변수들을 의미한다. 무작위적 변수의 관리방법은 경계와 대처를 통하여 어느 정도 대응할 수 있다.

라) 장기적 변동요인

20년 또는 30년의 세월이 흐르는 동안 인구의 증가, 기술의 변화, 수요자 욕구변화, 신규 산업의 태동, 최유효 이용의 균형, 성장패턴의 변화 등이 장기적 변수로 작용하여 건물자산관리시장에 영향을 미치게 하는 변수를 말한다. 예측에 의한 대처가 요구된다.

마) 정부 정책적 변동요인

건물자산시장은 정부정책에 따라 크게 영향을 받는다. 예컨대, 부동산개발정책, 조세제도개혁정책, 금융정책, 제도의 신설과 입법 등으로 건물자산관리시장의 가격의 상승과 하락에 영향을 미치게 된다. 이와 같은 변수를 정부 정책적 변동요인이라 한다.

다. 건물자산관리 업체의 수와 종사자 현황

건물자산관리업체에는 건물자산관리업종에 따라 건물자산 시설관리업체와 건물자산경영업체 그리고 건물자산관리 전문 서비스업체 등으로 분류되며 시설관리 업체가 대종을 이루는 가운데 건물자산관리시장을 주도하고 있다.

2012년도 통계청이 조사하여 발표한 자료에 의하면 건물자산관리업체의 현황은 위의 앞의 (표 20)과 같다.

2012년도 통계청 자료에 따르면 국내 건물자산관리업체의 수는 27,140개 업체이고 이에 종사하는 종사자의 수는 208,309명에 달하나 이는 환경미화나 경비보안 관리자를 제외한 건물자산관리업체(임대포함)의 수치이므로 실제로는 더 많은 건물관리종사자가 근무하고 있을 것으로 추정된다. 주거용 건물자산 관리업체가 비주거용 건물자산관리업체의 수보다 월등히 많으며 관리회사형태 역시 법인이 개인사업체 또는 단체의 수보다 많음을 알 수가 있다.

그러나 시설관리업을 영위하고 있는 국내 시설관리회사의 경우 그룹회사에 관계되는 대형시설관리회사들을 제외하고는 재무구조가 건실한 편이 못되며 용역단가의 수익성 악화구조로 관리용역종사자의 경제적 대우는 매우 열악하고 건물자산관리용역의 직업에 대한 사회적 인정 역시 크게 높지 못하여 양질의 건물재화와 서비스 생산에 장애요인이 되고 있다. 또한 덤핑수주관행과 1년 단위의 단기계약 조건은 기술개발이나 교육훈련투자에 여력과 관심이 없도록 만들고 있으며 재무구조를 취약하게 하고 기업 이익을 점차 악화시키는 원인이 되고 있다.

따라서 현재와 같은 시설관리입찰 방식과 시설관리회사의 재무구조 및 형편과 사정은 더 이상 양질의 관리 서비스와 건물재화의 경제적 이익 창출에 많은 문제점을 제공할 것으로 예측된다.

(표 20) 건물자산관리업 조직형태별 사업체 및 종사자 현황

시도별	산업별	2012년		
		사업체수(개)	종사자수(명)	매출액(백만원)
전국	부동산관리업	27,140	208,309	13,497,124
	주거용부동산관리업	18,688	144,460	8,754,460
	비주거용부동산관리업	8,452	63,849	4,742,664
서울	부동산관리업	6,057	64,322	4,230,976
부산	부동산관리업	2,124	13,558	602,622
대구	부동산관리업	1,236	8,715	666,594
인천	부동산관리업	1,383	8,626	402,647
광주	부동산관리업	991	7,600	340,263
대전	부동산관리업	728	7,172	256,067
울산	부동산관리업	544	3,262	197,420
세종	부동산관리업	42	376	13,218
경기	부동산관리업	7,083	49,875	4,371,888
강원	부동산관리업	822	5,381	242,542
충북	부동산관리업	706	5,780	354,829
충남	부동산관리업	774	5,206	365,834
전북	부동산관리업	861	6,065	261,429
전남	부동산관리업	632	4,599	181,914
경북	부동산관리업	982	6,321	295,562
경남	부동산관리업	1,945	10,510	674,802
제주	부동산관리업	230	941	38,517

(자료 : 국가통계포털 통계청 서비스업 조사, 2012)

건물시설관리종사자의 임금은 아래의 (표 21)과 같이 산업근로자의 평균임금의 62%에 불과하여 사기를 크게 떨어지게 하고 있으며, 이는 양질의 건물관리 서비스 생산에 결정적으로 지장을 초래하고 있다. 크게 개선이 요구되는 부분으로서 관계기관의 노력으로 개선작업이 요구되고 있다.

(표 21) 전체산업 평균임금과 시설관리 서비스업의 임금 현황

구 분	월평균 임금	이직률	근무일수
전체산업	2,352,840(원)	3.09(%)	24/월
건물관리업/임대업	1,468,596(원)	2.34(%)	20.8/월

(자료 : 노동부 기획관리실 노동경제담당관실, 2005, 통계자료)

라. 건물자산관리시장의 현황

가) 건축시설물관리자의 생산성

우리나라 건축시설물관리 업체에 의한 건축시설물관리 서비스 생산실태와 고객만족도, 평당 관리비 실태, 건물자산관리 이해당사자 만족도 실태 등은 바람직한 건물자산관리를 위하여 매우 중요한 자료로서 지표가 시설물관리자의 생산지표가 된다. 따라서 이에 관한 자료를 참고문헌을 통하여 살펴보면 다음과 같다.

참고문헌(산업자원통상부 국가기술표준원, 시설관리서비스 표준화 연구, 2006)을 토대로 시설관리 인당관리 관리면적은 우리나라의 생산성 지표와 미국과 일본의 생산성 지표를 비교해 보면 (표 22)와 같이 나타나고 있다.

(표 22) 건축시설물관리자 생산성 비교

- 한국 1025 평/인
- 일본 2259 평/인
- 미국 2245 평/인

이상과 같은 인당관리면적 생산성 비교에서 알 수 있듯이 우리나라 건축시설물 관리자의 인당관리면적은 일본과 미국 시설물 관리자에 비하여 약 45% 정도의 낮은 생산성을 보여주고 있다. 이는 저임금과 저수준의 기술력과 비효율적 관리 시스템으로 인한 고비용 저효율 관리구조에서 기인되고 있음을 시사하고 있다.

나) 건축시설물관리 서비스 고객 만족도

상기 참고문헌을 토대로 건물 사용자(임차인)의 건축시설물관리 분야별 입주자 고객 만족도는 다음의 (표 23)과 같은 만족지수를 나타내고 있다.

(표 23) 건축시설물관리 서비스 고객 만족도

- 시설관리 서비스 75.0%
- 미화관리 서비스 78.74%
- 보안관리 서비스 79.10%

따라서 자체 건축시설물관리 서비스 만족지수는 평균 77.6%로 100% 만족지수에 훨씬 미달되고 있어 건물 사용자(임차인/재실 자/점유자)의 불만이 존재하고 있음을 알 수 있다. 그리고 기타 건물사용 서비스 항목에 대한 만족지수 역시 다음의 (표 24)와 같이 조사되고 있다.

(표 24) 건물사용 만족도 조사

- 고객 불편사항 조치 만족도 84.22%
- 사무환경 만족도 57.89%
- 실내온도/습도 만족도 57.5%
- 실내조명 만족도 72.2%
- 승강기 이용 만족도 70.2%

기타 건물사용 서비스 항목의 서비스 만족지수는 평균 64.4%로 나타나고 있어 건물 사용자 대부분이 불만족 상태에 있는 것으로 분석되고 있다. 따라서 분야별 시설관리 서비스와 기타 건물사용 서비스 항목 모두 개선이 요구되고 있다.

다) 평당 직접 관리비

평당 직접 관리비를 문헌 중심으로 살펴보면 우리나라의 경우 평당 7,951(원)으로 조사되고 있다. 따라서 일본의 평당 관리비 6,924(원)에 비하면 23%가 우리나라 관리비가 매우 비싼 편으로서 개선이 요구되고 있다.

라) 건물자산운영관리 매뉴얼 보유 실태

참고문헌(국토교통부 한국건설교통기술평가원, 집합건축물의 유지관리 및 보수기법 개발 연구, 2006)을 토대로 그리고 건물유지관리 지침의 기능과 업무효율화의 역할을 담당하는 건물시설운영관리 매뉴얼 보유 실태를 설문조사해본 결과 조사대상 현장의

28%만이 운영관리 매뉴얼을 보유하고 있는 것으로 조사되고 있어 무려 72% 이상의 국내 시설관리 현장들이 운영관리 매뉴얼 없이 운영관리자의 상식과 경험에 의한 주먹구구식 관리행태가 존재하고 있는 것으로 밝혀지고 있다. 이는 효율화를 지향하는 건물자산운영관리활동에 있어서 큰 문제점이 아닐 수 없다.

마) 전문 인력 보유 현황

참고문헌을 통하여 운영관리 현장의 전문 인력 보유 실태를 조사한 결과 38% 이상의 현장에서 전문 인력 부족을 호소하고 있어 문제점으로 지적되고 있다.

건물자산운영관리는 전문성을 가진 전문 인력과 기술 인력에 의하여 관리되는 전문관리 분야이므로 반드시 전문 인력이 현장에 존재하여야 한다. 그러나 조사 대상 현장의 38%가 전문 인력의 부족으로 건물자산운영관리 업무에 지장이 있음을 호소하고 충원을 희망하고 있어 전문 인력 부족 문제 또한 개선이 시급히 요구되고 있다.

8) 건물자산관리업

(1) 건물자산관리업의 개념

건물자산관리업이란 일정한 투자 또는 임대나 관리의 목적물인 건물자산을 경영계획과 타당성조사 및 경영분석에 따라 신축 또는 매입 등의 방법으로 취득하여 임대 또는 운영 관리하다가 법률적 처분(계약 또는 양도)이 물리적 처분(개축, 증축, renovation, 용도변경) 등의 처분으로 수익을 창출하는 건물자산경영업과 타인의 건물자산을 소유자 또는 권리자의 요구나 목적을 가장 경제적 방법으로 안전하게 효율적으로 충족시킬 수 있는 관리효과(양질의 건물관리 서비스)와 건물의 재산의 경제적 이익을 창출(양질의 경영 서비스)하여 의뢰자에 제공함으로써 일정한 용역대가를 받아 계속적으로 영위하는 건물자산관리용역업 및 건물자산관리 전문 서비스업 등을 말한다.

결론적으로 건물자산관리업이란 건물자산의 투자, 개발, 분양, 임대업 성격의 건물자산경영업과 일정한 용역대가를 받는 조건으로 일정한 관리용역을 제공하여 계속하여 경제행위를 영위하는 건물자산관리용역업 그리고 건물자산관리 상에 요구되는 특정 전문 서비스를 제공하여 경제행위를 영위하는 건물자산관리 전문 서비스업 등을 의미한다. 다시 말하면 건물자산을 투자대상으로 상정하고 투자자산의 운용, 재무적 관리 및 임대관리나 시설관리를 대상으로 영리를 목적으로 계획을 세워 조직화하고 지휘 · 통제하여 능률적으로 서비스를 창출하여 지속적으로 영위하는 경제활동 및 건물자산관리에 소요되는 각종 전문적 서비스를 제공하여 경제활동을 영위하는 업 등을 건물자산관리업이라 통칭하고 있다.

건물자산관리업은 경영의 특성상 건물자산이 위치한 장소를 중심으로 전개되는 사업으로서 경영의 3요소(장소, 자금, 사람) 중 장소적 요소가 중요한 역할을 하는 사업활동이라 할 수 있다.

건물자산관리업에 관한 문제와 현상을 설명할 수 있는 이론체계는 아직은 체계화과정에 있으나 불원장래에 건물자산관리학의 인접과학인 경영학, 경제학 그리고 법학, 부동산학 등의 지원을 받아 이를 연구하고 이론을 더욱 체계화하여 건물자산관리업에 대한 이론지원을 해야 할 필요성이 있다. 왜냐하면 건물자산관리업의 경제화, 안전화, 효율화와 적합화는 건물자산관리학으로부터 이론지원이 적절히 이루어질 때 비로소 가능하기 때문이다.

건물자산관리는 경영활동과 운영관리활동 및 관리활동을 통하여 완성된다. 따라서 건물자산관리에 있어서 경영활동은 매우 중요하다. 특히 건물자산관리업의 모든 영역에 있어서 경영조직과 관리조직이 병존하며 경영조직에 의하여 정책적 또는 거시적으로 의사결정된 것을 관리조직이 넘겨받아 기계적, 미시적 또는 실천적으로 관리함으로써 경영의 목표가 효과적으로 달성된다.

따라서 건물자산관리업종인 건물자산경영 업, 건물자산관리용역업, 건물자산관리 전문 서비스업 모두는 경영개념과 관리개념의 접목이 반드시 필요하다. 왜냐하면 모든 건물자산관리는 경영조직에 의하여 조직의 목표에 대한 의사가 결정이 되고 조직의 항구적인 유지 발전과 번영을 추구하게 되며 경영조직의 최대 목표인 경영이익의 최대화는 경영층(top management)이 외부경영환경을 능동적으로 극복하고 내부의 경영자원인 인적자원, 물적 자원, 재무적 자원, 기술적 자원 그리고 정보적 자원을 효과적으로 배분 활용하여 가장 경제적 방법으로 안전하게 효율적으로 적합하게 달성하게 하기 때문이다.

(2) 건물자산관리업의 분류

건물자산관리업의 역사가 매우 짧은 관계로 이 분야의 업종이 관계법령에 의하여 법제도적으로 완전히 확립된 것은 아니나, 대형건물의 대거 등장과 건물자산을 직·간접투자대상으로 상정하고 투자활동을 지속적으로 수행하여 경제적 이익을 창출하고 있는 외국 부동산투자회사를 중심으로 국내 소수의 PMC와 FMC 등이 상호 협력함으로써 자연스럽게 건물자산관리업은 건물자산경영업과 건물자산관리용역업 및 건물자산관리 전문 서비스업으로 그 영역을 구축하고 자리를 잡아가고 있다.

건물자산 투자회사에는 직접투자회사와 간접투자회사 등이 있으며 간접투자회사에는 REITs와 CR-REITs 및 Fund, 프로젝트 시행사와 파이낸싱 공급은행 등이 있다. 또한

REITs와 CR-REITs의 관련 회사인 AMC는 건물자산 투자를 위한 매입 · 매각 운용중심의 자산관리회사라 하며 투자건물자산의 수익극대화를 위한 임대중심의 투자건물자산의 운영회사를 PMC라 한다. 또한 건축시설물관리 용역업을 영위하는 회사를 FMC라 하며 기타 건물자산전문 서비스 제공자를 건물자산서비스 전문기업이라 한다.

PMC는 CR-REITs의 특성상 자동적으로 자산관리를 담당하는 AMC의 위임 또는 PM 계약에 따라 AMC나 건물소유자가 투자대상건물자산을 매입하거나 신축한 건물자산에 대하여 임대활동과 시설물관리활동(광의의 PM)을 통하여 일정한 목표수익을 확보하는 임대관리를 하며 이와 같은 임대관리를 원활히 수행하기 위해서 요구되는 건축시설물 유지관리는 여러 업종(시설경비업, 청소업, 소독업, 시설관리업, 주차시설관리업 등)의 협력사를 고용하여 건축시설물을 관리하게 함으로써 건물자산 소유자는 본연의 사업에 전념할 수 있게 하고 있다. 건물자산관리업을 분류하면 [그림 3]과 같다.

[그림 3] 건물자산관리업의 분류

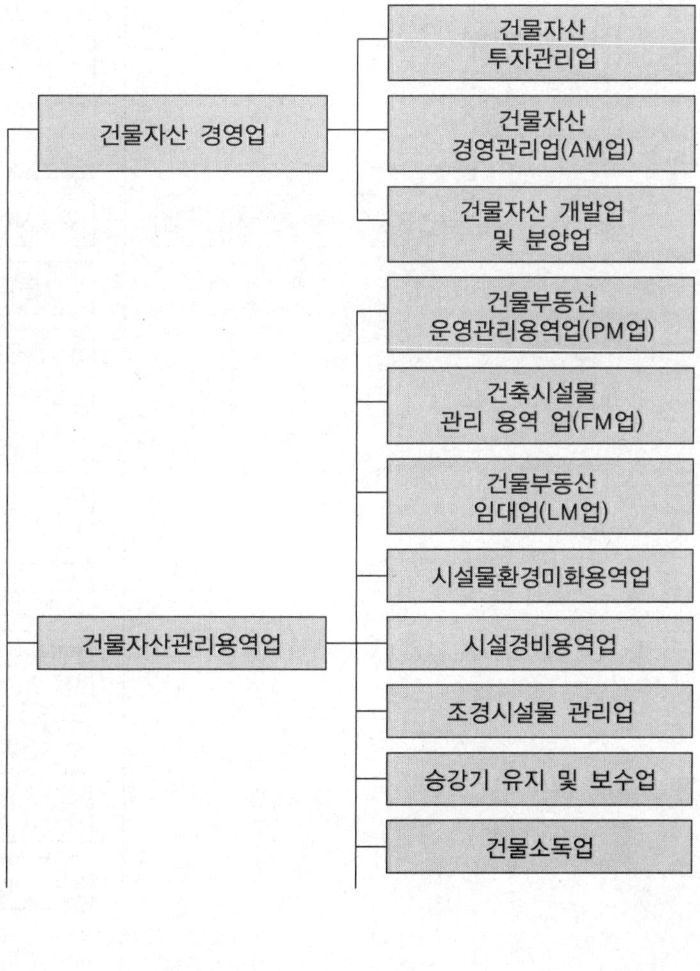

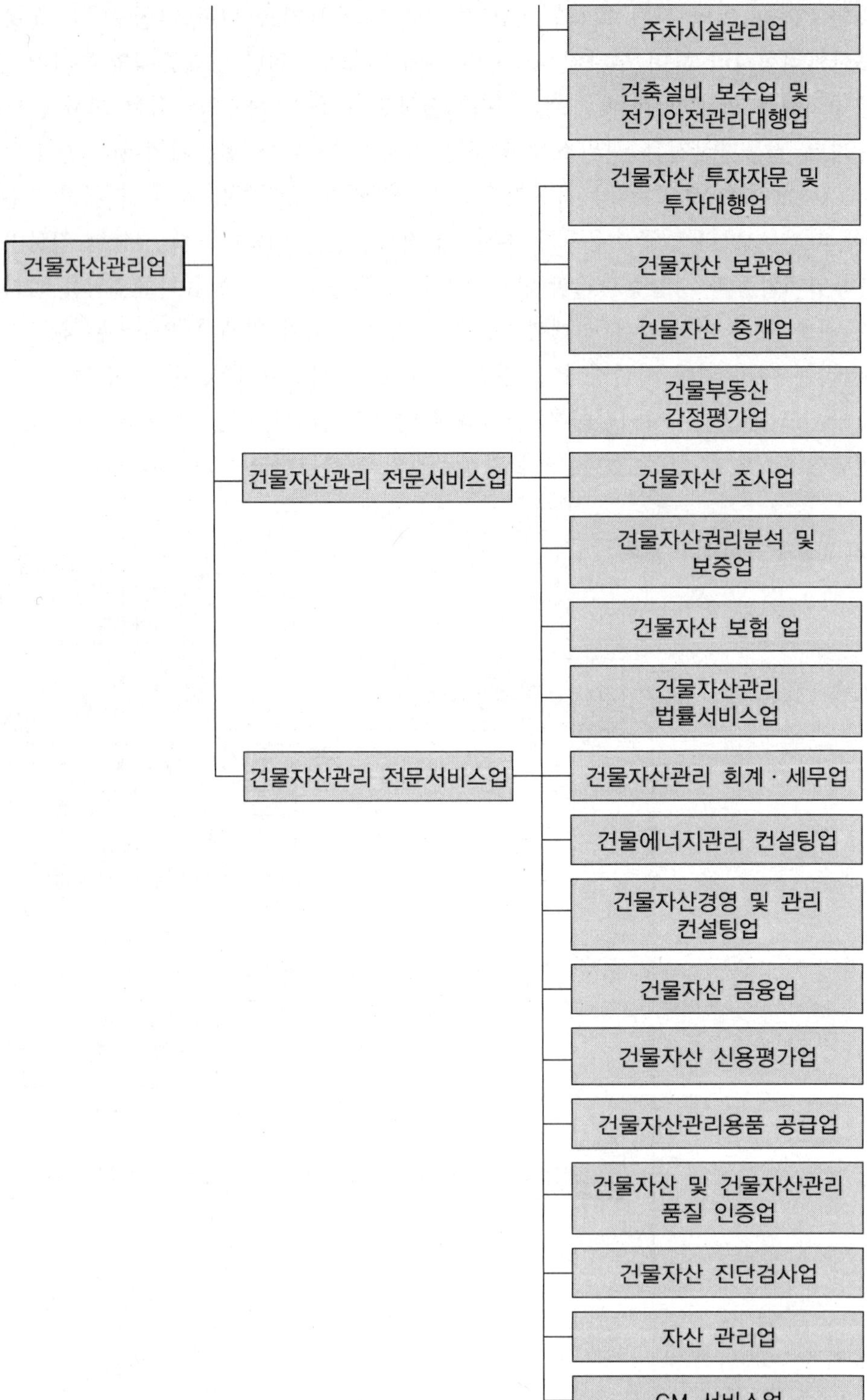
건물자산관리업
건물자산관리 전문서비스업
건물자산관리 전문서비스업
주차시설관리업
건축설비 보수업 및 전기안전관리대행업
건물자산 투자자문 및 투자대행업
건물자산 보관업
건물자산 중개업
건물부동산 감정평가업
건물자산 조사업
건물자산권리분석 및 보증업
건물자산 보험 업
건물자산관리 법률서비스업
건물자산관리 회계 · 세무업
건물에너지관리 컨설팅업
건물자산경영 및 관리 컨설팅업
건물자산 금융업
건물자산 신용평가업
건물자산관리용품 공급업
건물자산 및 건물자산관리 품질 인증업
건물자산 진단검사업
자산 관리업
CM 서비스업

FMC는 전술한 바와 같이 건물자산을 시설 측면에서 건축시설물유지관리, 영선관리, 정비보수 관리, 청소관리, 시설경비보안관리, 주차관리, 조경시설물 관리, 위생소독관리 등을 전문용역업자와 FM용역계약을 체결하고 수행하게 함으로써 대상건물의 기능과 성능을 정상적으로 유지하고 편리성 · 쾌적성 · 보건성 · 청결성 · 기능성 · 안전성 · 미관성 · 경제성 등을 생산, 제공하고 있다.

결론적으로 건물자산관리업은 크게 건물자산경영업과 건물자산관리용역업 및 건물자산관리 전문 서비스업 등으로 분류되며 3종류의 업종에 바탕을 두고 각각의 전문회사가 나름대로의 경제활동을 지속적으로 수행하고 있다.

건물자산관리업의 창업요건은 관계법 상 반드시 갖추어야 할 조건으로서 요건 충족 시 해당업의 창업이 가능하고 창업함으로써 시장에 참여할 수 있게 된다. 따라서 창업요건은 필요조건에 해당된다.

제3절 건물자산관리학의 학문적 성격과 건물자산관리 개념의 성격

1. 건물자산관리학의 학문적 성격

학문(science)이란 일정한 이론에 따라 체계화된 지식(인문과학 · 자연과학 · 사회과학) 말한다. 따라서 건물자산관리학은 학문의 지위를 가지고 있다. 왜냐하면 건물자산관리학은 건물자산관리의 학문적 이론 체계화 연구에 의하여 일정한 이론에 따라 건물자산관리의 개념지식(사실지식)과 방법지식(절차지식) 및 활동지식(행동지식)을 도출하고 체계화한 지식이기 때문이다.

건물자산관리학의 태동역사가 일천하기는 하나 연구대상이 다른 학문과 상이하고 학문적 과제 역시 매우 특별할 뿐 아니라 건물자산관리의 현상과 사물에 대하여 효율적으로 설명할 수 있는 이론과 건물자산관리의 개념지식과 방법지식 및 활동지식에 대하여 통일적으로 설명할 수 있는 이론을 인접과학인 경영학과 경제학, 법학과 행정학, 사회학과 건축공학 그리고 부동산학 등으로부터 원리와 법칙 등을 차용하여 종합접근식 방법에 따라 시스템적 사고에 의하여 건물자산관리의 이론을 체계화한 관계로 종합과학의 성격도 가지고 있다.

뿐만 아니라 건물자산관리학은 학문으로서 다음과 같은 여러 가지 학문적 성격도 가지고 있다.

1) 응용과학

과학을 순수한 지식의 원리를 중시하여 연구하는 이론과학과 인간의 생활이나 산업에 실제로 활용될 기술을 연구하는 응용과학으로 분류할 때 건물자산관리학은 응용과학에 해당된다.

왜냐하면, 건물자산관리학은 건물자산을 기반으로 이루어지는 삶과 생활과 일의 영위와 개인 또는 조직의 바람직한 활동(산업)에 요구되는 건물자산관리활동 최유효화 기술을 연구 개발하여 지원하는 학문이기 때문이다. 따라서 건물자산관리학은 응용과학의 성격을 가지고 있다. 또한 건물자산관리학은 건물자산관리의 이론을 건축공학, 경영학 등 다양한 응용과학으로부터 이론과 원리 및 법칙을 차용하여 체계화한 일정한 이론에 따라 체계화한 지식이므로 종합응용과학의 학문적 성격도 가지고 있다.

2) 경험과학

건물자산관리학은 사물의 인식에 관심을 두지 아니하고 현실의 문제와 현상 및 활동에 관심을 두고 현실적으로 건물자산관리시장이나 건물자산관리현장에서 발생되거나 변화되고 있는 문제와 현상 및 활동의 사실을 설명하고 해답을 찾는 학문이므로 수학이나 논리학, 철학과 같이 비현실에 관심이나 근거를 두지 아니하고 현실속의 경험사실이나 문제와 현상 및 활동을 매우 중요하게 인식하고 분석하며 연구하는 학문이다. 다시 말하면, 건물자산관리학은 현실적으로 일어나고 있는 건물자산관리문제와 현상 및 실무활동 속에서 명제를 도출하고 이를 가설로 설정하여 이론과 경험으로 검증하고 문제와 현상 및 활동을 분석하여 설명하며 해석하여 종합함으로써 건물자산관리 이론체계를 구성하는 학문이므로 건물자산관리학은 경험과학의 성격이 있다. 뿐만 아니라, 건물자산관리학은 추상적 학문이 아닌 구체적인 문제와 현상 및 활동을 다루는 구체적인 경험과학이라 할 수 있다.

왜냐하면, 건물자산관리학은 추상적인 것과 비현실적 사물과 현상에 관심을 두지 아니하고 구체적이고 현실적 경험사실에 관심을 두고 중요하게 연구하는 학문이기 때문이다. 따라서 건물자산관리학은 경험과학의 학문적 성격을 가지고 있다.

3) 사회과학

과학을 인문과학과 자연과학 그리고 사회과학으로 분류할 때 건물자산관리학은 사회과학의 범주에 해당된다. 또한 건물자산관리학은 건물자산과 건물자산관리 서비스에 대한 인간의 행동을 연구하는 학문이므로 사회과학의 성격을 가지고 있다.

자연과학은 자연계에서 일어나는 현상을 연구하는 학문으로서 자연현상 사이에 일어나는 상호관계나 원인 등을 연구하여 그 일반적인 법칙을 탐구하는 학문이고, 인문과학은 정신과학이나 사회과학은 인간사회의 여러 현상을 과학적 방법에 따라 체계적으로 연구하는 학문이다.

건물자산관리학은 건물자산의 투자자나 소유자, 사용자와 이용자 등이 건물자산에 대한 투자와 소유, 사용과 수익 활동 속에서 상호관계를 맺거나 상호작용함으로써 여러 가지 원인과 문제, 사물과 현상의 인과관계를 분석하여 연구하는 학문이므로 건물자산관리학은 사회과학의 학문적 성격을 가지고 있다.

4) 규범과학

건물자산관리에는 건물자산(재화)와 건물자산관리 서비스(용역)의 생산 취득과 보유 및 운영관리 그리고 처분 과정에서 일어나는 현상 중에서 바람직한 현상과 바람직하지 못한 현상이 나타날 때 정언적 규범으로 판단하는 부분이 있으며, 건물자산의 생산과 공급 및 소비에 대하여 최소한의 국민이 요구하는 건물자산의 생산과 공급 및 소비를 실현하고자하는 조건과 기준에 대한 규범이 존재하고 있다.

건물자산관리학은 건물자산과 건물자산관리에 관한 비정상적 현상(부정적 현상과 문제)을 규범으로서 정상화를 추구하는 당위 · 가치 · 평가 · 행위 등의 판단 기준인 규범체계를 가지고 있다. 따라서 건물자산관리학은 규범과학의 학문적 성격을 가지고 있다.

5) 종합과학

건물자산관리학은 건물자산과 건물자산관리 서비스, 건물자산에 대한 인간의 행동, 건물자산관리의 부정적 현상과 문제, 건물자산가치 극대화의 원리, 건물자산관리활동 최유효화 기술, 건물자산관리 이론의 체계화 등의 연구대상을 가지고 있으며 이의 효율적 설명의 이론은 부동산학, 경영학, 경제학, 행정학, 법학, 건축학과 건축 관련 공학, 사회학 등으로부터 이론과 원리 및 법칙을 차용하여 종합접근식 방법에 의하여 시스템적 사고로 건물자산관리 이론을 체계화하고 이를 토대로 일정한 이론에 따라 건물자산관리의 개념지식과 방법지식 및 활동지식을 도출하여 전술한 건물자산관리 연구대상과 건물자산과 건물자산관리의 사물과 현상을 효율적으로 그리고 통일적으로 설명하고 있다.

따라서 건물자산관리학은 종합과학의 학문적 성격을 가지고 있다.

6) 이론과학과 실천과학

건물자산관리학은 이론과학과 실천과학의 양면성을 가지고 있다. 왜냐하면 건물자산관리는 이론과 실무 양면을 가지고 있을 뿐만 아니라 건물자산관리 이론을 학문적으로 체계화하여 건물자산관리의 현상과 사물을 효율적으로 설명하여야 하고 이를 바탕으로 건물자산관리의 보편적 지식인 건물자산관리 개념지식과 방법지식 및 활동지식을 통일적으로 설명하여 건물자산관리 실무를 바람직하게 가이드해야 하기 때문이다. 또한 건물자산관리학은 이론과학으로서 건무자산관리 현상을 분석하고 건물자산관리의 원리를 체계화하면서 실천과학으로서 건물자산관리의 실천 방법과 활동을 탐구한다. 그러므로 건물자산관리의 이론은 이론으로서 학문적 가치도 있어야 하나 그보다 더욱 중요한 점은 건물자산관리 이론이 건물자산관리활동에 그대로 적용하여 경영관리의 성과를 도출해야 한다. 다시 말하면 건물자산관리 이론은 건물자산관리의 바람직한 방향으로 가게 하기 위한 규범적 통제를 해야 하며 현대와 같은 복잡한 경제사회에서 나타나는 여러 가지 건물자산관리의 부정적 현상과 문제에 대한 해법을 제시하여 해결하기 위해서는 이론적 지식과 경험적 지식 및 실천지식이 모두 필요하다, 즉 이론과 경험 및 실천이 모두 필요하다. 그러므로 건물자산관리학은 이론과학인 동시에 실천과학의 성격을 가지고 있다.

2. 건물자산관리 개념의 성격

건물자산의 관리개념은 법학이나 부동산학 또는 행정학의 관리개념과 유사성도 있으나, 건물자산관리학의 건물자산의 관리개념은 경영학의 경영개념과 법학의 관리개념 및 행정학과 건축학의 유지관리 개념의 복합적 관리개념으로서 인접과학의 관리개념과 상이성이 존재하고 있으며 다음과 같은 성격을 가지고 있다.

① 건물자산관리학의 건물자산관리 개념은 경영개념과 운영개념 및 관리개념의 복합적 관리개념이다.

건물자산관리 개념은 건물자산의 경영개념과 건물부동산의 운영개념 및 건축시설물관리 개념을 함께 복합한 복합적 관리개념으로서 경영개념은 경영학의 경영개념을 차용하여 건물자산의 경영관리영역에서 경영의 도구로 활용함으로써 건물자산을 경영관리하고 있으며, 건축시설물의 관리개념은 건축학의 유지관리 개념과 법학(민법)과 행정학의 관리개념을 도입하여 관리의 수단으로 활용하고, 유지관리영역에서 관리개념으로 접근하여 유지관리하며, 경영과 관리의 중간영역인 운영관리영역은 경영개념과 관리개념을 믹스하여 건물부동산을 운영하고 관리하는 개념이다. 예컨대, 건물부동산 운영관리(PM)의 경우에는 운영과 관리개념으로 접근하여 운영의 동태적 도구를 통한 건물부동산 임대 관리와 관리의 동태적 도구를 통한 건축시설물 유지관리 업무를 함께 처리하고 있다.

② 건물자산관리학의 건물자산관리 개념은 건물자산 전 생애단계 전체 업무(건물자산 취득 업무/건물자산 보존, 이용, 개량 중심의 운영관리 업무/건물자산의 법률적 처분 업무(매각 업무)와 물리적 처분 업무(용도 변경/대수선/인테리어/보수/보강/개량/정비 등)를 범주로 하는 포괄적 관리개념이다.

건물자산관리 개념은 건물자산의 전 생애단계에 걸쳐 적용되는 경영과 운영 및 관리개념으로서 건물자산 취득단계의 건물자산 취득과 보유단계의 건물자산의 보존과 이용 및 개량 중심의 운영관리 그리고 처분단계의 건물자산의 처분 등 건물자산 전 생애단계에서 일어나는 건물자산관리 업무 전반을 건물자산 관리의 범주로 인식하고 있는 포괄적 관리개념이다. 따라서 보유단계 부동산의 경제적 · 기술적 · 법률적 보존, 이용, 개량을 관리의 범주로 상정하고 있는 부동산학의 부동산 관리개념과는 매우 상이하다.

③ 건물자산관리학의 건물자산관리 개념은 재화 성격의 건물자산과 용역성격의 건물자산관리 서비스의 생산과 취득 및 유통과 소비의 복수대상 관리개념의 성격을 가지고 있다.

건물자산관리 개념은 재화 성격의 건물자산의 생산(건축/매입/취득)과 유통(서비스의 경우에는 제공) 및 소비에 적용될 뿐만 아니라, 용역성격의 건물자산관리 서비스의 생산과 제공(유통) 및 소비에 이르기까지 적용되는 복합대상 관리개념이다.

④ 건물자산관리학의 건물자산관리 개념은 동태적 건물자산관리 생산도구 개념의 성격을 가지고 있다.

건물자산관리 개념은 정태적 도구가 아닌 동태적 도구의 성격을 가진 관리개념으로 경영과 운영 및 관리자원의 투입물을 경영성과와 운영성과 및 관리성과 산출물로 변환시키는 동태적 도구개념을 가지고 있다.

⑤ 건물자산관리학의 건물자산관리 개념은 3위 1체식 통합 관리개념의 성격을 가지고 있다.

건물자산관리 개념은 건물자산의 운용 업무, 재무관리 업무, 임대관리 업무, 시설물

관리 업무를 통합하는 관리개념이며, 건물자산관리 3측면의 건물자산 경영관리 업무(AM업무)와 건물부동산 운영관리 업무(PM업무) 및 건축시설물 유지관리 업무(FM업무) 3개 분야를 하나의 건물자산관리 업무로 인식하고 통합하여 관리하는 통합 관리개념인 동시에 3위 1체식 통합 관리개념의 성격을 가지고 있다.

⑥ 건물자산관리학의 건물자산관리 개념은 개념이론과 방법이론을 수단으로 활용하여 건물자산관리활동(행동)으로 연계함으로써 결과물을 창출하는 생산 수단개념의 성격을 가지고 있다.

⑦ 건물자산관리학의 건물자산관리 개념은 최광의 관리개념의 성격을 가지고 있다. 왜냐하면 건물자산관리 개념은 건물자산관리의 사물과 현상에 대하여 경제적 · 법률적 · 행정적 · 기술적 · 환경적 · 안전적 측면에서 접근하고 분석하여 해법을 도출하고 업무를 처리하는 관리개념이기 때문이다. 이와 같은 관점에서 경제적 · 법률적 · 기술적 측면에서 접근하여 관리하는 부동산학의 광의 관리개념과 매우 상이하다.

제 4 절 건물자산관리학의 학문적 이념과 건물자산관리의 목적

1. 건물자산관리학의 학문적 이념

1) 이념의 의의

이념의 사전적 의미는 무엇을 최고의 가치로 인식하는가에 대한 사람의 근본적인 생각을 의미하며, 철학에서는 순수이성에서 얻어진 최고의 개념을 이념이라 한다. 건물자산관리학의 학문적 이념은 건물자산관리학이 학문적으로 인식하는 최고 최선의 가치와 철학을 말한다. 건물자산관리학의 학문적 이념은 건물자산관리학이 학문으로서 존재하는 이유이며 건물자산관리학 연구의 명분이 될 뿐만 아니라 최선을 다하여 공부해야 하는 철학이기도 하다.

학문의 세계에서 해당 학문에 대하여 가장 중요하게 생각하며 최고 최선의 가치로 인식하는 어떤 생각이나 개념을 학문적 이념(學問的 理念)이라 한다. 건물자산관리학은 감당해야 할 연구의 영역과 연구의 목적 및 학문적 책무와 연구대상 그리고 추구하는 목적과 목표가 존재하므로 특별한 학문적 이념을 가지고 있다.

결론적으로 건물자산관리학의 학문적 이념은 건물자산관리학이 학문적으로 추구하는 최고 최선의 가치 · 인식 · 생각 · 개념이나 철학을 의미한다.

2) 이념의 내용

건물자산관리학이 추구하고 인식하는 최고 최선의 가치와 철학인 건물자산관리학의 이념은 다음과 같다.

첫째, 건물자산관리학은 건물자산가치 극대화 원리와 건물자산과 건물자산관리에 대한 인간의 행동을 연구하고 이를 통하여 건물자산의 사용가치와 수익가치 및 처분가치를 극대화하여 건물자산 기반으로 이루어지는 인간의 삶과 생활과 일의 바람직한 영위를 주 환경(住 環境) 측면에서 지원한다.

둘째, 건물자산관리학은 건물자산관리활동의 최유효화 기술을 연구 개발하고 이를 통하여 건물자산의 사용가치 극대화와 교환가치의 최대화를 달성하게 함으로써 건물자산 이해관계자(건물자산 투자자/소유자/사용자/이용자)에게 최유효 투자만족과 소유만족 및 사용만족과 이용만족을 제공한다.

셋째, 건물자산관리학은 건물자산관리의 이론을 체계화하고 건물자산가치 극대화의 원리와 건물자산관리활동의 최유효화 기술을 연구 개발하여 국가경제발전에 이바지한다.

건물자산관리학은 인접과학으로부터 차용한 이론과 원리와 법칙 등 이론의 체계화를 통하여 태동한 종합응용과학으로서 건물자산을 하나의 물건(부동산)으로 보고 거래의 대상으로 인식하여 경제적 가치 극대화에 중점을 두고 있으나, 건물자산의 경제적 가치보다 더 중요한 가치는 건물자산은 인간을 위하여 존재하는 재화이며, 인간의 생존(삶 · 생활 · 일)을 지원하기 위한 물적 도구요 수단에 지나지 않기 때문에 건물자산의 관리는 인간을 위하여 실천해야 한다는 점이다.

다시 말하면, 건물자산관리학의 건물자산에 대한 인식은 자산으로서의 건물개념보다 한 차원 높여 건물자산은 인간을 위한 물적 존재이며, 인간을 담고 있는 그릇의 개념 위에 자산 중심의 건물이 아닌 인간 중심의 건물자산으로 인식하고 있다. 또한 건물자산에 대한 건물자산관리학의 인식은 건물자산은 반드시 인간의 사용목적과 수익목적 및 처분 목적과 부합되게 존재해야 하며, 정신적으로 그리고 육체적으로 편안하고 안정적이며 행복을 위하여 존재해야 하고 기능해야 한다는 점이다. 그러므로 건물자산관리를 함에 있어서도 건물자산의 경제가치보다 인간의 가치를 상위개념에 두고 인간의 생명과 건강 및 행복을 위하여 필요한 경영관리활동을 전개해야 한다.

따라서 건물자산관리학은 건물은 반드시 인간의 생활이나 삶 그리고 일을 위한 건물자산이 되도록 관리되어야 한다는 점을 크게 강조하고 있다. 또한 건물자산관리학은 건물의 경영관리활동을 통하여 창출되는 건물자산의 경제가치보다 주(住)문제 해결과 개선을 통한 주 환경 측면의 인간생존지원과 건물자산을 기반으로 건강과 생명이 유지되고 행복이 지켜지는 것을 가장 중요한 가치로 인식하고 최고의 의미를 부여하고 있다. 그런 연후에 건물자산의 효율적 보유와 운영관리활동을 통하여 사용가치와 교환가치를 높여 수익을 극대화하고 경제적 목표를 달성케 하여 경제주체로서 성공적 건물자산의 경영과 관리가 되도록 건물자산의 보존과 이용 및 개량 활동을 강화해야 함을 건물자산관리학은 특별히 강조하고 있다.

결론적으로, 건물자산관리학의 최고의 가치는 건물자산관리활동에서 얻어진 양질의 건물자산관리 서비스와 건물자산의 경제적 이익을 통하여 그 속에서 삶과 생활과 일을 영위하는 사람의 건강과 생명이 보호되게 하며 그들의 생존문제를 지원하는 주(住)문제 해결 및 개선과 건물자산의 투자자와 소유자와 사용자 및 이용자 모두에게 건물자산의 투자·소유·사용 및 수익과 이용에 대한 만족(최유효한 건물자산의 투자·소유·사용·수익·이용 만족)을 제공하는 데 있다.

이와 같은 건물자산관리학의 인식과 생각이 우선되는 가운데 관리대상건물자산의 경제적 가치가 제고되고 수익이 극대화되며 투자 이익이 창출하는 등 건물자산의 경영관리 목표의 달성을 의욕하고 있다. 또한 건물자산관리학의 이념과 건물자산의 경영관리 목표 달성을 위하여 관리대상 건물자산의 정상적 보존과 이용 및 개량이 이루어지는 가운데 건물자산의 기능을 보전하고 이용자의 편의와 안전을 높이기 위하여 일상적으로 점검·정비하고, 손상된 부분은 원상복구하며 경과시간 등에 따라 요구되는 보수·개량·보강에 필요한 활동과 건물자산 경영관리활동을 병행해야 한다.

2. 건물자산관리의 목적

건물자산관리의 목적은 건물자산관리활동을 통하여 달성하거나 이루고자 하는 목표나 방향을 말하는 것으로 건물자산의 목적(바람직한 인간의 삶과 생활과 일의 영위를 위한 건물자산의 최유효 사용과 수익 및 처분)의 효과적 달성을 지원하기 위한 목적이기 때문에 건물자산관리의 목적에 앞서 건물자산의 목적을 먼저 살펴볼 필요가 있다. 또한 건물자산관리 목적을 건물자산관리 목표 달성에 의하여 성취되므로 건물자산관리의 목표에 대해서도 고찰할 필요가 있다.

1) 건물자산의 목적

건물자산의 목적이라 함은 건물자산을 통하여 이룩하거나 도달하려고 하는 목표나 방향을 말하는 것으로 건물자산을 기반으로 이루지는 인간의 삶과 생활과 일의 바람직한 영위와 조직의 목적사업활동의 성공적 수행을 위하여 취득 또는 보유 건물자산의 최유효 사용과 수익 및 처분을 말한다. 목적의 사전적 의미는 전술한 바와 같이 이룩하거나 도달하려고 하는 목표나 방향을 말하며, 심리학에서는 행위에 앞서서 의지가 실천을 예정하는 것을 목적이라 설명한다. 건물자산의 목적과 건물자산관리의 목적을 이해해야 하는 이유는 건물자산관리를 연구하거나 건물자산관리활동을 수행함에 있어서 지향해가는 좌표이고 달성하거나 도착해야 하는 방향이자 목표이기 때문이다.

건물자산을 기반으로 영위되는 인간의 삶과 생활과 일의 영위에 있어서 바람직한 삶과 생활과 일의 영위를 구현할 수 있도록 학문적으로 지원하기 위한 주 환경(住 環境) 측면의 지원과 건물자산의 투자자와 소유자, 사용자와 이용자 등 건물자산 이해관계자의 건물자산의 최유효 투자와 소유, 사용과 수익, 이용과 처분의 만족 그리고 이을 통한 국가경제발전 이바지를 학문적 이념으로 설정하고 이의 달성을 연구를 통하여 현실적으로 실현할 목적으로 태동한 종합응용과학 성격의 건물자산관리학에서는 건물자산관리학의 학문적 이념의 현실적 실현과 상관관계를 가지고 있는 관념적 개념인 건물자산의 목적과 건물자산 목적의 성공적 달성을 지원하기 위한 구체적 활동개념인 건물자산관리의 목적 그리고 건물자산관리 목적을 구체적 방법을 통하여 달성을 지원하는 건물자산관리의 목표 개념을 매우 중요하게 인식하고 있다.

왜냐하면, 건물자산은 건물자산의 총 생애기간 동안 인간의 바람직한 삶과 생활과 일의 영위를 가능하게 하는 기반으로서 기능하고 작용하기 때문이다. 따라서 인간의 일생 동안 건물자산을 기반으로 이루어지는 인간의 삶과 생활과 일의 영위를 바람직하게 영위하여 살아가려면 무엇보다 먼저 건물자산의 목적이 달성되어야 하고, 건물자산의 목적(건물자산을 기반으로 이루어지는 삶과 생활과 일의 바람직한 영위를 위하여 요구되는 건물자산의 최유효 사용과 수익 및 처분)이 달성되려면 건물자산관리의 목적(합목적적 건물자산의 생산과 취득, 취득 또는 보유 건물자산의 정상적 보존과 이용 및 개량 중심의 효과적 운영관리 그리고 합리적 처분과 취득 또는 보유 건물자산의 최유효 사용화와 수익화 및 처분화)이 달성되어야 하며, 건물자산의 목적이 달성되려면 건물자산관리의 목표(건물자산 최유효 관리법에 따라 건물자산관리 목적을 가장 경제적 방법으로 안전하게 효율적으로 적합하게 효과적으로 달성)가 달성되어야 한다.

건물자산 이해관계자가 건물자산을 통하여 이룩하거나 도달하고자하는 건물자산의 목표나 방향에는 건물자산 총 생애단계의 목적과 건물자산 생애 단계별 목적이 있다.

(1) 건물자산의 생애단계별 목적

건물자산 생애단계별 목적이라 함은 건물자산의 취득단계와 보유단계 및 처분단계 등 건물자산의 생애단계별로 건물자산 이해관계자가 달성하고자 하거나 도달하고자 하는 목표나 방향을 의미한다.

건물자산의 생애단계별 목적에는 건물자산 이해관계자가 추구하는 목적의 종류와 내용이 다를 수 있으며, 추구하는 목적의 가치가 각각 상이할 수도 있다. 예컨대, 건물자산의 소유자가 추구하는 목적은 건물자산의 소유권에 근거하여 최유효 소유와 사용 수익 및 처분의 목적을 달성하거나 목적하는 바를 얻는 데 있으나, 건물자산 사용자의 목적은 관계법령과 임대차계약 등에 의하여 장기적으로 임차 목적물 건물자산을 사용하는 사용자는 건물자산의 용도와 사용 목적에 따라 건물자산을 장기적으로 사용하여 주거, 업무, 생산 등의 목적을 달성하는 데 있다. 그러나 건물자산의 수익자는 건물자산의 소유권과 임차권 또는 관리권과 사용권이나 점유권 등을 근거로 목적물 건물자산의 장기적 사용과 수익활동으로부터 수익금(임대료, 관리비, 영업이익, 사용료 등)을 창출하고 경제적 이익을 도모하는 것을 목적으로 하고 있다.

그러나 건물자산의 이용자는 이용대상 건물자산의 단기적 또는 일정한 시간대의 이용권에 근거하여 편리하고 안전하게 학습, 치료, 쇼핑, 관람 등의 목적을 달성하는 데 있으며, 건물자산의 처분자의 목적은 처분 자가 보유하고 있거나 점유하고 있는 처분 목적물 건물자산의 물리적 처분을 통하여 사용가치를 증대하여 건물자산의 경제적 가치를 제고하거나, 법률적 처분을 통하여 양도차익의 실현과 재개발을 통한 새로운 건물자산의 용도와 경제적 가치를 창출을 달성하고자 하는 목표와 방향을 가지고 있다.

① 건물자산 취득단계의 목적

건물자산 취득단계라 함은 신축이나 매입 또는 교환 등을 통하여 개인이나 단체가 건물자산의 소유권과 목적물을 취득하는 단계를 말한다. 건물자산 소유권과 목적물의 취득방법을 대별하면 신축에 의한 원시취득 방법과 기존 건물자산의 매입에 의한 승계 취득방법이 있다. 건물자산의 취득은 물건 성격의 건물의 점유권의 확보와 취득 목적물의 전면 지배 및 권리 개념의 소유권의 설정 등기를 통한 원시취득과 이전등기를 통한 승계취득을 의미한다.

건물자산 취득단계의 목적이란 건물자산의 투자자나 소유예정자가 건물자산 취득을 통하여 얻고자 하거나 달성하고자 하는 건물자산의 취득 목표나 방향을 말하는 것으로 건물자산의 보유와 운영관리 및 처분에 부합하고 건물자산의 사용목적과 수익목적 및 처분목적에 부합하는 합목적적 건물자산을 최유효 건물자산관리법에 따라 가장 경제적 방법으로, 안전하게, 효율적으로, 적합하게, 효과적으로 취득하고 물리적으로 전면 점유하고 지배하는 데 있다.

② 건물자산 보유단계의 목적

건물자산 보유단계라 함은 건물자산 취득 후 법률적 처분 이전까지의 기간에 건물자산을 소유하고 있거나 점유 또는 전면 지배하고 있는 동안의 단계를 말한다. 건물자산의 보유단계 동안 건물자산의 투자자나 소유자 및 건물자산 운용대행자(assets manager/property manager 등) 또는 수탁관리기관(한국자산관리공사 또는 신탁회사 등)이나 관리주체 등의 보유 단계의 목적은 취득 건물자산을 최고 최선의 조건과 환경에서 보존하고 사용하며 수익을 창출하는 데 있다.

③ 건물자산 처분단계의 목적

건물자산의 처분단계라 함은 법률적으로 처분하는 단계 또는 물리적으로 처분하는 단계를 말한다.

법률적 처분이란 매매에 의한 소유권의 이전이나 금융기관 등에 대출을 위한 담보의 제공으로 저당권을 설정하거나 기타 원인에 의하여 가등기, 전세권, 지상권, 지역권, 임차권 등을 등기 공부상에 설정하여 처분 목적물 건물자산 소유권의 사용 권능과 수익 권능 및 처분 권능을 일시적으로 제한하는 법률적 조치를 말한다.

물리적 처분이라 함은 건물자산의 물리적 측면의 처분을 의미하는 것으로서 증축, 개축, 이축, 용도변경, 대수선, 보강, 교체, 인테리어 리노베이션(interior renovation), 익스테리어 리노베이션(exterior renovation) 등을 말하다.

건물자산 처분단계에서 건물자산 소유자가 추구하는 건물자산의 목적은 보유 건물자산을 최고 최선의 환경과 조건에서 법률적 처분 또는 물리적 처분하여 경제적 이익의 실현과 가치 창출에 있다.

(2) 건물자산 목적 달성의 기대 효과

건물자산의 목적이 건물자산관리활동의 지원으로 건물자산 최유효 관리법에 가장 경제적 방법으로, 안전하게, 효율적으로, 적합하게, 효과적으로 달성되는 경우 건물자산의 투자자나 소유자, 사용자와 수익자, 이용자와 처분자 모두에게 다음과 같은 건물자산의 유익이 기대된다.

첫째, 건물자산의 최유효 사용 수익 및 처분의 유익이 있다.

둘째, 건물자산을 기반으로 영위하는 삶은 고품격의 삶으로 변화되며, 영위하는 생활은 편리하고 안전하며 쾌적하게 영위할 수 있게 되고, 영위하는 일(업무/생산 등)은 생산적으로 영위되며 능률적으로 처리되는 유익이 있다.

셋째, 건물자산을 기반으로 이루어지는 인간의 삶과 생활과 일을 통하여 경제적 가치를 창출하고, 부를 축적하며, 업무의 생산성이 증대되고, 사람의 생명과 건강에 긍정적으로 작용하여 건물자산 이해관계자가 경제 사회적으로 만족하게 되며, 국가적으로 실물경제 가치의 증대와 유지 및 제고와 자원의 낭비를 방지하여 국가경제발전에 이바지하는 유익이 있다.

2) 건물자산관리의 목적

건물자산관리의 목적이라 함은 건물자산관리의 과정이나 건물자산관리활동을 통하여 얻고자 하거나 달성하고자 하는 목표나 방향을 말한다. 건물자산관리의 목적은 건물자산의 목적 달성을 구체적으로 지원하기 위한 목적으로서 건물자산 최유효 관리법에 따라 가장 경제적 방법으로 안전하게 효율적으로 적합하게 효과적으로 합목적 건물자산의 취득과 정상적 보존과 이용 및 개량 중심의 효과적 운영관리 그리고 합리적 처분과 취득 또는 보유 건물자산의 최유효 사용화와 수익화 및 처분화를 말한다.

건물자산관리의 목적은 건물자산의 생애 단계별로 추구하는 목적의 내용이 다소 상이하므로 건물자산의 생애단계별 건물자산관리의 목적을 소개하면 다음과 같다.

(1) 건물자산 취득단계의 건물자산관리 목적

건물자산 취득단계의 건물자산관리의 목적은 조사와 분석 중심의 건물자산 경영관리활동을 통하여 합목적적 건물자산의 취득을 도모하는 것에 있다.

또한 취득단계의 건물자산관리의 목적은 사용목적과 수익목적 및 처분목적에 가장 부합하는 합목적적 건물자산을 취득하게 하여 정상적 보존과 이용 및 개량 중심의 운영관리와 합리적 처분의 기반을 구축하는 데 있다.

(2) 건물자산 보유단계의 건물자산관리의 목적

보유단계의 건물자산관리의 목적은 취득 또는 보유 건물자산의 정상적 보존과 이용 및 개량 중심의 효과적 운영관리를 수행하는 것에 있다.

또한 보유단계의 건물자산관리의 목적은 보유 또는 취득 건물자산을 최고의 조건과 최선의 환경에서 사용하고 수익하여 운영비용의 최소화와 운영수익의 최대화하는 것에 있다.

(3) 건물자산 처분단계의 건물자산관리의 목적

건물자산 처분단계의 건물자산관리의 목적은 건물자산의 소유자나 경영자가 보유 건물자산을 최고의 조건과 최선의 환경에서 합리적·법률적 처분 또는 합리적·물리적 처분을 하는 것에 있다.

또한 처분단계의 건물자산관리의 목적은 법률적 처분을 통하여 양도차익의 실현과 물리적 처분을 통하여 사용과 수익 상 부가가치를 창출하는 데 있다.

3) 건물자산관리의 목표

건물자산관리의 목표는 건물자산관리의 목적 달성을 직접 지원하고 건물자산관리의 목적 달성을 통하여 건물자산의 목적을 간접 지원하는 목표로서 건물자산 최유효 관리법에 따라 합목적 건물자산의 취득과 정상적 보존과 이용 및 개량 중심의 효과적 운영관리와 합리적 처분 그리고 취득 또는 보유 건물자산의 최유효 사용화와 수익화 및 처분화의 건물자산관리 목적을 가장 경제적 방법으로 안전하게 효율적으로 적합하게 효과적으로 달성하는 것에 목표를 설정하고 있다.

제 5 절 건물자산관리학의 연구대상과 건물자산관리의 대상

1. 건물자산관리학의 연구대상

1) 연구대상의 개념

건물자산관리학의 연구대상이라 함은 연구의 주제나 탐구 또는 분석의 목적물을 말한다. 다시 말하면 건물자산관리학의 연구대상은 건물자산관리학의 연구를 통하여 학문적으로 성취하고자 하는 주제나 목적물을 말한다.

(표 25) 건물자산관리학의 연구대상과 연구항목

연구대상	연구항목
건물자산(재화)과 건물자산관리 서비스 (건물자산관리용역)	- 건물자산의 개념은 무엇이고 구성요소와 유효요건은? - 사용목적과 수익목적 및 처분목적에 부합하는 합목적적 건물자산은 어떤 자산인가? - 건물자산의 용도와 특성은? - 건물자산의 최유효 사용 · 수익 · 처분의 필요조건은 무엇인가? - 건물자산의 복합성 개념은 무엇인가? - 건물자산 최유효 관리법에 의한 합목적적 건물자산의 취득방법과 보유 및 운용관리 방법 및 합리적 처분의 방법은? - 건물자산은 언제 어느 정도로 생산할 것인가? - 누가 무엇을 가지고 어떻게 생산할 것인가? - 생산된 건물자산을 누구에게 제공하여 어느 정도로 만족하게 할 것인가? - 건물자산관리 서비스의 개념과 특성은 무엇인가? - 건물자산관리 서비스 중 어떤 서비스가 가치 있는 서비스인가? - 건물자산 이해관계자 각각에게 필요한 서비스는 어떤 서비스인가? - 건물자산관리 서비스는 언제 생산할 것인가? - 누가 무엇을 가지고 어떻게 건물자산관리 서비스를 생산할 것인가? - 생산된 건물자산관리 서비스를 누구에게 제공 하여 어느 정도로 만족하게 할 것인가?
건물자산과 건물자산관리에 대한 인간의 행동	- 건물자산에 대한 인간의 욕구와 욕구 충족의 대안은 무엇인가? - 건물자산의 유한성과 희소성에 대한 인간의 대응 태도는? - 인간은 건물자산의 욕구 충족을 위하여 어떤 생각과 행동으로 의사를 결정하고 선택하는가? - 건물자산과 건물자산관리에 대한 인간의 행동의 양태에 따라 결과적으로 얻어지는 결과물은 어떻게 나타나는가?
건물자산가치 극대화의 원리	- 건물자산의 경제적 가치 극대화의 원리는? - 건물자산의 기능적 가치 극대화의 원리는? - 건물자산의 심리적 가치 극대화의 원리는? - 건물자산의 역사적 · 문화적 · 예술적 가치 극대화의 원리는?
건물자산관리활동의 최유효화 기술	- 건물자산 경영관리활동의 최유효화 기술은? - 건물부동산 운영관리활동의 최유효화 기술은? - 건축시설물 유지관리활동의 최유효화 기술은?
건물자산관리의 부정적 현상과 문제	- 건물자산관리의 본질적 문제의 해법은? - 건물자산관리의 현실적 문제의 개선방안은? - 건물자산관리의 부정적 현상과 문제의 개선대책은?
건물자산관리의 이론 체계화	- 건물자산관리의 이론 체계화의 목적은 무엇인가? - 건물자산관리 개념이론 체계화의 접근방법과 연구의 내용은? - 건물자산관리 방법이론 체계화의 접근방법과 연구의 내용은? - 건물자산관리 활동이론 체계화의 접근방법과 연구의 내용은?

2) 연구대상과 연구항목

건물자산관리학은 건물자산관리 분야의 종합응용과학으로서 건물자산관리학의 궁극적 목적은 건물자산의 목적이 건물자산의 최유효 사용과 수익 및 처분에 있음을 인식하고 이를 위하여 요구되는 합목적적 건물자산의 취득과 정상적 보존과 이용 및 개량 중심의 효과적 운영관리와 합리적 처분 그리고 취득 또는 보유 건물자산의 최유효 사용화와 수익화 및 처분화를 건물자산관리의 목적으로 설정하고 건물자산의 목적과 이를 지원하기 위한 건물자산관리의 목적을 직접 또는 간접적으로 지원하기 위하여 건물자산관리의 목적을 건물자산 최유효 관리법에 따라 가장 경제적 방법으로, 안전하게, 효율적으로, 적합하게, 효과적으로 수행하여 바람직한 경영성과와 운영성과 및 관리성과의 창출을 의욕하고 이를 건물자산관리학의 연구대상을 설정하고 있다. 건물자산관리학의 연구대상에는 다음과 같은 연구대상과 연구 항목들이 있다.

건물자산관리학의 연구대상의 종류와 연구항목을 요약하면 (표 25)와 같다.

3) 연구대상별 내용

건물자산관리학의 연구대상에는 전술한 바와 같이 건물자산관리학 연구를 통하여 해결해야 하는 합목적적 건물자산과 건물자산 최유효 사용과 수익 및 처분을 위하여 요구되는 바람직한 건물자산관리 서비스, 건물자산관리학의 연구과제인 건물자산가치 극대화의 원리와 건물자산관리의 목적을 달성하기 위한 건물자산관리활동 최유효화 기술 그리고 건물자산과 건물자산관리의 사회적 문제로서 반드시 해결하거나 개선해야 하는 건물자산관리의 부정적 현상과 문제, 건물자산과 건물자산관리의 효율적 설명과 통일적 설명 및 기술개발의 기반인 건물자산관리의 이론 체계화, 건물자산을 기반으로 영위되는 삶과 생활과 일을 주 환경 측면에서 지원하기 위하여 연구가 요구되는 건물자산에 대한 인간의 활동 등의 연구대상들이 있다. 본 절에서는 순서에 따라 건물자산관리학의 연구대상에 대하여 간략하게 살펴보고자 한다.

(1) 건물자산

① 건물자산의 개념

건물자산이라 함은 〈토지에 정착하고 있는 독립된 건물로서 개인 또는 단체가 소유하고 있는 건물이자 유형무형의 경제적 가치가 있는 건물인 동시에 건물자산을 기반으로 이루어지는 인간의 삶과 생활과 일의 바람직한 영위와 개인 또는 조직활동에 주 환경 측면의 물적 기반시설로서 건물자산 성격의 건물부동산 또는 건축시설물〉을 의미한다.

② 건물자산의 구성

건물자산의 구성은 유형적 물건 성격의 건축물과 무형적 사용가치와 교환가치 중심의 건축물의 경제적 가치 그리고 무형적 재산권 성격의 건축물 소유권 등 세 가지 요소로 구성되어 있으며, 이와 같은 세 가지 요소로 구성된 건물자산의 개념을 이해하기 위하여 건물자산의 구성하는 유형적 건축물과 무형적 건축물의 경제적 가치 및 무형적 건축물의 소유권을 살펴 이해할 필요가 있다.

자산의 사전적 의미는 토지. 건물. 금전 따위의 재산을 의미하고, 법률에서 말하는 자산은 자본이 될 수 있거나 소유권의 객체로서 거래가 될 수 있으며, 채무의 담보가 될 수 있는 재산을 의미한다.

자산 개념을 구성하는 재산의 의미는 개인이나 단체가 소유하고 있는 유형. 무형의 경제적 가치가 있는 것의 총체를 의미한다.

건물자산은 전술한 바와 같이 건축공학의 건축물에 경제학의 경제 가치와 법학의 소유권 개념 등이 삼위일체로 결합하고 상호 융합하여 추론된 신개념의 실물자산 개념이라 할 수 있다.

따라서 건물자산은 그 건물자산 위에 소유권이 존재하여야 하고, 개인이나 단체가 등기공부 상에 보존 등기에 의한 원시 취득한 것이거나 이전등기에 의하여 승계 취득된 것으로서 소유권이 공부상에 등기된 상태의 건물이어야 한다. 뿐만 아니라, 건물자산은 사용가치(사용가치와 수익가치)와 교환가치(처분가치)가 있는 경제적 가치가 존재하고 있어야 하며, 사용과 수익 및 처분의 필요 조건을 두루 갖추고 있는 건물이라야 건물자산이 될 수 있다.

그러므로 건물자산은 건물재산권 객체의 지위를 가질 때 건물자산의 가치가 인정되며, 개인이나 단체가 소유하고 있는 건물로서 건물의 용도에 부합하는 사용과 수익 및 처분의 조건을 갖추고 있는 건물이라야 한다. 건물자산의 개념을 정의하기 위해서는 건물자산을 형성하고 있는 건물자산의 복합성 개념을 살펴 이를 참고하고 종합하여 건물자산 개념을 추론하고 정의할 필요가 있다.

왜냐하면, 건물자산 개념의 구성은 건축공학의 건설물(물건) 성격의 건축물 요소와 경제학의 경제성 성격의 경제적 가치 요소 및 법학의 재산권 성격의 소유권 요소가 복합적으로 결합하여 새롭게 도출된 신개념이므로 건물자산의 구성요소에 대한 고찰과 이해가 필요하다.

가. 유형적 건축물

건물자산이 가지고 있는 유형적 물건 측면에서 건물자산을 이해하고자 하는 건물자산의 개념이다. 건물은 유체물인 물건으로서 부동산에 속하는 건물부동산으로서 건축에 의한 생산물이자 건설물로서 건축대지위에 정착한 건축시설물과 건축설비 및 기타 부대시설을 포괄하는 독립된 개념이다. 따라서 건물자산을 이해하기 위해서는 건축에 의하여 건축된 건축물(건물)을 물리적 측면에서 접근하는 것이 타당하다. 건축공학적 건축물은 건물자산 개념 구성의 제1요소로서 건물자산 구성의 기초 요소로 작용하고 있다.

건물자산은 전술한 바와 같이 건축공학적 건축물의 개념 위에 경제학적 건물자산의 경제적 가치 개념과 법학적 재산권 성격의 소유권 개념이 삼위일체로 결합되어 물건 개념이 아닌 자산의 뜻과 의미를 가지는 자산 개념의 건물로 이해함이 타당하다.

다시 말하면, 건물자산의 개념은 구체적인 물건개념의 건축물에 추상적인 경제적 가치 개념과 소유권 개념을 결합시켜 탄생한 자산개념의 용어로서 건축물의 물건개념과 경제적 가치 개념 및 소유권 개념을 포괄적으로 표상하는 건물자산관리학의 핵심 용어이다. 이와 같은 건물자산의 개념은 건축학과 경제학 및 법학 등 인접과학의 이론적 지원과 융합의 상호 협력에 의하여 도출되었음은 전술한 바와 같다.

건물자산을 구성하는 건축물 개념을 이해하기 위해서는 건축물 개념을 효율적으로 설명하는 데 도움 되는 건축물의 정의와 분류, 특성, 생애단계, 최유효 사용 수익 및 처분조건, 총 생애비용, 내용연수, 건축물의 기본요소 등에 대하여 살펴볼 필요가 있다.

가) 건축물의 개념

건물자산의 기초 인접과학으로서 건물자산 개념 도출에 이바지 하고 있는 건축공학의 건축물은 일반적으로 건물을 말하며, 건축물은 기획과 설계 및 시공에 의하여 생산된 건설물로서 3차원의 공간과 사용·수익에 필요한 일정한 조건을 갖추어 사람이 들어 살거나 일을 하거나 물건을 보관하기 위하여 지은 집을 총칭하여 건축물 또는 건물이라 한다.

건축법 제2조 제1항의2에서 건축물을 토지에 정착하는 공작물 중 지붕과 기둥 또는 벽이 있는 것과 이에 딸린 시설물, 지하나 고가의 공작물에 설치하는 사무소·공연장·점포·차고·창고 그 밖에 대통령령으로 정하는 것으로 정의하고 있다. 건축물은 개인과 단체의 사용목적과 수익목적 및 처분목적으로 기획되고 설계되며 시공에 의하여 건축· 완공되어 일정한 기간 동안 건축물의 사용과 수익을 위하여 유지 관리되다가 철거 또는 멸실되어 재개발되는 건축물 생애 단계를 거치게 된다. 건축물은 건축물의 용도와 규모와 성격 및 위치와 설비의 수준 등에 따라 빌딩(building), 아파트(apartment house), 에디피스(edifice), 스트럭처(structure), 랜드마크 빌딩(landmark building), 첨단건물(IBS/inteligent building system) 등 다양하게 호칭되며 건축공학적으로는 시설물, 구조물, 공작물, 건축물, 건조물, 구축물 등으로 호칭하고 있다.

건축법에서는 건축물을 토지에 정착하는 공작물 중 지붕과 기둥 또는 벽이 있는 것과 이에 부수되는 시설물, 지하 또는 고가와 그 공작물에 설치하는 사무소, 공연장, 점포, 창고, 기타 대통령령이 정하는 것으로 정의하고 있다.

그러나 지방세법에서는 건물(건축물)을 건축법에서 규정하고 있는 건축물과 토지에 정착하거나 지하 또는 다른 구조물에 설치하는 레저시설, 저장시설, 도크시설, 접안시설, 도관시설, 급배수시설, 에너지공급시설 그 밖의 이와 유사한 시설로서 지방세법 시행령에서 정하는 것으로 정의하고 있다.

나) 건물의 분류

건축물은 물건의 일종으로서 부동산이며 이를 줄여서 건물이라 호칭하고 있다. 건물을 분류기준에 따라 구분하여 분류하면 건물자산관리학에서 규정하는 건물자산의 종류별 특성에 따라 아래의 (표 26)과 같이 광의의 건물과 협의의 건물로 대 분류되나, 다음의 (표 27)과 같이 국토교통통계연보 분류기준에 따라 주거용 건물, 상업용 건물. 공업용 건물, 문교 사회용 건물, 기타용도 건물 등 다섯 용도로 중 분류되며, 건축법 시행령에 따라 분류하면 다음의 (표 28)과 같이 28개 용도로 소분류 된다.

이를 표로 정리하면 다음의 (표 26)과 (표 27) 및 (표 28)과 같이 정리할 수 있다.

(표 26) 건물자산관리학에 의한 건물의 대분류

건물의 대분류	해당건물
(1) 광의의 건물	건축물/시설물/구축물/구조물/공작물/건조물 등
(2) 협의의 건물	건축물

(표 27) 국토교통통계연보에 의한 건물의 중분류

건물의 중분류	해당 건물
(1) 주거용 건물	단독주택/공동주택 등
(2) 상업용 건물	판매시설/점포/임대용 건물/수익성 건물 등
(3) 공업용 건물	공장/창고
(4) 문교 사회용 건물	학교/연구소/복지시설/병원 등
(5) 기타용도 건물	공공용 건물/농수산용 건물 등

(표 28) 건축법시행령에 의한 건물의 소분류

건물의 소분류	해당건물
(1) 단독주택	단독주택/다중주택/다가구주택/공관
(2) 공동주택	아파트/연립주택/다세대주택/기숙사
(3) 제1종 근린생활시설	소매점/소형휴게음식점/체육도장/ 파출소/소방서/변전소/공중화장실/마을회관/이용원/의원 등
(4) 제2종 근린생활시설	일반음식점/서점/당구장/공연장/금융업소/사무소/출판사/고시원/노래연습장/학원/서점/종교시설 등
(5) 문화 및 집회시설	집회장/관람장/전시장/동 · 식물원 등
(6) 종교시설	제2종 근린시설 해당되지 않은 종교시설/봉안당
(7) 판매시설	도매시장/소매시장/상점 등
(8) 운수시설	여객자동차터미널/철도시설/공항시설/항만시설 등
(9) 의료시설	병원/격리병원 등
(10) 교육연구시설	학교/교육원/직업훈련소/학원/연구소/도서관 등
(11) 노유자 시설	아동시설/노인복지시설/사회복지시설/근로복지시설
(12) 수련시설	생활권 수련시설/자연권 수련시설/유스호스텔 등
(13) 운동시설	실내운동장/관람석 없는 체육관/제23종 근린생활시설이 아닌 체력단련장/골프연습장/테니스장/체육도장/탁구장 등
(14) 업무시설	공공업무시설(국가 및 지바자치단체 청사/외국 공간 건축물) 일반업무시설(금융업소/사무소/오피스텔) 등
(15) 숙박시설	일반숙박시설/생활숙박시설/관광숙박시설/고시원 등
(16) 위락시설	단란주점/유흥주점/무도장/무도학원/카지노영업소 등
(17) 공장	경공업 공장/중공업 공장
(18) 창고시설	창고/하역장/물류터미널/집 · 배송시설 등
(19) 위험물 정장 및 처리시설	주유소/액화석유가스 충전소, 판매소, 저장소/위험물 제조소/액화가스 취급소/유독물 보관, 저장, 판매소/고압가스 충전소, 판매소, 저장소/도료류판매소/도시가스제조시설/화약류 저장소 등
(20) 자동차관련시설	주차장/세차장/폐차장/검사장/매매장/정비공장/운전학원 및 정비학원/차고 및 주기장 등
(21) 동물 및 식물 관련 시설	축사/가축시설/도축장/도계장/작물재배사/종묘배양시설/화초 및 분재 등의 온실 등
(22) 분뇨 및 쓰레기 처리시설	분뇨처리시설/고물상/폐기물처리시설/폐기물감량처리시설 등
(23) 교정 및 군사시설	교정시설/갱생보호시설/소년원/국방 · 군사시설 등
(24) 방송통신시설	방송국/전신전화국/촬영소/통신용 시설 등
(25) 발전시설	발전소/송전시설 등
(27) 관광휴게시설	야외음악당/야외극장/어린이회관/관광탑/휴게소/공원 · 유원지 · 관광지에 부수되는 건축물 등
(28) 장례식장	일반장례 예식장/종교장례 예식장

다) 건물의 특성

건물은 유형성의 유체 물(건축물)과 무형성의 소유권 및 경제적 가치가 삼위일체로 결합하고 건물 내· 외부의 환경과 자연 환경 및 인위적 환경으로부터 영향을 받음은 물론 건축 대지 위에 건축된 정착물의 성격으로 인하여 건축대지의 자연적 특성과 인문적 특성 및 건물의 인문적 특성을 가지고 있다. 건축대지의 자연적 특성 및 인문적 특성 그리고 건물의 인위적 특성의 이해는 향후 건물자산을 연구하거나 건물자산관리 실무를 수행할 때 참고정보로 의미가 있다.

㈎ 건축대지(토지)의 자연적 특성

건축대지는 지상에 건축물을 정착시키고 있는 자연물이나 인간의 법과 제도에 의하여 관리되는 것이므로 건축대지는 토지로서 자연의 특성을 가지고 있는 동시에 인문적 특성도 함께 가지고 있다.

건축대지의 자연적 특성에는 지리적 위치의 고정성과 토지의 영속성 및 부 증성과 개별성 그리고 적재성과 생산성 등이 있으며, 건축대지의 인문적 특성에는 토지 용도의 다양성과 합병 분필의 가능성 그리고 경제적/사회적/행정적/법률적 환경적 지배성과 위치의 가변성 등이 있다.

㈏ 건물의 인문적 특성

건물은 사람의 노동력과 기술 및 자본의 결합과 관계법령 및 건축제도에 의하여 생산된 건설물이므로 건축대지와 달리 인문적 특성만이 존재한다. 건물의 인문적 특성에는 건물의 비영속성(비항구성), 건물의 생산 가능성과 멸실 가능성, 건축대지 용도의 종속성, 재화 성(물건의 성질)과 재산의 성질(재산권 성) 등이 있다.

라) 건물의 구성

건물은 전술한 바와 같이 인간의 자본과 기술 및 노동력에 의하여 생산된 건설물로서 건축시설물과 건축대지 및 건축설비와 기타 부대시설 등으로 구성되어 있다. 건물의 개별적 구성요소를 설명하면 다음과 같다.

㈎ 건축시설

건축물(건물)의 물리적 구조의 일부로서 주요 구조부와 주요 구성부분마감부재로 이루어져 있다. 주요 구조부는 골조 또는 뼈대로 통상 불리는 것으로서 기둥, 내력벽, 바닥, 보, 지붕틀과 주 계단으로 구성되어 있다. 건축물의 주요 구성부분은 지붕, 천장, 수장, 창호, 마무리(마감) 등으로 이루어지고 있다.

건물의 용도는 전술한 (표 28)과 같이 28종의 용도로 분류되며, 우리나라 건물의 건축 규모를 국토교통부 국토정책국 건축 정책 관 녹색건축과의 자료를 토대로 살펴보면, 2012년 12월 31일 현재 전국의 건물 동수는 6,796,239동에 이르고 있으며, 구체적으로는 주거용 건물 4,516,392동, 상업용 건물 1,138,401동, 공업용 거물 265,452동, 문교 · 사회용 건물 175,142동 그리고 공공용 건물과 농수산용 건물 용도로 구성되어 있는 기타 건물의 동수는 700,852동으로 조사되고 있다.

우리나라 건물의 용도별/면적별/층수별/소유자별 전국 건물의 현황은 다음의 (표 29)와 같다.

(표 29) 우리나라 전국 건물의 현황

용도별(6,796,239동)	주거용/4,516,393동(66.5%) 상업용/1,138,401동(16.8%) 공업용/265,462동(3.9%) 문교 · 사회용 175,142동(2.6%) 기타 700,852동(10.3%)
층수별(6,796,239동)	1층 4,305,533동(63.3%) 2-4층 2,180,533동(32.1%) 5층 137,463동(2.0%) 6-10층 64,560동(0.9%) 11-20층 73,936동(1.1%) 21-30층 13,599동(0.2%) 31층 이상 1,020동(0.0%) 기타 19,795동(0.3%)
면적별(6,796,239동)	100m 미만 3,254,308동(47.9%) 100 이상~200m 미만 1,540,010동(22.7%) 200 이상~300m 미만 499,820동(7.4%) 300 이상~500m 미만 656,411동(9.7%) 500 이상~1000m 미만 433,440동(6.5%) 1000 이상~3000m 미만 229,884동(3.4%) 3000 이상 1만m 미만 124,835동(1.8%) 1만m 이상 47,531동(0.7)
소유자별(6,796,239동)	국 · 공유 165,599동(2.5%) 개인 5,500,414동(80.9%) 법인 239,627동(5.2%) 기타 779,600동(11.4%)

(자료: 국토교통부 국토정책국 건축정책과과 건축물 통계, 2012)

(나) 건축대지

건축대지란 지적법상 건축할 수 있는 용도의 토지로서 건축법에 따라 건축이 가능한 토지를 말한다. 건축대지의 지목은 〈측량 · 수로조사 및 지적에 관한 법률 시행령 제58조〉에 의하면 28개 지목으로 분류되어 있으며, 전국 토지 면적 중 대지의 면적은 2,387

제곱미터에 불과하여 전국 토지 면적 대비 겨우 2%에 불과하다. 대지를 포함한 전국토지의 지목은 다음의 (표 30)과 같으며, 건축물의 신축, 개축, 재축, 이축 등 건축의 대지 용도로 사용되는 전국의 토지 및 건축대지의 현황은 다음의 (표 31)과 같다.

(표 30) 토지 지목의 분류

지 목	내 용
① 전	물을 상시적으로 이용하지 아니하고 곡물, 원예 작물(과수 제외), 약초 뽕나무, 묘목, 관상수 재배 토지와 식용 죽순 재배 토지
② 답	물을 상시적으로 이용하여 벼, 연, 미나리, 왕골 등의 식물 재배 토지
③ 과수원	사과, 배, 호두, 귤나무 등 과수류를 집단적으로 재배하는 토지와 이에 접속된 저장고 등 부속시설물 부지, 다만 주거용 건축물의 부지는 "대"로 한다.
④ 목장용지	- 축산업/낙농업 초지조성 토지, 가축사육 축사 부지 - 축산업/낙농업 토지에 접속된 부속시설물의 부지
⑤ 임야	산림 및 원야를 이루고 있는 수림지, 죽림지, 암석지, 자갈땅, 모래땅, 습지, 황무지 등의 토지
⑥ 광천지	지하에서 온수, 약수, 석유류 등이 용출되는 용출구와 그 유지로 사용되는 부지, 다만, 온수, 약수, 석유류 등을 일정한 장소로 운송하는 송유관 및 저장 시설은 제외한다.
⑦ 염전	바닷물을 끌어들여 소금을 채취하기 위하여 조성된 토지와 이에 접속된 제염장 등 부속시설물의 토지
⑧ 대(대지)	- 영구적 건축물 중 주거, 사무실, 점포, 박물관, 극 장, 미술관 등 문화시설과 이에 접속된 정원 및 부속시설물의 부지 - 국토의 계획 및 이용에 관한 법률 등 관계법령에 따른 택지 조성공사에서 준공된 토지
⑨ 공장용지	- 제조업을 하고 있는 공장의 부지 - 관계법령에 따른 공장부지 조성공사 준공 토지 - 상기 항목 부속시설물의 부지
⑩ 학교용지	학교의 교사와 이에 접속된 체육장 등 부속시설물의 부지
⑪ 주차장	자동차 등의 주차에 필요한 독립적 시설을 갖춘 부지, 주차 전용 건축물의 부지
⑫ 주유소 용지	석유 등 판매를 위하여 일정한 시설을 가진 시설물 저유소 및 원유 저장소의 부지와 이에 접속된 부속 시설물의 부지
⑬ 창고 용지	물건보관, 저장을 위하여 독립적으로 설치된 보관 시설물의 부지와 이에 접속된 부속시설물의 부지
⑭ 도로	- 일반 공중의 교통 운수를 위하여 차량 운행에 필요한 일정한 설비 또는 형태를 갖추어 이용되는 토지 - 도로법 등 관계 법령에 따라 도로로 개설된 토지 - 2 필지 이상에 진입하는 통로로 이용되는 토지

지 목	내 용
⑮ 철도용지	교통 운수를 위하여 일정한 궤도 등의 설비와 형 태를 갖추어 이용하는 토지와 이에 접속된 역사, 차고, 발전시설, 공작 창 등 부속시설물의 부지
⑯ 제방	조수, 자연유수, 모래, 바람 등을 막기 위해 설치된 방조제, 방수제, 방사제, 방파제 등의 부지
⑰ 하천	자연의 유수가 있거나 있을 것으로 예상되는 토지
⑱ 구거	용수 또는 배수를 위하여 일정한 형태를 갖춘 인공적 수로. 둑 및 그 부속시설물의 부지와 자연의 유수가 있거나 있을 것으로 예상되는 소규모 수로 부지
⑲ 유지	물이 고이거나 저장하고 있는 댐. 저수지·소류지·호수·연못 등의 토지와 연왕골 등이 자생하는 곳으로 배수가 잘되지 아니하는 토지
⑳ 양어장	육상에 인공으로 조성된 수산생물의 번식 또는 양식을 위한 시설을 갖춘 부지와 이에 접속된 부속시설물의 부지
㉑ 수도용지	물을 정수하여 공급하기 위한 취수·저수·도수·정수·송수 및 배수 시설의 부지 및 이에 접속된 부속시설물의 부지
㉒ 공원	일반 공중의 보건·휴양 및 정서생활에 이용하기 위한 시설을 갖춘 토지로서 국토의 계획 및 이용에 관한 법률에 따라 공원 또는 녹지로 결정. 고시된 토지
㉓ 체육용지	국민의 건강증진을 위한 체육활동에 이용하기 위한 시설과 형태를 갖춘 종합운동장·실내체육관·야구장·골프장·스키장·승마장·경륜장 등 체육시설의 토지와 이에 접속된 부속시설물의 부지
㉔ 유원지	일반 공중의 위락. 휴양 등에 적합한 시설물을 종합적으로 갖춘 수영장·유선장·낚시터·어린이 놀이터·동물원·식물원·민속촌·경마장 등의 토지와 이에 접속된 부속 시설물의 부지
㉕ 종교용지	일반 공중의 종교의식을 위하여 예배, 법 요, 설교, 제사 등을 하기 위한 교회, 사찰, 향교 등 건축물의 부지와 이에 접속 된 부속시설물의 부지
㉖ 사적지	문화재로 지정된 역사적인 유적, 고적, 기념물 등을 보존하기 위하여 구획된 토지
㉗ 묘지	- 사람의 유골이나 매장된 토지 - 도시공원 및 녹지 등에 관한 법률에 따라 묘지공원으로 결정. 고시된 토지 - 장사 등에 관한 법률에 따른 봉안시설과 이에 접속된 부속시설물의 부지. 다만, 묘지관리를 위한 건축물은 "대"로 한다.
㉘ 잡종지	- 갈대밭, 실외에 물건을 쌓아 두는 곳. 흙을 파내는 곳. 야외시장, 비행장, 공동우물 - 영구적 건축물 중 변전소, 송신소, 수신소, 송유시설, 도축장, 자동차 운전 학원, 쓰레기 및 오물 처리장 등의 부지 - 다른 지목에 속하지 않은 토지

(자료 : 측량·수로조사 및 지적에 관한 법률 시행령 제58조)

(표 31) 우리나라 전국 토지 및 건축대지 현황

대표 지목	면적
전체지목	99,538제곱킬로미터(100%)
임야	65,100제곱킬로미터(66%)
도로	2,237제곱킬로미터(2%)
건축대지	2,387제곱킬로미터(2%)
전	8,098제곱미터(8%)
답	12,325제곱킬로미터(13%)

(자료 : 국토교통부 통계연보, 2012)

또한 건축 대지와 관련하여 국토의 계획 및 이용에 관한 법률 시행령과 건축법 시행령에서 규정하고 있는 용도 지역과 용도지구 내의 건폐율과 용적률이 관계법령과 해당 지방자치단체 조례에서 달리 규정하고 있으며, 건축물 시설 군에 따라 도시지역과 비도시 지역 내에서 주거지역과 상업지역 그리고 공업지역 및 녹지지역 등에 따라 건축 허용 범위를 달리 정하고 있어 건축물 관계자는 이에 대한 검토와 분석이 필요하다. 뿐만 아니라 농지법 시행령에서 건축행위를 일정 부분 제한하고 있어 건축의 계획이나 건축물 개발 및 재개발에 있어서 건축법과 동 시행령과 국토의 계획 및 이용에 관한 법률 및 동 시행령 그리고 농지법과 동시행령 등을 면밀히 검토하고 해당 지역의 지방자치단체 조례를 함께 분석할 필요가 있다.

토지 용도지역, 지구에 따라 허용되는 도시지역의 주거지역과 상업지역 및 공업지역과 녹지 지역 그리고 비도시지역의 관리지역과 농림지역 및 자연보전지역 등에서 건축 시설별로 건축할 수 있는 건축의 범위와 건축기준이 각각 상이함을 유의해야 한다.

㈐ 건축설비

건축설비란 건물 구성요건 중 하나로서 건축물에 설치하는 전기 · 전화 설비, 초고속 정보통신 설비, 지능형 홈 네트워크 설비, 가스 · 급기 · 配水 · 排水 · 급수 · 환기 · 난방 · 냉방 · 소화 · 배연 및 오물처리 설비, 굴뚝, 승강기, 피뢰침, 구기게양대, 공동시청 안테나, 유선방송 수신시설, 우편함, 저수조, 그 밖에 국토교통부령으로 정하는 설비를 말한다.

㈑ 기타 부대시설

건축물의 구성요소 중 하나로서 건축물에 부속된 경비실. 담장. 경계 시설. 조경시설물. 옥외 주차시설. 가스 저장시설 등을 말한다.

라) 건물의 생애 단계

사람에게 일생이 있는 것과 같이 건물에도 건물의 일생이 있는바 이를 건물생애단계라 한다.

건물의 생애단계에는 신축준비단계, 설계단계, 시공단계, 유지관리 단계, 철거 단계 등 5단계가 있으며, 단계별 업무가 각각 다르나 통합하면 하나의 건물이 생산되고 완성되며 유지되고 멸실된다.

마) 건물의 총 생애비용

건물의 일생 동안 소요되는 비용을 건물 총 생애비용(building life cycle cost)이라 한다. 일본 능률협회의 조사에 의하면 건물의 총 생애비용은 일반적으로 기획/설계 0.4%, 시공 16%, 유지관리 83.2%, 철거 0.4%로 조사되고 있다. 따라서 유지관리 단계에 소요되는 비용을 경제화하면 전체 건물의 총 생애비용을 경제화할 수 있다.

바) 건물의 내용연수

건물에는 일정한 물리적 내용연수와 법정 내용연수 및 경제적 내용연수 개념과 기능적 내용연수 개념 등이 있다. 철근콘크리트 조 건물의 경우는 50년의 물리적 내용연수를 가지고 있으며, 건물에 장착된 주요 설비는 통상 15년-18년의 물리적 내용연수가 적용되며, 물리적 내용연수에 따라 교체되어야 한다. 세법에 의한 철근콘크리트 조 건물의 감가상각에 의한 재산가치가 제로(0%)가 되는 법정 내용연수는 40년으로 명시하고 있다.

사) 건물의 기본요소

건물이 완공 후 기본적으로 확보해야 하는 조건을 건물의 기본요소라 하며 이에는 안전성, 내구성, 경제성, 거주성(기능성) 등이 있다.

현대 건물에는 건물의 기본 요소 외에 환경성과 에너지를 추가적으로 기본 요소로 인정하고 있다.

나. 무형적 건물의 경제적 가치

건물자산 개념을 형성하는 무형적 건물의 경제적 가치는 건물자산 개념 구성의 제2요소로서 건물자산의 사용가치(사용가치와 수익가치)와 교환 가치(처분가치)를 의미한다.

경제적 가치가 없는 건물은 건물자산으로 인정되지 않는다. 왜냐하면 경제적 가치가 없는 건물은 자산으로서 의미가 없기 때문이다.

경제학적 건물의 개념은 다음과 같다.

① 건물은 자산이다.

② 건물은 재산이다.
③ 건물에는 경제가치 개념이 있다.
④ 건물은 자본이다.
⑤ 건물은 상품이다.
⑥ 건물은 생산재인 동시에 소비재이다.
⑦ 건물은 유한성과 희소성이 있다.
⑧ 건물은 불완전 시장에서 주로 거래된다.
⑨ 건물의 가격은 수요와 공급 곡선이 만나는 점에서 결정된다.
⑩ 건물의 경기변동은 일반 시장의 경기변동보다 뒤에 형성된다.
⑪ 건물의 일생에는 라이프 사이클 개념이 있어 총 생애비용 개념이 있다.

다. 무형적 건물의 소유권

건물의 소유권은 법률적으로 재산권 성격의 물권으로서 건물자산 개념을 구성하는 제3요소이다. 무형적 건물의 소유권은 건물자산의 재산권 중 대표적 권리이며 기본물권이다.

건물자산에 온전한 소유권이 없는 경우에는 건물자산으로서 사용과 수익 및 처분을 할 수 없으며, 특히 소유권에 흠결(하자)이 있는 경우에도 건물자산의 사용과 수익 및 처분에 제한적으로 사용 수익 및 처분된다. 따라서 소유권 중심의 재산권은 건물을 건물자산 구성에 있어서 매우 중요한 작용을 하고 있다.

법학적 건물의 개념은 다음과 같다.

가) 건물은 건물 소유권의 객체로서 등기의 목적물이다.
나) 건물은 물건으로서 부동산의 일종이다.
다) 일정한 규모와 용도의 건물은 의무적 유지관리의 대상이다.
라) 건물은 건물관련 공법과 사법 및 관련제도에 의하여 건축되고 유지되며 거래되고 멸실된다.
마) 건축대지(토지)와 건물은 개별 등기의 목적물이다.
바) 건물은 등기에 의하여 취득되고, 거래 되며 멸실된다.
사) 건물은 세법상의 법정 내용연수 개념이 적용되며, 재산가치가 매년 정기적으로 감가 상각된다.
아) 건물 재산권(소유권)의 행사는 헌법이 보장하나, 공공복리 원칙의 적용을 받으며, 관계법령이 허용하는 범위 내에서 취득되고 사용 · 수익되며 처분된다.

③ 건물자산의 생애단계

유형적 건축물과 무형적 건축물의 경제적 가치 및 무형적 건축물의 소유권으로 구성되는 건물자산은 생산과 취득에서 출발하여 보유 및 사용되고 처분 멸실되는 건물자산 생애단계 개념을 가지고 있다. 사람의 생애단계는 태아기, 유아기, 소년기, 청년기, 장년기, 노년기 등의 생애단계를 거치게 되며, 건축물의 생애단계는 건축 준비단계, 설계단계, 시공단계, 유지관리단계, 철거단계 등 5단계를 거치나 건물자산의 생애단계는 취득단계, 보유단계, 처분단계 등 3단계로 진행된다.

건물자산의 생애 단계별 비중은 일반적으로 취득단계 20%, 보유단계 70%, 처분단계 10%로 인식되고 있다.

건물자산의 취득단계의 핵심 건물자산관리 업무는 합목적적 건물자산의 취득에 있으며, 취득의 대표적 방법에는 승계취득방법과 원시취득방법이 있다. 매입에 의한 취득이 전자에 해당되고, 신축에 의한 취득이 후자에 해당된다. 건물자산의 취득은 물건의 취득과 권리의 취득이 동시에 이루어지는 특징이 있다. 건물자산 취득 이후 처분전까지의 보유단계 동안의 핵심 건물자산관리 업무는 정상적 보존과 이용 및 개량 중심의 효과적 운영관리이며 건물과 권리 및 경제적 가치를 보존하고 유지하며 이용(임대/담보설정) 및 개량 업무이다. 건물자산의 처분단계는 건물자산 보유단계 다음의 마지막 생애단계로서 핵심 건물자산관리 업무는 합리적 · 물리적 처분(용도변경/증축/개축/재축/이전 등)과 법률적 처분(매각/저당권, 전세권 등 권리 설정) 업무가 있다. 법률적 처분을 통하여 양도차익을 실현하거나 물리적 처분을 통하여 사용가치를 극대화하고 건물자산의 경제적 가치를 최대화하는 데 집중해야 한다.

④ 건물자산의 복합성 개념

건물자산은 단순히 건축기술에 의하여 건설되고 완공하여 생산된 물건이 아니다. 건축의 착공은 기술 인력과 자재 장비 등의 경제적 비용 지출과 기술적 준비만으로 이루어지는 것이 아니라 행정기관의 건축허가에 의하여 착공되며 완공 역시 행정기관의 사용승인이라는 공적 행정 서비스에 의하여 완공된다.

뿐만 아니라 완공된 건물은 일정한 절차를 거처 지적 공부에 등재 되어 관리되며 이를 토대로 보존등기(최초 등기)됨으로써 소유자가 결정되고 거래의 객체가 되거나 담보물로서 가치를 가지게 된다. 또한 건축물은 안전과 자연환경 조건을 충분히 고려하여 구조계산을 하고 설계하여 시공하게 된다.

이와 같이 하나의 건물자산이 생산되려면 눈에 보이는 유형적 · 물리적 기술성과 눈에 보이지 않은 무형적 법률성 조건, 행정성 조건, 환경성 조건, 안전성 조건(보안성

조건) 등의 건물자산 복합성 조건을 모두 충족해야만 하나의 건물자산이 완전하게 생산 된다. 따라서 건물자산은 여섯 종류의 복합성 개념을 가지고 있으며, 이와 같은 이유로 건물자산관리의 대상(물리적 대상과 관념적 대상)에도 6가지의 복합성 업무가 존재하고 있다. 이를 건물자산의 복합성 개념이라 하며 이로 인하여 건물자산관리활동은 최광의 건물자산관리 개념을 접목하여 경영관리와 운영관리 및 유지 관리해야 한다.

건물자산의 복합성 개념을 도식화하면 다음의 [그림 4]와 같다.

[그림 4] 건물자산의 복합성 개념

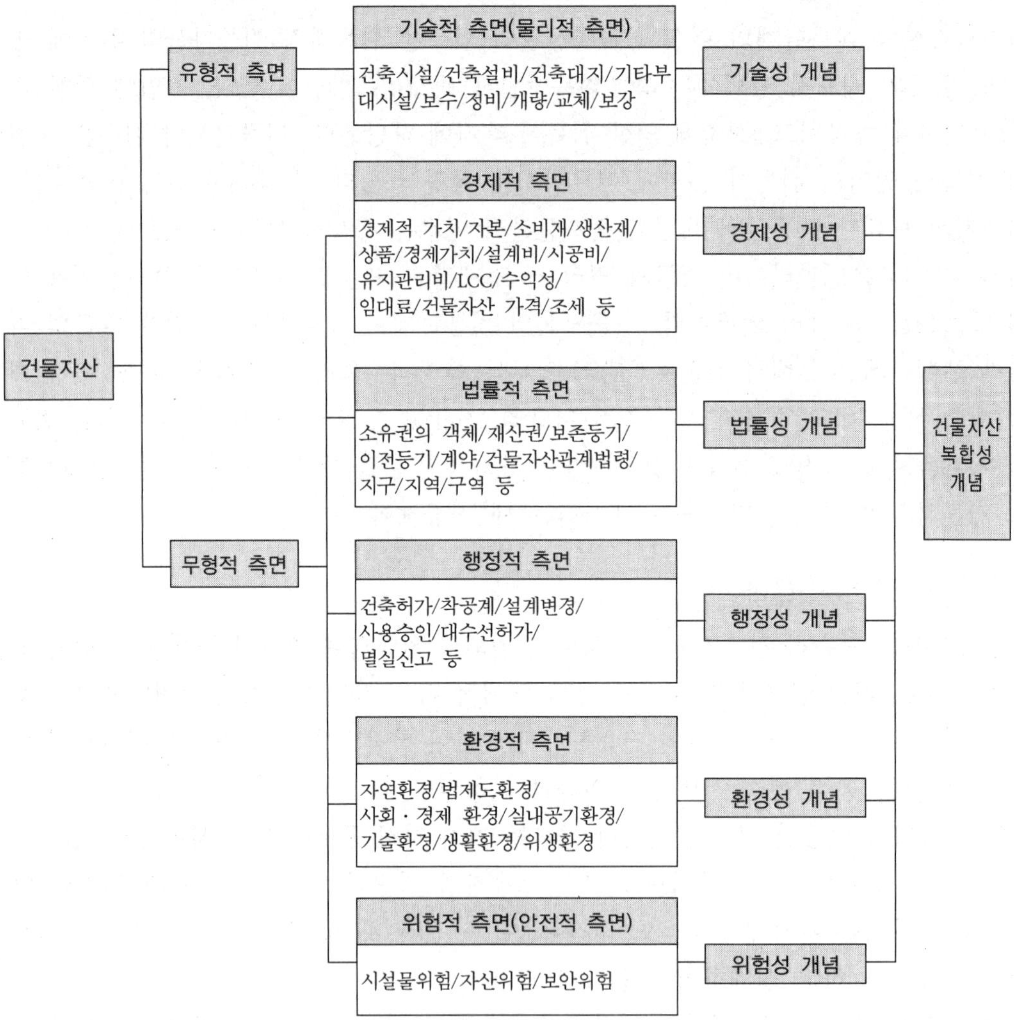

⑤ 건물자산의 필요조건

건물이 건물자산으로서 최고 최선의 조건과 환경에서 최유효 사용과 수익 및 처분하려면 다음에 열거하는 건물자산의 필요조건을 두루 충족하여 한다. 왜냐하면 건물자산이 건물자산의 필요조건을 충족하지 않는 경우에는 건물자산으로서 경제적 가치를 상실하거나 제한받게 되며, 사용과 수익 및 처분이 불가능하거나 제한되기 때문이다. 건물자산이 건물자산으로서 충족하여야 할 건물자산 필요조건은 다음의 (표 32)와 같다.

(표 32) 건물자산의 필요조건

① 토지에 정착하고 있는 독립된 건물자산으로서 공부상 소유권이 존재하고 있어야 하며, 개인 또는 단체가 소유하고 있는 건물자산일 것.
② 경제적 가치가 있는 건물자산으로서 사용, 수익, 처분이 가능한 건물자산일 것.
③ 경영관리와 운영관리 및 유지관리가 가능한 건물자산일 것.
④ 화폐단위로 가치가 측정되고 화폐 또는 다른 물건으로 교환이 가능한 건물자산일 것.
⑤ 일정한 용도를 가진 건물자산으로서 내구성과 안전성 및 편리성이 어느 정도로 확보되어 있는 건물자산 일 것.
⑥ 권리상의 하자나 물리적 하자로 인하여 건물자산의 사용과 수익 및 처분에 제한 또는 하자가 없는 건물자산일 것.
⑦ 건물자산관리 사법과 공법상 사용 수익 및 처분에 문제가 없는 건물 자산일 것.
⑧ 재화 성격의 건물자산이어야 하고 현재 또는 장래에 이르기까지 경제적 이익 제공이 어느 정도 가능한 건물자산일 것.

(2) 건물자산관리 서비스

건물자산관리 서비스란 건물자산관리 용역을 의미하는 것으로 건물자산과 함께 건물자산관리학의 연구 대상 중 하나이다.

건물자산의 생산과 취득의 목적(건물자산의 목적)은 건물자산을 기반으로 이루어지는 인간의 삶과 생활과 일의 영위를 바람직하게 영위하기 위하여 최고 최선의 조건과 환경에서 최유효 사용과 수익 및 처분하는 데 있으며, 이를 가능하게 하고 지원하는 것은 전적으로 건물자산관리 서비스(건물자산관리 용역)에 의하여 이루지는 것이므로 건물자산관리 서비스에 대해서도 학문적 연구가 필요하다. 왜냐하면 건물자산관리는 개념을 이해하고 방법을 숙지하여 서비스를 통하여 기능적으로 실천해야 하기 때문이다. 따라서 건물자산관리 서비스(건물자산관리 용역)에 대하여 간략하게 살펴보기로 한다.

서비스의 사전적 의미는 생산된 재화를 운반 또는 소비에 필요한 노무를 제공함을 의미하며, 경제학에서는 서비스를 무형의 용역 또는 비물질적 재화라 하고 거래의 객체가 되는 경우에는 서비스 상품이라 호칭하기도 한다. 서비스 개념은 학설에 따라 다소 상이하게 해석되고 있는바, 미국마케팅학회에서는 서비스를 판매목적으로 제공하는 상품 매매와 연관하여 제공되는 모든 활동이나 편익 또는 만족으로 설명하고 있으며, 레빗(Levitt)은 인간에 대한 봉사를 서비스로 설명하고 있다.

그러나 라스멜(Rathmell)은 시장에서 판매되는 상품으로 설명하고 있으나, 인간 상호관계론적 입장의 서비스 개념은 서비스란 무형의 성격을 가진 일련의 활동으로서 고객과 종업원 사이에서 발생하는 문제를 해결해 주는 것으로 정의하고 있다.

결국 건물자산관리 서비스란 건물자산의 투자자와 소유자 그리고 사용자와 이용자의 투자 문제와 소유 문제 및 사용 문제와 이용 문제를 해결하여 만족을 제공하는 건물자산의 경영관리 서비스와 건물부동산 운영관리 서비스 및 건축시설물 유지관리 서비스로 정의할 수 있다.

(3) 자산가치 극대화의 원리

건물자산관리학 연구대상의 하나인 자산가치 극대화 원리란 건물자산이 지니고 있는 의의나 중요성 또는 인간의 욕망을 채워주는 정도에 따라 그 물건에 인정되는 의의를 가장 크게 해주는 이치나 법칙을 의미한다. 건물자산에는 사용가치와 교환가치로 표상되는 경제적 가치 외에 기능적 가치와 심리적 가치 그리고 문화가치나 예술가치 및 역사적 가치 등도 건물자산의 성격이나 용도 등에 따라 함께 존재하고 있어 이에 대한 학문적 연구가 필요하다.

(4) 건물자산관리활동의 최유효화 기술

건물자산관리는 건물자산관리활동에 의하여 생산하는 경영 서비스와 운영 서비스 및 관리 서비스를 통하여 바람직한 인간의 삶과 생활과 일의 영위를 위한 건물자산 최유효 사용과 수익 및 처분의 건물자산의 목적을 지원하고 있다. 이와 같은 건물자산관리 서비스는 양질의 서비스로서 가장 경제적 방법으로 안전하게 효율적으로 적합하게 효과적으로 생산 제공하여야 한다. 이를 건물자산 최유효 관리법이라 하며, 이와 같은 연유로 건물자산관리활동의 최유효화 기술을 연구를 통하여 개발해야 한다.

따라서 건물자산관리활동의 최유효화 기술을 연구 대상으로 설정하고 학문적 방법으로 연구하여 기술화하고 이를 지적 상품으로 개발해야 한다. 건물자산관리학에서는 건물자산관리활동 최유효화 기술 연구에 가장 큰 관심을 가지고 연구역량을 집중하고 있다.

(5) 건물자산관리의 부정적 현상과 문제

건물자산관리의 부정적 현상과 문제가 건물자산관리학 연구의 대상이 된다. 건물자산관리의 부정적 현상이란 건물자산의 생산이나 건물자산관리 서비스의 생산에 있어서 바람직하지 아니한 현상을 말하며, 주택수급 불균형 현상, 건물부동산 가격의 폭등과 폭락현상, 주택 전세 대란 현상 등이 부정적 현상 사례에 해당된다. 또한 건물자산관리의 문제란 정상적 건물자산관리활동에 긍정적 또는 부정적으로 작용하거나 정상적 건물자산관리활동을 방해하거나 저해하는 요인으로서 이에는 본질적 문제와 현실적 문제가 있다.

건물자산관리의 부정적 현상과 문제는 학문적 방법으로 연구를 통하여 해법을 도출하고 개선방안을 추론하고 대책을 수립하여 반드시 해결해야 한다. 이를 위하여 건물자산관리학에서는 이를 연구의 대상으로 설정하고 이에 대한 연구를 계속하고 있다.

(6) 건물자산관리 이론의 체계화

건물자산관리 이론의 체계화는 건물자산관리학의 중요한 연구 대상 중 하나이다. 건물자산관리 이론의 체계화 연구가 미진한 경우에는 건물자산관리의 현상과 사물을 효율적으로 설명할 수 없을 뿐만 아니라 건물자산관리활동을 수행하기 위하여 반드시 이해하고 숙지해야 할 건물자산관리의 개념지식과 방법지식 및 활동지식에 대한 통일적 설명을 할 수 없기 때문이다. 그러므로 건물자산관리학은 이를 연구의 대상으로 설정하고 연구 역량을 집중하고 있다.

(7) 건물자산과 건물자산관리에 대한 인간의 행동

건물자산관리학은 건물자산에 대한 투자와 취득과 보유 및 운영관리 그리고 처분의 건물자산관리에 대한 인간의 생각이나 의사결정과 선택 및 행동을 학문적 연구대상으로 설정하고 이를 지속적으로 관찰하고 탐구하여 건물자산에 대한 인간의 보편적 생각이나 의사결정 및 선택행동에 대한 연구를 통하여 건물자산의 수급이나 양과 질을 결정하는 자료나 기준 및 방향을 제시할 학문적 책무를 안고 있다. 따라서 건물자산관리학은 건물자산과 건물자산관리에 대한 인간의 행동을 연구의 대상으로 설정하고 있다.

2. 건물자산관리의 대상

1) 건물자산관리 대상의 개념

건물자산관리의 대상이라 함은 건물자산관리활동의 목적물을 말하다.

건물자산관리의 대상에는 경영관리와 운영관리 및 유지관리 영역별 물리적 대상과 관념적 대상이 있다.

2) 영역별 건물자산관리의 대상

건물자산관리에는 건물자산관리 3측면의 건물자산관리 업무의 성격에 따라 건물자산 경영관리 대상과 건물부동산 운영관리 대상 및 건축시설물 유지관리 대상이 각각 영역별로 존재한다. 이를 정리하면 다음의 (표 33)과 같이 요약된다.

(표 33) 영역별 건물자산관리의 물리적 관리대상과 관념적 관리대상

건물자산관리영역	영역별 물리적 관리대상/관념적 관리대상
건물자산 경영관리영역	건물자산/ 사용가치와 수익가치 및 처분가치의 극대화
건물부동산 운영관리영역	건물부동산/ 사용가치와 수익가치의 극대화
건축시설물 유지관리영역	건축시설물(건축대지, 건축시설, 건축설비, 기타 부대시설)/ 사용가치의 극대화

제6절 건물자산관리학의 지도원리와 건물자산관리활동의 원칙

1. 건물자산관리학의 지도원리

1) 지도원리의 의의

건물자산관리학의 지도원리라 함은 건물자산관리학의 연구자나 건물자산관리활동의 종사자가 연구활동 또는 건물자산의 경영관리나 건물부동산의 운영관리 및 건축시설

물의 유지관리활동을 수행함에 있어서 기본적으로 지켜야 할 행동지침이나 준칙을 의미한다. 다시 말하면, 건물자산관리학의 최고의 가치인 건물자산관리학의 학문적 이념과 건물자산의 경영관리와 건물부동산의 운영관리 및 건축시설물 유지관리활동의 목적을 구현하거나 달성하고자 할 때 일차적으로 지켜야 할 원칙을 건물자산관리학의 지도원리 또는 건물자산관리학의 일반원칙이라 한다.

건물자산관리학의 일반원칙이라 지칭하는 이유는 건물자산의 경영관리와 건물부동산의 운영관리 및 건축시설물 유지관리활동의 특성상 일반적으로 적용되는 일반원칙과 특정 활동에만 적용되는 특별원칙이 있기 때문이다. 또한 건물자산관리학의 지도원리는 건물자산관리활동을 통하여 실현하고자 하는 철학의 문제로서 난해한 문제는 아니나, 이것만이 건물자산관리학의 지도원리이다라고 한마디로 규정하기에는 쉬운 문제는 아니다. 왜냐하면 건물자산관리학은 건물자산의 복합성 개념과 복합성 업무 등으로 인하여 이론 구성범위가 매우 방대하고, 건물자산관리활동 역시 건물자산관리 3측면에 따라 건물자산의 경영관리와 건물부동산의 운영관리 그리고 건축시설물 유지관리로 나누어지며 최광의 관리개념에 따라 경제관리 · 법률관리 · 행정관리 · 기술관리 · 환경관리 · 위험관리 등으로 관리항목이 세분되고 있어 각각의 개별영역에서 건물자산관리활동의 성격이나 내용이 매우 상이하고 다양하기 때문이다.

특히, 건물자산관리활동은 관리내용을 달리하는 건물자산 경영관리 업무와 건물부동산 운영관리 업무 그리고 건축시설물 유지관리 업무가 별도로 존재함으로써 몇 개의 일반지도원리만으로는 일반적인 지도원리가 되기에는 다소 미흡한 것도 사실이다. 뿐만 아니라, 건물자산관리학의 지도원리는 하나의 이상(理想)이고 건물자산관리는 현실이므로 건물자산관리활동의 특성상 시간과 공간과 예산 및 주어진 환경과 여건의 제약을 받아 진행되는 현실(現實)이 존재하므로 건물자산관리의 이상과 현실의 부합은 반드시 일치되어 성립되는 것은 아니다. 다만, 건물자산관리학의 지도원리는 건물자산관리학을 연구하거나 건물자산관리 이론 · 기법 · 기술 등을 개발할 때, 그리고 건물자산관리활동을 통하여 얻고자 하는 양질의 건물자산 경영관리와 운영관리 및 유지관리의 성과 창출에 하나의 원론이고 본질적 기준으로 인식해야 한다.

결론적으로, 건물자산관리학의 지도원리는 건물자산관리학의 관리이론, 기술 등의 연구활동이나 건물자산의 개별관리활동이 아닌 종합관리활동에 있어서 일반적으로 적용되는 행동지침이고 준칙이며, 건물자산관리학 연구자가 견지해야 할 가치관 · 태도 · 신념 및 행동지침이라 할 수 있다.

2) 지도원리의 내용

건물자산관리학의 지도원리는 전술한 바와 같이 건물자산관리학의 연구 또는 건물자산관리활동에 있어서 지켜야 할 준칙 또는 연구자의 태도나 자세 등을 의미하는 것으로 그 내용은 다음과 같다.

(1) 경제성의 원칙

경제성의 원칙이라 함은 건물자산관리학의 연구활동이나 이론 · 기술 · 기법 등의 개발활동과 건물자산 경영관리와 운영관리 및 유지관리 활동에 있어서 경제성의 원칙이 강조되어야 한다는 원칙이다. 건물자산관리학의 이론과 기술과 기법 등의 연구는 결국 건물자산관리활동이 경제적으로 수행되도록 연구하고 개발되어야 한다는 원칙을 말한다.

예컨대, 건축시설물 유지관리 측면의 경제성 원칙은 소극적 경제원칙으로서 관리비용의 최소화와 관리효용의 최대화를 의미하며 건물자산 경영관리는 적극적 경제원칙으로서 건물자산 위험의 최소화와 건물자산 경제가치의 극대화를 의미한다. 다시 말하면, 최소의 비용으로 최대의 이익을 얻을 수 있도록 관리이론이 연구되어야 하고, 연구된 이론이나 기술, 기법 등이 그대로 건물자산관리활동에 적용되어 경제적 이익이 최대화되고, 건물자산의 경제적 가치가 극대화되어야 한다는 원칙이다.

경제성의 원칙은 경제학에서 원용한 이론으로서 경제성과 합리성을 동시에 추구하는 원칙이다. 또한 경제성의 원칙은 최소의 비용과 노력으로 최대의 이익과 효과를 얻고자 하는 원칙이다. 뿐만 아니라 경제성의 원칙은 최소의 희생으로 최대의 효과를 얻고자 하는 원칙이므로 건물자산관리학의 이론 · 기법 · 기술 등의 연구에도 일반적으로 적용되어야 할 지도원리라 인식된다.

(2) 안전성의 원칙

안전성의 원칙이라 함은 건물자산관리학의 연구나 건물자산의 경영관리활동을 수행함에 있어서 위험을 예방하고 방지하며, 부득이한 경우 위험을 최소화하여 인적 · 물적 피해가 발생되지 않도록 위험을 사전에 근본적으로 제거해야 한다는 원칙이다. 다시 말하면, 건물자산의 취득, 보유, 처분의 전체 건물자산의 일생 동안 안전성이 확보되어야 한다는 원칙을 말한다.

건물자산관리활동은 가장 경제적으로 안전하게 효율적으로 적합하게 효과적으로 수행되어야 한다. 또한 안전성의 원칙은 건물자산관리학의 3대 경영관리 · 운영관리 · 유지관리영역과 건물자산관리 3측면의 경영관리활동(AM활동), 운영관리활동(PM활동), 유지관리활동(FM활동) 등 전반에 걸쳐 안전성을 추구해야 하는 원칙으로서 전체적으로 적용되어야 하는 원칙이다. 즉, 다시 말하면 건물자산관리활동에 내재하고 있는 기술위험, 경영위험, 법률위험, 환경위험, 보안위험에 이르기까지 건물자산관리활동 전반에 걸쳐 안전성이 확보되도록 건물자산관리학의 안전관리기술이 연구되어야 하고, 안전성이 확보되어야 한다는 원칙이다. 그러나 안전성의 원칙을 지나치게 강조할 경우 경제성과 효율성에 심대한 악영향을 주게 된다. 예컨대, 안전성을 지나치게 강조하면 경제성과 효율성이 후퇴하고, 경제성과 효율성을 강조하면 안전성에 문제가 발생하게 된다. 그러므로 안전성의 원칙을 적용할 때, 반드시 경제성의 원칙과 효율성의 원칙 등이 함께 조화되도록 충분히 고려해야 한다.

(3) 효율성의 원칙

효율성 이론은 경제학과 경영학 등으로부터 원용한 이론으로서 투입물(input)에 비하여 산출물(output)이 큰 경우를 의미한다. 다시 말하면, 투입되는 건물자산관리활동의 노력과 시간 및 비용에 비하여 얻어지는 경영성과나 운영성과 및 관리성과가 크도록 관리이론과 기술 · 기법 관리활동 등이 연구되고 건물자산관리 현장에서 실천되어야 한다는 원칙을 효율성의 원칙이라 한다. 뿐만 아니라, 경영과 운영 및 관리 활동 전반에 걸쳐 효율성이 나타나도록 강조되어야 한다는 원칙이다. 그러나 효율성을 지나치게 강조하여 안전성이 무너지거나 후퇴하는 우를 범하지 않도록 유의해야 한다.

(4) 적합성의 원칙

적합성의 원칙이란 건물자산관리활동에 의하여 창출된 경영성과와 운영성과 및 관리성과가 건물자산 이해관계자의 욕구 또는 목적에 반드시 부합해야 한다는 원칙이다. 건물자산의 상호관계 구조는 일반적으로 건물자산관리 이해관계자의 욕구목적에 의한 계약이나 관계법령 등에 의하여 구성되며 이들의 욕구목적에 적합한 건물자산관리 성과를 생산, 제공하는 것이 원칙이다. 따라서 건물자산관리학의 지도원리에는 반드시 적합성의 원칙이 포함되어 지켜져야 한다.

(5) 효과성의 원칙

건물자산관리의 연구나 활동에 있어서 반드시 효과가 나도록 연구가 되어야 하고 활동이 수행되어야 한다는 원칙이다.

(6) 윤리성의 원칙

건물자산관리는 주로 타인의 건물자산을 관리하는 경영관리활동과 운영관리활동 및 유지관리활동을 의미한다. 따라서 건물자산관리이론이나 관리자의 의식이나 행동이 윤리성의 지배를 받지 않는다면 도덕적인 문제에서부터 범죄에 이르기까지 다양한 형태의 윤리적 문제와 형사상의 문제가 발생하게 된다.

따라서 건물자산관리학의 연구나 이를 통한 관리 이론 · 기법 · 기술 등을 개발할 때 반드시 윤리적이어야 하고, 특히 경영관리활동에 있어서는 윤리성이 크게 강조되어야 한다. 따라서 윤리성의 원칙이란 타인의 재산을 정직성과 책임성 및 공정성을 가지고 선량한 관리자의 주의의무와 공정한 자세로 관리되어야 한다는 원칙이다. 즉, 재산정용행인(財産正用行人)을 실천하는 원칙이라 할 수 있다.

(7) 과학성과 전문성 및 기술성의 원칙

건물자산관리학의 연구나 건물자산관리활동에 있어서 과학성과 전문성 및 기술성이 보편적 지도원리가 되어야 한다는 원칙이다. 건물자산관리이론의 개발은 바람직한 건물자산관리활동을 위하여 필요하다. 건물자산관리활동은 관리활동의 성격상 대별하면 건물자산의 경영관리활동과 운영관리활동 및 건물시설관리의 유지관리활동으로 대별되는바 이에는 과학성과 전문성 및 기술성이 지배해야 한다는 원칙이다.

여기서 말하는 과학성이란 정확성과 타당성을 말하고, 전문성이란 특정 분야의 업무나 일을 정확하고 쉽게 감당하는 능력을 의미한다. 즉, 어떤 특정된 한 가지 일에 전념하거나 몰두하여 그 분야에 지식과 경험을 쌓아 특정 분야의 업무나 일을 쉽고 정확하게 감당하는 능력을 말한다. 한편 기술이라 함은 어떤 일을 능률적이고 효과적으로 처리하는 솜씨를 의미하며, 과학과 지식을 생산 · 가공 또는 일에 응용하는 방법이나 수단을 의미한다. 따라서 건물자산관리학은 관리이론의 연구나 관리활동에 있어서 건물자산관리의 특성상 과학성, 전문성 및 기술성이 보편적 지도원리로 작용하도록 해야 한다.

2. 건물자산관리활동의 원칙

건물자산관리활동의 원칙이라 함은 건물자산관리 실무활동에 적용되는 원칙으로서 건물자산관리학의 지도원리를 건물자산관리활동에 그대로 승계하여 적용하는 원칙을 말한다. 건물자산관리학은 건물자산관리자가 건물자산관리활동을 수행할 때 건물자산관리학의 지도원리를 건물자산관리활동 성격과 용도에 맞추어 적용하여 목표로 설정한 건물자산의 경영성과와 건물부동산 운영성과 및 건축시설물 유지관리 성과를 직접 창출하도록 의욕하고 있다. 건물자산관리활동에 적용되어야 하는 활동원칙을 소개하면 다음과 같다.

1) 건물자산관리활동의 경제화 원칙

건물자산관리활동을 경제화하고 건물자산관리활동을 경제적으로 수행하여 비용의 최소화와 수익의 최대화를 반드시 실현해야 한다는 활동원칙이다.

2) 건물자산관리활동의 안전화 원칙

건물자산관리활동을 안전화하여 자산 위험과 시설물 위험을 최소화하고 인적 물적 피해를 방지하게 하는 활동원칙이다.

3) 건물자산관리활동의 효율화 원칙

건물자산관리활동을 효율화하여 투입보다 산출이 항상 크게 나타나게 해야 한다는 활동원칙이다.

4) 건물자산관리활동의 적합화 원칙

건물자산관리활동을 적합화하여 건물자산 이해관계자의 욕구에 적합한 경영관리 성과와 운영관리 성과 및 유지관리 성과를 창출하여 제공해야 한다는 활동원칙이다.

5) 건물자산관리활동의 효과화 원칙

건물자산관리활동을 효과화하여 활동 후에 반드시 목표 효과가 나타나도록 해야 한다는 활동원칙이다.

6) 건물자산관리활동의 과학화와 기술화 및 전문화 원칙

건물자산관리활동을 과학화 · 기술화 · 전문화하여 건물자산관리활동이 과학적으로 수행되고 기술적으로 이루어지며 전문적으로 활동해야 한다는 활동원칙이다.

7) 건물자산관리활동의 윤리화 원칙

건물자산관리활동을 윤리화하여 건물자산관리활동 수행에 윤리적 문제가 발생되지 않도록 해야 한다는 활동원칙이다.

제7절 건물자산관리학의 인접과학과 건물자산관리의 관리영역

1. 건물자산관리학의 인접과학

1) 인접과학의 개념

건물자산관리는 건물자산의 복합성 개념과 이로 인한 건물자산관리 업무의 복합성 업무로 여러 인접 학문의 지원과 이론의 협력 없이는 독자적인 건물자산관리 이론의 체계화(학문화)가 불가능하다. 따라서 건물자산관리학의 이론 체계화는 부동산학 · 법학 · 경제학 · 경영학 · 행정학 · 건축 관련공학 등 여러 인접과학으로부터 이론과 원리와 법칙을 지원받아 종합식 접근방법에 의하여 시스템사고로 이론의 체계화를 시도하였다.

이와 같이 건물자산관리학의 학문적 이론 체계화에 직접 또는 간접으로 이론과 원리와 법칙을 지원해준 여러 과학과 관련성을 가지고 있는 바 이를 건물자산관리학의 인접과학이라 한다. 건물자산관리학의 이론 체계화에 기여하고 지원해준 인접과학에 대하여 감사를 표하면서 건물자산관리학의 이론 체계화에 공헌하고 있는 인접과학들에 대하여 살펴보기로 한다.

2) 인접과학의 건물자산관리학 이론 체계화 지원 내용

(1) 건물자산관리학과 부동산학

건물자산관리학은 부동산활동의 능률화 및 그 응용기술을 개척하는 종합응용과학인 부동산학으로부터 여러 부문에서 이론지원을 직접 받았다. 건물자산관리학의 이론 체계화 연구의 초기에는 부동산학의 이론체계 중 부동산활동의 거래활동, 이용활동, 행정활동 중 이용활동의 하나인 부동산관리활동에서 이론지원을 받았으나, 건물자산관리 3측면의 하나인 건축시설물 유지관리 부분에 있어서 부동산의 관리개념인 보존, 이용, 개량이론을 원용하였다. 건물자산의 경영관리와 건물부동산의 운영관리에 대해서는 부동산학의 이론이 없어 불가피 하게 경영학과 경제학 및 법학의 이론 지원을 받았다. 그럼에도 불구하고 건물자산관리학의 연구대상 중 하나인 건물자산은 건물자산 구성요소인 건물(건축물)이 부동산의 일종이므로 부동산활동 이론과 부동산의 개념, 부동산활동의 지도원리와 부동산관리 개념, 건물의 가치이론, 그리고 부동산의 학문적 이론 체계화의 접근방법 등에서 이론지원을 받았다. 이와 같은 부동산학의 이론적 지원에 대하여 부동산학의 개척자 김영진 교수와 연구자 여러분에게 경의를 표한다. 뿐만 아니라 건물을 포함한 부동산의 개념 중 부동산의 경제개념과 법·제도개념에서 건물자산개념이 도출되었으며, 건물이 물건의 종류 중 부동산에 분류되어 토지의 정착물로서 부동산의 일종으로 토지와 별개의 부동산 소유권과 건물 등기의 객체가 되는 부동산의 이론을 수용하였다. 또한 부동산의 복합개념 이론에서 건물자산의 복합성 개념을 도출하고 최광의 관리개념이론을 정립하였다.

그러나 부동산학은 토지중심으로 이론을 체계화한 종합응용과학의 성격으로 인하여 건물자산 중심의 종합응용과학인 건물자산관리학의 이론으로서 직접 접목할 수 없는 부분이 허다하고 부합되지 못하는 점과 부동산으로서의 토지와 건물자산으로서의 건물 성격상의 차이로 인하여 부동산학의 이론 전체를 전면 수용하고 그대로 적용하는 데는 한계가 있어 건물자산관리학의 특성에 맞게 수정하고 재해석하여 이론 체계화 연구에 활용하였다.

(2) 건물자산관리학과 경영학

건물자산관리학은 건물자산 경영관리 부문에서 경영학의 경영개념을 도입하고 건축시설물 유지관리 부문에서 건축학의 유지관리개념을 도입하였으며, 건물부동산 운영관리 부문에서 경영개념과 건축학의 유지관리개념을 함께 도입하여 운영관리 이론을 체계화하였다.

합리적인 기업경영방법을 연구하는 학문으로서 개별경제주체들의 활동을 연구대상으로 연구하는 경영학에서 경영의 지도원리인 수익성, 경제성, 생산성 그리고 유용성 이론과 과학적 관리법, 행동과학적 이론 및 조직 관리론, 경영 마케팅이론, 투입물의 경영성과 변환과정 이론인 경영과정 이론, 인사기능 및 재무기능 이론에서 마케팅관리, 생산관리, 인사관리, 재무관리 이론을 직접 지원받아 활용하였다.

건물자산관리활동에서 건물자산과 건물자산관리 서비스의 생산과 직접 관계되는 인사, 재무, 마케팅 이론과 경영학이론이 필요했기 때문이다. 특히, 경영의 계획, 조직화, 지휘, 통제의 경영과정이론을 전면 수용하여 건물자산관리학의 이론 체계화에 활용하였다.

경영학은 건물자산관리학의 이론 체계화 연구에 크게 공헌한 인접과학이라 할 수 있다.

(3) 건물자산관리학과 경제학

건물자산관리학은 경제현상을 대상으로 생산과 교환 · 분배 및 소비 등의 법칙을 연구하는 경제학의 이론부문에서 많은 지원을 받았다. 왜냐하면, 건물자산관리학은 경영관리활동을 통해서 건물자산의 경영성과와 운영성과 및 관리성과물인 건물자산과 건물자산관리 서비스의 생산과 취득, 유통과 제공(운영관리) 및 소비(처분)를 연구하는 학문이기 때문이다.

건물자산의 경영 · 운영 · 관리 성과는 대부분 경영관리조직의 목표달성, 건물자산관리 서비스 생산, 효율성과 유용성의 증대 등으로 나타나며, 성과물에 대한 평가는 거래화폐단위, 기계 측정치, 주관적 고객만족지수 등으로 판단할 수 있다.

특히, 경제학으로부터 생산과 소비에 필요한 재화와 인간의 행위인 용역(Service) 중 건물자산의 사용에 필요한 인간의 행위인 건물자산관리 서비스를 생산, 제공, 소비하여 건물자산의 투자자와 소유자 그리고 사용자(입주자/점유자)와 이용자 모두를 만족케 해야 하는 경영관리 업무상의 특성 때문에 경제학의 서비스의 생산, 분배, 소비 이론의 지원이 필요하였으며, 국민경제 3대 기본문제이론에서 건물자산관리의 본질적 문제를 도출하였고, 건물자산 구성 부분에서 경제적 가치 이론을 적극 활용하였으며, 효율성 이론과 최적화 이론 및 균형이론을 수용하였다. 또한 경제학으로부터 경제원칙 이론과 미시경제와 거시경제이론 및 가격이론과 시장이론을 부분적으로 도입하였다.

뿐만 아니라, 수요와 공급이론을 건물자산과 건물자산관리 서비스 부문에 적용하였으며, 경기순환과정 이론과 시장이론을 원용하였다.

(4) 건물자산관리학과 법학

건물자산관리학의 학문적 이론 체계화에 법학의 공헌은 실로 지대하였다. 왜냐하면 건물자산관리학의 이론에는 법학의 비중이 크게 작용하기 때문이다. 또한 건물자산관리는 법과 제도에 크게 영향을 받고 있으며, 법에 정한 규정과 기준에 따라 관리해야 하고, 법에 정한 자를 선임하거나 배치해야 하며, 법률에 규정한 내용에 따라 보고 · 신고 · 허가 · 신청 등의 행위를 의무적으로 해야 할 뿐만 아니라 이를 위반할 때에는 민 · 형사 책임 또는 행정제재를 받게 되기 때문에 법학의 지원이 절대적으로 필요하다. 뿐만 아니라, 건물자산은 부동산이므로 소유권의 물권개념과 사용 · 수익 · 처분에 따른 법률행위인 매매와 임대차의 계약행위 그리고 권리 의무와 건물소유권의 등기의무, 건물용도에 따라 사용 수익해야 하며, 사용 수익을 위한 계약행위가 법률행위이므로 사법이나 공법의 지원이 절대적으로 필요하다. 또한 최광의 관리개념 중 건물자산

법률관리 부문의 비중이 매우 크므로 법학의 지원이 절대적으로 필요하였다. 따라서 건물자산 구성의 3대 요소에는 물건개념의 건축물과 재산권 개념의 건축물의 소유권 그리고 가치개념의 건축물의 경제적 가치 요소개념으로 인하여 민법전 중 물권법의 소유권이론을 원용하였다. 또한 건물자산관리학은 법학으로부터 건물자산관리의 사법과 공법을 통하여 건물의 유지관리, 환경, 위생, 안전, 등기, 계약, 소유권 등 경영관리를 위한 법리적 이론 지원을 최대로 수용하였다.

(5) 건물자산관리학과 행정학

행정현상을 연구하는 행정학으로부터 행정관리 이론과 능률이론을 통하여 자원을 최소로 사용하여 건물자산 경영관리목표를 최대로 성취할 수 있는 대안을 선택하는 건물자산 최유효 관리이론을 도출하였으며, 효과성과 생산성의 이론을 건물자산관리의 효과와 건물관리 서비스의 생산에 확대 적용하였다. 또한 행정학으로부터 관리과학 이론인 목표관리(MBO/management by objectives)이론을 도입하였으며, 조직이론을 수용하였다. 특히 행정학의 조직이론에서 조직의 5대 요소인 구조(가치, 규범, 역할 기대의 규범적 구조와 실제적 구조인 조직들의 행태적 구조), 구성원, 목표, 기술, 환경 등의 이론을 건물자산관리 조직이론의 체계화에 원용하였으며, 과학적 관리이론을 부분적으로 수용하였다(이 부분은 경영학의 과학적 관리와 중복되고 있음).

행정학의 인간관계이론을 대폭 수용하였으며, 리더십이론, 인간관계방법이론, 동기부여이론, 인사행정관리이론, 예산제도, 재무행정이론 등을 부분적으로 수용하였다. 뿐만 아니라 구매이론 역시 원용하였다.

(6) 건물자산관리학과 건축학 및 건축 관련공학

건물자산관리영역에는 건물자산의 경영관리 측면과 건물부동산의 운영관리 측면 및 건축시설물의 유지관리 측면 등 건물자산관리 3측면의 영역들이 있다. 건축시설물 유지관리 측면은 건축물의 보존, 유지, 개량에 무게를 둔 기술관리이므로 건축학을 비롯한 건축 관련공학인 전기공학, 기계공학, 토목공학 등의 이론과 기술지원이 절대적으로 필요하였다. 따라서 건축시설물 유지관리 측면에서 건축학과 건축 관련공학의 기술과 이론지원을 대폭 수용하였다.

건축학은 건축물의 설계 · 시공 및 유지를 위한 이론과 기술적 체계를 과학적으로 연구하는 학문이고, 기계의 설계 · 제작 · 성능 · 사용법을 연구하는 기계공학과 전기의 성질과 그 응용을 연구하는 전기공학, 도로 · 하천 · 도시계획 등의 토목에 관한 이론과 실제를 연구하는 학문인 토목공학의 이론과 기술지원은 필수적인 이론으로서 건축시설물유지관리 이론의 체계화에 크게 기여하였다. 왜냐하면, 건물(건축물)은 건축학, 전기공학, 기계공학, 토목공학 등에 의한 통합공학적 산물이기 때문이다.

2. 건물자산관리의 영역

건물자산관리영역에는 건물자산관리 3측면의 건물자산관리 업무에 따라 건물자산경영관리영역과 건물부동산 운영관리영역 그리고 건축시설물의 유지관리영역 등이 있다. 그러나 건물자산의 복합성 개념에 의하여 나타나는 건물자산관리 복합성 업무로 인하여 최광의 관리개념 기준의 건물자산관리영역에는 건물자산의 경제관리영역, 행정관리영역, 법률관리영역, 위험관리영역, 환경관리영역 그리고 기술관리영역 등이 있다.

이 책의 제Ⅲ편 건물자산관리 실무활동 편에서는 건물자사관리 3측면의 이론에 따라 건물자산 경영관리실무활동과 건물부동산 운영관리 실무활동 그리고 건축시설물 유지관리 실무활동으로 나누어 설명하고 있으며, 건물자산관리학에서는 건물자산 최광의 관리개념에 따라 건물자산경제관리론, 건물자산법률관리론, 건물자산행정관리론, 건물자산기술관리론, 건물자산환경관리론, 건물자산위험관리론 등으로 건물자산관리학의 각론 교과 체제를 구축하고 있다.

제8절 건물자산관리학의 각론 분야와 건물자산관리 응용 분야

1. 건물자산관리학의 각론 분야

1) 건물자산관리학 각론의 개념

건물자산관리학은 1총론 6각론 교과체계를 구축하고 이를 통하여 건물자산관리의 사물과 현상을 효율적으로 설명하고 이를 바탕으로 건물자산관리 응용 분야의 개념지식과 방법지식 및 활동지식에 대하여 통일적으로 설명하고 있다.

또한 건물자산관리학 교육 목적의 교과서 편성은 이론 중심의 건물자산관리학총론과 실무 중심의 각론으로 구성되어 있다. 건물자산관리학총론은 이론중심으로 건물자산관리의 일반 기초이론과 원칙과 법칙 등을 통하여 실무중심의 각론에 필요한 이론을 총론 입장에서 지원해 주고 있다.

건물자산관리학의 각론 분야는 건물자산의 경제성 개념, 법률성 개념, 행정성 개념, 기술성 개념, 환경성 개념, 위험성 개념 등의 건물자산의 복합성 개념과 이로 인하여 발생하는 건물자산관리의 경제성 업무, 법률성 업무, 행정성 업무, 기술성 업무, 환경성 업무, 위험성 업무 등의 복합성 업무를 중심으로 분야별 실무 교과서 각론체계를 구축하였다.

건물자산관리학의 각론에는 건물자산경제관리론, 건물자산법률관리론, 건물자산행정관리론, 건물자산기술관리론, 건물자산환경관리론, 건물자산위험관리론 등 6개 분야의 각론이 개척되고 있다.

2) 건물자산관리학 각론의 개요

건물자산관리학의 각론 분야는 건물자산관리학 전체 이론을 일반적으로 설명하고 있는 건물자산관리학의 총론이론의 지원을 받아 건물자산관리 업무의 복합성 업무와 건물자산의 복합성 개념에 따라 건물자산관리학에서는 최광의 관리개념을 도입하고 건물자산관리 전체 업무를 건물자산의 경제관리 업무, 법률관리 업무, 행정관리 업무, 기술관리 업무, 환경관리 업무 그리고 위험관리 업무 등을 6대 영역에서 개별 관리하여 얻어진 개별 관리성과를 종국적으로 통합함으로써 최종적으로 건물자산관리 성과를 창출하도록 체계화되어 있다.

다시 말하면, 건물자산관리 업무의 복합성으로 인하여 경제 측면의 건물자산관리 업무, 법률 측면의 건물자산관리 업무, 행정 측면의 건물자산관리 업무, 기술 측면의 건물자산관리 업무, 환경 측면의 건물자산관리 업무 그리고 위험 측면의 건물자산관리 업무를 6대 건물자산관리영역으로 나누어 개별 건물자산관리로 처리하고, 이를 건물자산관리 전체의 업무로 통합하고 있다.

왜냐하면, 건물자산관리는 취득, 보유, 처분 등의 전 생애 단계를 통한 최유효 사용·수익 및 처분을 목적으로 사용가치와 수익가치 및 처분가치의 유지, 제고 및 극대화 활동이므로 건물자산관리활동의 본질이자 핵심관리의 중심은 건물자산 경제관리에 두고 건물자산 기술관리를 기초관리로 하여 건물자산관리학은 다음의 [그림 5]와 같은 6대 각론 분야의 교과체계를 가지고 있다.

[그림 5] 건물자산관리학 6대 각론 분야와 상호작용

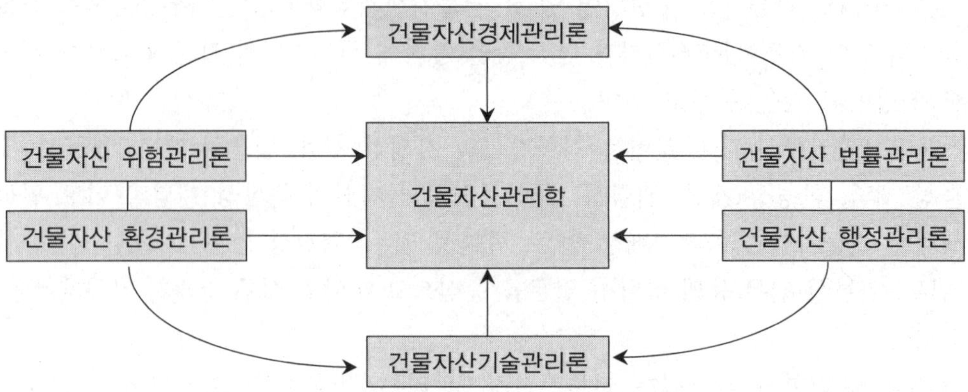

[그림 5] 상단의 건물자산 경제관리와 하단의 기술관리를 중심으로 법률관리와 행정관리 그리고 환경관리와 위험관리 분야가 핵심관리 분야인 건물자산 경제관리와 기초관리 분야인 건물자산 기술관리를 우와 좌에서 직접 지원하는 각론 분야로 체계화되어 상호작용하고 있다.

결론적으로 건물자산관리학의 6대 각론 분야는 건물자산의 경제성 개념, 법률성 개념, 행정성 개념, 기술성 개념, 환경성 개념 그리고 위험성 개념 등의 건물자산의 복합성 개념과 건물자산관리 복합성 업무인 경제성 업무, 법률성 업무, 행정성 업무, 기술성 업무, 환경성 업무 그리고 위험성 업무 등 각각의 해당 업무 부분에 대하여 실무중심으로 논의하고 있다. 건물자산관리학의 각각의 각론은 건물자산관리학과 상호작용을 하고 있으며, 그림 상단의 건물자산관리 핵심관리 분야와 그림 하단의 기초관리 분야 및 우측의 사무 행정적 지원 분야(법률관리와 행정관리)와 좌측의 기술 기능적 지원 분야(환경관리와 위험관리)가 위치하면서 핵심관리 분야(경제관리)와 기초관리 분야(기술관리)를 직접 지원하면서 상호 간에 상관관계를 유지하고 있다.

본 절에서는 건물자산관리학 각론 분야에 대하여 개요와 실무활동 중심으로 간략하게 기술하고 구체적인 내용은 해당 각론에서 설명하고자 한다.

(1) 건물자산 경제관리론

① 개 요

건물자산 경제관리론에서는 기초 경제이론과 경제관리 과정의 일반 이론을 소개하고 있으며, 경제관리 실무활동을 중심으로 건물자산관리 실무를 설명하여 건물자산관리 업무를 경제 측면의 접근을 통하여 경제관리의 개념을 이해하고, 경제관리 방법과 절차를 숙지하여, 건물자산관리자 스스로 경제관리활동을 수행함으로써 바람직한 경제관리 성과를 최유효 관리법에 따라 효과적으로 창출하여 큰 틀의 건물자산관리 달성에 경제관리 측면에서 기여하도록 하였으며, 이에 해당되는 경제성 관리활동들의 종류와 업무내용을 기술하고 있다.

② 경제관리론의 주요 내용

가. 회계 및 재무 관리

회계 및 재무 관리활동은 회계 기초이론의 이해를 바탕으로 경영관리조직이 필요로 하는 금융자금의 조달과 재무적 자원을 관리하는 업무이다.

나. 조세 및 부담금 관리

건물자산의 취득, 보유, 처분에 관계되는 국세와 지방세 및 환경개선부담금, 교통유발부담금, 과밀부담금, 개발부담금 등의 조세 및 부담금 관리 업무이다.

다. 건물자산 감정 평가

건물자산의 경제적 가치와 가액의 평가방법에 대하여 설명하고 실무적으로 처리하는 평가 업무이다.

라. 건물자산 금융시장과 자금조달

금융상황분석과 자금조달 업무에 대하여 설명하고 있다. 특히 REITs, 펀드, 자산유동화증권, 주택저당증권, 프로젝트 파이낸싱을 관리하는 업무에 중점을 두고 있다.

마. 건물자산 마케팅

마케팅의 개념을 토대로 건물자산 임대중심의 마케팅 업무와 이를 위한 광고 업무이다.

바. 건물자산투자관리

자산을 운용하여 합목적적 건물자산의 취득과 정상적 보존과 이용 및 개량 중심의 효과적 운영관리 그리고 합리적 처분을 통한 운영수입 최대화와 양도차익의 극대화 투자이익(investment return)의 극대화를 내용으로 하는 투자관리 업무이다.

사. 건물자산임대관리

보유 건물자산을 타인에게 사용 수익하게 하고 차임을 받아 수익하는 임대업무이다.

아. LCC와 감가상각관리

건물자산의 경제관리에 있어서 건물의 LCC와 감가상각관리는 매우 중요한 경제관리 업무이다. LCC(life cycle cost)는 건물 총 생애 비용개념으로서 자산관리에 미치는 영향이 지대하며, 특히 생애비용 중 약 80%를 점하고 있는 유지관리 비용관리는 더욱 중요한 업무이다.

감가상각은 세법상 법정 내용연수 동안 정률법 또는 정액법으로 매년 일정한 자산가치의 감소가 이루어져 법정내용연수가 종료되는 때에 자산가치가 제로가 되게 하여 재산세 등 조세의 과표 자료로 활용하고 있다. 따라서 이에 관한 관리는 매우 중요한 경제관리 업무에 해당된다.

(2) 건물자산법률관리론

① 개 요

건물자산법률관리론은 건물자산의 법률성 개념과 법률성의 건물자산관리 업무를 법률 측면에서 관리하여 소유권 등 권리를 보존하고, 법적 안정성을 확보하며, 자산관리 관련 계약의 관리와 관리 관계법령의 체계적 관리 및 자치법규의 관리 그리고 법무관리 등을 효과적으로 관리하여 자산가치의 보호와 유지 및 제고에 이바지하는 법률 측면의 각론 분야로서 이에 해당되는 건물자산 법률성 관리 업무에 대하여 설명하고 있다.

② 법률관리론의 주요 내용

가. 건물자산의 권리분석 및 소유권 관리

건물자산은 눈에 보이는 유체물로서 재화이나 눈에 보이지 않는 권리(소유권)와 경제적 가치의 결합으로 건물자산을 구성하고 있다. 유체물로서 건물자산은 소유권이 온전하게 보존되고 개량되며 유지관리될 때 비로소 사용 수익이 가능하며 사용가치와 교환가치의 경제적 가치를 지니게 된다. 따라서 건물자산 소유권의 유지관리로 완전한 소유권이 보존 유지되도록 체계적 관리가 요구되고 있다.

이를 위해서는 권리분석과 함께 제한물권설정 등의 원칙적 금지로 소유권의 허유권화를 방지해야 하는바 이를 권리분석 및 소유권 관리 업무라 한다.

나. 건물자산계약관리

건물자산관리는 자산운용을 위한 AM계약, 취득을 위한 매매계약, 보유와 운영관리를 위한 PM계약, 임대차를 위한 LM계약, 건축시설물 유지관리를 위한 FM계약 그리고 기타 에너지 사용계약, 시설물 유지관리계약, 용역계약 등 수십 종의 자산관리 관련계약이 체결되고 유지되며 해지, 해제, 재계약, 해약, 계약조건 변경 등 여러 가지 계약의 법률성 업무가 매우 다양하게 존재하고 있다. 따라서 체계적인 계약관리활동이 필요하며 이를 건물자산계약관리 업무라 한다.

다. 건물자산관리 관계법령관리

건물자산관리에는 자산관리 관계법령의 체계적 관리가 접목되지 않은 경우, 과태료, 벌금, 징역 등 형사상 책임과 민사상 책임 그리고 행정상 책임을 져야 하므로 이에 관한 체계적 관리가 요구되고 있는바 이의 체계적 관리 행위를 건물자산 관리관계 법령관리 업무라 한다.

라. 건물자산관리 자치법규 관리

건물자산관리는 관리관계 법령에 의하여 관리되는 부분도 있으나, 관리주체가 스스로 정한 여러 종류의 사적자치법규에 의하여 운영 관리되는 부분도 많이 있다. 이를 위한 자치법규의 제정, 유지, 폐기 또는 개정 등의 관련 업무수행을 자치법규관리 업무라 한다.

⑤ 건물자산법무관리

건물자산관리 현장에는 부실임대, 채권, 계약의무이행 등의 원인으로 명도소송, 채권보전, 채무이행 소송 등 다양한 법적 업무가 존재하고 있으므로 이에 관한 체계적인 법무관리 업무수행이 요구되고 있는바 이에 관한 업무를 법무관리 업무라 한다.

(3) 건물자산행정관리론

① 개 요

건물자산행정관리론은 건물자산의 행정개념과 건물자산관리 업무 속에 존재하는 행정성 업무의 효율적 관리를 행정 측면에서 접근하여 처리하는 건물자산관리학 각론 분야이다. 건물자산은 행정과 제도에 의하여 건축되었으며, 사용승인 되었고, 멸실 신고, 용도변경, 일정 규모 이상의 안전진단 보고 등 시·군·구 보건소, 소방서 등의 관련 행정 유관기관 업무가 허다하게 존재하고 있을 뿐 아니라, 행정지원 없이는 기술관리나 법률관리, 안전관리, 환경관리나 심지어 자산관리까지도 불가능하게 된다. 따라서 건물자산 행정 관리론은 행정성 관리 업무의 효과적 처리와 전체의 건물자산관리 효과 창출을 지원하는 건물자산관리학의 각론 분야로서 이에 해당되는 행정관리 업무를 체계적으로 설명하고 있다.

② 행정관리론의 주요 내용

가. 조직관리

관리주체, 경영주체의 조직과 현장관리조직 등에 필요한 업무로 조직의 유지와 목표 달성, 조직 구성원 간의 업무 분장과 조정 통제 등을 통하여 관리 업무가 무리 없이 수행되도록 지원하며 특히, 경영조직과 관리조직 상의 조화가 이루어지는 데 필요한 업무를 조직관리 업무라 한다. 조직관리 업무는 행정관리 업무로서 매우 중요한 행정 업무이다.

나. 사무문서관리

건물자산관리에 필요한 사무 업무와 문서관리 업무 중심의 행정관리 업무를 말한다.

다. 인사노무관리

조직 구성원의 채용, 인사, 교육, 퇴직에 관한 인사 업무와 노무 업무를 효율적으로 처리하여 건물자산관리를 지원하는 행정관리 업무이다.

라. 관리용역 및 용품구매 관리

관리용품과 관리용역의 체계적인 구매 관리를 통하여 현장의 관리 업무를 지원하는 행정관리 업무이다.

마. 건물보험 관리

자산의 위험이나 시설물위험, 인사사고위험 등의 전가, 회피 등을 목적으로 필요한 보험에 가입하여 인적 물적 손실을 최소화하는 행정관리 업무이다. 건물자산관리에는 화재보험, 책임배상보험, 4대 보험 등의 가입과 유지 및 사후관리가 자산손실방지나 피해 최소화를 위하여 대단히 중요한 행정관리 업무이다.

바. 유관기관 관리

건물자산관리를 위하여 존재하는 관계 정부 부처나 지방자치 단체 및 공공기관 등의 유관기관 업무처리는 또 하나의 행정관리 업무의 범주에 해당된다.

사. 용역수주영업

건물자산관리에 필요한 용역수주영업 업무를 효과적으로 수행하여 경영수익을 창출하는 일련의 수주영업 업무는 매우 중요한 행정관리 업무 중 하나이다.

용역수주 정보의 수집, 분석, 입찰 준비, 참가, 계약체결, 현장 인수 등은 관련 활동과 결합하여 진행하는 행정관리 업무이다.

아. 전산사무 관리

건물자산을 전산시스템을 활용하여 회계, 세무, 구매, 인사, 노무, 보험 등의 행정사무 업무를 효율적으로 처리하는 행정 업무이다.

(4) 건물자산기술관리론

① 개 요

건물자산기술관리론은 건물자산의 기술성 개념과 기술성 관리 업무를 기술적으로 처리하기 위한 건물자산관리학의 각론 분야이다. 건물자산은 인간의 자본과 노동력과 기술의 결합에 의하여 생산된 건설물로서 유체물인 동시에 부동산의 일종인 물건에 해당된다. 따라서 토목 · 건축 · 전기 · 기계 · 환경 · 전자 · 통신 공학 등의 기술의 결합으로 완성된 건설물이므로 완성 후 건축물 유지관리와 기능과 성능의 유지를 위해서는 반드시 기술관리가 중요하다. 건물자산 기술관리론은 기술관리 업무를 체계적으로 기술하여 설명하고 있다.

② 기술관리론의 주요 내용

가. 건축물 유지관리

건축물의 점검, 보수, 진단교체, 보수, 보강, 개량 등을 통하여 건물의 성능과 기능을 정상적으로 장기간 유지하게 하며 물리적 내구력을 강화하며 장기간 유지하도록 물리적 내용연수를 확장하는 기술관리 업무이다.

나. 건축설비 O&M

건축물에 장착된 각종 설비의 운전(operation)과 정비(maintenance)에 관한 업무로서 기술관리의 핵심관리 업무이다.

다. 에너지 관리

건축물과 건축설비 유지관리에 필요한 전기, 유류, 가스, 수돗물 등 에너지를 효율적으로 사용하기 위한 기술관리 업무이다.

라. 공사 관리

공사 관리(CM/construction management)는 건축물 영선과 내부 칸막이 공사, 건축설비의 보수, 정비. renovation, remodelling 등을 위해서 수행되는 공사, 작업, 보수, 정비공사로서 공사발주준비, 계약, 감독, 검사 인수 및 사후관리 등 체계적인 공사 수행을 위한 기술관리 업무이다.

마. 중앙관제시스템 통제

일정 규모 이상의 건물마다 중앙집중식 효율적 통합관리를 위하여 중앙관제시스템을 설치하고 유지 및 운영하고 있는바 전기, 공조, 엘리베이터, 방범, 방재 등을 전산시스템을 이용하여 통합적으로 제어 통제함으로써 기술관리의 효율성을 높이는 통합관리 업무로서 매우 중요한 기술관리 업무 중 하나이다.

(5) 건물자산환경관리론

① 개 요

건물자산관리는 내부의 자원을 효과적으로 배분 · 활용하고 외부의 건물자산관리 환경을 능동적으로 극복함으로써 건물자산관리 성과를 창출할 수 있다. 따라서 건물자산관리에 있어서도 환경관리는 매우 중요한 건물자산관리 업무이다. 건물자산관리의 환경은 자연환경과 인공환경으로 대별되며, 인공환경(인위적 환경)에는 정치사회환경, 건축환경, 경제환경, 법제도환경 등이 있다. 환경관리론은 자연환경과 인공환경 등을 능동적으로 관리하기 위한 환경관리 업무의 이론과 실무 등을 설명하고 있다.

② 환경관리론의 주요 내용

가. 기술환경 관리

건축물은 기술력의 산물이나 기술환경의 급속도의 발전과 변화로 완공 시 사용하였던 기술은 곧바로 낡은 기술로 변질되고 있어, 변화하는 기술환경의 적응과 따라잡기는 매우 중요한 환경관리 업무 중 하나이다. 건물자산관리자는 신축현장에서 도입되는 신기술의 내용을 파악하고 학습해 두도록 해야 한다.

신기술의 도입과 적응 없이는 현대의 첨단건물, 인공지능건물의 관리는 불가능하다.

나. 경제환경 관리

경제는 생물처럼 변화무쌍하다. 왜냐하면, 경기변동을 가져오는 경제 변수가 매우 다양하게 생성되어 나타나기 때문이다. 건물자산관리는 사용가치와 교환가치를 극대화하여 경제적 이익의 최대화를 목적으로 하기 때문에 경제환경의 변화에는 적절히 대응하여야 한다. 특히 건물자산의 취득시기와 전략적 매각 시에는 경제환경의 고려는 절대적으로 필요하다.

다. 에너지환경 관리

건물의 유지관리비 중 에너지비의 비중은 전체 약 24% 정도의 비용이 소요되는 것으로 조사되고 있어 에너지환경관리는 유지관리비용과 친환경관리 측면에서 건물자산관리에 크게 영향을 미치고 있다. 특히 가장 경제적 방법으로 효율적 관리를 반드시 실천해야 하는 건축시설물 유지관리에 있어서 에너지의 경제적 사용이 불가피하며, 이를 위한 에너지 환경관리 업무 역시 매우 중요한 환경관리 업무라 할 수 있다.

라. 자연환경 관리

현대 개념의 건물자산의 관리는 친환경적인 관리이어야 하고, 입주자의 well-bing 중심의 관리가 요구되고 있다. 자연환경을 훼손하거나 오염시켜 환경파괴를 가져오는 반환경적 관리는 법적으로 또는 윤리적으로 허용되지 않는다.

마. 법제도 환경 관리

건물자산관리는 관리관계법령에 따라 관리되어야 한다. 그리고 법에 의하여 만들어진 제도에 영향을 받기 때문에 법제도 환경에 순응해야 한다.

바. 위생환경 관리

건물자산을 최유효 사용 수익하기 위해서는 건물 내외부의 청결성, 보건성, 미관성 등이 항상 확보되어야 한다. 따라서 청소활동, 소독활동 등을 정기적으로 실시하여 위생환경을 견지해야 한다.

사. 실내공기환경 관리

실내는 쾌적성을 유지해야 하는바 이에 필요한 온도, 습도, 기류, 청정도를 유지해야 하고 소음, 진동, 악취를 관리해야 하며 빛 환경, 음 환경, 수 환경 등을 관리해야 한다.

아. 조경시설물 관리

건물 내외부의 법정 조경시설물과 미관유지를 위하여 식재 또는 설치한 조경시설물의 관리는 법적관리의 이행은 물론 건강관리와 함께 건물미관의 유지와 향상에 크게 기여하는 환경관리 업무이다.

(6) 건물자산위험관리론

① 개 요

건물자산위험관리론은 건물자산의 위험과 건축시설물의 위험(물적 위험) 및 인적 위험 등을 체계적으로 관리하여 위험을 최소화하고 사고를 예방하여 인적, 물적 손실을 예방하는 업무와 위험관리를 위한 보험 등을 통하여 위험의 전가, 위험회피 등의 제도적 장치를 강구하고 위험인수, 위험보유 등을 통하여 건물자산위험의 관리를 위한 위험관리 업무 전반을 설명하고 있다.

② 위험관리론의 주요 내용

가. 기술적 위험관리

- 화재위험관리
- 전기위험관리
- 가스위험관리
- 기계위험관리
- 작업위험관리
- 폭발위험관리
- 추락위험관리
- 에너지위험관리
- 건물(물건)하자 위험관리 등

나. 경영적 위험관리

- 경기변동 위험관리
- market(시장) 위험관리
- location(지역) 위험관리
- property(자산) 위험관리
- operation(운영) 위험관리
- exit(매각, 처분) 위험관리
- 경영환경 위험관리
- 건물자산 가치하락 위험관리 등

다. 법률적 위험관리

- 소유권 상실 및 소유권의 허유권화 위험관리
- 계약사고 위험관리
- 건물관리 관계법령 사고 위험관리
- 공적 서비스 위험관리
- 권리하자 위험관리 등

라. 환경적 위험관리

- 생활환경 오염 위험관리
- 위생환경 위험(질병감염위험)관리
- 수질오염 위험관리

- 실내공기 오염 위험관리
- 약재 중독 위험관리 업무
- 자연재해 위험(자연환경위험)관리
- 조경시설물 위험관리 등

마. 보안적 위험관리(빌딩범죄 관리)

- 건물살인사건 위험관리
- 건물강도 위험관리
- 건물절도 위험관리
- 건물 무단침입 위험관리
- 건물 불법점거 및 자산시스템 보안 위험관리
- 건물 폭파 위험관리
- 건물방화 위험관리
- 저수조 독극물 투여 위험관리
- 건물질서 파괴 위험(난동, 파업, 데모 등)관리
- 기타 풍속사고 위험관리 등

바. 비상상황 위험관리

- 단전 비상상황관리
- 단수 비상상황관리
- 화재 비상상황관리
- 엘리베이터 사고비상상황관리
- 지진 비상상황관리
- 건물범죄사건사고 비상 상황관리
- 건물침수 비상상황관리
- 건물붕괴 비상상황관리 등

2. 건물자산관리의 응용 분야

건물자산관리학의 응용 분야에 다음과 같은 세 종류의 응용 분야가 있다.

① 건물자산 경영업 분야
② 건물자산관리 용역업 분야
③ 건물자산관리 전문 서비스업 분야

제 9 절 건물자산관리학의 교육 방향과 건물자산관리자의 훈련 방향

1. 건물자산관리학의 교육방향

1) 건물자산관리학 교육의 필요성

건물자산관리의 문제와 현상을 분석하고 경영관리활동을 연구하여 문제개선 이론과 기법 및 활동모델 등의 대안을 수립하여 건물자산관리활동의 경제화, 안전화, 효율화, 적합화, 효과화 달성에 기여하기 위하여 출발한 건물자산관리학의 연구와 교육을 실시한지 어느덧 15년의 세월이 다가오고 있다. 1997년 IMF를 기점으로 국내 건물자산관리시장의 혁명적인 변화는 종래의 전통적인 경영관리기법이나 기술만으로는 건물자산시장이나 건물자산관리 현장에서 일어나고 있는 건물자산관리의 문제와 현상을 해결 또는 개선할 수 없어 수수방관하거나 도외시함으로써 생성된 문제와 현상들로 하여금 인적·물적 손실과 사회적 비용의 지출을 강요하는 이른바 사회문제화가 되기 시작하였다.

이와 같은 심각한 건물자산관리 문제와 악현상은 전적으로 건물자산관리자의 법·제도적 문제와 건물자산관리환경 그리고 건물자산관리자의 전문성 결여와 기술의 부족에 기인된 것으로서 비효율적 관리시스템과 비표준화의 관리매뉴얼 등이 외국의 선진 건물자산관리수준에 비추어 볼 때 후진성을 면치 못하고 있다. 이는 전적으로 건물자산관리 전문교육의 부재와 학문적 연구활동의 미흡에서 그 이유를 찾아볼 수 있다.

건물자산관리는 건물자산의 취득(매입)에서부터 보유 및 처분(매각) 등의 전 생애과정에 걸쳐 지식과 정보 및 data를 기반으로 경영관리와 운영관리 및 유지관리의 동태적 도구를 활용하여 건물자산의 최유효 사용과 수익 및 처분 그리고 건물자산 경제가치 극대화와 수익최대화를 최대의 경영관리 목표로 설정하고 있으므로 건물자산관리자 모두에게는 건물자산관리의 교육과 훈련으로 건물자산관리 분야의 전문지식과 정보와 data의 확보와 응용기술이 요구되고 있다. 따라서 건물자산관리 종사자의 전문성과 기술은 건물자산관리 전문성과 기술교육을 통하여 해결해야 한다. 그러므로 건물자산관리 문제와 악현상을 적절히 해결하고 건물자산관리의 시설관리목표와 건물자산의 경영관리와 건물부동산의 운영관리 및 건축시설물의 유지관리 목표의 효과적 달성에 있어서 건물자산관리자가 갖추어야 할 필요조건인 전문지식과 정보 및 data의 확보는 반드시 해결되어야 하므로 건물자산관리 교육은 절대적으로 필요하다.

2) 건물자산관리학 교육의 현황

(1) 전북과학대학교 건물관리과 개설 및 건물자산관리학 교육

2003년 전북 정읍 소재 전북과학대학교(당시 정인대학) 건축토목계열에 건물관리과를 국내대학 역사상 최초로 공식적으로 신설하고, 건물자산관리학총론, 건물자산법률관리론, 건물자산기술관리론, 건물자산환경관리론, 건물자산위험관리론 등을 중심으로 건물자산관리학 교육을 통하여 1기, 2기, 3기 건물자산관리학 전공 준 학사들을 다수 배출하였다.

(2) 극동대학교 글로벌대학원 건물자산관리학 전공 석사과정 개설 및 건물자산관리학 교육

2003년 충북 음성 소재 극동대학교 글로벌대학원에 건물자산관리학 전공 석사과정을 신설하고 건물자산관리학총론, 건물자산경영관리론, 건물자산법률관리론, 건물자산기술관리론, 건물자산임대관리론, 건물자산 환경관리론 등을 중심으로 건물자산관리학을 교육하여 2013년 12월 31일 현재 석사 47명의 고급 전문 인력을 양성하여 전원이 건물자산관리 현업에 종사하고 있다. 극동대학교 글로벌대학원의 건물자산관리학 전공 석사과정은 현재에 이르기까지 교육의 강도와 수준을 높이면서 정상적으로 운영되고 있다.

(3) 극동대학교 대학원 건물자산관리학 전공 박사과정 개설 및 건물자산관리학 교육

2003년 극동대학교 일반대학원에서는 건물자산관리학 전공 박사과정을 신설하고 건물자산관리학 특론, 건물자산운영관리 특론, 건물자산법률관리 특론, 건물자산임대관리 특론, 건물자산환경관리 특론, 건물자산행정관리 특론, 건물자산경제관리 특론, 건물자산위험관리 특론 등의 교과과정으로 건물자산관리학 교육을 실시하여 2013년 12월 31일 현재에 건물자산관리학 전공 박사 학위자 16명의 고급 전문 인력을 배출하고 전원이 건물자산관리 현업에 종사하고 있다. 극동대학교 일반대학원의 건물자산관리학 전공 박사과정은 오늘에 이르기까지 연구의 강도를 높이면서 수준 높은 건물자산관리학 교육을 실시하고 있다.

(4) 전국 유수 대학에 건물자산관리학과 개설 추진

2014년 3월 현재 (사)건물관리학회가 중심이 되어 전국 대학과 대학원을 상대로 건물자산관리학과 개설을 강력하게 지속적으로 추진하고 있으며, 전국대학 중 건물자산관리학과 개설 또는 건물자산관리학 전공과정 개설을 계획 중에 있는 대학이 나타나고 있어 향후 건물자산관리학과 개설과 건물자산관리학 교육이 전국적으로 활발하게 이루어질 것으로 예상되고 있다.

(5) 건국대학교(산학협력단) 건물자산관리 전문교육과정 개설

사학의 명문 건국대학교(산학협력단)와 우리나라 건물자산관리 분야 대표 단체인 사단법인 한국건축물관리연합회(한국건물위생관리협회/한국건축물유지관리협회/한국경비협회/한국방역협회) 및 건물자산관리학 연구를 목적으로 출범한 국토교통부 장관 인가 비영리 학술법인인 (사)한국건물관리학회 등 3기관이 우리나라 건물자산관리 교육의 필요성과 중요성에 대한 인식을 함께 하여 건물자산관리 전문교육사업 MOU를 체결하고 건물자산관리전문교육과정(건물자산관리 최고경영자과정/PM manager 양성과정/수주영업 전문가 과정/FM manager 양성과정)을 개설하고 제1기 교육생 200명을 모집, 2014년 5월에 우리나라 대학 역사상 최초로 건물자산관리 전문교육을 실시하게 되어 건물자산관리학 교육에 일대 혁명적 전기를 마련하고 있다. 저자는 이를 계기로 건물자산관리학 교육의 전국 대학화가 반드시 이루어질 것으로 굳게 믿고 있다.

3) 건물자산관리학 교육의 목표와 방향 및 내용

건물자산관리학은 우리나라의 건물자산의 문제와 부정적 현상을 연구하고 학문적 방법으로 해결해야 하는 책무를 안고 있는 종합응용과학이므로, 이를 담당할 건물자산관리전문가 양성에 필요한 교육은 진지하게 검토되어야 하고 체계적으로 이루어져야 한다. 특히, 건물자산관리학의 교육목표, 교육방향, 교육내용 등은 진지하게 검토되어야 하고, 이를 바탕으로 전문적으로 교육이 실시되어 건물자산관리업계의 인력 수요에 적절히 부응해야 한다.

(1) 교육의 목표와 방향

건물자산관리학의 교육목표는 건물자산관리 전문성과 기술을 확보하여 건물자산관리실무를 가장 경제적 방법으로, 안전하게 그리고 효율적으로 적합하게 효과적으로 처리할 수 있는 건물자산관리의 이론과 실무처리 능력을 갖추는 데 두어야 한다. 따라서 효과적인 건물자산관리를 위한 건물자산관리의 개념지식과 방법지식 및 활동지식과 정보, data 등의 이론을 확보하고 건물자산관리 문제와 악현상을 해결하여 실무에 응용할 수 있는 전문가 양성에 교육목표를 두어야 한다. 왜냐하면 건물자산관리 분야는 건물자산관리 이론과 실무가 결합되어 있기 때문이다. 따라서 실무를 위한 이론교육이 이루어지도록 교육방향을 설정해야 한다. 왜냐하면, 건물자산관리실무는 이론보다 더욱 중요하기 때문이다. 또한 건물자산관리학의 교육방향은 유능한 facility manager, property manager, leasing manager, asset manager의 양성에 초점을 두고 건물자산관리 전문 연구원과 컨설턴트, 대학교수 등의 전문직 양성 교육에 무게를 두어야 한다.

따라서 대학의 학사과정과 대학원에 석사과정 및 박사과정을 두고 건물자산의 경영관리와 건물부동산의 운영관리 그리고 건축시설물의 유지관리 등 건물자산관리 전반의 이론을 이해하고 실무를 가장 경제적 방법으로 안전하게 효율적으로 적합하게 효과적으로 처리할 수 있는 이론지식과 실무처리 능력을 두루 갖출 수 있도록 교육해야 한다. 따라서 유능한 건물자산관리자와 전문직이 배출될 수 있도록 교육목표가 설정되고 교육 방향이 모색되어야 한다.

(2) 교육의 내용

교육내용은 건물자산관리학총론과 6개 각론을 중심으로 건물자산관리 전공필수교과목을 교육하되 건물자산관리학의 인접과학인 부동산학, 경제학, 법학, 행정학, 경영학, 건축 관련공학 등의 교육과 함께 응용 분야 역시 선택과목으로 교육을 병행해야 한다. 건물자산관리학의 전공필수 교과목은 총론과 각론 분야로서 다음의 ①항과 같으며 응용 분야는 선택과목으로서 ②항과 같으나 인접과학 분야는 ③항과 같다.

① 건물자산관리학총론 분야와 각론 분야

가. 건물자산관리학총론 분야

- 건물자산관리학원론

나. 건물자산관리학 각론 분야

- 건물자산기술관리론

- 건물자산경제관리론
- 건물자산행정관리론
- 건물자산법률관리론
- 건물자산환경관리론
- 건물자산위험관리론

② 건물자산관리학 응용 분야

- 건물자산관리기업경영관리
- 건물자산 평가
- 건물자산 금융
- 건물자산 개발
- 건물자산 중개
- 건물자산 마케팅
- 건물자산 경영관리컨설팅
- 건물자산 투자
- 건물자산권리 분석
- 건물자산관리정책
- 건물자산 조세
- 건물자산 전산시스템기술
- 건물자산 임대관리
- 건물자산 재무회계관리
- 건물자산관리용역 수주영업관리

③ 건물자산관리학 인접과학 분야

- 경영학
- 경제학
- 법학(건물자산관리 사법과 공법)
- 부동산학
- 행정학
- 사회학
- 건축학과 건축 관련 공학 등

2. 건물자산관리자의 훈련방향

건물자산관리학의 훈련방향은 건물자산관리자 스스로 건물자산관리 개념을 이해하고 방법을 숙지하여 기능적으로 건물자산관리 업무를 능률적으로 건물자산관리 실무를 수행할 수 있도록 훈련방향을 설정하고, 이에 따라 건물자산관리 실무훈련을 현장을 중심으로 체계적으로 실시해야 한다.

• 제 Ⅱ 편 •

건물자산관리의 방식과 방법론

건물자산관리의 사물과 현상에 대한 효율적 설명과 개념지식(사실지식)을 통일적으로 설명하기 위하여 편성한 제Ⅰ편 건물자산관리의 이론적 기초 편에 이어 제Ⅱ편에서는 2개의 장을 두고 제3장에서 건물자산관리의 방식을 기술하고 제4장에서 건물자산관리의 방법론에 대하여 논의함으로써 건물자산관리의 방식과 방법지식을 전반적으로 소개하고 있다. 건물자산관리 분야는 응용과학 분야이므로 건물자산관리활동을 수행하기 위해서는 건물자산관리의 이론인 개념지식에 대하여 먼저 이해하고 방법을 숙지하여 건물자산관리자 스스로 건물자산관리활동을 육체적 기능과 또는 정신적 기능을 통하여 수행할 수 있어야 한다. 제Ⅱ편에서는 건물자산의 경영관리 성과와 건물부동산 운영관리 성과 및 건축시설물 유지관리 성과를 건물자산 최유효 관리법에 따라 가장 경제적 방법으로 안전하게 효율적으로 적합하게 효과적으로 창출하기 위한 건물자산관리의 방법지식을 이론적으로 설명하고 있다. 다시 말하면, 제Ⅱ편을 통하여 건물자산관리활동의 효과적 수행에 필요한 건물자산관리의 방법지식에 대하여 설명하고 있다.

제3장

건물자산관리의 방식

제1절 건물자산관리 방식의 개념
제2절 건물자산관리 방식의 종류
제3절 FM 방식의 장 · 단점

제1절 건물자산관리 방식의 개념

건물자산관리 방식이란 일정한 관리방법이나 관리활동의 형식을 의미한다. 대표적인 건물자산관리활동 방식에는 건물자산관리업을 중심으로 건물자산 경영관리 방식과 건물부동산 운영관리 방식 및 건축시설물 유지관리 방식 등이 있다.

건물자산 경영관리 방식에는 건물자산을 하나의 투자의 대상으로 보고 전략적으로 접근하여 투자이익의 창출을 목적으로 투자계획, 시장조사, 위험분석, 금융조달, 물건분석, 투자자 투자목적분석, 투자대상건물의 매입 또는 신축 및 매각 등의 자산운용 방식인 투자 방식과 AM(asset management) 방식이 있다. 그리고 투자 후 얻어진 건물부동산의 운영관리 방식에는 AM의 재무관리 일부 업무와 임대관리 업무 중심의 방식에는 PM 방식과 시설운영 위탁관리 방식이 있으며, PM 방식에는 다시 건물자산의 재무관리 중심의 high level 방식과 건물부동산의 임대관리와 건축시설물 유지관리 업무 중심의 low level PM 방식이 있다.

건축시설물 유지관리 방식인 FM 방식(facilities management)에는 직영관리 방식과 자치관리 방식, 위탁관리 방식과 혼합관리 방식, 신탁관리 방식 등이 있다. 건물자산 경영관리 방식으로 투자관리 방식과 AM 방식만을 사용하는 경우도 있으나 AM, PM, FM 방식들을 동시에 활용하는 경우도 있다. 그러나 건물자산관리 1원화 구조에서는 AM 방식이, P형 2원화구조에서는 AM+PM 방식, F형 2원화구조에서는 AM+FM 방식이 활용되며, 3원화구조에서는 AM+PM+FM 방식이 모두 활용된다.

제2절 건물자산관리 방식의 종류

앞에서 설명한 건물자산관리 방식을 그림으로 정리하면 [그림 6]과 같이 분류된다.

[그림 6] 건물자산관리의 방식

제3절 FM 방식의 장·단점

건물자산관리 방식 중 건축시설물 유지관리 방식(FM 방식)의 장점과 단점을 살펴보면 다음과 같다.

1. 직영관리 방식

1) 직영관리 방식의 개념

직영관리 방식이 적용되는 건물에는 수익성 임대건물이나 업무용도로 사용하고 있는 건물 중 사옥용으로 사용하고 남은 평수를 임대의 목적물로 임대하는 경우 건물자사소유 회사법인 또는 소유자 개인이 관리주체의 지위에서 관리주체의 책임과 비용으로 관리조직을 구성하고 관리종사자들을 모집 · 선발 · 훈련 · 배치하여 직접 관리하는 방식을 말한다. 이와 같은 직영관리 방식은 자체관리 방식, 직접관리 방식, 자가관리 방식, 자영관리 방식과 유사하다. 구분소유건물자산의 자치관리 방식과 임대공동주택의 관리 방식인 자체관리 방식과는 관리주체의 성격 등에서 다소 차이가 있다.

2) 직영관리 방식의 장 · 단점

(1) 장 점

① 비밀유지 및 보안 관리에 유리하다.
② 직접 관리함으로써 관리대상건물에 애착을 가지고 관리에 최선을 다한다.
③ 고장 등의 수리나 보수 · 건의 · 불만사항 · 민원 등이 신속히 접수 되고 해결된다.
④ 소유자가 관리비를 절약하므로 관리비의 낭비를 막을 수 있고 절약 할 수 있다.
⑤ 건물입주자 · 사용자에 대한 봉사를 최우선적으로 한다.
⑥ 건물하자발생의 예방과 효율적인 관리가 가능하다.
⑦ 관리의사 결정이 신속히 이루어진다.
⑧ 관리자의 협동과 정보교환이 잘 이루어진다.
⑨ 책임한계가 분명하다.

(2) 단 점

① 인건비가 불합리하게 상승될 수 있다.
② 변화나 개혁에 비탄력적이다.
③ 관리 업무가 무사안일하게 진행될 수 있다.
④ 관리의 전문성이 결여되기 쉽다.
⑤ 건물소유자가 본인의 본업에 전념할 수 없다.
⑥ 건물소유자가 관리비 절약을 지나치게 강조하게 되면 부실관리가 될 수 있고, 또한 만족스러운 관리 서비스를 제공할 수 없게 된다.

2. 자치관리 방식

1) 자치관리 방식의 개념

자치관리 방식이란 집합건물 중 구분소유건물인 아파트 · 복합건물 · 오피스텔 등에 주로 적용되는 관리 방식으로 구분소유자에 의하여 선임된 대표기관(입주자대표회의, 관리단 등)이 자치관리 기구를 구성하고, 자치관리기구 관리소장이나 관리단이 선임한 관리인으로 하여금 관리대상건물의 관리를 전담하게 하는 관리 방식이다.

자치관리 방식은 직영관리 방식과 유사한 관리 방식이나 관리주체의 구성이 여러 명의 구분소유자들에 의하여 구성된다는 점과 주택법과 집합건물소유 및 관리에 관한법률 등에서 규정하고 있는 관리의 결정방법 등에서 직영관리 방식과 차이가 있다. 다시 말하면 관리과정에서 관리의사의 결정이나 감독, 사업자등록, 감사 등을 입주자대표회의나 관리단에 의해서 행해지므로 직영관리 방식의 건물 소유자나 경영자에 의한 관리 의사결정이나 감독 등의 방법과는 차이가 있다.

2) 자치관리 방식의 장 · 단점

자치관리 방식의 장 · 단점은 직영관리 방식의 장 · 단점과 매우 유사하다. 다만 관리 의사결정이 사정에 따라 신속히 이루어지지 아니하는 경우가 있으며, 관리활동이 지나치게 관리규정에 의하여 관리되는 관계로 관리활동의 융통성이 없다는 점이 자치관리 방식의 단점으로 지적되고 있다.

3. 위탁관리 방식

1) 위탁관리 방식의 개념

위탁관리 방식이란 건물의 소유자 또는 관리권한자가 전체 관리 업무를 관리전문회사에 위탁하여 관리하는 방식을 의미한다.

위탁하는 방법은 입찰 · 계약 · 위임 · 법령 등에 의하여 이루어지며, 외주관리 방식 또는 아웃소싱 관리 방식이라고도 한다. 위탁관리 대상건물의 유형에는 기술성과 전문성을 필요로 하는 IBS건물이나 특수건물(극장 · 학교 · 병원 · 공공청사 · 백화점 · 체육시설 등)에 적합한 관리 방식이다. 신탁회사에 관리대상자산과 그 자산의 소유권까지 이전하여 신탁자산을 관리하게 하고 일정한 수익과 재산보존을 꾀하는 신탁관리방법도 넓은 의미의 위탁관리 방식에 포함된다.

2) 위탁관리 방식의 장 · 단점

(1) 장 점

① 합리적이고 효율적인 관리가 가능하다.
② 기술성과 전문성을 가지고 체계적으로 관리하므로 관리비 등의 제비용 이 경제적이다.
③ 건물소유자는 본인의 업무에 전념할 수 있다.
④ 관리종사자의 노무 · 인사 문제가 단순화되고 신경 쓰지 않아도 된다.
⑤ 건물소유자는 수익성과 안정성을 얻을 수 있다.
⑥ IBS건물이나 대형건물의 관리에 적합한 관리 방식이다.

(2) 단 점

① 건물관리회사가 재정적으로 문제가 될 경우 곧바로 관리현장에 관리 부실을 초래할 위험이 있다.
② 관리회사가 전문성 · 기술성에 신뢰성이 결여될 경우 복잡한 문제가 생길 수 있다.
③ 관리회사가 불성실한 관리활동을 할 경우 건물소유자가 오히려 신경 쓰게 된다.
④ 관리전문회사의 기술성 · 전문성의 검증이 어렵다.
⑤ 보안유지나 기밀유지가 어렵다.
⑥ 관리회사가 도산되는 경우 관리의 계속성 유지가 어렵다.

⑦ 관리회사 경영의 문제가 곧바로 관리현장에 영향을 가져온다.
⑧ 관리에 문제가 발생할 경우 책임에 문제가 발생하고 불분명해진다.
⑨ 파견 관리종사자들에 대한 잦은 인사이동은 건물관리 계속성에 문제를 초래한다.

4. 혼합관리 방식

1) 혼합관리 방식의 개념

혼합관리 방식이란 전체 관리 업무 중 일부 업무는 직영관리 방식 또는 자치관리 방식으로 관리하고, 다른 일부 업무(예 청소 · 경비 · 주차관리 · 시설관리 · 소독관리 등)는 전문 관리회사에 의뢰하여 관리하는 방식이다. 즉, 직영관리 또는 자치관리 방식과 위탁관리 방식의 장점을 함께 살리는 관리 방식이라 할 수 있다.

혼합관리 방식은 절충식 관리 방식이라고도 하며, 대형건물 · 콘도미니엄 · 오피스텔 등에도 이 방식이 주로 사용되고 있다.

2) 혼합관리 방식의 장 · 단점

(1) 장 점

① 관리통제가 용이하다.
② 관리 업무 중 인사 · 노무 · 회계 · 세무 등의 관리는 직영 또는 자치관리 방식에 의하므로 기밀유지가 가능하다.
③ 전문성 · 기술성을 요하는 부분만 관리전문회사에 의뢰하므로 관리 전문회사의 기술성과 전문성을 제공받을 수 있으며, 이를 활용할 수 있고 효율적 관리운영이 가능하고 관리비가 경제적이 된다.

(2) 단 점

① 책임소재가 불분명하다.
② 관리회사의 관리활동이 부실할 시에는 직영관리와 위탁관리의 단점(결함)만 노출된다.
③ 자치관리 · 직영관리 소속 관리종사자와 관리회사의 직원 간에 화합과 협조가 쉽지 않다.

5. 신탁관리 방식

1) 신탁관리 방식의 개념

신탁관리 방식이란 건물자산의 소유자가 건물자산신탁회사와 건물자산관리신탁계약을 체결하고 건물시설 일체와 건물의 소유권을 신탁회사에 이전하여 신탁회사가 일정기간 수익을 관리하게 하는 관리 방식을 말한다.

2) 신탁관리 방식의 장ㆍ단점

(1) 장 점

① 신탁회사의 책임과 비용으로 장기간 관리하므로 건물소유자는 장기간 안심하고 본인의 업무에 전념할 수 있다.
② 신탁회사가 관리일체를 법적으로 보장하고 있으므로 자산에 관한 법률적 문제나 세금, 공과금 등 일체의 관리문제가 위탁자에는 발생하지 않는다.
③ 위탁자의 개인의 사정상 문제가 발생하더라도 시설관리에 전혀 영향을 미치지 않는다.
④ 시설관리를 위한 별도의 조직이 필요 없다. 따라서 인사노무문제가 전혀 없다.
⑤ 건물자산소유자의 자산관리능력이나 경험이 없는 경우 자산관리에 가장 좋은 방법이 될 수 있다.

(2) 단 점

① 신탁회사가 부실되거나 부도가 나는 경우 자산관리에 치명적으로 영향을 미친다.
② 신탁회사가 시설관리를 또다시 관리회사에 위탁관리 하므로 자산보존에 여러 가지 문제가 노출될 수 있다.
③ 신탁회사의 시설관리에 문제가 있는 경우 시설관리에 관한 비밀유지가 어렵게 된다.

제4장

건물자산관리의 방법론

제1절 건물자산관리 방법론의 개념

제2절 건물자산관리 방법론의 내용

제1절 건물자산관리 방법론의 개념

건물자산관리는 여러 가지 방법으로 관리할 수 있기 때문에 이 방법만이 최고 최선의 방법이라 할 수 없으나. 이 책에서 소개하는 건물자산관리 방법론은 저자가 경험적으로 건물자산관리 현장에서 활용하였던 관리 방법임과 아직은 보편적 건물자산관리 방법이 아닌 건물자산관리 방법론의 가설 성격의 건물자산관리법 이론임을 유의하여 주기 바란다. 따라서 건물자산관리자는 관리 대상의 성격, 규모, 목적, 용도, 환경 여건 등에 따라 건물자산관리 방법을 선택하고 수정 보완하여 활용함이 현명하다.

건물자산관리 분야는 이론과 실무로 결합되어 있는 응용과학 성격의 업무 분야이므로 이론을 개발하고 체계화하여 건물자산관리활동을 바람직하게 가이드하고 유도함으로써 건물자산관리 목적 및 목표를 효과적으로 달성할 수 있도록 의욕하고 있다.

그러므로 바람직한 건물자산관리 목적과 목표를 효과적으로 창출하기 위해서는 건물자산관리 개념지식을 먼저 이해하고, 관리방법의 지식을 숙지하여 최종적으로 건물자산관리자가 해당 건물자산관리 업무를 건물자산의 경영관리활동을 통하여 직접 또는 위탁 등의 방법으로 경영관리 효과를 창출하는 활동지식 또한 필요하다. 왜냐하면, 건물자산관리는 관념적이고 개념적인 이론뿐만 아니라 실제 활동이나 행동(활동)을 통하여 구체적으로 건물자산관리 실무상의 일정한 경영목표나 운영목표, 관리목표를 달성하지 않으면 안 되기 때문이다.

따라서 최종적으로 건물자산관리 성과를 도출하기 위한 출발은 개념이나 방법과 같은 건물자산관리 이론의 이해가 필요하며, 이를 바탕으로 건물자산관리효과(경영관리 성과/운영관리 성과/유지관리 성과)를 효과적으로 창출하기 위한 건물자산관리활동(행위)이 접목되어야 한다. 따라서 건물자산관리 성과의 창출을 직접 담당하는 경영관리 활동의 방법이나 절차 등의 지식은 매우 중요한 건물자산관리 지식의 하나라 할 수 있다.

건물자산관리 방법론이라 함은 건물자산관리효과를 창출(생산)하기 위한 활동의 방법이나 절차에 관한 이론을 의미하는 것으로 건물자산 생애단계와 건물자산관리 3측면의 업무에 따라 건물자산관리의 방법과 절차는 다소 상이하나 전체 건물자산관리 틀 속의 건물자산관리방법에는 건물자산 과학적 관리법, 건물자산 아웃소싱/인 하우스/아웃테스크 관리법, 건물자산 최유효 관리법, 건물자산 창조적 5단계 관리법, 건물자산 사람 중심 관리법, 건물자산 경영과정 관리법, 건물자산 1원화/2원화/3원화 관리법, 건물자산 동시화 관리법 등이 효과적인 건물자산관리법으로 평가된다.

바람직한 건물자산관리를 위해서는 전술한 관리개념을 정확히 이해하고 관리방법과 절차를 숙지하여 관리활동을 가장 경제적 방법으로 안전하게 그리고 효율적으로 적합하게 효과적으로 수행해야 한다. 건물자산관리활동을 수행하기 위해서는 관리개념의 이해 다음으로 관리방법과 절차의 숙지가 요구된다. 건물자산관리의 활동방법은 건물자산관리의 목적을 효과적으로 달성하기 위한 방도를 의미한다. 건물자산관리의 목적은 건물자산의 소유자와 사용자들의 소유목적과 사용목적 및 수익목적과 처분목적을 위한 최유효 사용화와 수익화 및 처분화를 통하여 건물자산소유자와 사용자로 하여금 최유효 만족을 하도록 하는 데 있으므로 양질의 건물자산관리 효과(경영관리 성과와 운영관리 성과 및 유지관리 성과)를 생산하고 공급하는 과정에서 건물소유자와 사용자 모두가 만족하는 조건과 수준으로 생산되고 공급되어야 한다. 이와 같이 건물자산의 소유자와 사용자의 최유효 사용 수익 및 처분의 목적달성에 필요하고 만족할 수 있는 조건과 수준의 관리활동방법의 종류와 내용은 다음과 같다.

제2절 건물자산관리 방법론의 내용

건물자산관리학은 건물자산 경영관리 성과와 건물부동산 운영관리 성과 및 건축시설물 유지관리 성과를 창출하기 위하여 채택하고 있는 건물자산관리법(방법)에는 건물자산 과학적 관리법, 건물자산 최유효 관리법, 건물자산 in house/outsourcing/out task 관리법, 건물자산 경영과정 관리법, 건물자산 동시화 관리법, 건물자산 사람중심 관리법, 건물자산 1원화/2원화/3원화 관리법, 건물자산 창조적 5단계 관리법 등이 있다. 건물자산관리학이 채택하고 활용하고 있는 건물자산관리 방법의 종류와 그 내용을 간략하게 설명하면 다음과 같다.

1. 건물자산 과학적 관리법

건물자산 과학적 관리법이란 과학적 지식과 원리 및 기술을 이용하여 최소의 비용과 노력으로 최대의 경영관리 성과와 운영관리 성과 및 유지관리 성과를 창출하려는 관리

이론으로서 미국의 F. W. Taylor 에 의해 주장된 과학적 관리이론에서 응용한 관리방법의 가설 이론이다.

건물자산 과학적 관리법은 주먹구구식 건물자산관리 방법(rule of thumb method)에 대한 상대적 개념으로써 건물자산관리자의 개인경험에 의한 관리 또는 직관이나 인습적이고 초보적 상식에 의해 관리하는 관리방법이 아니라, 과학적 자료나 지식 및 기술을 바탕으로 체계적이고 능률적이며 전문적으로 관리하는 방법을 의미한다. 다시 말하면, 건물자산 과학적 관리법은 과학적 지식과 기술 및 원리를 바탕으로 수행하는 과학적 관리와 기술적 관리 및 전문적 관리로서 건물자산관리를 수행하는 능률적 관리방법을 말한다. 건물자산 과학적 관리법이 유효하게 활용되기 위해서는 다음과 같은 요건이 충족되어야 한다.

① 건물자산 관리자는 과학적 관리지식과 원리 및 기술을 학습하고 훈련을 통하여 전문화되어야 한다.

② 건물자산 관리자는 과학적 데이터와 정보를 바탕으로 체계적이고 전문적인 관리시스템과 프로세스를 운영해야 한다.

③ 건물자산관리 업무 수행은 조사 분석, 계획, 조직화, 지휘, 통제, 피드백 등의 과학적 경영원리에 따라 수행되어야 한다.

④ 건물자산 관리자는 표준화된 매뉴얼과 규정, 규칙, 과업지시서, 표준서식, 계약 등의 건물자산관리 업무 표준과 기준에 의하여 건물자산관리 업무를 수행해야 한다.

⑤ 건물자산 관리자는 사무자동화기기, 정보통신처리기기를 적극적으로 활용하여 사무전자기기와 정보통신기기 중심으로 건물자산관리 업무를 처리해야 한다.

⑥ 경영자와 관리자 및 근로자가 역할을 분담하고 화합하여 파업 또는 태업을 방지하고 협력하여 과학적 방법으로 계획, 조직화, 지휘, 조정, 통제의 경영관리 기능의 순환을 통하여 경영관리와 운영관리 및 유지관리에 임해야 한다.

⑦ 하루, 일주일, 한 달, 1년의 작업량(업무량 또는 생산량)을 산정하여 정하고 상호협력을 통하여 최대의 경영관리 성과와 운영관리 성과 및 유지관리 성과를 창출하고 생산량에 대한 성과급을 지급해야 한다.

⑧ 건물자산관리자는 기계형 인간이 아닌 창의성 인간이 되어야 하며 창조적으로 건물자산관리 업무를 수행해야 한다.

건물자산 과학적 관리법의 유익은 경영관리의 과정이나 경영관리활동의 시행착오를 사전에 예방하거나 피해를 줄이고 관리활동을 효율화하여 기대하는 건물자산관리 효과(경영관리 성과와 운영관리 성과 및 유지관리 성과)를 가장 경제적 방법으로 안전하게 그리고 효율적으로 적합하게 효과적으로 창출하게 하는 데 있다. 연구하고 개발하여 국내 전체현장에 적용되도록 연구자의 노력이 크게 요구되는 연구 과제라 할 수 있다. 건물자산 과학적 관리법의 효율적 활용을 위해서는 근무자 인간관계 개선, 건물자산관리 업무의 표준화, 관리 인력의 전문화와 법적 자격화, 관리 업무의 표준화, 관리 업무의 시스템화와 전산화 등이 이루어져야 하며, 건물자산 과학적 관리법이 성공하기 위해서는 주먹구구식 관리 방법의 지양과 과학적 관리 방법의 채택, 불협화를 배제한 화합, 노사 상호 협력, 최대 생산 목표, 조직과 종업원 개인의 최대 능률과 지속적 번영, 창의성 인간, 작업량 산정과 역할 분담, 고임금과 인센티브 제공 등이 조화롭고 적절하게 이루어져야 한다.

2. 건물자산 최유효 관리법

1) 건물자산 최유효 관리법의 개요

건물자산 최유효 관리법이란 건물자산관리에 있어서 최고 · 최선의 관리방법을 의미하는 것으로 건물자산관리활동의 경제화, 안전화, 효율화와 건물자산관리활동의 적합화와 효과화가 건물자산의 경영관리 성과와 건물부동산 운영관리 성과 및 건축시설물 유지관리 성과를 최고 최선의 수준으로 창출할 수 있다는 건물자산관리 가설 방법론이다. 다시 말하면, 건물자산관리의 업무내용이 무엇이든 간에 가장 경제적 관리방법으로, 가장 안전하게, 가장 효율적으로 계획되고 수행되어야 하며, 그 결과 건물자산관리 활동의 효과(경영관리 성과와 운영관리 성과 및 유지관리 성과)는 반드시 건물자산관리 이해당사자(건물자산의 소유자, 사용자, 관리자) 모두의 욕구와 목적에 양적 또는 질적으로 적합하고 효과가 있도록 관리해야 하는 건물자산관리법을 말한다.

건물자산관리는 주어진 경영관리자원(경영관리수단)의 상호작용 또는 조합과 변환작용에 의하여 창출되는 자산관리 서비스로서 FM과 PM 측면에서는 유지관리비용 및 운영관리비용의 최소화와 효용과 운영수익의 극대화를 PM의 핵심목표로 상정하고 있으며, AM 측면에서는 자산위험의 최소화와 자산이익의 최대화를 최대 핵심목표로 설정하고 있다. 따라서 건물자산관리는 사용가치나 교환가치를 극대화하고 안전과 편의를 높이며 최유효 사용 수익화하기 위해서는 건물자산관리활동은 반드시 경제화, 안전화, 효율화와 관리활동효과의 적합화 및 관리활동결과의 효과화가 이루어져야 한다. 따라서 건물자산 최유효 관리법의 요건에는 경제화, 안전화, 효율화 그리고 적합화와 효과화 요건 등이 있다.

건물자산 최유효 관리법의 최대 유익은 건물자산관리 이해당사자로 하여금 건물자산관리를 통하여 얻고자 하는 욕구 또는 목적의 효과적 달성으로 최유효 만족하도록 하는 데 있다.

건물자산 최유효 관리법 이론은 저자의 학위논문(김일효, 건물자산관리제도 개선방안에 관한 연구, 극동대학교 대학원 박사학위논문. 2007)에서 최초로 소개된 이론으로 현장의 접목을 통하여 검증을 계속하고 있으며, 검증과 분석의 결과로 기술화를 준비중인 건물자산관리법의 가설 이론이다.

건물자산관리활동 방법의 하나인 건물자산 최유효 관리법이 경영관리활동과 운영관리활동 및 유지관리활동에 효과적으로 적용되기 위해서는 인적자원의 전문화, 물적 자원의 사전 준비화, 재무적 자원의 유용화, 기술적 자원의 공유화, 정보 자원의 데이터베이스화 등이 이루어져야 한다. 건물자산 최유효 관리법의 요건인 건물자산관리활동의 경제화, 안전화, 효율화와 적합화 그리고 효과화의 내용을 설명하면 다음과 같다.

2) 건물자산 최유효 관리법의 요건

(1) 건물자산관리활동의 경제화

건물자산의 취득, 보유 및 운영관리, 처분 등 전 생애단계에 걸쳐 최소의 비용으로 최대의 효용을 창출하는 방법이다. 예컨대, 건물자산 취득의 경우 최소의 비용으로 합목적적 건물자산을 취득하고 운영관리비용의 통제와 수입관리 등으로 운영수익의 극대화를 도모하는 정상적 보존과 이용 및 개량 중심의 효과적 운영관리 그리고 처분 비용을 최소화하고 양도차익을 보다 크게 실현하여 투자가치를 극대화하는 것 등을 건물자산관리활동의 경제화라 한다.

건물자산관리활동의 경제화 방법은 건물자산관리 전체 업무 중 FM의 경우, 소극적 경제화 개념으로서 건축시설물 유지관리비용의 최소화와 건축시설물유지 관리효용의 극대화로 나타나고, AM과 PM(건물자산의 경영관리와 건물부동산 운영관리)에 있어서는 적극적 경제화개념으로서 위험의 최소화와 수익의 최대화 및 자산가치의 극대화로 나타난다. 따라서 건물자산 경영관리활동의 경제화로 나타나는 경영성과와 운영성과 및 유지관리 성과는 건물자산의 투자자와 소유자 및 사용자에게 1차적으로 만족을 제공하게 된다.

(2) 건물자산관리활동의 안전화

건물자산관리활동의 안전화란 건물자산의 소유자나 사용자의 사용 수익에 필요한 경영관리 성과를 가장 안전한 관리방법으로 생산, 제공해야 하는 관리방법을 의미한다. 다시 말하면, 자산위험(asset risk)은 최소화하고 수익(return)은 최대화하는 관리활동방법을 의미한다.

건물자산관리활동의 안전화방법은 위험통제, 위험전가, 위험회피, 위험보유, 위험인수 등의 방법으로 자산위험을 최소화할 수 있다. 건물자산관리활동의 안전화 방법은 건물소유자의 소유목적과 사용자의 사용목적달성에 만족을 제공하게 된다.

(3) 건물자산관리활동의 효율화

건물자산관리활동의 효율화란 건물자산관리활동에 투입되는 비용, 시간, 노력 등에 비하여 얻어지는 건물자산관리효과(경영관리 성과와 운영관리 성과 및 유지관리 성과)를 크게 산출하는 관리방법을 의미한다.

건물자산관리활동에 있어서 효율화방법을 활용하려면 관리 업무의 표준화, 관리자의 전문화, 관리시스템의 전산화와 자동화, 관리프로세스의 규정화 등이 선행되어야 한다. 건물자산관리활동의 효율화 방법은 건물자산관리 효과의 양과 질을 높여 사용가치와 수익 가치를 극대화하여 건물자산의 투자자와 소유자 및 사용자 모두를 만족하게 한다.

(4) 건물자산관리활동의 적합화

건물자산관리활동 효과의 적합화 방법은 경제적 방법으로 안전하게 그리고 효율적으로 생산된 건물자산관리효과는 반드시 건물자산 투자자나 소유자와 사용자 등의 욕구나 목적에 적합하도록 건물자산 또는 건물자산관리 서비스를 생산하거나 취득하게 하는 관리활동방법을 의미한다. 아무리 가장 경제적 방법으로 안전하게 그리고 효율적으로 생산된 양질의 경영관리 성과와 운영관리 성과 및 유지관리 성과라라 하더라도 건물자산 이해당사자인 건물자산 투자자나 소유자 그리고 사용자 등의 욕구나 목적에 부합되지 못하는 경우에는 생산 공급된 경영관리 성과와 운영관리 성과 및 유지관리 성과의 가치는 반감 또는 상실되어 불만족 수준의 건물자산관리 효과로 남게 되기 때문이다. 따라서 건물자산 최유효 관리법의 핵심요건 중 하나는 관리활동효과의 적합화를 실현하여 만족수준 이상인 감동수준의 경영관리 성과와 운영관리 성과 및 유지관리 성과를 생산 공급하지 않으면 안 된다.

(5) 건물자산관리활동의 효과화

건물자산의 경영관리나 건물부동산의 운영관리 및 건축시설물 유지관리활동을 수행함에 있어서 경영관리 성과와 운영관리 성과 및 유지관리 성과가 계획한 목표 이상으로 성과가 창출되도록 건물자산관리활동을 수행하여야 한다는 관리방법을 말한다.

3) 건물자산 최유효 관리법의 내용

건물자산 최유효 관리법은 전술한 바와 같이 건물자산관리의 여러 방법 중 하나의 건물자산관리 방법으로서 재화 성격의 건물자산의 생산과 취득이나 정상적 보존, 이용, 개량 중심의 효과적 운영관리 그리고 처분을 실현하는 건물자산관리활동의 최고 최선의 관리방법이자 법칙을 의미하며, 이를 위한 용역 성격의 건물자산관리 서비스의 생산과 제공을 실현하는 최고 최선의 건물자산관리 서비스(용역)활동의 방법이자 법칙을 말한다. 건물자산 최유효 관리법은 관리 대상 건물자산이나 건물자산관리 서비스의 취득(서비스 경우는 생산)과 보존 및 운영관리(서비스 경우는 제공) 그리고 처분(서비스 경우는 소비)을 가장 경제적 방법으로 안전하게, 효율적으로 적합하게 합리적으로의 다섯 가지 최고 최선의 방법에 의하여 바람직한 건물자산관리 효과를 창출하는 관리방법이자 관리법칙을 말한다.

건축을 통한 취득이나 보유 및 운영관리 그리고 처분과 매매계약에 의한 건물자산의 취득과 보유 및 운영관리 그리고 처분은 건물자산관리 서비스의 생산과 제공 및 소비에 의하여 건물자산이 취득되고 보유 및 운영 관리되며 처분되고 있다. 건축에 의한 건물자산의 취득의 경우를 보면, 건축주와 설계사 사이에 설계용역계약을 체결하고 설계용역에 의하여 건축도면이 완성되며 시도와 시·군·구의 건축과로부터 공적 건축허가 서비스에 의하여 건축시공이 가능하고 건축주와 건설회사 간의 건축도급계약에 따라 건설사의 시공 용역(건설 시공 서비스)이 접목되어 완공되며 또다시 건축허가 당국의 사용 승인의 행정처분 성격의 공적 서비스에 의하여 마침내 사용 수익 및 처분이 가능하며 그 전에 소유권 보존 등기의 공적 서비스와 전기, 수도, 가스, 전화, 인터넷, 유선 방송 등의 서비스 성격의 장기 공급계약에 의하여 마침내 완공 건물자산의 사용과 수익 및 처분이 자유롭게 이루어지게 된다.

완공 건물자산의 보존과 운영관리의 경우에도 누군가의 상관없이 건물자산관리자에 의한 건물자산관리활동으로 건물자산의 사용과 수익에 필요한 용역(서비스)가 생산 제공되어야만 비로소 건물자산의 목적대로 사용과 수익 및 처분이 자유롭게 이루어진다. 이와 같이 인간의 삶과 생활과 일의 영위를 위한 건물자산과 조직의 목적사업활동을 위한 건물자산 모두는 건물자산의 사용과 수익 및 처분에 필요한 건물자산관리 서비스(용역)가 접목되어야만 건물자산의 취득은 물론 사용과 수익 및 처분이 가능하게 된다.

이와 같이 건물자산 최유효 관리법은 재화 성격의 건물자산의 취득(생산)이나 보존 및 운영관리 그리고 물리적 처분이나 법률적 처분을 가장 경제적 방법으로, 안전하게, 효율적으로 적합하게 생산 · 취득하거나 보존 및 운영 관리해야 하며 처분해야 하는 건물자산관리활동의 최고 최선의 법칙이자 관리방법을 말하며, 건물자산의 취득과 보유 및 운영관리 그리고 처분을 위한 건물자산관리 서비스의 생산과 제공 및 소비 역시 가장 경제적 방법으로 안전하게 효율적으로 적합하게 생산하고 제공 및 소비해야 하는 건물자산관리활동의 최고 최선의 방법이자 법칙을 말한다. 그러나 건물자산 최유효 관리법은 건물자산관리의 이치를 쫓아 건물자산관리의 목표의 능률적 달성을 미루어 생각하고 논급하는 추론에 불과 하고 아직은 가설의 상태에 머물고 있으나 이에 대한 끝임 없는 연구로 건물자산 최유효 관리법의 이론을 과학적 방법으로 증명하고 과학적 해법과 기술을 개발하여 건물자산관리 산업 발전에 반드시 기여하는 이론과 기술로 작용하게 하는 건물자산 최유효 관리 기술 개발의 지적 작업은 건물자산관리학이 학문적으로 해결해야 하는 중대한 책무로 인식하고 있다.

특히, 건물자산의 보유단계 동안 실시되는 건물자산 운영관리 실무 전반을 건물자산 최유효 관리법의 방법과 법칙에 의하여 운영성과와 관리성과를 능률적으로 산출하는 이론과 기술의 융합적 시스템화는 시급히 연구되어야 한다. 국내 건물자산관리업체가 개별적으로 연구하고 개발하여 활용하고 있는 PMS나 FMS 또는 BeMS 등의 건물자산 운영관리 시스템은 건물자산 운영관리 업무 전반을 커버하지 못하고 있을 뿐만 아니라 효율 면에서도 약 30% 또는 약 40%의 수준에 머물고 있어 완전한 운영관리 시스템 개발 연구가 시급히 요청되고 있다.

따라서 업계와 학계가 연합하여 건물자산 운영관리 실무 전반인 건물자산 운영계획, 조직 및 업무 분장과 보고체계, 인사 노무관리, 재무관리, 기술관리, 장비 자재 관리, 정보관리, 위험관리, 환경관리, 에너지 관리, 방화방제 관리, 방범관리, 비상 상황 통제, 임대보증금 및 관리비 수납관리, 점검과 보수 및 정비 계획, 입주자 관리, 실행예산 통제, 실내 공기 질 관리, 음 용수 관리, 건물자산 생애주기관리, 법규관리 등 건물자산 운영관리 업무 전반을 하나의 건물자산 운영관리 시스템에 의하여 가장 경제적 방법으로, 안전하게, 효율적으로, 적합하게 효과적으로 처리하는 건물자산 운영관리기술을 개발하고 통합 건물자산 운영관리법으로 국내 특허를 받아 지적 상품(예, 상품명 /T-BOMS)으로 개발하여 국내 건물자산 운영관리 현장의 접목을 통하여 건물자산의 운영관리 업무가 가장 경제적 방법으로, 안전하게, 효율적으로, 적합하게, 효과적으로 이루어져 건물자산 이해관계자에게 건물자산의 소유 만족과 사용만족 및 이용만족을 제공할 뿐만 아니라 건물자산을 기반으로 이루어지는 인간의 삶과 생활과 일의 영위가 주 환경 측면의 지원으로 바람직하게 영위되어 국가경제발전에도 기여하게 될 것으로 판단된다.

또한 해외 특허에 의하여 지적 상품으로 개발된 통합 건물자산 운영관리법/T-BOMS (total building operation and maintenance system)는 건물자산 운영관리의 원천 기술로서 세계 시장에서 경쟁력 있는 기술 상품으로 인정되어 기술거래가 이루어 질 것으로 예상되며, 이를 통하여 건물자산 운영관리업체의 경쟁력과 차별화를 통하여 글로벌 건물자산관리시장의 진입도 용이하게 이루어 질 것으로 전망된다.

건물자산 최유효 관리법의 내용을 보다 구체적으로 이해하기 위하여 최유효 건물자산관리법을 구성하고 있는 다섯 가지의 세부 관리방법인 가장 경제적 관리법, 가장 안전한 관리법, 가장 효율적 관리법, 가장 적합한 관리법, 가장 효과적 관리법의 내용을 설명하면 다음과 같다.

(1) 가장 경제적 관리법

가장 경제적 관리법이라 함은 건물자산 최유효 관리법 중 최고 최선의 경제적 관리방법이자 법칙으로서 건물자산관리의 경제관리 목표를 실현하는 경제적 관리 측면의 방법인 동시에 법칙을 말한다.

건물자산관리 업무 중 건물의 건축이나 매매계약에 의한 건물자산의 취득과 운영관리 및 물리적 처분이나 법률적 처분에는 투입 비용의 경제적 문제가 매우 중요한 문제로 인식된다.

건물의 건축에도 건축 타당성 조사비, 설계비, 공사비, 감리 비, 등기 및 등록비. 부지매입비와 부대비용 등의 경제적으로 비용문제가 발생하며, 매매 계약에 의한 건물자산의 취득에도 자문가 집단의 자문비용, 중개 수수료, 매입 대금, 수선비, 등기비와 등록비, 기타 비용 등 경제적 비용 이 문제가 된다. 또한 운영관리 과정에서도 인건비, 에너지 사용료, 재료비, 공과 잡비, 보험료, 법정 검사 비, 기타 비용 명목의 비용 문제가 경제적 문제로 등장하게 되며, 물리적 처분의 경우에도 철거비와 공사비 기타 부대비용이 발생하며, 법률적 처분에도 필요적 비용이 발생하여 경제적 문제가 발생하고 있다.

건물자산의 총 생애주기 측면에서 건축에 의한 취득의 경우를 상정한 비용 문제를 해외 연구 자료를 토대로 분석해 보면 기획/설계비 0.4%, 시공비 16%, 운영관리비 83.2%, 철거 0.4%로 조사되고 있어 건물자산의 운영관리비가 가장 큰 비중을 차지하고 있음을 알 수 있다. 또한 건물자산 총 생애비용 중 가장 큰 비중을 차지하고 있는 건물자산의 운영관리비 83.2%를 100%로 상정해 볼 때 인건비가 현장의 규모나 업무의 종류와 성격 및 기타 조건에 따라 다소 상이하게 나타나고 있으나, 국내 연구 자료를 토대로 분석해 보면 인건비가 운영관리비의 약 55%, 에너지비가 약 24%로 소요되고 있는 것으로 조사되고 있어 인건비와 에너지 비에 대한 경제적 관리가 건물자산 최유효 관리법의 첫 번째 관리방법과 법칙인 가장 경제적 관리법의 핵심 연구 과제임을 알 수 있다.

건물자산의 취득이나 보유 및 운영관리 그리고 법률적 처분이나 물리적 처분에 있어서 가장 경제적 관리법에는 소극적 경제관리법과 적극적 경제관리법이 있으며, 소극적 경제관리법은 투입 비용의 경제화를 의미하고, 적극적 경제관리법은 자산의 경제가치 극대화와 운영 수익 및 양도차익의 최대화를 의미한다. 예컨대, 건물자산관리활동에서 말하는 소극적 경제관리법은 매매계약에 의한 건물자산의 취득의 경우, 매입대상 건물자산의 경제적/법률적/기술적 조사 및 분석비용과 매매 전문가 집단의 자문 비용, 매매대금과 등기비와 제세공과금, 수선비, 중개수수료 등의 매매 총 비용으로 투입하는 비용의 최소화를 의미하고 ,적극적 경제관리 방법은 매입 건물자산의 경제적 가치를 극대화하여 운영수익의 최대화와 매각에 의한 큰 폭의 양도차익 실현을 의미한다. 건축에 의한 건물자산의 취득의 경우에는 있어서 가장 경제적 방법은 건축 설계와 감리 및 시공과정을 일반 경쟁 입찰에 의하여 설계자와 시공자 및 감리 자를 각각 선임하고 설계, 시공 및 감리를 실시하는 경우, 건물자산 취득 비용의 최소화를 달성할 수 있으나, 이 경우에도 건축 설계와 시공 및 감리의 품질이 일정 수준 이상으로 유지가 되어야만 소극적 경제관리 방법이 관철될 수 있다.

또한 매매계약에 의한 건물자산의 취득에 있어서 소극적 경제관리법을 구현하려면, 매입 대상 건물자산에 대한 경제적/기술적/법률적 조사 분석으로 위험을 최소화하고, 전문가 집단(변호사, 리스크 분석가/포트폴리오 매니저/세무사/회계사/법무사/컨설턴트/중개사/건축엔지니어 등)의 자문과 협력을 바탕으로 매입 의사를 결정하여야 하며, 신축 건물로서 물리적 내용연수와 법정내용연수 모두가 충분히 남아 있는 건물자산으로서 대수선 및 주요 기기 교체시기가 적어도 10년 이상 남아 있어야 하고, 수선비나 주요 기기 교체비용 또는 보수 보강이나 개량비가 매입 초기에 발생되지 않는 건물자산이어야 가능하다. 매매계약에 의한 적극적 경제관리 방법을 실현하려면, 매입 건물자산의 경쟁력을 강화하고 차별화하여 유력 임차인 대기자가 언제나 대기 상태에 있도록 하여야 하며, 건물자산의 용도를 수익성 중심으로 용도 변경하여 임대 소득을 점차 높여야 하고, 순 임대소득을 연 8%대 이상으로 유지해야 하며 필요할 경우, 전략적 매각을 통하여 양도 차익을 큰 폭으로 과감히 실현해야 한다. 가장 경제적 관리법은 개별적으로 경제적 관리시스템(E1-BOMS/economic building operation and maintenance system)으로 개발할 필요도 있으나, 건물자산 최유효 관리법을 토대로 건물자산 운영관리 전체 업무 처리 시스템인 통합 건물자산 운영관리 시스템(T-BOMS/total building operation and maintenance system))에 포괄적으로 수용하여 통합 건물자산운영관리시스템으로 개발함이 현명할 것으로 판단된다.

(2) 가장 안전한 관리법

건물자산 최유효 관리법에 있어서 가장 안전한 관리법이란 건물자산 안전관리의 대상인 사람과 재산에 대한 최고 최선의 위험 관리 방법과 법칙을 말한다. 사람에 적용되는 가장 안전한 방법은 사람의 사망, 위해, 부상, 상해, 질병으로부터 자유하게 하는 방법과 법칙을 의미하고, 재산에 적용되는 가장 안전한 관리방법은 재산의 멸실 또는 감손으로부터 자유하게 하는 방법과 법칙을 말한다.

건물자산의 안전관리란 건물자산이나 경제가치 및 권리 위에 존재하는 불확실성의 변화 가능성인 위험에 의한 사고나 사건을 방지하거나 예방하여 이로부터 나타날 수 있는 인적 · 물적 피해를 최소화하고 그럼에도 불구하고 사고나 사건이 발생할 경우에는 그 피해를 최소화하고 조속히 원상 복구하여 현장을 정상화하는 일련의 안전확보활동을 말한다. 건물자산관리에 있어서 존재하거나 생성되어 피해를 유발하는 위험에는 인적 위험과 물적 위험 즉, 사람에 대한 위험과 재산에 대한 위험이 있다.

인적 위험은 전술한 바와 같이 사망위험, 상해위험, 부상위험, 위해위험, 질병의 감염위험 등이 있으며, 물적 위험에 해당되는 기술적 위험에는 화재위험, 폭발위험, 붕괴위험, 침하위험, 에너지위험 등이 있고, 경영위험에는 경영손실위헌, 파산위험, 부도위험, 경영권상실위험, 금전사고위험 등이 있으며, 법률위험에는 소유권하자위험, 계약위험, 관리관계법령위험 등이 있으며, 환경위험에는 자연재해위험과 자연재난위험 등이 있다. 또한 물적 위험에 해당하는 보안위험에는 도난위험, 빌딩범죄위험 등이 있다.

건물자산의 관리에 있어서 가장 안전한 관리법이 실현되려면 존재하고 있는 위험은 손해보험성격의 재산종합보험 가입에 의한 위험 전가 방법이 최고 최선의 방법이라 할 수 있으며, 위험을 통제하여 위험을 최소화하는 위험 통제 방법이 차선의 위험관리방법이라 평가 된다. 또한 위험관리방법에는 위험을 피하게 하여 위험을 최소화하는 위험 회피방법과 위험 보상을 위하여 보상금을 적립하여 위험을 최소화는 위험보상금 적립 방법이 있으나 두 가지 방법 모두 효과가 매우 미미한 위험관리방법이라 평가된다.

건물자산관리를 다른 말로 간략하게 말하면 건물자산관리란 〈건물자산 위험의 최소화와 건물자산 소득의 극대화〉이다로 표현할 수 있을 만큼 건물자산의 위험에 대한 안전관리가 매우 중요한 건물자산관리 방법이자 법칙이라 할 수 있다.

건물자산관리에 있어서 가장 안전한 관리방법과 법칙은 매우 중요한 건물자산 안전관리 측면에서 최고 최선의 방법과 법칙으로서 개별적으로 건물자산 안전관리 시스템(S-BOMS/safely building operation and maintenance system)으로 기술화 할 수도 있으나 건물자산 최유효 관리법을 토대로 개발한 건물자산 운영관리 전체 업무 처리 시스템인 통합 건물자산 운영관리 시스템(T-BOMS) 속에 포괄하여 기술화하고 시스템화하는 것이 현명할 것으로 판단된다.

(3) 가장 효율적 관리법

〈효율〉의 사전적 의미는 투입물에 비하여 산출물이 큰 것을 의미한다. 건물자산관리에 있어서 효율의 의미는 건물자산관리에 투입되는 비용과 시간 및 노력의 양보다 산출되는 산출물이 큰 경우를 의미하고 구체적으로는 건물자산관리에 투입되는 인적 자원과 물적 자원, 재무적 자원과 기술적 자원 그리고 정보 자원에 비하여 산출되는 건물자산의 경영성과와 관리효과가 큰 경우를 효율적 건물자산관리라 한다.

건물자산 최유효 관리법에 있어서 가장 효율적 관리법이란 건물자산관리의 최고 최선의 효율적 관리방법 중 하나이고 법칙으로서 의미와 의의를 가지고 있으며, 가장 효율적 관리방법 역시 연구를 통하여 개별적으로 효율적 건물자산 운영관리 시스템(E2-BOMS/efficient building operation and maintenance system)으로 구축할 수도 있으나, 전술한 바와 같이 건물자산 최유효 관리법에 따라 구축한 건물자산 운영관리 전체 업무 처리 시스템인 통합 건물자산 운영관리 시스템(T-BOMS/total building operation and maintenance system)에 포괄하여 기술화하는 것이 보다 유익한 건물자산운영관리 시스템으로 판단된다.

(4) 가장 적합한 관리법

건물자산 최유효 관리법에서 말하는 가장 적합한 관리법이라 함은 건물자산관리활동을 통하여 생산하는 건물자산관리 서비스는 건물자산 이해관계자의 욕구나 목적에 가장 부합하는 서비스로서 건물자산관리 이해관계자 만족에 부합하는 서비스여야 한다는 건물자산관리의 최고 최선의 관리방법이자 관리법칙을 말한다.

건물자산 이해관계자에는 대표적으로 건물자산의 투자자와 소유자 및 사용자와 이용자가 있으며 이들의 개별적 욕구인 건물자산의 투자자 욕구와 소유자 욕구 및 사용자 욕구와 이용자 욕구를 충족하여 줄 수 있는 양질의 건물자산관리 서비스를 건물자산관리자가 생산하고 제공하여 만족하게 하여야 한다는 건물자산관리법이자 법칙이다.

건물자산관리에 있어서 가장 적합한 관리법이 구현되려면 건물자산의 투자자의 투자와 소유자의 소유 및 사용자의 사용 및 수익의 욕구가 무엇인지를 정확히 파악해야 하며, 건물자산의 사용자와 이용자의 건물자산의 사용 수익에 필요한 서비스는 어떤 성질의 서비스이고 서비스의 질은 어느 수준의 서비스인지를 예측하여 생산하고 서비스 소비자의 소비 타이밍에 맞게 제공하여야 한다.

가장 적합한 관리법(F-BOMS/fitable building operation and maintenance system)은 최적 건물자산관리 서비스 관리법이라 할 수 있으며, 개별적으로 시스템화 할 수도 있으나 전술한 바와 같이 통합 건물자산 운영관리 시스템(T-BOMS)에 포괄하여 개발하고 활용함이 가장 바람직해 보인다.

(5) 가장 효과적 관리법

건물자산 최유효 관리법에서 말하는 가장 효과적 관리법이라 함은 건물자산관리의 법칙이나 과학적 관리와 기술적 관리 및 전문적 관리활동을 수행하여 건물자산의 목적과 건물자산관리의 목적을 바람직한 효과가 나타나도록 관리하는 건물자산관리 방법을 말한다.

가장 효과적 관리법 역시 개별적으로 효과적 건물자산 운영관리 시스템(E3-BOMS/effective building operation and management system)으로 개발할 수 있으나, 통합 건물자산 운영관리 시스템(T-BOMS)에 포괄하여 개발하고 활용함이 현명할 것으로 판단된다.

3. 건물자산 아웃소싱/인 하우스/아웃 테스크 관리법

건물자산관리 업무는 실무상 크게 건물자산(asset) 경영관리 업무(AM업무), 건물부동산(property) 운영관리 업무(PM업무) 그리고 건축시설물(facilities) 유지관리 업무(FM업무) 등으로 나누어지나, 전체적으로는 하나의 건물자산(building asset)관리 업무로 귀결된다.

원칙적으로 건물자산관리는 AMC(asset management company)가 1원화 건물자산관리 조직으로 하여금 내부의 건물자산관리자를 기용하여 AM팀, PM팀, FM팀을 구성하고 경영자원을 효과적으로 배분 활용하여 일사분란하게 체계적으로 진행하는 것이 매우 효과적인 건물자산관리 방법이라 하겠으나, 현대의 건물자산은 규모가 크고 위험이 높으며 사용자의 욕구가 종전과 같은 단순한 사무공간의 제공이나 최소 품질의 관리 서비스의 요구수준에서 벗어나, 시설의 편리성과 사무자동화 그리고 well-bing 조건과 친환경 욕구까지 매우 다양하게 요구하고 있으며, 국제 표준과 기준을 바탕으로 전문화, 체계화의 관리수준과 one-stop service 개념의 효율과 품질을 동시에 요구하고 있어 건물자산의 관리에 있어서도 내부의 조직만으로는 효율 측면에서 건물자산 사용자 고객의 욕구에 대응하기가 말처럼 쉽지 아니하여 건물자산관리 기술과 전문성을 가지고 있는 기업과 전략적으로 제휴하여 아웃소싱을 통한 분업화, 전문화의 시스템을 활용하게 되었다.

이와 같은 건물자산관리의 경향과 변화에 따라 전문 건물자산관리 업체(예 : AMC, PMC, FMC 등)를 고용하거나 위탁하여 건물자산관리를 전문적으로 처리하는 경우를 건물자산 아웃소싱(outsourcing) 관리법이라 하고, 전술한 바와 같이 내부 조직의 구성원으로 하여금 건물자산관리 업무를 수행하는 경우를 건물자산 인 하우스(in house) 관리법이라 하며, 일부 위탁관리와 일부 내부 조직에 의한 직영관리제를 혼합한 관리방법을 건물자산 아웃 테스크(out task)관리법이라 한다.

건물자산 아웃소싱(outsourcing)관리법의 장점을 살펴보면 다음과 같다.

첫째, 위탁기업 본연의 업무에 집중할 수 있으며

둘째, 비용구조와 인력구조가 단순화되고

셋째, 업무프로세스(process)가 단순화되며

넷째, 수탁자의 전문성과 기술성의 활용할 수 있으며

다섯째, 기술환경 변화와 기술혁신대응력이 향상되는 점이 있고

여섯째, 업무의 전문성을 살리고 조직의 슬림화(slim)가 이루어지며

일곱째, 수직적 조직구성으로 체계적 명령계통이 세워져 지휘가 용이하고

여덟째, 위탁사의 회계팀, 법률팀, 시공팀, 임대팀 등의 지원을 받을 수 있다.

그러나 건물자산 아웃소싱 관리법에는 다음과 같은 단점들이 있다.

첫째, 사내고용이 불안해지며

둘째, 정보유출에 의한 기업보안상의 문제가 발생할 소지가 있고

셋째, 일사 분란한 조직운영이 쉽지 않으며 역할배분의 혼동이 있을 수 있는 점과

넷째, 부가비용이 추가로 발생되고

다섯째, 내부인력의 구조조정문제가 발생하며

여섯째, 위탁사와 수탁사 간의 의사소통의 문제가 발생할 수 있다.

한편, 건물자산 인 하우스(in house) 관리법의 경우에도 다음과 같은 장점과 단점이 있다. 건물자산 인 하우스 관리법의 장점을 살펴보면 다음과 같다.

첫째, 내부조직의 구성원이 건물자산소유자의 입장에서 책임감을 가지고 업무를 수행하게 되며

둘째, 부가비용의 발생이 억제되고
셋째, 내부조직 구성원 간의 의사소통이 원활하여 업무협조가 잘 이루어지며
넷째, 내부 구조조정의 필요성이 없어지고 고용효과가 크게 나타난다.

그러나 건물자산 인 하우스 관리법의 경우에는 다음과 같은 단점도 노출될 수 있다.
첫째, 조직의 비대화
둘째, 전문성 부족으로 업무효율의 저하
셋째, 수탁사의 기술, 전문성 활용 미흡
넷째, 조직의 유연성 약화
다섯째, 업무지원기능 미흡
여섯째, 조직구성원 간의 책임소재 불명확

또한 건물자산 아웃 테스크(out task) 관리법의 장점과 단점은 일부 아웃소싱의 경우의 장점 및 단점과 유사하며, 일부는 건물자산 인 하우스 관리법 장·단점과 거의 유사하다.

4. 건물자산 창조적 5단계 관리법

건물자산 창조적 5단계 관리법이라 함은 무(無)에서 유(有)를 창조하는 관리법이 아니라, 경영관리 대상 건물자산에 일정한 사용가치와 수익가치 및 처분가치가 있다는 것을 전제로 유(有)에서 유(有)를 창조하는 건물자산관리법으로서 바람직한 경영관리 성과와 운영관리 성과 및 유지관리 성과를 도출함에 있어서 단계적 차례에 따라 건물자산관리활동을 진행하는 경우 목표한 경영관리 성과보다 높은 수준의 건물자산관리 성과를 창출할 수 있다는 건물자산관리 가설방법론이다.

건물자산관리의 궁극적 목표는 경영관리 대상 건물자산의 전 생애단계인 취득단계, 보유 단계 그리고 처분단계에 걸쳐 사용가치와 수익가치 및 처분가치를 보전하거나 극대화함에 있으며, 이를 위한 바람직한 건물자산관리 효과는 일정한 절차나 과정을 거침으로써 얻어진다는 이론이다. 따라서 건물자산관리에 있어서도 최종적으로 달성하고자 하는 건물자산관리의 목적과 관리목표를 독창적으로 창출함으로써 건물자산 이해관계자의 만족수준을 뛰어 넘어 감동수준의 만족을 제공할 수 있게 된다. 건물자산관리에 있어서 고객감동을 위한 건물자산 창조적 5단계 관리법의 내용을 소개하면 다음과 같다.

1) 1단계/건물자산 bench marking 관리법

바람직한 건물자산관리효과를 창출하기 위해서는 선진관리기술이나 전문성을 조사하고 분석하여 장점을 도입하고 단점을 버림으로써 보다 양질의 건물자산관리 효과를 창출하는 관리방법이다.

건물자산 벤치마킹 관리법은 건물자산 창조적 5단계 관리법 중 최초단계의 관리방법으로서 선진국 또는 국내 우수 건물자산 관리현장을 방문하고 현장에서 관리상의 장점이나 제도, 기법, 조직 운영절차 등을 직접 조사하고 분석함으로써 관리상의 장점도입과 적용이 가능해져 건물자산관리활동의 효율성과 경제성, 안전성들을 높일 수 있다.

2) 2단계/건물자산 imitation 관리법

선진 관리기술이나 시스템 등을 모방하는 관리방법을 말한다. 건물자산 imitation 관리법은 건물자산 창조적 5단계 관리법의 두 번째 관리방법으로써 건물자산 bench marking 관리법보다 한 단계 업그레이드한 관리방법이라 할 수 있다. 선진국 또는 국내 건물자산관리기업이나 현장의 선진관리기술, 시스템 등을 지적재산권의 문제가 없는 범위 내에서 관리기술 등을 모방하여 관리하는 방법으로서 매우 효과적 관리방법이 될 수 있다. 그러나 이 단계에서도 고객에게 관리상의 감동을 주기에는 매우 미흡한 건물자산 창조적 5단계 관리법의 초기 관리단계라 할 수 있다.

3) 3단계/건물자산 catch up 관리법

선진관리기술을 bench marking하고 imitation한 후 자체적 연구와 노력으로 선진관리기술 수준으로 따라 잡게 하여 선진관리기술로 관리하는 방법이다. 이를 위해서는 연구노력이 접목되어야 하며 다소의 R&D 비용과 노력이 필요하다. 이 단계에 접어들면서 관리기술의 우수성이 업계에 알려져 기술적 관리에 대한 신뢰가 건물자산 소유자(owner)가 인지하게 되어 수주 영업상 유리한 고지에 진입하게 된다.

4) 4단계/건물자산 innovation 관리법

3단계에서 catch up한 선진관리기술을 소속 관리회사의 실정과 현장 사정에 맞게 혁신 또는 개혁하여 사용하는 관리방법이다. 이 단계에서는 보다 연구노력이 증가되고 R&D 비용이 추가로 투입됨으로써 요구되는 관리기술혁신이 이루어져 관리회사의 경쟁력을 크게 높이는 계기가 된다.

5) 5단계/건물자산 creation 관리법

새로운 건물자산관리 선진기술을 개발하고 적용하여 최유효 건물자산관리활동이 이루어져 얻어진 건물자산관리활동의 결과가 건물자산 이해관계자 모두를 감동시킬 수 있는 수준의 관리방법으로 인정받게 된다. 건물자산 creation 관리법은 경영관리 기술을 연구를 통하여 개발한 새로운 관리방법과 기술로서 관리기술 특허의 대상이 되며 전 현장에 적용되면 현재와 같은 고비용 저효율의 관리구조는 사라지고 건물자산위험성은 완전히 저감되며 고객감동의 시대가 도래하게 되고 건물자산관리산업이 크게 발전되어 국가경제발전에도 이바지하게 되며 건물자산관리 종사자 모두가 직업에 대한 사회적 인정과 경제적 대우를 받게 된다. 결론적으로 초기 단계에서는 선진기술을 bench marking하고 copy 또는 catch up하다가 중간 단계에서 개혁(innovation)하여 최종단계에서 신개념의 관리방법이나 신기술을 창조(creation) 하여 건물자산 관리현장에 적용하는 경우, 건물자산관리 서비스=고객감동의 등식이 성립하게 되며 건물자산 최유효 관리법 활용과 같은 효과가 동일하게 나타나게 된다. 이를 위해서는 정부는 물론 건물자산관리 기업이나 연구자, 종사자 모두가 선진기술 창조의 R & D에 보다 많은 관심과 노력을 집중할 필요가 있다.

5. 건물자산 사람중심 관리법

건물자산의 일생을 살펴보면 건물자산의 생산과 취득, 보유와 운영관리 그리고 처분은 모두 사람에 의하여 이루어지는 특징이 있다. 따라서 건물자산의 취득과 보유 및 처분과 이를 위한 건물자산관리활동을 수행하여 건물자산의 경영관리 목표나 건물부동산 운영관리 목표 및 건축시설물 유지관리 목표의 달성은 건물자산을 경영관리하거나 운영 관리 및 유지 관리하는 건물자산관리자 사람에 의하여 이루어진다는 점을 토대로 추론한 건물자산관리법을 건물자산 사람중심 관리법이라 한다. 건물자산은 사람활동의 기반이자 관리의 객체로서 사람에 의하여 생산되고 보유 및 운영관리 되며 유지 관리할 때 비로소 건물자산의 사용가치와 교환가치가 나타나기 때문이며, 보유 단계의 건물자산에 있어서도 건물의 타율성 특성으로 인하여 건물 스스로 기능하거나 성능을 나타낼 수 없기 때문이다. 또한 건물자산은 경영관리 자원(인적 자원, 물적 자원, 재무적 자원, 기술적 자원, 정보자원) 간의 조합과 상호작용에 의하여 경영 관리되며 경영관리자원의 조합과 상호작용의 중심에는 건물자산관리자라는 사람이 존재하고 있다. 그러므로 건물자산은 사람에 의하여 경영관리 된다고 할 수 있다.

건물자산 사람중심 관리법은 건물자산관리자로 하여금 X형 인간(타율적 인간형)에서 Y형 인간(자율적 인간형)으로 스스로 변화하게 하고, 건물자산 소유자의 입장에 서게 하며, 전문성과 기술성을 확보한 가운데 스스로 동기를 부여하고 보람을 느끼게 하여 자산관리에 최선을 다하여 올인(all in)하게 함으로써 최고최선의 경영관리 성과와 운영관리 성과 및 유지관리 성과를 가장 경제적 방법으로 안전하게 효율적으로 적합하게 효과적으로 도출하게 하는 관리방법상의 가설이론이라 할 수 있다. 결국 건물자산 사람중심 관리법이란 건물자산관리에 있어서 그 중심이 되는 경영자와 관리자 및 근무자 상호 간에 자율적 인간관계 확립과 의사소통을 통하여 건물자산관리자로 하여금 스스로 자율적 인간형이 되어 자발적 의사결정과 노력에 의하여 자산관리활동에 최선을 다하게 함으로써 바람직한 경영관리 성과와 운영관리 성과 및 유지관리 성과를 도출하게 하는 관리방법 상의 가설이론이라 할 수 있다.

건물자산 사람중심 관리법이 건물자산관리 현장에서 성공하려면 자산소유자 또는 경영자는 자산관리 종사자에 대하여 MasLow의 욕구이론(needs theory)인 생리적 욕구(physiological needs), 안전욕구(safety needs), 사회적 욕구(social needs), 존경욕구(esteem needs) 그리고 자아실현욕구(self-actualization needs) 등을 합리적으로 충족시켜 경영관리 목표달성에 대한 동기를 부여해 주어야 한다.

6. 건물자산 경영과정 관리법

1) 건물자산 경영과정 관리법의 개요

건물자산 경영과정 관리법이란 경영학의 경영과정 이론에서 응용한 건물자산관리법으로서 건물자산 경영 투입물(인적 자원/물적 자원/재무적 자원/기술적 자원/정보자원)을 변환과정을 거쳐 경영성과로 산출하는 건물자산관리방법의 가설이론을 말한다. 투입물의 경영자원 투입과 그리고 경영성과 산출 사이에 존재하는 변환과정은 생산 공장의 생산라인과 같은 기능과 역할을 수행하여 투입물 경영자원을 경영성과로 산출하는 기능과 역할을 수행한다.

변환과정은 경영자의 경영계획, 조직화, 지휘, 통제의 경영기능에 의하여 이루어지며, 변환과정에서 유의해야 할 점은 내부 환경(경영자/종업원/조직문화)을 능동적으로 극복해야 하고, 외부환경 중 과업환경(경쟁사/노동시장/협력사 등)과 외부환경 중 일반환경(국제적 환경/경제적 환경/사회문화적 환경/법적 · 정치적 환경/기술적 환경) 등을 적극적으로 극복해야 한다는 점이다.

건물자산 경영과정 관리법에는 고유의 경영과정 관리법 외에 건물자산의 성격에 따라 운영과정 관리법과 관리과정 관리법 등이 있다. 건물자산 경영과정 관리법의 중심은 경영자가 되고, 운영과정 관리법의 중심은 운영관리자가 되며, 관리과정 관리법의 중심은 관리자가 중심이 되어 건물자산관리활동을 수행하게 된다.

2) 건물자산 경영과정과 관리법의 생산모형

경영성과는 경영과정 관리법의 생산모형에서 설명하는 바와 같이 경영과정 프로세스를 통하여 효율적으로 생산 공급되는 특성이 있어 기업의 경영자는 경영활동을 함에 있어서 경영과정 생산모형을 참고함이 유리하다

건물자산 경영성과 관리법의 생산 모형은 경영과정 생산 프로세스를 정형화·모형화한 그림 모형을 말한다. 건물자산 경영과정 관리법 생산모형은 경영자가 경영성과를 생산하는 데 방향을 제시하고 사전 준비상항 점검을 알게 하며 경영기능을 발휘하는 데 길잡이 역할을 담당하게 한다.

건물자산 경영성과 관리법 생산모형은 아래의 [그림 7]과 같다.

[그림 7] 건물자산 경영과정 관리법의 모형

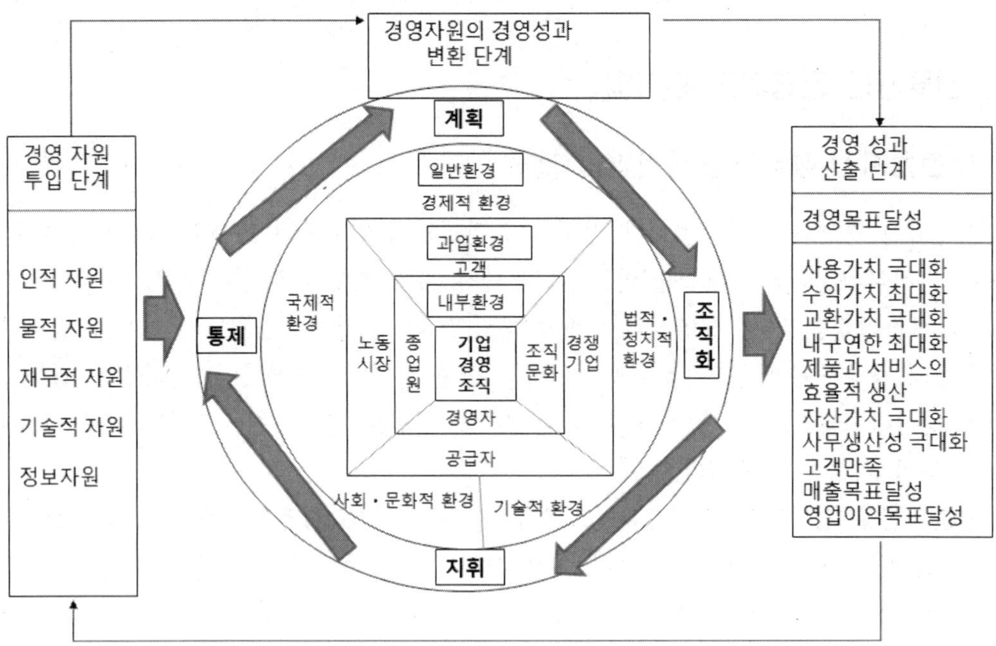

3) 경영성과 생산과정 프로세스

경영성과 생산과정 프로세스는 경영성과 생산과정에서 경원자원을 투입(input)하는 경영자원 투입단계와 경영조직의 경영자가 내부 환경과 외부환경(과업환경과 일반 환경)을 능동적으로 극복하고 대응하여 경영기능의 순환을 통하여 변환과정을 통과하는 경영자원의 경영성과 변환단계 그리고 사용가치 극대화, 사무 생산성 극대화, 고객만족, 매출목표 달성, 영업이익 목표 달성 등의 경영성과를 얻게 되는 경영성과 산출단계로 진행하게 된다. 중요한 것은 각 단계별로 투입되거나 변환되며 산출되는 요소에 주목하고 이에 필요한 조치를 사전, 과정, 사후에서 적절히 조치하여야 한다는 점이다.

경영성과 생산과정에서 투입되고 변화되며 산출되는 경영성과 생산과정 프로세스 단계별 요소는 다음과 같다.

(1) 경영자원 투입단계

경영성과 산출을 위한 최초 투입단계의 투입 요소는 경영자원(management resources)이며, 경영성과 생산을 위한 투입경영자원의 종류는 다음과 같다.

① 인적 자원 - 의사를 결정하는 경영자와 정신적 육체적 노동을 제공 하는 종업원
② 물적 자원 – 토지/건물/기계 등의 물리적 시설과 각종 원료 및 재료
③ 재무적 자원 - 자본금과 운영자금 또는 신용
④ 기술적 자원 - 기술능력, 기술인력, 기술특허, 정보통신기술
⑤ 정보자원 - 생산정보, 입찰 정보, 고객정보 소비자 정보, 경쟁사정보

(2) 경영자원의 경영성과 변환단계

경영성과 변환단계는 전술한 바와 같이 경영자 중심의 경영조직이 내부 환경과 외부환경(과업 환경과 일반 환경)을 능동적으로 극복하고 대응하여 계획, 조직화, 지휘, 통제의 경영기능의 순환을 통하여 투입 경영자원을 경영성과 산출로 전환하는 단계로서 변환과정에서 활용되는 변환 요소에는 경영조직, 경영기능, 내부 환경, 외부 환경 등이 있다.

① 경영조직

경영조직(management organization)은 top management(최고경영자) 중심의 조직으로서 의사결정, 정책결정, 투자결정 등 거시적이고 포괄적으로 결정하고 선택하는 조직을 말한다.

② 경영기능

전술한 바와 같이 경영자가 경영기능(계획, 조직화, 지휘, 통제)을 순환시켜 투입물을 경영성과로 전화시키는 경영자 기능을 말한다.

③ 외부 환경과 내부 환경

기업의 경영성과에 영향을 미치는 기업환경에는 외부 환경과 내부 환경이 있다. 외부 환경(external environment)은 위협과 기회가 되는 환경으로서 일반 환경(general environment)과 과업 환경(task environment)으로 구분된다.

일반 환경은 기업성과에 간접적으로 영향을 미치는 외부적 환경으로서 이에는 경제적 환경, 법적 · 정치적 환경, 국제적 환경, 기술적 환경, 사회 · 문화적 환경 등이 포함되며, 과업환경은 기업의 경영성과에 직접 영향을 미치는 외부적 환경으로서 외부 환경은 전술한 바와 같이 기회와 위협을 동시에 제공함으로 위협은 최소화하고 기회는 극대화하는 전략이 필요하다. 내부 환경은 기업경영에 영향을 미치는 내부적 환경으로서 경영자, 종업원, 기업문화 등이 포함된다. 내부 환경은 강점과 약점을 동시에 제공하므로 약점은 최소화하고 강점은 극대화하는 전략이 필요하다.

(3) 경영성과 산출단계

산출단계의 산출요소에는 경영성과가 있다. 투입 경영자원을 변환과정을 거쳐 최종적으로 산출되는 경영성과는 구체적으로 경영목표 달성, 재품 및 서비스의 효율적 생산, 사용가치 극대화, 수익가치 최대화, 교환가치 극대화, 자산가치 극대화, 내구연한 최대화, 고객 만족, 매출목표 달성, 영업이익 목표 달성의 양태로 나타난다.

7. 건물자산 동시화 관리법

건물자산 동시화 관리법이란 엘빈 토플러의 저서 〈부의 미래〉에서 언급한 비동시화 이론을 건물자산관리법에 응용한 건물자산관리 방법상의 이론으로서 건물자산의 경영관리 성과를 도출하기 위해서는 건물의 건축이나 건물자산관리 서비스의 생산을 위하여 투입해야 하는 인적자원과 물적 자원, 재무적 자원과 기술적 자원 및 정보 자원이 사전에 준비되고 건물자산 경영관리활동의 필요한 시기와 장소에 동시에 투입하여야 비로소 바람직한 건물자산 경영관리 성과를 효과적으로 창출할 수 있다는 건물자산관리 방법상의 가설 이론이다.

건물자산관리의 본질적 업무에는 전술한 바와 같이 건물자산의 취득 업무와 보존,

이용, 개량 중심의 운영관리 업무 그리고 처분 업무가 있으며, 이들 건물자산관리 업무를 개별 또는 종합적으로 경영관리하기 위해서는 경영자와 관리자가 경영자원과 관리자원을 사전에 준비하고 필요한 시기와 장소에 동시에 투입하여 변환단계를 통과해야만 건물자산 경영관리 성과를 창출할 수 있다는 건물자산관리 방법론이다. 예컨대 건물의 건축에 있어서 기획, 설계, 시공, 감리에 필요한 인적자원과 물적 자원, 재무적 자원과 기술적 자원 및 정보 자원이 사전에 준비되고 예정한 시간과 공간에 투입되어야 건물의 건축이 예정대로 완공되며, 건물자산관리 서비스의 생산과 제공에도 동시화 이론의 적용이 이루어지는 경우 바람직한 양질의 건물자산관리가 생산되고 적절하게 제공되어 건물자산 입주자 고객을 만족하게 한다는 건물자산관리상의 방법론이다.

8. 건물자산 1원화/2원화/3원화 관리법

건물자산 1원화/2원화/3원화 관리법이란 건물자산관리 전체 업무(경영관리 업무/운영관리 업무/유지관리 업무)를 1원화 조직(AMC 조직)에 의하여 처리하거나 2원화 조직(AMC 조직+PMC 조직)에 의하여 처리 또는 3원화 조직(AMC 조직+PMC 조직+FMC 조직)에 의하여 처리하는 건물자산관리법을 의미한다.

건물자산관리 업무는 건물자산 전 생애단계에 걸쳐 일어나는 건물자산의 취득과 보유 및 처분에 대한 건물자산관리 업무 전반(경영관리 업무와 운영관리 업무 및 유지관리 업무)을 효과적으로 처리하기 위해서는 일정한 측면의 업무 처리 도구가 요구되며 조직이 필요하다. 따라서 하나의 1원화 조직(AMC 조직)에 의하여 건물자산관리 업무 전반을 처리하는 관리법을 건물자산 1원화 관리법이라 하고, 두 개의 조직(AMC 조직+PMC 조직)이 전략적으로 제휴하여 건물자산관리 업무 전반을 처리하는 관리법을 건물자산 2원화 관리법이라 한다.

또한 세 개의 조직(AMC 조직+PMC 조직+FMC 조직)이 전략적으로 제휴하여 건물자산관리 업무 전반을 처리하는 관리법을 건물자산 3원화 관리법이라 한다. 건물자산관리에 있어서 가장 바람직한 건물자산관리법은 건물자산 1원화 관리법이라 인식된다.

이상에서 설명한 8종의 건물자산관리법의 이론은 향후 더욱 체계화하고 기술화하여 기술특허를 받아 건물자산관리 시장과 현장에서 실용화를 예정하고 있음을 유의해 주기 바란다. 또한 앞에서 설명한 8종의 건물자산관리법은 그 내용이 다소 상이하나 관리대상의 성격이나 용도 그리고 달성하고자 하는 건물자산관리의 목적에 따라 단일 관리법을 적용하거나 복수 관리법을 병용하여 건물자산관리활동에 적용하는 것이 효과적이다.

• 제 Ⅲ 편 •

건물자산관리 실무활동

제Ⅲ편 건물자산관리 실무활동은 건물자산관리 수행에 있어서 마지막 과정인 건물자산관리 성과를 창출하는 최종 실무과정으로서 이에 필요한 건물자산관리활동 지식(행동지식)을 4개의 장을 통하여 소개하고 있다. 제5장에서는 건물자산관리활동의 기초의 장을 두고 건물자산관리 실무활동의 기능과 역할과 건물자산관리 이론과 실무활동 간의 상관관계 등을 고찰하고 있다. 제6장을 통하여 건물자산 경영관리 실무활동을 논의하고 제7장과 제8장을 통하여 건물부동산 운영관리 실무활동과 건축시설물 유지관리 실무활동을 차례에 따라 설명하고 있다. 건물자산관리활동은 분류 기준에 따라 여러 가지 활동으로 분류할 수 있으나, 이 책에서는 건물자산관리 3측면 업무 중심의 건물자산 경영관리활동과 건물부동산 운영관리활동 및 건축시설물 유지관리활동의 체계를 채택하고 이에 따라 건물자산관리 실무활동 전반을 소개하고 있다.

제5장

건물자산관리 실무활동의 기초

제1절 건물자산관리 실무활동에 대한 이론의 기능과 역할

건물자산관리 분야는 응용과학 분야로서 이론 분야와 실무 분야로 결합되어 있다. 또한 건물자산관리는 체계화된 건물자산관리이론을 바탕으로 이루어지는 건물자산관리 실무활동을 통하여 비로소 건물자산의 경영성과와 건물부동산의 운영성과 및 건축시설물의 유지관리 성과를 창출함으로써 건물자산의 경영관리 목적과 운영관리 목적 및 유지관리 목적을 달성하게 된다.

건물자산관리이론의 사전적 의미는 낱낱이 다른 건물자산관리의 현상이나 문제들을 일정한 원리와 법칙에 따라 통일적으로 설명할 수 있는 보편적인 지식체계를 의미하는 것으로 관념적이고 논리적인 지식을 말한다. 다시 말하면, 건물자산관리 이론은 건물자산관리의 문제와 현상을 효율적으로 설명할 수 있는 지식체계로서 문제를 해결 또는 개선하고, 악현상을 순 현상으로 바꾸어 줄 수 있는 논리적 건물자산관리 지식기반을 의미한다. 또한 제Ⅰ편 건물자산관리학의 이론적 기초에서 설명한 건물자산관리의 본질적 개념 이론은 건물자산의 경영관리 성과를 직접 창출하는 실무활동을 지원하고 지식기반을 제공하여 바람직한 실무활동으로 가이드함으로써 건물자산 경영관리 성과를 최유효 관리법으로 창출하여 건물자산투자자, 소유자, 사용자 모두를 만족하게 하는 기능과 역할을 하게 된다.

그리고 제Ⅲ편 건물자산관리 실무활동 편에서 기술될 건물자산관리실무의 의미는 건물자산의 경영관리에 있어서 실제로 처리해야 하는 경영관리 업무와 운영관리 업무 및 유지관리 업무를 의미하는 것으로 건물자산관리 각 영역별(건물자산 경영관리영역/건물부동산 운영관리영역/건축시설물 유지관리영역)로 처리해야 하는 실제업무를 의미한다. 따라서 건물자산관리의 이론과 실무는 별개가 아닌 전체의 하나로서 상관관계를 가지고 상호결합하고 보완하며 상호작용하여 전체 건물자산의 경영관리 성과와 운영관리 성과 및 유지관리 성과를 통합함으로써 하나의 건물자산관리 효과를 창출하고 제공하게 된다.

이 책의 제Ⅰ편은 건물자산관리학의 이론 분야로서 건물자산관리의 기본적 개념인 원리와 원칙 및 법칙 등에 대한 이론체계이며, 제Ⅱ편을 건물자산관리의 방식과 방법론을 다루고 있으나 제Ⅲ편은 건물자산관리 실무활동 중심의 건물자산관리활동의 내용을 담고 있다. 다시 말하면, 제Ⅲ편은 제Ⅰ편의 건물자산관리 개념지식과 제Ⅱ편의 건물자산관리 방법 지식의 도움을 받아 건물자산관리의 성과물을 도출하는 건물자산관리활동을 전반적으로 다루고 있다. 건물자산관리의 이론에서 가장 중요한 것은 건물자산관리이론은 건물자산관리의 사물과 현상을 효율적으로 설명할 수 있어야 하고 효율적 수행방법과 절차를 통일적으로 설명하여 건물자산관리 실무활동을 바람직하게 가이드하고 수행하도록 하여 건물자산관리의 바람직한 목적을 가장 경제적 방법으로 안전하게 효율적으로 적합하게 효과적으로 달성할 수 있도록 지원해야 한다는 점이다.

제2절 건물자산관리 이론과 실무활동의 상관관계

건물자산관리의 실무란 전술한 바와 같이 건물자산관리의 구체적인 실제 업무를 의미하며, 건물자산관리활동의 요체가 되는 구체적인 건물자산의 경영과 건물부동산의 운영 및 건축시설물 관리의 실제 수행해야 할 업무를 의미한다. 건물자산관리실무는 건물자산생애단계를 중심으로 고찰하면 건물자산매입실무(취득실무), 보유 및 운영관리실무, 처분실무(양도·매각실무) 등으로 나누어지며, 건물자산관리 3측면을 기준으로 분류하면 건물자산 경영관리실무(AM실무), 건물부동산 운영관리실무(PM실무) 그리고 건축시설물 유지관리실무(FM실무) 등으로 나누어지고, 구체적 건물자산관리실무 내용을 기준으로 분류하면 자산운용실무, 재무관리실무, 임대관리실무, 시설관리실무 등으로 분류된다. 또한 건물의 양면성(재화성과 재산성)을 기준으로 분류하면 시설물관리실무와 자산경영실무로 분류되고, 최광의 관리개념을 기준으로 건물자산관리실무를 분류하면 건물자산의 경제관리 실무, 법률관리 실무, 행정관리 실무, 기술관리 실무, 위험관리 실무 그리고 환경관리 실무 등으로 분류된다. 그러나 보다 더 구체적으로 건물자산관리 항목을 기준으로 건물자산관리 실무를 세분하면 건물자산매입·매각실무, 신축관리실무, 정보 조사 분석 실무, 평가실무, 조세·보험·회계 관리 실무, 감가상각관리 실무, 임대차계약실무 및 입주사 관리 실무, 용역사 관리실무, 공사 관리 실무, 인사노무관리실무, 조직관리 실무, 용역계약관리실무, 구매 관리실무, 예산관리실무, 경비보안관리 실무, 시설운전관리 실무, 유지보수정비실무, 입주자 민원관리실무, 청소위생관리실무, 중앙감시실무, 주차시설관리실무, 조경시설물 관리실무 등 매우 다양하고 복잡한 실무활동의 업무가 존재하고 있다. 그러나 본편에서 다루고자 하는 건물자산관리 실무의 내용은 건물자산투자관리 실무 중심의 건물자산 경영관리 실무(AM 실무)와 건물부동산 운영관리 실무(PM실무) 그리고 건축시설물 유지관리 실무(FM실무)의 내용으로서 전술한 바와 같이 건물자산관리실무 항목이 전체적으로 포함되어 있으므로 건물자산 경영관리 실무활동(AM 실무활동), 건물부동산 운영관리 실무활동(PM 실무활동), 건축시설물 유지관리 실무활동(FM 실무활동) 순으로 요약하고 정리하여 설명하기로 한다. 건물자산관리실무에서 가장 중요한 점은 실무 자체의 내용에 있지 아니하고 건물자산관리활동의 실무자에 의하여 가장 경제적 방법으로 안전하게 그리고 효율적으로 적합하게 효과적으로 건물자산관리실무를 처리하여 바람직한 건물자산 경영성과와 건물부동산 운영성과 및 건축시설물 관리성과를 창출하여 적절히 제공하는 데 있으며, 이를 통하여 건물자산의 소유자, 투자자, 사용자 등을 경제적 · 사회적으로 최고 최선의 조건으로 만족하게 하는 데 있다.

건물자산관리 분야는 전술한 바와 같이 시설물운영 및 관리 분야(건물관리 분야)와 자산경영 분야(자산관리 분야)로 나뉘어 개별 관리되기도 하나 종국적으로는 통합되어 건물자산의 경영성과를 창출하는 응용 분야이므로 이론 분야와 실무 분야가 상호작용하고 보완하여 실무를 바탕으로 이론이 체계화되고, 체계화된 이론은 다시 건물자산관리실무를 바람직한 방향으로 가이드하여 보다 많은 건물자산의 경제적 가치와 경제적 이익을 함께 창출하며 건물자산의 투자자나 소유자 그리고 사용자 모두의 욕구나 목적에 부합하는 건물자산관리효과를 가장 경제적 방법으로 안전하게 그리고 효율적으로 적합하게 효과적으로 생산 · 제공하게 한다. 다시 말하면, 건물자산관리의 이론은 건물자산관리의 실무와 상관관계를 가지고 실무활동의 경제화, 안전화, 효율화 그리고 적합화와 효과화를 도모하는 데 결정적으로 기여하는 지식기반이 되고 있다.

특히, 제Ⅰ편의 건물자산관리의 이론적 기초 편과 제Ⅲ편의 건물자산관리 실무활동 기초이론을 통하여 설명하고 있는 건물자산관리의 이론이 지식기반이 되어 이루어지는 건물자산관리 실무활동은 건물자산관리의 주요 실제 업무에 대하여 건물자산의 경영계획에 따라 건물자산 경영조직이 설정한 건물자산의 경영목표와 운영목표 및 관리목표를 달성하기 위하여 목표를 가리키고 안내하는 손가락의 역할을 하게 되며, 건물자산관리 목표 달성을 위하여 애쓰고 노력하는 적극적 행위이기 때문에 건물자산관리학에 의하여 체계화된 건물자산관리이론은 결국 건물자산관리실무를 위하여 존재하고 있다. 따라서 건물자산관리의 이론과 실무활동의 상호작용과 함께 상호보완 및 상관관계를 통하여 건물자산관리 효과를 창출하고 있으므로 건물자산관리 이론과 실무는 매우 밀접한 상관관계를 유지하고 있다.

이와 같이, 건물자산관리 실무활동은 건물자산의 경영성과(건물자산 사용가치/수익가치/처분가치 극대화)와 운영성과(사용가치와 수익가치 극대화) 및 관리성과(사용가치 극대화)를 직접 창출한다는 측면에서 건물자산관리 이론에 대한 정확한 이해와 실무처리방법이나 기법, 절차 등을 숙지하여 능률적으로 실행할 수 있어야 한다.

건물자산관리활동은 광의의 건물자산관리활동 개념과 협의의 건물자산관리활동 개념이 있으며, 전자는 건물자산경영 기법을 적용하여 건물자산의 매입과 보유 및 그리고 처분 등의 건물자산 전 과정에 걸쳐 전략적으로 의사를 결정하여 건물자산의 경제가치를 높이고 건물자산의 경제적 수익을 극대화하는 투자관리 중심의 경영관리활동이나 후자의 건물자산관리활동 개념은 취득된 건물자산의 보유기간 동안의 건물자산 운영관리를 통하여 건물자산 운영비용을 통제하고 수입을 관리하며 협력사를 고용하고 통제, 감독하며, 건물자산임대 업무를 효율적으로 수행하여 현금흐름을 좋게 하고 건물자산의 소유자나 투자자 및 AMC(AM company) 업무를 지원하는 건물부동산 운영관리의 실무활동(PM 실무활동)과 건축시설물 유지관리 실무활동(FM 실무활동) 등을 의미한다. 그러나 예외적으로 경영관리 성격의 운영관리(high level PM)의 경우에는 운영관리자(property manager)는 경영관리 고유 업무(AM업무) 일부를 담당하기도 한다.

건물자산관리학의 건물자산관리활동 개념은 광의의 건물자산관리활동 개념이므로 건물자산의 취득에서부터 보유(운영관리 및 유지관리) 및 처분(법률적 처분(양도)과 물리적 처분(renovation) 등) 전 과정에 걸쳐 전략적 의사결정과 적절한 경영과 관리적 대응으로 합목적적 건물자산을 취득하고 효율적 보유와 전략적 처분으로 임대소득과 양도차익의 실현을 통하여 건물자산가치를 보전·극대화하고 투자자산의 수익극대화를 합리적으로 도모하는 자산 경영관리개념(asset operation and administration)이라 할 수 있다.

다시 말하면, 넓은 의미의 광의 건물자산관리활동은 합목적적 건물자산을 최유효 관리법에 따라 매입하고 효율적으로 매입 건물자산을 운영 관리하여 현금흐름을 개선하고 전략적 매각시점에 매각을 실행함으로써 양도차익을 실현하고 투자자산의 경제적 이익을 극대화하여 경제적 만족을 창출하는 경영활동이자 경제활동이라 할 수 있다.

예컨대, 투자대상자산 중 예금, 주식, 채권이나 회사채 등의 금융자산이나 귀금속, 토지, 건물 등의 유형실물자산 중 전략적으로 건물자산을 투자대상으로 선택하고 이를 효과적으로 운영 관리하여 경제적 수익의 최대화 시점과 상황에 전략적으로 매각하여 양도차익을 실현시켜 경제적 만족을 취하는 경제활동이기 때문에 건물자산관리자는 고도의 경제 분야의 전문성과 시장조사와 물건조사 및 권리조사와 분석 능력이 뛰어나야 한다.

특히, 투자건물자산이 개별자산이 아닌 복합자산(portfolio)인 경우와 단일한 장소가 아닌 광역관리 경우 또는 전문적 관리의 대상이면서 군 관리(群 管理)의 광역관리 또는 유비쿼터스나 IT를 활용하여 국내에서 외국 건물자산을 원격관리(remote control)하는 경우에는 더욱더 고도의 건물자산 관리기술과 전문성 및 실무처리능력과 효율적인 관리시스템의 구축이 전제되어야 한다.

건물자산관리 실무활동을 시작함에 있어서 특히, 유의해야 할 사항은 건물자산관리 활동이 경제행위이고 경영활동인 점에만 치중하여 건물자산관리 전체과정(취득・보유・처분과정)에 걸쳐 전략적으로 건물자산경영활동만을 강조하여 경제적 이익만을 창출하고 운영관리활동의 성과물의 하나인 건물의 기능과 성능과 건물자산 사용가치 창출을 등한시하여 건물자산 본래의 주요 기능인 주(住)환경 측면의 인간생존지원 기능과 역할을 간과해서는 안 된다는 점이다. 한 걸음 더 나아가 건물자산관리활동의 경영관리 성과와 건물부동산 운영관리 성과 및 건축시설물유지관리 성과를 통합하여 바람직한 건물자산관리의 목적을 달성할 수 있도록 하여 국가경제발전에도 이바지해야 한다는 점을 간과해서는 안 된다는 점이다.

따라서 건물자산관리활동의 경제사회적 목적의 하나인 거시적 목적에도 경영과 운영 및 관리역량을 집중해야 한다. 왜냐하면, 건물자산관리는 경제적 이익 창출로 미시적 목적을 달성하는 경영활동임은 분명한 사실이나, 인간의 주(住)생활에 직접 영향을 미치는 재화관리(물건관리) 분야도 존재하기 때문이다. 또한 건물자산관리업은 하나의 산업으로서 외국에 진출하는 경우, 무역 외 수지 부문으로서 국가경제에 보탬이 될 뿐 아니라 국가경제발전에 이바지하는 무역 외 수지영역이기 때문에 국제수지 측면에서도 접근이 필요하다.

결론적으로, 건물자산관리 실무활동은 건물자산관리의 목적에 부합하는 건물자산의 경영관리 성과와 건물부동산 운영관리 성과 그리고 건축시설물 유지관리 성과 창출에 있어서 건물자산 전 생애 과정에 걸쳐 전략적 의사결정과 적절한 대응을 통하여 경영관리 성과와 운영관리 성과 및 유지관리 성과를 종합적 또는 개별적으로 창출해야 하므로 건물자산 전체과정 실무처리에 관계되는 활동의 범위와 기법 등의 기초이론을 살펴 해당 실무의 처리를 능률화하고 가장 경제적 방법으로 안전하게 그리고 효율적으로 적합하게 효과적으로 처리하여야 한다.

제 3 절 건물자산관리 실무활동의 의의

1. 건물자산관리 실무활동의 개념

건물자산관리 실무활동이라 함은 건물자산관리 업무의 흐름 중 건물자산관리의 개념과 건물자산관리 방법과 절차 다음의 최종적 순서에 해당되는 실행과정으로서 재무자산을 운용하여 건물자산을 취득하거나 보유 및 운영관리 그리고 처분 등 건물자산을 대상으로 의사를 전략적으로 결정하고 실행하는 건물자산관리자의 행위와 노력을 의미한다.

건물자산관리활동의 주체에는 경제주체인 개인, 기업, 단체, 정부가 있으며, 건물자산관리활동의 출발은 경제활동주체의 욕구나 목적에 전적으로 기인하며 사용목적, 보유목적 및 수익목적 또는 양도차익 실현을 위한 처분목적에 따라 다양한 건물자산관리활동을 전개할 수 있으나 건물자산관리학의 학문적 관심은 제한적 재무자원을 효과적으로 운용하여 가장 경제적 방법으로 안전하게 효율적으로 적합하게 효과적으로 합목적적 건물자산을 취득하고 정상적 보존과 이용 및 개량 중심의 효과적으로 운영관리하며 합리적 처분으로 양도차익의 실현을 통하여 사용가치와 수익가치를 극대화하여 최유효 건물자산 사용 수익화함으로써 주 환경 측면의 인간생존 지원과 건물자산관리활동주체들의 경제적사회적 만족을 누리도록 하는 데 있다.

결국 건물자산관리활동은 건물자산의 전 생애 과정을 통하여 전략적 의사결정과 실행으로 최적 건물자산을 취득하고 효율적 보유와 운영관리 및 합리적 처분 등의 실무를 건물자산 최유효 관리법을 적절하게 활용하여 건물자산관리활동의 주체인 건물자산 이해관계자의 욕구나 목적을 효과적으로 달성케 하는 인간의 행위라 할 수 있다. 특기할 점은 관리활동의 '범주'에 있어서 건물자산관리학의 관리활동 범주는 건물자산의 취득, 보유 그리고 처분 등 전체 건물자산 생애과정 전반을 관리활동의 범주에 포함하고 있으나, 부동산학의 관리활동 범주는 보유 부동산에 대한 거래활동, 이용활동, 행정활동만을 다루고 있어 건물자산관리학의 관리활동 범주가 부동산학의 관리활동 범주보다 훨씬 큰 관리활동 범주라는 점이다.

2. 건물자산관리 실무활동의 5대 요건

건물자산관리활동의 5대 요건이라 함은 건물자산의 경영관리활동과 건물부동산의 운영관리활동 및 건축시설물 유지관리활동을 수행함에 있어서 반드시 갖추거나 충족해야 할 조건을 의미한다.

전술한 바와 같이, 건물자산관리활동의 목적은 양질의 건물자산의 경영성과와 건물부동산의 운영성과 및 건축시설물의 관리성과를 최유효 관리법에 따라 효과적으로 창출하여 미시적으로는 건물자산관리 이해당사자 모두를 만족하게 하는 데 있으며, 거시적으로는 주 환경 측면의 인간생존 지원과 국가경제발전에 이바지하는 데 있다.

그러나 양질의 경영성과와 운영성과 및 관리성과 창출은 경영과 운영 및 관리의 특성상 일정한 조건하에 창출되고 제공되어야 하는바 이를 건물자산관리활동의 5대 요건이라 한다. 건물자산관리활동의 5대요건의 종류와 그 내용은 다음과 같다.

1) 건물자산관리 실무활동의 경제화

건물자산관리 실무활동이 경영활동이든 관리활동이든 간에 투입비용을 최소화하고 산출이익은 극대화되도록 활동해야 한다는 요건이다. 예컨대, 시설관리에 있어서 유지관리비용의 최소화와 관리효용의 극대화와 같이 주어진 유지관리예산을 통제하여 예산의 흑자를 실현하는 가운데 얻고자 하는 관리효용은 극대화하고 사용가치를 높여 최유효 건물자산사용화를 도모하는 경제관리활동의 원칙이라 할 수 있다.

건물자산관리활동의 경제화는 건물자산생애단계 측면에서 건물자산의 취득, 보유와 운영관리 그리고 처분 등 건물자산 생애 전 과정에 걸쳐 행해지는 것으로 건물자산취득활동, 보유 및 운영관리활동, 처분활동 등에 모두 적용되며 건물자산관리 4대 업무 측면의 자산운용과 재무관리활동, 임대관리활동, 시설관리활동에도 반드시 적용하여 양질의 경영관리 성과를 창출해야 한다.

결론적으로 건물자산관리 실무활동의 경제화 요건은 건물자산관리 전체 업무에 적용하여 소극적으로 비용을 통제하여 투입비용을 최소화하는 것이고 적극적으로는 수입을 관리하여 사용가치와 교환가치를 높여 건물자산의 경제 가치를 보전하고 증식하는 데 필요한 경영관리 측면의 조건이라 할 수 있다.

2) 건물자산관리 실무활동의 안전화

건물자산관리는 위험의 최소화와 이익의 극대화(risk-minimum, return-maximum)를 통하여 건물자산의 경제가치의 보전과 극대화를 도모하는 경영관리활동이자 운영관리 활동 및 유지관리활동을 의미한다. 그러므로 건물자산관리활동은 자산의 위험은 물론 시설물의 위험 역시 통제하여 최소화하고 위험통제, 위험회피, 위험전가, 위험인수 등의 위험관리방법을 활용하여 위험을 시전예방하거나 위험을 대비하며 위험을 예방 또는 제거함으로써 인적 물적 피해가 발생하지 않도록 하는 이른바 안전화 요건을 충족해야 한다.

왜냐하면, 건물자산관리의 목표는 low-risk, high return(저 위험-고 수익) 에 있기 때문이다. 건물자산관리활동의 안전화는 위험분석, 위험예방, 위험관리(위험통제, 위험전가, 위험회피, 위험인수) 등으로 달성할 수 있으며 위험으로 인한 피해도 최소화할 수 있다. 특히, 시설관리활동에서 자주 나타나는 화재, 안전사고 등은 안전점검과 안전교육, 안전훈련 등을 통하여 1년 365일 무재해 시설관리 현장으로 유지해야 한다.

또한 건축시설물유지관리 현장의 경우 산업재해보상보험은 물론 화재보험, 영업책임배상보험 등의 보험가입으로 위험을 철저하게 전가시키거나 하도급계약이나 용역계약, 공사계약 시에 계약을 통하여 위험을 회피해야 하며 전기안전 관리자, 소방관리자, 위험물 취급자 등은 위험통제에 최선을 다해야 한다. 따라서, 양질의 경영성과와 운영성과 및 관리성과는 건물자산관리활동의 안전화 요건의 충족을 전제로 이루어지므로 반드시 건물자산관리 실무활동의 안전화 요건은 반드시 충족되어야 한다는 조건이다.

3) 건물자산관리 실무활동의 효율화

효율화란 투입(input)보다 산출(output)이 큰 경우를 의미한다. 건물자산의 경영과 관리에 있어서도 일정한 경영자원과 관리자원(인적자원, 물적 자원, 재무적 자원, 기술적 자원, 정보자원)이 투입되고 경영관리 성과가 산출되는 구조를 가지고 있으므로 건물자산관리활동 역시 효율화요건을 충족할 필요가 있다.

왜냐하면, 아무리 양질의 경영관리 성과가 창출되었다하더라도 투입보다 산출이 적은 경우에는 바람직한 경영관리 성과로서 가치가 없기 때문이다. 그러므로 건물자산관리 실무활동에 있어서도 효율화요건의 충족을 전제로 양질의 경영관리 성과를 창출해야 한다는 조건이다.

4) 건물자산관리 실무활동 효과의 적합화

건물자산관리 실무활동 효과의 적합화(suit ability)라 함은 건물자산관리활동의 3가지 필요요건을 충족하여 창출된 경영성과는 반드시 건물자산관리 이해당사자인 건물자산의 투자자나 소유자, 사용자 그리고 관리자의 욕구나 목적에 적합해야 한다는 요건을 의미한다. 비록 양질의 건물자산경영관리 효과(경영관리 성과)가 가장 경제적 방법으로 안전하게 그리고 효율적으로 창출되었다 하더라도 건물자산관리에 이해를 가지고 있는 건물자산 투자자의 투자목적과 소유자의 소유 목적 및 사용자의 사용목적 그리고 관리자의 관리목적에 반하거나 적합지 못한 경우에는 궁극적으로 건물자산관리 이해당사자를 만족시킬 수 없기 때문이다. 따라서 건물자산관리활동 효과의 적합화 요건은 반드시 충족되어야 한다. 건물자산 투자자와 소유자 측면의 건물자산관리활동 효과의 적합화를 도모하려면 다음과 같이 조치해야 한다.

첫째, 최적건물자산의 취득을 통한 장기적 수익안정 기반을 구축해야 한다.

둘째, 효율적 보유와 운영관리를 통한 운영수익을 최대화해야 한다.

셋째, 합리적 또는 전략적 처분에 의한 양도차익 실현 등이 가장 경제적 방법으로 안전하게 그리고 효율적으로 양질의 경영성과를 창출해야 하고 이를 통하여 건물자산투자자, 소유자 측면의 적합화가 달성되어야 한다.

건물자산사용자 측면의 적합화는 건물시설관리자가 안전과 편의를 높이고 일상적으로 점검 정비하고 손상된 부분은 원상복구하며 경과시간에 따라 요구되는 보수, 보강, 개량 등을 신속하게 진행할 뿐 아니라 사용자의 사용, 수익지원과 필요한 양질의 시설관리 서비스를 적절히 공급함으로써 달성될 수 있다.

또한 건물자산관리자 측면의 적합화는 관리 업무를 표준화하고 효율적 관리시스템을 구축하며 관리자 스스로 전문화하여 건물소유자 입장에서 사용가치와 수익가치를 높이고 최유효 건물자산 사용·수익화를 도모하여 건물자산 투자자나 소유자의 욕구나 목적과 건물자산사용자의 욕구나 목적에 맞는 양질의 경영성과와 관리성과를 창출하고 적절히 제공하는 것을 통하여 달성될 수 있다.

5) 건물자산관리 실무활동 목적달성의 효과화

건물자산관리 실무활동을 수행함에 있어서 반드시 계획한 건물자산관리의 목적이 달성되는 효과가 나타나도록 경영하고 운영하며 관리활동을 수행해야 한다는 건물자산관리활동의 요건이다.

제4절 건물자산관리 실무활동의 기본개념과 구조체계

1. 건물자산관리 실무활동의 기본개념

1) 실무활동 기본개념의 의미

건물자산관리 실무활동이라 함은 건물자산관리주체와 관리조직 및 그 구성원이 내부의 건물자산관리자원을 효율적으로 배분, 활용하고 외부의 건물자산관리환경을 능동적으로 극복하여 건물자산의 경영관리목표와 건물부동산 운영목표 및 건축시설물 유지관리 목표를 가장 경제적 방법으로, 가장 안전하게 그리고 가장 효율적으로 적합하게 효과적으로 달성하기 위하여 전략적으로 의사를 결정하고 실행하는 관리적 행위 및 그 실천과정을 의미한다.

다시 말하면, 건물자산의 경영관리 목표인 투자이익과 건물자산관리의 목표인 건물자산의 경제가치인 수익가치와 사용가치 및 처분가치를 높여 최유효 건물자산수익화와 건물사용화 및 처분화를 위한 양질의 경영관리 서비스를 효과적으로 창출하기 위한 경영항목과 운영항목 및 유지관리항목의 실제 업무를 처리하는 관리적 노력이나 작업 또는 의사결정 집행 · 지휘 · 통제 등의 행위를 건물자산관리 실무활동(practical activities of building asset management)이라 한다.

건물자산관리활동을 통하여 얻어지는 경영효과와 운영효과 및 유지관리효과는 건물자산관리이론을 바탕으로 행해지는 건물자산관리활동의 결과물로서 건물자산관리활동의 요소들이 복합적으로 서로 결합하고 상호작용하여 마침내 얻어지는 경영관리효과인 바 후술하는 건물자산관리활동의 3요소들이 경영관리활동과 운영관리활동 및 유지관리활동을 중심으로 상호작용하고 조합 또는 결합하여 창출하는 특징이 있다.

그러므로 건물자산관리활동이란 경영관리활동과 운영관리활동 및 유지관리활동 요소들인 건물자산관리주체와 관리객체 및 관리수단 등이 효과적으로 결합하고 조합하며 상호작용하게 하여 건물자산 관리효과를 최종적으로 창출하는 과정이라 할 수 있다. 결론적으로, 건물자산관리 실무활동이라 함은 건물자산경영관리주체와 경영관리조직이 관리대상건물에 대하여 주어진 경영관리수단을 효과적으로 활용하여 경영관리계

[그림 8] 건물자산관리 실무활동의 기본개념도

건물자산관리활동의 기본개념

건물자산관리활동의 개념

건물자산관리 주체와 관리조직 및 그 구성원이 내부의 건물자산 관리 자원을 효율적으로 배분·활용하고, 외부의 건물자산관리 환경을 능동적으로 극복하여 합목적적 건물자산의 취득과 정상적 보존·이용·개량 중심의 효과적 운영관리와 합리적 처분 그리고 취득건물자산의 최유효 사용화와 수익화 및 처분화의 건물자산관리 목적을 가장 경제적 방법으로 안전하게 효율적으로 적합하게 효과적으로 달성하는데 요구되는 전략적 의사결정과정과 실천행위

건물자산관리활동의 3요소

(1)건물자산 관리주체
(2)건물자산 관리객체
(3)건물자산 관리수단

건물자산관리 활동의 4 분야

(1)건물자산 투자 분야
(2)건물자산 경영 분야
(3)건물부동산 운영 분야
(4)건축시설물 관리 분야

건물자산관리 활동의 목적

건물자산 최유효 사용화와 수익화 및 처분화와 이를 위한 합목적적 건물자산의 취득과 정상적 보존과 이용 및 개량 중심의 효과적 운영관리 그리고 합리적 처분을 가장 경제적 방법으로 안전하게 효율적으로 적합하게 효과적으로 달성하여 다음의 건물자산관리학 이념을 구현한다.

(1)인간의 삶과 생활과 일의 영위와 조직의 활동 및 건물자산관리 산업의 경제적 활동을 주 환경 측면에서 지원한다.

(2) 건물자산 이해관계자에게 필요한 최유효 건물자산 소유와 사용 및 수익과 처분의 만족을 제공한다.

(3)건물자산관리산업의 발전을 통한 국가경제발전에 이바지한다.

건물자산 활동의 법과 제도

(1)건물자산관리 활동의 법체계
①건물자산 관리사법
② 건물자산 관리공법

(2)건물자산 관리제도
①법정관리 제도
②임의관리 제도

건물자산관리 활동의 특성

(1) 계속성과 수시성
(2) 기술성과 전문성 및 과학성
(3) 건물관리관계 법령의 구속성
(4) 공간 활동성
(5) 현장중심 활동성
(6) 대물대인 활동성
(7) 경험 중시성
(8) 사회성과 공공성
(9) 기술과 전문성 수준의 생산비례성
(10) 건물환경여건 지배성
(11)유형적 활동성과 무형적 활동성
(12) 경영·운영·관리 방법의 다양성
(13) 타율성과 관리자 의존성
(14) 활동주체의 다양성
(15) 윤리성
(16) 정보의 유용성
(17) 건물자산관리 목적과 목표의 지향성
(18) 관리활동 경제화, 안전화, 효율화와 적합화 및 효과화 의무성
(19) 위험수익 비례성

건물자산관리활동의 적용원칙

(1) 안전성우선의 원칙
(2) 경제성고려의 원칙
(3) 효율성제고의 원칙
(4) 작업능률화의 원칙
(5) 기술과 전문성 및 과학의 원칙
(6) 내구성지향의 원칙
(7) 선(先) 계획 후(後) 관리활동의 원칙
(8) 예방관리의 원칙
(9) 과학적 관리와 기술적 관리 및 전문적 관리의원칙
(10) 신뢰성확보의 원칙
(11) 책임 관리의 원칙
(12 법정기준적합성의원칙
(13)경영사고(經營思考) 적용의 원칙
(14) 관리 업무 표준화의 원칙
(15) 최유효 관리법 의무적 적용의 원칙
(16) 현장중심관리의 원칙
(17) 고품격서비스생산의 원칙
(18) 관리활동순기능원칙
(19) 계속관리의 원칙
(20) 사회공공성의 원칙
(21) 윤리성의 원칙
(22) 점검보수일상화의 원칙
(23) 경영관리목적 및 목표 지향 절대원칙
(24) 건물자산관리학 이념 구현의 원칙

건물자산관리 활동의 대상

협의의 건물자산(건축물)으로서 경제적 가치가 있으며 개인 또는 단체가 소유하고 있는 다음의 건물자산

(1)주거용 건물자산
(2)상업용 건물자산
(3)공업용 건물자산
(4)문교사회용 건물자산
(5)기타용도 건물자산

건물자산관리활동의 3대 영역

(1) 건물자산 경영관리영역

(2) 건물부동산 운영관리영역

(3) 건축시설물 유지관리영역

건물자산관리 활동의 방식

1)건물자산 경영관리 방식

(1) 투자 방식
① 직접투자 방식
② 간접투자 방식

(2) AM 방식
① 1원화 방식
② 2원화 방식
③ 3원화 방식

2)건물부동산 운영관리 방식

(1) PM 방식
①low level PM 방식
②high level PM

(2)시설운영위탁 관리 방식

3)건축시설물 유지관리 방식
① 자치관리 방식
② 직영관리 방식
③ 위탁관리 방식
④ 혼합관리 방식
⑤ 신탁관리 방식

건물자산관리활동의 기대효과

1) 건물자산 경영관리활동 기대효과

건물자산 최유효 사용화와 수익화 및 처분화

2)건물부동산 운영관리활동 기대효과

건물부동산 최유효 사용화와 수익화

3) 건축시설물 유지관리활동 기대효과

건축시설물 최유효 사용화

획상의 경영관리목표를 가장 경제적인 방법으로 가장 안전하게 그리고 효율적으로 적합하게 효과적으로 달성해가는 경영행위와 운영행위 및 관리행위를 의미한다.

건물자산관리활동의 목표인 양질의 경영 · 운영 · 관리 성과(service)와 건물재산의 경제적 이익은 결국 건물자산경영관리활동에 의하여 창출됨으로써 건물자산관리활동이야말로 가장 중요한 경영관리효과 창출의 요체라 할 수 있다. 그러나 건물자산관리에 있어서 실무활동개념은 이론적인 건물자산관리 개념의 정의와는 성격이 다소 차이가 있다. 왜냐하면, 건물자산관리 개념의 이론은 건물자산관리의 총체적이고 거시적이며 추상적이고 관념적인 개념인 데 반하여, 건물자산관리 실무활동은 지엽적이고 구체적이며 미시적이고 실천적 행위중심의 실무관리개념이기 때문이다. 건물자산관리활동의 기본개념의 구성은 건물자산관리 활동의 3요소, 3대 관리영역, 대상, 방식, 법 · 제도, 목적, 효과 등 여러 가지 요소에 의하여 개념화될 수 있다. 이를 정리하면 [그림 8]과 같다.

2) 건물자산관리 실무활동영역별 건물자산관리 실무의 내용

건물자산관리 실무활동은 자산관리개념, 관리영역, 관리활동 측면 및 관리 실무활동 방식 등에 따라 관리 업무내용이 크게 달라진다.

예컨대 건물자산관리 3대 영역인 건물자산 경영관리영역과 부동산운영 관리영역 및 건축시설물 유지관리영역에 따라 경영관리활동과 운영관리활동 및 유지관리활동이 이루어지며, 건물자산 경영관리활동이 수리적 경제, 경영활동인 반면 건축시설물 유지관리활동은 물리적이고 기능적인 물적 기술관리활동을 업무내용으로 설정하고 있다. 또한 건물자산관리 실무활동 방식인 건물자산 경영관리 방식(AM 방식)과 건물부동산 운영관리 방식(PM 방식) 및 건축시설물 유지관리 방식(FM 방식)에 있어서도 투자활동과 AM활동이 건물 전 생애과정에 걸쳐 전략적 의사결정으로 적정한 건물자산의 매입, 효율적 보유와 전략적 매각을 통한 건물자산가치의 보존과 제고 및 경제이익의 최대화로 투자이익의 창출을 목표로 추진되는 경영관리활동인 반면, PM활동은 건물자산의 보유기간 동안 지출비용을 통제하고 수입을 관리하여 운영이익을 최대화하며 임대관리와 시설관리용역협력업자의 고용과 통제 및 감독으로 임대수익의 증대와 유지관리비용의 최소화로 빌딩 소유자나 AMC의 asset manager를 건물자산가치 보존 증식과 경제이익의 최대화 측면에서 지원하는 보조적이고 통상의 건물부동산 운영관리활동인 데 비하여, FM활동은 property manager와 전략적 제휴로 파트너십을 가지고 있는 facilities manager나 빌딩 manager가 중심이 되어 건물시설에 대한 보존 · 유지 · 기술적 개량으로 안전과 편의를 높여 건물을 최유효 사용할 수 있도록 계획하고 감독하는 이른바 물리적이고 기능적인 물적 건축시설물 유지관리활동이라 할 수 있다.

뿐만 아니라, 건물자산관리 6측면의 경우의 관리 실무활동 즉, 기술 · 경제 · 법률 · 행정 · 위험(안전), 환경 등 6대 측면의 건물자산 경영관리활동과 건물부동산 운영관리활동 및 건축시설물 유지관리활동의 경영 · 운영 · 관리내용을 각각 다른 별개의 업무를 가지고 있다.

따라서 건물자산관리활동은 건물자산관리의 개념이나 관리 3대 영역, 실무활동 방식, 최광의 관리개념과 건물자산의 복합개념에 의한 건물자산관리 6측면 등에 따라 경영 업무와 운영 업무 및 관리 업무가 매우 상이하고 목표와 기대효과 및 측정방법이 다양하므로 건물자산관리자는 전술한 바와 같은 건물자산관리활동의 구조체계개념과 활동의 성격 및 업무의 특징에 따라 체계적이고 전문적인 경영관리활동을 과학적이고 기술적이며 전문적으로 관리해야 하며 건물자산 최유효 관리방법으로 건물자산관리 업무를 체계적으로 수행하여 양질의 건물자산경영효과와 건물부동산 운영관리 효과 및 건축시설물 유지관리의 효과를 얻어 건물자산의 투자자, 소유자, 임차인(사용자) 등을 건물자산의 사용과 수익 측면에서 각각 만족하도록 최선을 다해야 한다.

건물자산관리활동의 내용을 보다 구체적으로 이해하려면 전술한 바와 같이 건물자산관리의 3대 영역(건물자산의 경영관리영역과 건물부동산의 운영관리영역 및 건축시설물 유지관리영역)의 개념과 경영 · 운영 · 관리 영역의 6측면 및 건물자산관리실무 관리활동인 경영활동과 운영활동 및 관리활동 등에 대하여 구체적으로 살펴보아야 한다.

건물자산관리의 3대 관리영역은 전술한 바와 같이 건물자산(building asset) 경영관리영역과 건물부동산(property) 운영관리영역 및 건축시설물(facilities) 유지관리영역으로 분류되며, 건물자산관리활동 6측면은 건물자산과 건물부동산 및 건축시설물에 대한 경제, 법률, 기술, 행정, 환경, 위험(안전) 등 6측면의 경영관리와 운영관리 및 유지관리 항목을 관리대상으로 접근하여 해당 업무를 처리하는 측면을 말한다.

또한, 건물자산 경영관리 실무활동이라 함은 투자자와 소유자의 의사결정에 의하여 경제적 환경과 정치사회적 환경, 국제적 환경, 법 · 제도적 환경, 자연환경을 분석하고 finance분석, portfolio와 risk분석, 조세분석, 재무분석과 물가분석, 예산분석 등을 통하여 건물자산의 취득과 처분 및 운영관리의 방향과 방침 등에 대하여 조언하고 건물자산의 매입과 보유 및 매각에 대한 전략적 의사결정과 실행의 참여로 자산의 경영관리와 운영 전반을 지원하는 자산관리 실무개념으로서 건물자산을 투자대상으로 상정하고 투자과정 즉, 의사결정 · 취득 · 보유 · 매각(처분) 전 과정에 걸쳐 관계되는 모든 사항에 관하여 전략적으로 대응하게 함으로써 건물자산의 투자에 대한 경제적 수익성의 최대화를 지원하는 경영행위(경영활동)를 의미한다. 건물자산관리 실무활동개념의 건물자산관리실무를 미국의 부동산관리 실무활동을 중심으로 고찰하면 건물시설관리와 임대관리 개념의property management로 출발하여 건물소유자나 portfolio manager의 감독 아래 건물자산을 관리하는 asset management 개념으로 발전되어 오다가 최근에는 건물자산경영개념의 asset operation & administration 개념으로 변천되어 가는 추세를 보여주고 있다. 그러나 우리나라의 경우, 건물자산관리의 수준은 건축시설물 유지관리 차원의 facilities management에서 시설물 유지관리(facilities management)와 건물부동산 임대관리(leasing management) 업무가 결합된 PM 초기단계의 low level property management 수준에 머물고 있다. asset management manager와 portfolio manager는 건물자산 투자자를 도와 건물자산의 매입과 매각(취득과 양도)에 필요한 가이드라인이나 의사결정에 참여하며 leasing management와 property management에 관한 아웃소싱의 의사결정을 하는 등 건물자산의 경영관리에 실질적으로 투자자를 대리하는 위치에 있다.

그러므로 asset management를 담당하는 asset manager는 투자자와 전략적 제휴로 파트너십을 가지고 투자건물자산의 취득과 양도를 위한 의사결정에 참여하고 가이드라인을 제공하는 외에 보유건물자산의 안정적 수익기반을 확보하거나 투자건물자산의 경제적 가치의 제고를 위한 장기전략 수립 및 실행을 위하여 건물자산시장의 분석과 조세정책이나 조세동향을 면밀히 관찰 분석하고, 국내 거시경제와 미시경제를 분석하며, 금융시장 변화에 대응하는 금융전략 수립과 임대시장 동향에 따라 적절한 임대전략을 수립하고, renovation이나 re-positioning, 인테리어 등 물리적 개량공사를 통한 건물자산가치를 제고하며, 건물자산을 경제적 측면에서 평가하고, 투자분석을 통한 위험을 예측하거나 이에 따른 건물자산의 portfolio를 분석· 관리하고 건물자산의 취득과 양도 업무를 담당하게 되는 것으로 일종의 재무적 관리를 담당하게 된다.

그러나 property management는 통상적인 부동산관리개념으로서 PM을 담당하는 property manager는 asset manager와 전략적 제휴로 파트너십을 가지고 일상적으로 건물자산을 운영하거나 FMC를 고용하고 통제하며asset manager 또는 건물자산소유자와 투자자에게 월간 또는 연간재무보고 및 건축시설물 운영보고와 운영수익을 극대화하기 위한 임대업무를 담당하고 입주 사(tenant) 관리와 외주 용역 업자를 감독, 관리하며 임대를 위한 내장공사를 감독하거나 건물자산소유자의 요구사항에 관계되는 업무를 수행함으로써 건물자산의 사용가치와 수익가치를 높이고 최대화하는 통상적인 건물자산의 운영실무활동을 담당한다. 따라서 property manager의 주된 건물자산관리 업무는 건물자산의 임대차관리와 이와 관련한 입주 사(tenant) 관리 및 재무보고와 운영보고 그리고 고용한 FMC나 용역을 감독·통제하는 업무를 주로 수행하게 된다. 또한 PM manager는 asset manager와 체결한 PM계약의 내용에 따라서 high level PM인 경우 AM의 고유 업무에 해당하는 원가관리, 예산관리, 재무관리 및 부동산 조세관리를 asset manager와 함께 담당하게 된다.

건물자산관리실무 중 FM(facilities management)은 건물의 유지, 점검, 보수, 에너지관리, 주차시설관리, 환경미화와 경비보안관리 등의 물리적 기능과 성능을 유지하는 물적 관리 업무로서 건물자산 소유자나 asset manager 또는 property manager와 FM계약체결을 통하여 전략적 제휴와 함께 파트너십을 가지고 이들로부터 감독이나 통제를 받아 물리적 상태의 보존, 기능과 성능의 유지, 기술적 개량을 담당하는 건축시설물 유지관리 실무기법이라 할 수 있다.

이상에서 설명한 AM, PM 그리고 FM을 요약정리하면 건물자산경영관리의 4대 업무인 자산운용 업무, 재무관리 업무, 임대관리 업무, 시설관리 업무 중 investor(투자자)가 스스로 건물자산의 매입·매각의 의사결정과 함께 직접투자활동을 수행하거나 아니면, AMC를 선임하고 asset manager에게 건물자산투자관리를 위임하여 투자관리를 위탁하는 경우 투자관리권을 위임받은 asset manager는 주로 건물자산의 처분의 의사결정 참여와 위험관리, portfolio관리, 금융조달 및 통제를 내용으로 하는 자산운용을 담당하며, property manager와 함께 건물자산의 조세관리, 예산관리, 원가관리를 내용으로 하는 재무관리를 담당하여 PM과 FM을 고용 통제하고 감독하는 역할을 하게 된다.

그러나 property manager는 투자건물자산의 임대차관리와 이에 따른 임차인관리 및 재무보고와 운영보고를 전담하며, FMC를 고용하고 이에 대한 관리, 감독, 통제 및 관리예산을 승인하는 업무 등을 부수적으로 수행하게 되며 경우에 따라서는 asset manager와 제휴조건에 따라 전술한 바와 같이 high level PM의 위치에 있게 되는 경우, 건물자산의 조세관리, 원가관리, 예산관리 등의 업무를 부분적으로 담당하게 된다. 그러나 facilities manager는 건축시설물 유지, 점검, 보수나 에너지관리, 안전관리, 주차장시설·조경시설·기타 부대시설 유지관리와, 환경미화·경비보안 관리를 통하여 건물의 물리적 상태보존, 시설물의 기능과 성능유지, 기술적 보수작업 등을 주로 행하게 되며 이에 관한 FM보고서를 월간 단위로 작성하고 property manager 또는 asset manager 및 건물자산 소유자에게 정기적으로 보고하는 등의 업무를 수행한다. 건물자산관리영역별 실무활동의 내용은 (표 34)와 같다.

(표 34) 건물자산관리 실무활동영역별 건물자산관리 실무의 내용

영역 내용	건물자산 경영관리영역	건물부동산 운영관리영역	건축시설물 유지관리영역
건물자산관리 실무활동의 개념	건물자산 투자활동과 AM활동을 통한 건물자산 사용가치와 수익가치 및 처분가치 극대화 목적의 경영관리개념	PM활동과 전략적 FM고용을 통한 건물부동산의 사용가치와 수익가치 극대화 목적의 운영관리 개념	FM활동을 통한 건축시설물 사용가치 극대화 목적의 유지관리 개념
건물자산관리 활동 분야	건물자산 투자활동 AM활동	high level PM활동 low level PM활동 시설운영 위탁관리활동	종합 FM활동 개별 FM활동
건물자산관리 6측면의 실무활동	기술 측면의 건물자산 경영관리활동 경제 측면의 건물자산 경영관리활동 행정 측면의 건물자산 경영관리활동 법률 측면의 건물자산 경영관리활동 안전 측면의 건물자산 경영관리활동	기술 측면의 건물부동산 운영관리활동 경제 측면의 건물부동산 운영관리활동 행정 측면의 건물부동산 운영관리활동 법률 측면의 건물부동산 운영관리활동 안전 측면의 건물부동산 운영관리활동	기술 측면의 건축시설물 유지관리활동 경제 측면의 건축시설물 유지관리활동 행정 측면의 건축시설물 유지관리활동 법률 측면의 건축시설물 유지관리활동 환경 측면의 건축시설물 유지관리활동 안전 측면의 건축시설물 유지관리활동
건물자산관리 조직의 성격	경영관리조직(AM조직)	운영관리조직(PM조직)	유지관리조직(FM조직)
건물자산관리 실무영역별 책임자	건물자산 투자자 건물자산 소유자 AM manager Portfolio Manager	PM manager	FM manager
건물자산관리 실무활동영역별 3요소	경영관리 주체 경영관리 객체 경영관리 수단	운영관리 주체 운영관리 객체 운영관리 수단	유지관리 주체 유지관리 객체 유지관리 수단
건물자산관리 실무활동 영역별 책임자의 고유 업무	(1)건물자산 투자자 ①건물자산 투자의 의사 결정 ②건물자산 매입 및 매 각 결정 ③AMC선임 (2)AM Manager ①건물자산 투자의사 결정 자문 ②건물자산 매입 및 매각 의사 결정 참여 및 실행 ③PMC 고용과 통제 ④자산운용 ⑤재무관리 ⑥투자자/소유자 요구 사항협조 업무 ⑦AM보고	PM manager ①임대차관리 ②입주 사 관리 ③FM 고용 및 통제 ④PM 보고 ⑤공사 관리 ⑥AM manager 또는 건물자산 소유자 요구 사항 협조 업무 ⑦출구 전략 수립	FM manager ①건축시설물 점검유지 보수 ②건축설비 운전과 정비 ③환경미화관리 ④경비보안관리 ⑤에너지관리 ⑥주차시설관리 ⑦조경 시설물관리 ⑧FM보고 ⑨기타 PM manager 요구사항 협조업무
건물자산관리 실무활동영역별 목표	합목적 건물자산의 취득과 정상적 보존과 이용 및 개량 중심의 효과적 운영관리 그리고 합리적 처분에 의한 건물자산의 사용가치와 수익가치 및 처분가치의 극대화	정상적 보존과 이용 및 개량 중심의 효과적 운영관리에 의한 보유 건물 부동산의 최유효 사용화와 수익화	건물상태의 정상적 보존과 기능과 성능의 효과적 유지관리, 보유 건축시설물의 최유효 사용화
전략적 제휴 및 파트너십	투자자+AMC 소유자+AMC	AMC+PMC	PMC+FMC
기대효과	건물자산 최유효 관리법에 의한 합목적적 건물자산의 취득과 정상적 보존과 이용 및 개량 중심의 효과적 운영관리 그리고 합리적 처분을 통한 건물자산 최유효 사용화와 수익화 및 처분화의 경영관리 목표달성	건물자산 최유효 관리법에 의한 효과적 운영관리로 운영비용의 최소화와 운영수익의 최대화로 건물부동산의 최유효 사용화와 수익화의 운영관리 목표달성	건물자산 최유효 관리법에 의한 효과적 보존과 건축시설 설비의 기능과 성능의 유지로 최유효 사용화의 유지관리 목표 달성

2. 건물자산관리 실무활동의 구조체계

건물자산관리 실무활동의 구조체계라 함은 건물자산관리조직에 관한 각각 다른 요소들을 계통을 세워 실무활동이 가능하도록 통일한 전체를 의미하며, 전체를 이루고 있는 부분들이 서로 짜인 관계나 그 체계로서 건물자산관리의 일정한 원리에 따라 조직한 건물자산관리실무의 통일된 전체를 의미한다.

건물자산관리 실무활동은 건물자산관리이론을 기반으로 진행되는 건물자산관리자의 의사결정과 적극적 행위에 의하여 건물자산의 경영관리 성과와 운영관리 성과 및 유지관리 효과를 최유효 관리법으로 얻고자 하는 경영, 운영 · 관리 활동이므로 일정한 원리에 따라 체계적으로 건물자산이 운용되어야 한다. 그러므로 건물자산관리의 실무활동 역시 하나의 통일된 건물자산관리체계가 요구된다. 건물자산관리실무는 건물자산 투자자, AM 관리자, PM 관리자, FM 관리자 등에 의하여 실제 다루어지는 업무이므로 이들을 중심으로 자산관리실무 시스템체계가 수립되어야 한다.

전술한 내용에 대한 인식을 바탕으로 건물자산관리 실무활동의 시스템체계를 그림으로 구성하면 [그림 9]와 같다.

[그림 9] 건물자산관리 실무활동의 구조체계

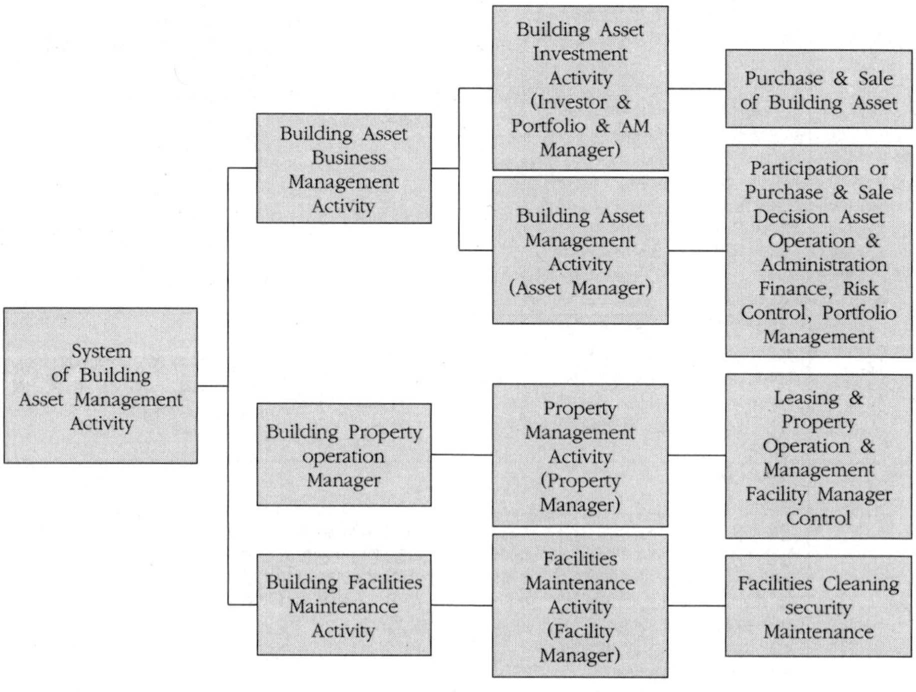

제5절 건물자산관리 실무활동의 분류

건물자산관리활동은 건물자산의 복합성 개념과 건물자산관리의 복합성 업무로 인하여 여러 가지 형태의 건물자산관리활동으로 분류할 수 있으나, 건물자산관리활동 이해의 편의상 건물자산 생애 단계의 기준과 건물자산관리 4대 업무 기준 그리고 건물자산관리 3대 측면기준, 건물자산관리 업무 복합성 개념 기준 및 기타 기준에 의하여 분류하면 다음과 같다.

1. 건물자산 생애단계에 의한 분류

건물자산 생애단계를 기준으로 건물자산관리활동을 분류하면 건물자산취득활동과 보유 및 운영관리활동 그리고 처분활동 등으로 분류된다.

(1) 건물자산취득활동

건물자산취득활동이란 신축, 매매, 개발(재개발포함), 투자, 교환 등의 방법으로 건물자산의 소유권과 점유권을 취득하여 취득 목적물을 전면 지배하여 사용, 수익, 처분의 권능을 가지는 경우를 말한다.

건물자산취득의 핵심은 가장 경제적 방법으로 안전하게 그리고 효율적으로 적합하게 효과적으로 건물자산을 취득하는 데 있으며 건물자산의 취득은 전략적 아웃소싱의 경우에 asset management company 또는 asset manager에 의하여 수행된다.

합목적적 건물자산취득을 위하여 취득 전에 행해지는 거시경제 및 미시경제 분석, portfolio분석, risk분석, 금리동향 및 세제동향 분석, 자산실사, 권리분석 등과 건물자산 전문가 집단의 선행적 활동이 필요하다.

(2) 건물자산 보유 및 운영관리활동

보유 및 운영관리활동은 건물자산의 취득 이후 처분 전까지의 건물자산관리과정으로서 정상적 보존과 이용 및 개량 중심의 효과적 운영관리를 통하여 운영비용의 통제와 운영수입관리 그리고 이를 통하여 운영 수익을 최대화하고 운영비용을 최소화하는 데 핵심가치가 있다.

보유 및 건물자산 운영관리는 직영관리의 경우에는 내부 PM팀 또는 FM팀에 의하여 수행되나, 전략적 외부 아웃소싱의 경우에는 PMC(property management company) 또는 property manager에 의하여 수행되며 건축시설물관리 업무는 전문화, 분업화개념에 따라 전략적으로 FMC(facility management company) 또는 facility manager에 의하여 수행되며 전략적 파트너십을 가지고 있는 PM이 FM을 통제하여 유지관리비용의 최소화와 관리효용의 극대화를 도모하게 된다.

(3) 건물자산처분활동

건물자산의 처분활동은 건물자산 생애단계 중 마지막 단계의 건물자산관리활동으로서 법률적 처분으로 양도차익의 실현과 물리적 처분 또는 사실적 처분으로 자산가치 증대에 핵심적 가치와 목표가 있다. 건물자산의 처분활동은 건물자산의 소유자가 직접 수행하는 경우와 AMC의 asset manager에 의하여 대행되거나 수행되며 법률적 처분은 주로 양도, 교환 등의 방법으로 이루어지며 물리적 처분은 대수선, renovation, 인테리어 증축, 개축, 이축 등의 방법으로 수행된다. 처분의 본래 의미는 의미 있는 권리나 권리의 객체에 변동을 일으키는 일로서 넓게는 법률적 처분과 물리적 처분 등을 포함한다.

건물자산의 양도방법에는 소유권과 목적물 모두를 이전하는 완전양도와 소유권만 이전하고 목적물은 매도자가 임차형식으로 계속 점유하는 형태의 불완전 양도도 있다.

2. 건물자산관리 주요 업무에 의한 분류

건물자산관리 주요 업무에는 자산운용 업무, 재무관리 업무, 임대관리 업무, 시설물관리 업무 등 4대 업무가 존재하고 있으므로 이를 기준으로 건물자산관리활동을 분류하면 자산운용활동, 재무관리활동, 임대관리활동, 그리고 시설물관리활동으로 분류되며 자산운용 업무와 재무관리 업무는 AMC의 asset manager에 의하여 주로 수행되고 임대관리 업무는 PMC의 property manager에 의하여 그리고 시설물관리 업무는 FMC의 facility manager 또는 building manager에 의하여 처리된다.

3. 건물자산관리 3측면에 의한 분류

건물자산관리활동을 건물자산관리 3측면을 기준으로 분류하면 건물자산 경영관리활동(AM활동)과 건물부동산 운영관리활동(PM활동) 및 건축시설물 유지관리활동(FM활동)으로 분류할 수 있다.

건물자산 경영관리활동(AM활동/asset management activities)이라 함은 자산운용과 재무관리를 주요 업무로 하는 자산운용활동이자 재무적 자산의 경영관리활동(asset operation and administration)을 의미한다. 건물부동산의 운영관리활동(PM활동/property management activities)이라 함은 보유 건물자산의 운영관리 실무활동으로서 통상적 건물부동산관리 성격의 임대관리와 운영관리를 의미한다.

건축시설물 유지관리활동(FM활동/facility management activities)이라 함은 보유 건축시설물의 유지관리 업무인 시설물관리, 시설물청소위생관리, 시설물경비보안관리, 기타 주차시설관리, 조경시설물 관리, 토목시설물관리, 에너지관리 및 안전관리, 소모자재 관리 등과 이에 종사하는 종사자 인사노무관리와 자재관리 및 에너지 관리활동 등을 의미한다. 전술한 건물자산 경영관리활동(AM활동)과 건물부동산 운영관리활동(PM활동) 및 건축시설물 유지관리활동(FM활동)은 건물자산관리의 큰 틀에서 고찰하면 하나의 개별적 측면의 활동이나 전체적으로는 상호 유기적 관계를 가지고 전략적 제휴와 파트너십을 통하여 상호협력하며 보완함으로써 마침내 전체 건물자산관리의 효과(경영성과와 운영성과 및 관리효과)를 종합적으로 창출하게 된다.

건물자산관리 3측면의 실무활동 내용을 좀 더 구체적으로 소개하면 다음과 같다.

1) 건물자산 경영관리활동(AM활동)

건물자산의 경영관리(AM)란 건물자산의 경영(asset business management)를 의미하는 것으로서 건물자산 투자관리 또는 자산 위탁관리 방법 중 하나이다. AM활동은 투자자산의 소유와 경영활동 중에서 주로 투자건물자산의 소유에 관계되는 투자건물자산의 소유재산권에 대한 관리를 행하는 부동산자산 투자관리 실무기법으로 투자자와 전략적으로 제휴하고 파트너십을 가지고 부동산투자전략을 수립하여 건물자산의 매입이나 신축을 통한 신규투자와 건물자산의 처분의 의사결정에 참여 또는 실행함으로써 투자자산의 수익을 극대화하는 자산운용개념이다. AM활동은 투자건물부동산의 소유자 입장에서 건물자산 위험을 관리하기 위해서 포트폴리오 매니저로 하여금 건물자산 포트폴리오를 관리하고 투자건물자산의 성장전략을 세워 투자자산의 자산가치를 증대시키는 책임을 지며, 소유자 입장에서 PM업무를 총괄하여 투자자산을 개별관리하거나 PMC를 선정하여 위탁 관리하여 투자자산의 수익을 극대화하게 한다. 또한 AM활동은 종국적으로 출구전략을 세워 전략적 매각을 단행하여 시세차익을 발생시켜 투자수익을 극대화시키는 신개념의 건물자산투자관리 기법이다. 즉, AM활동은 건물자산투자의 흐름인 매입(또는 신축) · 보유 · 매각(처분) 과정 중 매입과 매각에 중심을 둔 건물자산

투자관리 개념이라 할 수 있다. 즉, AM은 건물자산의 재무적 투자관리 실무활동이라 할 수 있다.

2) 건물부동산 운영관리활동(PM활동)

건물부동산 운영관리활동이란 PM활동(property management)을 의미하는 것으로 건물의 소유자나 AMC 등과 PM계약을 체결하고 일정한 PM fee를 받는 조건으로 전략적으로 제휴하여 파트너십을 가지고 건물자산 AMC와 소유자를 대리하여 대상 건물자산을 위탁받아 운영·관리하는 이른바 신개념의 건물자산 관리개념으로서 건물자산투자관리 실무기법 중 하나이다. PM은 PM대상 건물자산의 수익관리를 중심으로 임대수익을 극대화하고 운영관리비용을 통제하여 건물자산관리의 경제성을 높이고 건물자산관리를 위한 기획운영을 통하여 입주자에게는 양질의 건물 서비스와 건물소유자 또는 AMC에게 건물자산의 이익을 제공하여 만족하게 하는 건물자산운영 업무를 수행한다.

PM은 건물자산관리 개념의 하나로서 투자건물자산의 운영이익을 극대화하는 운영중심의 건물자산관리기법이라 할 수 있다.

PM의 개념에는 협의의 PM개념과 광의의 PM개념이 있는바, 전자는 관리대상 건축시설물에 대하여 임대관리 중심의 수리적 관리에 치중하나 광의의 PM은 PM대상 건물부동산에 대하여 임대관리와 공사 관리 및 시설관리 업무를 포함하는 수리적 관리와 물리적 관리 등의 포괄적 운영관리를 담당한다. 협의의 FMC의 고용과 통제·감독 업무를 포함하여 현금흐름(cash flow)을 증대시키고 경영위험과 시설위험을 함께 통제, 감독하며 계획과 전략을 세워 중장기적으로 PM대상 건물자산의 재산 가치를 제고시키면서 임대관리를 전담하여 건물자산의 경제적 수익을 극대화하는 보유건물자산운영을 담당한다. 또한 PM에는 high level PM과 low level PM이 있는바 전자는 투자자산의 수익성을 극대화하는 PM으로서 일정 부분 의사결정권과 계약체결권을 보유한 채 재무분석, 법률자문, 회계자문과 AM의 역할 중에서 일정부분을 담당하며 자문기능과 기술적 진단기능도 수행한다. 국내 일부 투자펀드와 대부분의 외국계 펀드의 건물자산관리 형태가 이 범주에 해당된다.

그러나 low level PM은 일반적인 건물부동산 운영수준(property level의 PM수준)으로서 임대관리와 함께 시설물관리(FM) 감독과 통제에 중점을 두고 있다. low level의 property manager는 계약체결권이나 의사결정권이 없으며, 국내 대기업의 자사보유 건물자산관리형태가 이 범주에 해당된다.

3) 건축시설물 유지관리활동(FM활동)

건축시설물 유지관리활동(FM활동)이란 facilities management를 의미하는 것으로 PMC의 property manager와 전략적 제휴로 파트너십을 가지고 건축시설물의 재화성(물건성)을 바탕으로 진행되는 물리적 시설물관리활동을 의미한다.

다시 말하면, 건물의 시설과 설비에 대하여 양호한 상태보존 및 정상적 기능과 성능을 유지시켜 건물의 쾌적성·편리성·보건성·미관성·안전성 등을 확보하여 건물자산을 최유효 사용화할 수 있도록 안전과 편의를 높이고 사용가치를 증대시키는 물리적이고 기능적인 시설물관리개념을 의미한다.

시설물관리(FM)개념은 확립되어 있지 아니하나, 일본 FM추진협의회의 견해에 의하면 "FM이란 기업·단체의 각각 보유시설의 자산을 경영적 관점에서 종합적으로 기획·관리·활용하는 경영관리활동이다"라고 정의하고 있으나 이와 같은 정의는 단체 또는 기업 보유자산에 대한 사옥관리 성격의 운영관리에 불과하므로 low level의 PM이나 광의의 시설물유지관리의 성격을 가지고 있어 보인다. 그러므로 일본의 FM 추진협의회의 FM의 정의 역시 정확한 FM의 정의라고는 볼 수 없다. 왜냐하면 대상 부동산의 성격·규모·용도 등이 다르고 나라마다 건물자산관리 개념이 다르기 때문이다.

FM업무는 전술한 협의의 PM업무가 주된 대상이 되며, 건물을 시설물로 보고 시설물의 물리적 관리를 전담하고 있는 건물자산관리기법 중 하나이다. 다시 말하면, FM은 건축물의 보전, 건축설비의 운전과 정비, 청소관리·위생소독관리·경비관리·주차관리·조경시설물 관리, 경미한 보수·정비작업 등의 관리 업무가 FM의 주요 업무이다.

4. 건물자산관리 업무의 복합성 개념에 의한 분류

건물자산관리는 부동산관리개념과 같이 단순한 경제관리와 기술관리 그리고 법률관리 측면만의 관리를 가지고는 건물자산 경제가치의 보전이나 극대화를 효과적으로 달성할 수 없다. 왜냐하면, 건물자산의 성격에는 전술한 경제성 외에 기술성, 법률성, 환경성, 행정성, 위험성 등의 복합성 개념이 존재하므로 이 모두를 관리대상으로 상정하지 않거나 6대 복합성 측면에서 건물자산관리를 하지 않는 경우 완전한 건물자산관리 효과를 기대하기 어렵기 때문이다. 따라서 성공적이고 완전한 건물자산관리를 수행하기 위해서는 다음과 같이 6대 복합성 측면의 건물자산관리가 요구된다. 그러므로 건물자산관리 개념도 건물자산관리 업무의 복합성 개념을 기초로 확립될 필요가 있다. 그러므로 건물자산관리활동 역시 건물자산관리 업무의 복합성 개념에 따라 경제 측면의 건물자산관리, 법률 측면의 건물자산관리, 기술 측면의 건물자산관리, 행정 측면의 건물자산관리, 환경 측면의 건물자산관리, 안전 측면의 건물자산관리 등 6대 측면으로 개별 관리하여 종국적으로는 통합적으로 건물자산관리 실무활동을 수행하여야 한다. 토지중심의 부동산학의 관리개념은 부동산을 경제적 개념, 법률적 개념, 기술적 개념 등의 3대 복합개념으로 이해하고 부동산관리활동 역시 부동산복합개념을 확대해석하여 경제적 측면의 부동산관리, 법률적 측면의 부동산관리, 기술적 측면의 부동산관리 등으로 설명하고 있으나, 건물자산 중심의 건물자산관리학의 관점에서는 건물자산의 복합성 개념은 경제성 개념, 법률성 개념, 기술성 개념, 행정성 개념, 환경성 개념, 위험성 개념 등의 6대 복합성 개념으로 이해하여 보다 완전한 건물자산관리는 6대 복합성 개념 측면에서 다루어야 함을 강조하고 있다.

그러나 건물자산 성격의 복합성으로 인하여 건물자산관리의 개념화나 정의화 작업은 말과 같이 쉽지 아니하며 건물자산관리를 위해서는 법률, 행정, 경제, 기술, 환경, 위험 등의 다양한 전문지식과 경험이 요구되고 있어 아무나, 누구나 건물자산관리 업무를 전문적으로 그리고 체계적으로 처리하기란 쉽지 아니하며 가장 경제적 방법으로 안전하게 그리고 효율적으로 관리하고 그 결과를 건물자산관리 이해당사자 모두의 요구목적에 부합하게 하는 것은 더욱 어렵다.

따라서 완전한 건물자산관리를 위해서는 전문 인력의 양성이 필요하며 건물자산 최유효 관리법, 건물자산 과학적 관리법, 건물자산 창조적 5단계 관리법, 건물자산 인간중심 관리법, 건물자산 경영과정 관리법, 건물자산 동시화 관리법 등의 건물자산관리 활동이론이 필요하다. 또한 이를 위한 정부의 정책적 지원이 뒷받침되어야 할 것으로 인식된다.

건물자산 복합성 개념 기준의 건물자산관리활동 종류와 내용은 다음과 같다.

1) 경제성 측면의 건물자산관리활동

경제성 측면의 건물자산관리는 건물자산관리영역 중 핵심 관리영역으로서 소극적으로는 투입비용의 최소화를 의미하나 적극적으로는 산출 경제 가치와 경제이익의 최대화를 의미한다. 이러한 관리적 노력은 시설물관리 측면에 유지관리 비용의 최소화와 관리효용의 극대화로 나타나고 건물자산경영 측면에서는 자산위험의 최소화와 투자수익(Return)의 극대화로 집약되고 있다.

특히, 경제성 측면의 건물자산관리는 건물자산취득의 경제화, 보유와 운영관리의 경제화 그리고 처분의 경제화를 통하여 다음과 같은 건물자산 경제가치의 보전과 증식(building asset value maintaining and enhancement)을 추구하고 있다.

건물자산취득의 경제화는 합목적적 건물자산(acquisition of building asset)을 가장 경제적 비용으로 취득하여 다음 단계의 보유와 운영관리를 효율화하여 운영관리비용을 통제하고 수입을 관리하여 운영관리이익을 최대화하고 건물자산 생애 마지막 단계에서 전략적 의사결정과 접근으로 합리적 매각을 통하여 양도차익을 실현함으로써 전체적으로 건물자산관리를 통하여 투입비용보다 산출이익을 극대화하는 데 핵심가치를 부여하고 있다.

또한 경제성 측면의 건물자산관리는 건물자산의 사용가치와 교환가치를 보전하고 증가시켜 전체적으로 건물자산가치의 보전과 증식에 초점을 두고 있다. 특히 경제 측면의 건물자산관리는 거시경제 분석과 미시경제 분석은 물론 건물자산관리시장의 동향과 세제동향, 금리동향, 정부의 경제정책, 경기 동향, 자본시장의 동향, 수요와 공급 등 경제지표 분석과 함께 경제현상의 분석을 토대로 이루어지며 건물자산의 매입 매도가와 임대료, 관리비의 수준 등 경제적 변수에 의한 조사 및 분석의 노력을 다하는 가운데 건물자산의 경제적 가치(사용가치와 수익가치 및 처분가치)의 보전과 증대에 최대의 관심을 가지고 있다.

2) 법률성 측면의 건물자산관리활동

법률성 측면의 건물자산관리영역은 사무 행정적 지원업무영역으로서 건물자산 위에 존재하는 소유권 관리와 건물 및 건축대지와 관계되는 공법관리, 매매, 임대 등의 계약관리 등으로 집약된다.

소유권 건물자산의 관리는 권리분석과 공부조사 및 현장관리를 통하여 소유권의 사용권능, 수익권능, 처분권능이 온전하게 유지되도록 관리함을 말하고 사용가치와 교환가치가 제한받지 않도록 제한물권과 기타 권리 등을 관리하는 데 주안점이 있다.

건물자산 위에 존재하는 소유권은 단독소유권이든 구분소유권이든 상관없으나 공유, 총유, 합유 형태의 소유권은 건물자산의 사용, 수익, 처분에 여러 가지 형태로 제약이 가해지므로 공유나 총유 및 합유 형태의 공동 소유관계는 건물자산의 가치 증대에 문제가 있는 건물자산인 바 건물자산관리자는 건물자산의 소유형태부터 확인하여 개선의 노력을 해야 한다. 또한 건물등기공부의 현황을 정기적으로 조사 분석하고 사기, 위조 등의 위법행위를 사전에 방지하도록 노력해야 한다.

뿐만 아니라, 법률 측면의 건물자산관리자는 도시계획법상의 지구, 지역, 구역 등의 공법상 제약 요건과 사용과 수익상의 법률적 하자 등을 살펴볼 필요가 있으며 문제가 없는 경우, 보존하고 문제가 있는 경우에는 법률적 개량이 필요하다. 또한 소방관계법상의 점검과 보고 기타 건물자산관리 공법상의 관리상 준수사항을 점검하고 체계적인 건물자산관리공법 관리가 필요하다. 또한 법률적 측면의 건물자산관리는 건물자산관리사법의 중심이 되는 계약행위에 의한 관리가 특별히 요구되고 있다. 왜냐하면, 건물자산관리는 계약으로 시작되고 계약으로 종결된다 해도 과언이 아닐 만큼 계약중심의 법률행위가 빈번히 이루어지고 있기 때문이다. 계약행위는 법률행위로서 당사자, 목적, 의사표시 등으로 성립되는 일반 유효요건과 당사자의 능력, 목적의 가능, 적법, 타당, 확정과 의사표시의 일치 및 무 하자를 내용으로 하는 일반효력요건 충족에도 관리적 노력을 집중하여 계약이 적법하게 성립되고 유효하게 효력을 갖는 법률행위인지를 면밀히 검토하고 관리해야 한다. 적법하게 성립되지 아니하거나 성립된 법률행위라 하더라도 유효요건을 결여하는 경우에는 무효, 취소, 해지, 해제 등의 불완전 법률효과가 나타날 수 있으므로 건물자산관리자는 각별한 관리적 노력을 경주해야 한다. 주요 계약관리 업무에는 건물자산매매계약, 용역관리계약, 임대차계약, 관리 서비스 계약, 에너지사용계약, 자재구매계약, 화재보험계약, 영업배상보험계약, 4대 사회보험계약 등의 다양한 계약의 종류 등이 있다.

3) 기술성 측면의 건물자산관리활동

기술성 측면의 건물자산관리영역은 기초관리영역으로서 협의의 건물자산관리 개념을 의미하며 물적 관리, 시설물유지관리개념으로서 공학적 측면의 기술관리 업무가 대종을 이루고 있다.

기술 측면의 주요 건물자산관리 업무에는 건축물의 영선, 건축설비의 운전과 정비 및 보수, 주차시설관리, 에너지관리, 자재관리, 공사관리(CM/construction management), 입주자지원과 서비스 관리, 중앙관제, 기술용역관리, 토목시설물관리 등이 있다.

또한 기술 측면의 건물자산관리는 건물자산의 물리적 상태 보존과 함께 실내칸막이 공사, interior, renovation 등의 공사감독과 점검과 보수 진단과 주요 기기의 교체, 성능과 기능의 정상화와 장기적 유지, 조기노후화 방지, 기술적 개량(물리적 개량) 등에 역점을 두고 있다.

4) 행정성 측면의 건물자산관리활동

건물자산은 기술적 생산물인 동시에 공행정의 산물이기도 하다. 왜냐하면, 건물자산은 공행정으로 인한 건축허가로 착공되고 사용승인으로 입주와 사용 수익이 가능하며 행정공부와 등기공부에 등재됨으로써 비로소 자산가치가 부여되며 멸실 신고와 멸실 등기 등의 행정 처리로 건물자산의 일생이 마감되기 때문이다. 건물자산관리에 있어서 행정성 업무에는 공행정성 업무와 사행정성 업무가 있다. 다시 말하면, 행정 측면의 건물자산관리에는 시 · 군 · 구나 시 · 도 등의 공행정 외에 관리조직 내의 사무 행정관리와 같은 사행정 업무가 병존하고 있으며, 행정관리 업무는 기술 측면의 관리 업무 못지않게 매우 다양하고 복잡하다.

공행정성의 주요 업무에는 건축허가, 사용승인(준공 필), 사용중지, 사용제한명령, 불법건축물의 철거 및 과태료, 중간검사, 건축지도원에 의한 건축지도, 1종 시설물과 2종 시설물의 안전점검과 정밀안전진단 등의 공행정성 업무가 있으며, 건물자산관리기업이나 관리조직 및 관리현장의 행정적 측면의 사행정성의 주요 업무에는 인사관리, 노무관리, 사무문서관리, 회계 · 세무 관리, 구매관리, 보험관리, 입주자관리, 민원관리, 대외기관 행정처리 업무, 영업관리, 용역관리, 서무관리, 복지관리 업무 등이 있다. 광의의 건축시설물의 유지관리 업무에는 기술 기능적 유지관리 업무 외에 사무 행정적 유지관리 업무가 병존하고 있으며 이를 모두를 통합 관리할 때 비로소 광의의 건축시설물 유지관리 업무가 완성된다. 광의의 사무 행정적 유지관리 업무 범주에는 경제관리 · 법률관리 · 행정관리 업무가 포함되며 기술 기능적 유지관리에는 기술관리 · 환경관리 · 위험관리(안전관리) 업무가 포함된다.

이상의 설명에서 알 수 있듯이 건축시설물유지관리의 경우, 건물자산관리의 중심이 되는 기술 기능적 관리를 위해서는 반드시 사무행정관리 업무가 수반되거나 지원이 필요하다. 따라서 행정 측면의 건물자산관리활동은 사무 행정적 지원업무영역이라 할 수 있다.

5) 환경성 측면의 건물자산관리활동

건물자산은 복합적인 외부환경과 내부 환경을 가지고 있다.

건물자산 외부환경에는 자연환경과 경제환경, 기술환경, 법제도환경, 정치사회환경 및 국제환경 등이 있으며 이들 외부환경은 건물자산가치 유지와 증대에 영향을 크게 줌으로써 건물자산의 사용가치와 교환가치에도 적지 않은 영향을 주고 있다. 또한, 건물자산 내부환경에는 공기환경, 수(水)환경, 빛 환경, 위생환경, 사무환경 등의 환경을 가지고 있다.

전자의 경우에는 건물자산의 교환가치에 적지 않은 영향을 초래하고 후자의 경우에는 건물자산 사용가치에 치명적인 타격을 초래하게 된다. 따라서 건물자산가치의 보전과 증식을 위해서는 외부환경과 내부 환경을 적절히 관리할 필요가 있다. 환경 측면의 건물자산관리활동은 기술 기능적 지원업무영역이라 할 수 있다.

6) 위험성 측면의 건물자산관리활동

건물자산관리의 목표는 전술한 바와 같이 자산위험의 최소화와 투자이익(return)의 극대화에 있으며, 건물자산관리활동 역시 최유효 관리법에 따라 가장 안전한 관리방법으로 관리하여 위험을 예방하여 위험으로 인한 피해는 최소화하도록 관리되어야 한다. 또한, 건물자산의 위험을 통제하여 건물자산의 멸실을 예방하고 건물자산가치의 감손을 방지해야 한다.

건물자산은 주식과 함께 위험자산으로 분류되며, 자산의 취득, 보유 및 운영관리 그리고 처분에도 언제나 위험이 존재하고 있을 뿐 아니라 건물의 시설물 중에도 고압수·변전 시설, 보일러시설, 가스시설, 엘리베이터나 에스컬레이터, 곤도라 등 이동시설 등이 위험시설로 분류되며 안전사고와 건물화재의 주범이 되고 있다. 또한, 건물은 붕괴나 지반침하 등의 안전사고 외에 화재에 의한 건물자산의 전소는 물론 귀중한 인명의 피해마저 가져오므로 건물자산위험과 함께 시설물의 위험도 철저히 관리되지 않으면 안 된다.

왜냐하면, 위험사고가 발생하는 경우 효율적 보유와 운영관리는 근본적으로 어렵게 되며 합리적 처분이 전략적으로 이루어지지 않아 양도차익이 불가능하게 되고 자산가치의 보전도 자산가치 증식도 모두 어렵게 되기 때문이다. 특히 위험시설물의 안전사고는 막대한 재산손실과 인명피해로 인한 손실보상 등으로 운영수익이 반감될 뿐만 아니라 붕괴와 같이 심한 경우에는 1995년 삼풍백화점 붕괴사고와 같이 제3종 위험사고로 분류되어 전 건물자산을 매각하여도 수습이 어렵게 되는 경우가 있다.

따라서 건물자산의 위험은 위험회피방법, 보험에 의한 위험전가방법, 위험보유방법, 위험통제방법 등으로 항상 자산위험과 시설물 위험에 대비해야 한다. 위험 측면의 건물자산관리활동은 기술 기능적 지원영역업무라 할 수 있다.

5. 건물자산관리 전문성 수준에 의한 분류

건물자산관리 전문성 수준에 따라 분류하면 1차수준의 건물자산관리활동, 2차수준의 건물자산관리활동 그리고 3차수준의 건물자산관리활동으로 분류되는바 그 내용은 다음과 같다.

1) 1차수준의 건물자산관리활동

1차수준의 건물자산관리활동은 전문성의 수준이 매우 낮은 정도의 시설관리활동과 재산관리활동을 말한다. 예컨대, 건물자산관리활동을 함에 있어서 전문적 지식이나 경험 없이 상식에 의존하여 소규모 건물(단독주택, 5층 이하의 건물)을 1명의 관리인이 일상적인 점검·보수·수선·청소·소액의 관리비나 임대료를 징수 처리하는 정도의 건물자산관리활동을 의미한다. 따라서 관리활동상의 주의의무도 크게 요하지 아니하는 건물자산관리활동이라 할 수 있다.

그러나 규모 있는 집합건물관리의 경우나 관리단이 선임하는 관리인에 의한 관리활동은 2차수준의 건물자산관리활동에 해당된다. 그러므로 1차수준의 건물자산관리활동이란 대상건물의 보존이나 유지보수 등을 위한 협의 기술관리 업무의 일부 기술관리활동과 통상의 부동산관리수준에 미치지 못하는 건물자산관리활동을 말한다.

2) 2차수준의 건물자산관리활동

1차수준의 건물자산관리활동보다 수준이 높고 3차수준의 건물자산관리활동보다 낮은 수준의 시설관리활동과 재산관리활동을 말한다. 주로 6층 이상 10층 이하 정도의 일반건물에 대한 시설물관리활동과 자산관리활동이 이 범주에 해당되는바 전문 관리수준이 아니면서 시설점검·정비·보수·보안·경비·임대·사무·청소관리 등을 한사람의 관리인 책임 하에 개인 또는 소규모 관리전문회사의 용역이나 고용된 소수의 직원에 의하여 실시되는 관리활동을 의미한다. 2차수준의 건물자산관리활동 역시 기술관리에 중점을 두고 보존·유지에 중심을 둔 통상의 건물자산관리활동을 말한다. 2차수준의 건물자산관리활동을 담당하는 관리자는 자기 재산관리와 통일한 주의 의무를 갖는다.

3) 3차수준의 건물자산관리활동

고도의 기술성과 전문성을 요하는 전문 건물자산관리활동을 의미한다. 대형건물 또는 첨단 IBS건물의 관리가 이에 해당되는 것으로 건물자산의 경영관리와 건물부동산 운영관리 및 건축시설물 유지관리 등 체계적인 종합관리수준의 경영관리활동과 운영관리활동 및 유지관리활동을 의미한다.

관리상 주의의무도 크게 요구되며(선량한 관리자 주의의무 수준) 관리대상건물에 대한 시설물관리와 자산경영과 운영 등이 통합적으로 이루어지고 시설물관리는 기술성을 중심으로 관리되며 자산경영은 전문성에 의하여 경영되는 건물자산경영관리활동을 의미한다. 즉, 기술과 전문성이 고도로 요구되는 경영관리활동이다.

전문 관리회사에 의한 위탁관리가 이 범주에 해당되며 경영활동과 운영활동 및 유지관리활동이 전략적 제휴와 파트너십을 가지고 AM, PM, FM 형태로 분업경영관리된다.

3차수준의 건물자산관리는 통상 건물층수나 규모면에서 11층 이상의 중 · 대형건물의 자산경영과 운영 및 유지관리에 해당되는 것으로서 건물의 시설의 보존 · 이용 · 개량 등을 통한 건축시설물의 사용가치 극대화와 최유효 건물 사용 상태를 확보하고 이를 바탕으로 건물자산가치를 극대화하고 경제이익을 최대화하는 것 등을 바탕으로 최유효 건물자산 수익화와 처분화를 위한 경영관리활동을 말한다.

6. 건물자산관리 전문업에 의한 분류

건물자산관리 전문업 기준에 따라 분류하면 건물자산 경영활동과 건물 부동산 및 건축시설물관리 용역활동 및 건물자산관리 전문 서비스 활동으로 분류된다.

(1) 건물자산 경영관리 서비스 활동

건물자산 경영관리 서비스 활동은 건물자산에서 보유 및 매각(처분) 전 과정에 걸쳐 건물자산의 가치 · 보존 · 유지와 제고를 통한 자산가치 극대화와 수익최대화를 위한 서비스 활동을 의미한다. 경영관리 서비스 활동은 계획, 조직화, 지휘, 통제 등 경영과정을 통하여 수행된다. 이에는 건물자산투자 서비스 활동, 건물자산 매입과 매각 서비스 활동, 건물자산 개발 서비스 및 분양 서비스 활동 등이 있다.

(2) 건물부동산 운영관리 서비스 활동

건물자산의 임대관리 서비스와 운영 수익 극대화를 위한 서비스 활동 등이 있다.

(3) 건축시설물 유지관리 서비스 활동

전문 관리회사의 관리용역을 통한 보유건물시설물의 보존, 이용, 개량 등의 물리적 유지관리활동을 의미하며 사용가치 극대화와 최유효 건물사용화에 필요한 서비스 활동을 의미한다. 이에는 시설물유지관리 서비스 활동, 시설경비 서비스 활동, 위생관리 서비스 활동, 승강기유지보수 서비스 활동, 환경미화(청소)관리 서비스 활동, 주차시설관리 서비스 활동, 전기시설운영대행 서비스 활동 등이 있다.

7. 건물자산관리 업무 성격에 의한 분류

건물자산의 성격에 따라 분류하면 건물자산 경영활동과 건물부동산운영활동 및 건축시설물 관리활동으로 분류된다.

8. 건물자산 경영업에 의한 분류

건물자산관리업의 일종인 건물자산경영업의 기준에 의한 자산관리활동은 건물자산투자활동, 건물자산개발 및 분양활동, 건물자산임대활동 등으로 분류된다.

1) 건물자산투자활동

건물자산을 투자대상으로 설정하고 시장조사와 자산조사 및 투자위험 등을 분석하고 컨설턴트, 변호사, 회계사, 위험분석사 등의 자문을 받아 적정 건물자산을 매입 또는 신축하고 효율적 보유활동과 전략적 매각활동을 통하여 자산가치를 극대화하고 임대활동과 매각을 거쳐 양도차익을 실현하여 경제이익을 극대화하는 경영활동을 말한다.

IMF 이후 외국 투자자에 의한 건물자산투자활동이 활발히 일어나 막대한 양도차익의 실현으로 투자이익이 해외로 이동하는 현상이 일어나 사회적 관심이 고조되고 있다.

투자활동은 직접투자활동과 간접투자활동으로 분류되며 은행, 연기금 등의 직접투자와 REITs나 CR-REITs 또는 부동산펀드에 의한 간접투자활동 역시 최근 들어 활발히 진행되고 있다.

2) 건물자산개발 및 분양활동

건물자산투자자 또는 소유자가 매매목적으로 건물자산을 취득(매입)하여 일정한 renovation이나 re-positioning을 거쳐 매각함으로써 양도차익을 실현하는 활동이나 건물의 자산을 신축, 재개발 등의 방법으로 개발하고 분양하는 경영활동을 의미한다.

3) 건물자산임대활동

건물자산임대활동이란 소유 건물자산을 일정한 조건으로 임차인에게 점유 이전하고 사용 수익의 대가로 임대료를 받음으로써 임대소득을 창출하는 건물자산의 효율적 보유활동을 의미한다. 임대활동은 임대에 관한 지식, 정보, data를 기반으로 임대계획, 임대전략, 임대마케팅과 임대계약관리, 입주자관리 등의 전문지식과 경험이 필요하다.

9. 건축시설물관리 용역업에 의한 분류

건물자산관리업 중 하나인 건물시설관리용역업 기준에 따라 분류하면 시설물관리활동은 다음과 같다.

1) 건축시설관리활동

대상건물의 시설과 설비의 점검, 보수, 정비, 감시, 기록, 제어, 통제 등 기술적 관리업무활동을 말한다. 이에는 설비관리, 건축물영선관리, 시설안전관리, 에너지관리, 소모자재 관리, 기타작업관리 등의 활동이 있다. 시설관리활동은 건물자산관리의 기초관리부문으로서 대단히 중요한 관리 분야이다. 시설물 관리활동이 이 범주에 해당된다. 시설물 관리활동은 일정한 기술적 자격을 가진 자에 대한 법정선임 등이 요구된다.

2) 시설물 경비보안관리활동

방범관리, 위험시설물관리, 보안관리, 출입차량관리, 출입자관리, 입주자관리 등이 이 범주에 해당된다. 시설물 경비보안관리활동은 시설위험을 통제하거나 관리하여 시설물의 안전성 확보를 목적으로 하는 안전관리활동이다.

3) 시설물 환경미화관리활동

먼지 · 오물 · 때 등의 오염원의 제거와 쓰레기 수거 등을 통하여 건물 내외의 정리 · 정돈 및 청결성과 미관성을 위한 관리활동을 의미한다. 환경미화관리활동을 통하여 건물의 청결성과 미관성이 확보되어 건물자산의 가치를 높이고 수익을 증대하며 건물의 물리적 내용연수를 증가시킨다.

4) 건물위생관리활동

관리대상건물 내외의 구서 · 구충 · 전염병 예방을 위한 소독관리활동을 통한 보건성 관리활동을 의미한다. 건물의 규모나 용도 등에 따라 법정소독의 종류가 다양하며 건물의 보건성확보는 건물자산의 사용가치를 증가시키고 건물자산의 수익증대에도 간접적으로 기여한다.

5) 건물이동설비 유지 · 보수 관리활동

빌딩에 설치된 E/L, auto side walk, 에스컬레이터와 카리프트, 곤도라 등 이동설비에 대하여 자체관리담당자나 승강기안전관리원 등 전문 관리회사가 용역계약에 의하여 정기적으로 수행되는 안전점검 및 보수 관리활동과 사후유지관리활동 등을 말한다.

6) 건물전기안전관리 대행활동

전기설비의 관리를 용역계약에 의하여 전기전문관리회사가 운전 · 점검 · 보고 · 기록 · 보수 · 안전 등의 전기설비관리를 대행하는 활동을 말한다. 소규모건물에 적용되며 대형건물의 경우에는 비교적 적용되지 않는다.

7) 조경시설물관리활동

건물 내외에 설치된 나무나 화초, 잔디 등 수목과 조경시설물을 용역계약에 의하여 전문조경업자가 건물의 조경시설물을 전문적으로 관리하는 활동을 말한다.

8) 주차시설관리활동

용역계약에 의하여 건물 내외의 주차관리를 자체주차관리자 또는 주차장 전문 관리회사가 수탁 관리하는 활동을 말한다. 최근에는 주차관리만을 전문으로 하는 국내외 주차관리회사가 크게 활동하고 있다.

9) 건물시설 및 설비의 보수 · 정비 관리활동

건물의 물건의 시설(건물 구조체 또는 주요 부재, 기타 마감부재)과 건축설비의 고장 또는 교체, 개량 등을 위한 전문공사업자의 보수 · 수리공사 활동을 말한다.

10) 설치미술품관리활동

관계법에 의하여 신축건물에 설치된 고가의 예술품들의 보존관리를 용역계약에 의하여 미술품 전문 관리업자가 관리하는 활동을 말한다.

11) 건물 내외 광고물관리활동

건물 내외의 광고물의 설치허가 · 디자인 · 제작 · 설치 · 보존 · 변경 · 철거 등에 대하여 의뢰자의 계약에 따라 광고 전문 업자에 의하여 의뢰자로부터 일정한 수수료를 또는 용역비를 받고 체계적으로 관리하는 활동을 말한다. 이밖에도 전문 업자에 의한 소방시설검사활동, 시설안전점검 및 정밀안전진단활동, 기계정비활동, 관리자교육훈련활동 등이 있으며, 향후 건물의 규모 · 성격, 건물환경의 변화 등에 의하여 관리활동의 종류가 늘어날 것으로 전망된다.

10. 최광의 관리개념에 의한 분류

건물자산의 복합개념과 건물자산관리 업무의 복합성 개념에 기초한 최광의 관리개념에 따라 건물자산관리활동을 분류하면 ① 기술관리활동, ② 경제관리활동, ③ 행정관리활동, ④ 법률관리활동, ⑤ 위험관리활동, ⑥ 환경관리활동 등 6개 활동으로 분류된다.

6개 건물자산관리활동 분야 중 경제관리 분야가 건물자산의 핵심 관리 분야이고 건물기술관리 분야는 경제관리를 위한 기초관리 분야이며 법률, 행정(행정적 지원 분야), 환경, 위험관리 분야(기술 기능적 지원 분야)는 핵심 관리 분야와 기초관리 양 분야 모두를 지원하는 사무 행정적 지원 분야와 기술 기능적 지원 분야 활동이다.

1) 기술관리활동

건물자산관리에 있어서 기술관리활동이란 건물자산관리의 기초관리 분야로서 건물자산에 존재하는 기술개념과 기술성 관리 업무를 관리하는 활동으로서 기술관리대상인 건축대지, 건축물, 건축설비 및 부대시설에 대한 시설관리활동으로서 기술적 관리활동을 의미하는바 이에는 시설물안전관리, 에너지관리, 자재관리, 건축시설영선관리, 건축설비관리 및 중앙통제실 제어설비의 감시와 통제제어, 긴급비상대응 업무 등이 있다. 기술관리자는 고도의 기술을 요하며, 관계법령에 따라 일정한 기술자격을 요구하고 있다.

2) 경제관리활동

건물자산관리에 있어서 경제관리활동이란 건물자산관리의 핵심 관리 분야로서 건물자산에 존재하는 경제개념과 건물자산관리 업무의 경제성 업무를 관리하는 활동으로서 적극적으로 건물경영관리조직의 경제적 목표를 달성하기 위한 관리활동을 말한다. 종전의 건물경영관리활동에서 세분된 건물복합개념 중 하나로서 건물소유자의 목적(최유효 사용 · 수익 · 처분 목적)을 경제적인 방법으로 달성하기 위한 활동이다.

건물소유자는 관리대상건물에 대하여 건물재산의 재산가치 유지와 보존과 투자비의 조기회수 및 건물재산의 수익극대화에 대한 요구와 목적이 있다. 따라서 건물관리자는 건물소유자의 요구 또는 목적을 잘 이해하고 인근지역 특성이나 나라 전체의 경제사정(미시경제, 거시경제) 등을 고려하여, 수익극대화와 투자비 조기회수, 재산가치 유지 · 보존 등에 관리역량을 집중해야 한다. 건물시설의 정상적인 기능유지와 상태보존은 건물경제활동의 기초이므로 건물유지관리 업무 역시 철저하게 수행해야 한다. 소극적으로 관리비의 흑자 유지와 인적 · 물적 피해에 대한 최소화 대책에도 유의해야 한다.

관리활동항목 중 종전에 경영관리활동으로 분류된 경영목표관리 · 경영관리조직관리 · 보험관리 · 회계 관리 · 재무관리 · 세무관리 · 마케팅과 광고관리 · 자산운용 · 투자관리 등이 경제관리활동에 해당된다.

3) 행정관리활동

건물관리대상의 복합개념 중 행정개념 측면과 행정성 관리 업무를 효율적으로 관리하기 위한 활동이다. 건물관리활동 성격을 크게 대별하면 작업관리성격과 사무행정관리성격의 업무로 분류된다.

관리 업무의 효율화를 목적으로 계획기능 · 조직기능 · 통제기능 · 조정기능 · 명령기능 등에 해당되는 일체의 관리 업무가 행정관리활동에 해당된다. 조직관리, 문서관리, 사무관리, 인사노무관리, 서무관리 등이 행정관리활동에 해당됨은 물론이다. 행정관리활동을 경제관리와 기술관리를 지원하는 지원관리 분야의 성격을 가지고 있다.

4) 법률관리활동

건물관리대상의 법률개념 측면과 법률성 관리 업무를 관리하는 활동으로서 건물의 권리(소유권 등 재산권), 계약, 자체규정(자치법규), 관리관계 법령, 대외기관 · 입주자의 민원 등이 주된 관리대상이 되며, 이에 관한 체계적이고 전문적인 관리활동이 법률관리활동이다. 고도의 전문성을 요하는 행정적 성격의 관리활동이다. 건물관리활동에 있어서 법적 안정성을 유지, 보존, 개량하는 활동이다. 법률관리활동 역시 경제관리와 기술관리를 지원하는 지원관리 분야이다.

5) 위험관리활동

건물자산의 위험개념과 건물자산관리 업무의 위험성 업무를 관리하기 위한 관리활동으로서 기술적 위험 · 경제적 위험 · 법률적 위험 · 행정적 위험 · 환경적 위험 · 보안위험 등을 과학적 방법으로 관리하여 위험요인을 사전에 제거 또는 최소화하여 사고를 방지하거나 부득이한 사고발생시 이를 조속히 그리고 경제적 방법으로 수습하여 조기에 관리현장을 정상화하고 원상회복하는 관리활동을 의미한다.

즉, 건물의 위험개념 측면과 위험성 업무를 관리하는 활동으로 경제관리와 기술관리 모두를 직접 지원하는 지원 업무의 성격을 가지고 있다. 즉, 건물의 위험관리활동이란 건물시설의 안전관리활동과 건물재산의 위험관리활동을 의미한다.

6) 환경관리활동

건물자산의 청소 · 위생 · 소독 · 생활환경 · 수질 · 소음 · 공기진동 · 공해 조경시설물 등 환경개념인 청결성과 보건성 · 쾌적성 및 미관성을 적절히 확보하는 전문적 관리활동을 말한다. 건물자산의 환경개념과 환경성 업무를 관리하는 활동으로서 경제관리와 기술관리를 지원하는 지원관리활동이다.

11. 건물자산관리 업무범주에 의한 분류

관리대상건물자산의 관리 업무의 범주에 따라 관리활동을 분류하면 최협의 관리활동, 협의 관리활동, 광의 관리활동, 그리고 최광의 관리활동 등으로 분류된다. 건물자산관리학의 건물자산관리 개념은 최광의 관리개념에 기초하고 있다.

1) 최협의 관리활동

기술성의 관리대상인 건물 전체를 관리대상으로 보지 아니하고 건물기술 관리대상의 일부만을 관리대상으로 상정하여 부정기적인 점검이나 전등교체 · 도색 · 손질 등의 작업과 정기적인 공과잡비의 수납 등만을 행하는 1차수준의 비전문적 관리활동을 의미한다.

2) 협의 관리활동

협의 관리활동이란 건물관리를 기술관리 또는 FM(facilities management, 시설관리)으로 보고 건물에 존재하는 기술성 측면의 기술 관리대상의 관리만을 건물관리 전체의 관리대상으로 인식하는 관리활동을 말한다. 또한 협의의 관리란, 건축물의 기능을 보전하고 이용자의 편의와 안전을 높이기 위하여 일상적으로 점검 · 정비하고 손상된 부분은 원상복구하며 경과시간에 따라 요구되는 개량 · 보수 · 보강에 필요한 활동(건물유지관리개념)을 건물자산관리의 전부로 인식하는 유지관리활동을 의미한다. 종전에 일반적으로 인식되었던 전통적 건물관리개념이며, 이는 단순한 시설관리로서 건물에 존재하는 기술성을 주로 관리하는 관리활동개념이다. 아직도 건물관리 직종에 종사하는 사람들 중에는 기술관리(시설관리)를 건물자산관리의 전부로 오해하는 사람들이 많이 존재하고 있다.

3) 광의 관리활동

부동산학에서 말하는 토지중심의 부동산관리개념으로서 주로 부동산(토지)에 내재하고 있는 기술성 · 경제성 · 법률성 등 3개 복합성 관리 업무만을 관리대상으로 전개하는 관리활동을 의미한다. 다시 말하면, 광의 관리활동이란 토지중심의 부동산관리 3측면의 관리개념으로서 김영진 교수에 의하여 개발된 부동산관리개념에 기초한 관리활동을 의미한다.

4) 최광의 관리활동

저자에 의하여 새롭게 개발된 건물자산관리 개념으로서 부동산 중 건물 중심의 자산관리개념에 기초한 경제관리활동 개념이다. 즉, FM에 기초하여 AM과 PM 및 FM중심의 종합 자산경영관리 개념을 의미한다.

건물자산관리 업무의 복합성 업무에는 기술성 업무 외에 경제성 업무 · 행정성 업무 · 법률성 업무 · 위험성 업무 · 환경성 업무 등이 있으며, 이와 같은 6개 복합성 업무를 통합 경영관리하는 건물자산 경영관리와 건물부동산 운영관리 및 건축시설물유지관리 최광의 관리활동이라 한다. 가장 넓은 의미의 관리활동이며, 현대 건물자산관리에는 최광의 관리개념이 채택되어 활용하는 것이 바람직한 건물자산관리방법이라 판단된다. 건물자산관리학 역시 건물자산의 복합성 개념에 따라 최광의 관리개념에 기초하여 건물자산관리 이론을 구축하고 있다. 최광의 건물자산관리 개념 중 핵심 관리 분야는 경제관리 분야이며 기초관리 분야는 기술관리 분야가 된다. 행정, 법률 관리 등은 경제관리 분야와 시설관리 분야를 지원하는 지원관리 분야의 성격을 가지고 있다.

12. 건물자산관리 조직의 성격에 의한 분류

관리대상건물의 시설 관리주체와 관리조직의 성격에 따라 관리활동을 분류하면 다음과 같이 분류된다.

1) 자치관리활동

공동주택(특히 아파트)의 자치관리조직인 입주자대표회의의 자치관리기구나 집합건물 구분소유자에 의하여 구성된 관리단 등 자치관리조직에 의하여 관리하는 관리활동을 말한다.

2) 직영관리활동

건물소유자 또는 관리권한자의 책임과 비용으로 조직한 직영관리조직에 의하여 직접 관리하는 형태의 관리활동을 말한다.

3) 신탁관리활동

관리대상건물이 위탁자의 사정으로 건물의 소유권과 건물자산실물을 함께 신탁회사에 신탁하고 이를 신탁회사의 책임과 비용으로 관리하는 것을 의미한다. 신탁에는 명의신탁, 관리신탁, 개발신탁 등이 있는바 관리신탁의 경우, 수탁된 관리자산을 관리하는 활동이 신탁관리활동에 해당된다.

4) 위탁관리활동

소유권을 제외한 건물자산실물만을 수탁 받은 시설관리전문회사가 관리주체가 되어 위탁관리회사의 비용과 수탁회사의 책임으로 관리하는 간접관리 형태의 관리활동을 말한다.

5) 혼합관리활동

건물자산관리 업무 중 일부는 건물 소유자 또는 경영자 즉, 위탁자가 직접 관리하고 나머지 일부는 수탁관리회사가 관리하는 이른바 혼합관리조직이 관리주체가 되어 직접관리 형태와 간접관리 형태가 혼합하여 진행하는 관리활동을 말한다.

6) 시설운영 위탁관리활동

위탁자산(시설)과 위탁자산의 운영을 일정한 대금을 위탁자에게 선제공한 후 수탁자의 책임과 비용으로 시설의 운영과 유지관리를 함께하는 운영과 유지관리의 통합관리 개념의 활동을 말한다.

13. 건물자산관리항목에 의한 분류

건물자산관리활동에 있어서 최광의 관리영역에 해당되면서 구체적 관리대상이 되는 관리항목에 따라 관리활동을 분류하면 다음과 같다.

1) 건축물유지관리활동
2) 건축설비운전정비활동

3) 건물기술작업관리활동
4) 건물기술위험물관리활동
5) 중앙관제활동
6) 건물운영관리활동
7) 건물경영목표관리활동
8) 건물인사노무관리활동
9) 건물회계관리활동
10) 건물세무관리활동
11) 건물사무문서관리활동
12) 건물보험관리활동
13) 건물임대관리활동
14) 건물관리용품 및 용역구매 관리활동
15) 건물분양 및 임대마케팅 관리활동
16) 건물자산운용활동
17) 건물관리사무소 서무관리활동
18) 건물권리(소유권)보존활동
19) 건물관리 관계계약관리활동
20) 건물관리관계법령관리활동
21) 건물관리유관기관업무관리활동
22) 건물기술위험관리활동
23) 건물경영위험관리활동
24) 건물법률위험관리활동
25) 건물환경위험관리활동
26) 건물보안위험관리활동(경비보안관리활동)
27) 건물청소관리활동
28) 건물위생소독관리활동
29) 건물생활환경관리활동
30) 건물조경시설물관리활동
31) 건물주차시설관리활동
32) 건물입주자관리활동 등

앞에서 설명한 건물자산관리활동의 분류내용을 표로 정리하면 (표 35)와 같다.

(표 35) 건물자산관리활동의 분류

분류 기준	관리활동의 종류
전문성 수준 기준	① 1차수준의 관리활동 ② 2차수준의 관리활동 ③ 3차수준의 관리활동
건물자산관리 전문업 기준	① 건물자산경영관리 서비스 활동 ② 건물부동산운영관리 서비스 활동 ③ 건축시설물유지관리 서비스 활동
건물자산관리 업무성격 기준	① 건물자산경영활동 ② 건물부동산운영활동 ③ 건축시설물관리활동
건물자산경영업 기준	① 건물자산투자활동 ② 건물자산개발 및 분양활동 ③ 건물자산경영관리활동(AM활동)
건축시설물관리업 기준	① 시설관리활동 ② 시설경비보안관리활동 ③ 환경미화관리활동 ④ 위생소독활동 ⑤ 주차시설관리활동 ⑥ 안전점검활동 ⑦ 정비보수활동 등
최광의 관리개념 기준	① 기술관리활동 ② 행정관리활동 ③ 경제관리활동 ④ 법률관리활동 ⑤ 위험관리활동 ⑥ 환경관리활동
건물자산관리활동 업무범위 기준	① 최협의 관리활동 ② 협의관리활동 ③ 광의관리활동 ④ 최광의 관리활동
건물시설관리조직 성격 기준	① 자치관리활동 ② 직영관리활동 ③ 신탁관리활동 ④ 위탁관리활동 ⑤ 혼합관리활동 ⑥ 시설운영위탁관리활동
건물자산 생애단계 기준	① 건물자산취득활동 ② 건물자산 보유 및 운영관리활동 ③ 건물자산처분활동

분류 기준	관리활동의 종류
관리항목 기준	① 건축물유지관리활동 ② 건축설비운전정비활동 ③ 건물기술작업활동 ④ 건물관제활동 ⑤ 건물기술위험물관리활동 ⑥ 건물경영관리조직관리활동 ⑦ 건물경영목표관리활동 ⑧ 건물임대관리활동 ⑨ 건물입주자관리활동 ⑩ 건물인사노무관리활동 ⑪ 건물회계관리활동 ⑫ 건물세무관리활동 ⑬ 건물사무문서관리활동 ⑭ 건물보험관리활동 ⑮ 건물구매관리활동 ⑯ 건물마케팅활동 ⑰ 건물자산운용활동 ⑱ 건물관리조직서무관리활동 ⑲ 건물주차시설관리활동 ⑳ 건물권리(소유권)보존활동 ㉑ 건물계약관리활동 ㉒ 건물관계법령관리활동 ㉓ 건물유관기관업무관리활동 ㉔ 건물기술위험관리활동 ㉕ 건물경영위험관리활동 ㉖ 건물법률위험관리활동 ㉗ 건물환경위험관리활동 ㉘ 건물보안위험관리활동 ㉙ 건물환경미화관리활동 ㉚ 건물위생소독관리활동 ㉛ 건물생활환경관리활동 ㉜ 건물조경시설물관리활동
건물자산관리 3측면 기준	① 건물자산경영관리활동(AM활동) ② 건물부동산운영관리활동(PM활동) ③ 건축시설물유지관리활동(FM활동)
건물자산관리 주요 업무 기준	① 자산운용활동 ② 재무관리활동 ③ 임대관리활동 ④ 시설관리활동
건물자산 복합성 개념 기준	① 경제성 측면의 건물자산관리활동 ② 법률성 측면의 건물자산관리활동 ③ 행정성 측면의 건물자산관리활동 ④ 기술성 측면의 건물자산관리활동 ⑤ 환경성 측면의 건물자산관리활동 ⑥ 위험성 측면의 건물자산관리활동

제6절 건물자산관리 실무활동의 특성

1. 실무활동 특성의 의의

건물자산관리 실무활동의 특성이라 함은 건물자산관리활동의 본질을 이루는 고유한 특징이나 특별한 성질을 의미한다. 건물자산관리활동 역시 다른 활동과 다른 고유한 특징과 성질이 있는바 건물자산관리목적을 효과적으로 달성하기 위하여 건물자산관리활동의 특성을 이해해 둘 필요가 있다.

유의할 것은 건물자산관리 실무활동은 건물자산의 세 가지 성질 즉 건물자산 성격과 건물부동산 성격 및 건축시설물 성격에 따라 건물자산 경영관리활동과 건물부동산 운영관리 및 건축시설물 유지관리활동으로 나누어지며 공통으로 가지는 특성은 다음과 같다.

2. 실무활동 특성의 내용

건물자산관리 실무활동 특성의 내용을 살펴보면 다음과 같은 특별한 성질이 있음을 알 수 있다.

1) 계속성과 수시성

건축시설물 유지관리활동에는 여러 가지 관리활동이 있으나 기술관리활동이나 환경미화(청소관리)관리활동 등과 같이 매일같이 계속해서 일상적으로 계속 실시되는 관리업무가 대종을 이루고 있으며, 중단 없이 계속해야 하는 일상 업무가 허다하다. 또한 자산경영활동의 범주인 건물자산임대활동이나 건물자산의 매입 · 매각 활동 등에도 수시성의 업무활동과 계속성의 업무활동 등이 있다. 따라서 건물자산관리활동에는 수시성과 계속성의 특성이 있다. 또한 건물자산관리활동의 실무 중에는 갑작스럽게 불규칙적으로 나타나 비일상적으로 처리해야 하는 업무가 있다. 그러므로 건물자산관리활동에는 계속성과 함께 수시성의 특성도 병존하고 있다.

2) 전문성과 기술성과 과학성

건물자산관리활동은 기술성과 전문성 그리고 과학성의 특별한 성질을 가지고 있다. 건물자산관리 업무 중 체계적인 지식을 요하는 관리활동과 실무적 관리활동에 적용하는 기능이나 기술 측면의 관리 업무에는 기술성 그리고 과학성의 특성이 있다. 또한 건물자산의 경영관리에 필요한 자산의 매입과 매각, 회계, 세무, 인사, 구매, 임대와 같은 경영활동에는 고도의 전문적 지식과 정보 및 데이터 등이 요구되며 건물자산의 경영활동에는 전문성의 특성이 있고 건축물시설의 물리적 유지관리에는 기술성과 과학성의 특성이 있다. 왜냐하면, 건축설비는 기술의 산물이고, 기술 없이는 정상적 기능이나 성능을 나타낼 수 없기 때문이다. 따라서 건물자산관리활동에는 전문성과 기술성 그리고 과학성의 특성이 있다.

3) 현장중심 활동성

건물자산관리활동은 관리대상 건물위치중심의 현장관리활동이다. 또한 건물자산관리 업무 중 대부분의 관리 업무는 현장에서 주로 일어나고 처리되는 업무이다. 따라서 현장중심 관리활동의 특성이 있다.

4) 대물 활동성과 대인 활동성

건물자산관리는 원칙적으로 대물관리활동이나 관리대상건물의 특성상 관리를 담당해야 할 사람이 필요하고 건물 내에는 입주자를 포함해서 수많은 사용자 및 이용자가 활동하거나 상주 또는 출입하고 있다.

따라서 건물자산관리활동은 대물관리활동인 동시에 대인활동의 성격을 가지고 있다. 그러므로 건물자산관리활동은 대물 활동성과 대인 활동성의 특별한 성질이 있다.

5) 관리 경험의 중시성

건물자산관리활동 역시 부동산활동과 같이 경험을 중시하는 성질이 있다. 건물자산관리현상은 건물자산관리활동의 결과로서 문제와 현상을 설명하는 이론을 세우고 세워진 이론에 따라 다시 건물자산관리활동을 바람직하게 견인하는 것은 건물자산관리활동의 행위 즉, 인간의 관리활동 경험을 중요시하기 때문이다. 즉, 건물자산관리활동에도 경험법칙이 지배하고 있는 경우가 허다하다. 이론과 실무활동(행위)은 상호 밀접한 관계에 있으며, 건물자산관리를 더욱 효과적으로 실행하는 것은 경험에 바탕을 둔 실행(행위)에 더 중심을 두어야 한다.

따라서 건물자산관리활동 현장에는 관리활동의 경험을 대단히 중요시하고 이를 존중해야 한다. 건물자산관리자의 채용에도 관리경험이 최우선적으로 고려되어야 한다. 따라서 건물자산관리활동은 경험중시성의 특성이 있다.

6) 윤리성

건물자산관리는 자기재산을 관리하는 경우보다 주로 타인의 재산을 관리하는 경우가 허다하므로 고도의 윤리성이 요구되는 경영관리활동이다. 윤리성은 건물자산소유자는 물론 관리활동에 종사하는 자 모두에게 적용되는 특성이 있다. 건물자산관리자가 준수해야 할 규범이나 도리를 건물자산관리자의 윤리라 한다. 건물자산관리에 대한 윤리성을 강조한 말에는 재산정용행인(財産正用行人) 개념이 있다. 따라서 건물자산관리활동에는 윤리성이 강조되는 특성이 있다.

7) 공간 활동성

건물자산관리는 3차원의 건물공간에서 주로 이루어진다. 이를 공간 활동성이라 한다. 따라서 건물자산관리활동은 다른 활동과 달리 공간 활동성의 특성이 있다.

8) 사회성과 공공성

건물에는 개인소유의 개인재산(건물)외에 국가가 소유하는 국유재산, 지방자치단체나 기업이 소유하는 공공재산이나 기업재산 등이 있다. 개인재산과 기업재산 건물에는 사회성이, 국유재산과 공공재산에는 공공성이 지배한다. 그러므로 국유재산은 여러 국유재산법에 의하여 규제 · 지도 · 감독을 받고 있다. 따라서 건물자산관리활동에는 사회성과 공공성의 특성이 있다.

9) 기술과 전문성 수준의 관리효과 생산비례성

건물자산관리활동의 목적은 건물자산 최유효 사용과 수익 및 처분을 위한 양질의 건물자산관리 서비스의 생산과 제공으로 취득건물자산의 최유효 사용화와 수익화 및 처분화에 있다. 건물자산관리활동은 건물의 타율성의 특성으로 인하여 건물자산 관리자인 사람에 의해 관리되므로 건물자산관리 서비스와 건물자산의 재산적 경제이익창출은 전적으로 경영관리자의 기술수준과 전문성 수준에 달려 있다. 관리자가 유능하면 100%의 건물자산관리 서비스와 건물자산의 경제적 이익이 나타나며, 무능한 경우에는 정반대로 나타나게 된다.

따라서 건물자산관리활동의 효과는 관리자의 기술수준과 전문성수준에 비례하여 관리효과가 나타나는 특성이 있다.

10) 타율성과 관리자 의존성

건물이 아무리 첨단 IBS건물이라 할지라도 스스로 작동하지 못하며 관리자의 손에 의하여 기능하고 성능을 나타내는 타율성의 특성이 있다. 따라서 건물자산관리활동에는 타율성과 건물자산관리자 의존성의 특성이 함께 병존하고 있다.

11) 유형적 활동성과 무형적 활동성

건물자산관리활동의 대상에는 시설물관리활동 대상과 같이 눈에 보이는 물리적 대상과 눈에 보이지 않는 관념적 대상이 있다. 따라서 건물자산관리활동에도 유형적 활동성과 무형적 활동성의 특성이 있다.

12) 경영과 운영 및 관리방법의 다양성

건물자산관리활동은 관리방법에 따라 진행되는 실무상의 활동(행위)이므로 관리방법에 의하여 관리효과가 다르게 나타난다. 경영과 운영 및 관리 활동에는 여러 가지 방법과 기법 등이 사용될 수 있으므로 경영, 운영, 관리방법 다양성의 성질이 있다.

관리대상건물의 규모 · 용도 · 성격과 설비의 종류와 기능 등이 건물마다 모두 다르기 때문에 경영과 운영 및 관리 활동의 방법 역시 다양한 형태로 적용된다.

따라서 건물자산관리활동에는 경영 · 운영, 유지관리방법 다양성의 특성이 있다.

13) 건물자산관리 환경과 여건의 지배성

건물자산관리활동은 건물자산 관리대상을 둘러싸고 있는 건물자산 내 · 외부의 건물자산 환경과 여건에 절대적인 지배를 받는 특성이 있다. 건물자산관리가 환경과 여건을 뛰어넘는 관리활동이나 경영활동은 무리한 관리활동이 되기 쉽다. 뿐만 아니라 정치환경 · 경제환경 및 사회적 환경이나 기술환경 또는 주변여건을 무시하거나 경시한 관리활동 역시 바람직한 관리효과를 효과적으로 달성하기 어렵다.

따라서 건물자산관리활동은 건물자산관리대상의 내 · 외부의 환경과 여건에 절대적으로 지배를 받는 특성이 있다. 그러므로 건물자산관리활동을 함에 있어서 내외의 건물환경과 여건에 따라 적절하게 조화되게 경영 관리되어야 한다.

14) 건물자산관리 관계법령의 강제성

건물자산관리활동을 함에 있어서 건축법 제35조는 건축물의 소유자와 관리자는 건축법에 명시하고 있는 유지관리기준에 적합하게 관리하도록 규정하고 있다. 또한 소방관계법 등에서 방화관리를 위한 특정사항의 이행을 요구하고 있는 강제규정을 두고 있다. 따라서 건물자산관리활동을 함에 있어서 관리관계법령의 강제성을 배제할 수 없다. 따라서 건물자산관리활동에는 건물자산관리 관계법령 강제성의 특성이 있다.

15) 건물자산과 건물자산관리의 목적과 목표 지향성

건물자산관리는 목적과 목표에는 건물자산의 사용가치와 수익가치 및 처분가치 극대화의 목표가 있으며 이를 지향하고 있다. 따라서 건물자산관리활동은 건물자산관리 목적과 목표지향성의 특성이 있다.

16) 경영관리활동의 경제화, 안전화, 효율화, 적합화 그리고 효과화의 의무성

건물자산관리효과 즉, 건물자산의 경영성과와 건물부동산의 운영성과 및 효과의 건축시설물의 유지관리 효과의 생산과 공급(제공)은 반드시 가장 경제적 방법으로, 안전하게 그리고 효율적으로 적합하게 효과적으로 생산, 공급(제공)해야 한다. 따라서 건물자산관리활동에는 건물자산 경영관리활동의 경제화, 안전화, 효율화, 적합화 그리고 효과화의 의무성의 특성이 있다.

17) 위험 수익 비례성

건물자산의 경영목표는 위험을 최소화하고 수익을 최대화하는 데 있다. 그러나 건물자산투자활동은 위험이 높으면 수익도 최대화 되는 경향이 있다. 즉, high risk−high return 또는 low risk−low return의 형태로 위험과 수익이 비례되는 특성이 있다.

18) 경영관리활동 주체의 다양성

건물자산경영관리활동 주체는 해당 법령과 소유권, 계약 또는 권한 등에 따라 다소 상이하나 개인, 법인, 단체와 국가 등의 경영·관리 주체가 다양한 특성이 있다.

19) 정보의 유용성

건물자산관리활동은 유용한 정보에 의하여 의사가 결정되거나 집행되는 특징이 있다. 따라서 건물자산관리활동에는 정보유용성의 특성이 있다.

20) 사회성과 공공성

완성 후의 건물은 개인, 기업, 국가 등 소유자와 관계없이 한도시의 구성단위가 되고 사회기반시설이 되며 국가의 인프라의 성질을 가지게 된다. 따라서 모든 건물은 사회성과 공공성의 성질이 있는바 건물자산관리활동 역시 사회성과 공공성의 성질을 갖게 된다.

제7절 건물자산관리 실무활동의 적용원칙

1. 실무활동 적용원칙의 의의

건물자산관리활동에 있어서도 지켜야 할 행동지침이나 준칙이 있다. 이와 같은 행동지침이나 준칙을 총칭해서 건물자산관리활동 적용의 원칙이라 한다. 또한 건물자산관리활동에 적용되는 원칙에는 상위개념의 원칙과 하위개념의 원칙이 있다. 상위개념의 적용원칙에는 건물자산관리학의 지도원리가 있으며, 하위개념의 적용원칙은 관리실무활동 전반에 적용되는 일반적용원칙과 특정 관리항목에만 적용되는 특별적용원칙을 의미한다. 이와 같은 적용원칙들은 이론의 체계화나 연구 및 실무 활동에 있어서 반드시 지켜져야 하고 준수되어야만 한다. 왜냐하면, 건물자산관리활동의 궁극목적은 건물자산의 최유효 사용화와 수익화 및 처분화에 있으며 이를 위한 합목적적 건물자산의 취득과 정상적 보존과 이용 및 개량 중심의 효과적 운영관리 그리고 합리적 처분에 있으므로 건물자산의 사용가치와 수익가치 및 처분가치를 극대화하고 건물자산 최유효 사용화와 수익화 및 처분화를 도모해야 한다. 따라서 이와 같은 서비스와 경제가치 극대화 창출에는 관리기술, 관리이론, 관리기법 등과 함께 적용원칙이 반드시 지켜져야만 가능하기 때문이다. 건물자산관리활동 일반적용원칙과 특별적용원칙의 내용은 다음과 같다.

2. 실무활동 일반적용원칙

건물자산관리활동의 건물자산경영활동과 건물부동산 운영관리활동 및 건축시설물 유지관리활동에 적용되는 관리활동 일반적용원칙의 종류와 내용은 다음과 같다.

1) 안전 우선의 원칙

모든 건물자산의 경영관리활동과 운영관리활동 및 유지관리활동에 있어서 안전이 우선되어야 한다는 원칙이다. 안전성 확보를 위한 위험관리는 어떤 관리 업무나 원칙보다 우선 적용되어야 한다는 원칙을 안전 우선의 원칙이라 한다.

2) 경제성 고려의 원칙

경제성 고려의 원칙이란 최소의 비용으로 최대의 이익을 얻고자 하는 경제원칙으로서 경제목적을 합리적으로 달성하고자 추구하는 것으로 경영관리활동과 운영관리활동 및 관리활동을 할 때 언제나 경제적 이익이 고려되고, 또 높여나가야 한다는 원칙을 의미한다. 또한 경제성 고려의 원칙이란, 건물자산관리활동을 함에 있어서 반드시 경제성을 고려하여 손실을 방지하고 경제적 이익을 높이거나 극대화되도록 해야 한다는 원칙을 말한다.

따라서 경영관리활동과 운영관리활동 및 유지관리활동에는 언제나 경제성이 고려되어야 한다. 경제성 고려의 원칙의 적용으로 비용의 최소화와 경영이익의 최대화로 자산가치 극대화와 수익최대화 목표가 달성된다.

3) 효율성 제고의 원칙

효율성이란 투입에 비하여 산출이 높은 것을 의미한다. 따라서 효율성 제고의 원칙이란 경영활동과 운영활동 및 관리활동의 비용(예산)이나 시간, 노력 등의 input(투입)보다 결과인 경영성과와 운영성과 및 관리효과 즉, output(산출)이 언제나 높게 나타나도록 경영 관리해야 한다는 원칙을 말한다. 효율성이 없는 건물의 자산관리나 시설관리는 건물자산관리활동이라 할 수 없다.

4) 작업능률화의 원칙

능률이란 단위시간에 대한 작업량의 비율을 말한다. 건물관리활동에 있어서도 단위시간에 양적이나 질적으로 보다 많은 경제적 이익이나 작업량 또는 서비스를 생산해서 고객(소유자와 입주자 등)을 만족시켜야 된다는 원칙을 작업능률화의 원칙이라 한다.

5) 전문성 및 과학기술 적용의 원칙

기술이란 어떤 일을 정확하고 능률적으로 처리하는 솜씨를 말하며, 과학과 지식을 생산 · 가공이나 일에 응용하는 방법이나 기술을 의미한다. 전문성이란 어떤 특정 분야에 몰두하고 연구하여 그 분야의 지식과 경험 및 정보를 가지고 그 분야의 일을 쉽게 그리고 정확히 처리하는 능력을 의미하며 과학이란 어떤 영역의 대상을 객관적인 방법으로 계통적으로 연구하는 방법 또는 그 성과의 내용을 의미한다.

기술과 전문성 과학적용의 원칙이란 관리활동을 함에 있어서 기술관리활동에는 기술을 적용하고, 행정 · 경제 · 법률 등을 포함한 경영활동에는 전문성과 과학을 반드시 적용하여 경영 관리해야 한다는 원칙을 말한다. 건물자산관리는 자기방식과 자기상식 및 자기경험만을 가지고 주먹구구식으로 관리해서는 안 되며 지식과 정보 및 data를 기반으로 하는 기술관리, 지식경영이 이루어져야 한다는 원칙이다.

6) 내구성 지향의 원칙

건물자산의 경제적 · 물리적 수명이 당초의 경제내용연수와 물리적 내용연수보다 오래 지속되어야 한다는 원칙이다. 경제적, 물리적 내구성이 오래 지속되고 연장되도록 건물자산관리활동을 해야 한다는 원칙을 내구성 지향의 원칙이라 한다.

경제적 또는 물리적으로 내구성 지향의 원칙이 배제되는 건물자산관리활동이나 경영활동은 더 이상 바람직한 건물자산관리활동이다.

7) 선 계획, 후 관리의 원칙

건물자산관리활동을 함에 있어서 먼저 조사 분석하여 계획하고 전략을 준비한 후 관리 실무를 집행해야 하고 집행결과를 분석 평가하여 반드시 feed back하여 사후 관리해야 한다는 원칙이다.

8) 예방관리의 원칙

건물자산관리를 수행함에 있어서 문제가 발생되기 전에 사전에 문제의 원인을 제거하여 피해나 사고를 방지해야 한다는 원칙이다. 건물자산관리에는 사후수습보다 예방관리가 우선되어야 한다는 원칙이다. 특히 시설물 유지관리 측면의 시설물위험이나 경영관리 측면의 경영위험은 반드시 사전에 예방 또는 방지해야 한다는 원칙이다.

9) 과학적 관리의 원칙/기술적 관리의 원칙/전문적 관리의 원칙

과학이란 어떤 특정 영역을 객관적 방법으로 체계적이고 계통적으로 연구하거나 활동하는 것과 그 활동의 성과를 의미한다. 즉, 타당성과 정확성이 있는 활동의 결과를 의미한다. 또한 지식과 정보와 data 등을 기반으로 실무활동을 수행하는 것을 말한다.

건물자산관리활동을 함에 있어서 주관적 · 비체계적 · 부정확성의 관리를 해서는 안 된다는 원칙이다. 건물자산 관리종사자가 주먹구구식관리(rule of thumb management)의 자기방식 · 자기경험만으로 관리해서는 안 된다는 원칙을 과학적 관리의 원칙이라 한다. 즉, 타당하고 정확성이 있는 방법으로 관리해야 한다는 원칙이다.

10) 신뢰성 확보의 원칙

건물자산관리는 사람과 시설물(물건), 사람과 장소, 사람과 사람의 관계 속에서 이루어지는 특징이 있다. 이와 같은 관계에서 연관되는 업무나 권리 의무 또는 기능과 역할 등에 신뢰가 무너지면 사고가 생기거나 경영 관리효과는 저감되거나 상실된다. 따라서 건물자산관리활동에는 반드시 신뢰가 있어야 하고, 상호 믿음이 있어야 한다.

특히 조직의 상하, 사람과 기계, 기술성, 전문성, 회계, 구매, 안전, 환경, 약속, 계약 등 건물자산 관리활동의 관계마다 신뢰가 있어야 한다는 원칙을 신뢰성 확보의 원칙이라 한다.

11) 책임관리의 원칙

건물자산 관리종사자는 자기가 시작하는 업무는 반드시 그 결과에 대하여 자신이 책임져야 한다는 원칙이다. 특히, 건물자산소유자의 1차적 책임이 강조되어야 하며, 영역별 건물자산 관리책임자의 책임 역시 강조되어야 하는 원칙이다.

12) 법정기준 적합화의 원칙

건물자산관리는 관계법령의 관리기준 · 관리규정 · 관리계약 · 과업지시서 등의 기준에 적합하게 관리되어야 한다. 이를 법정기준 적합화의 원칙이라 한다.

13) 경영사고 적용의 원칙

경영사고(經營思考)란 조직의 목표를 달성하기 위하여 변화하는 환경에 능동적으로 대처하면서 계획수립 · 조직화 · 지휘 · 통제 등의 경영순환과정을 통하여 업무를 진행하는 시스템체계와 행동양식을 가지고 대응하는 의식이나 태도를 의미한다. 건물자산을 관리함에 있어서 어떤 종류의 건물자산관리 업무를 수행함에 있어서도 건물자산 관리자는 이와 같은 경영사고를 가지고 관리해야 한다는 원칙을 경영사고 적용의 원칙이라 한다.

14) 건물자산관리 업무 표준화의 원칙

건물자산관리 업무를 수행할 때 표준화 작업이 가능한 업무나 작업은 그 내용과 절차를 매뉴얼화하고 표준화하여 이에 따라 효율적으로 그리고 체계적으로 관리해야 한다는 원칙이다.

15) 건물자산 최유효 관리법 적용의 원칙

건물자산관리활동의 목적은 최고의 경영성과와 운영성과 및 유지관리 효과를 얻는 데 있다. 즉, 최유효 경영효과와 운영효과 및 유지관리효과를 얻기 위하여 경영활동과 운영활동 및 관리활동을 수행하게 된다. 그러나 경영효과나 운영효과 및 관리효과의 생산(창출)은 반드시 가장 경제적 방법으로, 안전하게 그리고 효율적으로 적합하게 효과적으로 생산 공급해야 한다. 따라서 경영 · 운영 · 관리 활동 시 최고의 경영 · 운영 및 관리효과를 얻기 위하여 반드시 적용되어야 할 원칙으로서 가장 경제적 방법으로, 가장 안전하게, 그리고 가장 효율적으로 적합하게 효과적으로 관리효과를 생산(창출) 공급해야 한다는 최유효 관리법이 적용되어야 한다.

16) 현장중심 관리의 원칙

건물자산관리는 건물관리현장을 중심으로 시작되고 종결되는 관리 업무이다. 따라서 현장을 중심으로 관리되어야 한다는 원칙이다.

17) 고품격 건물자산관리 서비스생산의 원칙

건물자산관리는 눈에 보이지 않는 건물자산관리 서비스(용역)나 경영 서비스를 주로 창출하는 활동이므로 그 서비스의 품질을 최고의 것으로 창출해야 한다. 이와 같은 원칙을 고품격 서비스생산의 원칙이라 한다. 경영활동을 통하여 얻게 되는 고품질의 서비스는 자산가치 극대화와 경제이익 최대화로 나타나며 운영활동을 통해서는 운영비용의 최소화와 운영수익의 최대화로 나타나며 관리활동을 통하여 나타나는 고품질의 서비스는 사용가치 극대화와 최유효 건물자산 사용화로 귀결된다.

18) 건물자산관리활동 순기능의 원칙

건물자산관리활동을 할 때 관리목적의 요구나 의도에 맞는 기능이 나타나도록 관리해야 한다는 원칙이다. 즉, 건물자산 관리활동이 의도하는 기능이 나타나도록 관리해야 한다는 원칙이다. 이와 같은 순기능이 나타나지 아니하고 반대로 역기능이 나타날 경우 관리상에 여러 가지 문제점이 발생하게 된다.

19) 계속관리의 원칙

건물자산관리 시 경영대상이나 운영대상 및 관리대상 항목을 관리할 때 일시적 일회용으로 처리하지 아니하고 중단 없이 관리해야 한다는 원칙이다. 시설관리 측면의 점검보수 일상화 원칙과 맥을 함께 하는 관리원칙이다.

20) 사회 · 공공성의 원칙

완성된 건물은 소유의 대상을 떠나 사회의 기반시설이나 국가의 인프라가 되거나 마을과 도시의 구성단위가 된다. 따라서 사회적 또는 공공적인 기능을 갖거나 나타내게 된다. 따라서 건물자산관리활동 시에 이와 같은 사회성과 공공성의 기능을 유지하거나 고려하여 관리해야 한다는 원칙을 사회 · 공공성의 원칙이라 한다.

21) 윤리성의 원칙

모든 건물자산관리종사자는 건물자산관리활동에 있어서 사람과 사람, 사람과 물건, 사람과 장소에 필요한 도덕과 규범을 지켜 손해를 끼치지 않도록 해야 한다는 원칙이다. 이와 같은 윤리성의 원칙은 관리활동 전후 또는 활동 중에도 반드시 지켜져야 할 원칙이다.

22) 점검보수 일상화의 원칙

건축시설물 유지관리활동에 있어서 점검과 보수는 사소한 업무로 보이나 모든 안전사고와 관리상의 실수 및 시행착오, 비상사태 발생 등은 점검보수가 일상적으로 실시되지 않음으로써 발생한다.

따라서 모든 건물자산관리활동에 있어서 점검과 보수는 일상적으로 실시되어야 한다. 이와 같은 원칙을 점검보수 일상화의 원칙이라 한다.

23) 경영 · 운영 · 관리 목표 지향 절대원칙

건물자산관리는 건물자산 경영관리활동을 통하여 건물자산가치의 극대화와 경제이익 최대화의 목표를 가지며, 건축시설물관리를 통하여 사용가치의 극대화로 최유효 건물자산 사용화의 목표를 실현하고자 노력하게 된다. 따라서 건물자산관리활동에는 경영과 운영 및 관리의 목표를 지향해야 한다.

3. 실무활동 특별적용원칙

건물자산관리활동 특별적용원칙이란 관리영역에 해당되는 구체적 관리대상인 특정관리항목에만 적용되는 원칙을 말한다. 즉, 실무활동 특별적용원칙이란 특정관리항목에만 개별적으로 적용되는 원칙을 의미한다. 건물자산관리활동 특별적용원칙의 종류와 내용은 대체로 다음과 같다.

1) 행정관리활동 특별적용원칙

건물자산관리에 있어서 관리행정에 관계되는 인사노무 · 문서사무 등에 관한 원칙을 말한다.

(1) 인사노무 특별적용원칙

건물자산관리 인사노무 특별적용원칙에는 채용배치원칙, 임금지불원칙, 인사후생복지원칙, 인간관계 커뮤니케이션 원칙 등이 있다.

가. 채용배치원칙

① 능력본위 채용원칙
② 정실인사 배제원칙
③ 자격우선 고려원칙
④ 적재적소 배치원칙
⑤ 채용인력 사후관리원칙

나. 임금지불원칙

① 직접지불의 원칙
② 통화지불의 원칙
③ 전액지불의 원칙
④ 일정기일지불의 원칙
⑤ 매월지급지불의 원칙

다. 인사후생복지원칙

① 합리성의 원칙
② 협력성의 원칙
③ 적법성의 원칙

라. 인간관계 커뮤니케이션 원칙

① 명확성의 원칙
② 일관성의 원칙
③ 적절성의 원칙
④ 적기적시성의 원칙
⑤ 분포성의 원칙
⑥ 적응성과 통일성의 원칙
⑦ 관심과 수용의 원칙

(2) 문서관리 특별적용원칙

건물자산관리 상의 문서관리 특별적용원칙에는 문서작성원칙, 문서처리원칙, 문서분류원칙, 문서설계원칙, 문서관리원칙, 문서수발원칙 등이 있다.

가. 문서작성원칙

① 하나로의 원칙
② 정확성의 원칙
③ 간결성의 원칙
④ 신속성의 원칙
⑤ 경제성의 원칙

나. 문서처리원칙

① 즉일처리의 원칙
② 책임처리의 원칙
③ 집중처리의 원칙
④ 정확성의 원칙
⑤ 비용절감의 원칙
⑥ 표준화의 원칙
⑦ 전담처리의 원칙
⑧ 신속처리의 원칙
⑨ 능률처리의 원칙
⑩ 점진처리의 원칙

다. 문서분류원칙

① 문서종합의 원칙
② 문서일관성의 원칙
③ 문서점검의 원칙
④ 문서병치의 원칙

라. 문서설계원칙

① 신속성의 원칙
② 정확성의 원칙
③ 경제성의 원칙

마. 문서관리원칙

① 전원참가의 원칙
② 문서관리지침 준수의 원칙
③ 자료축적의 원칙
④ 사물화 방지의 원칙
⑤ 폐기습관화의 원칙
⑥ 부수 제한의 원칙
⑦ 1건 1매주의의 원칙
⑧ 정위치의 원칙
⑨ 서류주변 청결화의 원칙

바. 문서수발원칙

① 행정계통 발신원칙
② 행정기관 직접발신원칙
③ 상부기관 경유원칙
④ 결재 후 발신원칙
⑤ 문서수발 기록원칙
⑥ 문서수발 사후관리원칙

(3) 사무관리 특별적용원칙

건물자산 사무관리 특별적용원칙에는 다음과 같은 4가지 원칙이 있다.

① 능률화의 원칙
② 경제화의 원칙
③ 신속화의 원칙
④ 정확화의 원칙

2) 경제관리활동 특별적용원칙

건물자산관리에 있어서 경제성에 관계되는 특별적용원칙에는 회계 · 경영 · 광고 · 부동산가격관리 · 세무 · 보험 · 구매 등에 관한 원칙들이 있다.

(1) 회계관리 특별적용원칙

회계관리 특별적용원칙에는 기업회계원칙, 손익계산서작성 원칙 등이 있다.

가. 기업회계원칙

① 진실성의 원칙
② 정규부기의 원칙
③ 확실성의 원칙
④ 계속성의 원칙
⑤ 잉여금 구분의 원칙
⑥ 안전성의 원칙
⑦ 명료성의 원칙
⑧ 단일성의 원칙

⑨ 중요성의 원칙
⑩ 비교성의 원칙
⑪ 연속성의 원칙
⑫ 신뢰성의 원칙
⑬ 충분성의 원칙
⑭ 실질성의 원칙

나. 손익계산서작성 원칙

① 손익구분 표시 원칙
② 총액기준 원칙
③ 발생주의 원칙
④ 실현주의 원칙
⑤ 수익비용대응 원칙

(2) 세무관리 특별적용원칙

건물자산 세무관리 특별적용원칙에는 세무회계원칙, 세금납부원칙 등이 있다.

가. 세무회계원칙

① 권리의무 확정의 원칙
② 손익측정의 원칙

나. 세금납부원칙

① 기일 내 납부원칙
② 납부세금 사후관리원칙
③ 확인원칙
④ 보고원칙

(3) 광고관리활동 특별적용원칙

광고관리활동 특별적용원칙에는 다음과 같은 8종의 원칙이 있다.

① 광고계획수립원칙
② 광고효과설정원칙
③ 최소비용원칙
④ 유력광고매체 선택원칙
⑤ 최유효 광고주목일 선택원칙
⑥ 예산광고 일치의 원칙
⑦ 저 매출 광고촉진의 원칙
⑧ 고 매출 광고감소의 원칙

(4) 건물자산 가격관리 특별적용원칙

건물자산 가격관리 특별적용원칙에는 다음과 같은 10종의 원칙이 있다.

① 수요공급의 원칙
② 변동의 원칙
③ 대체의 원칙
④ 최유효 이용의 원칙
⑤ 수익체증체감의 원칙
⑥ 수익분배의 원칙

⑦ 기여의 원칙
⑧ 적합의 원칙
⑨ 경쟁의 원칙
⑩ 예측의 원칙

(5) 구매관리 특별적용원칙

건물자산구매관리 특별적용원칙에는 자재 에너지구매 원칙과 용역구매원칙 등이 있다.

가. 자재 에너지 구매원칙

① 최유효 구매원칙
② 계획구매원칙
③ 구매 업무 전문화 원칙
④ 구매 업무 단순화 원칙
⑤ 경쟁구매원칙

나. 용역구매원칙

① 정실구매 배제원칙
② 평가검정원칙
③ 적격판단원칙
④ 경쟁구매원칙

(6) 건물자산 임대관리 특별적용원칙

건물자산 임대관리 특별적용원칙에는 다음과 같은 원칙들이 있다.

① 적격판단원칙
② 입주자 사후관리원칙
③ 경쟁조건우위 원칙
④ 계약 업무 효율화 원칙
⑤ 공실 제로베이스 유지원칙
⑥ 우량입주자 장기화 원칙
⑦ 임대기준 일원화 원칙
⑧ 임대마케팅 경제화 원칙
⑨ anchor tenant 우선의 원칙

(7) 건물자산 보험관리 특별적용원칙

책임전가 목적의 화재보험, 제3자 배상책임보험, 산재보험 등 4대보험에 적용할 건물자산 보험관리 특별적용원칙에는 다음과 같은 원칙들이 있다.

① 보험범위 확대원칙
② 경제손실 최소화 원칙
③ 가입보험 사후관리원칙

3) 기술관리활동 특별적용원칙

건물자산기술관리 항목 관리활동 시에 특별히 적용되어야 할 원칙을 말한다. 기술관리활동 특별적용원칙에는 다음과 같은 원칙이 있다.

① 경제성의 원칙
② 내구성의 원칙
③ 안전성의 원칙
④ 거주성의 원칙
⑤ 편리성의 원칙
⑥ 쾌적성의 원칙

4) 법률관리활동 특별적용원칙

건물자산 법률관리항목을 관리할 때 적용되는 원칙을 의미하는 것으로 다음과 같은 특별적용원칙이 있다.

① 법령사고 예방원칙
② 법적 안정성 확보원칙
③ 계약 사후관리원칙
④ 비밀유지원칙(비밀누설금지원칙)

5) 위험관리활동 특별적용원칙

건물자산 안전관리활동 항목에 적용되는 원칙으로서 다음과 같은 특별적용원칙이 있다.

① 365일 무재해원칙
② 안전제일원칙
③ 안전수칙 생활화원칙
④ 선 구호 후 수습 원칙

6) 환경관리활동 특별적용원칙

청소 · 위생 · 소독 · 조경시설물 관리활동 시에 적용되는 원칙을 말한다. 이에는 다음과 같은 특별적용원칙이 있다.

① 보건성 확보원칙
② 청결성 확보원칙
③ 청소작업 계속원칙
④ 미관 성 유지원칙
⑤ 건강중심 관리원칙
⑥ 실내공기 환경 쾌적화 원칙
⑦ 조경환경 유지원칙

제8절 건물자산관리 실무활동의 목적

1. 실무활동 목적의 의의

건물자산관리 실무활동의 목적이라 함은 경영관리와 운영관리 및 유지관리활동을 통하여 궁극적으로 얻고자 하거나 달성하고자 하는 것을 말한다. 뿐만 아니라 경영관리활동을 통하여 바라는 것을 최종적으로 얻는 것을 의미한다. 건물자산관리의 목적에는 건물자산관리자의 실무적 목적인 건물자산경영활동의 목적과 운영관리 목적 및 유지관리활동의 목적이 있으며, 건물자산 이해관계자의 경제사회적 목적인 미시적 목적과 거시적 목적이 있다.

건물자산경영의 목적은 건물자산관리자의 실무적 목적으로서 건물자산가치의 극대화와 경제이익 최대화로 최유효 사용화와 수익화 및 처분화화를 의미하며 유지관리의 목적은 건축시설물의 사용가치를 극대화하여 최유효 건축시설물 사용화를 말한다. 또한 운영관리의 목적은 운영비용의 최소화와 운영수익의 극대화로 최유효 사용화와 수익화를 의미한다.

2. 경영관리활동과 운영관리활동 및 유지관리활동의 목적

1) 건물자산 경영관리활동의 목적

건물자산관리자가 실무적으로 건물자산의 경영활동을 통하여 얻고자 하는 것, 도달하고자 하는 목적은 다음과 같다.

① 자산위험 최소화와 투자수익 최대화
② 건물자산 최유효 사용화와 수익화 및 처분화
③ 건물자산 사용가치와 수익가치 및 처분가치 극대화

2) 건물부동산 운영관리활동의 목적

건물부동산 운영관리활동을 통하여 얻고자 하는 것, 도달하고자 하는 목적은 다음과 같다.

① 사용가치 및 수익가치 극대화
② 운영관리비용 최소화와 운영수익 극대화

3) 건축시설물 유지관리활동의 목적

① 건축시설물 기능과 성능의 정상화와 장기화
② 건축시설물 사용가치 극대화
③ 건물부동산 및 건물자산의 최유효 사용화와 수익화 및 처분화의 기반 구축

3. 미시적 목적과 거시적 목적

건물자산 이해관계자가 경제사회적으로 건물자산관리활동을 통하여 달성하고자 하는 것과 얻고자 하는 전체 건물자산관리활동의 목적에는 미시적 목적과 거시적 목적이 있다.

1) 미시적 목적

미시적 목적이라 함은 건물자산관리활동을 통하여 1차적으로 얻고자 하는 관리활동의 목적을 말한다. 건물자산관리활동을 통하여 바로 나타나는 결과물로서의 목적을 의미한다. 건물자산관리의 미시적 목적은 양질의 건물자산 관리효과(양질의 건물자산 사용 서비스와 건물자산의 경제적 이익)를 통하여 건물자산 이해관계자로 하여금 건물자산사용의 만족과 경제적 생활에 필요한 만족을 얻는 데 있다. 양질의 건물자산 관리효과란 고품격의 서비스와 재산적 이익을 의미하는 것으로, 건물자산 투자자·소유자·사용자·이용자·관리자 즉, 건물자산관리 이해관계자 모두의 요구 또는 목적을 달성하게 하여 만족하도록 하는 것을 의미한다.

건물자산관리 이해당사자의 목적내용은 이해당사자 별로 서로 상이하므로 이를 분설하면 다음과 같다.

(1) 건물자산 투자자/소유자의 목적

① 건물자산 사용가치 극대화
② 최유효 건물자산 보유 및 운영이익 최대화(수익가치 극대화와 경제이익 최대화)
③ 최유효 건물처분가치 극대화(자산가치 극대화와 양도차익의 실현으로 투자 및 소유 이익의 최대화)

(2) 건물자산사용자(입주자)의 목적

① 최유효 건물자사의 사용
② 최유효 건물자산의 수익

(3) 건물자산이용자의 목적

① 최유효 건물자산의 이용
② 건물자산 이용 효용 최대화

(4) 건물자산관리자의 목적

가장 경제적 방법으로, 안전하게, 효율적으로, 적합하게, 효과적으로 합목적적 건물자산의 취득과 정상적 보유 및 운영관리 그리고 합리적 처분을 통한 건물자산 최유효 사용화와 수익화 및 처분화

2) 거시적 목적

거시적 목적이란 건물자산관리활동을 통하여 창출된 건물자산의 유익과 양질의 건물자산의 관리 서비스 및 건물자산의 경제적 가치(사용가치와 수익가치 및 처분가치) 창출을 통하여 주(住)문제를 해결하거나 개선하여 궁극적으로 인간의 생존을 주(住) 환경 측면에서 지원하는 목적 및 이를 통하여 국가경제발전에 이바지하는 목적을 의미하며 이를 2차적 목적이라 한다. 인간이 현대생활을 영위하려면 생활환경조건 중 제일 먼저 식(食)의 문제(식의 조건)를 해결해야 한다. 음식과 물과 공기를 일정하게 먹고 마셔야만 생물학적 생존이 가능하다. 뿐만 아니라, 의(衣)의 문제를 해결해야 한다. 일정한 옷이나 이불 등을 활용하여 몸을 보호하고 건강을 위하여 일정한 36.5℃의 몸의 체온을 유지할 수 있어야 한다. 최종적인 생활환경 조건은 주(住)의 조건이다. 주(住)의 문제는 건물의 설계, 건축(시공)과 건물자산의 관리활동을 통하여 해결된다. 특히 완성된 건물의 관리활동을 통하여 얻어진 건물자산의 사용가치와 건물의 유익에 의하여 주(住)의 문제가 해결되고, 이를 통하여 생존지원이 가능하게 된다. 여기서 설명하는 생존지원의 요소인 건물의 유익이란 인간생존에 필요한 주(住)의 조건을 해결하는 요소로서 건물의 공간 · 기능 · 질서 · 조화 · 미(美) 등을 의미한다.

거시적 목적은 건물의 유익을 통하여 인간의 삶과 생활과 일의 영위를 구체적으로 도와 행복한 삶, 건강한 생활, 성공적이고 생산적인 일을 효과적으로 달성하게 하는 목적을 의미한다.

4. 실무활동 목적의 특성

건물자산관리의 목적에는 특별한 성질이 있는 바 이를 건물자산관리목적의 특징이라 한다. 건물자산관리목적의 특징의 내용은 대체로 다음과 같다.

① 건물자산관리의 목적에는 전술한 바와 같이 건물자산 이해관계자의 경제사회적 목적인 거시적 목적과 미시적 목적이 있으며 건물자산관리자 실무측면의 목적에는 경영활동의 목적과 운영활동 목적 및 유지관리활동의 목적이 있다. 거시적 목적은 미시적 목적의 달성을 통하여 부차적으로 얻게 되는 특성이 있으며 경영활동의 목적은 운영활동과 유지관리활동의 목적달성을 토대로 이루어지는 특징이 있다. 또한 건물자산관리 이해당사자의 경제사회적 목적은 건물자산관리자에 의한 실무적 목적달성으로 후발 적으로 이루어지는 특성이 있다.

② 하나의 건물자산을 통하여 얻고자 하는 목적에는 건물자산의 투자가, 소유자, 사용자, 이용자, 관리자마다 각각 상이한 특성을 가지고 있다.

③ 건물자산관리의 목적달성은 관리종사자의 관리(기술·전문성)수준에 비례하여 나타나고 달성속도가 각각 다른 특성이 있다.

④ 건물자산 관리목적은 소유자나 사용자, 관리자가 상호요구하거나 바라는 것이 언제나 일치되지 않으며, 상충되는 특성이 있다. 왜냐하면, 소유자와 사용자 그리고 관리자의 이해가 언제나 일치되지 않으며 요구관점 또는 요구기준이나 만족기준이 서로 상이하기 때문이다.

⑤ 건물자산 이해관계자의 만족은 당사자의 주관적 판단에 근거하므로 언제나 만족스럽게 생각하지 않는다. 왜냐하면 소유자나 사용자, 이용자는 언제나 더 높고 더 많은 만족을 바라는 경향과 특성이 있기 때문이다.

⑥ 건물자산 관리목적 중 소유자는 경제성이 우선하나 사용자, 이용자의 목적은 편리성, 안전성과 쾌적성을 더 우선하는 특성이 있다.

⑦ 건물자산 관리목적 중 사용자의 목적은 투입(input)되는 임대료와 관리비에 비하여 얻어지는 것(output)이 눈에 보이지 않는 서비스로 나타나므로 언제나 손해보는 느낌을 가지고 있는 특성이 있다.

⑧ 건물자산 투자자와 소유자의 목적이 사용자나 이용자의 목적보다 최우선적으로 취급되는 경향이 있으므로 사용자와 이용자의 건물자산 사용 수익이나 관리활동에 있어서 여러 가지 형태로 소유자에 의한 제약이 따르게 되는 특성이 있다.

제6장

건물자산 경영관리 실무활동

제1절 건물자산 경영관리 실무활동의 의의

건물자산관리활동은 전술한 바와 같이 건물자산 관리대상과 업무의 성격에 따라 건물자산관리 3측면의 업무가 발생하고 이에 기초하여 건물자산 경영관리활동과 건물부동산 운영관리활동 및 건축시설물 유지관리활동으로 분류됨은 전술한 바와 같다. 건물자산 경영관리활동은 자산가치 극대화와 경제적 수익 극대화를 목적으로 하는 건물자산관리활동으로서 건물자산 투자관리활동과 AM활동으로 분류된다. 이에 대한 활동별 내용을 살펴보면 다음과 같다.

제2절 건물자산 투자관리 실무활동

1. 건물자산 투자관리의 개념

투자의 사전적 개념은 양도차익이나 경제적 이익을 얻을 목적으로 물건구입 또는 사업 등에 돈을 대거나 출자하는 것을 의미하며 이윤을 생각하여 주식, 채권, 부동산 등의 구입에 돈을 돌림 등의 의미로 해석하고 있다. 그러나 미국 부동산감정사협회의 투자에 관한 개념의 정의는 투자란 이익획득의 목적으로 합리적인 안정성과 원금의 궁극적 회수를 전제로 항구적인 용도를 갖는 자산에 금전을 투입하는 것으로 설명하고 있다. 또한 투자란 현재의 소비를 희생한 대가로 미래의 경제적 보상을 받으려고 하는 투자행위를 말한다. 결국 건물자산투자란 투자자가 미래의 경제적 이익획득을 목적으로 건물자산에 금전을 투입하는 행위 또는 활동으로 해석할 수 있다.

2. 건물자산 투자시장의 등장

우리나라의 건물자산투자시장은 1997년 IMF 외환위기로부터 본격적으로 등장하기 시작하였다. 부실화된 회사(기업)자산이 채권자인 은행, 보험사 또는 국세청의 압류 등으로 채권자의 손에 넘어간 자산을 한국자산관리공사(당시 성업공사)에 위탁 관리되면서 한국자산공사를 중심으로 건물자산투자시장이 형성되어 외국계 부동산투자회사(미국, 싱가포르 단기투자펀드)에 의한 단기투자로 연평균 수익률 20% 이상을 목표로 high risk-high return형 건물자산 투자가 1999년에서 2001년까지 지속되었다. 2002년에서 2003년 사이에 연평균 투자수익률 10% 이상을 목표로 medium risk-medium return형의 중장기(3~5년)투자시장이 형성되다가 2004년부터 현재에 이르기까지는 외국계 단기펀드의 퇴조와 철수로 우리나라 국내 부동산펀드와 REITs 및 독일계 등의 장기투자자가 연평균 수익률 10% 미만(통상 투자수익률 8%대)의 장기투자(5년 이상의 투자)시장이 형성되고 있다.

이에 참여하고 있는 국내 건물자산투자자에는 코람코, RAK, 샘스자산운용 등의 자산운용사와 삼성생명 등의 일부 생명보험회사 등이 있으며, 외국계 건물자산투자자에는 모건스텐리, GIC RE, GE RE, ING RE, Pramerica, DEGI, DEKA, 리먼부라더스, Macquarie, Ascendas, DBPA 등이 활동하고 있다.

3. 건물자산 투자시장의 규모

우리나라 건물자산관리시장의 규모에 대한 정부차원의 통계는 없다. 다행히 한국생산성본부의 기업부동산자산관리실무교재의 통계자료에 의하면 오피스빌딩 자산관리시장규모(PM시장 규모)는 850억원, 시설관리시장(FM시장 규모), 건축사업 관리사업(CM Service시장)의 규모는 9,200억 원 규모로 건물자산관리시장 규모는 약 2조원으로 추정되고 있다. 그러나 오피스빌딩 외 주택, 호텔, 학교, 백화점, 공공시설, 병원 등을 합치고 투자자문시장(investment consulting service market) 및 임대차시장(leasing management market) 모두를 포함하면 6조 내지 10조원의 시장규모로 추정되고 있다.

또한 서울시 오피스빌딩 투자시장규모는 약 52조원 규모로 추정되며 2005년도 거래건수는 45건으로 투자규모는 무려 2조4,000억 원에 달하고 있다.

4. 건물자산 투자시장의 전망

우리나라 오피스빌딩의 공실률이 2007년 9월 현재 2%대를 유지함으로써 세계 주요도시 중 가장 낮은 공실률을 기록하고 있다. 그러나 강남권 테헤란 지역의 경우 2014년 3월 현재 국내 경기불황으로 약 7%대의 공실률을 보이고 있다. 국내 자금사정이 호전되어 유동성이 풍부해진 데다 아직까지는 저금리가 지속되고 있으며 부동산펀드 활성화와 해외 헤지펀드 허용이 이루어질 조짐이 보이고 있지 않아 국내 오피스빌딩을 중심으로 활발한 투자활동이 당분간 기대하기 어려운 상태로 보인다.

5. 투자자산의 분류

투자는 토지, 건물자산, 귀금속 등 실무자산투자(real thing investment)와 국채, 지방채, 사채, 외환, 유가증권 등의 금융자산투자(financial investment)로 분류된다(금융자산은 무형자산 또는 재무자산이라고도 한다).

실물자산투자는 인플레이션, 희소성에 바탕을 두고 자산가치의 증가로 인한 양도차익 등 미래 경제이익을 목적으로 투자의사가 결정되며 금융자산투자는 경제성장, 생산성향상, 금융시장변화와 같은 경제상황의 호전으로 미래의 경제적 보상을 얻을 목적으로 투자의사가 결정된다. 실무자산투자는 인플레이션, 증권시장, 정부규제강화, 정치적 불안, 소비에 바람직한 경제환경, 사회적 불안 등에 유리하고 금융자산(재무자산, 무형자산)투자는 통화의 신뢰감, 안정 기조 경제성장, 생산성향상, 정부 민간기업 규제축소, 저축투자경제상황 등에 유리하다.

6. 자산투자의 특징

자산에 대한 투자는 일반적으로 다음과 같은 특징을 가지고 있다.

1) 투자이익과 위험 상호비례성

일반적으로 자산투자는 high risk - high return, low risk-low return의 형태를 띠고 있다. 즉, 높은 위험과 높은 수익, 낮은 위험과 낮은 이익관계는 상호비례관계에 있다.

따라서 자산투자의 첫 번째 특징은 투자이익과 위험은 상호 비례하는 특징이 있다.

2) 수익최대화와 위험의 함수관계

건물자산투자는 투입자본과 시간, 활동의 노력에 비해 산출되는 자산가치와 수익이 보다 클 것을 전제로 투자된다. 즉, 투자에 Input되는 것보다 Output되는 자산가치와 수익이 극대화되고 최대화되지 않는 경우 투자의사결정은 어렵게 되는 특징이 있다.

3) 화폐시간가치와 위험의 함수관계

화폐가치는 시간이나 사정 또는 환경에 따라 변하는 속성이 있으며 따라서 경제적 환경에 의한 인플레이션은 화폐가치를 크게 떨어뜨리고 화폐와 교환된 실물자산은 인플레이션의 영향으로 자산가치 상승이 이루어진다. 즉, 현재의 화폐가치는 미래의 화폐가치보다 크므로 큰 가치를 가지고 있는 화폐로 실물에 투자하여 낮아지는 미래 화폐가치를 보전함으로써 미래위험도 방어하게 된다.

즉, 화폐의 시간가치와 위험(미래위험)과의 함수관계는 화폐가치를 x로 보고 위험을 y로 볼 때 x의 미래 화폐가치는 하락하나 투자실물자산의 가치는 상승하였음으로 미래의 위험 y역시 높은 상승률을 가지고 있는 실무투자자산에 의하여 위험이 낮아지는 것을 의미한다. 따라서 건물자산의 투자는 화폐의 미래시간가치와 위험과 서로 함수관계에 있는 특징이 있다.

4) 투자와 투기의 상이성

투자활동을 해석하고 응용하기 위해서는 투자와 투기개념의 확립이 필요하다. 투자의 사전적 의미는 전술한 바와 같이 합리적인 이익목적으로 돈을 돌림 또는 돈을 댐이나 출자 등으로 해석되나 투기는 재화의 시가를 미리 기약하고 그 차액을 얻을 목적으로 매매하는 거래로 해석하고 있다.

바로우(Barlow) 교수의 견해에 의하면 투기란 자본이득을 얻을 목적으로 스스로의 위험부담과 책임으로 금전을 투입하는 것으로 해석하고 있다. 투자는 합리적 이익창출을 위한 정당한 경제행위이나 투기는 요행을 바라면서 불확실한 미래이익을 얻을 목적으로 금전을 투입하는 사행행위라 판단된다. 또한 투자는 원금회수는 보장되며 시간의 경과에 따라 이윤이 확실히 기대되는 것으로 경제행위의 반대급부로 해석되나 투기는 경제 성장 또는 경제 확대 등의 큰 변화 없이는 기대하기 어려운 것으로 투자와 큰 차이가 있다.

건물자산(부동산) 투자와 투기의 상이성을 비교하면 (표 36)과 같다.

(표 36) 건물자산 투자와 투기의 상이성 비교

구 분	투 자	투 기
주 체	실수요자	가수요자
대 상	건물, APT 등 항구적 건물자산	미완성 건물 또는 미성숙 건물개발 부지
목 적	정당한 기대이익	양도차익
가 격	시장가격	투기가격
이용 또는 관리의사	있 음	없 음
기 간	장 기	단 기

다시 말하면 투자와 투기는 다음과 같은 상이성과 특징을 가지고 있다.

(1) 투자의 특징

① 실수요자의 행위이다.
② 예측가능한 정당한 이익이 목적이다.
③ 시장가격이 형성되며 그것으로 거래한다.
④ 충분한 기간 동안 소유한다.
⑤ 이용 · 관리할 의사가 있다.
⑥ 임대아파트 · 점포 · 빌딩 등 수익성 용도의 자산 중 경제부담력과 관리가능한 양의 금전을 투입한다.
⑦ 단기적인 투자거래보다는 윤리적으로 고상하고 금융적으로 득이 된다.
⑧ 시장조사를 통하여 안전성 · 합리성을 추구한다.
⑨ 대상 건물자산(부동산)이 자기나 타인에게 기여한다.

(2) 투기의 특징

① 가수요자의 행위가 많다.
② 이용 · 관리할 의사가 없다.
③ 예측 불허하는 양도차익이 목적이다.
④ 땅값이 낮은 미성숙지 등을 필요량 이상으로 구입한다.
⑤ 보유기간이 단기적이다.
⑥ 투기가격으로 거래한다.
⑦ 전매로 이익을 실현시킨다.
⑧ 시장조사를 하지만 모험적 · 금전 투입을 감행한다.
⑨ 대상건물자산이 소요될 뿐 본인이나 타인에게 기여하지 못한다.

7. 투자의 3분법

1) 투자 3분법의 의의

투자는 투자 자체의 위험성, 환금성으로 인하여 자산별, 지역별, 용도별로 분산하여 투자하는 것이 투자위험을 최소화할 수 있다. 즉, 안정성과 수익성, 환금성을 고려하여 한 가지 자산에 집중 투자하는 것보다 분산하여 투자하는 것이 유리하다. 통상 투자대상을 투자자산의 대표적 성격을 가지고 있는 건물자산(부동산), 증권, 예금 등에 안전성 · 수익성 · 환금성 등을 고려하여 분산하여 투자하는 것을 자산투자 3분법이라 한다.

건물자산투자실무에서도 건물자산투자는 국가별, 지역별, 용도별 위험을 분산하여 자산위험의 관리를 위하여 portfolio 제도를 활용하고 있다. 예컨대, 한국건물자산, 미국건물자산, 중국건물자산과 같이 위험도가 낮은 국가를 선택하며 도시지역, 농촌지역으로 분산하고 건물자산용도 역시 주거용, 상업용, 산업용 등으로 분산투자해야 한다. 건물자산의 위험은 주거용 〈 오피스빌딩 〈 리테일 〈 산업용 순으로 위험도가 증가된다. 국가별, 용도별로는 한국오피스빌딩이 외국오피스빌딩보다 가장 위험도가 낮으며 고수익을 보장하는 투자대상임이 외국계 투자회사의 일반적 견해이다. 그러나 자산의 위험은 다음 순으로 크게 나타난다. 즉, 투자위험은 예금 〈 국채 〈 지방채 〈 MBS 〈 건물자산(부동산) 〈 주식 순으로 증가된다. 따라서 건물자산과 주식은 위험투자자산에 해당된다. 투자대상의 장 · 단점은 (표 37)과 같다.

(표 37) 투자자산의 장 · 단점 비교

○ : 유리, × : 불리

구 분	건물자산(부동산)	예 금	주 식
수익성	○	×	○
환금성	×	○	○
안전성	○	○	×

2) 자산투자 3분법의 고려사항

(1) 안전성

투자안전성의 반대인 투자위험은 투자수익과 비례하는 특징이 있다. 어떤 자산의 투자에도 투자대상에 따라 작은 위험에서 큰 위험에 이르기까지 투자 위험이 존재한다. 따라서 투자 의사를 결정하기 전에 위험분석을 철저히 하고 투자 후에도 투자 위험을 최소화해야 한다.

건물자산투자의 경우 자산취득 전에 다음의 자산위험의 분석이 요구된다.

① 투자수익률 잠재위험 분석

투자대상 건물자산에 대한 투자의사결정 전에 투자자산의 기존의 profit & loss, balance sheet, cash flow를 가지고 수익률 잠재 위험 여부를 분석해야 한다.

② 경기변동 위험 분석

경기변동은 회복기, 확대기, 침체기, 불황기 등으로 변화하므로 다음과 같이 경기변동 투자위험에 따라 의사결정 및 다음과 같이 대응해야 한다.

- 회복 초기 및 침체 말기 – 건물자산 매입 적합
- 확대 초기 – 건물자산 투자 적합
- 확대 말기 – 건물자산 매도 적합
- 회복 말기 – 건물자산 개발 적합
- 불황기 – 장기임대, 우량임차인 중심 임대 구조개선 대응
- 불황기 공급 과잉기 – niche market 개발, 매각 중단 대응

③ property 위험 분석

건물자산의 위험은 주거용 건물이 가장 낮으며 개발용도 부지가 일반적으로 가장 높다. 건물자산의 위험은 개발부지 〉 renovation 용도건물 〉 산업용도 건물 〉 판매시설 〉 오피스빌딩 〉 주거용 건물 순으로 낮아진다. 또한 대규모 건물자산과 소규모 자산의 위험을 비교하면 대규모 건물이 high risk - high return 형태로 매각위험이 소규모 빌딩에 비하여 높은 편이며 소규모 건물자산은 low risk–low return 형태로 매각위험은 대규모 건물자산에 비하여 상대적으로 낮다.

④ 운영위험분석

건물자산관리대상의 운영에 있어서 일반적으로 나타나는 화재위험, 안전사고위험, 물리적 위험, 작업위험, 공실위험, 임차인위험 등에 대해서도 분석도구를 만들어두고 분석도구에 따라 분석하여 건물자산투자관리에 있어서 안전성을 우선적으로 확보하도록 관리해야 한다.

(2) 환금성

투자자산을 자산가치와 교환가치를 높여 가장 유리한 조건으로 현금화하는 것을 의미한다. 환금성은 투자자산을 현금화하는 데 소요되는 시간에 따라 소요시간이 짧을 때 환금성이 높다하고 장기간 소요되면 환금성이 떨어지거나 없다고 할 수 있다.

즉, 환금성이란 자산가치의 현금화 실현을 의미하며 금융자산은 환금성이 높으나 실무자산은 일반적으로 환금성이 떨어지는 단점이 있다.

(3) 수익성

장래에 투자자산으로부터 얻을 수 있는 자본이득과 소득수익이 현금흐름표상에 확실하게 예치될 수 있느냐를 의미한다.

자본이득은 투자자산가치의 상승에 따른 이익을 의미하고 자산매각 때 자본이득이 실현되므로 매각 전에는 미 실현 자산소득이라고 하나 경제학에서는 실현, 미 실현 관계없이 자본이득이라 한다. 또한 소득수익은 이자수입, 배당수입, 지대, 임대료 등이 이에 해당된다. 그러나 건물자산 소유자의 경우 투자자산을 직접 이용 시 사용의 서비스로 보아 소득수익으로 간주되지 않는다.

투자건물자산의 수익성 판단은 손익계산서, 대차대조표, 현금흐름표 등으로 판단해야 한다. 먼저 손익계산서를 통하여 NOI(순 영업이익)와 매출액 경상이익률을 분석하고 대차대조표를 통하여 Cap. Rate(자본환원율), ROE, leveraged(자본수익률), Un-leveraged(Proj. 수익률)를 분석해야 한다. 또한 cash flow(현금흐름표)를 통하여 IRR(내부수익률), PV(현가, present value)−investment value, NPV(순 현가, ne present value), cash on cash return(자기자본수익률) 등을 분석해야 한다. 건물자산 투자수익률 위험 분석과 관계되는 산출 공식은 다음과 같다.

① cap. rate(순 이율, Net 이율, 종합 환원 이율)

순 영업소득 ÷ 총투자 액 × 100

② cash on cash return(자기자본수익률)

현금흐름 ÷ 자기자본투자액 × 100

③ 종합수익률

소득 수익율 + 자본이득수익률

④ 소득수익률

$$\frac{\text{순수익}}{\text{기간초의자산가치}} \times 100$$

⑤ 자본이득수익률

$$\frac{\text{기간말의 자산가치} - \text{기간초의 자산가치}}{\text{기간초의 자산가치}}$$

⑥ Gross이율(총 이율)

연간임대수입 ÷ 총 투자액 × 100

⑦ ROI(회계적 수익률)

(순 영업소득－감가상각비) ÷ 총 투자액 × 100

8. 건물자산 투자의 목적과 장 · 단점

1) 건물자산 투자의 목적

건물자산 투자목적은 다른 투자대상 재화에 비하여 위험성은 높은 편이나 임대소득과 양도차익 등의 투자수익 극대화를 도모할 수 있고, 최유효 사용의 가능실현을 통하여 보유자체만의 이미지나 상징성으로 인하여 투자대상으로 건물자산을 선호하게 된다.

건물자산의 투자목적은 최유효 사용목적(최유효 이용목적), 수익목적, 양도 목적(처분목적) 등으로 분류되며 투자자의 투자 의도에 따라 단일목적 또는 복합목적으로 나누어진다. 즉, 효용의 극대화나 수익의 극대화를 일반적으로 투자목적으로 인식된다. 또한 투자는 현재 소비의 포기로 미래의 경제적 보상을 목적으로 한다. 또한 건물자산 투자의 투자이유는 여러 가지 견해가 있으나 랜다우어(Landauer)의 견해에 의하면 부동산투자이유를 인구의 증가로 인한 토지가격의 상승, 부동산의 인플레이션 헷지(inflation hedge)와 타인자본을 이용하여 큰 수익을 올리는 지렛대작용(Use of Leverage)에 두고 있다.

또한 베드포드(Bedford)는 부동산(건물자산) 투자의 이유로 안전성, 임대소득창출, 수익 창출 성, 저당(대부) 자금의 이자 수익, 소유의 안정성, 미래의 가변적 양도차익이나 유리성 등을 들고 있다.

결론적으로 안정적 임대소득, 양도시세차익(자본이득), 인플레이션으로부터 보호, 세금보호, 건물자산보유로 인한 사회적 신용과 지위 평가 등이 건물자산(부동산) 투자를 선택하는 이유로 작용하고 있다.

2) 투자대상 건물자산의 범위와 투자수익 및 비용

(1) 투자자산의 범위

건물자산의 투자대상은 전술한 바와 같이 경제적 가치가 있는 건물자산으로서 사용 수익이 가능한 수익성 건물자산인 주거용 건물, 상업용 건물, 공업용(산업용 포함)

건물, 기타 특수용도의 건물 등이 있다. 건물자산의 의미는 건축대지(토지), 건물, 건축설비, 부대시설, 건설 중인 건물자산, 건물자산관련 유가증권, 공기구나 비품, 임차보증금, 선급금 또는 조경 수목 등을 모두 포함하는 넓은 의미의 건물자산을 의미한다.

(2) 투자수익의 범위

건물자산의 수익의 범위는 임대수익과 건물자산 매각차익(양도차익), 임차보증금 기회수익, 시설일시사용료, 간접투자배당금(리츠, 부동산펀드, MBS, ABS, 프로젝트 파이낸싱, 부동산관련채권 등), 기타 건물자산 수입 등을 포함한다.

3) 투자비용의 범위

건물자산 투자비용의 범위는 자산취득비와 등기등록비, 인건비, 유지관리비(용역비, 수선비, 수도광열비 기타)와 각종 조세와 부담금(재산세, 종토세, 면허세, 환경개선부담금, 교통유발부담금 등), 대출이자, 감가상각비, 부동산 매각 손·공실로 인한 임대손실부담금, 간접비, 벌금, 손해배상, 부실임대채권 등의 기타 건물자산 비용 등이 포함된다.

4) 건물자산투자의 장점과 단점

건물자산(부동산)에 투자하는 경우 다음과 같은 장점과 단점을 함께 가지고 있다.

(1) 장 점

① 자본이득과 소득이득

건물자산의 환금성은 다른 투자대상보다 뒤떨어지나 수익성과 안전성은 유리한 편이다. 건물자산은 타인에게 사용 수익하거나 직접 사용함으로써 일정한 소득(임대료, 지대)을 얻을 수 있으며 매각함으로써 양도차익을 실현하여 자본적 이득을 얻을 수 있다.

② 자금융통

저당권설정, 환매제도, 담보, 가등기, 양도담보 등을 통하여 일정한 자금을 융통할 수 있다. 이를 통하여 지렛대효과를 얻을 수 있다.

③ 인플레이션 헷지

인플레이션이 진행되는 경우 화폐가치 손실을 실물자산(건물자산, 토지 등)에 투자함으로써 인플레이션 피해를 어느 정도 방어할 수 있다. 따라서 후일 인플레이션의 방어로 미래의 구매력을 보호하게 된다.

④ 절 세

감가상각, 장기자본소득에 대한 낮은 세율, 세액공제, 세법상의 감면, 면세 등으로 각종 세금을 절세할 수 있다. 따라서 건물자산투자는 절세(Tax Shelter) 기회를 제공한다.

⑤ 소유의 긍지와 신용평가 선(善)작용

건물자산의 소유는 그 자체만으로 긍지를 느끼게 하며 사회적 신 용, 평가에도 긍정적인 선 작용을 하게 된다.

(2) 단 점

① 낮은 환금성의 문제점

건물자산은 소유자가 매각을 원하는 시점에 시장가격으로 단시간 내에 현금화되지 않는 낮은 환금성의 문제점을 가지고 있다.

② 재산위험성 상존

건물자산은 자연재해, 화재, 안전사고 등으로 인적 · 물적 손실을 가져오는 재산위험이 항상 존재한다. 또한 관리부실의 경우 조기노후화와 내용연수 단축 등으로 사용 수익의 사용성이 후퇴하고 경제기 능이 저하가 나타나는 재산상의 위험이 상존하고 있다.

또한 상권의 이동이나 외한위기나 장기불황 등 경기변동, 사회적 행정, 법 · 제도 등의 변화와 대형 사고나 전쟁 등의 비상상황의 경 부동산(건물자산)의 경제적 가치는 급격히 하락하게 된다. 따라서 건물자산은 재산위험이 항상 상존하는 단점이 있다.

③ 공신력의 문제점

부동산(건물자산)은 보존등기나 이전등기 등 등기를 함으로써 소유권 변동이 일어난다. 그러나 우리나라 등기제도는 공시효력은 있으 나 공신력이 없으며 형식적 심사주의와 절차적 등기법으로 인해 공신력에 큰 문제점이 있다.

④ 재산관리의 난이성

건물자산은 물건이므로 시간의 경과, 사용 잘못, 부실관리 등으로 마모, 훼손, 부식화, 중성화, 박리, 박락, 변형, 변위, 부동침하, 균열 등이 일어나고 기능의 저하, 조기 노후화가 촉진된다. 따라서 전문적 관리대응이 필요하다. 그러므로 유지보수를 위한 자본적 지출과 수익적 지출의 비용이 항 상 소요되고 관리적 작업이 뒤따라야 한다.

특히 임대용 건물의 경우, 입주자의 사용 수익에 맞는 청소, 경비, 위생관리, 시설관리, 전기 · 기계 설비관리, 임대료수납, 입주자관리 등 매우 복잡한 관리활동을 해야 하므로 재산관리상의 상당한 어려움이 수반된다. 뿐만 아니라 소유권 보존관리, 관계법령관리, 대외 기관(공적 서비스 제공기관)관리, 제세공과금관리, 입주자 사후 관 리, 안전관리 그리고 유지관리 등 전문적 관리대응이 크게 요구 되 는 건물재산관리의 난이성 또는 비용이성 등이 있다.

9. 건물자산 투자위험과 포트폴리오 관리

1) 건물자산 투자위험관리

(1) 투자위험의 개념

건물자산관리는 시설 측면에서 사용가치를 극대화하여 건물자산을 최유효 사용화하는 데 목적이 있으며 건물재산경영 측면에서는 자산위험을 최소화하고 자산가치를 극대화하여 수익을 최대화함으로써 건물자산 최유효 수익화하는 데 목적이 있다.

따라서 시설관리 측면과 재산경영 측면 모두에 있어서 위험은 체계적으로 관리되어 최소화하거나 제로화해야 한다.

왜냐하면 시설관리 측면의 위험은 인적 결함과 물적 결함 및 환경결합과 결합하여 사고로 이어지고 인적 손실과 물적 손실을 가져오는 재해로 발전되기 때문이다. 또한 재산경영 측면의 위험은 건물자산 투자목적인 재산수익 최대화와 자산가치 극대화를 정면으로 저해하기 때문이다.

건물자산투자의 의사결정은 확실성을 토대로 의사결정의 경우에는 투자목적을 손쉽게 달성할 수 있으나 불확실성(위험)의 토대위에 투자의사결정을 하는 경우 투자목적인 수익의 최대화를 달성할 수 없게 된다. 이와 같은 건물자산 투자위험은 투자 사업을 실패하게 하는 요인으로서 불확실성을 의미한다. 또한 위험은 건물자산투자의 손실을 가져올 수 있는 가능성으로서 리빙 페페(Lyving Peffe)는 확률에 의하여 측정 가능할 수 있는 개개위험의 결합을 위험이라 정의하였다.

결국 건물자산 투자위험은 건물자산투자사업의 실패가능성인 투자손실을 가져올 수 있는 불확실성을 의미하며 투자수익과 위험은 상관관계에 있다. 이와 같은 투자수익과 위험의 상관관계는 건물자산투자시장에서 high risk-high return과 low risk-low return으로 나타나고 있다. 따라서 건물자산투자사업에 성공하려면 투자위험을 철저히 분석하고 관리하여 최소화 또는 제로화해야 한다.

(2) 건물자산 투자위험의 종류와 내용

건물자산의 투자는 투자활동을 통하여 수익최대화를 달성하고자 한다. 따라서 투자의사결정자는 가능한 방법을 동원하여 투자의 불확실성(위험)을 제거하거나 관리하여 최소화 또는 제로화를 실현하여 확실성의 토대위에 투자의사의 결정을 바라고 있다.

그러나 건물자산투자시장의 현실은 투자대상 건물자산 자체뿐만 아니라 건물자산투자에 영향을 미치는 환경에 크고 작은 불확실성(위험)이 존재하거나 생성되고 있어 건물자산투자자는 투자의사결정전에 투자위험에 관한 분석을 반드시 실시하고 있다.

뿐만 아니라 투자자는 투자위험을 분산시켜 최소화하기 위하여 포트폴리오이론을 활용하고 재산 3분법을 적용하기도 한다. 특히 건물자산투자시장에는 투자위험이 적으면서 수익성이 높은 오피스빌딩을 주 투자대상으로 상정하고 있다.

이와 같은 투자전의 분석대상인 투자위험에는 다음과 같은 위험이 있다.

① 법적·제도적 위험

법과 제도는 건물자산가치와 수익에 지대한 영향을 미치는 것으로 상호 밀접한 관계에 있다.

투자대상 건물자산은 재화성과 권리성(재산권, 소유권)으로 결합되어 있다. 즉, 건물은 물건(건물실체)과 재산으로 표상된다.

그러므로 건물자산의 가치는 재산성을 표상하는 소유권(권리)에 있으며 실제로 건물자산 거래시장에서 건물의 매매는 소유권(권리)의 알선 중개로 이루어지고 소유권이전서류가 매각대금과 동시이행으로 교환되며 매매목적물인 건물자산은 소유이전 즉시 인도되어 신소유자의 사실상 지배(점유)상태에 들어가게 된다.

이와 같은 건물자산은 사법과 공법의 지배와 영향을 받으므로 사법상의 소유권 보존을 위협하는 제한물권과 기타권리(압류, 가압류, 가처분, 재판, 경매 등)에 관한 권리분석을 철저히 하고 투자 후에도 이와 같은 사법상의 제 문제에 대하여 사후 관리해야 한다. 특히 공법 측면의 자산관계규정은 더욱 심각한 영향을 주고 있다. 왜냐하면 건물자산의 재산권은 공법과 공법에 의하여 만들어진 각종 제도로부터 직·간접적으로 영향을 받기 때문이다. 예컨대 부동산투기지역지정, 토지이용규제, 매매허가제, 지역지구제, 건폐율, 용적률, 이자율, 조세제도, 토지정책, 통화정책, 재정정책, 주택정책 등은 투자수익에 직접 영향을 심각하게 주기 때문이다.

다시 말하면 전술한 공법이나 부동산자산관계제도의 변화는 건물자산의 수요, 공급에 영향을 주고 이자율을 높이거나 부동산세금에 영향을 주어 투자수익 최대화와 건물자산가치 극대화에 악영향을 준다. 따라서 법·제도의 위험은 건물자산투자자 모두의 위험분석대상이 되고 있다. 그러므로 투자자는 투자의사결정전에 투자대상 건물자산과 관계되는 공법과 사법, 각종 관련제도 등을 면밀히 조사 분석해야 하며 불확실성의 확실성으로의 변화가능 유무를 검토해봐야 한다.

② 경기변동위험

경제는 생물과 같거니와 상승운동과 하강운동의 반복으로 파도와 같이 확장기 국면, 후퇴기 국면, 수축기 국면, 회복기 국면 등 4가지 국면으로 주기적으로 변화한다.

따라서 경기변동에 따라 상승국면의 경우 투자목적을 쉽게 달성하여 투자수익의 최대화에 도달할 수 있으나 갑작스러운 경기변동으로 예상치 못한 하강국면인 경우 공급이 수요보다 과잉되어 공실이 늘어나고 임대료가 하향곡선을 긋거나 자산가치가 크게 후퇴하는 경우 투자수익의 극대화는커녕 투자손실과 매각 손을 기록하여 투자실패로 귀결된다. 왜냐하면 경기변동은 주기적으로 건물자산투자나 실물경제에 적지 않은 영향을 주기 때문이다.

건물자산투자와 관련하여 경기순환변동이 투자나 투자에 대한 미래예측에 어떤 영향을 미치는지 살펴보면 경기순환변동 4국면의 내용은 대체로 다음과 같다.

가. 확장기(expansion phase)

생산이 증가(건물건축 증가)되고 고용과 임금 및 구매력도 가장 높은 수준으로 증가된다. 이때 초과수요가 늘어나 건물의 공실이 부족현상을 나타내나 화폐가치는 인플레이션 현상을 보이게 된다. 자본유치나 동원이 용이하여 생산설비와 건축이 증가되고 과잉공급의 위험발생의 시발점이 되기도 한다.

나. 후퇴기(recession phase)

건축물 과잉공급으로 수요량을 초과하는 건물의 공실이 늘어나고 임대가와 양도가액이 하향곡선을 그으며 곧바로 침체기에 접어들게 되며 마침내 후퇴기 순환국면의 정점에서 경기는 하강하기 시작한다. 이때부터 불경기의 기운이 감지되기 시작한다.

다. 수축기(contraction phase)

경기순환변동이 수축기에 접어들게 되면 건물을 포함한 제품의 수요가 서서히 감소하고 생산 감소, 고용감소, 실업률상승, 소비감소, 가격하락 현상이 두드러지게 나타난다. 경기는 계속 하락하며 건축경기가 하향곡선을 그으며 공실이 크게 발생하여 임대소득이 크게 낮아진다.

수축기의 또 하나의 현상은 경기가 완전히 죽지 않는 가운데 의식주를 위한 경기는 계속 순환된다는 점이다.

라. 회복기(revival phase)

회복기의 일반적 현상은 소비자가 다시 투자하는 현상이다. 이때부터 초과공급 건물의 공실은 임대되거나 소모되고 중요한 구매는 비로 이루어지며 소비자는 싼 가격으로 물건을 구매하기를 희망하게 된다.

특히 회복기 바로 전단계인 저점(lull)에서 약하게나마 경기가 살아나고 생산설비를 준비하며 기업으로의 자본유입과 추가인력 고용이 이루어진다. 이때부터 건물의 공실이 줄어들고 공실률 감소가 현실적으로 인식된다. 이때 고용이 늘어나고 수요가 증가하면 마침내 확장국면으로 접한다. 이상에서 설명한 경기순환변동의 4국면을 소개하였으나 경기순환은 정점과 저점을 기준으로 하여 저점에서 정점까지는 확장국면(상승국면)이고 정점에서 저점까지는 수축국면(하강국면)이라 할 수 있다. 결국 경기순환변동은 크게 확장국면과 수축국면으로 진행되어 상승파도와 하강파도가 반복적으로 진행되는 경제현상이라 인식된다.

결론적으로 경제가 상승국면인 경우 건축물의 신축 증가, 임대료 증가, 선 임대 증가, 공실률 감소 등의 현상이 나타나며 경제가 하강국면의 경우 임대료 감소, 공실률 상승, 순 운영수익(net operating income)이 악화되어 마침내 자산가치가 하락하여 투자에 악영향을 끼치게 된다. 예컨대, 상승국면의 경우 순 운영수익이 100의 임대소득이 보장되었으나 하강국면이 되면 80이나 그 이하로 나타나게 되며 자산가치 역시 100에서 50 이하로 떨어질 수 있으며 순 이율(종합 환원 이율, cap. rate)도 5%에서 10%로 상승하는 현상을 보이게 된다.

따라서 불황국면의 경우 특단의 투자전략을 세워 적절히 대응해야 한다. 결론적으로 경기변동위험은 건물자산투자에 있어서 투자의사결정에 대한 불확실성으로 작용하므로 건물자산 투자위험으로 분류된다.

경기변동위험은 매입, 매각, 개발 및 투자전략에 타이밍(최적기)을 놓치게 하거나 유효전략수립을 방해하게 된다. 즉, 경기변동위험은 타이밍이 문제(Issue)가 되며 타이밍이 맞지 않는 투자의사결정은 곧 투자손실로 귀결된다. 따라서 경기변동위험을 극복하기 위해서 매입과 매각, 기타 전략을 다음과 같이 수립하고 실천하는 것이 바람직한 투자전략이라 할 수 있다.

① 건물자산 매각 타이밍 : 확대 말기
② 건물자산 매입 타이밍 : 침체 말기 또는 회복 초기
③ 건물자산 투자 타이밍 : 확대 초기
④ 건물자산 개발 타이밍 : 회복 말기

또한 경기변동국면 속에서 특별한 다음의 상황의 경우에는 경제상황에 맞는 전략을 구사해야 한다.

- 공급과잉 경제상황
  - 거래중단, niche market 개발
- 경제 불황기상황
  - 장기임대용 건물자산투자
  - 개발 또는 증축가능 건물자산투자
  - 우량 임대구조 가진 건물자산투자
  - 경기변동에 민감하지 않는 건물자산투자
- 일시 건물자산(부동산) 급격한 가격하락상황(예 IMF/경제위기 상황)
  - 투자기회로 활용

③ 건물자산 자체위험

건물자산은 유형의 물건이므로 시간의 경과나 사용 잘못 또는 부실관리 등의 이유로 조기에 부실화되거나 물리적 내용연수 및 경제적 내용연수가 급격히 단축될 수 있으며 건물이 위치하고 있는 주변의 상권이 이동하여 수요를 떨어뜨리거나 자산가치를 하락하게 한다. 또한 건물자산은 위험시설과 위험물이 상존하고 대규모 건물의 경우 수많은 재실 자와 출입자, 출입차량 등으로 화재, 추락, 감전 등 크고 작은 안전사고가 날수 있어 경우에 따라 3종 위험에 해당하는 대형안전사고(예 1995, 삼풍백화점 붕괴사고)가 발생하여 기업이 도산하는 경우도 있다. 뿐만 아니라 건물의 용도별, 규모별, 유형별 위험도 상존하고 있다. 예컨대 대규모 건물자산은 자산운영과정에서 안정적 임대구조를 가짐으로써 수익률이 양호하여 low risk–high return이 가능하나 매각위험이 소규모 건물자산에 비해 상대적으로 높은 위험이 있다.

그러나 소규모 건물자산은 운영과정 중에 우량임차인을 유치할 수 없어 안정적인 임대구조를 가지지 못함으로써 수익률이 대규모 건물자산에 비해 떨어져 high risk–low return의 형태로 수익률이 떨어지는 위험이 있다. 그럼에도 불구하고 소규모 건물자산은 매각위험이 대규모 건물자산보다 월등히 낮은 장점이 있다. 즉, 소규모 건물자산의 exit risk가 적은 것은 결국 규모별 건물자산의 위험 프리미엄이라 할 수 있다. 또한 건물자산의 유형별 위험 역시 주거용 건물이 오피스 빌딩의 투자위험보다 투자위험이 낮으며 오피스 빌딩은 소매판매시설보다는 투자위험이 낮고 소매판매시설은 산업용(공업용 포함) 공장건물보다 투자위험이 낮다. 또한 산업용 건물은 개발용 나대지보다 투자위험이 낮으므로 결국 개발용 나대지가 투자위험이 가장 큰 자산으로 평가된다. 오피스 빌딩 또한 위치와 지역에 따라 위험도가 다르며 전문 업체만이 입주되어 있는 경우 전문업이 쇠퇴하면 쇠퇴속도에 따라 공실로 남게 된다. 특히 산업용 건물이나 공업용 건물은 해당 산업이 후퇴하면 해당 건물 역시 수익성이 떨어지고 자산가치가 하락한다. 이와 같이 건물자산은 그 자체가 가지고 있는 위험이 존재하고 있으므로 투자의사를 결정하기 전에 건물자산 자체위험을 분석해야 한다.

④ 건물자산 매각위험

건물매각위험(exit risk)이란 투자자산을 원하는 시점에 현금화하지 못하거나 매각되더라도 매각손이 발생하는 출구위험을 말한다. 건물매각위험은 비유동성 위험, 비환매성 위험 또는 자산관리실무 측면에서 exit risk라 호칭한다.

다시 말하면 건물매각위험은 원하는 자산처분시점에 매각되지 않거나 매각되더라도 매각손이 발생하는 경우로서 매각 타이밍과 매각손이 매각위험의 핵심이다. 건물자산 투자시장에는 원하는 처분시기에 매각되지 아니함으로써 매각 후 전체 건물책임임대 또는 일부 책임임대 환매와 같은 5년 후 우선매수선택권(put back option), 재매각 보장 등 옵션을 통한 위험관리 사례가 가진 매매거래현장에서 자주 볼 수 있다.

따라서 건물매입의사를 결정하기 전에 매각위험 여부를 분석하고 매각위험을 최소화 옵션을 확보한 후 매매거래가 성사되는 것이 현명한 투자방법이라 할 수 있다.

⑤ 자산운영위험

건물자산운영(property operation)과정에 나타나는 위험으로 다음과 같은 위험의 종류가 있다.

가. 임대료 연체위험과 공실증가 위험

자산운영에서 가장 두드러지게 나타나는 정기적 임대료 수납이 지연되거나 연체 또는 지불불능상태가 되는 경우로서 자산운영 수입관리에 크게 악영향을 끼치게 된다. 또한 임대마케팅의 실태와 경쟁 건물의 새로운 등장 및 임대환경과 여건의 변화 또는 일시적인 임대가격의 하락이나 매매가의 하락현상 등으로 임대수익 손실과 매각손이 발생하는 것과 이율인하, 수요후퇴로 공실이 크게 증가하는 현상이 나타나게 된다.

나. 금리변동 위험

자산운영 중에 이자율이 상승되는 경우 운영수익률과 거래가격의 변동이 일어난다.

다시 말하면 자산운영을 위한 일정 금융을 고정금리로 차입하였으나 정부재무정책, 은행 여수신제도변화 또는 경제사정으로 금리가 상향조정되는 경우 이자지급총액이 늘어남에 따라 전체 운영예산에 부담으로 작용하게 된다. 따라서 운영수익률이 떨어지게 된다. 또한 이자율 상승조정은 요구수익률과 차입금리 상승으로 작용하여 임대가와 매매가를 하락시키게 된다.

다. 임차인 위험

임차인의 파산, 부도 등으로 신용상태가 악화되어 정기적 임대료, 관리비 지급이 지연되거나 장기부실 입주로 보증금 전체가 고갈되고 관계법에 따라 명도소송수단의 법적 조치로 비로소 임대차관계를 종료함으로써 기존 임대채권의 부실과 신규 임차조치의 기회를 모두 상실함으로써 2중, 3중의 손실을 임대인이 안게 되어 경영손실로 귀결된다. 특히 임차인 한 사람(하나의 기업)이 전체 건물을 임차한 경우 임차인의 부실 신용상태는 심각한 자산운영수익 전체에 악영향을 주게 된다.

따라서 건물을 세분하여 임대하고 local tenant보다 non-local tenant 또는 우량임차인, anchor 임차인 등으로 임차인 구성을 해야 하며 자산운영 중에 입주자관리를 체계적으로 실시하여 부실징후가 포착되는 즉시 협의 또는 소송 방법에 의하여 임차인 교체를 해야 한다.

라. 유지관리 위험

건물자산의 유지관리비는 일반적으로 매년 증가하는 추세에 있다. 그러나 건물자산의 소유자는 매년 유지관리비의 예산감액을 요구하는 경향이 있다. 이와 같은 일반적 유지관리 증가추세와 유지관리비 감액요구경향 사이에 건물소유자의 우월적 지위로 유지관리 예산이 축소되는 경우, 건물관리 서비스의 품질이 크게 떨어지게 되므로 임대가의 하락 또는 매각에 지장을 초래하여 매각위험이 도래하게 된다.

마. 사고보상 위험

건물자산의 운영 중 화재, 안전사고, 붕괴, 작업사고 등 크고 작은 사고로 인한 인적 · 물적 피해는 해당 보험금만으로 전액 보상이 불가능하다. 따라서 안전사고 보상위험은 또 하나의 자산운영위험으로 인식된다.

2) 건물자산 포트폴리오관리

(1) 포트폴리오의 개념

포트폴리오(portfolio)의 사전적 의미는 서류가방을 의미하나 건물자산관리에 있어서 포트폴리오란, 투자자산중 위험을 최소화하고 확실한 수익을 얻기 위하여 여러 종류의 자산에 위험분산 투자대상 자산구성을 의미한다. 금융시장에서의 portfolio 개념은 광의의 개념으로 투자자산의 조합을 의미하며 증권시장에서의 portfolio 개념은 협의의 개념으로 회사채나 주식 등의 금융투자대상(재무투자대상)을 의미한다.

이와 같은 portfolio 개념을 바탕으로 재산 3분법이론이 도출된바 예금, 주식, 부동산에 분산투자함으로써 투자의 최대목적인 위험을 최소화하고 투자수익(investment return)을 최대화할 수 있게 된다.

기대수익의 크기가 위험의 크기보다 크게 하여 투자수익을 최대화하는 것은 바람직한 투자활동의 목표이기도 하다. 이와 같이 위험의 분산과 위험축소는 포트폴리오관리의 효과로서 투자수익의 안정화와 최대화를 가져오는 결과를 얻게 된다.

건물자산관리시장이나 현장에도 분산투자를 통한 투자위험의 축소로 투자수익의 안정화와 최대화를 도모하고 있다. 즉, 투자건물자산의 유형은 오피스 빌딩, 주거용 건물, 상업용 건물, 산업용 건물 등으로 분산투자하며 지역별, 투자구조, 투자수단, 임대구조 등에 대해서도 위험분산을 시도하고 있다.

미국의 주요 자산투자자인 연기금 운영기관 역시 부동산, 주식, 예금 등에 분산투자하고 있다. 포트폴리오관리는 전술한 바와 같이 투자위험을 최소화하는 데 있으므로 투자수단의 경우 직접 투자와 REITs나 부동산펀드 등을 이용한 간접 투자를 고려해야 하며 투자구조도 프로젝트 파이낸싱(BTL/build−transfer−lease, BLT/build−lease−transfer), 지분투자(equity), ABS 등을 활용해야 하며 지역별로도 대도시와 중소도시, 한국 · 일본 · 미국 등 나라별로 투자위험을 분산시켜 투자하는 것이 현명하다.

(2) 포트폴리오 관리단계

포트폴리오는 투자대상 위험의 크기를 알아보고 그 위험의 크기를 축소 또는 최소화하여 불확실한 투자수익을 확실한 투자수익으로 보장받기 위하여 행하는 일련의 위험분석기법이다. 따라서 포트폴리오관리는 다음과 같이 단계별로 진행해야 한다.

① 제1단계 : 투자목표 설정 및 제약요인 분석

투자자는 투자대상을 설정하고 투자의사를 결정하기 전에 요구수익률과 위험의 크기, 가용자금의 유동성, 투자기간과 함께 법적·제도적 제약요인을 면밀히 분석하고 위험의 수준과 크기를 가늠하고 최소화 방안을 모색해야 한다.

② 제2단계 : 건물자산관리시장 조사 분석

거시경제, 미시경제 상황분석 및 물가현황, 매매시장과 임대시장의 여건, 경쟁 임대 대상건물 임대조건 분석, 금융·세제 분석을 통하여 투자전망을 분석한다.

③ 제3단계 : 표적 투자자산 포트폴리오 결정

제2단계에서 분석한 내용을 토대로 분석 자료를 종합하고 다음단계에서 수립되는 전략준비에 필요한 자료를 종합한다.

④ 제4단계 : 현재의 자산구성과 비교분석 및 전략수립

현재의 자산구성(portfolio)과 매입대상 자산과의 비교분석을 통하여 위험최소화 전략을 수립한다.

⑤ 제5단계 : 점검과 재편성

기 편성한 포트폴리오에 대하여 다시 한 번 점검하고 문제가 있는 경우 투자자산 포트폴리오를 재편성하여 위험을 최소화한다.

⑥ 제6단계 : 포트폴리오 성과측정

자산시장의 일반 포트폴리오와 위험관리를 체계적으로 하고 있는 벤치마킹 포트폴리오와 비교하여 net operation income, real operation income 및 cap. rate 등을 확인하여 성과를 측정해야 한다.

10. 건물자산 투자계획과 분석대상

1) 건물자산 투자계획

투자계획(investment plan)이란 건물자산을 대상으로 장래의 경제적 투자이익을 얻기 우하여 현재의 노력이나 현재 소비희생의 대가로 미래의 경제적 보상을 받기 위한 방법, 절차, 전략 등을 미리 작성한 진행 절차 서를 말한다.

투자계획은 투자목적의 확정 후 작성되는 것으로 투자의 방향, 방법, 절차나 자금의 조달 등을 세부적으로 적성해야 한다.

투자계획의 목적은 투자자의 투자목적이 투자위험을 최소화하고 투자수익을 최대화(low risk−high return)하는 것이므로 투자계획은 투자목적이 경제적 방법으로, 안전하게 그리고 효율적으로 달성되도록 작성되어야 하고 자원조달(자금, 금융 등)의 구체적 계획과 전략이 포함되어야 한다. 건물자산투자는 건물자산의 속성과 부동산시장의 특성 및 관련법과 제도에 의하여 크게 영향 받으며 장래의 불확실성에 의하여 자산가치나 수익이 감소하고 손실이 있을 수 있으므로 투자위험과 법·제도, 경제환경, 경기변동, 건물자산자체 등의 분석과 수익성은 판단을 위한 재무적 분석 등을 바탕으로 수립되어야 한다.

2) 건물자산 투자분석대상

건물자산 투자계획을 수립하기 위한 투자분석대상은 다음과 같다.

(1) 자산분석

건물자산 투자계획을 수립하기 위해서 가장 먼저 분석 실시해야 하는 분석대상은 취득자산에 대한 일반개요와 물리적 상태, 감가상각현황, 관리조직과 투입인력현황 및 용역계약현황, 에너지사용현황, 입주사현황 및 임대료·관리비 현황, 주요 임차인과 공실현황 그리고 건물운영에 필요한 준공도서와 장비사용서, 매뉴얼, 재고자재, 부품, 원료, 공사일지, 업무일지, 각종 보수정비이력서, 계약서 등 일체의 필요한 정보를 자산실사와 분석을 해야 한다.

(2) 재무분석

자산의 재무분석은 수입과 비용 및 수지 차에 대한 수리적 분석을 의미한다. 넓은 의미의 재무분석은 부동산조세와 부담금, 예산, 원가, 회계 등 전반의 분석을 의미하며 광의의 분석을 통하여 수지차를 1년 또는 5년 단위로 운영예산을 수립하여 수지를 살펴보아야 한다.

건물자산의 재무분석을 위해서는 총자산의 규모와 수입 및 지출비용과 수지차를 합리적으로 산출해야 한다.

건물자산관리실무 측면의 자산은 토지와 건물, 공 도구, 수목, 임차보증금, 선급금 및 부동산관련 유가증권의 합계액에서 임대보증금과 선수수익을 차감한 잔액을 건물자산(부동산자산)으로 인정한다. 즉, 보유부동산에 자본적 지출을 통한 개량비인 신규투자분의 합계액이 자산으로 인정된다. 또한 재무분석 대상의 하나인 세금과 부담금,

인건비, 용역비, utilities 비용, 보험료, 구매 비, 수리비, 감가상각비, 이자(담보대출이 있는 경우), 간접비(사무실운영비, 행정적 지출 등), 기타비용(손해배상, 벌금, 과태료 등) 등의 합계액을 의미한다.

운영비의 분석은 재무제표, 손익계산서, cash flow, 관리예산, 운영보고서 등을 통하여 분석할 수 있다. 또한 재무분석의 하나인 건물자산 운영수입은 임대수익과 매각 익, 시설사용료, 배당금, 기타수입(주차사용료, 자판기수입, concierge 수입 등) 등의 합계액을 의미한다.

그리고 수익과 비용지출의 결과 나타나는 수지는 cash flow(현금흐름표)를 통하여 얻을 수 있다. 현금흐름표의 수지는 다음과 같이 작성된다. 즉, 예상총수익에서 공실손실률을 차감한 유효수익률 중에서 총운용비용을 차감하면 순 운영수익(NOI)이 발생하고 NOI에서 융자상환과 감가상각을 제한 후 세전수지가 집계되고 부동산세금을 다시 차감하면 세후수지가 cash flow상에 기록된다. 이를 등식화하면 다음의 (표 38)과 같이 성립된다.

(표 38) 현금흐름표 작성 등식

PGI(potential gross income) − vacancy loss = EGI
EGI(effective gross income) − operating expense = NOI
NOI(net operating income) − (감가상각 + 융자상환) = BTCF
BTCF(before tax cashflow) − Tax = ATCF(ater tx cash flow)

최종 ATCF(after tax cash flow)는 현금흐름표 상에 가처분현금수지를 의미한다.

(3) 시장분석

시장분석은 동일생활권과 인근지역 분석 및 상권분석을 의미하는 것으로 다음 사항을 분석해야 한다.

① 물리적 경계

투자대상 건물자산이 위치하고 있는 지역은 교통간선이나 하천, 주요 도로, 철도, 호수, 강, 하천, 산 등 물리적 경계로 인근지역을 구분할 수 있다. 이와 같은 물리적 경계를 아는 것은 투자대상 건물자산의 투자의사결정을 위해 위치위험을 경감시켜 준다.

② 토지이용상태

토지의 이용 상태를 살펴보면 투자대상지역이 성장성이 있는지 또는 후퇴성이 있는 지역인지를 알 수 있다. 특히 나대지가 많은 경우에는 성장할 수 있는 지역으로서 투자지역으로 적합하다.

③ 사회적 · 경제적 수준

주거하거나 위치한 주민과 기업, 공장들의 사회적 · 경제적 수준을 분석하는 것은 투자대상 건물자산의 잠재이익 개발 여부의 바로미터가 된다. 특히 주민의 소득수준, 직업, 학력, 연령 등을 조사하여 분석해야 하며 그 지역에 위치한 주요 산업, 업종, 생산품, 연매출, 경제기반 등을 분석하여 수요예측에 필요한 정보를 얻어야 한다.

④ 교통시설

철도, 전철, 버스, 승용차 등의 교통수단의 현황과 통행량, 통행횟수, 노선 등 교통시설 전반에 걸쳐 조사 분석해야 한다. 왜냐하면 교통시설로 사람을 이동시켜 상권형성이나 건물자산 수요 · 공급이나 거래 및 거래가격에 지대한 영향을 주기 때문이다.

⑤ 부동산시장동향

입지여건이나 건물자산 수급현황, 매매거래가격, 임대기준, 관리비기준, 경쟁건물현황, 주변의 협력업체 현황 등을 조사 분석해야 한다. 또한 공실률과 임대환원 율 등을 조사하여 수요예측에 필요한 정보를 얻어야 한다.

⑥ 부동산경기순환

부동산시장 경기순환기가 하향기, 회복기, 상향기, 후퇴기, 안정기 중 어디에 있는지를 부동산경기순환을 분석하고 적절한 대처를 해야 한다. 부동산경기순환은 건축허가량과 미분양 재고량, 거래량, 부동산의 가격변동, 공실률과 임대수준, 택지의 분양실적, 주택금융의 상태 등으로 측정할 수 있다.

⑦ 인근지역 생애주기

인근지역의 생애주기란 투자대상 중심의 동일생활권지역이 물리 · 사회 · 경제기능을 다할 때까지의 연한을 의미하는 것으로 그 지역의 성쇠현황을 말한다. 이에는 성장기, 성숙기, 쇠퇴기, 천이기, 악화기 등으로 분류된다. 성장기는 인근지역이 성장하는 시기이고 성숙기는 개발단계를 지나 지역기능이 안정된 시기의 국면을 말한다. 쇠퇴기는 지역의 물리 또는 경제나 사회기능이 쇠퇴하는 시기의 국면이고, 천이기는 인근지역이 성장기, 성숙기, 쇠퇴기 3단계 중에 쇠퇴가 계속되면 완만한 커브가 계속되는 말기의 쇠퇴국면이 이어지고 재개발을 하는 경우 새로운 성장기가 도래하는 국면을 말한다.

그리고 악화기는 자산소유자 스스로 포기하는 국면을 말한다.

11. 투자분석의 필요성과 투자결정과정

1) 투자분석의 필요성

건물자산의 투자의 의사결정은 건물자산의 물리적 속성으로 인하여 그리고 기술·행정·경제·법률·환경·위험 측면의 복합성과 법·제도, 정책 등의 규제로 인하여 신속한 투자의사결정을 하기 어렵다. 특히 건물자산은 주식보다는 위험도가 낮으나 주식과 함께 위험자산이므로 위험에 대한 분석 없는 투자의사결정은 있을 수 없다.

왜냐하면 건물자산투자는 미래위험에 대한 금전적 보상이고 위험이 최소화되어야 투자수익이 극대화되는 위험과 투자수익과의 함수관계가 있기 때문이다. 또한 건물자산의 투자수익의 극대화는 투입되는 현금유출(cash outflow)보다 산출되는 현금유입(cash inflow)이 상대적으로 큰 경우를 의미하므로 미래위험이 예상되는 경우 투자의사결정은 손쉽게 이루어지지 않는다. 그러므로 투자자는 투자의사결정시 신중에 신중을 기해야 한다. 왜냐하면 건물자산투자는 전술한 바와 같이 건물자산 자체의 속성과 기술·경제·행정·법률·환경·위험 복합성과 법·제도, 정책 등의 규제를 직접 받는 자산일 뿐 아니라 건물자산 고유의 특성으로 인하여 투자위험이 산재되어 있어 투자위험분석이 투자의사결정전 최우선 과제(issue)로 인식된다. 왜냐하면 건물자산과 건물자산투자시장은 다음과 같은 속성과 특성이 있기 때문이다. 건물자산투자는 전술한 바와 같이 투입(input)하는 현금유출(cash outflow), 산출(output)되는 현금유입(cash inflow)이 크도록 하여 투자수익의 극대화를 꾀하는 경제활동이다.

그러나 건물자산의 투자는 일반적으로 큰 자금이 투입되며 위험자산에 대한 투자일 뿐 아니라 건물자산투자시장은 불완전시장이고 추상적 시장이며 법·제도, 정책 등의 규제와 건물자산 자체의 속성과 특성으로 인하여 투자 전 투자분석을 반드시 실시하여 투자위험의 유무판단과 투자위험이 있는 경우 그 위험의 크기를 예측하고 대책을 미리 설계하여 투자전략을 수립하여야 한다.

따라서 투자의사결정전의 투자분석은 대단히 필요하고 중요하다. 왜냐하면 건물자산투자와 관계되는 투자 저해요인이 많기 때문이다. 그러므로 다음 사항을 투자의사를 결정하기 전에 반드시 분석하고 문제점을 도출하여 투자전략을 수립해야 한다.

(1) 위험자산성과 저유동성

건물자산은 투자대상자산 중 주식과 함께 높은 위험도를 가지고 있는 자산이다. 투자대상 중 금융자산(재무자산)인 예금, 국채, 지방채 등은 위험도가 비교적 낮으나 ABS나 선물, 건물자산(부동산), 주식 등은 위험도가 상대적으로 높은 자산에 해당된다. 따라서 건물자산은 다른 자산에 비하여 환금성이 떨어지며 유동성이 낮은 자산이라 할 수 있다.

그러므로 투자자가 원하는 시점에 타이밍을 맞추어 매수자를 만나거나 현금화하기 어려운 저유동성, 저 환금성의 속성이 있다. 따라서 투자의사결정전 위험자산인 투자대상 건물자산의 위험을 분석하고 위험의 크기를 예측하여 투자전략을 수립해야 한다.

(2) 법적 · 제도적 제약과 규제

건물자산은 부동산의 일종이므로 부동산사법과 공법 및 공시제도, 조세제도, 금융제도, 임대차제도와 토지정책, 주택정책 등으로 직접 영향과 규제를 받는다. 특히, 건축규제, 토지이용규제, 환경규제 등의 복합한 규제로 전문 투자지식이나 경험 없이는 투자의사결정을 하기가 쉽지 않다. 그러므로 투자의사결정전에 반드시 건물자산투자와 관계되는 법 · 제도 · 정책을 통한 투자 제약요소와 규제내용을 분석하여 투자전략수립에 활용해야 한다.

(3) 감가상각과 물리적 내용연수

건물자산은 경제적으로 지방세법에 의하여 일정한 경제적 내용연수를 가지고 있으며 정액법과 정률 법에 따라 매년 자산가치를 감가하고 법정연수 마지막 해에는 건물자산가치가 제로가 된다. 또한 건물은 물리적 내용연수를 가지고 있어 일정한 내용연수(예 철근콘크리트조 오피스빌딩의 경우 55년(최저 50년, 최대 60년))가 지나면 물리적 기능과 성능이 크게 떨어져 사용 수익이 어렵게 되는 속성이 있다.

그러므로 건물자산은 일정한 시간의 경과로 자산가치가 떨어지게 되므로 다른 투자재화와 달리 투자금의 회수가 어렵게 되는 단점이 있다. 그러므로 내용연수기간 동안 사용 수익을 통하여 투자금의 회수와 함께 투자수익을 최대화해야 한다. 따라서 이러한 관점에서도 투자분석은 선행되어야 한다.

(4) 개별성과 대체성

건물자산은 다른 부동산과 가격이나 수익률, 사용 수익가치, 운용비용 등의 측면에서 비교하기 어렵다. 왜냐하면 투자대상 건물자산은 개별성이 있으며 대체성이 없기 때문이다. 따라서 다른 투자대상과 달리 개별자산분석을 실시해야 한다.

(5) 불완전 경쟁시장

건물자산투자시장은 완전시장이 아니다. 따라서 수요곡선과 공급곡선이 만나는 점에서 가격이 결정되지 않는다. 또한 가격정보보다 이용정보가 불확실성을 가지고 있으며 수요와 공급과 가격결정이 완전시장에서와 같이 이루어지지 않는 특성이 있다.

(6) 원상회복 난이성

건물자산투자는 거액의 자금이 일시에 투입되는 내구소비재이므로 분석 잘못이나 투자의사결정의 실수로 투자가 이루어지는 경우 투자비의 회수나 원상복구가 어려운 특성이 있다. 따라서 투자타당성 조사와 분석이 의사결정 전에 이루어져야 한다.

(7) 수요 · 공급 불균형성

건물자산의 생산은 기획, 설계와 시공을 거쳐 건설되므로 장시간이 소요되기 때문에 일반재화와 같이 시장의 수요에 맞추어 공급이 불가능하다. 다시 말하면 수요와 공급 사이에 불균형이 되기 쉬운 속성이 있다. 따라서 시장분석을 통하여 수요예측과 함께 건물자산의 생산을 균형화하도록 해야 한다. 그러므로 투자분석이 필요하다.

(8) 자산운영의 애로성

건물자산의 보존, 유지, 개량관리를 통하여 사용가치 극대화와 최유효 건물사용화와 자산가치 극대화로 투자수익의 최대화는 대단히 복잡한 운영과정(operation process)을 거쳐 달성된다. 특히 시설관리는 고도의 기술을 요하며 법정 기술 인력에 의하여 이루어지며 화재, 안전사고로 인한 인적 · 물적 손실 역시 현실적으로 발생되므로 투자자산의 운영은 대단히 어려운 관리과정이다.

따라서 투자의사결정전에 반드시 운영애로사항에 대하여 분석하는 것이 현명하다. 이와 같은 이유로 자산운영의 애로와 문제점을 분석하고 투자전략에 반영해야 한다.

2) 건물자산 투자결정과정

건물자산의 투자결정이란 건물자산 투자에 대한 투자자의 의사결정을 말한다. 투자결정은 여러 가지 투자대안 중 최적대안을 선택함으로써 종결된다. 우리가 건물자산투자활동을 전개할 때도 다른 재화에 대한 투자와 마찬가지로 투자철학과 투자목표, 투자결정요인이 있다. 이 철학과 투자목표 및 결정요인은 투자자가 의사결정을 하는 데 겪어야 하는 과정으로 투자자에게는 꼭 필요한 사항이다.

(1) 건물자산 투자결정

① 투자태도

투자태도란 투자자가 투자활동을 할 때 대안선택의 관련 정도와 성격을 규정하는 것으로서 투자결정시 고려해야 할 투자태도는 다음과 같다.

가. 직접 · 간접 관련성

투자자는 투자 건물자산을 직접 살 것인가, 아니면 간접적으로 살 것인가를 결정해야 하는데, 전자는 직접관련성이라 하고, 후자를 간접관련성이라 한다. 직접관련성은 자본의 투자와 함께 투자자산을 직접 경영 관리하는 것을 말하는 것이고 투자 건물자산과 간접적으로 관련을 갖는다는 것은 회사가 소유하고 있는 건물자산의 지분을 투자자가 매입한다는 것을 의미한다. 즉, 경영에는 직접 참여하지 않고 제공한 자본에 대한 과실을 목적으로 하는 것이다. 만일 투자자가 간접적인 관련을 갖고자 한다면 건무자산투자회사, 개발회사 또는 건물자산 서비스업의 중개 · 평가회사, REITs 등에 투자하면 된다.

나. 시간투자

투자활동에 얼마만큼의 시간을 소비할 것인가를 결정해야 한다. 대개의 사람들은 처음엔 단기간 모험을 하나 나중엔 정상기간을 추구하게 된다.

다. 투자자의 역할

투자자는 수동적인 순 지분 투자자가 될 것인가, 아니면 모험적인 능동적 투자자가 될 것인가를 결정해야 한다. 그에 따라 투자자는 역할이 달라진다. 경우에 따라서는 건물자산을 쉽게 처분하기 위해 저당금융 대부자가 되기도 한다.

라. 관리 형태와 기능

투자 건물자산을 전문 관리인에게 맡겨야 하는가, 아니면 자신이 직접 관리해야 하는가 하는 문제가 있다. 전자를 위탁관리, 후자를 직영관리라 한다. 위탁관리는 경제 · 물리 · 법률관리 등의 전부 혹은 일부를 위탁하는 것이다. 전문 관리자를 이용하면 편리하다. 직영 관리하는 경우는 투자자가 전문지식이 없으므로 외부 상담자의 조력에 따라 행동하는 것이 유익하다.

② 투자자의 수익목표

투자자가 의사 결정할 때 고려할 투자태도에 대해 전술한 바와 같이 살펴보았다. 그러나 태도에 적합하게 의사결정을 한다하더라도 투자자의 투자목표는 경제이익이나 건물자산의 이용에 있으므로 수익목표에 대하여 분명히 결정하여야 한다. 투자자의 관심인 경제목표가 무엇인지 살펴보기로 한다.

가. 투자의 안전

투자자 경제관점에서 안전해야 한다. 이것은 투자자가 목적으로 하는 투자행동에서 의사결정에 가장 크게 영향을 미치는 요인이다. 투자가 보장되려면 투자에 대한 충분한 수익이 보장되거나 투자 건물자산을 매각하였을 때 취득원가를 초과하는 가격으로 팔 수 있을 정도로 양도가격이 보장되어야 한다.

나. 수익의 확실

투자 건물자산은 산출능력이 확실해야 한다. 투자 건물자산이 주기적인 수익을 발생하거나 또는 자본가치가 증대할 자질을 가지고 있어야 한다. 투자자는 투자수익이 기대될 때에 투자결정을 내린다.

다. 투자의 환금성

투자자는 그의 자산을 단기간 내에 시장가격으로 처분할 수 있어야 한다. 어떤 부동산 또는 어떤 시기에는 처분과 환금이 어려운 경우가 있다.

라. 자본가치의 증대

투자자는 자본가치가 증대하길 바라며 가치의 감가는 될수록 적어지질 바란다. 부동산은 대체로 인플레이션의 좋은 방지책이 되어 자본가치의 하락을 막아준다.

마. 세금 측면의 이익

투자자는 세금면의 우대조치도 기대한다. 특정 건물자산의 경우 세제혜택이 있으면 투자가 유리하게 된다.

바. 관리의 부담

투자자가 원하는 경우에는 관리를 할 수 있고, 그렇지 않으면 관리 부담으로부터 자유로워야 한다. 다른 투자 재와 달리 건물자산은 투자자가 관리 · 이용할 수 있는 기회가 많은 것이 특징이다.

사. 순수익의 재투자

투자 건물자산으로부터 발생하는 임료나 이윤은 재투자를 할 수 있어야 한다.

아. 지렛대 효과의 기회

지렛대 효과는 건물자산 투자에서 많이 활용된다. 이때 지렛대 효과란 차입금에 대한 산출이익을 말하는 것으로 순자본금에 비해 가능한 한 많은 돈을 차입하여 더 많은 수익을 얻는 것을 의미한다. 지렛대 효과가 크면 투자결정이 빨라진다.

자. 인플레이션 방어

인플레이션 방어(inflation hedge)는 실물투자에서 방어된다. 인플레이션 현상이 있을 때 투자자는 투자결정을 하게 된다.

차. 사회적 인정과 소유의 긍지

투자자산을 취득하므로 갖게 되는 사회적 인정과 소유함으로써 갖게 되는 긍지가 누려질 때 투자결정이 이루어진다.

카. 자본적 이득

양도차익의 실현이 확실할 때, 즉 자본적 이득이 보장될 때 투자결정이 이루어진다.

③ 투자결정의 주요 변수

제이퍼(Arstin Jaffe)와 월터스(David Walters)는 건물자산(부동산) 투자에 대한 의사결정의 주요 변수를 찾기 위하여 감수성 분석을 통하여 다음과 같은 여섯 가지 변수가 투자결정에 주요한 영향을 미치고 있는 것으로 지적하였다. 투자의사결정 주요 변수는 다음과 같다.

① 경상비
② 융자비율 혹은 지렛대비율
③ 유효 총수익
④ 부동산가격 상승률
⑤ 저당대부금의 이자율
⑥ 구입가격

(2) 투자결정과정

투자의사결정과정을 그림으로 구성하면 [그림 10]과 같다.

[그림 10] 투자의사결정과정

제1단계	투자목표 설정
제2단계	투자방침 및 투자계획수립
제3단계	표적 투자대상 선정
제4단계	시장조사분석과 법적 · 제도적 제약요인 및 규제사항 검토
제5단계	투자기대수익률 및 투자위험분석
제6단계	투자사업 확정 및 자금조달방안 수립
제7단계	투자 결정
제8단계	투자 실행

12. 투자분석 기법

1) 투자분석 기법의 의의

분석의 사전적 의미는 복잡한 사물을 그 요소와 성질에 따라서 가르는 일을 의미하는 것으로 건물자산투자활동에 있어서 필수적 이행과정이다. 건물자산에 대한 투자의사를 결정하기 전에 Property 분석, 위험분석, 미시경제 · 거시경제 분석, 수익률분석, 시장분석 등 여러 가지 분석대상에 대하여 분석활동이 선행적으로 이루어져야 함은 전술한 바와 같다. 분석항목 중 현금수입과 지출에 대한 수지분석, 수익률분석은 필수적 투자분석 항목이다.

2) 투자분석기법의 종류와 내용

투자분석기법에는 크게 할인현금수지 분석법, 어림셈법, 비율분석법 등이 있으며 이를 분석하면 다음과 같다.

(1) 할인현금수지 분석법

할인현금수지 분석법이라 함은 장래 예상되는 현금수입과 지출을 현재 가치로 할인하고 이것을 서로 비교하여 투자판단을 결정하는 방법을 말한다. 이에는 순 현가법과 내부수익률법이 있다.

① 순 현가법

순 현가법(NPV : net present value method)이란 장래 기대되는 세후소득의 현가 합과 처분에 투자비용으로 지출된 지분의 합계를 서로 비교하는 것을 말한다. 투자가는 순 현가가 0보다 크면 투자를 할 것이고, 0보다 작으면 투자를 하지 않을 것이다.

② 내부수익률법

내부수익률법(IRR : internal rate of return method)이란 투자에 대한 내부수익률과 요구수익률을 서로 비교하여 투자결정을 하는 방법을 말한다. 내부수익률은 예상된 현금수입과 지출의 합계를 서로 같게 만드는 할인율 즉, 순 현가를 0으로 만드는 할인율이다. 투자자는 내부수익률이 요구수익률보다 크면 투자를 할 것이고, 내부수익률이 요구수익률보다 작으면 투자를 하지 않을 것이다. 일반적으로 순 현가법이 투자판단의 준거로 내부수익률보다 선호하게 된다.

(2) 어림셈법

어림셈법에는 승수법과 수익률법이 있다.

① 승수법

$$\text{조 소득승수} = \frac{\text{총 투자액}}{\text{조 소득}}$$

승수법이란 여러 종류의 현금수지를 승수의 형태로 표시하는 것을 말한다. 조 소득승수 또는 조승수란 조 소득에 대한 총 투자액의 배수를 말한다.

순소득승수(NIM) 또는 순 승수는 순 영업소득에 대한 총 투자액의 배수이다. 순소득승수를 자본회수기간이라고도 한다.

$$순\ 소득승수 = \frac{총\ 투자액}{순\ 영업소득}$$

세전현금수지승수(세전승수)는 세전현금수지에 대한 지분투자액의 배수이다.

$$세전현금수지승수 = \frac{지분투자액}{세전현금수지}$$

세후현금수지승수(세후승수)는 세후현금수지에 대한 지분투자액의 배수이다.

$$세후현금수지승수 = \frac{지분투자액}{세후현금수지}$$

② 수익률법

수익률법이란 여러 종류의 현금수지를 수익률의 형태로 표시하는 것이다. 어림셈법에 의한 수익률에는 종합자본 환원 율, 지분배당률, 세후수익률이 있다.

- 종합자본 환원 율(종합 환원 율)이란 총 투자액에 대한 순영업소득의 비율을 말하며 종합수익률 또는 종합 율이라고도 한다. 종합 환원이율의 역수가 순소득승수이다.
- 지분배당률이란 지분투자액에 대한 세전현금수지의 비율을 말한다.
- 세후수익률이란 지분투자액에 대한 세후현금수지의 비율을 말한다.

(3) 비율분석법

비율분석의 수단으로 이용되고 있는 비율에는 다음과 같은 것이 있다.

① 대부비율

대부비율이란 부동산 가치에 대한 융자액의 비율을 말하며, 저당비율이라고도 한다. 대부비율이 높을수록 채무불이행시 원금을 회수하기가 어렵다. 대부비율이 높아짐에 따라 부채비율도 급격하게 증가한다.

$$대부비율 = \frac{부채잔금}{부동산의\ 가치}$$

② 부채감당률

부채감당률이란 순 영업소득이 부채 서비스 액의 몇 배가 되는가를 나타내는 비율이다.

$$부채감당률 = \frac{순영업소득}{부채\ 서비스액}$$

③ 채무 불이행률

채무 불이행률이란 유효 조 소득이 영업경비와 부채 서비스 액을 감당할 수 있는 능력이 있는가를 측정하는 것이다.

$$채무\ 불이행률 = \frac{영업경비 + 부채\ 서비스액}{유효\ 조\ 소득}$$

영업경비와 부채 서비스 액이 유효 조 소득에서 차지하는 비율이 클수록 그만큼 채무불이행의 가능성은 커지는 것이다.

④ 총자산회전율

총자산회전율이란 투자된 총자산(부동산가치)에 대한 조소득의 비율을 말하며, 조소득승수의 역수가 된다.

$$총자산회전율 = \frac{조\ 소득}{부동산의\ 가치}$$

⑤ 영업경비비율

영업경비비율이란 영업경비가 조 소득에서 차지하는 비율을 말한다.

$$영업경비비율 = \frac{영업경비}{조\ 소득}$$

13. 건물자산 투자전략

1) 투자전략의 의의

투자의 목적인 투자위험의 최소화와 투자이익 최대화를 위한 전반적 또는 세부적 방책과 투자목적을 효과적으로 달성하기 위한 준비, 계획, 동원, 조직 등에 대한 투자자의 투자방향과 지원 등을 말한다.

2) 투자전략의 내용

투자수익 최대화에 요구되는 전략에는 다음과 같은 전략이 있다.
첫째, 합목적적 매입전략
둘째, 효과적 자산보유전략
셋째, 합리적 처분전략

왜냐하면 건물자산투자는 합목적적 건물자산의 매입으로부터 시작되며 효과적 보유로 진행되다가 마침내 합리적 처분으로 완성되기 때문이다.

(1) 합목적적 건물자산 매입전략

건물자산투자의 성공 여부는 적정 건물자산의 취득(Acquisition)에서 판가름 나므로 합목적적 건물 자산의 매입은 투자활동에 있어서 가장 중요하다.

합목적적 자산의 매입의 요체는 사용목적과 수익목적 및 처분목적에 부합하는 최적 건물자산으로서 잠재적 가치를 개발할 수 있는 자산을 말하며 안정적 임대소득이 발생할 수 있으며 목표 이상의 양도차익이 실현될 수 있는 자산을 말한다. 또한 합목적적 건물 자산의 또 하나의 조건은 경제적 비용으로, 안전하게, 효율적으로 취득하고 운영할 수 있는 자산이어야 한다. 이와 같은 합목적적 건물 자산은 말과 같이 쉽지 않으므로 여러 가지 합목적적 건물자산의 취득에 필요한 전략을 수립해야 한다.

합목적적 건물자산의 매입은 건물자산투자의 시작이고 요체로서 투자수익 창출에 결정적인 역할을 하게 된다. 또한 합목적적 건물자산 매입은 보유와 매각과정에서 선(善)기능과 역할을 하므로 자산매입은 철저한 기술적, 경제적, 법률적 분석과 위험과 수익성 분석을 통하여 매입해야 한다.

이와 같이 중요한 합목적적 건물자산 매입을 위한 구체적 세부전략은 다음과 같다.

① 자산매입 또는 자산개발 및 자산처분 타이밍전략
② 안정적 임대소득원 건물자산 매입전략
③ 잠재가치 보유 건물자산 매입전략
④ 저비용 소득 건물자산 매입전략
⑤ 재매입 또는 임차조건부옵션 건물자산 매입전략
⑥ anchor tenant 임차 건물자산 매입전략
⑦ 대도시, 대규모 오피스 빌딩중심 매입전략
⑧ 상권중심 건물자산 매입전략
⑨ low risk-high return형 건물자산 매입전략
⑩ 불황기 건물자산 집중매입전략
⑪ 인플레이션 방어전략(inflation hedge strategy)
⑫ 지렛대 전략(leverage strategy)
⑬ 포트폴리오 전략(portfolio strategy)

이상에서 열거한 구체적 세부 매입전략을 분설하면 다음과 같다.

① 자산매입 타이밍전략

취득은 부동산 매매에 의한 거래활동이므로 취득시점이 매우 중요하다. 호황기에 건물자산을 취득하면 불황기에 더욱 거래가격이 위축되고 환금성이 후퇴하나 건물자산의 매입은 경기순환변동국면에서 침체 말기나 회복 초기에 의사결정하는 것이 현명하다.

또한 건물자산투자는 경제순환국면에서 볼 때 확대 초기가 적합하다. 또한 건물자체의 물리적으로 설비노후화가 진행되지 않는 건물 또는 대수선이 끝난 건물의 매입이 유리하다. 즉, 건물시설 노후화와 대수선 측면에서 10년 이하의 건물이나 25년 이상의 건물매입이 매입타이밍 측면에서 유리하다. 또한 건물자산 가격이 사회적 변동, 대형사건 등으로 일시적 하락현상(real estate fluctuation)이 발생하는 경우 지체 없이 투자결정과 함께 투자실행을 하는 것이 수익극대화에 도움이 된다.

공급이 수요보다 클 때 자산매입시점으로 잡는 것도 투자수익 극대화에 유리하다.

② 안정적 임대소득 건물자산 매입전략

오늘날 건물자산의 취득은 보유와 사용에 있지 아니하고 사용과 수익에 있으므로 안정적으로 매월 일정한 임대수익을 얻을 수 있는 건물자산을 매입하여야 한다.

③ 잠재가치 보유 건물자산 매입전략

취득자산은 잠재경제이익을 보유한 자산이어야 한다. 즉, 자산가치 개량을 통하여 수익을 극대화할 수 있는 증축이나 용도변경, renovation, re-positioning, 임대구조개선 등을 할 수 있는 투자자산을 취득하는 것이 투자전략상 요구된다. 왜냐하면 보유 잠재가치를 개발함으로써 투자수익을 최대화할 수 있기 때문이다.

④ 저 비용 · 고 소득 건물자산 매입전략

경제적 유지관리비용 지출로 정상적 기능과 성능이 장기적으로 유지되는 건물로서 고소득의 생산성(임대소득 및 기타소득)을 나타내는 건물자산의 매입전략이 필요하다.

일반적으로 건물은 철근콘크리트 오피스 빌딩의 경우 물리적 내용연수가 55년이나 25년 경과 후 건물시설의 기능과 성능의 악화로 대수선 공사를 실시해야 하므로 막대한 대수선 공사비 지출이 불가피하다. 따라서 매입 건물자산은 완공 초기 건물이나 대수선후의 건물을 매입하는 것이 바람직하다. 또한 장착된 건축설비 중 주요 기기의 물리적 내용연수는 일반적으로 15~18년 정도이므로 이 또한 전면 교체 후에 매입의사를 결정하는 것이 전략상 필요하다. 특히 매입전략상 주의할 것은 임대소득을 목적으로 노후단계에 있는 건물자산을 매입하는 것은 바람직하지 않으나 재개발 목적으로 매입하는 것은 바람직하다.

⑤ 재매입 또는 임차조건부옵션 건물자산 매입전략

매도자의 사정으로 환매옵션이나 전체 또는 일부의 임차보상조건으로 매도하는 건물자산을 매입하는 전략이 필요하다. 재매입 또는 임차조건부 자산매입은 임대나 유지관리에 별도의 추가비용이 소요되지 않기 때문에 안정적인 투자수익 창출에 매우 유리하다.

⑥ anchor tenant 임차 건물자산 매입전략

anchor 임차인은 양질의 임대고객으로서 관련업체를 신규 임대차로 유인하는 역할을 하므로 anchor 임차인 또는 다수의 양질의 임차인으로 구성된 건물매입이 매입전략상 유리하다.

⑦ 대도시 · 대규모 건물, 오피스 빌딩의 매입전략

대도시 대형건물, 오피스 빌딩은 출구계획(매각계획)에는 다소 부담과 위험이 수반되나 안정적인 임대소득과 양도차익 실현에는 소규모 건물자산보다 매우 유리하다.

서울지역 오피스 빌딩 공실률은 2%대로서 뉴욕 4.4%, 런던 3.1%, 홍콩 3.9%, 워싱턴 DC 7.5%, LA 8.9%보다 훨씬 낮아 대도시 · 대규모 오피스빌딩 매입전략이 투자자산중 유리하다.

⑧ 상권중심 건물자산 매입전략

상권이 안정기나 성장기에 있는 중심 상권에 위치한 건물자산 매입이 투자수익 창출에 유리하다.

⑨ low risk – high return형 건물자산 매입전략

위험분석결과 저 위험 고소득이 보장되는 건물자산의 매입이 유리하다. 우리나라의 경우 1997년 IMF 이후 2년간 외국자본에 의하여 매입된 서울 중심상권의 오피스 빌딩 단기 투자모델이 Low Risk-High Return 모델이었다. 당시 외국 부동산투자회사는 단기간에 25% 이상의 투자수익을 실현하였다.

⑩ 불황기 건물자산 집중매입전략

불황기의 건물자산은 장기투자관점에서 투자의사결정 해야 하며 증축가능하거나 우량 임차인 유치 및 장기임대로 임대차하되 불황시장에 의존하지 않는 투자활동이 투자전략상 요구된다. 또한 경기하강이 지속될 때 투자자금을 총동원 집중 매입하여 호황경기 상승국면에서 전략적 매각을 함으로써 양도차익 실현을 해야 한다.

⑪ 인플레이션 방어전략

인플레이션 방어전략(inflation hedge strategy)이라 함은 인플레이션의 피해를 방어하기 위하여 인플레이션 현상 발생 전에 실물자산에 투자함으로써 인플레이션 현상 시 나타나는 금융자산의 경제가치 하락을 방어할 수 있게 하는 실물자산 투자전략을 의미한다. 실물투자는 인플레이션 현상 속에 실물자산의 가격을 상승시켜 양도차익의 실현으로 현금손실을 보상해주기 때문에 인플레이션 방어 전략은 투자전략으로 매우 유용하다.

⑫ 지렛대 전략

지렛대전략(leverage strategy)이란 투자자금의 용도로 금융을 차입하여 자산을 매입할 때 투자자산의 임대소득이나 양도차익이 차입금융의 금융비용(이자 포함)보다 클 때 구사하는 금융활용전략이다.

투자에 활용되는 금융의 종류에는 일반 금융 외에 프로젝트 파이낸싱, 부동산펀드, 지분참여 등이 있다.

일반적으로 투자자금의 내용에는 자기자본 외에 타인자본(주로 금융)에 의존하는 경우가 많으나 지나친 타인자본의 의존은 경우에 따라 투자자산 전체를 상실할 수 있으므로 바람직한 투자활동에 있어서 지나친 타인자본 의존은 조심해야 한다.

⑬ 포트폴리오 전략

포트폴리오 전략(portfolio strategy)이란 투자위험을 분산하여 수익최대화를 도모하고자 하는 위험최소화와 수익극대화의 전략을 의미한다. 투자의 수익은 위험과 비례하므로 항상 위험의 분석과 관리에 최선을 다해 최소화해야 한다. 따라서 국가별 · 지역별 · 자산유형별 · 규모별 · 용도별 투자구조, 투자수단, 임대구조 등의 위험분산이 요구되며 위험을 최소화하고 투자수익의 안정화를 위하여 재산 3분법에 따라 같은 종류의 자산일지라도 오피스 빌딩, 주거용 건물, 리테일 등으로 분산 매입하고 관리하는 것이 투자위험을 최소화하여 투자수익을 증대시키는 요체가 된다.

외국 대형투자회사의 경우 portfolio 담당 manager를 별도로 두고 투자위험을 전담하나 국내의 경우에는 AM manager나 PM manager 또는 B/D manager가 부분적으로 담당하고 있다.

(2) 효율적 보유전략

효율적 보유전략은 경제적 비용으로, 안전하게, 효율적 방법으로 보존 · 유지 · 개량하여 임대소득을 극대화하여 자산가치를 높임으로써 안정적 수익기반과 함께 양도차익의 실현을 가져오는 데필요한 최유효 사용화 전략을 의미한다.

또한 보유전략은 건물자산시장의 고유특성인 자산시장요소, 건물자산의 위치적 요소, 건물자산의 생애단계, 수익성 구조 등의 정태적 요소와 건물자산의 임대수입과 지출 및 이로 인한 Cash Flow상의 수지차(세후 현금수지) 그리고 수선비와 자본적 지출 등에 의한 건물자산의 자체 변화요소인 동태적 요소들을 분석하여 매입 · 보유 · 매각 등을 결정해야 하는바 동태적 요소와 정태적 요소들에 대한 분석결과 보유방향이 유리한 경우 보유중심으로 자산을 관리해야 하는 전략을 의미한다. 효율적 보유는 적정 자산의 매입이 대전제가 되어야 효율적 보유전략을 구사할 수 있다.

적정 건물자산 매입을 바탕으로 효율적 보유를 위한 전략에는 다음과 같은 구체적이고 실천적인 세부 보유전략들이 있다.

① 임대구조개선 전략
② anchor 임차인 유치전략
③ 저비용 운영 및 고효율 생산을 위한 협력자 제휴전략
④ 건물용도변경 전략
⑤ renovation 전략
⑥ 추가수입창출 전략
⑦ 증축 전략
⑧ 고급화 전략
⑨ 손실방지 전략
⑩ 출구(exit) 전략
⑪ niche market 개발전략
⑫ re-positioning 전략
⑬ 시설운영 효율화 전략

이상에서 열거한 효율적 보유전략의 구체적 세부전략을 분설하면 다음과 같다.

① 임대구조개선 전략

임대구조가 목표 임대소득을 창출할 수 없는 구조일 때는 임차인의 업종을 변경, 임대평수를 재조정, 양질의 임차인으로 대처, Anchor 임차인유치, 장기임대로 변경, 임대수입조건(보증금, 월임대료, 관리비, 사용료 등) 변경, 부실 임대채권정리, 불량 임차인 특별사후관리, 임대채권관리 철저 등의 방법으로 임대구조를 크게 개선하여 임대소득 극대화구조로 안정적 수익기반을 조성하여야 한다. 그리고 임대구조개선을 위한 약간

의 자본적 지출은 감수하여야 한다. 이와 같은 임대구조의 개선으로 높은 수준의 임대소득이 유지되는 경우 자산가치가 상승하여 매각 시 큰 폭의 양도차익을 실현할 수 있게 된다.

② anchor tenant 유치전략

anchor tenant가 없는 경우,anchor 임차인을 우선 유치하여 관련업종의 업무편익을 위하여 스스로 anchor 임차인이 임차한 건물에 입주하도록 하는 전략이 필요하다. anchor 임차인으로 특허청을 우선 유치함으로써 대부분의 공실이 짧은 시간에 임대하는 데 성공할 수 있었다.

③ 저비용 운영 및 고효율 생산을 위한 협력자 제휴전략

시설물을 전문 관리할 수 있는 업체(FMC)와 전략적 제휴를 하거나 파트너십을 갖는 경우 투자목적물의 효율적 보유에 유익하다. 또한 재산운영과 임대관리를 위한 PMC, 임대관리를 위한 LMC 그리고 자산운용을 위한 AMC의 전략적 제휴는 저비용으로 고효율의 이익을 창출할 수 있다.

④ 건물용도변경 전략

건물자산의 효율적 보유방법에는 건물용도변경 전략이 있다. 건물의 전체 또는 일부의 용도를 수익성제고와 자산가치 증가에 부합하도록 용도를 변경하는 전략이다.

매입자산의 자산가치를 증가시키고 임대소득을 최대화하려면 건물의 용도를 변경하여 임대화하는 전략이 필요하다. 예컨대 주차장용도의 지하건물을 용도변경허가로 근린상가시설로 개조하는 경우 자본적 지출에 임대소득이 늘어나고 재산가치가 크게 상승하게 되므로 바람직한 효율적 보유전략이 될 수 있다.

건물일부용도변경으로 자산가치와 임대소득을 크게 개선한 대표적 성공 사례 건물로는 서울 중구 태평로의 서울 파이낸스센터빌딩을 들 수 있다. GIC가 매입하고 두산건설에 의하여 주차시설용도인 지하 1층과 지하 2층 및 지하 3층 약 5,700평을 근린생활시설로 용도 변경하여 최고급의 빌딩 아케이드화함으로써 임대소득과 자산가치 제고에 크게 성공하였다.

⑤ renovation 전략

노후화 건물을 적정가격으로 매입하고 합리적인 공사비를 투입하여 입지여건을 최대로 활용하고 편리하고 쾌적하며 효율적 비즈니스 환경을 조성하여 우량 입주자나 대형 anchor 입주 사를 유치하는 경우 임대소득은 상승은 물론 전체 자산가치 제고에 크

게 이바지하는 건물 renovation 전략은 효율적 보유전략으로 매우 바람직한 전략이다. 예컨대, 2001년 골드만삭스가 약 200억의 자금으로 매입한 논노 빌딩(현 : 메트로빌딩)을 약 70억의 공사비로 삼성건설로 하여금 renovation공사 한 후 약 410억에 매각함으로써 단기간에 양도차익을 크게 실현함으로써 효율적 보유전략을 통한 성공적 투자사례라 할 수 있다.

그러나 renovation 전략을 구사하려면 매입 전에 매입목적물의 층고의 적정성, 승강기용량 적정성, 주차용량 적정성, 건물내부 공간 효율성 등의 유무에 대한 조사 분석 후 타당성과 적정성이 있는 건물매입이 전제되어야 함을 유의해야 한다. 비전문가와 저 기술 능력자에 의한 비능률 손실, 부실관리로 인한 조기 대수선의 경우 공사비 손실, 부실점검과 보수로 공구 · 부품 · 장비 · 설비 · 기기 등의 구입비 손실 등, 투입적정 자산매입에 실패하여 회복할 수 없는 투자손실 등 건물자산관리현장에서 예상되는 손실의 원인과 배경을 철저히 조사하고 분석하여 손실발생을 예방하거나 최소화함으로써 투자목적을 효과적으로 달성할 수 있게 된다.

대형 안전사고(예 화재, 붕괴) 발생의 경우 제3종 위험에 해당되어 자산관리회사 전체가 도산하는 경우도 있을 수 있으므로 손실방지전략은 큰 틀의 효율적 보유전략으로 유용하다.

⑥ 추가수입창출 전략

투자자산의 효율적 보유를 위해서는 임대소득의 추가적인 수입창출이 요구된다. 예컨대 자판기수입, 특수시설 사용료, 일시적 로비사용료, 특별 서비스의 대가, 주차장 효율적 활용 등으로 추가수입을 발생시키는 경우 운용수익에 다소나마 유리하게 작용하게 된다. 따라서 운용비용 절감 전략 못지않게 추가수입창출 전략 구사가 필요하다.

⑦ 증축 전략

증축은 신축 못지않게 자산의 가치를 증가시키고 임대소득의 증가를 가져온다. 잠재가치(예 용적률, 건폐율의 여유가 있는 자산)가 있는 건물자산을 매입한 경우 건폐율과 용적률을 감안하고 건축구조안전을 고려하여 문제가 없는 경우 소규모의 자본적 지출을 통하여 보다 큰 자산가치와 임대소득을 창출함으로써 효율적 보유전략으로 매우 유효하다. 건축물의 용적률과 건폐율은 건축법 시행령과 해당 시 · 군 · 구의 조례를 반드시 참고하고 구조안전진단을 실시한 후 증축 여부를 결정해야 한다.

⑧ 고급화 전략

효율적 보유방법 중 하나에는 고급화 전략이 있다. 시장조사와 분석결과 지역적으로 대형 임차인이나 양질의 임차인이 높은 임대료 부담 잠재력이 있는 경우 과감하게 자본적 지출을 통한 고급화 전략으로 대응하는 경우 지출한 공사비를 몇 년의 운영으로 흑자화할 수 있다. 따라서 인근지역의 여건과 환경 및 고급화를 원하는 예상 임차인이 있는 경우 구사해볼 만한 보유전략이다.

⑨ 손실방지 전략

화재, 안전사고 등의 발생으로 인한 인적 · 물적 피해손실, 부실임대채권으로 인한 손실, 각종 소송 등에 의한 비용과 시간손실, 부적절한 회계 적 손실, 구매 잘못에 의한 경제적 손실 등에 대한 방지전략이 필요하다.

⑩ 출구(exit) 전략

출구 전략(exit strategy)이라 함은 전략적 매각에 대비한 매각준비 전략으로서 임대수입을 매입 당초보다 증가시키어 자산가치를 높이며 임대경쟁력을 인근 건물보다 비교우위에 둠으로써 수요자의 매수욕구를 자극시켜 매입의사를 행동으로 옮기는 전략이다.

통상 출구 전략은 property manager에 의하여 실천되는 전략으로서 매입자 정보소스를 개발, 유지하고 유리한 조건으로 매각 타이밍에 맞추어 asset manger 또는 B/D owner로 하여금 전략적으로 매각하도록 함으로써 목표 양도차익을 실현시키는 전략으로서 효율적 보유의 한 가지 전략이라 할 수 있다.

⑪ niche market 개발전략

niche market(틈새시장) 개발전략이란 경쟁자인 다른 자산투자자가 미리 예상치 못한 적정자산을 매입하고 효율적으로 보유하여 전략적 매각함으로써 임대소득과 양도차익실현을 통하여 투자수익을 최대화하는 전략을 말한다. 오피스 빌딩만이 투자이익을 항상 보장하지 않음을 틈새시장이 시사하고 있다.

⑫ re-positioning 전략

등급이 낮은 건물자산을 접근 통로를 신설하거나 BAS(사무자동화건물, building automatic Service) 또는 IBS(설비시설 첨단화건물, intelligent building system)건물로 개조하거나 냉난방 성능개선, 주차장시설 개보수, 맞춤형 서비스 제공, 퀵 서비스 제공, concierge service 제공으로 건물 실내 환경을 획기적으로 개선함으로써 관리대상 건물자산의 경쟁력을 비교우위에 두고 자산가치를 높임으로써 전체 건물자산의 가치나 편리성, 쾌적성 등을 업그레이드(upgrade)하는 전략을 re-positioning 전략이라 한다. re-positioning 전략을 구사하면 자산가치와 수익이 증대되는 효과를 가져다준다. re-positioning 전략을 구사하여 자산가치와 수익을 증대하려면 먼저 매입자산은 임대공간의 평면설계(layout)가 용이해야 하고 일정 층 고가 확보되어야 하며 승강기 용량이 충분해야 하고 입지여건이 맞아야 함은 물론 주차시설의 편리성이 확보된 건물이어야 한다.

⑬ 시설운영 효율화 전략

시설 중 주차장의 경우 주차장 방식의 선진화나 전문화하는 경우 수입누수가 방지되고 early bird parking 시스템과 같은 주차시설운영방법의 변화로 이용자의 급증을 가져와 주차시설이용 수입이 크게 늘어날 수 있었다. 예컨대, 서울시티타워나 스타타워 등에는 호주계 주차장관리전문회사인 Wilson Parking을 고용하여 주차수익을 극대화하고 있다.

(3) 합리적 매각전략

전략적 매각전략(strategic sale strategy)은 투자자가 매각을 원하는 시점에 목표양도차익발생을 전제로 현금화하는 전략을 의미한다. 건물자산투자에 있어서 전략적 매각이 이루어지려면 매각 전단계인 건물자산매입의 적정화가 이루어져야 하며 자산보유 또한 효율화가 달성되었을 때 비로소 전략적 매각이 성사되어 투자수익을 최대화할 수 있다. 그러므로 적정자산의 매입이나 효율적 보유 그리고 전략 매각 등은 별개의 전략이 아니라 투자 전략의 한 방편일 뿐 셋 중의 하나인 전략임을 유의하고 각 전략 간에 서로 조화되도록 해야 한다.

전략적 매각전략에는 다음과 같은 구체적이고 실천적인 전략들이 있다.

① 매각타이밍 전략
② 옵션 부 매각 전략
③ 지분매각 전략
④ portfolio 특별 관리대상 우선매각 전략
⑤ 대규모 자본적 지출대상 우선매각 전략

전략적 매각전략의 주요 내용을 분설하면 다음과 같다.

① 매각타이밍 전략

매각타이밍은 전략적 매각을 통한 양도차익 실현에 있어서 결정적인 역할을 하는 전략이다. 매각타이밍을 실기하는 경우 투자의 최대목적인 투자수익 극대화에 치명적인 악영향을 주게 되며 또 다른 자산재투자 계획에 결정적인 차질을 가져오게 한다.

이와 같이 중요한 매각타이밍을 맞추어 현금화하려면 경비순환변동 확대 말기에 매도하는 것이 최적기이다. 왜냐하면 확대 말기 후 경기하향국면인 불황기국면이 곧 도래하면 매각최적기를 놓치게 되기 때문이다. 또한 공급이 초과현상을 보일 때에는 매각 시점을 뒤로 미루고 유지전략과 틈새시장개발과 공략으로 수입유지에 우선을 둔다. 왜냐하면 초과공급의 경우 자산 가격이 하락하기 때문이다.

② 옵션 부 매각 전략

매각 시 재 임대조건이나 환매조건부 매각이 유리한 경우 옵션 부 매각 전략을 구사하여 양도차익의 실현과 함께 경제적 비용으로 재사용 수익할 수 있는 기회확보와 불경기 도래 시 재 매입함으로써 장기적으로 안정적 수익기반을 재창출할 수 있게 된다.

③ 지분매각 전략

전체 건물 중 위험도가 높은 용도의 건물 지분(예 주상복합건물 중 retail 부분의 건물 지분)을 분할매각함으로써 보유자산의 위험을 경감시켜 보유자산가치를 유지 또는 재고할 수 있다.

④ portfolio 특별 관리대상 우선매각 전략

portfolio를 구성하고 있는 개발자산 중 위험 측면에서 Portfolio 특별 관리대상을 우선 매각함으로써 전체 자산의 수익과 가치를 계속 유지할 수 있다.

⑤ 대규모 자본적 지출대상 우선매각 전략

25년 이상의 건물은 대부분 물리적 기능과 성능이 떨어져 노후화현상을 보이므로 25년이 가까워오는 보유자산을 대수선 전에 미리 매각함으로써 대규모 대수선 비용을 절약할 수 있다. 필요한 경우 대수선 후의 매각이 유리한 경우에는 자본적 지출을 통하여 대수선 공사 후 매각하는 것도 하나의 전략적 매각전략이 될 수 있다.

제3절 건물자산 AM 실무활동

1. 건물자산관리 3측면

건물자산관리는 하나의 측면의 업무만을 관리하는 경우 완전한 관리효과를 얻을 수 없다. 왜냐하면, 건물자산관리는 업무의 성질상 자산의 운용 업무와 재무관리 업무 중심의 경영 업무와 임대관리 업무 중심의 운영 업무 그리고 건축시설물관리 업무가 복합적으로 병존하여 이를 관리하기 위한 건물자산관리활동 분야가 3측면으로 존재하고 있기 때문이다. 따라서 완전한 경영성과와 운영성과 및 관리성과를 합리적으로 도출하기 위해서는 건물자산 경영관리(AM 측면) 측면의 건물자산 투자관리활동과 AM활동을 효과적으로 처리하고 건물부동산 운영관리 측면(PM 측면)의 PM활동과 시설운영 위탁관리활동을 통하여 건물임대관리 업무와 건물운영관리 업무를 효과적으로 처리하고 건축시설물 유지관리 측면(FM 측면)을 통하여 건축시설물 유지관리 업무 등 건물자산관리 전체 업무를 건물자산관리의 시스템 안에서 유기적으로 개별 관리하여 그 성과를 통합하는 관리적 노력이 필요하다. 건물자산관리는 이와 같이 하나의 건물자산관리 업무가 성격과 업무내용을 달리하는 3가지 측면에 해당되는 업무가 존재하고 있는바 이를 건물자산관리 3측면이라 한다.

이를 모형그림으로 정리하면 다음의 [그림 11]과 같다.

[그림 11] 건물자산관리 3측면 모형

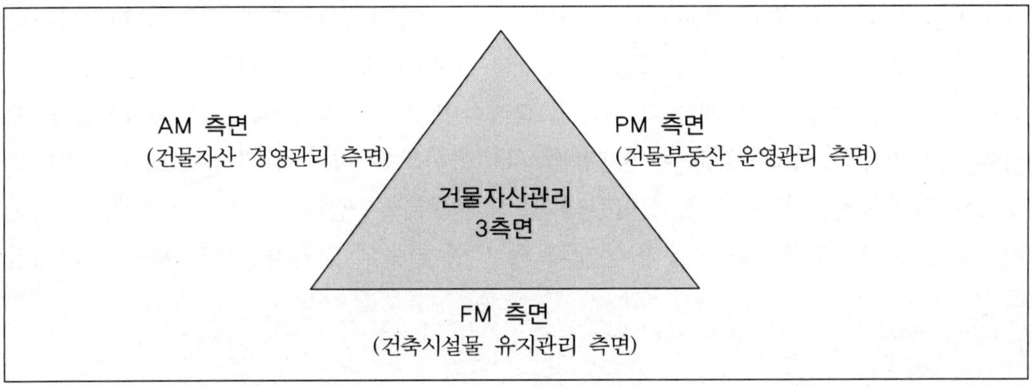

2. 건물자산관리 3측면의 기능

1) AM 측면의 기능

건물자산관리의 측면에는 전술한 바와 같이 AM 측면과 PM 측면 그리고 FM 측면이 있으며, AM 측면이란 전체 건물자산관리 업무 중 자산운용과 재무관리 측면으로서 건물자산 소유자나 투자자로부터 자산운용을 위탁받은 AMC(asset management company) 또는 asset manager가 건물자산 소유자와 투자자와의 전략적 파트너십을 가지거나(outsourcing인 경우) 내부조직(in-house인 경우)의 업무위탁 또는 업무분장에 따라 자산을 운용하여 최적 건물자산 또는 합목적적 건물자산을 취득하고 취득건물자산의 보유와 운영관리를 PMC 또는 property manager와 전략적 제휴하거나 내부조직을 활용하여 위탁 또는 위임하여 통제함으로써 운영수익을 최대화하고 합리적 처분 또는 전략적 매각을 통하여 양도차익을 실현하는 등 이른바 건물자산가치 증식기능과 PM의 운영관리 업무를 통제하는 기능을 담당하는 자산관리 업무 측면을 의미한다. 따라서 AM은 건물자산의 매입과 매각 자산평가, 조세, 보험, 감가상각관리, 신축관리, 정보조사분석, PM고용 및 통제 등 건물자산의 경영기능을 담당하고 있다.

2) PM 측면의 기능

건물자산관리의 PM 측면이란 건물자산의 보유와 운영관리 측면으로서 AMC 또는 asset manager로부터 아웃소싱에 의한 전략적 제휴나 in-house 방식의 내부조직의 업무분장에 따라 건물자산 운영관리의 권한과 책임을 가지고 있는 property manager 또는 PM팀에 의하여 주도되는 측면으로서 주로 임대관리와 시설관리 업무를 직접 담당하여 수행하거나, leasing manager(또는 leasing agent)나 facility management Ccmpany 또는 fcility manager(또는 building manager)와 아웃소싱 방식에 따라 전략적 제휴가거나 in-house 방식으로 내부조직을 활용하여 해당 업무를 위임 또는 위탁하거나 또는 직접 담당하여 지출(비용)을 통제하고 수입을 관리하여 운영수익을 최대화하고 FM을 통제하여 관리비용을 최소화하고 관리효용을 극대화하도록 하여 임대차계약관리, 임대료 수납과 임대채권관리, 용도 및 실사관리, 조직, 인력 노무관리, 자재 구매 관리, 용역관리, 예산수립 및 집행, FM 고용과 통제 등의 운영 기능의 건물자산관리 측면을 의미한다.

3) FM 측면의 기능

건물자산관리의 FM 측면이란 물리적 시설물의 기술관리 측면으로서 시설관리권을 PM 또는 건물 소유자로부터 위임받거나 아웃소싱 방식에 의하여 위탁받은 FMC 또는 facility manager가 건물 시설물의 유지관리를 통하여 사용자 또는 이용자의 안전과 편의를 높이고 일상점검을 통하여 보수 정비하고 정기진단 등을 통하여 보강 교체하여 사용가치를 높이거나 최유효 건물 사용화를 도모하는 시설관리 기능의 건물자산관리 측면을 의미한다.

3. 건물자산관리 3측면의 상호관계

건물자산관리 3측면의 위치에 있는 AM과 PM 및 FM은 업무위탁 또는 위임과 분장에 의한 상호관계에서 상호 유기적인 협조관계를 가지고 전략적으로 상호 보완 또는 상호작용을 하고 있다. 건물자산관리 3측면의 전략적 상호관계는 다음의 [그림 12]와 같이 이루어지고 있다.

[그림 12] 건물자산관리 3측면의 상호관계

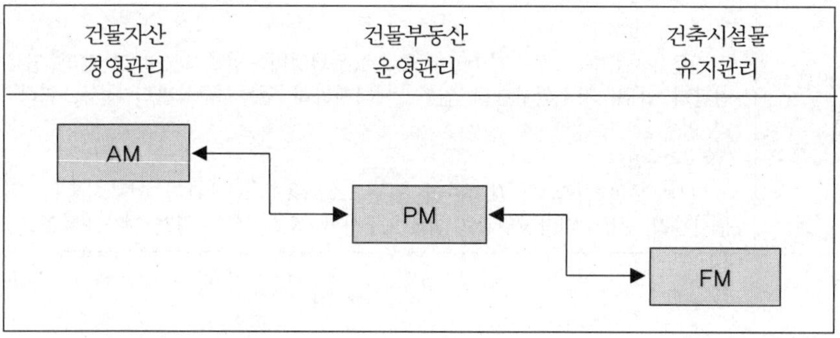

4. 건물자산관리 3측면의 업무

건물자산관리 3측면의 업무에는 핵심 업무와 주요 업무 및 부수 업무가 있다. 이를 설명하면 다음의 (표 39)와 같다.

(표 39) 건물자산관리 3측면의 업무

AM 측면의 업무	① 핵심 업무 안정적 수익기반 구축과 건물자산가치 향상 전략수립과 실행 업무 및 자산운용 업무와 재무관리 업무 ② 주요 업무 거시경제 및 미시경제 분석 업무, 건물자산관리시장 동향과 조세현황 분석 업무, 금융시장 변화분석과 자금조달 전략수립 업무, 재무관리와 원가관리 업무 및 예산 관리 업무, 물리적 renovation을 통한 건물자산 경쟁력 제고 전략수립 업무, 임대시장 동향분석과 임대전략수립 업무 ③ 부수 업무 portfolio 분석 및 관리 업무, 투자 타당성 조사 분석 및 대상 건물자산 실사와 평가 업무, 건물자산 개발 매입과 매각 업무, PM고용과 통제 업무, AM 월간/연간 보고 업무 등
PM 측면의 업무	① 핵심 업무 통상적 건물부동산 운영관리 업무 및 임대관리 업무 ② 주요 업무 일상적 건물부동산 운영 및 관리 업무, FM 고용 및 통제 업무, 외부 용역 협력자 관리 업무 및 입주자(tenant) 관리 업무 등 ③ 부수 업무 증축 개축공사관리 업무, 내장공사관리 업무, asset manager 또는 건물 소유자 협조 업무, 월간/연간 PM보고 업무 등
FM 측면의 업무	① 핵심 업무 건축시설물 유지관리 업무 ② 주요 업무 건물유지보수 업무, 건축설비 O&M(운전정비) 업무, 경비보안관리 업무, 시설안전관리 업무, 청소위생관리 업무, 에너지관리 업무, 주차관리 업무, 기타 시설물관리 업무 ③ 부수 업무 인사노무관리 업무, 보험관리 업무, 소모용품 구매관리 업무, 세무·회계 업무, 문서관리 업무, 비상상황관리 PM 요구사항 협조 업무, 월간/연간 FM 보고 업무 등

5. 건물자산관리 3측면 책임자의 요구 능력

1) AM 측면 책임자 - asset manager의 요구 능력

① AM 관련학과 대학원 석사 이상의 학력
② portfolio 및 risk 분석능력과 파이낸싱 관리능력
③ 거시경제 및 미시경제 분석능력 및 시장분석능력
④ 최적 자산 취득능력과 효율적 보유 및 운영관리능력 그리고 전략적 매각으로 양

도차익 실현능력
⑤ 재무회계, 원가관리, 예산 관리능력
⑥ 자산운용능력
⑦ 전략적 협력과 PM사 고용 및 통제능력
⑧ 자산운용보고능력
⑨ renovation 공사발주 및 처리능력
⑩ 자산가치 증식능력 등

2) PM 측면 책임자 - property manager의 요구 능력

① PM관련학과 대학학사 이상의 학력
② 임대관리능력
③ 건물운영관리능력과 FM고용 및 통제능력
④ 비용통제능력과 수입관리능력
⑤ 재무관리능력과 예산관리 능력
⑥ 시설관리 용역업체 관리능력
⑦ 실내 보수공사 및 Renovation 발주 및 감독능력
⑧ PM보고능력
⑨ 입주 사 관리능력
⑩ AMC 또는 asset manager 지원 및 협조능력

3) FM 측면 책임자 - facility manager의 요구 능력

① 고졸 또는 전문학사 학력
② 종합관리 수준의 시설관리능력
③ FM보고능력
④ 협력사 통제 조정능력
⑤ 안전관리, 자재관리, 사무관리, 인력관리능력
⑥ 에너지관리능력
⑦ 비상상황 대처능력
⑧ PMC 또는 property manager 지원 및 협조능력
⑨ 양질의 시설관리 서비스 생산능력과 고객만족 능력
⑩ 유지관리비용의 최소화와 관리효용 극대화 능력

6. 건물자산 경영관리의 개념과 구조체계

1) 건물자산 경영관리(AM)의 개념

건물자산의 경영관리(AM/asset management)를 의미하는 것으로 건물자산을 하나의 투자대상으로 설정하고 건물자산의 취득, 보유, 매각 등 투자 전 과정에 걸쳐 전략적 의사결정의 지원과 실행참여로 건물자산투자에 대한 수익최대화와 건물자산가치 극대화를 꾀하는 자산운용과 재무관리활동인 동시에 건물자산경영활동을 의미한다. 또한 AM은 건물자산에 대한 전문적 자산관리기법 중 하나로서 선진자산관리기법이라 할 수 있다.

건물자산투자자나 미래의 건물소유주가 정보자원과 재무적 자원을 효과적으로 활용하여 전략적으로 적정 건물자산을 매입하고 효과적으로 보유·운용·개량하며 전략적으로 매각을 단행하여 임대소득의 극대화와 양도차익을 함께 실현함으로써 건물자산의 수익을 최대화하고 자산의 가치를 증대하여 경제적 만족을 달성하는 재무적 투자활동이자 건물자산경영활동이라 할 수 있다. AM은 투자자산의 소유와 경영을 분리하는 건물자산거래시장에서 경영보다는 주로 투자건물자산의 소유와 관계되는 재무적 투자활동을 의미한다.

다시 말하면, 건물자산관리는 매입(취득), 보유(운영), 양도(처분) 등의 전체투자과정 중 주로 건물자산의 운영관리와 양도중심으로 전략적 의사결정을 통하여 투자자산의 수익을 극대화를 꾀하는 전략적 건물자산관리기법이라 할 수 있다.

AM의 목적을 직접 실현시키고자 노력하는 AM활동은 투자건물자산의 소유자 입장에서 투자자나 portfolio manager와 전략적 제휴로 파트너십을 가지고 투자의사를 결정하는 데 참여하거나 투자자산을 취득하고 매입건물자산의 성장전략을 세워 투자자산의 자산가치를 증대시키며, 건물자산의 소유자 또는 소유자 입장에서 건물자산을 수익중심으로 운용하여 현금수지를 높이거나 개선하고 PMC와 전략적으로 제휴하여 PM업무를 전담시켜 임대관리와 FMC를 고용 또는 용역으로 선임하여 기술적 개량 및 건물시설의 유지관리를 담당하게 함으로써 임대소득 창출과 함께 건물시설의 정상적 유지와 보존·개량을 통하여 건물을 최유효 사용할 수 있도록 하며, PM manager를 통하여 운영예산을 통제·감독하여 운영비용(operation expenses)을 최소화하고 전략적 매각(양도)을 위한 출구계획(exit plan) 준비를 하게 하여 양도차익 실현에 대비하고 매각의 전략적 매각시기가 도래하면 지체 없이 양도(매각)하여 양도차익 실현을 통한 투자자산 수익극대화를 도모하는 건물자산경영활동이라 할 수 있다. 왜냐하면, 건물자산 취득과 매각의 의사결정에 참여하는 행위는 최고경영층의 경영 고유 업무이기 때문이다.

그러나 건물자산관리활동 중 매입투자건물자산의 보유기간에 전개되는 PM활동과 FM활동은 광의의 건물자산관리활동이나 FM활동은 협의의 건물자산관리활동 개념으로 건물시설관리 조직의 고유 업무라 할 수 있다. 건물자산관리 개념의 변화는 facilities management 개념에서 property management 개념으로 발전적으로 변화해오다가 마침내 asset management 개념으로 전문화되었으나 최근에는 다시 asset management 개념이 건물자산경영개념인 asset operation and administration의 개념으로 발전되어 가는 경향을 보여주고 있다. 따라서 asset management 개념의 의미와 해석은 자산운용으로 인식하고 건물자산경영개념에 기초하여 건물자산관리활동을 수행하는 재무적 건물자산경영활동으로 해석할 수 있다.

또한 AM실무를 수행함에 있어서 유의할 점은 건물자산의 매입과 보유 및 매각에 대한 일반적 비중은 건물자산매입의 경우, 약 20%의 비중을 가지나 건물자산매각의 경우는 약 10%의 비중이 주어지며 임대소득을 창출하고 시설의 보존 · 유지 · 개량이 이루어지는 건물자산보유 및 운영관리는 약 70%의 비중이 주어지므로 관리역량을 보유 〉 매입 〉 매각 순으로 집중해야 한다는 점이다. 또한 AM manager는 건물자산의 소유자나 투자자입장에서 재무적 자산을 운용해야 한다는 점에 크게 유의해야 한다.

2) 건물자산 경영관리(AM)의 구조체계

AM은 건물자산관리 전체과정인 건물자산의 취득 · 보유 · 매각과정에 대한 전략적 의사결정의 지원과 실행참여로 대응으로 자산가치 증식과 경제적 수익성 최대화를 목표로 하는 건물자산관리기법이나 건물 전체과정의 업무를 AMC의 AM manager만으로 처리하여 건물자산관리목표를 달성하는 1원화관리구조체계와 PMC와 전략적 제휴를 통하여 건물자산관리 업무 전체를 소화하여 건물자산관리목표를 달성하는 2원화관리구조체계 그리고 AMC가 PMC와의 제휴 후에 고용한 PMC로 하여금 FMC를 협력사로 아웃소싱하여 용역관리를 위탁함으로써 건물 전체 업무를 처리하는 3원화관리구조체계 등이 있다.

건물자산소유주가 직접 AMC의 AM manager가 되어 직영관리방법으로 AM업무, PM업무, FM업무를 처리하여 건물자산관리목표를 달성하는 경우에는 1원화관리구조체계만이 존재하나 오늘날과 같이 건물자산의 대형화, 첨단화, 복합화, 고층화 등의 특성으로 그리고 소유와 경영분리중심의 건물자산관리시장의 출현 등의 이유로 대부분 위탁관리방식의 2원화관리구조체계(P형 2원화관리구조체계와 F형 2원화관리구조체계 등이 있음)나 3원화관리구조체계로 건물자산관리 전체 업무를 실무차원에서 접근하여 건물자산관리목표를 경제적 방법으로 안전하게 그리고 효율적으로 적합하게 처리하고 있다.

AM실무관리구조체계(AM organization structure system)란 건물자산관리조직의 전체를 이루고 있는 부분들이 서로 짜인 관계나 체계에서 낱낱이 다른 요소가 계통을 세워 통일된 조직의 전체를 의미하며 자산관리 업무 중 AM실무처리를 위한 AM실무 관리구조체계는 [그림 13]과 같다.

[그림 13] 건물자산 경영관리의 구조체계

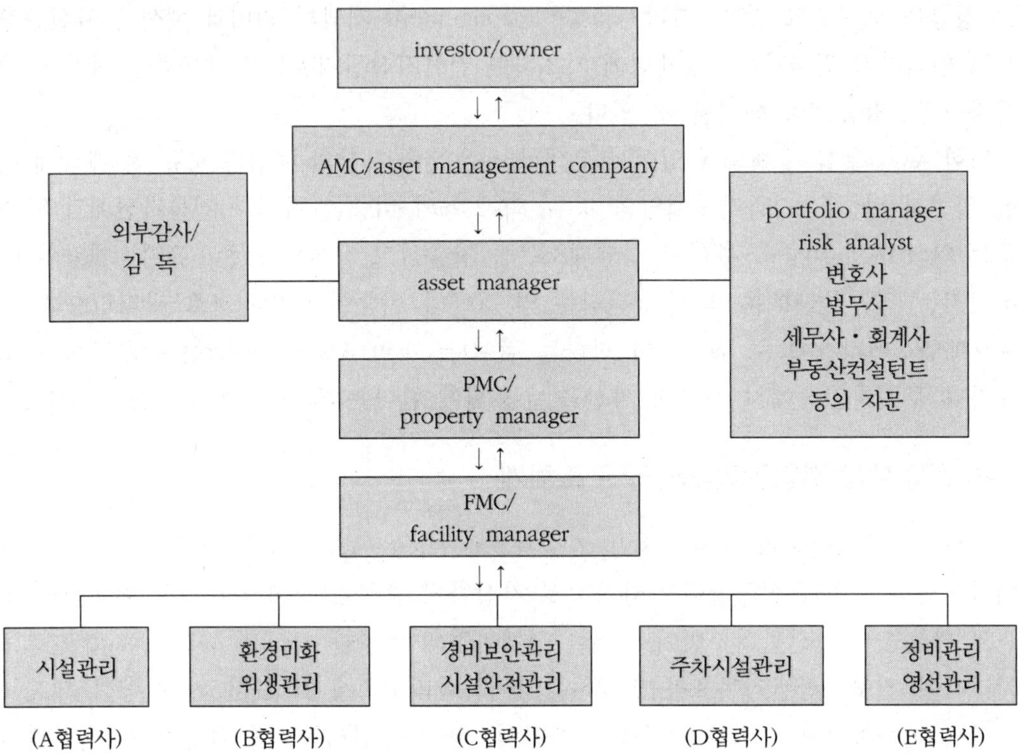

7. AM manager의 기능과 역할 및 업무

1) AM manager의 기능과 역할

(1) AM manager의 직책개념

AM manager란 건물자산관리 4대 주요 업무 중에서 주로 자산운용과 재무관리 업무(회계관리, 원가관리, 예산관리, 조세관리)를 담당하여 자산가치의 제고와 수익성 극대화를 책임지는 자산운용책임자를 의미한다. 건물자산의 투자자, 미래의 건물자산소유자가 직접 스스로 AM manager가 되거나 건물소유자 또는 투자자가 고용한 자산운용대리인을 의미하며 CR-REITs의 경우 CR-REITs특성상 별도의 자산관리회사가 필요하므로 투자자에 의하여 자산관리목적으로 선임된 AMC(asset management company)의 자산운용책임자를 말한다. AM manager는 투자자나 건물 소유주가 아닌 경우라 할지라도 투자자나 건물자산소유주를 전면적으로 대리한 자산운용자이므로 투자 또는 위탁자산에 대한 자산가치 극대화와 수익성 최대화에 전적으로 책임을 지는 건물자산관리총괄자겸 전문자산운용자를 말한다.

(2) AM manager의 기능과 역할의 내용

AM manager는 자산운용책임자인 동시에 경영자이므로 다음과 같은 두 가지 기능과 역할을 담당해야 한다. 건물자산 AM manager의 기능과 역할이라 함은 AM manager가 보유하고 있는 권한 내에서 활용할 수 있는 능력이나 작용을 의미하는 것으로 이에는 자산가치 극대화와 수익성 최대화의 기능과 역할 및 자산관리의 효율화와 통제조정 기능과 역할 등이 있다.

① 건물자산가치 극대화와 수익최대화

건물자산관리에 있어서 AM manager의 주된 업무는 건물자산의 합목적적 건물자산의 매입과 정상적 보존 및 효과적 운용관리 및 합리적 매각을 통하여 양도차익을 실현함으로써 건물자산가치를 증대시키고 수익을 최대화해야 하는 업무이므로 AM manager의 첫째의 기능과 역할은 renovation이나 re-positioning, B/D의 landmark화, 임대구조개선, anchor tenant의 장기유치, 운용비용 절감, 전략적 금융조달계획의 수립, 효과적인 자산운용전략수립 등을 통하여 건물자산 경제가치의 극대화와 함께 수익최대화가 AM manager의 첫 번째에 해당하는 주요 기능과 역할이라 할 수 있다.

② 통제조정 및 자산관리의 효율화

AM manager의 두 번째의 기능과 역할은 AMC나 AM manager에 의하여 고용한 PMC의 Property manager나 Property manager에 대하여 고용된 leasing manager나 FMC의 facility manager에 대한 업무통제와 조정을 통한 건물자산관리의 효율화라 할 수 있다.

AM manager가 핵심 업무와 주요 업무 및 부수적 업무수행을 성공적으로 수행하여 건물자산관리목표를 달성하려면 PMC나 PMC의 property manager와 leasing manager

등과 전략적 제휴를 해야 하고 건물자산의 매입과 매각과 관련하여 portfolio manager나 risk analyst, 변호사, 세무회계사, 법무사, 부동산중개사, 부동산컨설턴트 등의 자문과 조언에 따른 협력과 조정이 필요하다.

왜냐하면, AM manager는 건물자산관리에 대한 투자의사결정 이후 매입된 건물자산의 가치증대와 수익창출을 위한 전략수립이나 운용계획을 수립하는 자산운용자이므로 수립된 계획을 수행해야 하는 PMC나 LMC와의 협력제휴 즉시 건물자산관리 효율화를 위하여 이들에 대한 통제와 조정이 불가피하기 때문이다. 또한 property manager와 leasing manager가 건물자산관리 담당 분야의 업무를 효과적으로 수행하게 하기 위해서는 업무 schedule과 예산 등의 통제가 불가피할 뿐 아니라 property manager와 leasing manager는 실질적으로 해당 자산관리 분야의 실천자이고 AM manager를 보좌 또는 지원하는 자이기 때문이다. AM manager의 통제기준과 수단은 PM 계약서와 LM 계약서의, 관리대상건물의 운용예산서(월간/연간 운용예산서)가 되며 고용한 PM 보고서나 LM 보고서를 분석하여 PM업무와 LM업무의 성과를 가지고 통제할 수 있다.

자산관리의 효율화란 건물자산관리에 투입되는 비용(재무적 자원)이나 시간과 노력 등의 input(투입)보다 산출되는 output(자산가치 증대와 수익성 극대화)이 큰 경우를 의미한다. 따라서 건물자산관리현장에서 건물자산관리를 총괄하는 AM Manager는 고유한 AM Manager의 기능과 역할을 통하여 자산관리 효율화가 달성되도록 최선을 다해야 한다.

2) AM manager의 업무

건물자산관리에 있어서 AM management의 AM업무에는 핵심 업무와 주요 업무 및 부수적 업무 등이 있으며 핵심 업무에는 자산운용 업무(파이낸싱, portfolio관리, risk관리, 매입매각)와 재무관리 업무(조세관리, 회계 관리, 예산관리, 원가관리) 등을 들 수 있다.

AM manager는 건물자산의 취득·보유 및 양도 전 과정에 걸쳐 전략적으로 의사결정에 참여하거나 매입 매각을 실행함으로써 건물자산의 안정적인 수익기반을 확보하고 자산의 경제적 가치와 사용가치를 높이며 이를 위한 장기적 전략을 수립하고 실천하면서 다음과 같은 AM 주요 업무를 수행해야 한다.

AM manager의 AM 주요 업무는 투자대상건물자산 매입, 매각에 필요한 지식과 정보제공 외에 확보된 투자건물자산에 대한 장기적이고 안정적인 수익기반을 확보하는 일과 건물자산가치의 극대화를 위한 장기 전략을 수립하고 이를 효율적으로 수행하는 실무를 의미한다.

이를 위하여, 국내 거시경제와 미시경제를 면밀히 분석하고 부동산시장분석과 조세동향을 분석해야 하며 수시로 변화하는 금융자본시장의 이자동향 분석 및 파이낸싱 전략수립과 부동산시장분석에 따른 임대전략도 함께 수립해야 한다. 뿐만 아니라, 건물자산가치 극대화와 수익최대화를 위하여 물리적인 개보수인renovation이나 인테리어, re-positioning 또는 임대구조개선 등을 단행하여야 한다.

즉, AM manager의 주요 업무로는 거시경제 및 미시경제 분석, 건물자산관리시장 동향분석, 조세현황분석, 금융시장 변화분석과 자금조달 전략수립, 물리적 renovation, 임대시장 동향과 임대 전략수립 등을 들 수 있다. 그리고 AM의 핵심 업무와 주요 업무지원을 위한 부수 업무에는 portfolio분석, 투자타당성분석, 건물자산실사 및 평가, 건물자산 매입 및 매각, PM고용 및 통제, AM보고 업무 등이 있다.

8. AM manager의 자격조건과 능력조건

AM manager는 건물자산관리의 전체 과정에 걸쳐 건물자산소유주 입장에서 자산의 취득과 보유 및 매각의 의사를 결정하고 실행에 참여하여 자산가치를 높이고 수익성을 최대화하는 최고 전문자산운용자이자 건물자산관리 총괄자이다. 그리고 AM manager의 핵심 업무와 주요 업무 및 건물자산 AM manager의 2대 주요 기능과 역할을 통하여 건물자산관리목표를 경제적 방법으로 안전하게 효율적으로 적합하게 달성하려면 다음과 같은 자격과 능력을 갖추고 자산운용자로서의 사명감과 책임감을 가지고 성실하게 자산관리실무를 수행할 수 있는 자이어야 한다.

1) AM manager의 자격조건

건물자산관리는 고도의 전문성과 기술을 요하는 건물자산 전문경영 분야이므로 AM manager는 건물자산관리 전문성을 가진 석사학위 이상의 학력과 건물자산 AM 분야 실무경력 10년 이상의 경력자의 자격을 갖추는 것이 요구된다. 또한, AM management에 관한 대학전공자로서 5년 이상의 연구자인 경우도 AM manager의 기초자격이 인정될 수 있다고 판단된다.

2) AM manager의 능력조건

AM manager의 2대 기능과 역할 및 핵심 업무와 주요 업무 그리고 부수적 업무 수행을 통한 건물자산관리목표를 효과적으로 달성하려면 이에 필요한 거시경제와 미시경제의 분석 능력, 변화무쌍한 금융시장 현황 분석과 금융 조달 능력, 건물자산시장분석과 최적 또는 적정 건물자산의 매입 및 전략적 매각 능력, 세무회계 · 보험관리처리 능력, property manager와 leasing manager 등에 대한 고용과 통제조정능력, 부동산 시장 및 조세동향분석 능력, 임대시장동향에 의한 임대 전략수립 및 대응 능력, 물리적 개보수를 통한 자산가치 제고와 경쟁력 강화 능력, 안정적 수익기반 확보와 자산가치 증대 및 수익성 최대화를 위한 장기 경영전략수립 및 실행능력, 효율적 보유와 운영관리와 임대관리능력 등이 있어야 한다.

특히 대인 · 대물관리능력과 경영능력이 뛰어나야 한다. 뿐만 아니라, AM manager는 건물시설관리와 건물재산경영에 필요한 지식과 정보 및 data를 건물자산관리의 기반으로 활용해야 하므로 이를 적절히 확보하고 응용하는 응용능력도 있어야 한다.

9. AM manager의 주요 실무

AM을 통한 건물자산관리목표를 성공적으로 달성하려면 AM실무를 담당하고 책임지는 AM manager의 주요 실무에 대한 구체적인 고찰이 필요하다. AM manager의 주요 업무인 자산운용 업무의 구체적인 내용에는 건물자산투자분석실무와 건물자산위험관리실무, 건물자산매입 · 매각실무, PM고용과 통제실무, 조세관리실무와 재무관리실무, 원가관리실무와 예산관리실무 등이 있다.

이상과 같은 AM manager의 주요 업무들에 대하여 구체적으로 고찰하여 이해함으로써 AM manager의 실무를 효과적으로 수행할 수 있게 된다. 본서의 지면부족으로 AM 실무 중 투자분석실무와 건물자산매입 · 매각실무 및 PM의 고용과 통제 실무만을 수록하기로 하고 조세관리실무 등은 제7장 건물부동산 운영(PM) 실무활동 편에서 설명하기로 한다.

1) 건물자산 투자분석 실무

건물자산에 대한 투자 전에 분석 실무를 통하여 투자대상건물자산분석, 시장분석, 시장변동요인분석, 투자위험분석, 투자수익률분석 등을 실시하여 적정 건물자산 여부와 매입 여부, 효율적 보유와 운영관리 가능성 여부 및 전략적 매각 가능성 여부 등을 판단해야 한다.

2) 건물자산시장 분석 실무

(1) 건물자산시장의 개념

건물자산시장이란 매도자와 매수자, 임대인과 임차인, 용역도급인과 수급인 사이에 건물자산을 거래하거나 임대목적물의 점유이전 또는 용역도급과 수급의 장소로 정의할 수 있다. 건물자산을 거래하기 위한 시장에는 건물자산매매시장과 건물자산임대시장이 있으며 용역거래 시장에는 건물시설관리용역시장 등이 불완전시장 형태로 비상설적으로 존재하고 있다.

건물자산매매시장의 요소에는 매매 목적물, 공급자와 수요자, 매매시장 등의 3요소가 필요하며 성공적인 건물자산의 매매를 위해서는 매매시장의 개념과 특징, 매매시장에 영향을 주는 경제 변동이나 여러 가지 요인에 대한 분석, 건물자산의 권리 분석과 경제적 · 법률적 · 기술적 자산평가, 투자 건물자산 타당성 분석 등 건물자산관리의 매입의사결정이나 매입의 실행에 참여하는 AM manager가 이해하고 갖추어야 할 조건이 허다하다. 특히 건물자산의 매매시장의 이해와 거래대상 건물자산의 종류별 분석 능력이 뛰어나야 한다.

건물자산매매시장이라 함은 건물자산의 권리의 교환이나 가격의 결정 및 수급이 이루어지는 의도된 거래 활동장소를 의미한다. 또한 건물자산의 공급과 수요에 따라 추상적으로 가격이 결정되는 기구로서 건물자산을 사고파는 추상적 불완전시장을 말한다.

(2) 건물자산시장의 특징

건물자산매매시장은 다른 상품시장과는 달리 다음과 같은 특징이 있다.

① 국지성

건물자산의 지리적 고정성(부동성)의 특징으로 인하여 주변지역의 사회 · 경제 · 행정적 제요인의 변화에 따라 크게 영향을 받는다. 또한 건물자산의 고정성으로 인하여 다른 인근지역의 상품진열이 불가능하고, 지역적으로 한정된 불완전시장에 불과하며 지역적으로 매매가격이 형성되나 일반적으로 정상가격이라 평가할 수 없는 국지성의 특징이 있다.

② 거래의 비공개성

거래자의 심리와 매매와 관련된 제세공과금의 회피목적으로 건물자산의 거래공개가 잘 이루어지지 않고 있는 비공개성의 특징이 있다. 특히 거래건물자산의 공급부터 비공개적으로 처리되는 경우가 허다하나 전산망을 이용한 거래정보망으로 점차 줄어들고 있으나 국지성과 함께 건물자산 거래가격을 불합리하게 형성하게 하는 요인이 되고 있다.

③ 비표준화성

일반상품의 경우 표준화나 규격화로 대량생산과 재고관리가 가능하나 건물자산은 개별성으로 인하여 표준화가 불가능하다. 그러나 건물의 경우(아파트, 연립주택, 다세대주택 등)에는 일부 표준화가 시도되고 있다. 그러나 토지 건물이 함께 표준화되는 것이 중요하나 이 또한 법률적 · 경제적 · 행정적 성질을 달리하는 부동산인 관계로 건물 토지 복합부동산의 표준화는 불가능하므로 건물자산거래시장에는 비표준화의 특징이 존재하고 있다.

④ 비조직성

건물자산거래시장은 일반상품과는 달리 지역성, 거래비공개성, 비표준화성의 특징으로 시장거래유통의 조직화가 불가능하므로 비조직성의 특징이 있다.

⑤ 매매기간의 장기성

건물자산은 고가의 자산이며 유지 보관이 어렵고, 개별성의 특징으로 인하여 최유효이용을 판단하기 어렵기 때문에 단기적 거래가 어렵다. 뿐만 아니라 일반상품 거래와는 달리 환금성의 장기적 성격으로 매매기간의 장기성의 특징이 있다.

⑥ 수급조절의 곤란성

완전경쟁이 행해지는 일반상품시장에는 공급과 수요가 가격에 의해서 조절되나 건물자산매매시장에는 일시에 대량생산과 보관이 어렵기 때문에 수급조절이 곤란성의 특징이 있다.

(3) 건물자산시장의 기능

건물자산매매시장은 불완전시장으로서 수급의 조절은 완벽하게 이루어지지 아니하나 그럼에도 불구하고 자원분배기능, 교환기능, 가격형성기능, 정보제공기능, 양과 질의 조절기능 등을 수행하고 있다.

(4) 시장변동요인 분석

건물자산매매에 영향을 주는 요인에는 계절적 변동요인과 경기순환적 변동요인, 장기적 변동요인과 부작위 변동요인 및 정책적 변동요인 등이 있다.

① 계절적 변동요인

계절적 변동요인이란 봄 · 여름 · 가을 · 겨울 등 계절에 따라 건물자산 수요가 증가하거나 감소하며 공급 역시 증가하거나 줄어드는 변화에 영향을 미치는 요인 등을 말한다. 예컨대, 겨울에는 임대공간의 건축이 줄어드나 봄, 여름의 경우에는 늘어나며 학교 부근 건물 수요는 계절적으로 겨울 · 여름 방학에 따라 줄어드는 현상이 생기게 되는데 이와 같이 수요공급에 영향을 미치는 요인을 계절적 변동요인이라 한다.

② 경기순환적 변동요인

일반경제 경기순환은 확장, 후퇴, 수축, 회복 등 4국면으로 [그림 14]와 같이 일정하지 않으나 대체적으로 12년을 주기로 순환되고 있다.

가. 확장국면

전체적인 경제활동이 상승하는 국면이다. 투자와 소비가 동시에 증가하고, 제품의 공급과 출하가 늘어나며 재고는 감소한다. 은행대출과 이자가 늘어나고 시장경제도 활기를 띠게 된다. 건축이 늘어나고 공급도 증가하며 임대공간도 늘어나게 된다.

나. 후퇴국면

호황기를 지나면 경기순환은 정점(Peak)에 도달하고 후퇴국면으로 접어든다. 투자, 소비, 고용, 소득, 판매 모두 감소하고 시장경제도 위축되고 축소된다.

[그림 14] 일반경제 경기순환

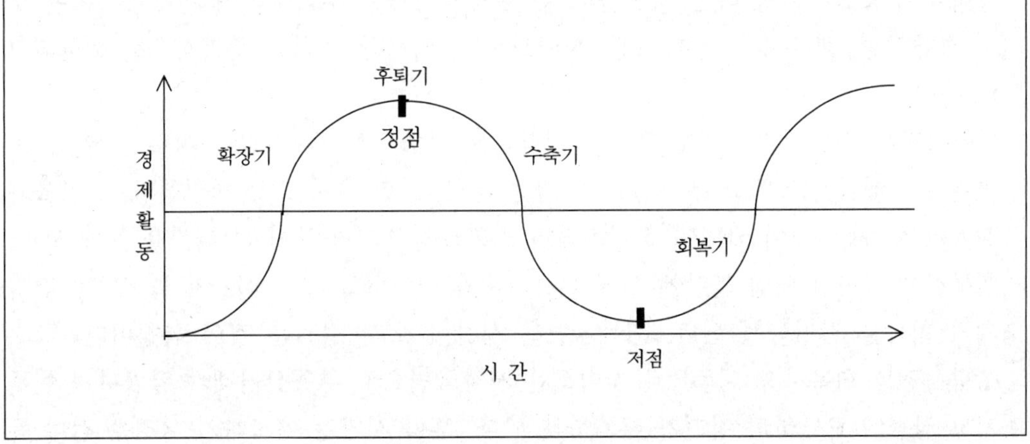

다. 수축국면

소비지출, 투자지출이 평상시 상태보다 나빠지고, 고용과 소득이 감소한다. 기업도산이 속출하고 물가, 임금, 주가, 이자율 등이 전반적으로 하락한다. 건축생산물 공급도 대폭 줄어들게 되어 불황국면으로서 저점까지 하강하게 된다.

라. 회복국면

불황국면이 일정기간 진행되면 경기의 저점(lull)에 도달하고, 저점을 지나면 다시 회복기에 접어든다.

이상에서 설명한 일반경제 경기순환 국면의 경제활동 특징을 요약하여 표로 정리하면 (표 40)과 같다.

(표 40) 일반경제 경기순환의 특징

구 분	호 경 기	후 퇴 기	불 경 기	회 복 기
물 가	최고 소비재가 등귀	전반적 하락	최저 수준	전반적 상승 생산재가 등귀
생 활 활 동	전반적으로 소비재생산 원만	전반적으로 하강	최저 수준	전반적으로 활 발 생산재생산 완만
소 득	최 고	감 소	최 저	증 가
고 용 율	최고 수준	감소 시작	최저 수준	증가 수준
현 금	대부자금 핍박	지불의 불능	금융 완 만	대부증가 시작
주 식 가 격	최 고	하락	폭락	상 승
부동산 경기	가격상승 수요투자 증대	가격 안정	가격위축 수요투자 감소	가격상승 기미

그러나 부동산시장의 직접 영향을 주는 부동산경기는 우리나라의 경우 5~15년 주기로 하향시장, 회복시장, 상향시장, 후퇴시장, 안정시장 순으로 주기적으로 순환되고 있다.

하향시장은 일반경기의 수축국면에 해당하는 국면으로 곧 저점에 이르게 된다. 이 국면에는 거래가 저조하고 부동산 가격 상승 둔화, 보합 유지 또는 하락한다. 공가율과 공실률이 증가한다. 이 국면이 장기화되면 호화사치성 부동산에 큰 타격을 주게 된다.

회복시장 국면이 되면 불황에서 깨어나 거래가 늘어나고 건축 허가가 늘어나며 건축경기의 회복을 감지하게 된다. 회복국면은 시간이 오래 걸리는 것이 특징이다.

상향시장은 회복시장 다음으로 찾아오는 시장국면으로 부동산거래가 활발하게 이루어지고 정점에 도달하면 경기가 후퇴하게 된다. 후퇴 시기는 예측하기 어려운 점이 특징이다. 후퇴시장은 호경기의 부동산시장이 반전하여 불황으로 내려가는 국면이다. 부동산 거래가 급감하고 후퇴국면이 빠르게 진행된다.

안정시장은 불황 속 안정으로 필수적 부동산거래는 안정적으로 이루어지며 작은 주택의 거래 역시 이루어진다. 시장경기가 불황속에서도 안정적으로 경제활동이 이루어지는 시장이다.

③ 장기적 변동요인

30년 또는 50년 정도의 세월이 흐르는 동안 지형이 바뀌거나 인구의 대이동 등이 일어나 인구가 감소 또는 늘어나거나 상권의 이동 등으로 건물자산 가격과 거래에 영향을 미치는 것을 장기적 변동요인이라 한다.

④ 무작위적 변동 요인

전쟁, 분쟁, 쿠데타, 질병의 유행, 사회계층의 갈등, 대규모 데모, 노사분쟁, 대형 지진이나 홍수 · 폭설 등의 자연재해, 사회적 대형사고 등 작위적 요인이 아닌 요인으로 건물자산의 가격과 거래에 영향을 주게 되는 것을 무작위적 요인이라 한다.

⑤ 정책적 변동 요인

건물자산매매가격과 거래 등에 영향을 주는 요인에는 정부 정책적 변동요인이 있다. 조세정책이나 토지정책, 주택정책, 금리정책, 건물공급정책 등에 의해서 건물자산매매시장에 영향을 줄 수 있으며 공실위험은 임대구조개선 또는 임대마케팅으로 공실제로베이스 유지가 어느 정도 가능하게 된다. 특히 법적 위험은 현행 건물자산관련법과 국회 계류 중인 건물자산관련법을 사전에 검토함으로써 어느 정도 법적 위험을 줄일 수 있으며 적절한 대응도 가능하다.

경기변동위험을 예방하거나 최소화하려면 경기변동의 한 국면인 침체기 말기에서부터 회복기 초기에 건물자산매입을 시도해야 하며 확대 초기에 건물자산투자를 단행하고 확대 말기에 건물자산을 매도해야 하며 회복 말기에 건물자산개발사업의 최적기로 활용해야 한다. 또한 공급이 과잉되는 확대기에는 거래를 피해야 하고, 매각시점을 공급과잉(Oversupply) 시점에 잡는 경우 경제적 손실을 입게 된다. 특히 일반시장에서 가격의 결정은 수요와 공급이 일치하는 점에서 결정되나 건물자산의 경우 경기 후퇴, 경기 불황이나 전쟁 등과 IMF 또는 미국 발 금융위기와 같은 예상치 못하는 상황으로 인하여 건물자산 거래가격이 수요공급 상호작용에 의해서 형성되지 아니하고 예상치 못한 상황에 의하여 가격이 격감되는 부동산자산 가격파동(property fluctuations)의 경우 투자의 호기로 이용하는 것이 현명하다.

1997년 IMF 이후 국내에 상륙한 외국 1세대 투자자들이 IMF로 인한 부동산자산 가격파동을 투자의 호기로 인식하고 투자하여 최대의 양도차액 실현과 임대소득을 창출하여 건물자산관리의 성공사례가 되고 있으며 미국의 경우, 2008년의 금융위기가 안정되고 경기가 회복국면이나 상승국면이 되기 전에 건물자산의 투자는 매우 바람직한 경제활동이 될 수 있다.

3) portfolio와 risk 분석 실무

건물자산을 취득하기 위한 적정 건물자산을 매입하기 위해서는 전술한 건물자산매매시장분석과 건물자산매매시장변동요인 분석과 함께 투자건물자산 portfolio와 risk 분석을 함께 하여야 한다.

일반적으로 위험이란 사람의 생명이나 건강의 사망, 질병 및 재산의 감손의 요인을 의미하는 불확실성을 의미하는 것으로서 장래 발생할 수 있는 결과의 변화가능성으로 재산이 멸실되거나 경제가치가 감손되는 것을 건물자산위험이라 한다.

건물자산의 매입을 위해서는 시장위험 최소화, 자산유지위험 최소화, 자산자체위험 최소화, 운영위험 최소화, 매각위험 최소화 등이 요구된다. 이상에서 기술한 위험 중 건물자산매입에 참고해야 할 위험의 종류와 내용은 다음과 같다.

(1) 투자대상 건물자산의 종류별 위험

투자대상 부동산자산의 위험 중 종류별 위험에는 개발용부지 〉 리모델링 빌딩 〉 산업용건물 〉 소매용 판매시설건물 〉 사무용도 건물 〉 주거용 건물 순으로 위험도가 달라진다. 다시 말하면, 주거용건물의 투자 위험도가 가장 낮으며 개발용부지가 가장 부동산자산 종류별 위험이 크다. 투자대상 건물자산의 종류별 위험은 portfolio 관리기법으로 위험을 관리해야 한다.

① 경과시간의 위험

철근콘크리트구조의 사무실용도건물의 경우 물리적 내용연수가 50년 정도이고, 장착된 주요 설비의 내용연수가 15년 정도이므로 건물의 매입 시기는 신축 초기 건물을 매입하거나 신축 후 15년 경과 후 건물의 매입이 바람직하다. 또한 25년(통상 대수선 시기임)이 경과한 건물의 매입이 경과시간 위험을 줄일 수 있다. 즉, 내부 장착 주요 설비의 교체가 끝나 있는 상태의 건물이나 대수선공사가 완료된 건물의 매입이 경과시간 위험을 줄일 수 있기 때문이다.

② 건물자산 규모별 위험

소규모 건물자산은 대규모 건물자산에 비해서 임차인의 임대료 지불능력과 관리비 지불능력이 대형건물의 임차인에 비해 상대적으로 낮은 편이고 우량임차인이 적은 편이며 high risk에 비해 low return의 임대수익 구조로 매각위험(출구위험, exit risk)은 상대적으로 낮은 편이다. 그러나 대형건물자산은 임차인 구성이 상대적으로 양호하고 임대료 · 관리비 지불능력이 우수하며 수익률이 양호하고 low risk-high return의 구조이나 매각위험은 상대적으로 높은 편이다.

③ 구분소유 위험과 지분건물 위험

건물전체면적이 여러 사람의 구분소유이거나 지분 등기된 경우의 건물자산은 매각위험이 상대적으로 높다. 또한 용도가 복합적인 된 주상복합건물 역시 유지관리위험이 뒤따르게 된다.

④ 판매시설 위험

소매판매시설은 위치한 상권에 따라 수익률과 자산가치가 결정된다. 상권은 생물과 같아서 쇠퇴하는 경우 수익률과 자산가치가 동시에 하락하는 위험이 있다.

⑤ 매각위험

건물자산 매각(처분/양도)시 매각되지 아니하거나 원금손실위험이 나타날 수 있다. 매각위험 중 아파트는 가장 낮은 편이나 오피스빌딩보다 리테일 건물, 산업용(공업용 건물 포함) 순으로 매각위험이 점차 높아지는 경향이 있다.

⑥ 금리변동위험

금리가 인상되고 차입금의 합계이자가 상승하면 요구수익률이 떨어지고 거래가격이 하락하게 되는 위험이 발생하게 된다. 따라서 금융 차입 시 고정금리조건으로 대출을 일으켜 금융을 활용하는 것이 현명하다.

⑦ 임차인 위험

임차인의 신용이 낮거나 영세개인기업의 경우 임대료와 관리비 지급이 지체되거나 장기 연체하는 경우가 있을 수 있어 공실률이 높아가는 등 임차인 위험이 예상된다. 따라서 임차인 위험을 제거 또는 최소화하려면 대형 우량기업을 유치하거나 신용이 높은 업종을 선택하여 장기적으로 임대하는 것이 유리하다.

⑧ 경기변동 위험

경제 현상 중 하나인 경기는 생물과 같아서 쉴 새 없이 변동하고 건물자산가치에 영향을 미치고 있다. 따라서 경기변동 사이클에 따라 건물자산투자관련 의사결정을 달리 함으로써 경기변동위험을 최소화할 수 있다. 예컨대,

가. 건물자산매입은 침체 말기와 회복 초기에 매입의 의사를 결정하고,
나. 건물자산투자는 확대 말기 최적 시기에 의사결정하며,
다. 건물자산개발사업은 회복 말기에 의사결정하고,
라. 매각은 건물자산의 초과공급 시점을 피하며,
마. 건물자산의 초과공급 시에는 거래를 중단해야 하고,
바. 건물자산가격의 파동 시 투자의 호기로 삼아야 하며,
사. 불황기 때에는 시장변화에 의존하지 않는 투자를 해야 하며 장기적 master lease 나 증축이 가능한 건물자산을 선택하여 투자해야 하고 우량임차인 유치가 유리하다는 점을 적극 활용해야 한다.

4) 투자수익률 분석 실무

매입대상 건물자산을 선정하고 매매계약을 체결하기 전에 수익률 분석을 시도해야 한다. 종전의 건물자산투자는 보유중심에 무게를 두었으나 현재의 건물자산은 수익성에 기초한 수익률에 투자 중심을 두고 있으므로 투자수익률을 분석하고 이를 기초로 매매계약을 체결해야 한다. 투자수익률 분석은 손익계산서를 통하여 매출액, 경상이익과 순 영업이익을 분석해야 하고 대차대조표를 통하여 자본수익률과 자본환원율을 분석해야 하며 최종적으로 현금흐름표(cash flow)를 토대로 내부수익률과 현가 및 순 현가와 가용현금수지 등을 파악해야 하며 지난 운영예산서를 취합하여 매년도 예산집행 내역과 임대보고서에 나타난 임대소득과의 비교분석을 통한 현금수지도 확인하고 분석해야 한다.

5) 건물자산 매입 및 매각 실무

(1) 매입과 매각실무의 의의

자산운용 업무의 진행단계는 3단계가 있으며 이에는 건물자산의 취득단계, 보유단계, 처분단계 등이 있다. 건물자산관리는 취득단계(매입단계)로 시작되고 보유단계로 유지하다가 처분단계(매각단계)로 종료된다. 건물자산관리의 첫 단계의 매입과 마지막 단계의 매각은 건물자산관리의 승패를 좌우하는 중요한 asset management 업무로서

고도의 전문성과 기술을 요하는 전문 관리 분야이다.

국내 건물자산시장에 진입한 외국 건물자산투자회사의 경우 자국에 본사(head quarters)를 두고 일정 지역을 투자자산 중심으로 경영 관리하는 regional division을 두어 regional manager 밑에 소속된 portfolio manager를 파견 또는 상주시켜 투자대상건물자산이 발견되면 투자자문(중개업자, 세무사, 회계사, 법무사, 변호사, 감정평가사, 컨설턴트 등)을 거쳐 매입 의사를 결정하고 취득된 자산을 선임된 AMC(asset management company)나 asset manager에게 자산관리 권한을 부여하고 매입자산에 대한 안정적 수익기반 확보와 보유자산의 경제 가치를 위한 계획 및 전략을 수립하고 이를 수행케 하며 핵심 업무와 주요 업무 및 부수적 업무를 동시에 실천케 하여 투자가치와 수익성을 최대화하게 하고 있다. 따라서 외국 건물자산투자회사의 portfolio manager에 의하여 선임된 asset manager는 국내 거시경제와 미시경제를 분석하고 건물자산시장과 세제동향을 조사 분석하며 금융시장변화에 따른 자금조달(금융) 전략수립과 건물자산임대시장 동향에 따른 임대전략을 수립하여 필요한 경우 renovation 또는 re-positioning의 물리적 개보수를 실시하여 자산의 경쟁력을 제고 하고 자산가치를 높이거나 수익성을 증대시키는 업무 등을 수행한다.

건물자산가치 증대와 수익성 극대화를 담당하는 asset manager는 전술한 업무 외에도 부수적인 업무로서 투자자산을 실사하거나 평가하고 투자분석을 전담하며 투자자산의 portfolio 분석과 투자대상 건물자산의 매입과 보유자산을 전략적으로 매각하며 이에 필요한 자금조달 업무를 전적으로 담당한다.

전술한 바와 같이 portfolio manager와 asset manager가 함께 관여하는 건물자산의 매입과 매각은 건물자산 경영과 관리의 성공 여부를 가름하는 건물자산관리 분야이므로 이에 관한 체계적이고 전문적인 접근이 필요하다. 따라서 건물자산의 매입과 매각 실무는 전략적이고도 전문적인 대응이 필요하다. 다음에서 기술하는 건물자산 매입과 매각 절차는 표준화된 절차는 아니나 건물자산시장에서 일반적으로 사용되는 매입 매각 절차인 바 이를 실무에 적용하고 활용함이 유익할 것으로 판단된다.

(2) 건물자산의 매입절차

건물자산의 매입은 건물자산 매수자가 매수 최적기에 가장 경제적인 비용으로 최적의 건물자산을 취득하여 경제적 수익성을 최대화하려는 요구와 목적으로 진행되는 경제활동으로서 소비활동인 동시에 생산활동을 의미한다. 건물자산 매입절차 역시 정형화된 절차나 표준화를 할 수 없는 분야이다. 왜냐하면 알고 있는 바와 같이 건물자산관리는 보유 개인, 회사의 사정과 비밀 및 조세상의 문제 등으로 비공개로 처리되는 관행으로 매입절차 역시 모든 건물자산관리에 적용할 수 없는 문제점을 안고 있다. 따라서 다음에서 소개하는 매입 및 매각 절차 모두는 건물자산매매시장에서 실무적으로 통용되고 있는 매입 매각 절차임을 밝혀 둔다. 건물자산의 매입 절차는 대체로 다음과 같이 진행된다.

① 매입 최적기 확인 및 매입 방침 결정

건물자산의 매입 방침 결정은 전적으로 투자자나 간접 부동산투자회사 또는 미래의 건물자산소유자에 의하여 전략적 매입 최적기에 결정되며 지역, 자산의 종류와 규모, 예산매입금액, 투자수익률, 유지관리비 정도, 자산의 예상수익률 등을 다각도로 검토하여 건물자산의 매입방침이 매입 가이드라인과 함께 작성된다. 건물자산의 매입은 경기변동주기의 침체 말기나 회복 초기의 신호가 감지될 때 전략적으로 자산매입 방침을 결정을 해야 하고, 신속히 처리해야 한다.

② 매매대행사 계약 및 매입대상 건물자산 정보 접수와 대상 선정

건물자산매매시장의 일반적 경향은 공개분양시장을 제외하고는 매도자가 보유하고 있는 보유자산을 공개시장에 진열할 수 없을 뿐 아니라 노출을 극도로 꺼리는 가운데 공개적 매매를 원하고 있지 않으므로 건물자산 매입대상을 선정하기란 쉽지 않다. 그러나 아파트 분양시장이나 한국자산관리공사나 법원의 입찰 또는 경 공매에 출시되어 있는 경매 입찰대상은 쉽게 매각대상 건물자산의 정보를 입수할 수 있으나 대부분 소규모이고 대형 투자규모로는 매우 부족하고 수익창출에 한계가 있으므로 투자대상건물자산으로서는 이점이 없는 편이다.

따라서 건물자산의 매입과 매각을 비밀리에 전담하는 유력 건물자산 매매 컨설턴트와 전략적으로 매입대행계약을 체결하여 대상건물자산을 찾아내고 건물자산 매매 컨설턴트와 함께 매입절차를 진행하는 것이 현명하다. 건물자산 매매 컨설턴트는 사회적으로 인정되거나 공식적 조직을 갖춘 전문직은 아니나 그럼에도 불구하고 건물자산매매를 전문적으로 취급하고 성사시켜 consulting fee를 받음으로써 현실적으로 건물자산매매시장에서 중요한 역할을 하고 있다. 따라서 건물자산 매입절차 두 번째 단계로 건물자산 매입대행계약을 체결하고 그로 하여금 다양한 매입대상 건물자산 중에서 매입 목적물을 선정하는 것이 바람직하다.

③ 매매대행사(매매컨설턴트)와의 적정 매매가 산정 및 조건 협의

보유건물자산의 매각을 희망하는 매도자를 대리한 매각대행사나 매매컨설턴트가 존재하는 경우 반드시 매각대행사 또는 매매 컨설턴트와 함께 적정 매매가를 책정하고 매매체결 방식, 매각대금지불조건 등을 협의하여 구체적으로 매매진행 타임 테이블을 작성한다.

④ 제1차 협상과 매매비밀협약서 체결

매도자를 대리한 매각대행사와 적정 매매가가 산정되고 진행방법과 지불방법, 기타 조건 협의가 완료되면 1차적으로 매입자와 매도자를 대리한 각각의 대행사나 대행 컨설턴트의 조정을 위한 1차 협의를 위한 만남이 주선되고 주선된 negotiation meeting에서 매매 비밀 준수 협약서(confidentiality agreement)가 체결되고 상호 교환되어야 한다.

⑤ 매도의향서 접수 및 검토

1차 Negotiation Meeting과 매매비밀 준수 협약서가 체결 · 교환되면 일정 시일 내에 매도자로부터 매도의향서를 접수하고 매입자는 이를 면밀히 검토하여, 이를 근거로 매입대상 건물자산의 실사 준비를 해야 한다. 건물자산의 실사는 건물, 회계, 법률 등을 검토해야 하므로 건축기술팀, 회계사, 변호사 등을 고용하거나 선임하고 조직화하여 기술 · 경제 · 법률 · 행정 · 환경 · 안전 측면에서 실사 준비를 해두어야 한다.

⑥ 우선 매매협상대상자 선정 및 향후 진행절차 제2차 협상

매도자와 매수자 사이에 이루어진 의향서와 1차 negotiation meeting 등을 통한 적정가 산정 및 진행절차 및 기타 조건에 대한 내용을 바탕으로 매도자와 매수자를 대행하는 대행사 간에 우선 매매대상자를 압축하여 선정하고 2차 negotiation meeting을 통하여 건물자산매매양해각서(MOU : memorandum of understanding) 체결을 협의한다.

⑦ 우선 매매협상대상자 건물자산 매매양해각서 작성교환

이때 작성 교환되는 건물자산매매양해각서는 매매에 관한 법적 구속력은 없으나 특별한 사전 변경이 없는 한 그대로 지켜야 하는 상도의상 구속력을 가지고 있다. 따라서 매매양해각서가 작성 교환되면 매도자와 매수자는 신의성실로 비밀을 엄수하고 매매에 응해야 한다.

⑧ 건물자산 실사착수 및 상호확인

매매양해각서가 체결되면 정해진 일시에 매매목적물인 건물자산에 대한 기술적 실사(건축물, 건축설비, 건축대지, 기타 부대시설 및 준공도서, 이력서, 매뉴얼, 사용설명서, 시설관리일지, 기술적 하자, 불법건축물, 보수이력서, 정비이력서, 유지관리현황 등)와 경제적 실사(회계실사, 보증금, 임대료, 임대현황과 임차인구조, 관리비, 채권, 부채, 기타 재산권, 감가상각현황, 재고자산, 보험, 제세공과, 관리예산, 기타), 행정적 실사(불법 건축물, 건축물의 행정조치시행, 신고 · 보고 상태 등), 환경적 실사(위생환경 문제점, 기술환경 문제점 등) 그리고 안전적 실사(자산위험, 시설물 위험), 법률적 실사(소유권 등기 사항, 제한물권, 기타권리, 계약현황, 계류 중인 소송현황, 권리상의 하자, 기타) 등을 각각 실시하고 종합실사보고서를 작성한 후 매도자와 매수자가 상호 확인한다.

⑨ 실사 결과 조정 및 매매가 재협의 제3차 협상

기술적 실사(건물실사), 법률적 실사(법률실사), 경제적 실사(회계 실사)에서 나타난 문제점이나 세부 사항에 대한 재확인과 문제해결방법 협의 및 매매가 재협의를 제3차 negotiation meeting을 통하여 시도하여 재합의하고 회의의사록(Minutes of Meeting)을 작성 교환한다.

⑩ 매입의사 결정과 매매계약서 작성, 검토 및 매매계약체결

자산실사결과와 매매가를 최종 협의한 후 매입의사를 결정해야 한다. 매매계약체결 전에 반드시 매매계약서를 작성하고 변호사에게 자문이나 검토를 거쳐 최종적으로 정해진 장소에서 반드시 매도자와 매수자가 직접 참석하여 기명날인방법으로 매매계약을 체결하고 체결된 계약서를 상호교환하며 매매계약서에 따른 매매계약금을 수수하고 필요한 영수증과 권리설정을 즉시 진행하여 계약체결 후의 법률 사고에 대비해야 한다.

⑪ 매매대금 지불완료 동시에 소유권이전 서류 및 매매목적물 인수

체결된 매매계약에 따라 매매대금 잔금을 지불완료 동시에 소유권이전 서류와 매매목적물을 넘겨받아(제한물권이 설정된 경우 제한물권 말소 포함) 소유권 이전등기를 즉시 완료하고 매매목적물을 점유하여 사실상 전면 지배하여 건물의 용도대로 사용 수익할 수 있도록 건물자산운영관리 업무(PM+FM)를 시작한다.

매매목적물 인수 시 물건과 권리가 동시에 인수되고 불리하거나 불필요한 물건과 권리는 인수대상에서 제외해야 하며 인수는 인계자와 인수자가 동시에 해야 하며 인수작업이 종료되는 경우 매매목적물 인수 인계 서를 공식적으로 작성하고 서명 날인하여 각각 보관해야 한다. 특히 건축설비 인수 시에는 도면과 함께 반드시 커미셔닝 시운전

을 거쳐 기능과 성능 점검을 해야 하며 해당되는 설비의 사용설명서, 매뉴얼과 고장정비보수이력서 등을 함께 자산관리 프로그램, 기술 매뉴얼까지 인수해야 하고 인수목록에 전부 기재해 두어야 한다. 또한 매매목적물의 인수 시 건물의 인수 외에 건물임대차계약서와 임대현황과 미수 임대채권 및 연체현황 등까지도 인수해야 함은 물론이다.

⑫ 매매 거래절차 종료 및 사후 관리

매매거래가 종료하여 소유권 이전등기와 제한물권 말소 및 건물(건축대지, 건축물, 건축설비, 기타 부대시설)의 인수와 입주자의 인수가 모두 종료되면 매매거래는 법적으로 그리고 현실적으로 종료되었으나 등기신청, 조세처리, 입주자계약조정, 입주자임대채권관리, 유지관리문제, 건물하자문제(건물하자 · 고장부분) 등 인수인계처리 또는 해결되어야 할 문제가 산적되어 있다. 이와 같은 문제해결은 운영관리계획에 따라 매매거래 이후 우선순위에 따라 반드시 사후 관리하여 처리하고 해결해야 한다.

(3) 건물자산의 매각절차

건물자산매각은 매입과 성격을 달리하며 이해가 서로 상충되는 관계로 매각실무 또한 쉽지 않다. 건물자산의 매각은 건물자산매도자가 경기변동주기 확대 말기에 매도최적기로 판단하고 최대 양도차익(매도차익) 실현을 목적으로 전략적 매도 방침을 결정한 후 일반적인 매도절차에 따라 매도계약을 체결하고, 매도절차를 종료하여야 한다. 건물자산 매도절차 역시 매뉴얼화나 표준화가 전혀 불가능한 것은 아니나 건물자산의 개별성과 비공개성 등의 건물자산시장의 특성으로 인하여 자산매매시장에서 일반적으로 활용되는 자산거래절차에 따라 진행할 수밖에 없다. 본서에서 소개하는 매각절차 역시 저자의 건물자산 매각경험을 바탕으로 자산거래시장의 사례를 종합하여 자산매각 절차를 소개하고자 한다.

① 건물자산 매각방침 결정 및 매각 최적기 선택

보유건물자산의 매각을 결정하기 전에 자산시장분석, 경기 동향 분석, 부동산수급현황분석, 조세분석, 양도차익실현의 정도 등을 면밀히 분석하고 보유자산 중 특정 자산에 대한 매각방침을 결정하고 매각 최적기를 선택하여야 한다. 개인소유건물자산의 경우에는 개인소유자의 매각 의사결정으로 이루어지나 투자회사의 경우 이사회를 경유하여 의사결정을 해야 하며 CR-REITs의 AMC 역시 단독으로 매각의사결정을 할 수 없다. 외국투자회사의 경우 한국에 주재하는 asset manager는 매각의사결정권이 없으며 주로 본국에 소재하는 본사에서 매각의사를 결정하게 된다.

② 매각대행계약 체결

고가건물자산의 매각은 일반적으로 비공개로 이루어지며 건물자산소유자가 전면에 나서는 것보다 매각 대행 용역 사(중개컨설턴트)를 앞장세워 은밀히 진행하는 것이 거래성사에 도움이 된다. 따라서 매각방침이 결정되고 매각대상이 선정되면 즉시 매각에 신뢰와 능력이 있는 매각대행사를 계약에 의해 고용하여 활용함이 바람직하다.

매각대행을 받은 중개 컨설턴트에는 빌딩거래만을 전문적으로 취급하는 중개회사가 다수 있으나 대형건물자산의 거래는 매도회사와 매입회사 간에 직접 거래가 성사되는 것이 일반적이다.

최근 건물자산거래상황을 분석해 보면 국내건물자산(빌딩)의 경우 국내회사와 국내회사간의 거래, 국내회사와 외국회사 간의 거래, 외국회사와 외국회사 간의 거래가 빈번히 이루어지고 있는 추세에 있다.

③ 시장조사 분석 및 적정매각가 산정

건물시장에 작용하고 있는 제 요인들을 다각도로 분석하고 매매거래 사례를 검토하여 최대의 양도차익을 실현할 수 있는 가능점과 매도거래 성사점이 합치되는 선에서 매각 가를 결정하되 향후 협의(negotiation)에 대비하여 제시 매도 가는 다소 상향조정해 둔다.

④ 매각대행사와 매각방법/매각세부절차 협의 및 유력 매입희망자선정

매도자는 매각대행사와 반드시 협의를 거쳐 매각방침을 이해시키고 매도방침에 따른 매도 전략이나 세부 절차 등에 대해서 충분히 협의하여 매도취지와 인식을 같이 해야 함이 중요하다.

또한 매도대행사가 선정한 매입희망자 중 유력 매입희망자(우선 협상대상자)를 복수로 선정하고 우선순위를 부여하여 우선순위에 따라 1차거래 협상이 어려워지는 경우 2차 우선순위 자를 상대로 매각절차가 진행되도록 미리 대비해야 한다. 매각대행사가 추천하는 매입희망자 중에는 매입재무능력이 없는 자와 재무능력은 있으나 정책적으로 접근하는 자도 있을 수 있음을 유의해야 한다.

⑤ 매도의향서 또는 안내장(invitation letter) 발송

매도의향서나 invitation letter는 반드시 확정된 내용을 기재하거나 약속에 관계되는 의사표시를 확정적으로 해서는 안 되며 매도의사가 있음을 통지하는 선에서 서면으로 작성하고 발송해야 한다.

⑥ 매도희망자와 거래비밀 준수 협약서 체결

전술한 바와 같이 건물자산의 거래는 비밀리에 비공개적으로 성사되는 특성으로 인하여 상호신뢰에 바탕을 둔 거래비밀 유지와 준수가 필요하다. 따라서 거래비밀 유지 협약서를 상호체결하고 매도거래성사에 관계없이 끝까지 비밀 준수를 공식적으로 서면화해 두어야 한다. 그러나 불법내용을 기재하고 준수를 강요할 때에는 자칫 악용의 소지가 있으므로 피차 피하는 것이 현명하다.

⑦ 매수희망자의 매입의향서 접수 및 분석

매수희망자로부터 매입의향서(letter of intent)가 도착하면 그 내용의 세부항목과 진의를 면밀히 검토하고 분석하여 매입에 대한 진실성 여부와 신뢰성의 유무에 대하여 판단해야 한다.

⑧ 우선 매수협상대상자 선정 및 통지

다양한 매수희망자로부터 매수의향서를 접수한 후 검토와 분석 작업 후에 우선 매수협상대상자를 복수로 정하고 우선 협상자 선정결과를 서면으로 통지하고 협상일시와 장소 등을 알려야 한다.

⑨ 우선 매입대상자와 1차 매도협상 개시

우선 매입 대상자와 협상을 진행하여 매도가격, 지불방법과 일시, 소유권 등기 방법과 제한물권 말소 방법, 임차인과 임차채권 인수 내용, 기존 건물인 경우 건물시설관리 용역회사와 그 종사자의 인수 여부 등 건물자산 매도에 관계되는 주요 문제와 기타 문제 전반에 대한 협상이 이루어지고 이에 관한 최종적 합의를 도출해내야 한다.

만일의 경우에 합의에 도달하지 않는 경우에는 2차 협상을 시도하고 그래도 어려운 경우에는 차선의 협상대상자와 협상을 개시해야 한다.

⑩ 건물자산매매양해각서 체결과 교부

우선 매입협상대상자와 1차 매도협상이 성공적으로 종료되면 매도자와 매수자가 건물자산매매양해각서를 체결하고 상호 교환한다. 이때부터 법적 구속력은 없으나 상도의 상 상호 구속받게 되며 특별한 사정 변경이 없는 한 건물자산매매거래가 성사되게 된다.

⑪ 건물자산 실사착수

건물자산매매양해각서가 상호 교환되면 매입자에 의한 매도목적물에 대한 자산실사가 착수된다. 건물자산실사 전 매도자 측의 자산실사지원팀과 매수자 측의 자산 실사팀이 합동으로 실사를 진행해야 한다. 이때 매도자는 자산실사에 최대한 협조를 해야 하며 친절하게 안내해야 하고, 관리종사자에 의한 방해 행위나 거부감의 표시 등은 자칫 거래를 중단시키는 요인이 됨을 유의해야 한다. 자산실사는 기술 · 법률 · 경제 · 행정 · 환경 · 안전 측면에서 각각 건물자산실사가 이루어져야 하며 회계실사, 건물실사, 법률실사, 행정실사 등 6개 방향으로 구체적 확인이 상호 이루어져야 한다.

건물자산실사 후 자산실사보고서가 작성되어야 하며 실사참여자가 공동으로 확인하고 서명날인과 함께 상호교환 해야 한다.

⑫ 실사결과 협의 및 매매가 재조정

실사결과 매도 가에 영향을 주는 사항이 발견되면 매도가 재협상이 이루어지며 이때 거래가 성공적으로 성사되려면 상호 양보와 인내가 대단히 필요하다. 특히 상호감정개입이 나타날 소지가 있는 시점이므로 상호협조정신을 크게 발휘해야 한다.

⑬ 의사결정 및 건물자산매매계약서 체결과 교환

건물자산실사 후 매도가가 재조정되고 거래 기본 문제와 기타 문제가 해결되면 매입의사를 결정하고 매도자는 권리 있는 매도자와 매수자가 상호 만나 건물자산매매계약서를 체결하고 상호 교환하게 된다. 매매계약서 작성 후 매매계약금을 수수하고 영수증 교환이 이루어지면 각각의 업무로 신속히 복귀하는 것이 현명하다. 왜냐하면 최종매매계약이 체결되는 날 매도자와 매수자가 함께 시간을 같이 하면 십중팔구 매도자의 자산처분에 따른 서운함과 매수자의 아쉬움과 함께 자만심이 함께 노출되어 충돌할 소지가 충분히 있으며 실제 그런 사례가 건물자산거래시장에서 흔히 나타나고 있다.

⑭ 매매계약 사후관리 및 소유권 이전서류와 매매목적물 인수인계

건물자산매매계약이 체결되면 거래가 종료되는 것이 아니라 중도금 · 잔금 등의 지불과 매매를 원인으로 하는 건물자산소유권 이전서류, 기타 제한물권 말소서류(매수자가 제한물권인수 조건 시는 예외)의 접수와 건물관리회사와 관리종사자의 인수문제, 임차인과 임차채권 인수 문제 등 여러 가지 계약체결 후 사후관리사항이 대기하고 있다.

이들 계약 사후관리차원에서 신속히 해결하여 건물자산 매매목적물의 인수인계에 도움이 되게 해야 한다. 그 다음 건물자산 매매목적물의 계약체결 당시 첨부된 매매목적물 목록에 따라 인수인계하고 최종 확인하면 그 때 비로소 자산거래가 최종 종료된다.

거래가 최종 종료되면 매각대행사의 Fee를 지급하고 회계 처리해야 하며 소유권 이전등기 제한물권말소, 각종조세처리 등을 처리해야 하며 최종 자산매매계약과 인수인계결과보고서를 작성 매도자에게 최종 보고해야 한다.

6) PMC와 property manager의 고용 및 통제실무

(1) PMC와 property manager의 고용

AM의 주요 실무 중에는 PMC와 property manager 고용과 통제실무가 있다. 왜냐하면, asset manager는 자산의 취득과 매각 등의 의사결정에 참여하고 실행하며 위험관리 및 장기적 안정수익구조의 틀을 만들면서 금융조달, 재무관리, 원가관리, 예산관리 등 자산운용 업무를 전담해야 하므로 전략적으로 PMC와 property manager를 고용하고 파트너십을 가져 임대관리와 건물운영관리 및 FM관리를 직접 하게 하거나 facility manager를 별도로 고용하여 FM업무를 위임하게 하되 property manager로 하여금 책임지도록 하고 있다.

property manager의 고용 방식에는 NOI/총수입 연동 방식이나 관리비총액 방식 또는 평당 PM fee 방식, 환산 보증금총액 연동 방식 등이 있으며 PMC 선정기준에는 PM사의 적합성, PM실적, PM조직 및 인력의 장점, PM 서비스 방법, PM fee 조건, PMC의 신뢰도, property manager의 자격과 능력, PMC의 경영상태 등이 고려된다.

property management 위탁관리는 건물자산관리위탁계약 체결로서 시작된다. 건물자산관리위탁계약서의 필요적 기재사항은 다음과 같다.

① 관리목적물의 범위
② 관리 업무 및 권한위임
  가. 회계관리 및 보고 업무
  나. 임대차계약관리
  다. 임대료와 기타 수입관리
  라. 시설관리 업무의 감독
  마. 청소관리 업무
  바. 경비관리 업무
  사. 주차관리 업무
③ 법정기술자격자 선임
④ 건물자산관리 수수료 지급방법
⑤ 건물자산관리 수수료의 조정
⑥ 계약기간

⑦ 관리 업무의 일부위탁
⑧ 권리 및 의무의 양도
⑨ 건물 보수 및 개선 공사 업무
⑩ 비용의 부담
⑪ 사무실 등의 제공
⑫ 보험의 가입
⑬ 계약의 해지
⑭ 손해배상
⑮ 선량한 관리자의 주의의무
⑯ 사고 예방 및 통보
⑰ 종업원에 대한 책임
⑱ 금지사항
⑲ 직무교육 및 훈련
⑳ 문서의 귀속/계약조항의 해석/규정의 준용/규정의 사항/위탁자와 수탁자/계약체결일/PM 위탁자와 수탁자의 인적사항

(2) Property Manager의 통제

전략적으로 PMC를 고용한 asset manager는 다음과 같은 방법으로 property manager(PM소장)를 통제하여 asset management 목적을 효과적으로 달성해야 한다.

① 운영예산 통제(연간 빌딩 운영예산/월간 빌딩 운영예산/일일회계 통제)
② 보수공사 사전승인
③ cash flow 보고
④ 월간 빌딩 운영보고서(monthly B/D operation report)
⑤ tenant survey report
⑥ cash projection
⑦ 임대현황보고
⑧ 시설관리현황보고

제7장

건물부동산 운영관리 실무활동

제1절 PM시장의 현황과 전망

1. PM시장의 현황

미국 등 선진국에서는 오래 전부터 건물자산을 관리할 때 PM기법을 활용하여 건물자산의 소유와 경영을 분리하여 보유 건물자산을 운영관리하고 있으며 다수의 PM회사들이 대형 PM사로 성장하여 발전해오고 있다. 뿐만 아니라, 외국계 PM사인 C&W, JLL 등이 국내에 이미 진출하여 전문 인력과 글로벌화한 매뉴얼, 선진 자산관리기술로 무장하고 PM기법을 통한 전략적 접근과 마케팅으로 대한빌딩, 명동센트럴빌딩, 거양빌딩 등 다수의 건물자산들을 관리해오고 있다.

우리나라 소수의 재벌그룹 자회사인 FM사들이 PMC으로의 변신을 이미 시작하였으며 그 영역을 점차 넓혀가고 있다.

최근 국내 PM사들은 건물자산소유자나 AM사의 아웃소싱 확대로 그들이 소유한 건물자산을 전국적으로 일괄관리하게 되어 PM사의 업무영역이 전국 규모로 크게 확대되어 가고 있는 경향을 보이고 있다.

또한 국내 PM사는 점차 건물자산관리컨설팅 분야로의 진출을 다각도로 모색하고 있어 건물자산 경영관리컨설팅 업의 출현과 시장형성이 예견되고 있다. 뿐만 아니라 국내 건물시설용역업체에서도 PM영역으로 발 빠르게 변신을 시도하고 있는 경향도 나타나고 있다.

2. PM시장의 전망

우리나라에서도 건물자산관리에 있어서 PM기법이 건물자산관리의 대명사로 자리 잡은 가운데 크게 발전하게 될 것으로 전망된다.

그러나 국내 PM사가 외국 PM사를 능가하기 위해서는 외국 PM사의 경영관리기법을 벤치마킹하는 외에 유능한 건물자산관리 전문 인력 양성과 PM 선진기술과 관리시스템을 도입하고 활용하는 것만이 외국선진 PMC와의 경쟁에서 이길 수 있는 유일한 대안이라 판단된다.

1997년 IMF 외환위기를 맞아 국내 유수기업이 도산되면서 그 자구책의 일환으로 구조조정을 실시한바 많은 부실기업 소유자산의 가치가 급격히 하락현상을 보이는 가운데 은행이나 보험회사 등의 채권자의 손에 넘어가 헐값으로 매각되거나 당시 성업공사(현. 한국자산관리공사) 등에 보관관리 되는 등 자산관리를 위임하여 처리하는 과정 속에 IMF 외환위기 후 2년이 경과한 시점에 이르러 CBRE와 같은 외국 자산관리회사가 국내에 본격적으로 진입하면서 헐값으로 외국자본에 의한 건물자산 매각이 상당수 이루어지게 되었다.

당시 국내 시장에는 건물자산시장, 특히 건물자산투자시장이 전무한 상태에서 소유와 경영이 분리되지 않은 가운데 고급 건물자산의 정보가 전무하고 경제 경기의 불황 속에 헐값으로 쏟아져 나온 건물자산을 외국계 건물자산투자회사가 자국에서 조성한 대규모 자본을 앞세워 선진기법과 분석 · 통계자료를 바탕으로 낮은 가격에 국내 주요 건물자산(대부분 유명빌딩임)을 매입하고 약간의 renovation이나 re-positioning, 임대구조개선 등을 통한 개량으로 자산가치를 높이고 임대소득을 증가시켜 전략적 매각을 단행하여 양도차익(시세차익)을 크게 실현함으로써 막대한 자본적 이득(capital gain)을 창출하였다. 건물자산매매시장의 그간의 흐름을 분석해 보면 IMF 외환위기 후 2년 동안의 건물자산매매시장 현황은 매입자중심의 시장(buyer's market)이었으나 그 후 5년 후에는 매입자중심 시장에서 매도자중심 시장(from buyer's market to seller's market)으로의 이동되어 오다가 현재의 자산매매시장의 현황은 완전히 매도자와 매수자중심 시장(seller's and buyer's market)으로 바뀌고 있다. 건물자산 정보 역시 IMF 2년이 경과한 IMF 초기에는 임대면적, 임대료나 공실률과 같은 건물자산정보가 전무하였으나 IMF 5년이 경과하면서부터 건물자산관리에 필요한 기초자료 수집 · 분석과 체계적 관리시스템의 연구가 실무차원에서 이루어지고 있었으며 현재는 어느 정도 체계적 관리를 위한 건물자산관리실무차원의 자료와 정보가 생산 · 관리되고 있으나 학문적으로 활용할 수 있는 Data나 표준 또는 기초자료로서 신뢰성의 문제가 아직도 현실적으로 존재하고 있다. 건물자산 투자자본의 분포를 살펴보면 IMF 초기에는 전적으로 외국자본에 의하여 투자가 이루어 졌으나 IMF 5년 경과 후에는 외국자본과 함께 소규모의 국내자본에 의하여 투자가 이루어지고 있으며, 또한 현재에는 대규모의 국내자본(CR-REITs의 공모 · 사모자금, 간접부동산투자펀드, 연기금 · 은행 · 보험사 등의 기관투자자금)과 외국자본에 의하여 경쟁투자가 이루어지고 있다. 또한 2008년부터 한시적으로 외국의 헤지펀드의 국내유입허용이 예견되고 있어 건물자산투자시장의 활성화가 전망된다. property management에 의한 건물자산관리활동은 IMF 초기에는 외국계 CBRE가 독자적으로 PM 분야에서 활동하였으나 IMF 5년 경과 후부터 CBRE, JLL, KAA,

C&W 등의 외국계회사가 PM활동을 주도하였고 현재에는 외국계 PM회사인 CBRE, JLL, KAA, C&W와 국내 PM회사인 SAMS, 에버랜드, 교보리얼코, 신영 등이 활동하고 있다.

이상과 같은 PM의 활동현황과 흐름은 IMF 초기와 중기 및 현재에까지 다양하게 변화되어 왔으나 특이한 현상은 아직도 PM 분야에는 외국계 PM사가 PM시장 중심에서 high level 수준으로 활동하고 있다는 점과 국내 PMC는 아직도 임대관리, 시설관리를 중심으로 하는 낮은 단계(low level PM) 수준에 머물고 있다는 점이다. 또 하나의 중요한 현상은 건물자산투자시장의 활성화(국내 유동성증가, 간접투자 활성화, 기관투자자 증가 등)로 코람코와 같은 국내 투자회사가 출현하여 외국 선진기법을 벤치마킹하여 건물자산투자활동을 활발히 하고 있어 바람직한 현상이 나타나고 있다는 점이다.

뿐만 아니라 국내 소수의 대기업에서도 자사보유 자산을 재평가하고 수익모델로 전환하여 건물자산에 대한 내부기회를 효과적으로 활용하고 있으며 건물자산투자를 미래 산업으로 가치를 인정하고 자사보유 건물자산의 PM관리와 외부자산을 high level PM차원에서 접근하고 있다. 그러나 국내 PM사들은 건물자산관리의 효율적 시스템화와 건물자산관리 전문 인력의 확보와 양성 및 표준매뉴얼의 문제점으로 인하여 국내 PM발전의 걸림돌을 경험하고 있다. 따라서 국내 PMC가 외국계 PMC와 같이 건물자산관리의 시스템 문제와 표준매뉴얼 준비 및 전문 인력 양성과 확보 문제를 빠른 시간 내에 효과적으로 해결하는 것이 급선무라 인식된다. 참고로 국내에서 활동하고 있는 주요 국내외 PMC와 LMC의 현황을 소개하면 (표 41)과 같다.

(표 41) 주요 PMC와 LMC 현황

(2004년 기준) (단위 : 억 원)

회사명	설립연도	자본금	매출	사업 분야	특징	주요 고객
SAMS	1988	15	872	PM, LM brokerage	삼성그룹 보유부동산 주력	삼성생명, 삼성증권, DBPA 등
KAA	1997	10	158(FM매출 포함)	PM, LM brokerage	High level PM	코람코, 맵스, GIC, 아센다스, ING 등
JLL	1998 지사 설립	3	60	PM, LM brokerage	PM보다 LM 주력	LIM 등 외국계
CBRE	1997 지사 설립	2.5	50	PM, LM brokerage	on-site manager 활용	맥쿼리, 맵스, GE, 제일은행, 푸르덴셜 등

(자료 : 한국생산성본부, 기업부동산자산관리실무, 2006, P.29 인용.)

제2절 PM실무의 개념

PM(property management)이란 건물자산투자관리 완성을 위하여 필요한 자산관리실무 중 중간 이행단계에 있는 실무과정으로 투자자산의 효율적 임대관리와 시설유지관리 비용의 통제와 수입관리 등을 통하여 투자수익을 극대화하는 데 필요한 건물부동산 운영 서비스 생산 및 제공 활동들을 의미한다. PM실무는 property manager에 의하여 건물자산의 취득 후 처분 전까지의 보유기간 동안 수행되는 자산운영관리부문으로서 건물소유자, 투자자나 AM manager가 주된 고객대상이 되며 일정한 PM fee를 받는 조건으로 자산운영관리 업무가 위탁되고 PM 계약체결과 함께 진행된다. 건물자산관리활동을 자산관리실무내용에 따라 분류하면 AM실무, PM실무 및 FM실무 등으로 분류된다.

AM실무는 건물자산경영실무로서 건물자산의 취득단계에서 보유 및 처분에 이르기까지 건물투자 전 과정에 걸쳐 관련되는 것으로 건물자산투자자의 투사의사결정과 asset manager의 실행과 참여로 건물자산 매입 · 매각을 통한 자산운용이 주된 실무활동인 데 비하여 PM실무와 FM실무는 건물자산 매입 후부터 매각 전까지의 보유기간 동안에 이루어지는 임대관리실무와 시설관리실무라 할 수 있다. 즉, PM은 보유건물의 운영관리를 통하여 임대중심의 수익활동과 시설관리활동을 담당하고 있다. PM실무에 있어서 PM의 의미는 전술한 바와 같이 property management를 의미하는 것으로 취득자산의 보유기간 동안 임대관리와 시설운영관리를 통하여 임대소득 창출과 건물의 보존 · 유지 · 개량 업무가 PM의 주요 업무라 할 수 있다.

다시 말하면, PM이란 AMC나 asset manager 또는 투자자나 건물소유주 등과 PM agreement를 체결하고 일정한 PM fee를 받는 조건으로 전략적으로 제휴하여 파트너십을 가지고 PM대상 자산관리를 수탁 받아 효율적인 시설운영과 임대관리를 통하여 자산가치를 증대시키고 임대소득을 극대화하여 경제적 이익을 최대화하는 광의의 시설관리 서비스 활동이라 할 수 있다.

PM활동에는 광의의 PM활동과 협의의 PM활동이 있으며 광의의 PM활동은 고유의 임대관리와 시설운영 외에 시설관리활동을 포함시키는 넓은 의미의 PM활동이나 협의의 PM활동은 시설관리활동을 제외한 임대관리와 시설운영만을 의미한다. 또한, PM의 업무에 의한 분류에는 high level PM과 low level PM으로 분류되며 high level PM은 국내 일부 펀드 건물자산, 대부분의 외국계 펀드 건물자산관리에 활용되는 PM형태로서 AMC의 asset manager와 전략적 제휴로 파트너십을 가지고 PM의 고유 업무 외에 일정부분 asset manager의 업무인 재무관리(회계 관리), 원가관리, 조세관리, 보험관리, 구매 관리, 인사노무, 사무문서관리 등 asset manager의 역할을 분담하고 투자수익성 제고와 자문 · 분석 · 진단기능을 수행하나 low level PM의 경우 국내 대기업의 보유 자산관리에 활용되는 PM형태로 계약체결권, 의사결정권 등이 없는 상태에서 FM 고용과 통제에 중점을 두고 PM 고유 업무인 임대관리와 FMC의 아웃소싱과 통제 · 감독의 업무수행을 통하여 property operation cost를 절감하고 임대소득을 증가시켜 수익성을 극대화시킴으로써 asset manager에 대한 자산운용 지원역할과 함께 자산가치를 높이는 통상 부동산관리 수준의 기능을 담당한다.

제3절 PM의 2대 목표와 성공 전략 및 PM조직의 운영요령

1. PM의 2대 목표

건물자산투자관리에 있어서 필요한 3가지 실무과정(AM과정, PM과정, FM과정) 중 AM과 FM의 중간이행과정에 있는 PM은 두 가지의 중요한 목표를 가지고 있다.

첫째의 목표는 투자자산의 효율적 운영관리로 운영 수익의 극대화이고 둘째의 목표는 건물시설 관리비용의 최소화와 관리효용의 극대화를 통한 최유효 건물사용화이다.

다시 말하면, 직접적으로 효율적 임대관리와 공사관리(CM/construction works management) 및 유지관리를 통하여 수익성을 최대화하며 최소의 비용으로 최대의 자산가치를 높이고 건물시설유지관리 성과를 창출함으로써 간접적으로도 건물자산가치를 높이고 자산의 출구(매각) 시 유리한 양도차익을 실현을 지원하는 것을 PM의 목표로 설정하고 있다.

PM의 목표달성은 PM의 성공전략에 따라 능력조건과 자격을 갖춘 property manager가 담당할 때 비로소 가능하다.

2. PM의 성공전략

property management를 성공적으로 수행하여 건물 투자자나 소유자의 투자수익의 목표달성 및 최대 사용만족, 건물자산의 자산가치 보존 또는 제고 등을 달성하기 위해서는 다음과 같은 PM전략이 필요하다.

① PM대상 건물자산의 정확한 인수 및 조기정상화 전략
② PM대상 건물시설의 최정상 기능과 성능 장기유지 전략
③ 임대수익 극대화 전략
④ 유지관리비용 최소화 전략
⑤ 정보화대응 전산시스템 효율적 활용 전략
⑥ 자산관리자 전문화 전략
⑦ PM대상 건물자산 자산가치 제고 전략
⑧ PM대상 건물자산 최유효 매각을 위한 출구 전략(매각전략)

3. PM조직의 운영요령

PM조직이란 PM업무를 효율적으로 수행하는 데 필요한 조직으로서 일반적으로 PMC와 property manager 등으로 구성된다.

건물자산운용에 사용되는 조직구조체계는 AMC만의 1원화 조직구조, AMC와 PMC 또는 FMC와의 전략적 제휴로 나타나는 P형 2원화 조직구조(AM+PM조직) 또는 F형 2원화 조직구조(AM+FM조직구조) 그리고 AMC와 PMC 그리고 FMC의 3조직 간의 전략적 제휴로 나타나는 3원화 관리조직구조체계 등이 있으나 PM의 조직은 아웃소싱에 의한 PMC를 고용할 때 P형 2원화 조직구조체계로 등장하게 되고 AMC의 사내에 in-house 방식으로 PM팀을 둘 때 나타나는 조직이다.

다시 말하면, 아웃소싱(outsourcing) 방법과 사내조직(in-house) 활용방법에 의하여 PMC조직이 등장하거나 PM팀의 조직이 나타나게 되며 이때 비로소 property manager가 PM조직의 중심이 되어 PM업무를 담당하게 된다. 별도로 AM조직과 PM조직의 2원화의 필요성은 AM업무와 PM업무 간의 기능별 특화와 전문화로 인하여 상호 업무의 견제가 가능하고 업무의 효율성과 전문성을 크게 강화하며 위험관리(risk control)에 장점이 있기 때문이다. 특히, 아웃소싱에 의한 외부의 PMC의 고용은 PMC의 전문성의 활용과 직접지원(예 회계, 법률, 공사지원 등)이 가능하며 PM업무 감독이 크게 강화되

는 장점이 있다. 또한 AMC의 사내에 PM팀을 두는 경우 Asset Manager와 업무협조가 긴밀하게 이루어지고 Property Manager가 적극적이고 능동적으로 책임감을 가지고 건물자산 소유자 입장에서 자산을 관리하는 장점들이 있다.

그러나 아웃소싱에 의한 별도의 PMC의 고용 시 추가비용이 발생하고 AMC와 PMC 간의 커뮤니케이션에 문제가 있을 수 있으며 AMC 내부의 PM인력에 대한 구조조정이 불가피한 단점들이 있다. 또한 AMC 사내에 PM팀을 두는 경우에도 asset manager와 property manager의 업무결과에 대한 책임소재와 업무한계에 문제가 있으며 AM조직과 PM조직의 결합으로 조직이 비대해지고 능동적인 유연성이 후퇴하며 법률, 회계, 공사지원 등의 전문 인력의 지원이 미흡하다는 단점들이 있다. 따라서 관리대상 건물자산의 규모가 대규모인 경우에는 AMC와 PMC 간의 2원화 관리조직구조가 요구되나 소규모인 경우에는 AMC 사내에 PM팀을 두고 asset manager의 통제 아래에 자산관리를 수행함이 타당하다. PM조직의 운영에 있어서 특히 유의할 점은 PM의 성격이 High Level이나 Low Level일 때 반드시 다르게 조직되고 운영되어야 한다는 점이다.

제4절 PM manager의 기능과 역할 및 요구능력

1. PM manager의 기능과 역할

PM manager는 건물자산 취득 이후의 건물자산 운영자로서 facilities manager와 전략적 제휴를 통하여 취득자산의 자산가치 제고와 유지 및 임대수익극대화와 시설의 사용가치를 높이고 최유효 건물자산사용화를 주도하는 PM의 중심자산관리자이다.

투자자와 portfolio manager 그리고 asset manager는 투자자산의 취득, 매각 등에 관한 의사결정 또는 투자실행자로서 투자건물자산의 소유자이거나 소유자의 자산운용대리자인 자산경영층이나 property manager는 경영층의 의사결정과 정책결정에 따라 취득자산의 운영(property operation)을 통하여 자산 보유기간 동안 수익을 극대화하고 최소의 관리예산으로 시설의 기능과 성능을 유지하며 각종 자본적 지출을 요하는 공사관리를 수행함으로써 실질적으로 자산가치를 높이는 기능과 역할을 담당하는 취득건물자산 운영관리자일 뿐 아니라 property manager의 역할을 정리하면 건물자산의 효율적 운영과 임대관리 서비스를 통한 수익성의 최대화 및 관리예산을 절감하고 FM의 고용과 효과적인 통제로 시설기능과 성능을 최적화하며 공사 관리를 통하여 최유효 건물사용화를 실현하는 역할을 PM 실무활동을 통하여 실행하는 역할을 담당하고 있다.

건물자산관리활동은 (표 42)와 같이 투자 분야(asset investment 분야), 자산관리(AM/asset management) 분야, 운영관리(PM/property management) 분야, 유지관리(FM/facility management 분야 등 4가지 분야로 나뉘어 investor, asset manager, property manager, facility manager 등이 책임자가 되어 필요한 경우 투자 · 경영 · 운영 · 관리 영역 간에 상호 전략적 제휴를 통하여 파트너십을 유지한 체 상호보완과 협력으로 건물자산 투자 목표와 경영목표 및 운영목표와 관리목표를 효과적으로 달성하고 있다. 다시 말하면, 건물자산관리자는 건물자산관리 실무활동을 통하여 건물자산관리 전체 업무인 투자관리활동, AM활동, PM활동, FM활동을 실무적으로 처리하게 되며 자산운용에 대한 협력은 investor와 asset manager 사이에 위탁 자산관리계약의 체결로 이루어지고 전략적으로 제휴하여 파트너십을 유지한 체 상호 협력하여 투자목적을 달성하게 되며, 투자자산의 운영과 임대관리 서비스 등을 asset manager와 property manager 사이에 property management agreement 체결을 통하여 전략적으로 수행하게 된다. 또한 건물부동산 운영관리의 업무처리는 property manager와 facility manager 사이에 시설물종합관리 용역계약(개별적으로는 시설관리 용역계약, 시설물청소관리 용역계약, 경비보안관리 용역계약 등)의 체결을 통하여 상호 파트너십을 유지한 체 전략적으로 처리하고 있다. 이를 표로 정리하면 (표 43)과 같다.

(표 42) 건물자산관리활동 4대 분야 책임자의 역할

건물자산관리 분야	책임자	역 할
asset investment field	investor	· 투자의사결정, 자금투자, 투자 실행
asset management field	asset manager	· 투자의사결정 참여 및 건물자산 매입 · 매각 실행, 금융 분석 및 금융조달 · asset portfolio 관리, 자산운용계획 · PM/LM 고용 및 감독, 통제, · 자산가치 극대화 · AM보고서
property management field	property manager	투자자산 운영 및 수익성 극대화 임대관리 서비스 FM용역사 고용 및 통제 공사 관리 PM보고서 및 asset manager 지원 등
facility management field	facility manager	시설물유지관리, 유지관리비용 절감 FM보고서 및 property manager 지원 등

(표 43) 건물자산관리 4대 분야의 전략적 제휴와 파트너십 관계

건물자산관리활동 4대 분야	책임자	전략적 제휴와 파트너십
asset investment field	investor	investor+asset manager
asset management field	asset manager	asset manager+property manager
property management field	property manager	property manager+facility manager
facility management field	facility manager	

(표 43)과 같이 건물자산투자의 의사결정권과 투자실행 권한을 가지고 있는 건물자산투자자나 asset manager에게 적정 건물자산을 선택하여 투자의사를 정확하게 결정할 수 있도록 투자건물자산에 대한 시장정보와 임대차정보, 자산운영정보 및 손익계산서나 각종 필요한 정보 등을 적극적으로 제공하여 협력해야 할 의무가 property manager에게 있다. 뿐만 아니라, asset manager와 전략적 파트너십 관계에 있는 property manager는 PM대상 건물자산을 위험요소로부터 안전하게 유지·운영될 수 있도록 각종 자산위험을 사전에 예방해야 하고 위험사고가 발생 시에는 최소화해야 하며 투자건물자산 수익률의 최대화를 위하여 수익과 지출에 관한 운영예산계획과 이를 경제적 방법으로 집행하여 흑자예산이 유지되도록 역할을 해야 한다.

property manager의 기능과 역할을 정리하면 건물자산의 투자와 운용 의사결정에 필요한 정보제공, 바람직한 임대관리를 통한 건물자산 임대수익률 극대화, 건물자산 위험예방과 최소화 및 효율적 시설용역관리, 건물자산 출구전략지원 등을 통하여 자산경영 측면과 시설관리 측면에서 투자자와 asset manager에게 자산가치 증대와 경제적 이익 극대화가 달성되도록 지원하는 기능과 역할 및 최유효 건물사용화의 기능과 역할을 도모해야 한다.

2. PM manager의 요구능력

건물자산관리의 선진 실무기법이 정착되어 건물자산관리가 효율적으로 이루어지고 있는 미국의 경우에는 미국부동산학회(IREA)에 의해 실시되는 CPM(certified property manager)의 자격소지자가 자산관리현장에서 주도적 역할을 하고 있으나 우리나라의 경우 의무관리 대상 공동주택 아파트의 경우 주택법에 의한 주택관리사(보)가 의무 배치되어 공동주택 관리자 역할을 하고 있으나 상업용 건물이나 공업용 건물, 문교사회용 건물, 기타 특수용도 건물의 관리현장에는 공인되거나 국가자격자 등 법정자격자의 의무배치제도가 없다.

이와 같은 건물자산관리 법정전문자격제도의 불비로 소수의 건물자산관리현장을 제외하고는 투자자나 건물소유자의 의도와 목적에 따라 임의 관리되고 있으며 공인된 표준관리매뉴얼이나 기준 또는 표준도 없이 자기 직관과 경험 및 관리 상식의 범위 내에서 전통적 관리 형태를 보이고 있다. 따라서 전문자격제도의 불비는 관리대상 건물자산에 대한 양질의 재화와 서비스 생산에 지장을 초래하고 있으며 유능한 자산관리 전문인력의 양성에 결정적 저해요인으로 작용하고 있다. 따라서 경험에 의한 건물자산관리자가 건물자산관리현장을 담당하고 있는 가운데 일반 건물관리기본법의 부재에 의한 효율적 건물관리시스템의 구축 실패와 맞물려 외국 선진국의 건물자산관리회사와의 경쟁에서 경쟁열위에 서서 회사경영이나 관리자 대우에도 열악성을 보여주고 있다.

그러므로 국내 건물자산관리산업과 건물자산관리회사 모두가 효율적인 자산관리시스템의 구축 및 전문 인력 양성과 표준매뉴얼 개발 및 선진 관리기술과 기법의 개발이 급선무라 인식된다.

유능한 건물자산관리자의 요구능력 조건은 property manager의 자격 요건과 동일한 개념이므로 이를 분설하면 다음과 같다.

첫째, property manager는 건물자산관리 지원업무관련 건물자산관리 사법과 공법의 법률지식이 있어야 하며 세무, 회계, 보험, 인사노무, 문서 · 조직관리, 구매 등에 대한 전문지식과 실무능력 역시 겸비해야 한다.

둘째, property manager는 임대관리를 통한 임대수익 최대화 전략과 renovation, re-positioning 등을 통한 자산가치 극대화 전략을 구사하여 건물자산의 투자자나 소유자의 건물자산 사용 수익에 대한 최대만족을 제공할 수 있어야 한다.

셋째, property manager는 건물의 구조나 건축설비의 기능과 성능, 건축 · 전기 설비 등에 대한 이해와 기술에 대한 지식이 있어야 하며 시설용역관리회사의 아웃소싱과 사후관리를 통한 양호한 건물상태의 보존, 정상적 기능과 성능의 유지 및 운영비용의 절감 등을 통하여 건물의 안전과 편의를 높이고 사용가치를 증대시켜 투자자나 asset manager의 자산경영과 관리 양 측면 모두에 지원할 수 있는 인적 · 물적 관리능력을 가지고 있어야 한다.

넷째, property manager는 자산운영계획의 수립과 실천능력 및 재무보고, 회계보고, 예산수립, 손익계산서 등 회계지식이 있어야 하며 운영보고서의 작성능력과 보고능력이 있어야 한다.

다섯째, property manager는 이상의 요구능력과 함께 정직성과 성실성 및 책임성의 소지자로서 신의성실하게 타인의 자산을 운영관리하고 이를 정기적으로 성실하게 보고하는 능력을 갖추어야 하며 적어도 임대관리중심으로 10년 이상의 경력자와 대학 학력 이상으로서 부동산, 경영, 경제, 행정, 법률, 건축공학 등의 지식을 두루 갖춘 자이어야 한다.

여섯째, 정부에 의한 건물자산관리 국가자격시험이나 국가공인 자격시험이 실시되는 경우 자격시험에 합격해야 함은 물론이나 우리나라 실정에 맞지 않는 외국자격증의 형식적 합격증은 아직까지는 유효성이 크지 않는 것으로 판단된다.

제5절 PM의 성격과 업무

1. PM의 성격

property management의 업무내용을 가늠하는 PM의 성격에는 두 가지 종류가 있다. 그중 하나는 광의의 PM성격과 협의의 PM성격이 있으며 다른 하나는 high level의 PM성격과 low level의 PM성격이 있다.

1) 광의의 PM과 협의의 PM

광의의 PM은 PM의 고유 업무인 임대관리와 공사 관리 및 시설관리 업무를 포함하는 자산운영 전반의 수리적이고 물리적인 포괄적 관리개념이나 협의의 PM은 임대관리 업무만을 담당하는 지엽적이고 수리적 관리만을 의미한다.

2) high level PM과 low level PM

high level PM은 건물소유자 또는 asset manager와 전략적 제휴로 파트너십을 가지고 PM의 고유 업무 외에 재무관리, 예산관리, 원가관리 등 asset manager의 고유 업무 일정부분을 담당하며 제한된 범위 내에서 의사결정권과 계약체결권을 가지고 있으면서 투자수익 창출에 역점을 두는 PM을 의미한다. 시장 및 지역경제 분석과 경쟁요인 분석, 수요분석, 재무분석, 회계자문, 법률자문, 기술적 진단과 자문, renovation, interior, 실내 칸막이공사 등의 공사 관리를 통한 자산가치 개량 방안을 검토, 제안하고 임대전략을 수립하거나 투자수익창출 중심의 PM이라 할 수 있다. 또한 high level PM은 FMC를 고용하고 통제, 감독하나 FMC 통제보다는 자산가치 증가와 임대수익 극대화에 관리의 중심을 두고 있다.

high level 성격의 PM은 외국계 펀드와 국내 일부 투자펀드에서 활용되고 있다. 그러나 high level PM은 AM과 유사한 성격을 가지고 있으나 동일하지 않다. 그러나 low level PM의 성격은 일상적인 property관리 성격을 가지고 임대관리와 FMC 통제에 주력할 뿐 기타 의사결정권이나 계약체결권은 없으며 국내 대기업의 보유 건물자산관리에 활용하고 있다. low level PM은 광의의 PM과 유사한 성격을 가지고 있다.

2. PM의 업무

PM의 업무는 property manager가 담당하며 이에는 property manager의 업무에는 핵심 업무와 주요 업무 및 부수적 업무 등이 있다. PM의 목표를 가장 경제적 방법으로 안전하게 그리고 효율적으로 적합하게 달성하려면 PM업무의 확정과 PM업무 담당자인 property manager의 요구능력이 구비되어야함은 물론이다. PM의 업무의 내용은 다음과 같다.

1) PM의 핵심 업무

property manager의 핵심 업무는 PM의 고유 업무로서 PM목표를 달성하는 데 반드시 수행되어야 할 업무를 의미하는바 이에는 다음과 같은 핵심 업무가 있다.

① 통상적 건물부동산 운영관리 업무

② 임대관리 업무

③ 시설운영 위탁관리 업무

그러나 PM의 level에 따라 핵심 업무의 중심이 수익성 중심에서 FM통제 중심으로 이동할 수 있다. 예컨대 high level PM의 경우 주로 수익성에 무게를 두나 low level PM의 경우에는 FM통제에 주력하게 된다.

2) PM의 주요 업무

property manager는 핵심 업무 외에 다음과 같은 일상적인 주요 업무를 가지고 있다.

① 일상적 건물운영 및 관리 업무

② FM고용 및 통제 업무

③ 외부용역 협력사 관리 업무

④ 입주사(tenant) 관리 업무

3) PM의 부수 업무

PM의 부수적 업무(주변 업무)에는 다음과 같은 업무가 있다.

① 증축·개축·내장공사 관리 업무
② 주간/월간/연간 PM 보고 업무
③ asset manager 또는 건물소유자 지원 및 협조 업무
④ 기타 PM업무

제6절 PM의 제안과 계약체결

PM service의 시작은 PM계약체결로 시작되며 PM계약의 범위와 명시규정의 범위 내에서 PM service가 수행되고 제공된다. 따라서 PM은 건물자산의 소유자나 asset manager와의 PM계약체결이야말로 PM service의 원천이라 할 수 있다.

PM계약체결은 PMC사에 의한 PM제안과 presentation, negotiation 계약 등 일련의 절차를 거쳐 이루어지나 단계별로 살펴보면 PM제안서 작성, 제출과 PM계약체결 및 PM계획수립, PM활동 등으로 이어진다. 그러므로 PM제안과 PM계약체결 및 PM계획수립에 대하여 실무차원에서 이를 순서대로 소개하면 다음과 같다.

1. PM의 제안

PM업무의 시작은 전술한 바와 같이 PM Service용역을 수행하고자 하는 PMC의 PM manager가 asset manager나 건물자산소유자 또는 투자자에게 PM제안서 작성과 제출 및 이로 인한 PM계약체결로부터 시작된다. PM제안서 작성과 제출이란 PM Service 제안으로서 투자자나 AMC가 보유하거나 자산관리대상인 건물자산에 대하여 PM업무대행을 희망하는 서면의 제출을 의미하며 제안서가 제출되고 받아지는 경우 PM계약체결의 직접 원인이 되므로 PM제안서의 작성과 제출은 대단히 중요하다. PM제안서는 간결하고 용이하게 작성되어야 하며 제안자의 핵심제안 사항인 전문적 기술역량, 전문기술인력, PM관리실적 등을 중심으로 다음 목차대로 제안서를 작성하고 적정 시기를 선택하여 제출하야 하며, 우선협상대상이 되도록 효과적인 PT(presentation)를 실시해야

하고 보완을 요청하는 경우 보완서류를 신속하게 지체 없이 제출해야 한다. 일반적으로 실무활동에서 사용되는 외국 자산관리회사와 국내 PMC의 제안서내용을 기준으로 추출한 PM제안서 목차와 명시내용은 다음과 같다.

1) 회사소개

회사소개(company instruction)는 PM제안서 작성에 있어서 매우 중요하다. 왜냐하면, 예상 PM의뢰자가 제안자의 첫인상을 느끼는 순간이고 처음 접하는 정보이기 때문이다.

제안서의 내용은 제안할 수 있는 기회에 대한 제안 상대방의 친절과 배려에 우선 감사하는 인사를 표하는 것이 현명하며 제안자회사는 PM전문회사로서 글로벌 표준매뉴얼에 기초하여 전문 인력에 의한 전문지식과 경험을 바탕으로 최상의 PM 서비스 제공을 약속하고 회사의 일반연혁과 함께 회사 일반정보 및 PM조직의 담당부서와 지원부서의 역할을 소개하면서 제안회사의 PM 주력 업종을 다음과 같이 소개하는 것이 바람직하다.

① property management

② leasing management & service

③ tenant management

④ facility management & service

특히 회사소개에서 PM의 전문성과 PM 전문 인력의 보유 및 PM실적 등을 강조하여 회사 PM능력에 대한 신뢰를 얻도록 노력해야 한다.

2) 회사 개요

PM제안서 두 번째 항목은 회사개요(company profile) 소개로서 회사의 창립역사와 배경 및 PM의 일반정보 소개와 PM 관련 배경, 실적을 소개하고 회사 담당부서와 담당자의 명칭과 성함, 주소, 전화번호, FAX 번호, 홈페이지 주소, E-mail 주소 등을 소개해야 한다.

특히, PM팀에서 현재 PM 관리의 내용을 소개함으로써 회사의 영업실적과 고객성향을 알게 하며 현재의 실적을 통한 PM 서비스 품질을 간접적으로 확인하게 한다.

3) PM사의 적합성과 차별성 증명

PM은 일반적으로 목표수익 달성방법과 수익창출실적을 제시함으로써 우리 PM회사가 왜 적합한지에 대하여 확인시켜야 하며 타 회사 PM 서비스와의 비교 분석을 통해서 차별성을 인식시켜야 한다. 즉, 적정인원의 투입과 효율성의 제고, 경제적 방법에 의한 임대관리와 유지관리방안, 협력부서의 시스템적 협조와 체계적 관리 등의 강점을 소개함으로써 의뢰자의 PM에 관한 제안자 소속의 PMC가 가장 적합함을 인식시키도록 해야 한다. 즉, 제안자의 자산관리전략, 세부운영계획, 관리조직 및 인력의 최적화와 능률화, 용역업체의 경제화와 효율화, 운영비용의 최적화, 운영결과의 평가와 보고시스템 등 PM 서비스의 key work scope를 강조함으로써 제안자의 PM 참여 당위성을 인식시켜야 한다.

4) PM실적 증명

제안 PMC의 PM실적에 대한 증명을 사진과 함께 보여줌으로써 PMC로서의 신뢰감을 얻도록 해야 한다. PM실적 증명을 허위로 작성하거나 과장하는 것은 PM제안서로서 신뢰를 떨어뜨리게 되므로 삼가야 한다.

5) PM조직 및 PM관리 인력의 장점

PM 담당부서와 협력부서 및 참여 PM인력(특히, property manager)의 기술력과 전문성 및 경력과 관리실적을 보여주고 PM제안자의 조직과 전문 인력의 장점을 재인식시키도록 해야 한다.

6) PM활동방법과 PM의 서비스 범위 제시

제안자가 거래 상대방의 보유자산에 대한 투자목표달성의 효과적인 방안을 제시하여 목표달성에 대한 확신을 갖도록 해야 한다. 또한 PM key work scope를 나열하고 PM업무 범위를 정확하게 기재해야 한다.

7) PM fee 제시

PMC 측면의 PM제안서 제출과 PM계약과 PM service를 제공하는 목적은 전적으로 PM fee 때문이다. 그러나 제시하는 PM fee는 적정하게 산출된 것임과 가장 경제적 PM fee이며 타사와의 비교에도 경쟁력이 있는 PM fee임을 강조하여 적정 PM fee임을 재인식하도록 해야 한다. 제시하는 PM fee의 산출내역과 산출방법을 함께 제시하는 것이 매우 바람직하다. PM fee(PM service 용역비)는 PM work scope에 따라 증감되나 대체로 서울시 오피스빌딩의 경우, 평당 최고 2,200원에서 최저 700원 정도이나 일반적으로 PM fee는 평당 800원에서 1,500원 범위 내에서 결정되고 있으나, 점차 하향곡선을 긋고 있는 추세에 있다.

8) 결 어

제안자 소속의 PMC가 귀사가 의뢰한 PM대상자산에 대하여 PM service 제공 준비가 완료되어 있음과 PM 의뢰자의 자산을 최고의 경험과 지식을 바탕으로 최대의 PM service 제공의 약속과 함께 우선협상대상자로 지정해 줄 것을 간곡히 희망하는 말로 결어를 맺는다.

2. PM계약의 체결

PM계약은 자산관리위탁계약이라고도 하며 위탁자(investor, owner 또는 asset manager 등)와 수탁자(PMC) 사이에 PM제안에 근거하여 우선협상을 통하여 최종 위탁의향서(letter of intent)를 발급하는 자와 발급받는 자 양인이 함께 체결하는 자산관리계약으로 수탁자가 일정한 PM service를 제공하기로 약정하고 그 반대급부로 일정한 PM fee를 받기로 합의한 계약을 PM계약이라 하며 법적 효력을 갖는 법률행위로서 계약의 효력을 갖게 된다.

PM계약 방식에는 총 환산보증금 방식, 평당 단가 방식, 총수입연동 방식 등이 있으나 우리나라 PM계약 방식은 주로 평당 단가 방식을 활용하고 있으며 평당 PM fee의 수준은 전술한 바와 같이 평당 800원에서 1,500원 사이 수준에서 결정되고 있으나 빠른 속도로 하향곡선을 향하고 있는 추세에 있다.

PM fee와 관련하여 유의할 사항은 평당 PM fee 외에 PM업무 수행을 위하여 상주하는 상주인력(예 PM소장 및 직원)의 인건비와 임대 service fee(예 통상 총 환산보증금의 0.5% 이내)와 FM비용을 추가하고 그리고 내부공사(예 칸막이공사)의 소요비용과 광고비용 등을 별도로 실비 청구한다는 점이다.

PM계약서의 필요적 기재사항은 대체로 다음과 같다.

1) PM 목적물의 범위

2) PM 업무범위 및 권한위임

① 건물 임대추진 및 임대관리 업무의 대행

② 건물 임차추진 및 임차관리 업무의 대행

③ 건물 유지 보수 관리 용역 발주의 대행

④ 건물 시설과 설비의 점검, 운전, 정비, 기타 공사 관리

⑤ utilities 관리 업무(전기, 수도, 가스, 유류 등)
⑥ 건물 시설설비 법적 이행 업무(선임, 검사, 보고 등)
⑦ PM업무 범위와 관련된 대관 업무(유관기관 업무)
⑧ 기타 갑이 을에게 요청한 자산매각 협조 등에 관한 업무

3) 임대대행 업무
4) 법정기술인력 선임
5) PM 수수료 및 지급방법
6) PM 수수료의 조정
7) PM계약기간
8) PM계약조건의 변경
9) PM관리 업무의 일부 위탁
10) 권리 및 의무의 양도금지
11) 건물 보수 및 개선 공사 업무
12) 비용의 부담
13) 사무실 등의 제공
14) 보험의 가입
15) 계약의 해지
16) 손해배상
17) 선량한 관리자의 주의의무
18) 사고예방 및 안전관리 보고
19) PMC 소속 회사원에 대한 책임
20) 금지사항
21) 보고의무

① 빌딩별(자산별) PM보고
② 빌딩 임대 및 임차와 매각현황 보고
③ 빌딩 유지관리비용현황 보고
④ 빌딩 공사현황 보고
⑤ 기타 현안문제 보고

22) 직무교육 및 훈련
23) 문서의 귀속
24) 계약조항의 해석
25) 규정의 준용

26) 규정 외 사항 해결 또는 결정방법
27) 관할 법원
28) PM계약체결일
29) PM 위탁자와 수탁자 회사명과 대표자 성명

별첨 서류는 다음과 같다.

① PM대상 건물자산목록
② PM 자산운영계획서
③ 임대관리 service 수수료 지급기준

제7절 PM자산의 인수와 실사 및 계획의 수립

1. PM자산의 인수와 실사

PM대상 계약이 체결되면 PM대상 건물자산의 인수와 함께 자산실사를 실시하여 확인, 분석 작업이 후속으로 진행되어야 한다.

PM대상 건물자산의 인수는 기존건물과 신축건물에 대하여 별도 인수 절차를 달리하여 인수하고 조사 분석해야 한다.

1) PM대상 기존건물의 인수

기존 건물이 PM대상인 경우에는 건물소유주나 asset manager로부터 다음 대상을 인수하고 인수인계서에 서명 날인해야 한다.

(1) 건축물 및 건축설비
(2) 건축대지 및 부대시설
(3) 재고자재와 원료, 부품 및 공구기기
(4) 준공도면 및 각종 사용설명서, 매뉴얼
(5) 공사이력서
(6) 입주자현황 및 임대관리비 및 미납현황

(7) 임대면적과 공실현황 및 임대관련 정보
(8) 시공자, 건축설계 사무소, 보수정비협력사, 기존 FM사 정보

2) PM대상 신축건물의 인수

신축건물이 PM대상이 되는 경우에는 다음 목록을 인수하고 분석해야 한다.

(1) 건축물 및 건축설비
(2) 건축대지 및 부대시설
(3) 각종 사용승인 필 증
  ① 준공검사증(원본)
  ② 건물사용승인서
  ③ 소방시설완공 필 증(원본)
  ④ 저수조 청소 및 소독 필 증
  ⑤ 하수시설설치완료통보서
  ⑥ 전기사용검사필증(원본)
  ⑦ 전력수급계약서
  ⑧ 전기안전관리자 선임신고필증
  ⑨ 구내통신 사용검사 확인필 증
  ⑩ 검사대상기기 설치안전 검사필증
  ⑪ 위험물설치 허가 필 증
  ⑫ 압력용기제조검사필증(압력용기구조용접검사증)
  ⑬ 냉동기 · 특정가스 사용시설 완성검사필 증
  ⑭ 오수분뇨정화조설치확인서
  ⑮ KS표시허가증 및 시험성적서
  ⑯ TAB성적서 등
(4) 준공도면(건축, 구조, 기계, 전기)
(5) 품질보증서 및 사용설명서(건축 전기, 기계, 기타)
(6) 스페어 자재, 부품, 원료
(7) 장비사용설명서, 운영(operation) 매뉴얼, 장비시설 maker정보, 설계 · 시공사 및 하도급업자정보 등

PM대상 신축건물의 인수절차는 [그림 15]와 같다.

[그림 15] PM대상 신축건물자산 인계인수절차

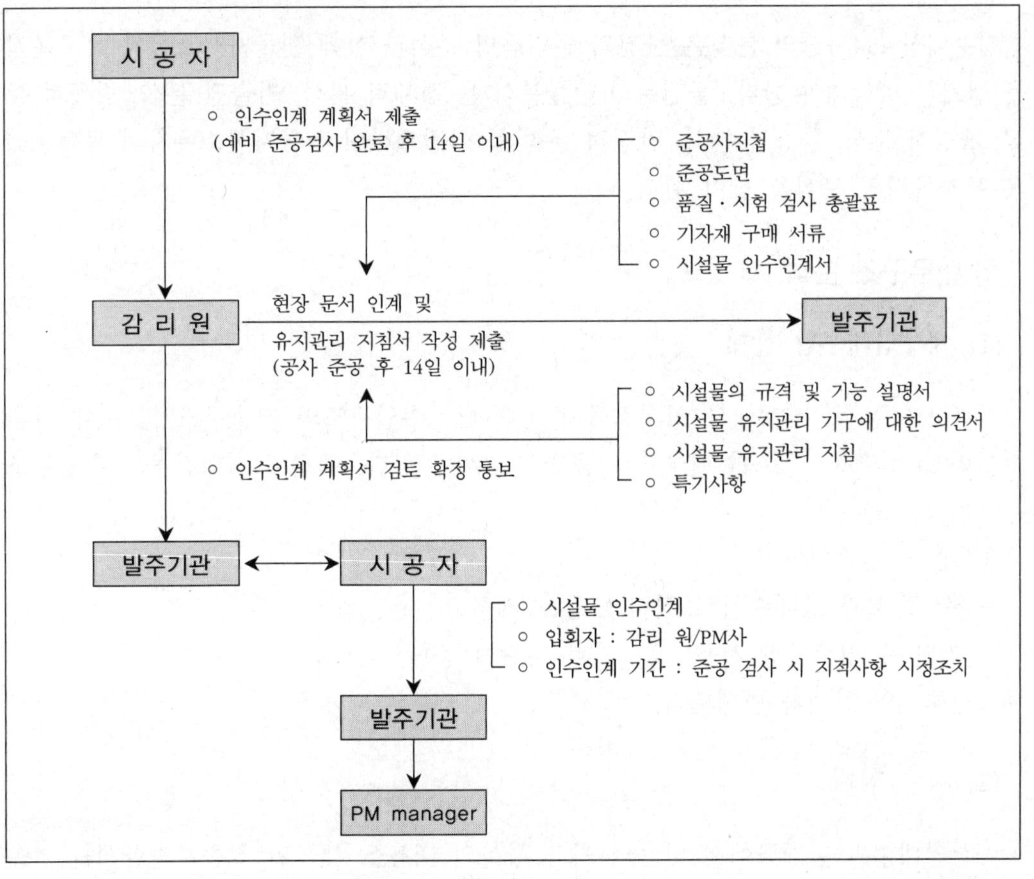

2. PM계획의 수립

인수 PM대상 건물자산의 인수 후 property manager는 지체 없이 다음과 같은 내용을 분석하고 PM계획을 수립해야 한다.

PM계획의 수립 목적은 첫째, 건물자산 속에 잠재되어 있는 가치(사용가치와 교환가치)를 개발하여 자산가치를 극대화하기 위함이며 둘째, 건물자산의 생애주기(life cycle)를 분석하고 법정내용연수와 물리적 내용연수 등을 분석하여 자산극대화 전략을 수립하고 이를 효과적으로 적용하여 기대효과를 최유효 관리법으로 창출함으로써 건물자산 소유자의 투자목적에 부응하기 위함에 있다. 그리고 셋째로 건물자산관리현장 운영의 체계화와 효율화에 있다.

PM계획을 수립하기 위해서는 다음과 같은 PM계획관계 항목들을 분석해야 한다.

1) 인수대상 PM자산과 소유자 목적분석

인수대상 PM자산의 분석은 물건의 물리적인 분석과 함께 건물자산소유자 요구목적을 철저히 파악해야 한다. 물건분석(건물분석)은 경제적 분석, 기술적 분석, 법률적 분석, 행정적 분석, 환경적 분석, 안전적 분석 등이 필요하며 건물자산소유자의 목적분석은 투자목적의 분석을 해야 한다.

2) 재무구조 분석

(1) 예상임대수입 합계

재무구조 분석은 PM대상 임대건물의 임대예상 수입구조와 지출구조 및 이에 따른 수지화(cash flow) 구조의 현금흐름 등을 분석해야 한다. 예컨대 임대건물의 수입구조는 다음과 같다.

총 계획임대수입에서

− 5% 공실과 임대손실 보전비용 등을 제하고,

＋ 기타 수입(주차장 사용수입, 커피 자판기 등)을 더하면

예상임대수입 합계가 발생한다.

(2) 지출 합계

예상임대수입 합계금에서 다음의 지출 항목의 비용을 제하면 최종지출합계를 얻을 수 있다. 이를 구체적으로 기술하면 다음과 같다.

① 건물자산 세금
② 관리종사자 급여
③ 복리후생비
④ 소모품 구매 비용
⑤ 유지 및 수리비
⑥ 보험료
⑦ 행정사무비
⑧ 용역관리비
⑩ 수선충당금
⑪ 이자(대출금이 있는 경우)
⑫. 제세공과금

(3) **현금흐름**(cash flow)

예상 임대수입 합계에서 지출합계를 제하면{①-(2)} 현금흐름(현금수지)(3)을 최종 얻게 된다.

이와 같은 방법으로 임대건물자산의 1년간의 재무구조를 분석할 수 있다. 또한 1년간의 재무구조를 기초로 향후 5년간의 예상 수지 표를 작성해 보면 PM대상 임대건물의 수지구조를 알 수 있게 되어 PM계획(운영관리계획) 수립에 크게 도움이 된다.

3) 건물자산임대시장 분석

임대시장 분석은 인근지역 분석을 통하여 임대사례를 추정하여 분석하고 공실률, 임대전환율, 임차수요, 임대료인상률, 임대료와 관리비의 수준 등을 확인하고 분석해야 한다.

4) 자산가치 극대화 저해요인 및 임대문제점 도출과 분석

자산가치 극대화 전략 구사나 임대관리를 추진하는 데 저해요인으로 작용할 수 있는 문제점이나 임대제도, 조세, 보험 등에 대하여 조사 분석해야 한다.

5) 건물자산관리에 대한 문제별/대안별 비교분석

건물자산관리를 통한 자산가치 극대화와 수익최대화 추진 방안에 대한 비교분석을 하여 최종 최적방안을 도출하고 추천한다.

6) 최적 자산관리방안 도출과 기대효과 검증

최적의 자산관리방안의 도출과 이에 관한 기대효과를 미리 분석도구를 통하여 시뮬레이션(simulation) 해봄으로써 기대효과를 사전 탐색해 보아야 한다.

7) PM계획 수립 및 실행

PM 최적 방안이 도출되면 이를 바탕으로 PM계획(property management planning)을 하고 이를 건물자산관리현장에 적용하여 실행한다.

8) PM계획 적용 평가와 피드백

PM계획을 건물자산관리현장에 적용해 본 결과 목표효과(기대효과)에 도달하지 못하는 요인이 발생하면 다음 연도의 PM계획에 피드백(Feedback)해야 한다.

제8절 건물부동산 임대차관리 실무활동

건물자산임대관리는 건물부동산 운영(property management)의 핵심 업무로서 보유자산의 임대소득 최대화로 PM자산의 가치를 극대화하는 데 목표를 두고 있다.

1. 임대차의 개념

임대차란 민법 채권편의 대차개념중 하나로서 상대방의 건물(물건)의 사용 수익할 것을 약정하고 건물사용자는 차임을 지급하기로 약정함으로써 효력이 발생하는 계약을 법 개념 측면에서 임대차라 한다.

임대차에는 부동산의 임대차와 동산의 임대차 등이 있으며 임대목적물을 명도 받아 사용 수익한 후 동일 임대목적물을 되돌려주는 점에서 소비대차와 다르고 유상 임대차인 점에서 무상의 사용대차와 차이가 있다. 임대차개념은 임대개념과 임차개념의 복합개념으로서 임대는 대주입장에서 임대목적물의 사용 수익을 원하는 임차인에게 일정기간 일정한 차임을 받는 조건으로 임차권을 허여함으로써 임대차관계가 성립된다. 즉, 임대인 측면에서 행하는 건물자산(임대목적물)을 임대수익 목적으로 이용하는 활동이라 할 수 있다. 보다 구체적으로 임대개념을 설명하면 건물자산임대란 전술한 바와 같이 임대인이 임차인에게 임대목적물을 사용 수익하게 할 것을 약정하고 일정기간 일정한 차임(임대료)을 받는 조건으로 임대차계약을 체결과 임대목적물의 명도, 합의갱신, 법정갱신, 재계약, 임대료·관리비 등의 청구, 수납, 해지, 해제, 보증금 지급과 임대목적물과의 동시이행, 원상복구, 임대목적물의 반환 등에 이르기까지 임대목적물을 마케팅하고 수급하는 건물자산운영활동을 건물자산임대라 한다. 따라서 임대란 임대인 관점에서 임대목적을 가장 경제적 방법으로 안전하게(위험 없이) 그리고 효율적으로 적합하게 달성하는 데 필요한 임대전략에 따라 임차인을 모집하고 임대차계약을 체결, 우량임차인 중심으로 장기간 유지하며 tenant mix 개념에 따라 임대면적의 lay-out수립과 공간관리, 공실관리 및 손실보전, 적정임대료와 관리비 산정, 적정 임대수익 창출을 위한 자산관리시장 조사 분석, 물건 분석, 자산가치 보전과 제고하며 임차인으로 하여금 임차한 공실을 편리하고 쾌적하며 안전하게 사용 수익할 수 있도록 필요한 서비스를 제공하는 일련의 업무를 임대업무의 범위로 인식하고 있다. 그러나 임차의 개념은 임차인 측면에서 사업상 또는 개인 활동상 필요한 최적의 임차목적물을 적절한 시기와 장소에서 확보하고 제공하여 임대차계약 시부터 종료 시까지 임차목적물을 가장 경제적 방법으로 안전하게 그리고 효율적으로 적합하게 사용 수익할 수 있도록 지원하는 서비스 활동을 건물임차라 한다.

따라서 임차업무의 범위는 임대와는 달리 최적 건물공간을 경제적 비용으로 확보하고 필요한 시설을 보완하여 임차인으로 하여금 임차목적물을 안전하고 편리하며 쾌적하게 사용 수익할 수 있도록 필요한 시기에 맞추어 공실을 공급하는 서비스 활동을 포함하며 이에 부수적으로 처리해야 할 권리 분석, 경제적 분석, 기술적 분석, 채권보전, 위험관리, 보증금회수, 법적 관리 등을 포함하며 이를 유급조건으로 의뢰인의 의뢰로 제공하는 서비스를 임차업무라 한다. 임차사업시장 규모의 통계는 불분명하나 부동산중개업법에 의한 부동산중개활동으로서 사전 업무와 사후관리 업무를 포함하는 업무범위를 가지고 있다.

2. 임대차시장의 실태

우리나라 임대차시장은 IMF 이전과 이후가 크게 다른 임대차시장구조를 가지고 있으며 중개주체의 성격도 복덕방 → 중개인 → 중개사 → 중개법인에 의하여 국지적, 부분적으로 주도되어 오다가 IMF 이후 국내에 진출한 미국중심의 외국계 투자와 자산관리법인들에 의한 투자활동과 property manager가 주도하고 있으며 병행하여 임대 · 임차 업무를 자산관리 업무 범주에 편입하여 오늘에 이르고 있다.

1997년 IMF 이전의 경우에는 임차수요가 언제나 공급보다 높게 나타나 신축건물의 임대는 사업상의 위험으로 간주되지 않았으며 임대인 중심의 임대료, 관리비가 책정되고 동일 임대 서비스를 동시에 모든 임차인에게 제공하여도 별문제가 될 수 없었다. 즉, IMF 이전의 임대차시장은 임대인(공급자) 중심의 시장이었으며 1, 2차 경제계획에 힘입어 임대사업이 크게 성장하였다.

그러나 1997년 IMF 이후 유수기업이 부실화되고 구조조정 되는 가운데 유동성 부족으로 기업도산이 속출하여 임차수요가 급감함에 따라 IMF 이전의 공급부족현상이 반대로 공급과잉현상으로 공급이 수요를 초과함에 따라 임대료가 점차 하향곡선을 나타내고 있는 가운데 임차인(수요자/사용자) 위주의 임대차시장으로 변모하였다. 따라서 의식 있는 임대사업자들은 IMF 초기 임대경쟁력을 강화하고 임대목적물을 특화(예 벤처용도 건물, IT용도 건물 등)하고 시설을 첨단화(예 BAS, IBS)하거나 시설관리 서비스를 고품질화함으로써 IMF 이전의 임대시장 소규모 구조보다 오히려 전문업형태의 임대사업기업으로 크게 성장하는 계기가 되었다.

그러나 IMF 초기 이후(2000년 현재) 수요와 공급이 균형을 이루는 가운데 임대인과 임차인 공동이익 위주로 임대시장구조가 운영되고 있다. 따라서 공실률도 세계 주요 도시 중 최하위인 3%대를 유지하고 있으며 2008년도 말까지 2%대까지 떨어지고 있었다(조선일보 2007. 9. 26 참조) 그러나 2009년 초부터 미국발 세계금융위기로 공실률이 점차 높아가고 있는 추세에 있다.

임대시장에 참여하고 있는 국내업체는 샘스, 에버랜드, 신영, 부동산114(R2Korea), 부동산뱅크 등이 있으며, 외국계 업체로는 CBRE, ERA, JLL, Cushman & Wakefield, BHPK(KAA) 등이 활동하고 있다.

3. 임대차 관계법과 임대차제도

임대차는 전형계약의 일종이고 법률행위이므로 법률행위의 효과를 나타나게 하는 관계법을 가지고 있다. 일반임대차의 관계법에는 일반사법인 민법의 계약편이 이에 해당되고 주택임대차의 근거법에는 주택임대차보호법이 있으며 상가건물임대차는 상가건물임대차보호법이 있으며, 농지임대차에는 농지법이 있다.

따라서 현행 법체계상 법정 임대차제도는 일반건물임대차제도, 주택임대차제도, 상가건물임대차제도 그리고 농지임대차제도 등이 있다. 또한 임대차계약이 체결되면 임대인과 임차인이 각각 권리의무 상호관계, 급부 반대급부 상호관계, 법적 평등상호 관계 등이 성립된다. 이를 그림으로 나타내면 [그림 16]과 같다.

[그림 16] 임대인과 임차인 상호관계

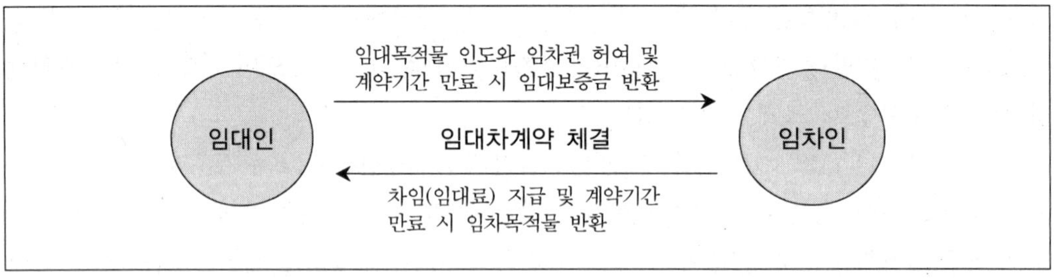

4. 임대차 방식

우리나라 임대차 관계법에는 임대 방식에 대한 명문규정은 없으나 전통적으로 활용되는 두 가지 방식이 있다.

첫째는 전세 방식이고 둘째는 월세 방식이다.

전세 방식은 임대료를 전세보증금으로 책정하고 반환기까지 전세보증금을 운용하여 이자수입을 얻거나 보증금전액을 건축비로 활용하는 방식이다. IMF와 같이 경기위기나 임대가 폭락사태 시 중도해지가 어렵게 되고 자칫하면 경매로 건물전체의 소유권 변동이 일어날 수 있는 단점도 있다. 서울 3대 권역 중 강남 권역에서 자주 볼 수 있으며 금융기관이 위치한 빌딩의 1층이 주로 전세 방식으로 임대되고 있다. 전세 방식에는 다시 채권적 전세(전통적 전세, 미등기 전세)와 물권적 전세(등기 전세, 전세권)로 분류된다.

월세 방식은 전세가격에서 일정보증금 부분을 제외한 부분을 시중금리에 따라 월임대료로 환산한 것으로 임대가격을 일정 보증금과 일정 월세로 구분하여 차임(임대료)을 정하여 매월 일정 지급일에 지급하는 임대 방식이다. 월세 방식은 보증(금)부 월세와 무보증(금)부월세로 대별되며 종전의 보증(금)부월세의 보증금과 월세의 범위는 5 : 5의 비율이었으나 최근에는 1:9로 변화하고 있다. 그러나 임대채권이 법적 문제가 되어 소송하는 경우, 적어도 월세 10개월분의 보증금확보가 필요하다. 보증(금)부월세의 최대 장점은 안정적 현금수익 확보와 경제사정에 의한 금리변동에도 탄력적으로 대응이 가능하다는 점이다.

중소형 건물의 규모, 임차인의 성격, 건물의 위치, 적용 관련법(예 상가건물 연 15% 미만, 주택 연 21% 미만)에 따라 월세산정 적용금리가 다른 문제점도 가지고 있다.

이상에서 설명한 임대 방식을 표로 정리하면 (표 44)와 같다. 참고로 미국의 임대 방식에는 gross lease 방식, net lease 방식, percentage lease 방식 등이 있다.

(표 44) 전세 방식과 월세 방식 비교

구 분	분류	계약의 성격	보증금	월 세	관리비
전세임대 방식	물권적 전세	물권	○	×	○
	채권적 전세	채권	○	×	○
월세임대 방식	보증(금)부 월세	채권	○	○	○
	무보증(금)부 월세	채권	×	○	○

5. 임대차의 4대 요소

일반적으로 요소(要素)라 함은 어떤 사물의 성립이나 효력 따위에 없어서는 안 될 근본적인 조건을 의미한다. 건물임대의 성립에도 이와 같은 일정한 근본적인 조건이 존재한다. 이와 같이 건물임대에 있어서 반드시 존재해야 할 근본적인 조건을 건물임대차 4요소라 한다.

건물자산임대차계약이 성립되려면 다음의 네 가지 요소가 존재하여야 건물부동산 임대차 계약이 성립된다. 네 가지 성립요소는 다음과 같다.

① 임대목적물
② 임대인
③ 임차인
④ 임대차 차임

일반적으로 임대목적물이라 함은 임대대상물을 의미하며, 이에는 동산이나 부동산 등이 있다. 건물임대목적물이란 건물임대의 대상물인 건물자산을 의미한다. 건물자산 임대의 대상물에는 주거용 건물, 상업용 건물, 산업용건물(공업용 건물 포함), 특수용도의 건물 중 수익성건물 등이 있다. 임대인이란 임대목적물을 임차인에게 명도하고 차임의 청구권을 행사하는 계약당사자를 말한다. 또한 임차인은 임대목적물을 임대인으로부터 명도 받아 용법에 따라 사용 수익하는 대가로 차임지급의 의무를 지는 계약당사자를 의미한다.

마지막 임대요소의 하나인 임대차계약이란 임대목적물의 사용 수익 대가로 일정한 임료(차임)를 지불하기로 약정한 계약을 의미한다. 또한 차임이란 임차인이 임대목적물을 사용 수익의 대가로 임대인에게 지불하는 금전 또는 유가물을 말한다. 차임은 반드시 현금으로 지불할 필요는 없으며, 곡물 · 과일 또는 유가물로도 가능하다. 그러나 건물자산임대에서는 차임은 반드시 현금지불이 임대관습상 관행으로 정착되어 있다. 차임 없이는 임대차란 성립되지 않는다. 왜냐하면, 차임은 임대차의 성립요소이기 때문이다.

6. 임대차의 특성

건물임대차 개념을 보다 정확히 이해하기 위해서는 건물임대활동의 특성을 이해하는 것이 필요하다. 일반적으로 특성이라 함은 사물의 본질을 이루는 고유한 특징이나 성질을 의미한다. 건물임대활동 역시 건물자산관리 일반항목과 같이 외견상 동일하고 평범한 경제관리 항목으로 인식하기 쉬우나 임대활동은 분명 여타 관리항목에 없는 고유한 특징이나 성질을 가지고 있다. 이를 건물임대차활동의 특성이라 한다.

건물임대차활동에는 다음과 같은 특성이 있다.

1) 건물자산 투자금 환원 수단성

건물시설관리활동은 일반적으로 관리비용의 투입(Input)에 비하여 반대급부의 산출(output)이 금전으로 환원되지 않으나 건물임대활동은 임대계약의 완성으로 일정한 산출(임대료)을 가시적 현금으로 수입을 얻게 된다. 이와 같은 수입은 임대라는 건물자산 운영수단을 통해서 얻어지는 결과이므로 임대는 건물투자금의 환원수단성의 특성이 있다.

2) 경제적 분배성

임차인은 막대한 건물건설 투자비의 지출 없이 경제적인 비용으로 타인의 건물을 임차하여 사용 수익할 수 있다. 그러므로 경제적 방법으로 타인의 건물을 사용 수익하는 경제적 분배성의 특성이 있다.

3) 임대업무의 복합성

건물자산관리활동에 있어서 대부분의 관리활동은 단일한 활동의 특성이 있으나 임대관리활동은 법률관리 활동성과 경제관리 활동성 및 행정관리 활동성, 기술 활동성 등이 복합하여 함께 작용함으로써 관리되는 복합성의 특성이 있다. 그러므로 건물임대관리자는 다양한 임대업무의 복합성에 따라 임대에 관련 법률지식, 경제경영에 관한 지식 및 건축지식 그리고 임대행정에 관한 전문적 지식과 경험을 갖추어야 한다.

4) 계약당사자 쌍방구속성

일반적으로, 건물자산관리 업무는 소유주체나 경영주체 또는 관리주체가 해당건물자산의 소유권, 경영권, 관리권에 의하여 일방적으로 관리활동을 하게 된다. 그러므로 소유자, 경영자, 관리자의 책임과 권한으로 관리함으로써 관리결과의 문제에 대해서는 소유자나 경영자 그리고 관리자가 일방적으로 그 결과에 구속되고 책임지게 된다.

그러나 임대활동의 결과에 따라 비록 건물소유자, 경영자, 관리자라 할지라도 임대인의 지위에 서게 되고, 따라서 임대인의 의무에 구속받으며 책임지게 된다. 뿐만 아니라 임차인 역시 임대계약 결과에 따라 임차인의 의무에 충실하지 않으면 안 된다. 그러므로 임대인과 인차인은 공동으로 권리자인 동시에 의무자의 지위에 서게 되며 공동으로 임대계약 내용에 구속되게 된다. 따라서 건물자산임대활동에는 임대인과 임차인 모두를 법률행위인 계약에 의해 구속당하는 쌍방구속성의 특성이 있다.

5) 쌍무 계약성과 유상 계약성

임대인은 임차인에게 임대목적을 반드시 명도해야 하고 건물임차인은 체결된 임대계약에 따라 건물자산의 사용과 수익에 대한 대가(차임)를 반드시 지불해야 한다. 왜냐하면 사용대차가 아닌 유상·쌍무 계약성질의 임대차이기 때문이다. 따라서 건물자산임대는 건물명도의 의무와 사용 수익 대가의 임료 지불 의무를 쌍방이 지는 특성이 있다.

6) 점유이전 교차성

건물임대가 성사되면 건물주(임대인)는 임차인에게 임대목적물인 건물자산을 명도해야 한다. 또한 임대기간 만료 기타 원인으로 임대차의 효력이 종료되는 경우 임차인은 임차목적물을 원상회복하여 다시 임대인에게 반환하여야 한다. 이와 같이 임대활동에는 건물자산의 교차점유성의 특성이 있다.

7) 임장 활동성

건물자산관리 중 임대관리는 임대목적물이 위치하고 있는 건물현장에서 사용과 수익이 이루어지는 임장 활동성의 특성이 있다.

8) 동시 이행성

건물임대차의 개시나 종료 시 임대목적물의 반환과 보증금반환은 동시이행관계에 놓이게 된다. 따라서 동시이행성의 특성이 있다.

9) 장기 계약성

건물자산 임대차계약은 임차인의 임차기간이 1년 또는 수년간에 걸쳐 사용 수익을 전제로 체결되므로 장기 계약성의 특성이 있다.

10) 임대관계법의 적합성

임대차계약은 계약법(채권법), 상가건물임대차보호법, 주택임대차보호법 등의 규정에 적합하게 계약되어야 유효하다. 이를 임대관계법의 적합성이라 한다.

11) 급부 반대급부 의무성

임대차가 성립되면 임대인과 임차인 사이에 임차권과 임대료가 급부와 반대급부의 의무관계가 성립된다. 따라서 급부 반대급부 의무성의 특성이 있다.

12) 권리 의무 병존성

임대차계약이 체결되면 임대인과 임차인 모두 권리 의무의 주체가 된다. 따라서 권리 의무의 병존성이 존재한다.

13) 임대계약당사자 법적 평등성

임대차계약이 체결되면 임대인과 임차인 상호관계는 법적으로 평등관계가 성립된다.

7. 임대차 업무의 내용

건물자산임대 업무는 PM의 핵심 업무의 하나로서 임대목적물을 합리적으로 유통시켜 안정적 임대수입구조 구축과 임대수익 최대화 및 이를 통하여 자산가치를 증대시켜 교환가치를 높이고 양도차익을 보다 크게 실현시키는 데 기여하는 건물자산운영관리 업무이다.

따라서 이와 같은 건물자산임대의 목적을 달성하기 위하여 다음과 같은 임대 관련 업무가 수행된다.

① 임대시장분석(macro분석과 micro분석)
② 임대목적물의 기술적, 경제적, 법률적, 행정적, 환경적, 안전적 분석
③ 마케팅 전략수립과 실행 및 평가
④ 임대기준의 책정
⑤ 임차인 모집과 적격심사
⑥ 임대차계약과 임차인 사후관리
⑦ lay-out 및 공간관리와 공실관리
⑧ 임대채권관리
⑨ 임대관련 공사(칸막이공사, 원상복구공사 등)관리
⑩ 기타 임대차관련 업무 등

8. LM(leasing management) manager의 요구능력과 직업윤리

1) 임대관리자의 요구능력

건물임대업무는 property manager가 직접 담당하게 되나 특별한 경우, leasing manager를 고용하여 임대업무를 위탁시켜 처리하기도 한다. 임대관리자(leasing manager)는 임대자산의 마케팅활동을 통하여 임대수익을 극대화하고 자산가치를 높이는 실질적 자산수익관리자이므로 다음과 같은 능력이 요구된다.

(1) 조사 분석능력

임대인의 목적, 시장 및 인근지역 조사 분석, 물건조사 분석, 경쟁사조사 분석 등의 능력이 있어야 한다.

(2) 임대계획 및 마케팅능력

조사 분석의 자료를 이용하여 임대계획수립과 임대계획에 의한 임대마케팅능력이 있어야 한다.

(3) 임대차기준 설정 및 면적산출능력

임대료, 관리비, 임대기간 등의 임대차기준 설정과 면적산출능력이 있어야 한다.

(4) 법률적 지식과 경험지식, 정보 수립 및 분석능력

임대관리자는 법률적 지식과 경험과 정보 등을 기반으로 임대업무를 처리하는 능력이 있어야 한다.

(5) 세무, 회계처리능력

임대관리자는 부동산 세금과 부담금 및 공과금 등의 세무처리능력과 보증금, 임대료, 관리비 등의 입출금 회계처리능력과 함께 재무보고, 경리보고, 결산 등의 회계능력도 있어야 한다.

(6) 외교, 기술, 인간관계, 시설의 기능과 성능 등 다양한 대인 대물 관리 능력

임대차관리자는 대인 대물관리 능력이 있어야 한다.

외교관 같은 설득능력, 유지관리 기술처리능력, 신뢰 있는 인간관계 유지능력 등 대인 대물관리능력이 있어야 한다.

2) 임대관리자의 직업윤리

임대관리자는 소유건물자산을 임대하는 경우도 있으나 주로 타인의 건물자산을 임대하는 사람이므로 전문직업인으로서 지켜야 할 도리나 규범을 성실히 이행하여야 한다.

건물임대관리자가 지켜야 할 직업상의 윤리는 대체로 다음과 같다.

(1) 성실하고 정직하게 임대업무에 충실해야 한다.

건물임대관리는 타인의 재산관리이므로 건물소유자의 임대지침에 따라 성실한 태도와 정직한 마음으로 임대업무에 임해야 한다. 임대관리자가 임대에 관한 직무수행에 있어서 자기를 위한 업무집행이 되지 않도록 해야 하며, 감독자가 있을 때만 성실하게 업무를 수행하다가 감독 관리자가 사라지면 불성실한 태도로 변하는 업무자세는 지양되어야 할 직업인의 자세라 판단된다.

다시 말하면, 임대관리자는 전문직업인으로서 건물의 소유자를 속이거나 기만하지 말아야 하며, 건물소유자의 유익을 위하여 자기 직업에 언제나 충실해야 한다.

(2) 업무상 지득한 기밀이나 정보를 절대 외부에 누설하지 말아야 한다.

건물임대와 같은 자산관리를 함에 있어서 업무상의 비밀을 알게 되는 경우에 임대관리자는 업무상 지득한 회사 기밀을 어떠한 경우에도 누설하거나 악용해서는 안 된다. 임대관리자는 한 사람의 전문직업인으로서 의리가 있어야 하고, 불의하지 말아야 하기 때문이다.

(3) 회사의 자산과 금전을 자신을 위하여 사용하지 말아야 한다.

임대관리자가 자기의 직책과 업무를 이용하여 사리사욕을 채우거나 회사의 자산이나 금전을 사적인 용도로 활용하거나 이용하는 것은 직업인으로서의 윤리에 반하는 행동이다. 직업윤리는 전문직업인으로서 지켜야 할 도리의 의미와 함께 옳은 행동과 잘못된 행동에 대한 도덕적 기준이기 때문에 회사의 자산이나 금전은 회사를 위하여 사용되어야 하고, 개인을 위하여 유용하는 것은 옳지 않은 행동이기 때문이다. 그러므로 건물임대관리자는 어떠한 경우라도 회사의 자산과 금전을 개인적 용도로 사용하거나 사취하지 말아야 한다.

(4) 회사의 임대규칙에 따라야 하며 옳지 않는 행동을 삼가야 한다.

하나의 직업인은 직업을 수행하는 조직의 구성원이므로 소속된 조직의 규칙이나 지침에 순응하는 자세와 태도를 견지해야 한다. 회사가 제정한 규정이나 지침 등에서 요구하고 있는 것이 비록 사소한 것이라 하더라도 하나의 질서유지와 발전을 위해서, 그리고 경비절약을 위해서 반드시 따라야 하고, 요구하고 있는 규정을 실천하고 금지사항을 금함으로써 조직구성원으로서의 책임을 다해야 한다.

예컨대, 회사의 규정에서 요구하고 있는 내용 중 정시 출·퇴근, 지각·조퇴 금지, 점심시간 엄수, 잦은 핑계로 결근하지 말 것 등은 반드시 지켜야 하며, 근무시간 중 개인적인 용무를 본다든지, 또는 회사전화를 개인적으로 사용하는 행동이나 회사비품을 집으로 가져가는 행위 그리고 개인적인 식대나 경비를 회사비용으로 처리한 다든지, 출장 후 허위로 경비를 청구하는 행위 등도 마땅히 삼가야 할 비윤리적인 행동이라 판단된다. 비윤리적인 행동은 윤리의 기준으로 볼 때 옳지 않은 행위 등의 기준에 해당되므로 건물임대관리자는 윤리적인 행동(옳은 행동)만을 행해야 한다.

(5) 고객으로부터 선물과 향응으로 인하여 회사의 정보를 제공하거나 손해를 끼치지 말아야 한다.

건물임대관리자는 회사에 소속되어 회사를 위하여 회사업무를 담당하고 있으므로 언제나 회사의 이익을 위하여 노력하여야 한다.

거래고객으로부터 선물을 받거나 고객이 베푸는 향응에 응하여 회사에 손해나 누를 끼치는 행위는 지극히 옳지 않은 행동에 해당되므로 매우 조심하고 삼가야 할 행위이다. 특히 건물임대관리자는 건물소유자와 임차인 사이에서 임차인으로부터 여러 가지 형태로 유혹을 받는 경우가 있을 수 있으므로 언제나 건물소유자를 위하여 유혹에 넘어가지 않도록 마음가짐을 바르게 해야 한다.

(6) 임대관리자는 신뢰받는 대리인으로 행동해야 한다.

임대관리자는 건물소유자를 대신해서 건물자산을 임대하고 있으므로 주인의 입장에서서 공정하고 정직하며 성실하게 임대업무를 처리함으로써 신뢰 있는 언행과 모습을 견지해야 한다. 자산관리자가 건물이해관계자로부터 신뢰를 잃으면 더 이상 자산관리자가 될 수 없기 때문이다.

(7) 임대목적이 달성되도록 최선을 다해야 한다.

임대관리자는 건물자산을 임대함에 있어서 전문적인 지식과 경험을 최대로 활용하고 문제를 스스로 해결하여 임대목적이 조기에 경제적인 방법으로 안전하게 그리고 효율적으로 달성되도록 최선의 노력을 다해야 한다.

(8) 자기계약(自己契約)과 쌍방대리를 하지 말아야 한다.

임대목적물을 임대관리자 사익을 위하여 유리하게 자기 계약을 하거나 임대인과 임차인 쌍방을 대리하여 임대인에게 또는 임차인에 손해를 끼쳐서는 아니 된다. 그러나 임대인과 임차인의 사전 승인하는 경우에는 무방하다.

(9) 신의성실의 원칙과 보고의무 및 순종의무를 성실히 이행해야 한다.

임대관리자는 정당하게 상대방이 기대하는 바에 따라 성실히 행동해야 하고 건물주에게 보고의무와 순종의무를 성실히 이행해야 한다.

9. 임대마케팅 전략

1) 임대마케팅전략의 의의

임대마케팅전략이란 임대목적을 효율적으로 달성하는 데 요구되는 전략을 의미한다. 다시 말하면, 마케팅(marketing)이란 상품이나 용역(service)을 생산자로부터 소비자에게 합리적으로 유통시키기 위한 기업의 활동을 의미하며 임대를 위한 방책을 임대마케팅전략이라 한다.

2) 임대마케팅 성공조건

임대마케팅을 효율적으로 수행하여 성공하려면 마케팅리서치(시장조사, marketing research)가 필요하다.

그러나 임대마케팅 담당자가 임대목적물에 대하여 장단점(merit and demerit point), 소구점(selling point) 등을 파악하는 것이 마케팅 성공의 요체이다. 왜냐하면, 임대하고자 하는 임대목적물의 파악 없이 임차인에게 합리적으로 유통시킬 수 없을 뿐 아니라 효과적인 마케팅전략을 수립하고 구사할 수 없기 때문이다.

따라서 임대마케팅을 효과적으로 수행하여 성공하려면

첫째, 임대시장조사(leasing market research)와 분석
둘째, 건물소유자의 임대목적과 임대목적물 조사 분석
셋째, 임대마케팅 전략수립과 실행 및 평가 등이 수반되어야 한다.

3) 임대마케팅의 목적

임대마케팅의 목적은 가장 경제적 마케팅 비용으로 가장 빠른 시간 안에 합리적 임대기준에 따라 임대목적물을 유통(임대계약)시켜 안정적인 임대수익구조를 완성함으로써 임대수익 최대화를 도모하는 데 있다.

이를 위해서는 임대차시장 실태와 구조변화, 임대차사업 참여업체, 임대차제도와 임대 방식, 임대료결정방법, 임차인(tenant) 선호도, 임대마케팅 방법(on-line marketing과 off- line marketing) 그리고 임대마케팅 업무진행절차(job flow)와 임대차계약실무와 임대차계약실무 유의사항, 임대마케팅의 타겟 마케팅과 포지셔닝 전략, 임대사례분석, 임대차 관련법과 조세 등 임대마케팅을 위한 선행 항목에 대한 이해와 파악 등이 먼저 요구된다.

4) 임대마케팅 방법

임대마케팅 방법에는 on-line 마케팅 방법과 off-line 마케팅 방법이 있다. 임대마케팅은 실수요 임차인에게 임대목적물을 소개하고 임차의사를 결정하게 하는 임대정보를 제공하는 것으로서 임대마케팅 담당자(leasing manager)의 능력, 임대 network 또 임대상황(lease Situation)에 따라 임대마케팅 방법도 달리해야 한다.

off-line 마케팅 방법에는 D/M방법, F/M방법, E/M방법, T/M방법, M/M방법, 현수막 부착 등의 방법이 있으며 임대설명회, 미디어작업도 off-line 마케팅 방법으로 유효하다. 특히, 마케팅 방법 중 data-base(DB)를 내·외부적으로 구축하고 이를 잠재 임차인을 발굴하거나 임차사업에 활용하는 경우 매우 유용하다.

E/M과 F/M은 잠재 임차수요 개발과 사전 홍보용도로 활용함이 현명하며, D/M은 사전홍보 또는 T/M에 의한 임차의사 보유자의 결심을 유도하는 데 도움이 된다. 그러나 M/M은 직접 홍보효과가 크며 임차인 반응 정도와 예비임차인의 요구사항 확인에 도움이 된다. 또한 미디어작업과 임대설명회 개최 등은 임차수요자의 조기발견과 임대목적물의 사전홍보 및 임대환경조성, 임차인의 요구파악에 도움이 되는 off-line 마케팅 방법이다.

또한, on-line 마케팅 방법은 인터넷을 활용하여 현재의 임차인을 발견하거나 미래

예상임차인을 찾아내는 마케팅 방법으로서 임대전문 사이트(예 www.rei-korea.com)를 활용하거나 자체 또는 업무제휴로 부동산전문 사이트(예 부동산뱅크, R114, 각종 경제신문 사이트)를 활용함이 편리한 on-line 마케팅방법이 된다. 또한 자체개발하여 운영하고 있는 오피스전문 사이트(예 (주)신영 오피스사이트)를 활용하는 것이 도움이 된다.

5) 임대마케팅 진행과정

임대마케팅의 진행단계(leasing marketing flow)는 크게 임대 사전준비과정, 계약과정 그리고 사후관리과정의 3과정으로 진행되며 임대실무절차는 다시 5단계로 나누어 진행된다(후술하는 임대실무 참조).

(1) 임대 사전준비과정

임대 사전준비단계(pre-marketing phase)는 임대마케팅의 준비단계로서 다음과 같은 임대준비를 해야 한다.

① macro 분석과 micro 분석 : 동일생활권과 인근지역의 macro 분석과 micro 분석을 통하여 교통시설, 주요 기업체현황, 고용상태, 수요공급, 공실률, 공공시설 등과 경쟁 임대목적물(경쟁건물)의 현황, 임대가와 관리비 수준, 임대 서비스와 품질, 시설의 규모와 상태, 공실 등을 조사하고 분석해야 한다.

② 임대를 위한 마케팅전략 및 홍보계획 수립

③ 홍보물 제작과 표준계약서 등의 준비

④ 임대목적물의 merit point와 demerit point 및 selling point 파악

⑤ 임대기준(임대료, 관리비, 주차사용료, 임대방법, 임대기간, 연체 요율 등) 결정

⑥ 임대목적물 현황도(층별 임대면적, 전체 임대면적과 적용 임대가) 작성 비치

⑦ 임대업무일지 등의 준비와 유지

⑧ 예상임차인의 주소록 준비

⑨ 자체 또는 제휴 인터넷망 등재

⑩ data-base(DB) 구축 준비

⑪ 임대예산 확보

⑫ 임대팀 조직과 업무분장 및 manpower 준비

⑬ 기타 임대준비사항

(2) 임대차 계약과정

임대계약단계(leasing contract phase)는 마케팅중심단계(main marketing phase)로서 임대마케팅 2번째 단계이다. 임대계약단계는 사실상의 임대마케팅효과를 거두는 단계이다.

임대계약단계에서는 임대마케팅을 위하여 다음 업무가 진행된다.

① 임대사무실 개설과 마케팅 man power 투입
② 마케팅활동과 on-line과 off-line 총동원 홍보활동
③ 예상임차인 방문과 현장안내
④ 임차신청서 접수 및 검토(적격판단)
⑤ 임대차계약협상과 계약체결
⑥ Lay-out 및 칸막이공사와 인테리어공사
⑦ 입주사전점검 및 입주지원

(3) 임대 사후관리과정

임대사후관리단계(post management phase)는 계약단계 즉후에 진행되는 임대마케팅 마지막 단계이다.

임대사후관리단계에서는 다음과 같은 임대사후관리 업무가 진행된다.

① 계약이행 사후관리
② 입주자 사후관리
③ 잔여 임대평수 임대
④ 계약의 변경, 해지, 해제, 재계약 등
⑤ 임대료관리, 주차장 사용료 등의 채권관리
⑥ 이사지원 및 원상복구 작업 및 재 임대
⑦ 세무보고와 정기적 임대현황보고
⑧ 입주자 신청, 고충, 민원 등에 대한 신속한 service 제공
⑨ 기타 임대사후관리 업무

6) 임대마케팅 전략수립 시 고려사항

임대마케팅 전략수립 시 고려해야 하는 사항에는 임차인 임대건물 선호도와 임대계약 유의사항 등이 있다.

(1) 임차인 임대건물 선호도

1995년 서울시 시정개발연구원이 2,500개의 외국 업체를 대상으로 설문조사를 통하여 조사 분석한 임차인의 임대관련 항목별 선호도를 살펴보면 다음과 같다.

① 편리한 교통(39%)
② 관련기업과의 접근성(32.7%)
③ 임대료(8.7%)
④ 건물 및 지역의 지명도(6.7%)
⑤ 주변 환경의 쾌적성(4.8%)
⑥ 정보통신 관련시설의 유무(3.9%)
⑦ 넓은 주차 공간(2.4%)
⑧ 행정관청과의 접근성(1.0%)
⑨ 기 타(0.4%)

서울시 시정개발연구원의 설문조사의 결과에 의하면 임대를 원하는 임차인의 가장 큰 임대결정요인으로 편리한 교통과 관련기업과의 접근성 두 항목이 무려 71.7%를 차지하고 있어 이에 해당하는 임대대상건물의 마케터는 이를 최대 활용함이 유리할 것으로 인식된다.

또한 최근 임차인의 건물임대 선호도를 보면 조망권, 그린권, 일조권, 건물자산소유자의 신용과 안정성, 건물소유권의 온전 성 등이 고려되고 있으며 임대결정에 영향을 주고 있다.

(2) 임대계약체결 시 유의사항

임대계약은 법률행위이므로 계약체결 전 계약조항을 면밀히 검토하고 임대계약체결 시 다음 사항을 고려해야 한다.

① 담보권설정, 기타 임차보증금, 보전권리 설정등기 여부
② 주차장 사용 유무, 범위와 주차조건
③ 인테리어 허용범위
④ 전기기기 사용가부
⑤ 임대료 2회 이상 연체 시 조치내용
⑥ 용도 외 사용 시 법적조치 내용
⑦ 임차권리 양도, 전대금지, 점유이전 금지
⑧ 전용면적 내의 관리책임과 범위

⑨ 개보수공사 후 처리방법
⑩ 명도 및 원상복구
⑪ 보험가입과 보험금 납부의무자
⑫ 부가세 부담책임
⑬ 임대인의 권리와 계약해지권 및 면책사항
⑭ 계약방법
⑮ 계약기간
⑯ 임대료 적용기준
⑰ 연체이자
⑱ 관리비
⑲ 분쟁처리방법
⑳ 임차인의 금지사항 등

10. 임대관리 실무절차

1) 임대관리실무의 개념

종전의 건물자산의 임대관리 업무는 시설관리 업무의 부수적 업무로 취급되어 왔으나 1997년 IMF 이후 최고의 안정수익모델로 변화 발전되고 있어 건물임대관리의 중요성이 크게 부각되고 건물자산관리 PM의 가장 중요한 수익창출 핵심 업무로서 최근에는 LM(leasing management)영역으로 독립된 업무로 발전하고 있다.

왜냐하면, IMF 이전의 업무용 빌딩 중심의 건물자산취득은 건물주의 소유목적과 자사 사용에 주된 목적이 있었으나 IMF 이후 론스타, GE캐피탈, 멕커리, 모건스텐리, GIC 등의 외국계 투자펀드의 국내유입과 함께 수익목적의 업무용 빌딩 대거 매입과 임대를 통한 최대수익창출 및 전략적 매각을 통한 시세차익(양도차익)의 실현으로 막대한 투자이익이 자산현장에서 창출되는 변화를 경험한 국내 건물자산관리 관계자 모두는 사무실용도 오피스빌딩의 임대사업은 안정된 수익모델로 크게 인식하기 시작하였다.

건물임대는 임대수익목표 달성을 위한 실무활동이다. 그러므로 임대에 관한 이론이나 경험 및 전문지식을 바탕으로 실제적인 임대업무를 경제적 방법으로 안전하게 효율적으로 처리해야 한다.

건물임대관리자(leasing manager)가 임대목적물을 인수하고 파악하며, 임대환경이나 임대시장, 임대조건 등에 대하여 조사 분석하고 임대계획을 세워야 하며 그 다음으로 임대마케팅전략과 홍보 전략을 수립하고 준비하여 임차인을 모집, 상담, 계약, 사후 관리하는 일련의 업무를 임대계획에 따라 계획적으로 추진해야 한다.

임대실무는 PM업무의 중심업무로서 건물경영계획에 명시하고 있는 수익을 건물자산 보유기간 동안 직접 발생시키는 활동이며, 자산관리활동 중 PM(property management/건물재산운영 및 임대수익관리)실무활동영역으로 분류된다. 또한 임대는 임대에 관한 법률적 배경과 실무적 업무가 병존하므로 임대실무를 성공적으로 수행하기 위해서는 임대에 관한 법률적 지식도 함께 확보하고 있어야 한다. 아울러 임대업무는 단계적으로 진행되어야만 임대업무를 효율적으로 처리할 수 있다. 따라서 임대실무는 임대업무의 단계적 처리과정을 의미하기도 한다.

결론적으로, 임대실무는 임대전문지식과 임대경험을 바탕으로 임대소득을 발생시키는 일련의 임대관리 실제 업무를 의미한다.

2) 5단계 임대실무 처리절차

임대관리 업무를 효율적으로 처리하여 임대목표를 효과적으로 달성하려면 임대관리 과정을 3개 과정으로 나누고, 건물임대관리 실무를 다시 5단계로 나누어 임대업무를 단계별로 처리하는 것이 매우 바람직하다. 전술한 임대관리 업무의 효율적 처리를 위하여 임대관리 3과정에서 기술한 업무들을 다음과 같은 임대목적물 인수 및 분석 단계, 임대시장 조사 단계, 임대계획 수립 단계, 입주자 모집 단계, 임대계약 체결 단계 그리고 사후관리 단계로 세분하여 임대 프로세스별 관리가 효과적이다. 5단계 임대관리실무 처리절차를 프로세스별로 소개하면 다음과 같다.

(1) 임대목적물 조사 분석과 임대시장 조사단계

건물임대실무의 첫 시작은 임대목적물의 인수와 인수된 임대목적물에 대한 물리적 상태와 시설개요 및 법적 현황과 경제 가치에 대한 조사 분석부터 시작된다.

다시 말하면 위임되고 인수된 임대목적물에 대한 기술적 · 법률적 · 경제적 조사와 분석 작업이 선행되어야 한다. 또한 목적물에 대한 물건분석과 함께 임대계획 등 임대시장 조사를 철저히 해야 한다.

① 임대목적물 조사 분석

가. 기술적 조사 분석

인수된 목적물에 물리적 또는 기술적으로 하자가 없는지, 현존 상태대로 임대가 가능한지와 보수보강의 필요성은 있는지 등에 대하여 조사 분석해야 한다. 또한 인수된 임대목적물의 하자보수기간이 남아 있는지와 얼마나 경과된 상태인지를 확인해야 하고, 향후 임대 시에 필요한 장치나 미관상의 작업에 대한 필요 여부도 판단해야 한다. 건축물관리대장(현장 작성)과 시공 상의 차이점이나 인수전 보수보강 내용도 함께 조사해야 한다. 이와 같은 조사 분석 작업의 결과는 후일 진행되는 임대계획수립에 반영해야 한다.

나. 법률적 조사 분석

뿐만 아니라 인수된 임대목적물에 대한 법률적 현황을 등기공부나 행정공부를 통하여 조사하고, 권리분석 작업도 병행해야 한다. 다시 말하면 권리 상으로 토지 · 건물의 소유권이 온전한 상태로 유지되고 있는지, 아니면 소유권이 허유권의 상태인지를 판단하고, 임대계획 시에 이를 반영해야 한다.

특히 등기공부상에 제한물권(전세권 · 저당권 · 지상권 등) 외에 기타 등기사항(임의경매 · 압류 · 가압류 · 가처분 등)이 없는지도 꼼꼼히 조사해야 한다. 이와 같은 제한물권이나 기타 권리가 등기되어 있는 경우 임대활동에 여러 가지 제약과 함께 임대추진에 결정적인 장애가 된다. 따라서 인수한 임대목적물에 대한 법률적 조사 작업을 통하여 권리상태를 확인하고, 해결할 내용이 있는 경우 적절히 해결하거나 개선해야 한다.

다. 법률적 조사 분석

인수된 임대목적물에 대한 경제적 조사와 분석 작업이 기술적 분석과 법률적 분석과 함께 진행되어야 한다. 인수된 임대목적물에 대한 현재의 가치와 미래의 가치도 함께 검토되어야 한다.

뿐만 아니라 투자총액은 얼마이며 적정임대수익은 어느 정도가 타당한지와 세법상 감가상각 상태가 어느 정도 진행되었는지(신축건물은 해당 없음)와 임대료와 관리비의 적정성은 어느 정도인지도 함께 조사 분석해야 한다. 이와 같은 경제적 분석의 결과도 다음 단계의 임대계획 수립시 반영해야 한다.

결론적으로 제1단계인 임대목적물 인수 및 조사 분석, 임대시장 조사단계에서 인수한 임대목적물은 기술적 측면에서 건물의 실체(토지와 건물 및 부속시설)와 함께 건물이 신축 준공된 경우, 준공도서 기존건물인 경우 관리현장에서 작성된 건축 관리 대장, 작업일지와 근무일지 등을 함께 조사해야 한다. 또한 법률적 측면에서 등기공부와 행정공부, 고문변호사에 관한 사항이나 각종 계약서와 규정 등을 접수해야 한다. 뿐만 아니라 경제적 측면에서 경제 가치를 측정하기 위한 정보나 자료(예컨대 감가상각 상태나 공시지가 등)들을 확인하여 건물경영목표를 수립하고, 일정기간 내에 이를 달성하기 위한 임대계획을 수립해야 한다. 이와 같이 임대목적물의 기술적 · 법률적 · 경제적 조사 분석 외에 임대목적물의 현재의 임대기준과 임대조건(관리범위, 임대면적, 공실면적, 임대료, 관리비, 주차료, 연체요율, 계약기간)과 인근 경쟁관계 건물의 편의시설, 특수시설, 장점, 규모, 층수 등을 함께 파악해 두어야 한다.

라. 행정적 조사 분석

임대목적물에 대한 행정 측면의 조사 분석으로서 시 · 군 · 구에 의한 행정체제, 건물자산 공법상의 행정규제, 건축물공부상의 하자, 위반 건축물 존재 여부, 제세공과금의 미납, 행정상의 과태료 등을 면밀히 조사하고 분석하고 임대계획에 반영해야 한다.

마. 환경적 조사 분석

임대목적물의 환경적 분석이란 건물 주변 환경의 유해요소와 불편성들을 확인하고 건물임대에 미치는 영향 평가를 하는 작업을 의미한다. 환경적 조사 분석 결과 역시 임대계획에 반영해야 한다.

바. 안전적 조사 분석

임대건물에 대한 자산위험과 시설물위험을 조사 분석하여 임대계획에 반영해야 한다.

② 임대시장 조사

임대계획을 수립하기 위해서는 임대목적물의 물건분석과 함께 동일수급권과 인근지역(Macro Area와 Micro Area)의 임대시장에 대하여 조사해야 한다. 임대시장의 조사항목은 대체로 다음과 같다.

- 임대시장동향, 경쟁업체동향, 매매시장동향, 분양시장동향
- 주요 사업체 분포현황
- 지역개발 현황과 계획
- 임대건물의 공급현황과 수요전망(임대건물 수급현황)
- 인구분포와 통계
- 최근 5년간의 변화추이
- 교통망 · 교통시설 · 통신 · 편의시설 · 관공서 · 학교 · 은행 등 분포현 황,
- 주요 교통수단
- 지역경제 사정
- 장래의 지역경제 전망

- 지역상권 현황과 변화추이
- 토지이용 현황
- 지역발전 가능성
- 임대건물의 임대현황과 공실률
- 경쟁건물의 임대료, 관리비, 주차사용료 수준과 연체요율 등

임대시장의 조사방법은 다음과 같다.

① 기초자료 조사는 공공기관 자료(각종 통계연감, 국토종합개발계획 등)와 각종 간행물(각종 총람, 전문잡지, 부동산정보), 각종 신문 등을 통하여 조사가 가능해야 한다.

② 현장방문 조사는 부동산 중개업자, 대상건물 관리사무소, 대상건물 입주업체나 그 본사를 통하여 조사해야 한다.

이상과 같은 작업을 통하여 임대목적물의 ① 시설개요 현황, ② 건물 조사 분석표를 작성해야 한다.

③ 임대시장 조사표 등을 작성하여 임대계획 또는 임대실무에 활용해야 한다.

(2) 임대계획 수립단계

임대계획 수립단계란 임대실무상 두 번째 단계로서 건물경영목표 중 수익목표를 달성하는 임대업무의 세부적인 진행과 절차를 수립하는 단계를 말한다.

임대계획 수립단계는 약 11가지의 세부적인 과정을 거쳐 비로소 임대계획이 수립된다. 임대계획 수립단계에서 진행되는 업무를 구체적으로 소개하면 다음과 같다.

① 임대면적 산출 및 확정

건물의 임대평수는 일반적으로 연건평을 의미하기도 하나 인근지역에 있는 건물의 공실이 과다한 경우 경쟁이 예상되므로 주차장 같은 면적을 서비스 면적화하여 임대면적에서 제외하고 전용률을 높여 건물의 전용면적을 인근 빌딩보다 크게 하여 입주자 유치를 쉽게 해야 하는 경우가 있다. 따라서 인근지역의 유사 빌딩과 비교하여 임대조건과 가격이 경쟁력이 있도록 임대면적을 산출 확정해야 한다.

임대면적의 산출은 보통 다음과 같은 기준에 의하여 산출되고 확정된다.

- 건물연면적(전용면적+공용면적)=임대면적
- 건물연면적(전용면적+공용면적)−서비스 면적=임대면적

② 임대료 산정

임대료는 건물경영목표 달성에 매우 중요한 수익이긴 하나 인근 유사 빌딩이나 지역조건, 지역특성, 지리적 여건, 건물 수급현황, 주변 임대시세, 임대목적물의 시설수준 등을 감안하여 결정하여야 한다. 기본 층의 임대료를 기본임대료로 정하고, 이를 토대로 각 층별 · 용도별 · 위치별 임대평수의 평당 임대료를 미리 산정해 두어야 한다. 참고로 1층의 임대료는 기준층의 약 3배, 2층의 임대료는 기준층의 약 2배 정도로 임대료를 산정하고, 임대료는 평당 또는 ㎡ 기준으로 책정해야 한다.

③ 관리비 책정

임대료와 함께 관리비를 적정하게 책정해야 하고, 관리비 부담방법(정액제, 실비 정산 제, 정액실비 병산 제)도 선택해야 한다.

④ 건물용도 확정

건물사용허가서에 이미 명기된 내용대로 건물용도를 확정하고 용도에 맞는 입주자를 유치해야 한다.

⑤ 임대기준 확정

임대기준이란 임대에 기본이 되는 표준을 의미한다. 임대관리자는 다음과 같은 임대기준을 임대계획수립단계에 확정해야 한다.

- 임대방법 확정(전세와 보증(금)부 월세 중 택일 또는 Mix해야 함. 단, 보증금, 월세 비율 1 : 9의 보증(금)부 월세 방법이 임대수익 극대화에 유용함)
- 보증금 · 월세 범위 결정(보증금 비율 최소 10% 수준유지)
- 전세금 산정[(평당 임대료×12개월)/이율]
- 임대기간 설정(단기 임대기간(1, 2년)보다 중장기 임대하는 것이 임대수익 유지에 안정적임)
- 임대차업종 확정
- 관리비 적용범위와 산정범위 확정
- 연체요율 결정
- 부과세 범위 확정(원칙적으로 임대보증금은 임대인의 부담으로 하고 월임대료와 관리비는 임차인 부담)
- 가입 보험종류 및 부담범위 확정
- 주차사용료 유료 또는 무료 범위 및 사전결정

- 입주 전 실내장식 등 무상 사용기간 기준과 조건 확정
- 제소 전 화해조서 업종 확정
- 임대료와 관리비의 납부일, 납부장소, 납부방법
- 명도기준과 원상복구기준, 전대 · 양도 가능 여부

⑥ 임대추진 방법 및 임대기간 설정

임대계획 수립단계에서 임대방법과 임대추진기간을 설정해야 한다.

임대방법에는 적극적인 임대방법과 소극적인 임대방법이 있다. 적극적 임대방법은 임차대상자를 상대로 광고하거나 방문하거나 임대목적물의 장점을 알려주고 입주하도록 설득하여 임차인을 유치하는 방법이다.

소극적 임대방법은 임대대상건물전면 또는 측면에 임대광고현수막만을 부착하고 임차인을 유인하여 임대목표를 달성하는 임대방법이다.

임대담당자는 임대대상건물의 인근시장조사, 인근지역조사, 경제여건, 경쟁관계 등을 면밀히 검토하여 임대추진방법을 결정해야 한다. 또한 임대기간은 임대대상건물이 신축인 경우에는 건물경영목표에 따라 일정기간을 정할 수 있으나 임대목적물이 기존건물인 경우에는 공실발생이 예상되는 2개월 전에 미리부터 임대기간을 설정해 두고 수시임대를 추진해야 한다.

⑦ 임대소요예산확보

임대추진계획을 수립할 때 임대소요예산을 확정하고 임대계획에 반영해야 한다. 임대방법에 따라 광고비 · 인쇄비 · 임대수수료 등을 항목별로 확정하고 이를 임대계획에 반영해야 한다.

⑧ 임대추진 주체 결정 및 업무분장과 진행절차 수립

임대계획을 작성할 때 임대추진 조직과 업무분장, 의사결정 방법, 담당자와 담당업무내용 그리고 보고절차 등 단계별 진행순서를 정하여 절차대로 추진하도록 계획되어야 한다.

⑨ 임대마케팅 전략수립

임대대상건물의 임대촉진을 위한 임대마케팅 전략수립 및 광고 전략이나 홍보방법 등을 정하고 임대계획서에 반영해야 한다.

마케팅 방법은 on-line과 off-line 마케팅을 병행하되 보유하고 있는 data-base를 활용하고 배너광고, 현수막 · 미디어작업과 E/M, T/M 등을 활용해야 한다.

⑩ 임대시장 조사 분석 결과 반영

임대대상 건물의 인근지역이나 유사지역의 부동산 임대가격, 지리적 특성, 관리비현황이나 수준, 경쟁관계 등을 사전에 조사하고 그 결과를 계획서에 반영해야 한다.

⑪ 임대서식 등 준비

임대를 추진하기 위해서 임대에 필요한 홍보물, 임대계약서, 영수증, 관리계약서 등을 사전에 확정하고 인쇄하는 등 준비해 두어야 한다.

(3) 입주자 모집 단계

입주자 모집 단계는 임대실무 제3단계로서 임대대상물의 현황과 조건 및 장점 등을 광고 홍보하고 중개인(중개회사) 등에게 알리는 등 입주자를 모집하는 단계이다. 이때 임대예산이 허락하는 범위 내에서 과감하고 공격적인 임대마케팅 전략을 구사해야 한다.

입주자 모집 단계에서 입주자 유치방법으로는 tenant mix를 해야만 임대수익의 안정구조를 유지할 수 있다. 즉, anchor tenant 50%, sub tenant 30% 그리고 small tenant 20%로 tenant mix하는 것이 바람직하다. 입주자 모집 단계에서 실시해야 할 업무의 종류와 내용은 대체로 다음과 같다. 임대업무는 임대목적물의 성격 · 용도 · 규모 · 사정 등에 따라 다소 상이하다.

① 임대목적물 임대광고

임대관리자는 임대예산이 허락하는 범위 내에서 임대목적물의 임대평수, 층수, 건물의 장점, 편의시설과 편리한 교통, 유리한 지역 특성을 입주예상 임차인을 상대로 알리는 작업을 수행해야 한다.

임대목적물을 알리는 방법에는 TV나 신문광고가 효과적이긴 하나 광고비가 비싸다는 단점도 있다. TV나 신문광고 외에 현수막이나 팸플릿, DM 광고방법도 유용한 광고방법이 될 수 있다. 짧은 시간 내에 경제적인 방법으로 모든 광고수단을 동원하여 임대목적물을 표적시장의 예상임차인에게 알려서 입주희망자를 모집해야 한다.

② 예상입주자 방문, 상담 및 현장안내와 현장브리핑

입주가 예상되는 회사 앞으로 홍보물(팸플릿 · DM 등)을 사전에 보낸 후 임대관리자가 직접 방문하여 임대목적물을 홍보해야 한다. 특히 예상입주자의 현장 방문 시에는 임대기준과 조건, 경쟁력 있는 임대료와 관리비, 지역특성과 임대건물의 장점, 좋은 점

(selling point) 등을 소상히 설명할 수 있어야 하고, 특히 임대목적물의 소유권이 온전한 경우 권리 상에 하자가 없는 점도 크게 강조할 필요가 있다(임차시 임대보증금 반환의 문제가 없을 것임을 강조해야 한다).

특히 전용면적이 공용면적보다 크며 서비스 면적이 많다는 것도 강조할 필요가 있다. 한 번의 방문으로 끝나는 경우도 있기는 하나 두세 번 정도의 재방문도 고려할 필요가 있다. 방문 시에 고려해야 할 점은 방문자의 복장이나 언행, 예의바른 태도, 신뢰성 있는 행동 등에 신경을 써야 한다. 예정임차인 현장 방문 시(답사 시) 좋은 점(selling point)만 소개하고 청소상태, 안전, 편리성 등을 강조해야 하며 대상목적물(공간)과 비교가 되는 다른 임대대상물을 한두 곳 정도만 안내해야 한다(여러 곳을 안내하는 경우 임차인을 혼란스럽게 한다).

임대시장에 공급되는 건물의 수가 많을수록 방문자의 방문예절과 방문 전에 사전의 약속, 방문 준비를 철저히 하여 방문결과가 건물임대계약으로 반드시 연결되도록 해야 한다. 방문은 생산성 있는 과정이 되어야 하며 시간의 낭비나 소비가 되지 않아야 한다.

③ 중개의뢰

건물 임대 중개인 또는 건물 임대 전문중개회사에 안내문을 보내어 임대목적물의 현황과 장점 등을 홍보하여 임대협조 또는 임대추진을 의뢰해야 한다.

④ 희망입주업체 적격판단 및 결정

광고 · 홍보 · 방문 · 의뢰 등으로 수집된 입주희망자에 대하여 희망입주자 명단을 작성하고 임대조건의 적합성 여부를 판단해야 한다. 이를 입주자 적격판단이라 한다.

입주자 적격판단을 해야 할 필요성은 양질의 입주자를 가려내어 입주시킴으로써 건물사후관리에 문제점이 발생되지 않게 하기 위함이다. 또한 적격판단은 경제적인 방법으로 양질의 입주자를 유치함으로써 건물임대의 장기적인 안정적 수입을 보장하기 위함이다.

입주자 적격판단의 기준은 다음과 같다.

- 임차인 재무상태 및 신용상태
- 임대계약상 이행가능성 여부
- 임차 시 출입차량 · 인원증가 가능성 여부
- 임차 시 시설과 설비 손상 가능성 여부
- 건물의 이미지 손상 여부
- 임차인 업종이 건물용도와 적합성 여부

- 임차 시 위험물반입 취급가능성 여부
- 타 입주자와 분쟁유발 가능성 여부 등

이상과 같은 기준으로 입주예정자에 대한 적격 여부를 판단하여 양질의 입주자를 선정 결정해야 한다.

⑤ 계약 준비 및 계약 일정 홍보

양질의 입주예정자가 결정되면 임대가격과 조건 등을 상담을 통하여 합의한 후 계약 스케줄을 임차인에게 통보한다. 이때 임대인은 임차계약서, 관리계약서, 주차장 사용 계약서 영수증, 사용 인감 등을 사전에 준비하고 대기해야 한다.

(4) 임대계약 단계

임대계약 단계는 임대실무상 제4단계에 해당하는 업무추진 단계로서 법률적으로 하자 없이 계약 업무를 처리해야 하는 단계이다.

임대계약 업무는 임대관리 업무 중에서 가장 중요한 업무로서 다음과 같은 업무가 진행된다.

① 계약서 조건 및 조항 재검토

임대준비 단계에서 작성 인쇄된 계약서를 고문변호사의 자문을 받아 다시 한 번 검토하여 필요한 경우 수정 보완해야 한다. 특히 계약서상의 필요적 기재사항에 대해서는 다시 한 번 면밀히 검토해야 한다.

임대차 계약서상 반드시 기입되어야 할 필요적 기재사항은 대체로 다음과 같다.

• 임대목적 부동산(건물)의 표시조항

임대목적물이 건물인 경우 빌딩 명 · 주소 · 층수 · 호실 · 임대평수(전용평수 · 공용평수) · 용도 등이 표시되어 있는지 확인해야 한다.

• 임대차계약기간 조항

임대차가 일반건물인 경우 최장기간은 20년(단 토지는 예외), 최단기는 민법상 규정이 없으나 최소한 1년으로 하는 것이 바람직하다(상가건물임대차보호법의 대상 상가건물은 1년임).

특히 주택임대차의 최단기간은 2년으로 규정(주택임대차보호법)되어 있음을 참고해야 한다. 특히 계약일과 목적물 명도일, 계약종료일과 목적물 반환 일을 반드시 계약서 서면에 기재하여야 한다.

• 임대보증금과 월임대료 조항

임대보증금의 총액과 월임대료 납부일, 납부방법, 납부장소, 연체요율 등을 명기해야 한다. 그리고 보증금 반환조건과 일자를 기입해야 한다. 특히 임대보증금의 월임대료, 부가세 납부에 대하여도 명기해야 한다.

• 관리비 조항

관리비의 총액과 납부일자, 납부방법, 납부장소, 연체요율 등을 명기해야 한다. 특히 관리비를 일정 기간 연체 시 단전, 단수, 출입차량 통행금지 조항을 상호 합의하여 명기해 두는 것이 임대인 입장에서 유리하다. 또한 관리비의 부가세 부담자를 명기해야 한다(단 관리계약을 별도로 체결하는 경우는 관리비 조항만 명기하고 상세한 내용은 관리계약서에 위임).

• 보험료 조항

건물의 화재보험료 등에 관한 조항을 별도로 두고 화재보험 또는 기타 보험의 종류와 부보금액을 명시하고, 화재기타보험의 보험료, 납부일자 등을 명기해야 한다.

• 무단 권리양도 · 전대금지 조항

임차인은 임대인의 동의 없이 무단양도나 무단전대가 금지되고 있음을 명기하고 동의 없이 양도나 전대 시 임대차 계약 해지 사유가 됨을 기입하는 것이 바람직하다. 우리나라 민법에서는 임대차의 무단 양도와 전대는 원칙적으로 금지하고 있으나 임차목적물 중 그 일부는 임대인 동의 없이 양도 또는 전대가 가능하다. 그러나 전세권 제도에서는 특약이 없는 한 양도나 전대가 언제가 가능하다.

• 임차인의 준수 사항

임차인이 지켜야 할 의무사항을 명기해야 한다. 우리나라 민법에서는 다음 사항을 임차인의 의무로 규정하고 있다.

- 차임지급의무

차임을 두 번 이상 연체하면 해지사유가 된다. 차임지급 시기는 특 별한 규정이 없는 한 월말 후불제로 한다. 약정이 있는 경우 약정된 날에 지불한다.

- 통지의무

임차인은 임차목적물에 수리를 요하는 상항이 발생되거나 타인이 임차 목적물의 권리를 주장하는 자가 있을 경우 임대인에게 반드시 통지해 야 할 의무를 이행해야 한다.

- 보전행위 인용 의무

임대인이 임대목적물의 보전행위를 하는 경우 인용해야 한다. 보전행위로 인하여 임대목적물의 사용 수익이 불능할 경우는 인용할 필요가 없다.

- 임차물을 용법대로 사용 수익해야 할 의무

임차인은 건물의 성질이나 정해진 용도에 따라 사용 수익해야 한 다. 타 용도로 사용 수익하는 경우 해지사유가 된다.

- 무단양도나 전대 금지 의무

무단양도 · 전대 시 해지사유가 된다.

- 임차목적물 보관(보존) 의무

임차목적물을 현상대로 보존해야 할 의무가 있다.

- 임차목적물 반환 의무

임대차 종료 시 임차목적물을 원상회복하여 임대인에게 반환해야 한다. 임대보증금 반환과 동시 이행관계에 있다.

• 계약해지 조항

임대인과 임차인은 해지조항을 약정하고 불이행시 해지할 수 있다. 예를 들면 차임 2기 연체나 불법용도 사용, 무단양도나 전대 등은 법정 해지사유에 해당된다.

• 임대인의 권리 및 면책 사유 조항

임대인의 권리에는 다음과 같은 것이 있다.

- 차임청구권
- 목적물반환 청구권
- 차임증감청구권
- 목적물보존 권리
- 법정담보물권

임대인의 면책 사유로는 천재지변에 의한 목적물 멸실, 불가항력에 의한 목적물 멸실, 실화에 의한 멸실 등이 있다.

• 임차인의 손해배상 조항

임차인이 고의로 임차목적물을 훼손 · 손괴 · 파손 · 고장 또는 멸실시켰을 경우 손해를 배상해야 한다는 조항을 명기해야 한다.

• 관리규정 준수의무 조항

건물의 사용에 관한 관리규정을 준수하도록 명기해야 한다. 관리규정은 임대계약서의 일부로서 계약 시 첨부 또는 별도로 교부해야 한다.

• 건물 내 수선유지비 부담 조항

건물의 주요 구조부나 설비 등의 수선비는 임대인이 부담해야 하고 전용부분의 고장은 임차인이 부담해야 한다.

• 공용시설의 사용제한 조항

입주자가 임차목적물의 사용을 정해진 시간의 범위 내에서는 사용이 가능하나 관리규정에 의하여 사용가능 범위시간 등을 참고하여 사용에 제한을 하게 된다. 보안 관리상 또는 에너지절약차원과 질서유지 차원에서 시설의 사용을 제한하게 되는 바 이를 준수하도록 계약서에 기재해 두는 것이 계약 후 분쟁을 막을 수 있다.

• 보증인 조항

임차목적물이 최첨단 건물이거나 임차인이 신용상태가 다소 불량한 경우 임대차계약시에 보증인을 세우도록 요청하여 만일의 손해발생에 대비하는 것이 현명하다.

• 계약기간 자동연장 조항

계약만료일 6월~1월 사이 임대인이나 임차인이 임대기간의 만료나 연장 또는 거절의 의사표시가 없는 경우 종전과 동일한 조건으로 자동 연장됨을 표시하는 것이 현명하다.

• 계약체결 및 효력발생 조항

계약체결일 및 효력발생일자를 특별히 정한 경우 이를 명기해야 한다.

• 관할법원

임대계약의 분쟁이 발생한 경우 이를 해결할 방법으로 재판을 해야 할 경우 관할 법원을 정해야 하는 바 이를 미리 정해두는 것이 편리하다.

② 예상임차인 적격 재 판단

입주자 모집단계에서 입주희망자로 분류된 입주예정자에 대한 마지막 적격 판단을 실시하여 확실한 임차인으로 판명되는 경우 임대계약을 체결하는 것이 바람직하다.

통상 임대차계약기간을 1년으로 정하여 계약하고 입주하는 경우 입주자의 신용이나 재무상태가 불량한 경우 임대 자는 원치 않는 정신적 · 물질적 고통을 감내해야 하기 때문에 입주자 선정과 계약에 특별히 신경 쓰지 않으면 안 된다. 따라서 임대계약 전 입주자 적격 판단을 다시 한 번 실시하는 것이 현명하다.

③ 임대조건 · 가격협의 및 확정

임대인은 임대관리자를 통하여 계약 전에 임대목적물에 대한 가격과 조건에 대하여 임차인과 협의하고 상호 조정하여야 한다. 왜냐하면 이와 같은 협의나 확정 없이 계약 테이블에 앉는 경우 종종 계약체결이 성사되지 못할 경우가 발생할 수 있기 때문이다.

참고할 사항은 임대료는 반드시 모든 입주자에게 동일하게 적용하여 계약해야 하고 차등 적용 시 문제가 발생되며, 비밀유지는 절대로 유지되지 않는다는 점을 명심해야 한다. 그러나 층수가 다른 경우 차등적용해도 무방하다. 차등적용의 기준 역시 임대계획수립 시에 미리 공시해 두어야 한다.

④ 임대계약체결 및 계약서 교부

임대인은 준비된 임대계약서 상의 필요적 기재사항을 재검토하고 입주희망자에 대한 적격판단을 다시 한 번 실시하여 입주자로서 하자가 없는 경우 임대계약체결에 임해야 한다. 임대계약체결 시에 유의해야 할 사항은 다음과 같다.

- 임대면적(전용면적 · 공용면적)과 층수와 호실 재확인
- 적정보증금 · 임대료 · 관리비 여부 확인
- 건물용도가 입주 사(인)의 업종에 타당한지 여부 확인
- 공부상 주소와 목적물의 주소상 이상 확인
- 임대차 기간, 명도일, 반환일, 계약효력 발생일, 계약시기와 종기 확 인
- 특약이 있는 경우 특약사항 확인
- 임대인과 임차인 본인 여부 확인
- 서명 날인 자 권리 · 자격 확인
- 수입인지 첨부 여부 확인(해당되는 경우 전세권 외 일반임대차는 해당 없음)
- 제한물권설정, 채권보전방법, 제소 전 화해조서 조건내용 등 확인

이상과 같은 계약 유의사항을 재점검하고 계약서상의 필요적 기재사항 누락 여부를 확인한 후 신속하고 정확하게 작성 · 서명 · 날인한 후 한 부를 임차인에게 교부하고, 임대계약금이나 보증금 전액을 수령한 후 영수증을 교부함으로써 임대계약체결 업무가 종료된다. 교부 시에 입주일자를 확인해야 하고, 임대목적물과 키(열쇠)는 임대보증금 전액이 입금될 때 임차인에게 인계하고 열쇠수령증을 받아 보관해야 한다.

⑤ 입주 전 임대목적물 관련시설 재점검

임대계약이 체결되고 이사 일자가 정해지면 임대목적물의 사용 수익에 지장이 없도록 사전점검을 해야 한다. 전원설비, 위생설비, 조명설비, 출입문, 열쇠, 시근장치, 전화선 등을 꼼꼼히 확인해 두고 필요시 보수하거나 정비해야 한다. 또한 입주 후 불편사항이 없도록 사전 조치한다.

⑥ 칸막이 등 설치공사

계약체결 후 임차인과 협의하여 전용면적을 정확하게 구획하고 확정하여 필요한 경우 칸막이 설치 공사와 전산실 등의 필요시설을 입주 전에 완료해야 한다.

⑦ 입주지원

임차인의 입주를 위한 이사를 위해서는 이삿짐 운반용 승강기 고정배치, 안내, 시설설비사용방법설명(특히 전원의 용량), 사용상 주의사항, 관리실 위치, 전화번호, 담당자 소개, 비상시 조치내용 등을 안내서를 만들어 전달하고 필요시 소상히 설명하는 것이 현명하다.

특히 이사 오는 날 친절한 안내와 불편사항 요청 시 즉각 대응으로 해결해주는 일은 입주자를 장기 유치하는 첩경이 될 수 있다.

(5) **임대계약 사후관리 단계**

임대관리 업무의 마지막 단계로서 다음과 같은 사후관리 업무가 진행된다.

① 월임대료 부과징수

계약서에 명시된 월임대료의 부과징수는 보증(금)부 월세제도와 무보증(금)부 월임대료 모두에 해당된다. 즉, 전세권 제도와 채권적 전세(미등기전세)에서는 월세의 부과징수는 발생하지 않는다. 임대계약 사후관리 단계에서는 월임대료 부과징수는 월 관리비와 함께 임대기간 동안 매월 일정하게 발생되는 업무로서 일상적으로 처리되는 업무이다. 따라서 임대료 청구서는 일정한 양식을 미리 인쇄하거나 전산시스템을 개발하여 활용하되 납기일 10일 전에 발송하고 7일 전에 도착되도록 배려하는 것이 임대료 수납관리에 도움이 된다.

특히 임대료 수납사고를 방지하기 위해서 거래 은행의 지정구좌에 납입하도록 하는 것이 바람직하다. 따라서 임대료 청구서에는 임대료 총액, 부과세, 납기일, 납부장소, 납부방법, 연체요율 등을 상세히 명기하는 것이 임대료 수납 업무에 도움이 된다.

임대료 청구서에 세금계산서를 첨부해야 하고 관리사무소나 경리과 등에 직접 납부하는 경우 입금표를 교부해야 한다. 임대료를 관리사무소에 직접 입금하는 경우 당일 마감하여 임대관리 은행구좌에 당일 입금처리하고 관리사무소에 현금을 보관하지 않도록 해야 하며 익일 회계 보고해야 한다.

② 월 관리비 부과징수

월 관리비는 부과방법에 따라 부과징수하는 방법과 절차가 다소 상이하다. 관리비가 정액제인 경우는 관리비 징수 기준 일을 기준으로 납부일자를 정하여 관리비 청구서에 정해진 관리비 등을 기입하고 세금계산서를 첨부하여 7일 전에 청구하면 임차인이 지정된 은행구좌에 입금하거나 관리사무소에 직접 입금하면 이를 접수하고 관리비대장에 기입한 후 입금표를 교부하고, 이를 당일 결산하여 빌딩관리 은행구좌에 입금하면 관리비 부과징수 업무는 종료된다.

그러나 실비정산제의 경우는 다소 진행절차가 복잡하다. 지난달의 월말을 기준으로 사용된 에너지 사용량(전기 · 수도 · 가스), 용역비, 공과금, 일반관리비를 모두 취합하여 실제 사용된 관리비를 합계하고 임대평수에 따라 고지 징수하게 된다. 이 경우 건물 내 식당 · 다방 · 전산실 등은 별도의 계량기를 부착하고 이를 별도 사용료를 계산해야 하며 가스 역시 식당 등에 별도의 계량기를 부착하여 사용자부담 원칙 아래 실비를 납부하도록 해야 한다. 특히 야근을 자주 하는 입주자에게 전기료사용료를 형평에 맞게 높게 부과해야 한다. 그러나 연체 시 연체료를 청구해야 하고 임대건물의 공실이 있는 경우 공실에 대한 관리비는 임대인이 납부해야 한다.

③ 임대기준의 개정

임대기준의 개정에 해당되는 항목에는 임대기간의 연장 또는 변경, 임대료의 인상, 관리비의 인상 등이 있다. 임대기간의 연장이나 개정은 임대기간 종료 시에 임차인이 원하는 경우 정상적으로 이루어지나 임차인이 원하지 않으면 임대가 종료된다. 이 경우 임대료 상승도 자연적으로 상승하게 된다. 임대목적물이 주택인 경우에는 1년에 5/100 범위 내에서만 인상이 가능하도록 주택임대차보호법에 규정되어 있으나 일반건물의 경우에는 인상폭의 제한규정은 없다(상가건물임대차보호법이 2003. 11. 1자로 발효되었으므로 해당 상가건물은 1년에 임대료의 12% 범위 내에서 인상이 가능하다). 문제는 임대기간 중에 금리의 변동, 유가의 변동, 전기료의 상승, 물가 상승, 정부정책 변동, 제세공과금의 증액 등 중대한 경제적 사정 변경이 있을 경우 불가피하게 임대료 · 관리비를 증액하게 되는데 현실적으로는 쉬운 문제가 아니다.

이와 같이 경제적 사정 변경에 의한 비정기적 임대기준 변경은 원칙적으로 임대인과 임차인 사이에 계약상 금지된 사항이나 예외적으로 상호협의에 의하여 허용되는 경우도 간혹 있으나 분쟁의 대상이 된다.

또 하나의 임대기준 변경 문제는 임대기간의 연장 문제이다. 임대건물이 과다 공급되거나 임대유치에 문제가 있는 경우 임대기간 연장을 유도하는 것이 바람직하다.

④ 임대계약의 해지

체결된 계약에 의하여 입주자가 입주한 후 계약서에 규정된 약정 해지 사유가 발생하거나 임대료의 2기 이상 연체나 임대목적물을 타 용도로 사용 수익할 시 발생되는 법정 해지사유가 발생할 때 해지관리자인 임대인이 임차인에게 계약해지를 통보하면 해지효과가 발생되고 임차인은 임대인에게 임대목적물을 원상회복하여 반환해야 한다.

이와 같은 해지의 통보, 원상회복, 임대목적물 반환, 임차인 철수 등과 같은 일련의 해지 업무가 계약 사후관리 업무 중 하나이다(해지통지 등은 내용증명으로 하는 것이 임대인에게 유리하다).

계약이 중도에 해지되면 보증금을 환불하되 미 정산 관리비나 임대료가 전혀 없는 상태(완불된 상태)에서 임차인 소유건물이 완전히 임대목적물 밖으로 반출 시에 지급되어야 하며 임대보증금 위에 전세권이나 저당권이 설정되어 있을 때는 반드시 말소확인 후 지급해야 한다. 또한 손해배상금이 있을 때에는 손해배상금 상당액을 유보하고 원상회복비용, 미지급임대료·관리비와 다음 달의 임료 및 관리비 예상액(3개월 평균 관리비+50%추가)을 공제 또는 유보한 후 잔액을 지급하고 영수증을 반드시 교부받아야 한다. 채권보전수단으로 교부한 보증서나 약속어음이 있을 경우 반드시 회수한 후 지급한다.

⑤ 임대목적물 인수 및 원상복구 확인

임대계약 사후관리 업무 중 또 하나의 업무는 임대기간이 종료되어 임대기준의 변경으로 계약기간 연장이나 변경이 없을 경우나 해지 또는 해제되는 경우 목적물을 적기에 반환받아야 하고, 또한 목적물을 원상회복시켜 인수받아야 한다.

원상회복이 불가능할 때에는 원상회복에 필요한 비용을 합리적으로 산출하여 명도 전에 임차인에게 청구하여야 한다.

임차인의 원인에 의하여 손해가 발생할 때에는 손해배상을 청구해야 하고, 합의되지 않을 시는 민사소송을 통하여 실행해야 한다. 정한 기일 내에 임대목적물을 반환하지 않을 때도 명도소송을 통해 승소하고, 이를 채무명의(집행명의)로 하여 강제집행을 통하여 임대목적물을 반환받아야 한다. 명도소송 전 점유이전금지가처분을 먼저 해두어야 한다.

⑥ 임대목적물 방해배제 및 현상유지

임대인은 임대기간 동안 임차인이 임대목적물에 관하여 사용 수익할 때 외부로부터 방해받을 경우 이를 배제하여야 하고 건물의 현상을 정상적으로 유지해주어야 한다.

⑦ 입주자현황 정기점검

입주자가 임대계약 불이행의 징후를 정기적으로 점검하여 임대관리 대책을 수립해야 한다. 예컨대 입주사의 소속직원 급료가 2기 이상 지불되지 않거나 입주자의 사내회의 횟수가 잦거나 장시간 회의를 자주 할 때, 채권자의 채무독촉이 빗발치거나, 경영자와 직원 사이에 고성이 오고가거나, 직원의 이직률이 급격히 늘어나거나, 압류 등 최고장이 자주 배달되거나, 경영자의 출근이 정상적이지 아니거나, 갑자기 세무조사를 받거나, 경영자가 구속되거나, 임대료의 납부가 2기 이상 연체되거나, 신문방송에 입주사에 대한 나쁜 기사(세무조사 · 형사 · 범죄 · 탈세 등)가 기사화되거나 방송된 경우에는 대부분의 경우 입주사의 경영이 부실해지거나 어떤 사정에 의하여 조만간 도산 또는 파산 가능성이 있으므로 긴급히 구(舊)임대차를 종료처리하고 신(新)임대차 계약을 추진, 입주자를 신속히 교체할 준비를 해야 한다.

⑧ 입주자 불편사항 및 민원사항 해결

동일한 임대목적물의 공용평수를 동시에 사용하는 다수의 입주자는 공동생활의 이해가 항상 일치하지 않는다. 따라서 자주 이해충돌이나 불만사항이 발생하고 민원사항이 신고된다. 이때 임대관리자는 계약 사후관리 차원에서 능동적이고 즉각적으로 친절하게 대처하여 접수 즉시 해결하고 그 결과를 먼저 유선으로 통보해야 한다.

해결이 불가능할 경우에도 그 이유와 사유를 밝혀 이해를 구해야 한다. 이와 같이 계약 사후관리 업무가 매우 다양하고 복잡하기는 하나 성공적인 건물자산임대사업을 위하여 반드시 최선을 다하여 관리하여야 한다.

3) 임대수익률 증대방안

건물임대관리의 최대 목적은 안정적 임대수익구조를 장기간 유지하여 임대수익을 극대화하는 데 있다.

건물자산투자의 수익창출은 건물자산의 매각 시 발생되는 양도차익(경우에 따라 매각손이 발생할 수 있음)과 보유기간 동안의 임대수익으로부터 얻어진다. 특히 임대소득의 증가는 임대자체수익의 극대화를 가져올 뿐 아니라 자사가치를 증가시켜 매각 시 양도차익을 크게 실현시키므로 임대수익률 증대가 곧 투자수익 극대화의 원천이 된다.

따라서 임대수익률 증대는 건물자산투자관리에 있어서 매우 중요한 의의를 가지므로 임대관리자나 property manager는 임대수익률 증대방안을 검토하고 활용하는 것이 바람직하다.

① tenant mix 방안

건물임대의 안정적 수익은 양질의 장기적 대규모 anchor tenant에 의해서 주로 창출된다. 그러나 양질의 대규모 anchor tenant에만 의존하는 경우 anchor tenant 스스로 문제가 생기는 경우 안정적 임대수익 유지에 큰 허점이 생기게 된다. 따라서 신용과 규모면에서 대 · 중 · 소의 anchor tenant 50%, sub tenant 30% 그리고 small tenant 20%로 tenant mix하는 경우 안정적 임대수익률 증대에 크게 도움이 된다.

② 보증(금)부 월세 유치방안

임대방법에는 전세(채권적 전세 또는 미등기 전세)방법과 보증(금)부 월세방법이 있다. 전세의 경우 전세보증금의 운용수익이 현행 은행 금리체계상 매우 낮으므로 보증금과 월임대료 비율이 1:9의 보증(금)부 월세방법을 활용하여 임대수익을 증대하는 것이 현명하다.

③ buy-back 업체 유치방안

일정기간 임차 후 임차건물을 매입할 수 있는 업체(tenant)를 유치하는 것이 안정적인 임대수익과 양도차익 실현을 함께 할 수 있어 자산투자관리에 매우 유익하게 된다.

④ 우량업체 유치방안

대기업, 은행, 보험, 공기업 본사, IT계열 우량업체를 유치하는 것이 임대수익률 제고에 크게 도움이 된다.

⑤ 임차인 만족 극대화방안

임차인이 만족하는 경우 기존 임차인이 신규 임차인을 유치하게 되므로 기존 임차인이 건물 사용 수익에 있어서 언제나 만족하도록 해야 한다. 따라서 불편사항 및 고장신고 접수 즉시 신속처리, 간담회, VOC, 회식 등을 활용하여 고객만족을 유도해야 한다.

⑥ 편의시설 제공방안

로비에 자동사무기기 설치, 옥상휴게실 제공, 비즈니스 공간 무료제공, 인테리어, 조경, renovation 등으로 편리하고 쾌적한 환경을 조성하고 제공하는 경우 임대경쟁력의 제고로 임대수익률이 증가하게 된다.

11. 임차관리 실무절차

1) 임차관리실무의 개념

임대차는 임대와 임차를 합한 복합개념이나 실무상의 절차나 이해관계 및 컨셉(conception)은 서로 상이하다. 임차는 임대와는 달리 임대료와 관리비 및 주차사용료, 부가세 등을 지급하는 대가로 일정한 임차목적물을 인도받아 사용 수익하고 임대기간 종료 시 임차목적물을 동시이행으로 반환함으로써 임차목적을 달성하는 임차인 관점의 대차개념이다.

임대차실무개념은 타인의 건물을 일정한 임대차계약에 의하여 사용 수익하기 위한 계약실무이므로 임차계약 전에 최소의 비용으로 최적의 건물을 가장 빠른 시일에 찾아내고 권리분석과 채권위험분석 등을 통하여 임대차계약을 체결에 도달하기란 말과 같이 쉽지 않은 실무과정을 통과해야 한다. 특히, 건물 임차는 전문성이 결여된 개인, 단체, 법인(기업포함)이 임차물건을 확보하여 현장을 답사(survey)하고 권리분석 및 채권위험분석 등을 체계적으로 수행하기에는 비용과 시간의 소비 외에 본업에 전념하는 데 여러 가지 지장을 초래하므로 기업 내부에 임차전문가를 육성하거나 전문 임차업무 대행사를 활용하는 것이 매우 바람직하다.

전문 건물임차대행사는 전문성을 가진 임차전문가와 다양한 임차물건 정보 확보 및 인적 네트워크 및 업체제휴 정보망을 활용하고 구축된 DB(data-base)망을 활용함으로써 빠른 시간 안에 최소비용과 최소의 위험부담으로 최적의 건물을 임차할 수 있다. 즉, 전문 임차대행업체에 임차업무를 위탁하는 경우 위탁자는 소규모 중개업체와는 달리 최적입지의 건물확보와 권리분석을 통한 채권 부실화 방지 및 최소화, 경제측면의 비용절감, 임차처리기간 단축 등의 측면에서 많은 이익을 얻을 수 있다.

2) 건물임차업무의 내용과 진행과정

(1) 건물임차업무의 내용

건물임차업무는 소속기업의 이전사유가 발생하거나 소속회사조직의 별관사용 또는 타 지역 지점, 지사 개설이 요구될 때 타 기업이 자사 업무로 인해 부득이 임차대행 전문 업체에게 건물임차를 위탁할 때 시작되는 건물대차 업무이다.

따라서 다음과 같은 임차업무가 시작되고 종결된다.

① 임대차 위·수탁계약 체결 및 임대계획수립
② 시장조사 및 적정건물 정보수집
③ 종합 survey 및 종합분석
④ 임차목적물현황 조사보고 및 승인신청
⑤ 임대차계약 체결 및 통보
⑥ 입주협의 및 입주
⑦ 임대차 사후관리 및 위탁계약 해지

(2) 임차업무 진행과정

임차업무 위탁 시 임차업무 진행과정은 크게

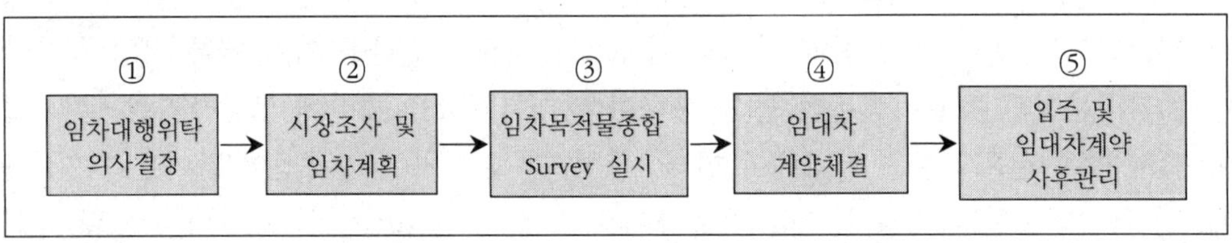

등의 순서로 진행되나 구체적 건물임차실무과정은 대체로 [그림 17]과 같이 진행된다.

[그림 17] 건물임차업무 진행흐름도

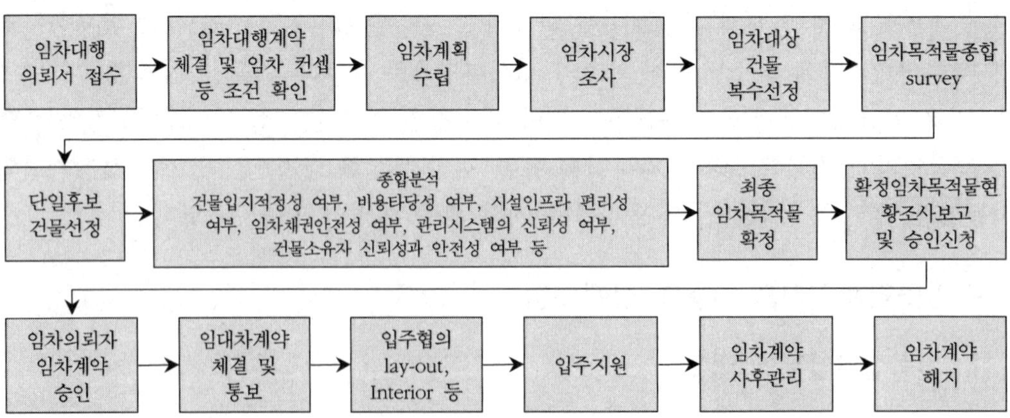

3) 임차업무의 문제점과 임차담당자의 능력조건

(1) 임차업무의 문제점

첫째의 임차업무의 문제점은 임차인의 요구조건(needs conditions)에 꼭 맞는 적정건물은 없다 해도 과언이 아닐 만큼 적정건물을 찾기가 쉽지 않다는 점이다. 따라서 임차업무를 손쉽게 처리하기란 말과 같이 쉽지 않음은 물론이다. 왜냐하면, 임차인이 제시하는 건물임차기준은 일방적일뿐 아니라 가장 경제적 비용으로 채권확보에 위험이 없으면서 접근성이 좋고 주차시설이나 정보통신시설이 양호하며 입주하면 임차인의 이미지가 좋아지는 조건 등을 모두 갖춘 건물은 거의 없기 때문이다. 다시 말하면, 임차인이 제시하는 임대료, 관리비 등의 수준과 임차목적물인 건물조건 사이에 갭(gap)이 현실적으로 존재하고 있는 문제점이 있다. 그러므로 임차인의 제시조건과 임차목적물 건물 사이에 존재하는 갭(gap)을 줄이지 않으면 건물임차계약은 성공할 수 없다. 따라서 임차업무 성공의 핵심은 임차인의 제시조건과 임차목적물인 건물 사이에 존재하는 갭을 줄여서 조화시키는 일이라 할 수 있다.

둘째의 임차업무의 문제점은 임차건물에는 임차보증금에 대한 담보위험이 항상 존재하고 있다는 점이다.

보증금채권위험보다 더 큰 문제점은 임차보증금 보호를 위한 법적으로 그리고 제도적으로 완전하게 보호하는 법제도가 있음에도 불구하고 법제도의 활용으로 임차보증금을 보호하기에는 일반 임차인 측면에서 역부족이라는 점이다.

왜냐하면 저당권설정, 전세권설정, 임차권등기, 가등기제도 등이 법적으로 활용될 수 있으나 정부 부처나 대기업, 은행 등 소수의 임차인을 제외한 일반기업, 임차인의 경우 임대인의 우월적 지위와 비협조로 채권보호수단으로 쉽게 활용될 수 없기 때문이다.

이와 같이 건물임차인의 제시조건과 임차목적물인 건물조건 사이의 괴리(gap)의 문제점과 임차보증금 보호에 법적으로 현실적으로 매우 미흡하다는 점이 임차업무의 최대 문제점으로 지적되고 있다.

(2) 임차담당자의 능력조건

전술한 바와 같이 임차업무는 업무 자체의 문제점으로 인하여 임차담당자로 하여금 전문성을 요구하고 있다. 왜냐하면, 임차담당자가 전문성이 없는 경우, 적정 임차목적물을 확보하기 위한 건물실사 시장분석과 건물정보수집, 채권확보를 위한 위험회피, 담보권설정과 협상을 위한 부실채권관리 등을 효율적으로 정확하게 처리할 수 없기 때문이다.

따라서 임차전문가로서의 임차담당자는 다음과 같은 임차업무 전문성과 임차업무 처리 능력을 확보해야 한다.

첫째, 건물정보 수집능력과 시장조사 및 상권분석능력

둘째, 위험회피(risk hedge)능력과 협상능력(negotiation skill)

셋째, 건물실사능력과 권리분석능력

넷째, 계약처리능력과 사후관리능력

다섯째, 부실채권 관리능력과 부실채권 대응능력(소송실무능력)

여섯째, 공간배치 및 공사 지원능력

이상에서 열거한 업무 전문성과 능력을 확보하지 않는 경우, 소수의 인력으로 신속하고 정확하며 효율적으로 임차업무를 처리할 수 없을 뿐 아니라 효과적인 임차업무 수행에 차질을 빚게 된다.

그러나 현실적으로 임차를 담당하는 기업의 임차담당자 중에는 전문성과 임차업무 처리능력 부족으로 핵심 임차업무의 접근조차 어려운 경우도 허다하다. 따라서 교육을 통하여 임차업무에 필요한 전문성과 능력을 갖춤으로써 임차업무를 소수의 전문 인력으로 신속하고 정확하며 효율적으로 임차업무를 처리하도록 해야 한다.

임차업무를 전문업으로 하는 임차대행사 소속의 임차담당자의 경우에는 고도의 전문성과 능력을 확보해야 함은 물론이다.

기업의 임차담당자나 임차대행업체의 임차담당자가 전문성과 능력을 두루 갖추는 경우에는 다음과 같은 이익이 있다.

첫째, 최적의 임차목적물 조기 확보가 가능하고

둘째, 임차보증금의 위험관리(risk control)가 가능하여 부실채권의 미연방지와 최소화가 이룩되며

셋째, 임차 제비용이 크게 절감될 뿐 아니라

넷째, 신속 정확하고 효율적 임차업무 수행으로 임차업무 처리기간이 크게 단축되며

다섯째, 임차대행 위탁자는 자신의 본업에 전념할 수 있다.

4) 건물임차 실무활동의 원칙과 목표

(1) 건물임차활동의 원칙

건물임차활동의 특성상 임차실무를 함에 있어서 신속성과 정확성, 안전성과 효율성 및 전문성을 요구하고 있다. 따라서 건물임차실무에는 전문화의 원칙, 신속화의 원칙, 정확화의 원칙, 안전화의 원칙 그리고 효율화의 원칙이 적용된다.

이를 분석하면 다음과 같다.

① 전문화의 원칙

전문화의 원칙이란 임차업무 한 가지 일을 전적으로 연구하거나 마음을 쏟아 능률적으로 처리되게 하는 원칙을 의미한다.

건물임차실무는 적정건물의 선정이나 임차업무 처리기간의 단축, 비용절감, 부실채권위험의 최소화 등을 위하여 정보수집, 조사 분석, 건물실사, 종합분석, 임차계약체결, 부실채권관리 등 해당 업무마다 전문성을 요구하고 있어 임차담당자는 각 업무처리에 있어서 전문화 원칙이 적용되도록 해야 한다.

② 신속화의 원칙

신속화의 원칙이란 임차업무를 진행함에 있어서 빠르게 차질 없도록 하게 하는 원칙이다. 임차업무는 1년 단위의 장기간에 걸쳐 처리될 수 없는 이른바 1~3개월 동안의 단기간 처리 업무 성격을 가지고 있다. 또한 임차업무 위탁자의 사정과 형편이 빠른 임차업무의 처리로 신속히 이사하여 안정화되도록 희망하기 때문에 의뢰받은 임차담당자는 신속한 업무처리가 신속화 되도록 최선을 다해야 한다.

③ 정확화의 원칙

정확화의 원칙은 임차업무를 바르고 확실하게 하고자 하는 원칙이다. 건물임차업무는 가장 경제적 비용으로 적정자산을 선정하고 임차하여 새로운 생산, 사무공간을 확보하고 안정화하는 데 있다. 즉, 임대보증금, 임대료, 관리비 등을 급부하는 의사결정이므로 임차업무 진행과정마다 정확성이 크게 요구된다. 따라서 임차업무 정확화의 필요성이 있다. 정확화의 효과는 적정건물의 선정과 비용절감, 부실채권방지 등으로 나타난다.

④ 안전화의 원칙

안전화의 원칙이란 임차업무과정마다 위험을 방지하여 안전화가 유지되게 하는 원칙이다. 임차업무는 안전하게 처리되어야 한다. 특히 임차보증금의 안전화가 크게 요구된다. 특히 임차인이 신규 입주한 임차건물의 사용 수익에 있어서 어떤 위험으로 인한 손실이 발생되지 않도록 안전화의 원칙이 적용되어야 한다.

⑤ 효율화의 원칙

효율화의 원칙이란 임차업무수행에 있어서 투입되는 비용, 시간, 노력보다 산출

(output)을 크게 해야 한다는 원칙이다. 효율화의 원칙의 효과는 비용절감, 적정임차건물 조기확보 등으로 나타난다.

(2) 건물임차 실무활동의 목표

건물임차업무 담당자가 전문성과 요구능력을 두루 갖추고 임차실무활동을 통하여 얻고자 하거나 도달하고자 하는 목표는 다음과 같다.

① 최적의 입지와 적정 임차목적물 확보

임차인의 의뢰에 의하여 시작되는 임차대행 서비스의 첫 번째 관건은 최적의 입지에 위치한 적정 임차목적물을 확보하는 일이다. 적정 임차목적물의 확보는 다양한 임대물건 정보망의 연계와 자체 data-base를 통하여 광범위한 정보수집능력과 시장분석능력이 동원되어야만 적정 임차목적물 확보의 목표를 달성할 수 있다.

② 임차보증금 부실방지와 피해 최소화

담보물권 설정 없이 규모 있는 임차보증금을 선 지급하는 경우 건물소유자의 파산이나 경매 시 임차보증금은 일반채권으로 취급되어 후순위(보통순위) 순서로 보호받음으로써 임차보증금 채권의 부실화가 되기 쉽다. 따라서 권리분석 임차채권에 대한 물권적 보호가 가능하도록 사전 협의가 요구되며 사후관리활동을 강화하여야만 채권부실화를 방지 또는 최소화 목표에 도달할 수 있다.

③ 임차업무 수행기간 단축

전문성을 가진 임차담당자는 전문성으로 인하여 임차업무 수행기간을 단축할 수 있다. 특히 필요한 정보가 data-base화 되어 있는 경우는 one stop service system 구축이 가능하므로 더더욱 업무수행기간 단축이 가능하게 된다. 따라서 임차담당자가 전문성을 발휘할 때 임차업무 수행기간 단축목표가 달성된다.

④ 임차비용의 절감

전문성을 확보한 임차담당자는 임대료, 관리비 등의 현황을 파악하고 있을 뿐 아니라 높은 협상력으로 집중 대응할 때 그리고 이사비용과 거래비용을 절감할 때 비로소 임차비용의 절감목표를 달성할 수 있게 된다.

5) 건물임차계획 전 확인사항

임차담당자가 실무적으로 처리해야 하는 업무에는 수집업무, 조사업무, 확인업무, 분석업무, 처리업무, 관리업무 등이 있다. 그중 확인업무(confirming service)는 조사업무, 분석업무와 함께 정확성과 전문성 및 효율성과 신속성을 요하는 임차업무수행에 있어서 매우 중요한 업무라 인식된다. 특히 건물임차는 종국적으로 법률행위이므로(계약행위이므로) 사전조사와 확인 없이는 정확성을 요하는 임차업무는 실패할 수밖에 없다.

확인업무의 대상에는 등기공부, 지적공부, 건축 준공도면, 건물 일반개요와 시설, 건물의 입지, 관리조직과 관리자의 관리기술, 임대면적, 건물임대인과 경쟁건물의 임대조건, 임차목적물의 주변 환경, 계약조항 및 임대료, 관리비, 주차사용료의 수준 등 여러 가지가 있으나 이 중 몇 가지 중요한 확인사항만을 분설하면 다음과 같다.

(1) 공부조사 확인

등기공부와 지적공부를 열람하고 확인해야 한다. 임차목적물의 권리분석을 위하여 등기공부와 지적공부의 열람과 확인은 필수적이기 때문이다. 등기공부 확인은 토지등기부와 건물등기부 모두를 확인해야 하며 지적공부 역시 도시계획확인원, 국토이용계획 확인원, 지적도, 공시지가확인원, 토지대장, 건축물관리대장 등을 모두 열람하고 직접 확인해야 한다.

(2) 준공도서와 건축 준공도면 확인

준공도서와 건축 준공도면의 확인 목적은 건축물의 합법적 완공 여부와 전체 연면적 및 층별 면적과 임차목적물의 정확한 임대평수(임대면적)를 확인에 있다. 또한 준공도면의 확인은 시설의 종류와 기능 등을 사전 확인하는 데 도움이 된다.

(3) 현지 확인

임대목적물이 위치한 인근지역을 답사하여 지역특성과 상권변화추이 및 교통이용현황과 교통시설현황, 편의시설, 거래기업, 관공서위치 확인과 임대물건수급현황, 공실현황, 임대가, 관리비, 시세조사, 정부 · 지방자치단체의 개발 계획, 진입도로와 접근방법 등을 면밀히 확인해야 한다.

(4) 건물소유자 면담확인

건물임차계약은 건물소유자와의 법률행위이므로 소유주를 확인하고 신용상태를 확인해야 하며 소유권 행사에 대한 제약 여부와 권리능력 유무를 확인해야 한다. 특히 채권확보 보장방법을 미리 확인해두어야 한다.

(5) 건물의 종합현황 및 실태확인

임차예정건물현장을 직접 방문하여 건물의 일반개요, 건물시설, 입지여건, 건물관리 상태, 임차비용 확인 및 표준계약 조항 등을 미리 확인해두어야 한다.

① 건물일반개요

건물의 일반개요 확인사항에는 건물명(빌딩명), 주소, 소유자, 대지면적, 연건평, 바닥면적, 기준층 면적, 층수, 준공일, 전용률과 공용률, 용적률과 건폐율, 법정 주차용량, 주차방법, 유료·무료 주차범위, E/L대수와 용량, 보일러 대수와 톤수, 공조시스템 방식과 제어범위, Anchor 입주사 입주 여부, 불법시설 유무 등이 있다.

② 건축설비

건축설비는 쾌적성, 편리성, 안전성 등의 기능을 하므로 자세히 설비도면과 함께 확인해두어야 한다.

가. 전기설비

총 전기용량과 필요용량, UPS, 정전 시 조치방법 등

나. 소방 설비

옥내소화설비, 스프링클러, 자동화재 탐지설비, 하론 소화설비, 휴대소화기 배치현황, 대피통로(피난통로) 등

다. 기계설비

냉난방시스템과 용량, 냉난방시간, 공조 설비, 자동제어 등

라. 통신설비

일반전화회선, LAN시설현황, 광선로 공급 여부, 기타 통신시설 등

마. 기 타

남녀화장실수, 위치, 이용가능화장실, 적재하중, 내진설계 여부, 층고 등

③ 건물관리실태

관리 실태는 관리비 납부와 관리 서비스 공급 및 추가 부담과 관계되므로 구체적으

로 다음 사항을 확인해야 한다.

관리주체, 관리조직, 관리방법, 관리비 성격과 부과방법, 청소범위, 경비범위, 냉난방기기 추가설치 필요성 여부, 칸막이 · 커튼공사, 책임과 비용부담 주체, 냉난방가동시간, E/L기동시간, 조명기구 교체책임, 보수책임범위, 간판 부착허용 여부 · 부착위치 · 부착방법, 개별간판 종합안내, 간판재료와 규격, 근무시간외 근무 신고방법, 주차장 사용범위 등

④ 임대차계약

계약당사자, 계약서식 · 작성책임, 계약기간, 해제 · 해지사유, 임대인과 임차인의 권리와 의무, 연체요율, 임대인과 임차인의 면책, 분쟁해결방법, 손해배상의 범위, 보증금의 계약금 · 중도금 · 잔금 지급시기와 금액, 채권확보방법과 담보의 평가 등을 확인해 두어야 한다. 특히 계약당사자가 법인의 경우 법인대표자의 성격이 공동대표인 경우 전원이 기명날인해야 한다. 정관을 확인하고 대표이사의 권한을 벗어나는 경우 이사회 결의 서를 첨부해야 유효하다. 또한 회사 현재의 법적 지위(회사정리, 해산, 합병, 파산)를 확인하고 계약서에 날인한 인감이 사용인감일 때, 사용인감계와 인감증명서를 첨부해야 한다.

법인이 영리법인인 경우 관할 세무서로부터 등록번호만 부여받는 경우 상행위가 제한되어 있으므로 세금계산서 발행이 쉽지 아니하므로 이에 관한 사전확인도 필요하다. 법인이 외국법인인 경우에는 외국소재 본사의 승인이 필요하며 국내주재 자국 대사관의 승인서류 공증이 필요한 경우가 있다. 또한 건물소유자가 개인으로서 미성년자, 한정치산자, 금치산자인 경우는 법정대리인의 인감첨부 동의서와 가정법원 판결문을 반드시 유 첨 시켜야 하고 계약당사자가 대리인인 경우에는 인감증명서 유첨한 건물소유자의 위임장을 지참해야 한다. 또한 건물소유자의 권리능력 유무와 연대 보증인이 있는 경우 연대보증인의 자격 유무와 주민등록증을 사본화하여 유첨시켜야 한다.

⑤ 주변 여건

교통망, 접근도로, 교통시설현황, 편의시설, 공공시설, 금융기관, 버스 · 지하철 인접역의 위치와 거리, 접합도로와 이면도로, 위해시설, 기타 등을 확인해야 한다.

⑥ 임차비용

평당 임대보증금, 임대료, 관리비, 유료주차사용료, 보증금 · 임대료 비율과 전환이율, 보증금운용이율, 월간 · 연간 임대료, 월간 · 연간 관리비, 월간 · 연간 주차사용료, 월간 총 소요비용, 연간 총 소요비용, 연체요율과 최대 연체요율 등을 조사 확인해야 한다.

6) 부실 임대보증금 채권관리

임차업무 시작단계에서 권리분석과 위험분석을 다각도로 한 경우에도 임대인의 갑작스런 경제상황의 악화로 경매 또는 파산되는 경우가 발생하여 임차기간 만료 후 임차보증금 채권이 부실화되는 경우가 있다. 이는 전적으로 담보권을 확보하지 않았거나 물권등기 또는 연대보증인을 세우지 않는 등의 부실 권리분석과 위험분석의 결과이므로 임차대행사의 입장에서도 심각한 경제적 손실문제가 대두될 수 있다. 따라서 임차대행사는 임차준비단계에서 권리분석과 위험분석, 건물소유자의 신용 확인 등의 노력이 필요하며 임차계약단계와 유지관리단계에서 임대인의 신용상태를 계속해서 확인할 필요가 있다.

예컨대, 임대인의 출근시간이 일정하지 않거나, 임대인 소속 직원의 입에서 잦은 불만이 표출되거나, 임대인 소속 회사 직원의 이직률이 상승되거나, 비정상적 회의가 자주 목격되거나, 방송과 신문매체에서 나쁜 보도가 나오거나, 채권자의 잦은 방문과 갑작스런 세무조사나, 소유자의 이혼 등은 건물소유자의 신용상태에 문제가 있음을 시사하고 있다. 이와 같은 상황이 도래하면, 즉각적으로 임차보증금 회수를 위한 제도적 장치(담보물요구, 물권등기설정, 월세전환, 보증금비율 하향조정, 소유자명의 어음징구와 공증 등)를 즉각적으로 실시하고 부실방지에 적극 대응해야 한다. 임차기간 만료시의 임차보증금의 부실화는 단한번의 협상만으로 해결이 되지 않는 경우, 명도소송과 소송결과에 의한 강제집행 전략을 구사해야 한다.

제9절 FM 용역업체관리 실무활동

1. FM용역의 의의

건물관리에는 전기 · 가스 등 에너지와 부품 · 공구 등의 소모품만이 필요한 것이 아니라 일정한 기능과 서비스를 제공하는 용역이 필요하다. 다시 말하면, 건물관리에는 시설과 설비의 운전과 정비만 필요한 것이 아니라 시설물유지관리 · 청소 · 경비 · 주차관리 · 조경시설물 관리 · 위생 · 소독 등 일정용도의 관리역할을 필요로 하는바 이를 내부에서 또는 외부로부터 그 기능을 담당할 용역을 필요로 한다.

특수 관리 기능의 용역을 조달하는 경우 용역조달 계획을 수립하여 합리적으로 처리해야 하는바 이러한 용역조달 계획내용을 중심으로 이를 구체적으로 설명하면 다음과 같다.

용역이라 함은 물자의 형태를 취하지 아니하고 생산과 소비에 필요한 품을 제공하는 일로서 보통 서비스라고 용어사전에서 설명하고 있다. 이러한 용역개념을 중심으로 시설관리용역이란 신개념이 1960년대 후반부터 출현하기 시작하였다. 특히, 공동주택과 집합건물 및 주상복합건물 구분소유가 인정되는 오피스텔 등이 대거 출현되면서 시설의 대형화 · 집단화 · 고층화와 설비의 첨단화로 건물소유자 개인관리의 한계성을 느끼게 하여, 이러한 용역개념이 건물관리용역이라는 신개념으로 우리 사회에 나타나게 되었다. 시설관리용역(FM service)이란 타인의 자산(토지 또는 건물)을 관리대행하고 그 대가를 받아 업으로서 영위하는 것을 의미한다. 종전의 용역개념은 단순한 노무제공만으로 위생청소관리 등이 이루어지는 경우 건물관리 업무가 완성되었다고 인식하였다. 즉, 건물의 유지보수 업무가 관리의 전부로 인식되었을 당시만 해도 용역이란 개념은 크게 주목받지 못하였다. 그러나 오늘날 같이 대형화 · 첨단화된 건물에 대하여 단순노무나 단순기능관리만으로는 건물관리업무 전체를 해결할 성질이 아니므로 마침내 전문성과 기술을 함께 요구하는 관리용역의 시대가 도래하였다. 뿐만 아니라, 구분소유권의 인정으로 사업자와 구분소유자 간의 분쟁은 제3자의 입장에 있는 시설관리용역업자의 출현을 가속화시킨 계기가 되었다. 결론적으로, 건물 소유관계의 변화와 건물소유의 다양화 및 대형화 · 첨단화를 가져온 건축의 기술발전은 자치관리의 시대를 벗어나 위탁관리(용역관리) 시대의 장을 열게 하였다.

2. FM 방식의 선택과 용역사용 여부 결정

건물의 관리 방식에는 전술한 바와 같이 직영관리 · 자치관리 · 위탁관리 · 혼합관리 방식 등이 있다. 자치관리 방식은 관리 업무 전반을 소유주체의 책임과 비용으로 관리하므로 용역의 개념을 생각할 수 없으나, 관리 업무 전체를 위탁하는 경우와 일부 관리 종목만 위탁하는 혼합관리 방식에서는 용역의 개념이 반드시 등장하기 마련이다. 따라서 소유주체는 관리 방식의 선택과 함께 용역의 필요성 여부를 결정하여야 한다.

3. FM용역관리 범위의 결정

관리 방식과 관리대상 시설의 종류 등에 따라 용역관리 범위가 결정된다. 다시 말하면, 위탁관리 방식의 경우 관리대상 전체 관리 업무를 수탁관리회사나 관리업자에게 맡기게 되며, 혼합관리 방식에서는 인사 · 경리 · 회계 · 자산관리 · 임대 등 회사 기밀이나 금전에 관계되는 업무는 직영 또는 자치관리 형태를 취하여 관리하고 기술성을 요하는 전기 · 기계 · 소방 · 통신 등의 설비와 전문성을 요하는 보안 · 위생 · 주차장관리 등을 전문용역업자에게 위탁관리하고 감독만 담당하는 업무를 하게 된다. 시설관리용역의 범위에는 다음과 같은 관리종목이 있다.

① 건물시설유지관리 업무
② 환경위생 청소관리 업무
③ 방역소독 업무
④ 엘리베이터 유지보수 업무
⑤ 경비 · 보안 업무
⑥ 소방 · 방재시설 검사대행 업무
⑦ 주차관리 업무
⑧ 조경시설물관리 업무
⑨ 폐기물처리 업무
⑩ 기타 용역이 필요한 임대 · 회계 · 세무 · 인사노무 · 영선 · 안전관리 등의 업무

4. FM용역의 특성

용역은 서비스이기 때문에 제조회사의 업무와 다른 특성이 있다. 이와 같은 용역의 특성을 간략히 설명하면 대체로 다음과 같다.

① 용역은 사람에 의하여 주로 이루어진다.
② 용역은 의뢰자의 신뢰관계로부터 출발한다.
③ 장기간 되풀이되는 업무이다.
④ 대부분의 용역 업무가 특정 시간대의 작업구분이 분명하지 않다.
⑤ 타인의 자산과 생명, 신체를 보호하는 분야이다.
⑥ 의뢰자는 용역 업자에게 기술성과 전문성 · 신뢰성을 함께 요구하는 특성이 있다.
⑦ 물자의 형태를 취하지 아니하므로 눈으로 볼 수 없는 서비스로 이루어진다.
⑧ 장기간 계약관계로 의뢰자와 용역업자 사이에 정적인 인간관계가 수립되고 이로 인한 안일한 관리가 있을 수 있는 분야이다.
⑨ 객관적으로 용역의 질을 측정하기가 쉽지 않다.

5. FM용역업자의 선정

용역을 제공하고 그 대가를 받아 업으로 영위하는 자가 용역업자임을 앞에 언급하였으나 1980년 후반부터 대단위 고층아파트의 출현과 집합건물, 주상복합건물 등 구분소유권 대상건물들이 대거 출현함에 따라 창업하기 시작한 관리대행용역업체는 엄청난 규모로 발전하였다. 이러한 용역업체의 용역업 구분을 살펴보면 다음과 같다.

① 주택관리용역업
② 경비용역업
③ 청소용역업
④ 방역소독용역업
⑤ 시설관리용역업(건축물의 영선, 건축설비의 O&M(엘리베이터 유지 보수 · 냉난방설비 · 전기설비 · 소방시설) 정화조 등)
⑥ 정비보수용역업
⑦ 주차관리용역업 등

또한 전문화하거나 관리 업무 전체를 수주하여 종합관리 형태를 취하는 대형 용역관리회사도 등장하고 있다. 그러나 건물관리회사의 현황을 보면 예외는 있으나 대부분 용역관리회사의 경우 역사가 짧고 기술성과 전문성이 축적이 되지 않고 있으며, 과잉수주경쟁으로 수익성이 악화되어 재무상의 영세성을 가지고 있다. 그러므로 수주에 있어서 기술성 · 전문성 · 신뢰성으로 관리물량이 확보되는 것이 아니라 인적 연고나 기타 편법을 동원하여 수주한 후 경영의 채산성을 맞추려 하고 있는 경향도 엿보인다.

용역을 필요로 하는 관리주체는 먼저 관리 방식을 결정하고 그 결정된 관리 방식에 따라 용역관리 종목을 정한 다음, 용역회사 중 신뢰성과 기술성 · 전문성이 있는 2~3개회사를 지명하여 관계 필요서류를 제출받아 적격판정을 내린 다음, 관리대상과 내용을 제공하여 공개경쟁입찰형식으로 입찰에 응하게 한 후 개별협의를 거쳐 이를 종합, 소유주체 즉, 건물소유자 또는 건물관리에 권한 있는 자의 승인을 받아 관리용역계약을 체결한 후 계약조건에 따라 현장에 투입하고 사후관리 함으로써 용역의 선정 업무가 종료된다.

용역업자 선정에 있어서 유의할 선정기준은 다음과 같다.

① 기술성 · 전문성 · 신뢰성
② 기술인력 보유자수 및 조달능력
③ 회사규모와 자본금, 경영재무상태

④ 관리회사 및 회사대표(경영자)의 신용상태
⑤ 회사와 현장의 지리적 위치
⑥ 정실외압 등 변칙성 있는 수주추진 여부
⑦ 관리종목에 적합한 장비보유 유무와 기술인력 보유현황
⑧ 관리종목과 유사한 관리경험과 관리실적
⑨ 관리회사의 타 관리 업무 집행현장의 관리상태의 양호 여부
⑩ 관리책임자의 회사에 대한 인식도
⑪ 관리회사에 소속된 관리자에 대한 교육훈련 실적과 교육훈련 능력
⑫ 타 현장 관리 시 사고경력 및 전 현장 관리주체의 평가
⑬ 노사안정성 여부
⑭ 업무처리능력
⑮ 창의성과 적극성 및 책임성
⑯ 연평균 이직률
⑰ 최근 5년간 연간 매출 및 매출총액
⑱ 현장지원조직 및 지원시스템
⑲ 관리소장 예정자의 경력 등

6. FM용역계약의 체결

1) 용역계약의 의의

용역계약이라 함은 용역위탁자와 용역수탁업자 사이에 일정한 노무나 기술 등을 제공하는 대가로 일정금액을 지불할 것을 약정하는 계약을 의미한다.

계약방법에는 수의계약 또는 경쟁 입찰 계약 등의 방법이 있다. 용역업체의 현황을 볼 때 자격과 능력을 구비한 업자들이 참여할 수 있는 제한경쟁입찰 방식으로 하되 입찰자 중 가장 유리한 조건을 제시한 용역 업자를 선택하여 계약을 체결하는 것이 바람직하다.

제한경쟁입찰계약 방식을 취하는 경우 사전에 예상 참가업체에게 PQ(pre- qualification)를 제출하게 하고, 이를 심사하여 기준에 합격한 업체만 입찰에 참여하게 하여야 한다.

2) 용역계약서의 필요적 기재사항

계약서 필요적 기재사항은 시설관리용역의 종목에 따라 다소 차이가 있으나 이를 종합하여 공통적인 사항만 언급하면 다음과 같다.

- 계약의 명칭
- 계약당사자의 주소, 상호, 대표자 성명, 전화번호
- 용역관리대상의 범위 및 용역의 내용(과업지시서)
- 용역기간(계약기간)
- 용역금액과 지불방법 · 시기
- 의뢰자의 권리의무
- 용역자의 권리의무
- 해지 사유 및 방법
- 계약당사자의 면책내용
- 재판의 관할법원
- 해지와 손해배상의 사유와 범위 및 방법
- 계약체결일 등

3) 용역계약서식과 기재사항

건물자산관리를 위하여 필요한 여러 가지 용역계약에는 전술한 바와 같이 건물시설관리용역계약, 청소용역계약, 경비용역계약, 주차관리용역계약, 소독용역계약 등이 있으나 본 절에서는 예시하는 차원에서 건물청소용역계약과 시설경비용역계약만 수록하여 참고 되게 하였다.

(1) 청소용역계약서 서식과 기재사항

여기에 소개하는 청소용역계약서와 경비용역계약서는 필요적 기재사항을 기재한 계약서이나 예시에 불과하며 용역의 내용과 범위에 따라 얼마든지 계약내용이 변경될 수 있음을 참고하기 바란다.

일반 청소용역계약 서식과 기재내용은 (표 45)와 같다.

(표 45) 건물청소용역계약서(예)

건 물 청 소 용 역 계 약 서

________(이하 "갑"이라 한다)와 ____(이하 "을"이라 한다) 이상 양인은 청소용역도급계약을 아래와 같은 조건으로 체결하고 이를 성실히 이행키로 한다.

제1조(목적물의 표시)

1. 건물명칭 :
2. 소재지 :
3. 대지 :
4. 구조 및 연건평 :

제2조(청소용역의 범위) "을"은 청소업무에 필요한 기술과 인력 및 장비와 용품을 제공하여 본 계약서의 각 조항에 표시된 청소용역을 "갑"으로부터 도급받아 시행한다.

제3조(도급계약기간, 도급금액 및 지급방법)

1. 도급계약기간 :
2. 월 도급금액 :
3. 지급방법 : 익월15일까지 현금지급. 단, 외벽 및 외부유리 세척은 "갑"의 요구에 의하여 실시하고 별도 대금 청구한다.

제4조(도급금액의 주요 대상) ① "을"이 수행할 도급용역범위의 주요 대상은 다음과 같으며, 도급용역의 상세한 범위와 요령은 본 계약서의 각 조항에 의한다.

② (도급용역의 중요 대상)

1. 빌딩의 바닥(복도, 계단 및 각종 시설설치실의 바닥 포함)
2. 건물 내의 고정물품
3. 벽체, 천장 및 빌딩의 옥상
4. 변기, 세면기, 음수기, 형광등, 루버, 디퓨져 등
5. 유리창 내부
6. 건물부지 내외의 정원관계
7. 건물부지 내 및 외곽주위

제5조(도급범위 및 계약조건 변경) ① "갑"의 사정에 의하여 전 제4조의 청소용역 주요 대상 범위를 축소 또는 증가할 필요가 있을 시 본 계약에 관계없이 축소 또는 증가할 수 있다.

② 전항의 경우 "갑"은 축소 또는 증가에 따른 비율에 대하여 "갑", "을" 쌍방 간 협의에 의하여 용역금액을 감액 또는 증액할 수 있다.

③ "갑"은 "을"이 계획된 작업을 2주 이상 지연시킬 때에는 "갑"이 일방적으로 제3자에게 지명·대행시키고 그 업자에게 지불한 금액을 "을"의 용역대금에서 공제하고 그 차액을 지급한다.

제6조(청소장비의 확보 및 유지관리) ① "을"은 계약이행에 필요한 일체의 청소장비를 계약체결과 동시에 구비하여 업무수행에 지장이 없도록 하여야 한다.

② "을"은 구비한 청소장비를 수리 및 교체하기 위하여 빌딩 외로 반출하고자 할 때에는 "갑"의 승인을 얻어야 한다.

③ "을"은 반입된 기계·기구 명세를 작성하여 "갑"에게 제출하여야 하며 "갑"은 수시로 검사하고 검사결과 청소기계로서 적합하지 아니하다고 인정하여 교체를 요구할 때에는 "을"은 이를 즉시 교체하여야 한다.

④ 청소용 장비는 “갑”이 지정한 장소에 “을”의 책임 하에 보관한다.

제7조(청소용 제 재료의 통제와 감독) ① “을”이 본 계약업무 수행을 위하여 필요한 약품 및 세제와 소모품 등은 “을”의 책임으로 구입·사용하되 “갑”의 입회하에 전량 반입(1개월분 소요량 이상)하고 “갑”의 검수 후 “갑”의 승인을 받아 적정한 용품과 적당한 양을 사용하여야 하며, 매월1회 이상 청소현황, 월 중 사용물자 현황을 제시하여야 한다.

② 청소용 제 재료에 대하여 아래의 경우는 “갑”이 구입하고 “을”에게 매월 지급되는 청소대행료에서 공제하여도 이의를 제기할 수 없다.

1. 납기 내에 물품이 반입되지 아니한 때
2. “갑”의 검수에 불합격된 물품

제8조(창고 등 공급) “을”이 도급위탁 수행을 위하여 빌딩 내에서 사용하는 창고, 전력 및 용수 등은 “갑”이 제공한다.

제9조(근무성실의 의무) ① “을”은 빌딩 내외를 언제나 위생적으로 청결하게 유지하여야 한다.

② “을”은 빌딩 내외를 청소함에 있어 건물의 수명 등을 괴려하여 최선의 방법으로 업무의 수행은 물론 선량한 관리자로서의 주의의무를 다하여야 한다.

제10조(종업원 배치 및 인사기록 제출) ① “을”은 계약체결과 동시에 업무수행에 필요한 장소에 배치하여야 한다. 청소요원은 ○명 이상(여자○, 남자○) 확보하여야 하며, 남자는 50세 이하로 하여야 한다. 특히, 각 작업현장별로 능력 있는 자를 책임자로 배치하여 청소작업을 시행하거나 감독하게 하며 “을”의 소속직원 중 감독요원을 주기적으로 파견하여 청소상태를 총괄적으로 점검·감독하도록 한다.

② 전항의 인원에 관하여는 사전에 배치계획서 및 인사기록을 당 건물관리 사무실에 제출하여 면접 후 “갑”의 동의를 얻어야 한다. 인원배치를 변경하고자 할 때에도 또한 같다.

③ “갑”은 “을”의 종업원 중 무자격 및 근무자 이탈, 근무시간 중 음주·취침, 빈번한 결근, 비위 사실, 당사 품위를 손상 시키는 행위 등 부적당하다고 인정되는 자나 “갑”의 공신력을 저해하는 자에 대하여 “을”에게 그의 교체를 요구할 수 있으며 “을”은 3일 이내에 결원을 보충하여야 하며, 거부당한 “을”의 종업원은 “갑”의 지역에 출입을 금한다.

제11조(종업원에 대한 책임 및 건강진단) “을”은 전 종업원의 건강진단서를 계약 후 1개월 이내에 제출하여야 하며, 전 종업원의 건강, 신원, 위생, 풍기 및 작업규율의 유지 등에 관하여 일체의 책임을 진다(필요한 경우 신원증명서도 제출해야 한다).

제12조(결원 시 용역비 공제) “갑”의 업무지역에 배치되어 근무 중인 종업원의 결원이 발생하였을 때에는 아래와 같이 월 용역비에서 공제한다. 단, 예비군 훈련, 관혼상제를 포함하여 해당 월 총 인원의 2%는 인정을 하고 그 이상의 결원이 발생하였을 때에는 월 평균 중 일급 액의 300%에 해당하는 금액을 월 용역비에서 공제한다.

제13조(제복착용 및 친절의무) “을”은 종업원에게 “갑”이 정한 소정의 제복, 모자, 신발 및 스카프를 착용하여 항시 단정한 복장으로 작업에 임하여야 하며, 빌딩에 출입하는 고객에게 친절을 다하여야 한다.

제14조(청소상태의 기준) 당 빌딩의 청소상태 기준은 서울시내, 신축한지 5년 이내의 일류 호텔의 청소 상태 수준으로 한다.

제15조(근무규정 및 청소계획서 비치) ① “‘을”은 이 계약서에 의한 도급업무의 개시와 동시에 종업원의 근무규정과 각 작업현장별로 청소계획서를 2통씩 각성하여 1통은 “갑”에게 제출하고 1통은 현장사무실에 비치하여야 한다.

② “을”은 업무수행을 위한 임시작업 계획서 및 정기작업 계획서를 제출하여 “갑”의 승인을 받아야 하며, 이에 따라 업무를 수행한 후 결과를 검사받아야 한다.

③ “을”의 청소감독은 청소상태, 인원현황 및 근무일지를 “갑”이 승낙한 서식에 의거 매일 “갑”의 관계 부서장에게 제출하여야 한다.

제16조(청소원의 교육훈련 및 이동금지) "을"은 청소원의 빈번한 교체로 인하여 숙달된 요원의 부족으로 청소작업에 지장을 초래해서는 안 되며 항상 숙달되도록 청소요령, 예의범절, 화재예방 및 안전사고 예방에 대한 교육을 월1회 이상 실시하고 교육일지를 작성하여 "갑"에게 확인을 하여야 한다.

제17조(일반청소) "을"은 정기적인 작업계획에도 불구하고 "갑"의 빌딩 내에서 작업하는 종사원을 "갑"의 요청이 있을 때를 제외하고 다른 일에 사용할 수 없다.

② "을"은 갑의 요청 시 빌딩 내에서 물품운반 등을 이행해야 한다.

제18조(특별청소) ① "을"은 정기적인 작업계획에도 불구하고 "갑"의 행사, 의식 등의 필요에 따라 요구 시 특별청소를 실시하여야 한다.

② 일반청소를 실시하였다 하더라도 불량하다고 인정될 시는 재청소를 실시하여야 한다.

제19조(안전관리) ① "을"은 업무수행 중 항상 안전관리에 최선을 다할 것이며, 만일 작업 중 사고가 발생하면 민·형사상의 모든 책임을 전적으로 "을"이 부담하고 "갑"은 하등의 책임을 지지 않는다.

② "을"은 종업원이 업무상 재해를 당하였을 때를 대비하여 본 계약 체결일로부터 1주일 이내에 산재보험에 가입하고 가입 필 증을 "갑"에게 제출하여야 한다.

제20조(업무감독 및 금지사항) ① "을" 또는 그 종업원은 업무를 진행함에 있어 "갑"의 제 규칙을 준수함은 물론 "갑"이 위임한 빌딩관리인의 감독·지시사항에 순응하여야 하며, 지적사항을 즉각 시정하여야 한다.

② "을" 또는 그 종업원은 다음 각 호의 행위를 하여서는 안 된다.

1. 빌딩 내 근무자의 업무진행에 지장이나 불편을 초래하는 행위
2. 담당 아닌 업무 분야를 간섭하는 행위
3. 사전허가 없이 출입금지구역에 출입하는 행위
4. 근무를 태만하는 행위
5. 빌딩 내에서 음주 및 소란한 행동을 하는 행위
6. 빌딩 내에서 습득한 문서 또는 물품에 대하여 "갑"에게 신고하지 않는 행위

제21조(계약해지) ① "갑", "을" 쌍방 중 어느 일방이 이 계약을 해지하고자 할 때에는 적어도 1개월 전에 상대방에게 그 사유를 통보하여야 한다.

② "을" 또는 그 종업원이 다음 각 호의 1에 해당하는 때에는 계약기간 만료전이라도 "갑"은 일방적으로 해지할 수 있으며 "갑"은 "을"에 대하여 일체의 배상책임을 지지 아니한다.

1. 본 빌딩 내(입주자 포함)의 기밀을 누설하였거나 공무처리를 지연케 하는 행위
2. 빌딩 내의 문서 또는 물품을 무단반출하거나 훼손하였을 때
3. "을" 또는 종업원이 청소를 소홀히 하거나 "갑"의 업무상 지시에 불복할 때
4. 고의 또는 과실로 선량한 관리자로서의 주의의무를 태만히 하여 빌딩설비를 손괴하였거나 중대한 사고를 야기하였을 때
5. 제17조의 금지규정을 위반하여 "갑"으로부터 경고를 받았음에도 불구하고 이를 시정하지 않았을 때
6. "을"이 계약조항을 위반 또는 불이행하거나 빌딩의 청소용역 도급업체로서 심히 부적당하다고 "갑"이 인정할 만한 사유가 발생하였을 때

③ "을"은 청소작업 불량 및 청소작업 계획서대로 철저히 이행하지 않을 시는 "을"에게 경고를 하고 본 경고가 월 3회까지 통보되었을 시는 본 청소용역 도급계약 위반으로 간주하고 자동적으로 해약되며 "을"은 이의 없이 즉시 철수한다.

④ 전항의 규정에 의하여 계약이 해지되었거나 계약기간이 만료되었을 때에는 청소업무를 "갑" 또는 "갑"의 지정인에게 인계하여야 한다.

⑤ 전항의 인계가 완료될 때까지는 "갑"은 "을"의 소유물에 대한 반출을 제한할 수 있다.

제22조("을"의 배상책임) 다음 각 호의 1에 해당하는 경우에는 "을"은 이에 대하여 원상복구 또는 5일 이내에 배상의 책임을 진다.

1. "을" 또는 종업원의 귀책사유로 인하여 "갑"의 빌딩 또는 시설에 손실을 주었을 경우
2. "을" 또는 그 종업원이 귀책사유로 인하여 본 빌딩 내에 근무하는 직원 및 빌딩 내에 출입하는 자에게 손실을 주었을 때
3. "을" 또는 그 종업원이 "갑"의 물품 또는 "갑"으로부터 대여 받은 물품을 망실 또는 훼손하였을 때

제23조(계약조항의 해석) 이 계약 각 조항의 해석에 의문이 있을 때에는 "갑", "을" 상호협의에 의하여 정하고 협의가 성립되지 않을 때에는 "갑"의 해석하는 바에 의한다.

제24조(통고 방식) 본 계약의 통지 및 승낙은 문서로 함을 원칙으로 한다. 다만, 즉시 해결이 가능한 경미한 사항에 대하여는 구두로 할 수 있다.

제25조(이행보증금) 본 계약을 성실히 이행하기 위하여 계약이행 보증금조로 도급금액의 10%의 상당하는 금액을 "을"은 "갑"에게 예치한다(이행보증 보험 증권으로 대치할 수도 있다).

제26조(계약의 효력) 이 계약에 첨부한 시방 서 등 부속문서는 계약서의 일부가 되며, 그 효력은 계약서와 동일하다.

제27조(소송 자) "갑"과 "을"이 본 계약과 관련하여 발생하는 소송은 "갑"의 주소지를 관할하는 법원에 제소한다.

제28조(계약서의 보관) 이 계약을 증명하기 위하여 계약서 2통을 작성하여 "갑", "을"이 서명날인하고 각 1통씩 보관한다.

년 월 일

(갑)		(을)	
상 호 :		상 호 :	
주 소 :		주 소 :	
사업자번호 :		사업자번호 :	
대표자성명 :	인	대표자 성명	인

(2) 시설물 경비용역 계약서 서식과 기재사항

시설경비용역계약서 내용 역시 용역의 성격, 범위와 업무내용에 따라 얼마든지 변경될 수 있다.

시설물경비용역의 서식과 기재내용은 대체로 (표 46)과 같다.

(표 46) 시설물경비용역계약서(예)

시 설 물 경 비 용 역 계 약 서

서울시 구 동 번지 대표_____(이하 "갑"이라 칭한다)와 서울시 구 동 대표 (이하 "을"이라 칭한다)는 빌딩의 경비용역에 대한 도급계약을 아래와 같은 조건으로 체결하고 이를 성실히 이행키로 한다.

제1조(목적) 본 계약은 "갑"의 관리 빌딩 및 빌딩 내 재산의 경비업무를 효율적으로 집행하기 위하여 "을"에게 그 경비업무를 도급하고 "을"은 수급 받아 그 용역을 제공하여 선량한 계약자로서의 주의의무를 다하여 본 계약서의 각 조항을 성실히 수행할 것을 목적으로 한다.

제2조(목적물의 표시)

1. 빌딩명칭 :
2. 소재지 :
3. 경비구역 :

제3조(용역금액 및 지불방법) ① 본 계약에 의한 1인당 월 용역비는 _____원으로 하며(부가 세 별도) 월 용역비는 익월 15일 지불키로 한다(중 식대 포함/인당). 단, 본 계약 내용과 위배되는 사항이 발생할 시 시정될 때까지 수수료지불을 일시중지할 수 있다.

② "갑"의 별도요구에 의한 인원의 추가 또는 감소가 있을 시는 "갑", "을" 상호 협의하여 월간용역비에서 가감정산 확정키로 한다.

③ 월 미만의 계산은 당해 월의 일수에 따라 일괄 계산하여 지급한다.

④ "갑"의 업무지역에 배치되어 근무 중인 경비원의 결원이 발생하였을 때는 결원기간의 3배수에 해당하는 금액을 월 용역비에서 공제한다.

제4조(계약기간) 본 계약의기간은 년 월 일부터 년 월 일까지 한다.

제5조(경비인원) 총 0명(반장포함)

제6조(경비원의 자격) 경비원의 자격은 다음 사항을 갖춘 자로 한다.

1. 신원보증과 재정보증을 갖춘 자로 한다.
2. 사상이 건전하고 품행이 단정한 자.
3. 만 45세 미만의 신체 건강한 자
4. 군복무를 필 한 자
5. 신원조회 결과 신원과 사상이 건전하다고 회보된 자
6. 학력이 중졸 이상인 자
7. 용역경비업 법 제7조의 결격사유에 해당되지 않는 자

제7조(경비원의 인사) ① "을"은 "갑"의 경비지역에 배치할 경비원의 인사기록을 "갑"에게 제출하여 면접 후 동의를 얻어 채용하되 신원조회 결과를 확인할 수 있는 증빙서류를 요구하면 이에 응하여야 한다.

② "갑"이 불성실이나 근무태만, 비위사실 등 부적당하다고 인정하여 교체 요구시는 즉시 이행하며 변경하고자 할 때도 또한 같다.

③ 전항의 근무태만이라 함은 근무지 이탈, 근무 중 음주, 취침, 빈번한 결근, 기타 "갑" 또는 "을"의 제 규정에 저촉되는 행위로서 경비업무수행에 지장을 초래함을 말한다.

④ "을"은 경비원이 결근 시에는 교대인원을 배치해야 한다.

⑤ 경비원의 업무지시는 "을"이 하되 "갑"의 지시에 응해야 한다.

⑥ 경비원의 근무조건은 노동관계법규 등에 위배되지 않아야 하며 경비원의 업무상 재해 및 복리후생, 복무기간 등 그에 따르는 모든 책임은 "을"에 있다.

제8조(근무규정 및 경비요령) ① "갑"은 경비업무에 관하여 "을"에게 지시 통제할 수 있는 권한을 가지고 "을"은 이를 존중하여야 하며 근무요령과 '갑"의 제반 규정 및 규칙을 준수하여야 한다.

② "을"의 경비책임자는 경비근무 현황 및 이상 유무를 "갑"의 서식에 의거 "을"의 관계부서장에게 제출하여야 한다.

③ 근무규정

㉠ 근무규정

ⓐ 경비원은 복장을 단정히 하여야 하며 엄정한 태도로 근무하여야 한다.

ⓑ 항상 청결한 몸가짐으로 고운 말 쓰기 및 미소와 친절로 응대하여야 한다.

ⓒ 모든 출입자는 손님으로 평등하게 응대하며 절도 있고 예의를 갖추어 하여야 한다.

ⓓ 무뢰한 불순분자, 잡상인 등은 빌딩의 질서와 평온을 유지하기 위하여 단호히 출입금지시킨다.

ⓔ 음료수 및 잡화물, 위험물, 중량물 등의 반 출입은 사전 관리사무실에 승인을 득한 후 반출

입하도록 한다.

ⓕ 항시 엘리베이터 운행상황을 파악하고 수용인원의 안전수송에 만전을 기한다.

ⓖ 빌딩의 출입문 개폐는 단순한 문단속보다도 빌딩의 개관·폐관을 표시하는 중요 작업이므로 정확을 기하여야 하고 출입문의 이상 시에는 즉각 관리사무실에 보고하여야 한다.

㉡ 순찰근무규정

ⓐ 신속·정확한 기동력으로 빌딩 내외를 정기 또는 비정기적으로 순회점검 및 상황을 파악하여야 한다.

ⓑ 순찰자는 거점근무자와 긴밀한 연락 및 협조로 다음 사항을 신속·정확히 점검 예방한다.

- 소방 및 대피통로의 항시소통과 장애물 제거
- 수용인원의 파악 및 질서유지
- 도난 및 위험요소 제거 및 화기단속과 안전유지
- 출입인원 및 차량에 대한 통제 및 검색
- 사내시설 보안(통제·제한구역)
- 관리사무소의 지시에 따른 주차업무 보조

ⓒ 순찰자는 안전제일을 유념하여 위급 및 불안상태를 신속히 발견 현장에서 시정 조치하고 사후 "갑"의 관리사무실에 보고 승인을 득한다.

ⓓ 인화물질, 위험물, 폭발물 등의 반입 및 저장은 철저히 금지시켜 재해예방에 노력한다.

ⓔ 이유 없이 배회하는 자, 정신이상자, 불순분자, 무뢰한 잡상인 등은 철저히 단속하여 방화·방범에 주력하고 이상 시 관리사무실에 즉각 보고한다.

제9조(인원교체의 제한) "갑"사에 배치한 후 6개월 내에 교체 자가 5명 이상 발생 시는 "갑"의 통지에 따라 자동 해지된다.

제10조(복장 및 장비) 경비원의 복장과 장비는 "을"의 부담으로 하며 경비용역법상의 제복을 착용한다.

제11조(배상책임) "을"은 다음의 각호에 해당하는 경우에는 이에 대하여 즉시 배상할 책임과 민·형사상의 책임을 진다.

1. "을" 또는 "을"이 고용한 경비원의 고의, 과실, 근무태만으로 계약에 명시된 임무를 다하지 못하여 "갑"이 빌딩 입주자에게 손실을 끼쳤을 때

2. "을"이 본 계약 수행중 제3자에게 손해를 가한 때

3. "을"은 원인 여하를 불문하고 경비원이 노동쟁의 및 기타 이에 준하는 단체행동 등으로 인한 경비업무의 차질로 "갑"이 손해를 입을 때
4. "갑"은 상기의 손해배상금을 "을"에게 지급할 용역비에서 우선적으로 공제할 수 있다.

제12조(배상금의 담보) "을"은 배상금의 담보를 위하여 용역경비업 법 제14조에 정에 따라 이행보증 보험증권(10,000,000원 상당)을 본 계약 체결 후 1주 이내에 "갑"에게 제출하여야 한다.

제13조(양도금지) "을"은 계약상의 관리와 의무의 일부 또는 전부를 제3자에게 양도 또는 하청하거나 담보의 목적물로 할 수 없다.

제14조(계약의 해지) "갑"은 "을"이 다음 각 호의 사항에 해당하는 행위를 하였을 때에는 계약을 해지할 수 있다.

1. "갑"의 중요한 기밀을 누설하여 결정적인 손해가 발생하였을 때
2. "을"이 "갑"사에 순응하지 않고 경비업무용역을 불 성실히 수행하였을 때
3. 빌딩 내의 문서 또는 물품을 무단반출하거나 훼손하였을 때
4. 제12조(배상책임)경우가 발생하여 "갑"이 필요하다고 인정할 때
5. "갑"과 "을"의 쌍방 중 어느 일방이 계약유효 기간 중에 계약을 해지하여야 할 사유가 발생할 때에는 1개월 전에 서면으로 해지의사를 표명한 때 또는 본 용역대금에 대한 압류 또는 가압류를 당했을 때

다만, 다음 각 호의 해당하는 경우 "갑"은 최고 없이 본 계약을 해지할 수 있다.

1) "을"이 파산선고를 당했거나 해산을 결의하였을 때
2) "을"이 본 계약 각 조항을 위반하였을 때

제15조(계약의 종료) 계약기간 종료 시까지 "갑"의 서면에 의한 재계약 의사표시가 없을 시에는 계약기간의 종료 시 본 계약은 자동 해지한다.

제16조(계약내용의 변경) 본 계약 유효기간 중이라도 계약내용의 변경사유가 발생하였을 경우 "갑"과 "을"이 협의에 의하여 계약내용을 수정할 수 있다.

제17조(금지사항) "을" 또는 경비원은 다음 행위를 하여서는 안 된다.

1. 업무집행에 지장이나 불편을 초래하는 행위
2. 사전허가 없이 출입금지구역에 출입하는 행위
3. 담당업무 외의 분야에 간섭하는 행위
4. 기타 "갑"이 금지하는 행위

제18조(계약조항의 해석) 이 계약조항의 해석에 의문이 있을 때에는 "갑", "을"이 상호협의에 의하여 정하고 협의가 성립되지 않은 때에는 "갑의" 해석하는 바에 의한다.

제19조(통고 방식) 본 계약의 작업지시 통지 및 승낙을 문서로 함을 원칙으로 한다. 다만 해결이 가능한 경미한 사항에 대하여는 구두로 할 수 있다. 이상의 약정사항을 증명하기 위하여 계약서 2부를 작성하고 "갑"과 "을"이 서명 날인하여 각 1부씩 보관한다.

년 월 일

(갑)		(을)	
상 호 :		상 호 :	
주 소 :		주 소 :	
사업자번호 :		사업자번호 :	
대표자성명 :	인	대표자성명 :	인

7. FM용역업체의 사후관리

용역계약의 체결은 용역 업무의 시작에 불과하다. 따라서 용역관리대장을 별도 유지하면서 용역업자의 현장투입과 관리업무대행의 진행과 결과를 평가 · 기록하고 개선할 점은 개선하도록 건의하고 시정 조치하여 완전한 용역관리의 효과가 나타날 수 있도록 조정하는 업무가 용역관리의 사후관리 업무이다. 용역은 필요한 인력을 필요시기에 필요한 곳에 투입하여 기대하는 관리효과가 나타나도록 해야 한다.

사후관리의 대상이 되는 용역업체(협력업체)의 평가기준은 다음과 같다.

① 기술력
② 업무수행능력
③ 인원동원능력
④ 회사 신뢰도
⑤ 자금동원능력
⑥ 협력지수
⑦ 사고율
⑧ 계약이행상태
⑨ 업무추진능력

제10절 건물보수공사관리 실무활동

1. 보수공사관리 실무활동의 의의

건물기술관리의 주된 관리활동은 I · O · 2M · 2R 활동이라 할 수 있다. 즉, 설비 또는 시설의 inspection(점검)활동, operation(운전 · 조작)활동, 시설물의 보전활동인 maintain활동, 설비의 정비활동인 maintenance활동 그리고 보수 · 갱신활동인 repairing과 renovation(remodelling)활동이 기술관리(유지관리, 협의의 건물관리)에 있어서 가장 중요한 활동이라 할 수 있다. 기술활동 중에서 경미한 repairing활동과 maintenance는 기술 관리종사자(영선담당자 포함)가 정비 · 보수할 수 있으나 고도의 기술을 요하는 정비 · 보수와 갱신은 반드시 전문건설업자에게 의뢰하여 보수 · 정비 · 갱신 공사를 수행해야 한다. 따라서 보수공사 등의 표준발주절차에 의하여 공사도급공사계약과 작업으로 시설과 설비를 원상회복하여 시설과 설비의 정상적 기능과 성능을 나타내도록 해야 한다.

다음에서 기술을 요하는 보수 · 정비공사의 발주절차와 갱신공사(대수선공사) 발주절차에 대하여 구체적으로 살펴보고, 공사도급표준계약서(예)를 예시하여 관련 업무에 참고 되게 하였다. 인용한 공사도급계약서는 국가기관에서 사용하는 표준계약서임을 부기해둔다. 따라서 일반 공사에도 크게 참고 될 것으로 판단된다.

2. 건물보수공사 발주절차

1) 정비 · 보수공사 간이발주절차

경미한 정비보수공사는 간이발주절차를 통하여 처리된다.

① 설계 및 내역서 작성 → ② 내부품의(품신) → ③ 내부승인 → ④ 계약의뢰(담당부서) → ⑤ 공사입찰공고 → ⑥ 현장설명 → ⑦ 입찰실시 → ⑧ 공사도급계약 → ⑨ 착공 → ⑩ 완공 → ⑪ 준공검사 → ⑫ 완공보고 → ⑬ 대금지급(하자보증서 접수 후) → ⑭ 공사사후관리

2) 갱신공사(대수선공사) 표준발주절차

대수선과 같은 규모 있는 갱신공사는 표준발주절차를 거쳐 체계적으로 발주처리 해야 한다.

① 추진계획수립 → ② 자료수집 및 타당성, 기술성, 경제성, 관계법령 검토 → ③ 관계부서협의 → ④ 기본계획수립 → ⑤ 내부품의 및 승인 → ⑥ 기본계획 확정 → ⑦ 기본설계 및 내역서 시방 서 등 확정 → ⑧ 실시설계확정 → ⑨ 허가신청 및 허가 → ⑩ 입찰공고 → ⑪ 현장설명 → ⑫ 입찰 → ⑬ 입찰조건 검토 및 입찰자 확정(네고 후) → ⑭ 계약 → ⑮ 착공 → ⑯ 완공 → ⑰ 준공검사(커미셔닝 포함) → ⑱ 완공보고 → ⑲ 대금지급(하자보증서 접수 후) → ⑳ 공사 사후관리

3. 건물보수공사 도급계약서의 필요적 기재사항

기술을 요하는 정비 · 보수공사 및 갱신공사의 공사도급표준계약서(예)와 건물보수공사 일반계약조건은 다음과 같다.

① 계약명칭
② 계약번호
③ 공고번호
④ 발주처
⑤ 계약상대자 인적사항
⑥ 연대보증인 인적사항
⑦ 공사 명
⑧ 계약금액
⑨ 총 공사부기금액
⑩ 계약보증금
⑪ 현장(현장 명, 현장주소 등)
⑫ 지체 상금 율
⑬ 물가변동 계약금액 조정방법
⑭ 기성지급방법 및 지체상금(율)
⑮ 착공 연월일과 준공 연월일
⑯ 하자담보책임
⑰ 붙임서류
- 공사입찰유의서
- 공사계약 일반조건
- 공사계약 특수조건
- 설계서
- 산출내역서
⑱ 관서의 장 또는 계약담당 공무원
⑲ 계약상대자
⑳ 연대보증인
㉑ 공사계약 일반조건

4. 건물보수공사 도급표준계약서 서식과 기재내용

공사도급표준계약서(예)의 서식과 기재내용은 다음의 (표 47)과 같다. 공사도급계약은 공사도급계약서와 함께 공사입찰유의서, 공사계약일반조건, 공사계약특수조건, 설계서, 산출내역서 등이 하나의 공사도급계약서를 구성하고 도급계약의 효력을 갖는다.

(표 47) 공사도급표준계약서(예)

공사도급표준계약서	계약번호 제 호
	공고번호 제 호

계약자	발 주 처	
	계약대상자	• 상호 또는 법인명칭 : • 법인등록번호 : • 주 소 : • 대표자 :
	연대보증인	• 상호 또는 법인명칭 : • 법인등록번호 : • 주 소 : • 대표자 :
계약내용	공 사 명	
	계 약 금 액	금 원정(₩)
	총 공 사 부 기 금 액	금 원정(₩)
	계 약 보 증 금	금 원정(₩)
	현 장	
	지 체 상 금 률	
	물가변동계약금액조정방법	
	착 공 연 월 일	
	기 타 사 항	

하자담보책임(복합공종의 경우 공종별 구분 기재)

공 종	공종별 계약금액	하자보수 보증금 율(%) 및 금액	하자담보책임기간
		( )% 금 원정	년
		( )% 금 원정	년
		( )% 금 원정	년

중앙관서의 장(계약담당공무원)과 계약상대자는 상호 대등한 입장에서 붙임의 계약문서에 의하여 위의 공사에 대한 도급계약을 체결하고 신의에 따라 성실히 계약상의 의무를 이행할 것을 확인시 계약서를 작성하여 당사자 기명날인한 후 각각 1통씩 보관한다.

붙임서류 : 1. 공사입찰유의서 1부
2. 공사계약 일반조건 1부
3. 공사계약 특수조건 1부
4. 설계서 1부
5. 산출내역서 1부

관서의 장 또는
계약담당공무원

계 약 상 대 자
연 대 보 증 인

제11절 건물자산 조세관리 실무활동

건물자산(부동산)의 경제활동과 관련하여 취득 및 양도과정에서 일시적으로 부과되는 조세와 보유과정에서 계속적 · 반복적으로 부과되는 조세 그리고 양도과정에서 부과되는 조세를 소개하면 다음과 같다.

1. 건물자산(부동산) 취득과정 부과 조세

건물자산(부동산)을 유상 · 무상의 승계취득과 원시취득 및 간주취득 등 일체의 취득과정에서 부과되는 조세에는 취득세, 상속세, 증여세, 등이 있으며 계약서 작성에 따 인지세 등이 이에 해당한다.

세목	주요 내용
취득세	취득 · 등기 행위에 대한 조세
상속세	상속으로 취득하는 재산에 대한 조세
증여세	증여행위로 취득하는 재산에 대한 조세
농어촌특별세	취득세율 1,000분의 20을 적용하여 납부하는 세액에 10%가 부과되는 조세
	취득세 · 등록면허세의 감면세액에 20% 부가되는 조세
지방교육세	취득세율에서 1000분의 20을 뺀 세율을 적용하여 산출한 세액의 20%
	등록면허세의 납부세액에 20% 부가되는 조세
인지세	부동산 취득계약서에 인지 첨부로 납부하는 조세
부가가치세 지방소득세	사업자로부터 건물의 취득에 대한 조세 ▶ 매수자 : 담세 자

2. 건물자산(부동산) 보유과정 부과 조세

건물자산(부동산)을 보유하여 사용 · 수익과정에서 부과되는 조세로서 재산세, 종합부동산세와 부동산 임대에 관한 사업소득 등이 이에 해당한다. 이를 구체적으로 설명하면 다음과 같다.

세목	주요 내용
재산세	보유재산(토지, 주택, 건축물 · 선박 · 항공기)에 대한 조세
종합부동산세	보유재산(토지 및 주택)에 대한 조세
소득세	개인이 부동산을 임대하여 발생하는 소득에 대한 조세
법인세	법인이 부동산을 임대하여 발생하는 소득에 대한 조세
부가가치세 지방소비세	부동산 임대소득에 대한 조세 ▶ 임대사업자 : 납세의무자
지방교육세	등록면허세, 재산세의 20% 부가되는 조세
지방소득세	소득세 · 법인세의 10% 부가되는 조세
농어촌특별세	종합부동산세의 납부세액에 20% 부가되는 조세

3. 건물자산(부동산) 양도과정 부과 조세

개인이 건물자산(부동산)을 양도하는 경우로서 계속적 · 반복적인 양도행위의 경우는 사업소득으로 과세되며, 그 행위가 일시적 · 우발적인 경우에는 양도소득세로 과세된다. 또한 법인이 건물자산(부동산)을 양도하는 경우에는 법인세로 과세된다.

세목	주요 내용
양도소득세	개인의 양도소득에 대한 조세
소득세	개인의 부동산 매매소득에 대한 조세
법인세	법인의 부동산 매매소득에 대한 조세
부가가치세 지방소비세	사업자로서 건물의 매도에 대한 조세 ▶ 매도자 : 납세의무자
지방소득세	양도소득세 · 소득세 · 법인세 납부세액에 10% 부가되는 조세
농어촌특별세	양도소득세 · 소득세 · 법인세 감면세액에 20% 부가되는 조세
인지세	부동산 매도계약서에 인지첨부로 납부하는 조세

앞에서 설명한 건물자산의 취득과정과 보유과정 및 양도과정에서 부과되는 조세 중 취득과정에서 중요하게 부과되는 취득세와 보유과정의 재산세 그리고 양도과정의 양도소득세에 관하여 살펴보면 다음과 같다.

4. 취득세

1) 취득의 구분

① 실질적 취득

사실상 취득	승계취득	유상승계취득	매매, 교환, 현물출자
		무상승계취득	상속, 증여, 기부
	원시취득	토지	공유수면매립, 간척
		건축물	건축(신축, 재축)
		시효취득	점유 및 등기부 시효취득

② 간주취득

토지	지목변경으로 토지가액 증가
건축물	개수 등으로 가액 증가

2) 과세대상

과세물건		과세범위
부동산	토지	측량, 수로조사 및 지적에 관한 법률에 따른 토지
	건축물	건축법 규정에 의한 건축물 토지, 지하 다른 구조물에 설치하는 시설물

3) 납세의무자

구분	납세의무자	취득원인
사실상 취득자	시설대여업 자	시설대여물건
	수입하는 자	사용 · 수익하기 위하여 수입하는 경우
	상속인	상속으로 취득하는 경우
	조합원	조합원용으로 취득하는 부동산
	주체구조부취득자	건축물의 부대설비
사실상 소유자	토지의 소유자	지목변경으로 토지가액증가
	건축주	건축물의 증축 · 개수
	과점주주	비상장법인의 주식을 50% 초과 시

4) 취득시기

구분			납세의무의 성립시기(취득시기)
유상승계(매매)	일반매매		계약서상 잔금지급일
	객관적거래		사실상 잔금지급일
	연부취득		사실상 연부금지급일
무상취득	증여 · 기부		계약일(서면에 의하지 아니한 경우 등기 · 등록일)
	상속		상속개시일
원시취득	매립 · 간척		공사준공인가일(예외 : 사용승낙일, 허가일)
	건축물	허가	사용승인서 내주는 날과 사실상 사용일 중 빠른 날
		무허가	사실상 사용일
	주택재개발사업		소유권이전고시의 다음 날과 사실상 사용일 중 빠른 날
	도시개발사업		환지처분공고일의 다음 날과 사실상 사용일 중 빠른 날
간주취득	지목변경		사실상 변경된 날과 공부상 변경된 날 중 빠른 날
	종류변경		사실상 변경된 날과 공부상 변경된 날 중 빠른 날
시효취득	등기시효취득		등기일
	점유시효취득		시효완성일
제조 · 건조	일반매매		인도받은 날과 계약상 잔금지급일 중 빠른 날
	할부계약		인도받은 날과 등록일 중 빠른 날

5) 취득세의 과세표준

구분			과세표준
사실상 취득	원칙		취득 당시 신고한 가액(연부취득의 경우는 연부금액)
	예외	시가표준액	① 신고를 하지 아니한 때 ② 신고가액 표시가 없는 때 ③ 시가표준액보다 적은 때
	특례	사실상 취득가액	① 국가 등으로부터 취득 ② 외국으로부터 수입에 의한 취득 ③ 공매(경매포함)에 의한 취득 ④ 판결문에 의하여 확인되는 취득 ⑤ 법인장부에 의하여 확인되는 취득 ⑥ 부동산거래신고에 의하여 검증된 취득
의제취득	지목변경		증가한 가액으로 한다.
	종류변경		
	과점주주		법인 취득세 과세대상 자산의 가액 × 지분율
건축물 건축	건축(신축 · 재축)		소요된 비용으로 한다.
	증축 · 개수		증가한 가액으로 한다.
토지건축물을 일괄 취득하는 경우			토지, 건축물에 대한 취득가격이 구분되지 아니한 경우는 시가표준액 비율로 안분한 금액을 토지, 건축물의 취득가액으로 한다.

6) 부동산의 표준세율 및 중과세율

① 표준세율

취득 원인	구분	세율	비고
① 상속으로 인한 취득 (신탁재산이 상속인에게 이전 포함)	농 지	1,000분의 23	전, 답, 과 목장용지
	기 타	1,000분의 28	농지 이외
② 증여, 그 밖의 무상취득	일 반	1,000분의 35	시효취득을 포함
	비영리사업자	1,000분의 28	
③ 원시취득(건축, 매립, 간척)		1,000분의 28	증축을 포함
④ 신탁법에 따른 신탁재산 이전	일 반	1,000분의 30	수탁자로부터 수익자에게
	비영리사업자	1,000분의 25	
⑤ 합유물 및 총유물의 분할		1,000분의 23	
⑥ 공유물 분할 및 지분 이전		1,000분의 23	
⑦ 유상으로 인한 취득 (매매, 교환, 공매, 경매 등)	농 지	1,000분의 30	전, 답, 과 목장용지
	기 타	1,000분의 40	농지 이외

② 사치성 재산(표준세율 + 8%)

구분		내용
별장		주택 및 오피스텔을 휴양, 피서, 놀이 등으로 사용
골프장		회원제 골프장을 신설, 증설하여 개장, 등록 시
고급주택	단독주택	① 연면적 331㎡ 초과+건물가액 9,000만 원 초과 + 시가표준액 6억 원 초과 ② 대지면적 662㎡ 초과+건물가액 9,000만 원 초과 + 시가표준액 6억 원 초과 ③ 엘리베이터, 에스컬레이터, 67㎡ 이상 풀장 중 1가지만 설치
	공동주택	① 일반 : 전용면적 245㎡ 초과 + 주택의 시가표준액 6억 원 초과 ② 복층 : 전용면적 274㎡ 초과 + 주택의 시가표준액 6억 원 초과

7) 징수방법

신고 납부		불이행	보통징수	
원칙	취득일로부터~60일 이내	가산세 적용	신고불성실	100분의 20
	상속 : 상속개시일~6개월 이내		납부불성실	1일 : 10,000분의 3
예외	사유발생한 날로부터~30일 이내		중가산세	100분의 80
	중과세 대상된 날로부터~30일 이내			

5. 재산세

1) 재산세의 특징

구분	재산세의 특징
과세 주체	과세물건의 소재지 관할 시장, 군수, 구청장
과세 기준일	매년 6월 1일
조세의 분류	재산을 중심으로 하여 과세하는 물세이다.
조세의 성격	재산으로 인하여 예상되는 수익에 대하여 과세하는 응익과세이다.
부과징수	재산세는 보통징수방법에 의하여 부과징수한다.
납부제도	물납 및 분납 제도를 인정하고 있다.

2) 과세대상 및 납세의무자

① 과세대상

공부상 등재현황과 사실상의 현황이 상이한 경우에는 사실상의 현황에 의하여 재산세를 부과한다.

① 토지(주거용 토지 제외) ② 건축물(주거용 제외) ③ 주택(딸린 토지 포함)
④ 선박 ⑤ 항공기

② 재산세의 납세의무자

가. 원칙

사실상의 소유자(공유재산인 경우 ➡ 지분권자)

나. 예외

공부상 소유자	매매 등의 사유로 소유권에 변동이 있었음에도 이를 신고하지 않은 경우
주된 상속자	상속등기가 이행되지 아니하고, 사실상의 소유자를 신고하지 아니한 때
매수 계약자	국가 등과 연부매매계약을 체결하고, 사용권을 무상으로 부여 받은 경우
위탁자	신탁법에 의하여 수탁자의 명의로 등기 · 등록된 신탁재산의 경우
사업 시행자	일정한 토지를 환지로 정하지 아니하고 체비지 또는 보류지로 정한 경우
사용자	재산세 과세기준일 현재 소유권의 귀속이 분명하지 아니한 경우
공부상 소유자	사실상의 종중재산으로서 종중소유임을 신고하지 아니한 때

3) 과세표준 및 세율

① 과세표준

과세기준일 현재의 시가표준액으로 원칙으로 한다. 다만, 토지, 주택 및 건축물에 대하여는 시가표준액에 공정시장가액비율을 곱하여 산정한 가액으로 한다.

② 재산세의 세율

가. 시장 · 군수는 조례에 의하여 표준세율의 100분의 50의 범위 안에서 가감 조정할 수 있다.

나. 동일한 재산에 대하여 2개 이상의 세율이 해당되는 경우에는 그중 높은 세율을 적용한다.

③ 토 지

과세대상별	과세방법	세율 적용(초과누진세율 및 비례세율)	
종합합산과제	소유자별 합산	초과누진세율(1,000분의 2~1,000분의 5)	
별도합산과제	소유자별 합산	초과누진세율(1,000분의 2~1,000분의 4)	
분리과세	각각의 토지가액	전, 답, 과수원, 목장용지 및 특정임야	1,000분의 0.7
		공장용지, 산업용, 공급용지	1,000분의 2
		골프장용 토지, 고급오락장용 토지	1,000분의 40

④ 건축물

용도기준	세율 적용	비 고
일반건축물(상가 등)	1,000분의 2.5	
시 이상 주거지역의 공장건축물	1,000분의 5	도시형 업종 포함
과밀억제권역 내 신·증설 공장건축물	표준세율의 × 5배(5년간)	도시형 업종 제외
골프장건축물, 고급오락장 건축물	1,000분의 40	골프장, 고급오락장

⑤ 주택(부속 토지 포함)

구 분	적용 세율	과세 방법	용도 구분
주 택	초과누진세율 (1,000분의 1~1,000분의 4)	주택별로 각각	고급주택을 구분하지 않는다.
별 장	비례세율(1,000분의 40)	건축물+토지	휴양 · 피서 · 위락 등 사용

4) 부과징수

① 과세기준일

재산세의 과세기준일은 매년 6월 1일로 한다.

② 납세지

과세대상	내 용
토 지	토지의 소재지를 관할하는 시 · 군
건축물	건축물의 소재지를 관할하는 시 · 군
주 택	주택의 소재지를 관할하는 시 · 군

③ 납기

<table>
<tr><th>과세대상</th><th colspan="2">납 기</th></tr>
<tr><td>토 지</td><td colspan="2">매년 9월 16일부터 9월 30일까지</td></tr>
<tr><td rowspan="3">주 택</td><td>부과 · 징수할 세액의 2분의 1</td><td>매년 7월 16일부터 7월 31일까지</td></tr>
<tr><td>부과 · 징수할 세액의 2분의 1</td><td>매년 9월 16일부터 9월 30일까지</td></tr>
<tr><td colspan="2">부과 · 징수할 세액이 5만 원 이하는 납기를 7월 16일ㅇ부터 7월 31일까지 일시에 부과, 징수</td></tr>
<tr><td>건축물 · 선박 · 항공기</td><td colspan="2">매년 7월 16일부터 7월 31일</td></tr>
</table>

④ 병기세목 및 부가세

구 분	세 목	내 용
부가세	지방교육세	납부세액의 100분의 20을 부가한다.
병기세목	지역자원시설세	특정부동산에 대한 지역자원시설세의 납기와 재산세의 납기가 같을 때에는 재산세의 납세고지서에 나란히 기재하여 납세고지를 할 수 있다.

6. 양도소득세

1) 양도소득세의 특징

① 등기 · 등록 여부에 관계없이 그 자산이 사실상 이전되는 경우에 과세한다.
② 대가를 받고 자산을 양도하는 유상이전에 대하여만 과세한다.
③ 사업성이 없는 일시적, 우발적인 양도에 대하여 과세한다.

2) 양도의 개념

① 양도행위로 보는 것

구분	내용
매매	양도의 일반적인 형태로서 매도, 공매, 경매 할부매매 등을 포함된다.
교환	부동산 등으로 교환을 하는 경우 쌍방 모두에게 양도소득세가 과세된다.
수용	법령에 의하여 토지 등이 협의매수 또는 수용으로 보상금을 수령하는 때
현물출자	금전 이외의 자산을 출자하고, 그 대가로 주식 또는 출자지분을 취득하는 때
사업양도	부동산 등이 포함된 개인사업체를 포괄적으로 양도하는 경우를 말한다.
대물변제	협의·확정판결에 의하여 위자료 등을 부동산 등으로 소유권을 이전하는 때 재산세 및 종합부동산세를 물납하는 때에도 그 자산을 양도로 보아 과세한다.
부담부 증여	채무액부분 : 유상이전으로 보아 증여자에게 양도소득세가 부과된다. 채무이외 부분 : 무상이전이므로 수증자에게 증여세를 부과한다. 배우자 또는 직계존비속 간의 부담부증여에 대하여는 전부를 증여로 본다. 다만, 당해 채무액이 국가, 지방자치단체 또는 금융기관에 대한 채무 등이 객관적으로 입증되는 경우에는 부담부증여를 예외로 인정한다.

3) 양도소득세의 과세대상

① 부동산

구분	내용
토지	지적공부에 등록하여야 할 지목에 해당하는 토지로서 등기·등록 여부 관계없다.
건물	건물과 부속된 구축물 및 무허가 건물을 포함한다.

4) 양도 및 취득시기

① 일반매매의 경우

구분	시기	내용
원칙	대금청산일(사실상 잔금지급일)	
예외	등기접수일	대금을 청산한 날이 분명하지 아니한 경우 대금을 청산하기 전에 소유권 이전등기를 한 경우

② 자기가 건설한 건축물의 경우

구분	내용
허가	사용검사필증교부일(예외 : 사실상 사용일 또는 사용승인일)
무허가	사실상 사용일

5) 양도소득세의 세율

구분		양도소득세율
(1) 토지, 건물, 부동산에 관한 권리	보유기간이 2년 이상	6~33%
	보유기간이 1년 미만	50%
	보유기간이 1년 이상~2년 미만인 것	40%
	미등기 양도자산	70%
(2) 기타 자산	보유기간, 등기 여부 관계없이	6~33%

6) 양도소득세의 신고와 납부

① 과세표준 예정신고기한

과세대상자산		예정 신고기한
토지, 건물, 부동산에 관한 권리, 기타자산		양도일에 속하는 달의 말일부터 2개월 이내
토지거래 허가구역	허가받은 후 대금을 청산한 경우	
	허가받기 전 대금을 청산한 경우	허가 일에 속하는 달의 말일부터 2개월 이내
주식 및 출자 지분		양도일에 속하는 분기 말일부터 2개월 이내

② 과세표준 확정 신고 기한

과세대상자산		확정 신고기한
토지, 건물, 부동산에 관한 권리, 기타자산		당해 연도의 다음 연도 5월 1일~5월 31일까지
토지 거래 허가 구역	허가받은 후 대금을 청산한 경우	당해 연도의 다음 연도 5월 1일~5월 31일까지
	허가받기 전 대금을 청산한 경우	허가일의 다음 연도 5월 1일~5월 31일까지
거주자가 사망한 경우		상속개시일로부터 6개월이 되는 날까지
국외이주 목적으로 출국하는 경우		출국일 전날까지

제12절 PM manager의 직업윤리와 윤리적 자세

1. PM manager의 직업윤리

1) 직업윤리의 개념

일반적으로 윤리라 함은 사람이 지켜야 할 도리나 규범을 의미한다. 또한 윤리의 다른 의미는 옳은 행동과 옳지 않은 행동의 기준이라 할 수 있다. 건물재산관리는 타인의 재산에 대한 관리이므로 고도의 윤리성이 요구되는 직업이다. 따라서 건물재산관리자는 이와 같은 고도의 윤리성을 갖추고 건물재산관리에 임해야 한다. 즉, 건물재산관리자는 재산관리자 이전에 사람으로서 지켜야 할 도리나 규범을 반드시 지켜야 한다. 건물자산관리 대상물은 고가의 부동산이므로 재산관리자는 물론 임대인과 임차인 또는 매도자와 매수자에게도 윤리성이 요구된다. 재산관리자가 준수해야 할 윤리를 건물재산관리자 직업윤리라 하며, 평가사에게는 평가사 직업윤리, 중개업자에게는 중개업자윤리가 있다.

건물재산관리자에게 고도의 재산관리자윤리가 강조되는 것은 건물재산관리는 부동산관리의 일종으로서 사회성과 공공성이 크게 요구되기 때문이다. 뿐만 아니라 건물재산관리자는 전문직업인이므로 전문직업인으로서의 지켜야 할 규범이나 도리까지 준수해야 한다. 모든 전문직업인에게는 직업윤리가 있다. PM 직업도 전문직업의 하나이고, 그 직업이 다루는 건물자산이나 건물자산관리활동은 높은 사회성 · 공공성(公共性) · 사익성(私益性)이 강조되고 있어서 PM업자에 대한 직업윤리도 매우 중요시되고 있다.

2) 건물자산관리 윤리의 유형

(1) 고용윤리

경영 관리자가 그의 종업원으로 하여금 법률규정과 해당되는 윤리규정을 준수하도록 충분한 감독을 하여야 한다. 최고경영자 스스로도 윤리규정을 준수하여야 하는 것은 물론, 종업원의 건물자산관리 윤리 면에 관한 지식 및 일반적 교양지식을 향상시키기 위한 교육을 게을리하면 안 된다.

(2) 조직윤리

조직윤리란 동업자 또는 동업자단체가 지켜야 할 도리를 말한다.

① 동업자와의 관계

PM업자는 건물자산관리 윤리를 준수하지 않음으로써 동업자에게 불리한 결과를 입히지 않도록 노력하여야 한다.

② 동업자단체와의 관계

PM업자는 해당되는 동업자단체에 가입하여 동업자단체의 일원으로 단체의 목적·기능·지시사항에 성실하게 협력하여야 한다.

(3) 서비스 윤리

서비스 윤리는 건물자산관리 윤리의 중심을 이루는 것으로 PM업자와 의뢰인과의 관계를 규정한다. 주로 PM업자의 양심적이고 성실한 업무수행을 요구하는 것이 그 내용이 된다.

① 의뢰인의 이익옹호

의뢰인은 PM업자에게 서비스를 요구한 사람이므로 PM업자는 그의 이익옹호를 위해 선량한 관리자의 주의로서 업무를 처리해야 한다. 그 이익에는 금전적인 것은 물론, 비금전적인 것도 포함된다.

② 비 의뢰인의 이익옹호

PM업자에게 직접 서비스를 의뢰하지는 않았으나 PM업자의 서비스에 따라서 어떤 건물자산관리 결정을 하려는 위치에 있는 사람의 이익도 사회적으로 옹호되어야 한다.

③ PM업자의 사적 이해관계의 배제

PM업자가 이해관계를 갖는 건물자산관리가 업무의 대상이 되는 경우가 종종 있을 수 있다. 그러한 경우에 PM업자는 직접·간접의 사정을 불문하고 스스로의 이해관계를 배제하여 공정하게 그 업무를 취급하거나 업무의 수임을 거절해야 한다.

(4) 공중윤리

PM업자와 직접적인 의뢰관계 등의 업무관계가 없는 공중에 대해서도 전문직업인으로서의 직업윤리가 요구된다.

3) 규제방법

건물자산관리의 윤리적 수준향상을 위하여 행하는 윤리규제에는 다음 세 가지 유형이 있다.

(1) 법률적 규제

윤리규제는 원래 업자단체를 통해서 업자들 스스로가 행하는 것이 통상적인 방법이다. 그러나 정부기관이 법률의 규정을 통해서 직접 규제 업무를 담당하는 경우도 있다. 이는 비교적 단기간에 윤리적 수준향상의 효과가 있다.

(2) 자율적 규제

업자의 비윤리적 행위를 업자단체의 손으로 규제하는 방법이다. 이 방법은 법률적 규제방법에서 살핀 단점이 배제되는 것 외에 상당히 세밀한 사항에 이르기까지도 규제를 행할 수 있다. 그러나 업자단체의 조직력 · 전문성 · 공공성 · 신뢰성 등 권위 면에서 우수한 단체가 육성되기까지에는 상당한 시일이 요구된다.

(3) 절충적 규제

법률적 규제와 자율적 규제에는 각각 장 · 단점이 있기 때문에 일정한 사항은 법률적 규제로, 다른 사항은 자율적 규제로 행하는 식의 절충식 방법을 쓸 수밖에 없는 경우도 있다. 이 경우에는 쌍방 간의 유기적인 협동이 필요하다.

2. PM manager의 윤리적 자세

건물자산관리자는 타인의 재산을 관리하는 사람이므로 전문직업인으로서 지켜야 할 도리나 규범을 성실히 이행하여야 한다. 건물자산관리자가 취해야 할 직업상의 윤리적 자세는 다음과 같아야 한다.

1) 성실하고 정직한 마음으로 타인의 재산관리 업무에 충실해야 한다.

건물자산관리는 타인의 재산관리이므로 건물소유자의 관리지침에 따라 성실한 태도와 정직한 마음으로 재산관리 업무에 임해야 한다. 재산관리자가 임대에 관한 직무수행에 있어서 자기를 위한 업무집행이 되지 않도록 해야 하며, 감독자가 있을 때만 성실하게 업무를 수행하다가 감독 관리자가 사라지면 불성실한 태도로 변하는 업무자세는 지양되어야 할 직업인의 자세라 판단된다. 다시 말하면 건물자산관리자는 전문직업인으로서 건물의 소유자를 속이거나 기만하지 말아야 하며 건물소유자의 유익을 위하여 자기 직업에 언제나 충실해야 한다.

2) 업무상 지득한 기밀이나 정보는 외부에 누설하지 말아야 한다.

건물자산과 같은 재산관리를 함에 있어서 업무상의 비밀을 알게 되는 경우에 재산관리자는 업무상 지득한 회사 기밀을 어떠한 경우에도 누설하거나 악용해서는 안 된다. 임대관리자는 한사람의 전문직업인으로서 의리가 있어야 하고, 불의하지 말아야 하기 때문이다.

3) 회사의 자산과 금전을 자신을 위하여 사용하지 말아야 한다.

자산관리자가 자기의 직책과 업무를 이용하여 사리사욕을 채우거나 회사의 자산이나 금전을 사적인 용도로 활용하거나 이용하는 것은 직업인으로서의 윤리에 반하는 행동이다. 직업윤리는 전문직업인으로서 지켜야 할 도리의 의미와 함께 옳은 행동과 잘못된 행동에 대한 도덕적 기준이기 때문에 회사의 자산이나 금전은 회사를 위하여 사용되어야 하고, 개인을 위하여 유용하는 것은 옳지 않은 행동이기 때문이다. 그러므로 건물재산관리자는 어떠한 경우라도 회사의 자산과 금전을 개인적 용도로 사용하거나 사취하지 말아야 한다.

4) 회사의 규칙이나 지침에 따라 옳지 않는 행동을 삼가야 한다.

하나의 직업인은 직업을 수행하는 조직의 구성원이므로 소속된 조직의 규칙이나 지침에 순응하는 태도를 견지해야 한다.

회사가 제정한 규정이나 지침 등에서 요구하고 있는 것이 비록 사소한 것이라 하더라도 하나의 질서유지와 발전을 위해서, 그리고 경비절약을 위해서 반드시 따라야 하고, 요구하고 있는 규정을 실천하고 금지사항을 부작위함으로써 조직구성원으로서의 책임을 다해야 한다.

예컨대, 회사의 규정에서 요구하고 있는 내용 중 정시간 출 · 퇴근, 지각조퇴 금지, 점심시간 엄수, 잦은 핑계로 결근하지 말 것 등은 반드시 지켜야 하며, 근무시간 중 개인적인 용무를 본다든지, 또는 회사전화를 개인적으로 사용하는 행동이나 회사비품을 집으로 가져가는 행위, 그리고 개인적인 식대나 경비를 회사비용으로 처리한다든지, 출장 후 허위로 경비를 청구하는 행위 등도 마땅히 삼가야 할 비윤리적인 행동이라 판단된다. 비윤리적인 행동은 윤리의 기준으로 볼 때 옳지 않은 행위 등의 기준에 해당되므로 건물임대관리자는 윤리적인 행동(옳은 행동)만을 행해야 한다.

5) 고객으로부터 선물과 향응으로 인하여 회사의 정보를 제공하거나 누를 끼치지 말아야 한다.

건물자산관리자는 회사에 소속되어 회사를 위하여 회사 업무를 담당하고 있으므로 언제나 회사의 이익을 위하여 노력하여야 한다.

거래 고객으로부터 선물을 받거나 고객이 베푸는 향응에 응하여 회사에 손해나 누를 끼치는 행위는 지극히 옳지 않은 행동에 해당되므로 매우 조심하고 삼가야 할 행위이다. 특히 건물자산관리자는 건물소유자와 임차인 사이에서 임차인 또는 매수자로부터 여러 가지 형태로 유혹을 받는 경우가 있을 수 있으므로 언제나 건물소유자를 위하여 유혹에 넘어가지 않도록 마음가짐을 바르게 해야 한다.

6) 재산관리자는 신뢰받는 대리인으로 행동해야 한다.

건물자산관리자는 건물소유자를 대신해서 건물자산을 관리하고 있으므로 주인의 입장에 서서 공정하고 정직하며 성실하게 임대업무를 처리함으로써 신뢰 있는 언행과 모습을 견지해야 한다. 건물자산관리자가 건물이해관계자로부터 신뢰를 잃으면 더 이상 재산관리자가 될 수 없기 때문이다. 건물자산관리자는 건물자산을 관리함에 있어서 전문적인 지식과 경험을 최대로 활용하고 문제를 스스로 해결하여 재산관리목적이 조기에 경제적인 방법으로 달성되도록 최선의 노력을 다해야 한다.

제8장

건축시설물 유지관리 실무활동

제1절 건축시설물 유지관리활동의 개념과 업무내용

1. 유지관리활동의 개념

1) 유지관리 개념의 정의

건축시설물 유지관리(FM/facilities management)란 건축시설물에 대한 물리적 유지관리개념을 의미한다.

FM개념은 건물자산관리 3대 측면(AM 측면, PM 측면, FM 측면)의 하나로서 물리적 유지관리를 위한 공학적 · 기술적 측면의 건축물유지관리, 환경적 측면의 청소위생관리, 안전적 측면의 안전 및 방재관리 등을 의미하며 협의의 건물자산관리 개념이라 할 수 있다.

그러나 PM 측면의 재산관리는 건물자산관리의 주요 건물자산관리 업무로서 임대관리, 수지관리, 세입자관리, 시설관리 등 포괄적 시설운영 관리개념이나 AM 측면의 자산관리는 투자관리 개념으로서 재무분석, 물건분석, 시장분석, 위험분석 그리고 자산가치 평가, 건물자산의 매입과 매각 등 FM과 PM 모두를 포함하는 포괄적 건물자산 자산운용개념이다. 따라서 FM개념은 PM과 AM 등과 연관성을 가지고 서로 보완하는 상호작용을 하고 있다. FM의 개념에 대한 외국의 학자와 관계자의 견해를 살펴보면 다음과 같다.

첫째, IFMA(international facility management association)에서는 FM개념을 물리적인 작업장소로서 공간을 조직의 구성원과 작업 간에 조화시키는 행위로 정의하고 있다.

둘째, Perter Barrett는 그의 저서 facility management toward best practice에서 FM이란 조직의 주요 목표를 강력하게 지원할 수 있는 환경을 조성하기 위하여 건물을 관리하고 개선하며 적용하는 통합적인 접근으로 정의하고 있다.

셋째, 일본 Kajima 건설사의 Nobuyki Kimata는 FM개념에 대하여 통합적인 전략하에서 전체 시설물을 개발하고 관리하는 활동으로 정의하고 있다.

넷째, 일본 FM업계의 견해에 의하면 FM은 비 투자 건물자산이나 자사 사용건물의 관리운영과 건물사용 비용 최소화에 필요한 활동으로 정의하고 있다. 상대적으로 AM을 건물자산의 매입과 매각을 업으로 하는 투자자의 포트폴리오를 관리하고 운영하는 활동으로 이해하면서 PM은 투자건물 부동산의 운영관리와 건물의 경제 가치를 최대화를 위한 활동 정도로 인식하고 있다. 결국 건축시설물 유지관리(FM)의 개념은 완공 후부터 철거 또는 붕괴, 멸실 전까지의 보유기간 동안 건물의 물리적 상태를 양호하게 보존하고 정상적 기능과 성능을 유지하며 바람직한 시설의 개량을 통하여 자산가치를 유지 또는 제고하고 사용가치를 높여 최유효 건물사용화하는 데 필요한 기술적 활동이라 할 수 있다.

다시 말하면, 유지관리란 완성된 건축시설물의 기능을 보전하고 시설물이용자의 편의와 안전을 높이기 위하여 일상적으로 점검 정비하고 손상된 부분은 원상복구하며 경과시간 등에 따라 요구되는 보수 · 보강 · 개량 활동을 말하며 재해를 미연에 방지하여 인적 물적 손실을 방지하고 최소화하며 건물의 사용가치를 높이고 에너지를 절약하며 사무 생산성을 높이고 고정자산의 가치를 보존하고 유지하며 개량하여 최유효 건물사용화를 도모하는 물리적 유지관리활동이라 할 수 있다.

건물의 기능은 시간의 경과에 따라 점차적으로 하향 곡선을 향하게 되며 사회적 요구 성능은 일반적으로 상향 곡선을 그리게 되므로 일정한 시점에 점검 보수하고 진단 교체하여 초기 기능과 성능을 유지할 필요가 있다. 참고로 시간의 경과에 따라 기능 하향 곡선과 사회적 요구 성능의 상향 곡선 추이를 그림으로 정리하면 [그림 18]과 같다.

[그림 18] 시간의 경과에 따른 건물 기능과 성능의 변화 추이

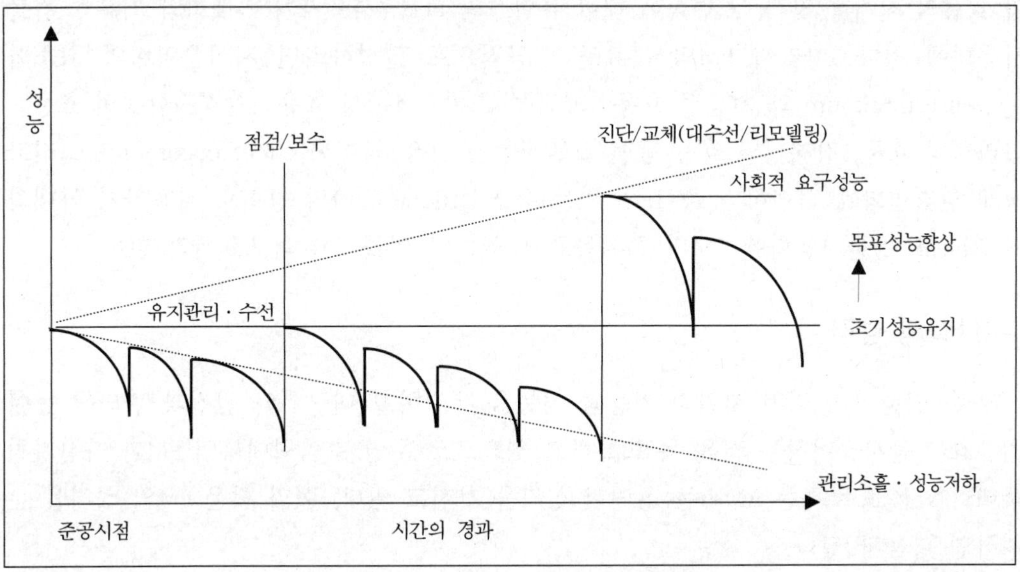

2) FM의 기능과 역할

FM은 다음과 같은 기능과 역할을 담당하여 건물자산관리에 이바지하고 있다.

① 건물시설물의 정상적 기능과 성능의 유지와 장기화
② 조기노후화 방지와 내구 연한 연장
③ 에너지 비용절약과 자원낭비 방지
④ 위험관리, 각종 재해를 미연에 방지하여 인적 · 물적 손실방지
⑤ 건물자산 경제가치 유지 및 제고
⑥ 건물실내의 환경개선으로 건물 사용성과 생산성을 높임으로써 건물사용의 쾌적화, 안전화, 보건화, 편리화, 내구화 달성
⑦ 건물시설관리의 경제화, 안전화, 효율화 도모
⑧ 시설관리 업무의 적정화와 능률화
⑨ 유지관리 비용의 최소화와 관리효용의 최대화
⑩ 최유효 건물사용화

3) FM의 핵심목표

AM(asset management/자산운용과 재무관리)의 핵심목표는 투자자산가치의 극대화에 있으며 PM(property management/취득자산 운영관리)의 핵심목표는 운영수익극대화에 있으나 FM(facility management/시설관리대행)의 핵심목표는 운영비용의 최소화와 효용의 최대화 및 장래 변화에 대한 유연성의 확보, 사용가치 극대화와 최유효 건물사용화에 있다. 따라서 FM의 목표를 성공적으로 달성하려면 시설운영비의 최소화(expense minimum)와 기능성 효용 · 쾌적성 효용 · 생산성 효용 · 환경적합성의 효용 · 합리성의 효용, 경제성의 효용 등을 포괄하는 효용의 극대화(effect maximum) 그리고 장래 환경변화에 적절히 대응할 수 있는 유연성(flexibility)의 강화로 사용가치 극대화와 최유효 건물사용화에 FM의 핵심목표가 있으며 이를 FM 목표효과라 한다.

4) FM의 성격

FM은 단순한 물리적 시설의 기능과 성능을 유지하고 내구화와 안전과 편의를 높여 최유효 건물사용화하는 것을 목표로 하고 있으므로 운영 수익최대화의 PM과 자산가치 극대화를 목표로 하는 AM과는 상이한 성격을 가지고 있다. 이와 같은 FM의 성격을 분석하면 다음과 같다.

첫째, FM은 현장중심관리 성격을 가지고 있다.

둘째, FM은 물리적, 공학적 관리 성격을 유지하고 있다.

셋째, FM은 건물자산관리의 기초관리 성격을 가지고 있다.

넷째, FM은 PM과 AM 모두를 지원하는 성격을 가지고 있다.

다섯째, FM은 시설관리를 통하여 재산의 가치 유지 보존 및 제고 등을 기본으로 하나 건물유익을 통하여 주(住) 측면에서 인간의 생존을 지원하는 특별한 성질을 가지고 있다.

여섯째, FM은 건물자산의 매입 후 매각(또는 붕괴, 철거 등) 전까지의 보유기간 동안 진행되는 이른바 보유관리활동의 성격을 가지고 있다.

일곱째, FM은 기술 · 경제 · 행정 · 법률 · 환경 · 안전 측면의 시설관리이므로 다양한 기술과 지식을 기반으로 이루어지는 이른바 기술+지식의 종합적 관리 성격을 가지고 있다. 즉, 부동산 지식 외에 건축학 · 경영학 · 경제학 · 법학 · 환경공학 · 심리학 · 재무관리학, 회계학, 행정학 등의 지식이 필요하다.

여덟째, FM은 선 계획, 후 실시의 성격이 있다. 즉, 분석 · 평가 · 기획이 건물시설관리 실시 이전에 미리 준비되어야 하기 때문이다.

아홉째, FM의 관리대상 건물시설의 최적화를 최우선으로 하는 물건관리 성격과 이를 위한 운영비용의 최소화, 효용의 최대화, 유연성의 극대화가 기반이 되는 특별한 성질을 가지고 있다.

열 번째, FM은 현재의 시설의 최적화외에 미래의 시설까지 최적화를 목표로 하는 현재+미래의 관리활동의 성질이 있다.

열한 번째, FM의 건물시설관리는 보존 유지 외에 적극적 개량활동의 성격을 가지고 있다.

열두 번째, FM은 단순한 시설관리가 아닌 복합적인 시설물 유지관리활동의 성격을 가지고 있다.

2. 유지관리활동의 업무 내용

FM의 업무에는 FM 목적을 달성하는 데 없어서는 안 될 핵심 업무와 주요 업무 및 핵심 업무와 주요 업무를 지원하는 부수적 업무 등이 있다.

1) FM의 핵심 업무와 주요 업무

FM의 핵심 업무와 주요 업무는 FM의 필요적 업무로서 이에는 기술관리 업무, 환경관리 업무, 안전관리 업무 등이 있다. 시설(물)관리 업무, 건물 청소위생관리 업무, 시설경비관리 업무, 건물유지보수 업무, 주차시설관리 업무 등이 있다. FM 주요 업무의 내용을 분설하면 다음과 같다.

(1) 시설물관리 업무

공용 또는 개인이나 단체가 이용하는 건물의 구조체와 주요 부재 및 마감부재의 보전과 소방 · 배전 · 공조 · 급배수 · 이동 등의 건축설비 그리고 부속시설물 및 부대시설에 대한 점검 · 운전 · 유지보수와 에너지관리 등 시설물에 대한 물리적이고 효율적 관리를 통하여 이용자의 안전과 편의를 높이고 사용가치를 높이며 경제적이고 쾌적한 시설사용 환경을 조성하여 건물로 하여금 최유효 사용화하는 데 필요한 업무의 전부 또는 일부를 대행하는 것을 말한다. 시설(물)관리는 FM실무의 대표적 관리업무영역으로서 일반적으로 인식되는 업계의 시설관리개념, 법제도상의 시설관리개념 그리고 건물 Life Cycle상의 시설관리개념 등이 있다. 시설(물)관리의 업무범위는 크게 건축물의 영선관리, 건축설비관리(공조 냉난방, 위생, 소화, 통신, 자동제어, 전기, 방재, 승강 설비 등), 안전관리, 에너지관리, 자재관리 등을 포함한다.

건물시설관리 관련법에 의한 시설관리의 범위는 건축법 제35조와 건축법 시행령 제23조에 의한 건축물 유지관리는 건축법이 정하는 기준에 적합하게 유지관리 하도록 규정하는 외에 국유재산법, 주택법, 시설물의 안전관리에 관한 특별법 등에서도 관리대상 건물자산에 대한 별도의 유지관리개념을 가지고 있다. 또한 환경보전법의 경우 소음, 진동, 분진에 대하여 관리규정을 두고 있으며 다중이용시설의공기질관리법은 미세먼지, CO, CO2, NO2, SO2, 소음, 총 부유세균, 석면, 포름알데히드 공기 질 관리규정을 두고 있다. 또한 폐기물관리법은 정화조, 하수 적합성 관리를, 소방법에는 방화관리자, 소방시설점검, 소방계획, 유류탱크안전점검 등의 규정을 두고 있다. 뿐만 아니라 고압가스안전관리법의 경우 고압가스시설사용 검사신청과 검사, 도시가스사업법의 경우 도시가스시설과 보일러 및 정압 기 관리규정을 각각 두고 있다.

또한 에너지이용합리화법의 경우, 보일러와 열교환기, 검사신청과 검사, 실내온도 관리규정을 두고 있으며, 승강기안전관리법의 경우 승강기안전검사와 안전사항을, 전기사업법의 경우 수 변전 시설 안전검사에 관하여 명시하고 있다.

그리고 통신사업법의 경우 구내사설교환 및 정보통신부문에 대하여 규정하고 있으며 건축법에서 유지관리기준 적합성외에 용도변경, 건폐율, 용적률, 대수선 허가 등을 명시하고 있다. 또한 도로법은 도로점용, 지하도, 도로개설 및 폐쇄에 관하여 규정하고 있으며 도시정비사업법의 경우 간판, 사인, 광고, 네온사인, 팻말 등의 허가 및 관리에 대하여 상세히 규정하고 있다. 또한 도시계획법의 경우 연결도로, 육교, 도로확장에 대하여 시설관리 명문규정을 두고 있으며 상하수도법과 시도조례에서 지하수개발 및 사용, 시수요금정산, 하수도 관계에 대하여 관리규정을 두고 있다. 뿐만 아니라, 시설물 안전관리에 관한 특별법의 1종 시설물과 2종 시설물의 안전검사, 정밀안전진단과 주택법의 공동주택 유지관리제도 등을 구체적으로 명시함으로써 시설관리 관련법상의 해당 법에 따라 시설관리를 산발적으로 명시하고 있다. 결론적으로, 건물관리 관련법에 의한 구체적 시설관리 항목은 다음과 같다.

① 건축물관리 – 건축법
② 수 · 변전 시설관리 – 전기사업법
③ 공동주택유지관리 – 주택법
④ 집합건물관리 – 집합건물의 소유 및 관리에 관한 법률
⑤ 검사대상기기 관리 – 에너지이용합리화법
⑥ 에너지관리 – 에너지이용합리화법
⑦ 냉동기관리 – 고압가스안전관리법
⑧ 특정고압가스관리 – 고압가스안전관리법
⑨ LPG(액화석유가스)관리 – 액화석유가스안전관리법
⑩ LNG(도시가스)관리 – 도시가스사업법
⑪ 대기환경관리 – 대기환경사업법
⑫ 수질환경관리 – 수질환경사업법
⑬ 소음환경관리 – 소음진동규제법
⑭ 방화관리 – 소방기본법, 소방시설유지 및 안전관리에 관한 법률
⑮ 오수관리 – 오수 및 축산폐수처리에 관한 법률
⑯ 건물폐기물관리 – 폐기물관리법
⑰ 공중위생관리 – 공중위생관리법
⑱ 위험물관리 – 소방기본법, 소방시설유지 및 안전관리에 관한 법률
⑲ 주차장관리 – 주차장법
⑳ 상수도 · 중수도 · 저수조관리 – 수도법, 공중위생법, 수도시설위생 관리에 관한 규칙
㉑ 건물승강기관리 – 승강기제조 및 관리에 관한 법률
㉒ 토양오염관리 – 토양환경보전법
㉓ 시설물안전관리 – 시설물안전관리에 관한 특별법
㉔ 건물폐기물 재활용관리 – 자원절약과 재활용촉진에 관한 법

㉕ 산업재해 보상관리 – 산업재해보상보호법
㉖ 국유재산관리 – 국유재산법
㉗ 임대주택관리 – 임대주택법

전술한 FM의 주요 핵심 관리 업무의 하나인 시설(물) 관리 업무의 항목을 요약 정리하면 다음과 같다.

첫째, 건축물 영선관리 업무(유지관리 업무)
둘째, 건축설비관리 업무(운전과 정비 업무)
셋째, 시설 안전관리 업무
넷째, 소모 자재관리 업무
다섯째, 에너지관리 업무

이상에서 요약 정리한 시설(물) 관리항목의 내용 설명은 해당되는 장, 절에서 설명하기로 한다.

(2) 시설물 청소위생관리 업무

건물의 보건성과 청결 성 및 미관 성 확보에 필요한 청소, 쓰레기 수거, 위생, 소독관리 등의 업무를 말한다.

청소위생관리의 구체적 내용 역시 해당 절에서 설명키로 한다.

(3) 시설경비 보안관리 업무

발주대상 중요시설, 산업시설, 공공시설, 기업자산, 개인소유자산 등 경비를 필요로 하는 시설 및 장소에서의 도난, 화재, 안전사고위험, 기타 혼잡 등으로 인한 위험 발생을 방지하는 업무 또는 그 업무의 일부를 말한다.

시설경비관리 업무 내용 역시 해당 절에서 구체적으로 설명키로 한다.

이밖에도 시설물안전관리 업무, 화재소방관리 업무, 유관기관 업무, 관리관계 법령관리 업무 등이 있다.

2) FM의 부수 업무

FM의 부수 업무(주변 업무)는 FM의 핵심 업무와 주요 업무를 부수적으로 지원하는 업무로서 이에는 다음과 같은 관리항목들이 있다.

① 인사노무관리 업무

② 세무 · 회계 관리 업무
③ 보험관리 업무
④ 소모용품 구매관리 업무
⑤ 문서사무관리 업무
⑥ 주간/월간/연간 FM 보고 업무
⑦ 기타 건물소유자 또는 property manager의 협조 업무 등

제2절 FM의 현황과 문제점

1. FM의 현황

FM(facility management)기원은 1978년 생산성에 대한 퍼실리티의 영향이란 회의로부터 시작되었다. FM교육은 1980년대 후반 미국의 코넬대학에서 시작되었고 미국 외 여러 나라와 우리나라의 한국빌딩경영협회도 회원으로 가입하고 있으며, 한국 퍼실리티 매니지먼트 학회도 설립되어 연구활동을 수행하고 있다.

우리나라 건물자산관리 측면의 FM은 건축시설물 유지관리개념으로서 건축물 영선관리, 건축설비관리, 안전관리, 에너지관리, 자재관리 등을 통하여 건물의 정상기능과 성능을 장기화하고 관리비용을 최소화하며 안전과 편의를 높이고 사용성과 생산성을 높여 최유효 건물사용화에 목표를 두고 수행하는 물리적, 기능적 물건관리로 인식하고 있다.

2007년 통계청의 서비스 총괄 총 조사자료 부동산관리업 자료에 의하면 부동산 관리업체의 수는 21,265개 업체이고 시설관리시장에 참여하고 있는 회사의 수는 810개사로 확인되고 있으나 IMF 이후 소규모의 영세업체의 수가 크게 증가하여 업계 추산 약 3,000여개 회사가 영업활동 중인 것으로 추정되고 있다.

시설관리시장의 규모는 1997년의 경우 약 2조원으로 추정되었으나 5년이 경과한 2002년의 경우 2조5,000억으로 증가하여 1997년 대비 25%의 성장을 보이고 있다. 국내 시설관리업계의 최근의 동향을 살펴보면 관리 인력의 다기능, 다역화 미흡, 경제적 대우 미흡, 저가경쟁 위주의 마케팅으로 열악한 시설관리시장 환경으로 변질되어가고 있으며 관리업체의 최고경영자마저 단기손익 위주의 경영만을 추구하고 있으며 시설

관리업계 전체의 기술개발은 요원한 실정이다.

세계 선진 시설관리업체는 글로벌 스탠더드화하여 표준화된 매뉴얼과 효율적 관리 시스템, 전문화된 인력으로 무장한 채 국내 시설관리시장을 점차적으로 잠식하고 있다. 대부분의 시설관리회사들이 영세성을 보이고 있는 가운데 소수의 대기업 계열소속 또는 분사회사 정도와 대형 시설관리업체만이 관리기술과 교육의 차별화를 보이고 있는 실정이다. 우리나라 건물자산관리시장의 FM도입과 변화는 1970년대 경제성장기에 시작되어 오늘에 이르고 있다. FM의 도입과 변화는 1970년대의 FM도입시기와 1980년대의 FM도약기를 지나 1998년의 외환위기 때 처음으로 PM개념이 도입되었으며, 2000년대에 접어들면서 PM의 도약기와 함께 AM의 도입기를 맞고 있다. 이를 분설하면 다음과 같다.

1) FM의 도입기

우리나라는 1970년 경제성장기에 처음으로 FM이 도입되어 시설관리 분야에 BAS(building automation system)를 도입하여 체계적 건물시설관리가 시도되었다. 이때 비로소 대형빌딩(삼성빌딩, 대우빌딩 등)의 출현으로 FM업체가 처음으로 등장하기 시작하였다. 우리나라의 건물시설관리 역사는 1970년대의 경제성장기와 맥을 같이하며 삼성빌딩과 대우빌딩 등의 대형빌딩의 신축은 전문적 관리업체의 등장을 촉발하도록 하였다. 이때가 바로 FM의 도입기에 해당되며 시설관리 분야에서 처음으로 BAS가 도입되었다.

2) FM의 도약기

1980년에 진입하면서 거행된 '86 아시안게임과 '88올림픽게임의 개최로 수많은 체육시설과 대형 IBS빌딩 등이 급증되었으며 질적 시설관리의 요구가 증대되는 가운데 중소 FM업체가 등장하기 시작하였으며 시설관리별 자동제어시스템이 도입되어 관리비용의 경제화와 효율화를 앞당기게 하였다.

3) PM도입기

유수 기업들이 1997년 IMF로 인한 도산으로 부실자산이 채권은행에 유입되면서 공실이 크게 증가하고 수익성이 악화되면서 건물시설관리 측면에서도 일대 변화의 바람이 불기 시작하였다. 즉, 임대수익의 극대화의 요구와 관리비용의 최소화가 건물자산관리업계의 화두가 되었으며 이때 비로소 외국의 건물자산투자회사가 국내시장에 진입하였으며 PM개념의 도입이 시작되었다.

PM도입시기와 때를 같이하여 FMS(facilities management system)가 도입되어 자동제어시스템(BAS)과 함께 통합시스템으로 시설관리가 시작되었다.

4) PM도약기와 AM도입기

2000년대에 접어들면서 IMF를 슬기롭게 극복한 우리나라 경제는 재도약의 시기를 맞고 있으며 투자목적 역시 보유목적에서 수익목적으로 변화되어 임대시장의 활성화가 시작되었다. 특히 건물자산의 매입·임대·매각과 건물관리 서비스, 자산위험관리 등을 내용으로 하는 자산관리 one-stop 서비스가 강조되고 있으며 군 관리(群 管理)시스템이 도입을 준비하고 있다. 그러나 2009년 연초부터 미국 발 금융위기는 우리나라에도 치명적인 경제타격을 주고 있으며 이로 인한 건물자산관리시장의 개편이 예상되고 있다.

2. FM업계의 문제점

이상의 FM현황에서 살펴본 바와 같이 투자비용의 감소나 인재양성의 미흡 등의 문제의 산적으로 FM업계 스스로의 발전을 가로막고 있다. 이와 같은 국내 FM업계의 문제점과 현황 등을 소개하면 (표 48)과 같다.

(표 48) FM업계의 문제점과 현황

업계의 문제점	업계의 현황
1. 가격출혈경쟁 심화	• 기술력에 의한 업체선정이 아닌 저가입찰자가 낙찰되는 시스 템으로 현재 출혈경쟁으로 인한 저가경쟁 불가피
2. 투자비용 감소	• 저가낙찰로 인한 기술투자 감소 및 고급인력 사용 회피
3. 수익성 악순환	• 계속되는 수익성 악화 및 기술개발 소홀로 인한 경쟁력 약화
4. 인재양성 미흡	• 관리자 개개인의 기술력은 있으나 그 기술력을 체계화할 수 있는 시스템 및 인재양성 투자 미흡
5. 국제경쟁력 미흡	• 국내 서비스 부분의 시장도 개방시점이 임박했으나 그에 대 한 대비 전무
6. 외국계업체 시장 잠식	• 대규모 빌딩의 경우 기술력을 갖춘 외국계 건물관리회사가 시장 잠식
7. 인력의 중복으로 고 비용구조	• 인력의 분업화, 전문화 부족과 중복 투입으로 관리비용의 고 비용화
8. 표준화된 매뉴얼과 효율적 관리시스템 부재	• 국내 현실에 맞는 최적화된 표준 건물관리시스템 및 매뉴얼 부재로 자원 비용 낭비

제3절 FM manager 업무범위

1. FM manager

1) facility manager의 호칭

건물자산관리 3측면 중 시설관리현장 업무를 총괄하는 직책의 호칭에는 facility manager 또는 building manager의 호칭 등을 사용하기도 한다. 그러나 현실적으로 우리나라의 경우 FM을 담당하는 시설관리현장 총괄책임자를 일반적으로 FM소장, 시설관리소장 또는 관리사무소소장 등으로 호칭하고 facility manager와 유사한 시설관리총괄 직무와 책임을 가지고 있는 것으로 인식하고 있다.

따라서 본서에서는 facility manager와 시설관리소장을 동일 직책개념으로 병용하여 사용하기로 한다.

2) 시설관리소장의 직책개념

소장이라 함은 연구소·사무소 등과 같이 소(所)자가 붙은 기관 또는 직장의 사무를 총괄하는 책임자를 의미한다. 본래 소(所)란 연구소·영업소 등과 같이 연락이나 영업 등의 용어 뒤에 붙어서 연락하는 곳, 영업하는 곳 즉, 연락이나 영업을 하는 장소를 의미한다.

이와 비슷한 원(院)은 명사 뒤에 붙어서 그것을 위해 일하는 관청이나 시설(건물)을 나타내는 의미를 가지고 있다. 즉, 학술원·연구원·고아원 등과 같이 사용되어 학술·연구·고아의 건물이나 기관, 시설 등을 의미한다. 일반적으로 사용되는 소장 호칭의 예는 대리점·물류창고·운송·구매·하역과 같은 유통사업의 경우 관리소장이라 하고, 건설현장의 경우 현장소장이라 호칭하며, 시설관리 개념에서 볼 때 오피스·공장·아파트·빌딩 등의 경우에는 시설관리소장이라 통용하여 사용된다. 그러나 기업경영, 정부조직 산하의 보건지소, 보건소, 산림지소, 영업소 등에서는 보건소장, 영업소장 등으로 호칭하고 있다.

본래 소장의 의미는 자기 분야의 재능이나 가장 능한 재주를 나타내는 말이나 본서에서 소장이라 함은 일반적으로 사용되는 호칭의 의미와 건물관리 단위사업장의 현장사무소, 시설관리사무소, 청소, 경비 등의 관리현장 등의 의미를 함께 가지고 있는 기업경영상 현장단위 조직의 대표를 의미한다. 그러므로 관리소장이란 경영자로부터 관리권을 넘겨받아 대내적으로 관리업무를 총괄하고, 대외적으로 단위사업장을 대표하는 직책을 의미한다. 결론적으로 시설관리소장이란 관리대상건물을 경영자(관리주체, 소유자 등)로부터 넘겨받은 시설관리권을 가지고 단위사업장(관리사무소)을 대외적으로 관리조직을 대표하고, 대내적으로 관리 업무를 총괄 또는 지원하는 관리책임자를 말한다.

이와 같이 소장이라는 직책은 단위사업장 관리조직의 책임자로서 기능과 역할이 주어지고 책임지는 자를 의미한다. 즉, 관리소장은 건물관리 단위사업장인 시설관리사무소의 관리책임자로서 대리인은 아니나 대리인과 유사한 법적 지위를 가지며, 관리대상건물에 대하여 관리권을 행사하는 자이다.

건물자산관리현장의 관리소장에는 이른바 갑(甲)측 소장과 을(乙)측 소장의 부류가 있다. 전자는 건물소유자나 경영자로부터 임명된 관리소장을 의미하고, 후자는 건물소유자나 경영자로부터 관리용역계약에 의하여 관리권을 위임받은 관리용역회사로부터 임명된 관리소장을 의미한다.

이와 같은 소장의 직책에 대한 본래의 개념으로 볼 때 갑(甲)측 소장은 본래 의미의 관리소장의 법적 지위를 갖게 되나 을(乙)측 소장은 일반적으로 담당 관리 업무를 총괄 수행하며 갑(甲)측 소장을 보좌하는 지위 즉, 담당관리 부분의 관리감독자의 지위에 있기 때문에 일반적으로 관리권이 없을 뿐 아니라 관리대상건물 전체의 관리권을 행사할 수 없는 위치에 있다(소속 용역회사가 법적으로 관리주체의 지위에 있고 소속회사의 대표로부터 관리권을 위임받을 경우 예외적으로 관리권이 있는 경우도 있다). 그러므로 갑(甲)측의 관리소장만이 법적 지위의 관리소장이고, 을(乙)측 소장은 호칭상의 소장에 불과하다. 즉, 감독자의 지위에 있다. 그러나 관리 업무 처리에 있어서 책임과 의무는 거의 동일한 선상에 있다.

다시 말하면 관리소장의 직책이란 관리대상건물의 관리활동에 대한 방향과 목표를 정하고 관리조직과 인적·물적 설비를 적절히 배분, 활용, 감독하여 적정한 관리효과를 창출하며 입주자와 건물 이용자·소유자 등에 만족을 제공하며, 성실히 봉사하고 환경·안전·인력 등에 대하여 고용회사에 책임을 지는 자이기 때문이다.

3) 시설관리소장의 법적 지위와 위치

관리소장에는 권리자로부터 특정 법률행위의 대리권을 수여받아 관리하는 자와 대리권을 수여받지 아니하고 고용·위임·계약·법령 등에 의한 일반 관리권을 행사하여 관리하는 자로 구분된다.

전자는 대리권을 넘겨받은 자이므로 수권한 대리권에 속하는 특정 법률행위(㊞ 자산처분)와 일반관리권을 동시에 행사할 수 있는 포괄적 관리자의 법적 지위를 가지고 있는 자이다. 그러므로 대리권을 수권한 관리소장은 건물자산 경영관리의 경영자 대리인의 지위에 서게 된다. 그러나 특정 법률행위에 대한 대리권을 수권하지 아니한 일반관리소장은 관리대상건물에 대하여 관리대상건물의 보존행위 · 이용행위 · 개량행위만 가능하고 처분행위나 경영행위는 할 수 없다. 이때의 관리행위의 내용은 관리대상건물의 보존활동은 무제한적으로 활동이 가능하나 이용 · 개량 활동은 관리대상건물의 모양이나 성질을 변형하지 아니한 범위 내에서만 관리행위를 할 수 있다.

일반건물의 자치관리조직에 있어서 관리소장의 위치는 수직적으로는 위에는 건물경영자(소유자)가 있고 아래로는 건물관리감독자(을측 소장 포함)와 관리근무자 등이 있다. 그리고 수평적으로는 좌우로 관리협력자와 관리관계자 등이 있다. 따라서 관리소장의 위치는 그들의 중심에 있다. 관리소장의 위치는 관리권을 행사하는 관리총괄책임자(예외적으로 경영자대리인의 지위를 겸하는 경우도 있음)로서 위로는 건물소유자(건물경영자)를 보좌하고 아래로 건물관리감독자와 관리근무자 등을 지휘 · 감독 · 통제 · 평가 · 지원하는 위치에 있는 자이다. 관리를 총지휘하는 관리중심의 위치에 있는 자이기도 하다. 따라서 건물관리현장의 관리소장(갑 측 소장)은 건물시설관리조직으로 볼 때 관리조직의 꽃이며, 정상의 자리에 있는 자이다.

그러므로 관리소장은 법적 지위와 위치 및 업무의 범위로 볼 때 건물자산관리조직상 가장 중요한 직분을 수행하는 자라 할 수 있다. 따라서 관리효과 역시 관리소장의 능력과 자세에 따라 천차만별로 나타난다. 이와 같은 연유로 유능한 관리자(관리소장)의 양성과 배출은 시급한 건물자산관리산업의 발전과 건물관리의 문제점을 개선하는 데 가장 중요한 당면실천과제라 판단된다.

4) 시설관리소장의 관리권한과 의무

관리소장은 관리대상건물을 관리함에 있어서 권한과 함께 관리권을 적법하고 공정하게 사용해야 하는 의무를 부담하는 자이다.

권한이란 권리가 아닌 것으로 어떤 행위를 할 수 있는 자격 또는 법적 지위를 의미한다. 관리소장이 가지는 관리권은 엄격한 의미에서 권리가 아닌 권한으로서 일정한 관리행위를 할 수 있는 법적 지위나 자격을 의미한다.

관리소장의 권한의 내용에는 대체로 다음과 같은 것이 있다.

- 대외적으로 시설관리사무소를 대표하는 대표권한
- 대내적으로 시설관리 업무를 총괄하는 총괄지휘권한

관리소장은 관리에 관하여 관리권의 행사와 관리 업무 등에 대하여 법적 의무와 취업규칙, 인사규정 등의 의무를 부담하는 것이다. 의무란 법적 구속을 의미하며, 관리소장의 의무에는 작위의무와 부작위의무로 분류된다. 관리소장은 건물관리의 작위의무와 부작위의무를 동시에 가지는 자이며, 의무를 해태하거나 이행하지 않을 경우 법적 또는 도의적으로 책임을 지게 된다. 손해가 발생되면 손해를 배상해야 함은 물론이다. 관리소장의 작위의무와 부작위의무는 (표 49)와 같다.

(표 49) 시설관리소장의 작위 의무와 부작위 의무

관리소장의 작위의무	관리소장의 부작위의무
① 선량한 관리자의 주의의무 ② 공정관리의무 ③ 성실관리의무 ④ 인명과 재산보호의무 ⑤ 재난방지의무 ⑥ 주(住) 측면의 생존지원 의무 ⑦ 관리자 품위유지 의무 ⑧건물이해관계자 만족제공 의무 ⑨ 시설설비의 정상기능 유지관리의무 ⑩ 입주자 사용 수익 협조의무 ⑪ 방해배제 의무 ⑫ 재정보증 의무 ⑬ 회사기밀 엄수의무 ⑭ 경영목표 달성의무 ⑮ 관리목표 달성의무 ⑯ 관리대상건물 보존의무 ⑰ 건물경영자 보좌의무 ⑱ 관리 관계법령 준수의무 ⑲ 회계의무 ⑳ 복종의무 ㉑ 경영자에 대한 보고의무 ㉒ 고지의무 등	① 자기 관리행위 금지의무 ② 사익우선 금지의무 ③ 부당 관리 금지의무 ④ 불공정 관리비 징수집행 금지의무 ⑤ 부적절한 보수공사 발주 및 구매행위 금지의무 ⑥ 불공정 용역관리 금지의무 ⑦ 관리비밀 누설 금지의무 ⑧ 불법행위 금지의무 ⑨ 금품 향응 금지의무 ⑩ 입주자 비밀문서 · 정보 · 기밀 외부유출 금지의무 ⑪ 쌍방대리 금지의무 ⑫ 자기계약 금지의무 등

2. FM manager 구비 조건과 요구능력

관리소장은 건물경영자나 건물소유자로부터 막대한 건물자산의 관리를 위임받아 관리하는 자이고, 건물 내의 수많은 입주자들의 귀중한 생명과 재산을 보호해야 하는 자이므로 타 직종의 책임자보다 고도의 관리능력과 경영능력을 함께 구비해야 한다.

건물관리는 매우 위험하고 복잡하며, 사람과 장소, 사람과 물건, 사람과 사람의 관계를 원만하고 효율적으로 관리해야 하므로 우선 인격적으로 원만한 성격과 품성을 지녀야 하고, 신뢰와 성실성을 갖추고 정신적으로나 육체적으로 그리고 사회적으로 건강해야 한다. 뿐만 아니라 관리 업무에 대한 체계적인 지식과 정보 및 충분한 관리경험 등을 가지고 있어야 하며, 전문성과 기술성을 함께 확보한 자이어야 한다.

관리소장이 특히 구비해야 하는 구비조건과 요구능력에 대하여 정리하면 다음과 같다.

1) 시설관리소장의 구비조건

건물자산관리현장의 책임자인 관리소장은 적어도 다음과 같은 조건을 구비해야 한다.

① 관리 업무에 대한 체계적인 지식과 정보를 확보한 자일 것
② 관리자 법정자격(법정자격 필요시)의 자격을 갖추고 있는 자일 것
③ 충분한 관리경험을 가진 자일 것
④ 관리자다운 품성을 가진 자일 것
⑤ 관리자의 건강상태가 육체적 · 정신적 · 사회적으로 건강할 것
⑥ 관리자 윤리적 자세가 확립된 자일 것

2) 시설관리소장의 요구능력

건물관리소장이 성공적인 관리현장을 영위하려면 다음과 같은 능력이 요구된다.
① 관리 업무 통합조정 능력
② 대인관리 능력
③ 대물관리 능력
④ 건물경영 관리능력
⑤ 관리 업무 추진능력
⑥ 상황변화 능동적 대처능력
⑦ 대관 업무 처리능력
⑧ 조직관리 및 장악능력
⑨ 설득능력(커뮤니케이션 능력, 대화능력)
⑩ 지휘능력(리더 십)
⑪ 기술관리 능력
⑫ 행정관리 능력

⑬ 관리 업무 총괄능력
⑭ 지원능력
⑮ 대외적 대표능력
⑯ 기획관리 능력
⑰ 의사결정 능력
⑱ 비상상황 수습능력
⑲ 통솔지휘 능력
⑳ 경영자, property manager 보좌 능력 등

3. FM manage의 업무범위

1) 업무범위의 내용

관리소장의 업무범위는 대외적으로 관리사무소를 대표하는 대외 업무와 대내적으로 관리 업무를 총괄하고 지원하는 대내 업무 및 건물경영자 보좌 업무로 국한된다. 따라서 관리소장의 업무는 다음과 같다.

- 대외적으로 관리사무소를 대표하는 대외 업무
- 대내적으로 관리 업무를 총괄하고 지원하는 대내 업무
- 건물자산소유자나 경영자 및 property manager를 직접 보좌하는 경영자 보좌 업무

그러므로 건물관리소장의 직분을 현재 수행하고 있거나 관리소장이 되고자 하는 자는 반드시 대외적 대표로서의 품성과 조건에 손색이 없어야 하고, 대내적으로는 관리 업무를 총괄하고 지원하는 자로서 충분한 기술성과 전문성을 가지고 있어야 하며, 건물경영자를 보좌하고 대리하는 경영능력도 함께 가지고 있어야 한다.

관리소장의 대외 업무와 대내 업무 및 경영보좌 업무 등을 개괄적으로 기술하면 다음과 같다.

2) 시설관리소장의 대외 업무

관리소장은 건물의 소유자(경영자 포함), 관리주체, 법령상 관리권한이 있는 자 등으로부터 관리권을 수여 · 위임 · 계약 · 법령 등에 의하여 넘겨받은 자이므로 이들을 대신함은 물론 관리사무소를 대표하는 자격과 권한이 주어진다. 따라서 관리소장은 대외적으로 관리사무소를 대표하여 관리에 관한 의사표시를 하거나 수령하는 위치에 있다.

그러나 관리소장은 건물소유자(권리자, 권한 자 포함)로부터 대리권을 수여받거나 위임 · 계약 · 법령 등에 의하여 대리권을 행사할 수 있는 자이므로 관리권을 넘겨준 권리자 · 소유자 · 권한자 등을 위하여 관리권을 적법하고 타당성이 있으며, 권한범위 내에서 권리자를 위하여 관리권을 행사하여야 한다.

다시 말하면 건물의 소유자, 권리자 등의 이익을 보호하고 고의적으로 손실을 초래하거나 관리자 스스로의 이익을 위하여 관리권을 행사하지 말아야 한다. 즉, 건물의 소유자, 권리자를 해하는 불법한 행위는 할 수 없으며, 오직 적법하고 유익한 관리행위만 할 수 있다.

만일의 경우 관리자 스스로의 이익을 위하여 관리하거나 건물소유자에게 손해를 가져오는 불법한 관리행위는 전적으로 관리자(관리소장) 스스로 책임져야 한다.

건물관리소장이 대외적으로 관리사무소를 대표하기 위해서는 관리소장으로서의 품성조건을 충족해야 함은 전술한 바와 같다.

관리소장의 대외적 대표와 관련한 바람직한 행동과 태도에 대하여 구체적으로 살펴보면 다음과 같다.

① 건물관리 업무에 대하여 중요성과 필요성을 깊이 인식하고 건물자산관리에 대한 확실한 신념과 사명감을 가져야 하며 이를 위하여 체계적인 관리이론으로 무장되어야 한다.
② 품위를 유지해야 한다.
③ 신뢰성 있는 언어 사용과 예의바른 행동을 해야 한다.
④ 사소한 일에 흥분하거나 화를 내는 것을 삼가고, 참고 인내하는 성격을 가져야 한다.
⑤ 대인관계가 유연하고 모나지 않아야 한다.
⑥ 작업시를 제외하고는 언제나 단정한 복장과 정중한 몸가짐을 유지해야 한다.
⑦ 관리소장의 직분을 천직으로 알고 일찍 출근하고 늦게 퇴근하며 근무시간 동안에는 언제나 정위치하는 근무태도를 견지해야 한다.
⑧ 건물자산관리이해관계자의 전폭적인 신뢰와 지지를 받아야 한다.
⑨ 건물관리관계자 등과 인간적 유대관계를 유지해야 한다.
⑩ 관리관계 업무에 대한 다방면의 경험과 전문성을 갖추고, 관리현안에 대하여 언제나 능동적이고 적극적으로 대처해야 한다.
⑪ 조직 장악 능력이 있어야 하고, 근무자 등으로부터 신뢰를 확보해야 하며 항상 모범을 보여야 한다.

관리소장이 관리사무소를 대표하기 위해서는 위와 같은 관리소장으로서의 자세, 행동, 태도를 갖추는 외에 사회적으로 신뢰받는 외모 · 연령 · 경험 · 학력 · 자격 · 기술 · 전문성 등의 조건을 갖추는 것이 매우 바람직하고 유리하다.

관리소장의 직책은 현실적 입장에서 살펴볼 때 사회적으로 크게 인정받지 못하고 있는 직업이나 향후 사회적으로 크게 평가받는 전문 직업으로 발전될 것으로 확실히 전망되며 관리소장이 담당하고 있는 관리 업무는 건물 내의 귀중한 인명과 재산을 보호하는 자이므로 사회적으로나 국가적으로 어떤 직업보다 훌륭한 일을 담당하고 있는 자라 할 수 있다. 뿐만 아니라 건물관리소장(관리자)은 향후 영국의 OM 매니저, 미국의 CPM(공인 건물자산관리사), 일본의 빌딩경영관리사와 같은 사회적 인정과 높은 대우를 받게 될 것이 확실시되므로 관리소장 스스로 자부심을 가지고 자기개발과 발전에 스스로 노력해야 하는 것은 물론이려니와 관리소장(관리자)들이 직업상의 문제가 있다면 전국적인 규모로 합심 연합하여 현재 당면하고 있는 관리소장의 애로와 문제들을 이성적이고 합법적으로, 그리고 서로 도와서 해결하는 것이 바람직한 문제해결의 한 방법이라 판단된다.

3) 시설관리소장의 대내 업무

관리소장은 대외적으로 관리사무소를 대표하면서 한편으로는 대내적으로는 관리대상건물의 관리 업무를 총괄하고 지원하는 직분도 함께 가지고 있다. 왜냐하면 관리권을 위임 · 수여 · 계약 · 법령 등에 의하여 행사할 수 있는 자이기 때문이다. 관리소장이 관리 업무를 총괄 및 지원하기 위해서는 다음과 같은 건물관리 업무 전체에 대하여 소상하고 철저하게 파악하고 이를 이해하고 있어야 한다. 관리소장이 관리책임자로서 처리해야 할 관리 업무의 종류와 내용은 대체로 다음과 같다.

(1) 행정관리 업무

① 건물경영목표 지원 업무
② 경영조직과 경영조직의 각종 운영규정과 방침 및 정책 지원 업무
③ 인사노무관리 업무
④ 회계 업무(경리 업무 포함)
⑤ 세무 업무
⑥ 임대관리 업무(해당되는 경우)
⑦ 구매관리 업무(물품 및 용역구매 관리 업무)

⑧ 건물보험 업무
⑨ 자산운용관리(수익관리 업무, 경제가치 보존 및 제고 업무) 지원 업무
⑩ 문서사무 업무
⑪ 기타 건물경영과 관련된 업무 등

(2) 기술관리 업무

① 관리대상 건축물의 시설과 설비의 유지와 보전 업무
② 주요 설비의 운전과 점검, 정비보수 업무
③ 기술관리 조직 내의 기술 인력의 기술의 정도와 자격과 기술수준 유지관리 업무
④ 위험시설물의 종류와 성능유지 및 안전관리 업무
⑤ 기술관리를 위한 설계도서, 건축물관리대장, 기술 스펙, 기술 매뉴얼, 운전관리 또는 사용설명서(설비 · 장비)등의 보존관리 업무
⑥ 기술관리를 위한 준공도서, 건축물 이력서, 장비 · 공구 · 기기 · 부품 · 원료 · 재료 · 에너지 등의 현황 파악 및 보관, 사전준비와 유지관리 업무
⑦ 기술관리 대상(건축물 · 건축대지 · 건축설비)의 주요 관리와 정보 파악과 활용 업무

(3) 법률관리 업무

① 계약 및 계약 사후관리 업무
② 관리관계법령의 법적조치사항 파악과 준수 업무
③ 권리보존관련 업무
④ 유관기관관련 업무(대관 업무, 관계기관 업무, 대외기관 업무)
⑤ 관리관련 규정 · 지침 · 계약 · 약정 · 세칙 · 행정명령 · 규약 · 방침 · 계획 · 수칙 등의 관련 업무
⑥ 입주자 민원 · 진정 · 소송 및 채권보전 등에 관한 업무 등

(4) 안전관리 업무(건물위험관리 업무)

① 위험시설물 파악 및 특별안전관리대상의 안전관리 업무
② 관리 업무별 위험관리대상 파악 및 위험관리 업무
③ 예방안전관리 업무
④ 관계법령관리 업무

⑤ 안전조직운영 업무
⑥ 재해발생시 대처, 수습, 조기정상 복구 업무
⑦ 화재방지 업무
⑧ 경비보안 업무
⑨ 야간휴무 안전관리 업무
⑩ 재난방지 업무
⑪ 자연재해방지 업무
⑫ 비상연락망 파악 및 비상대처 업무 등

(5) 환경관리 업무

① 청소관리 업무
② 위생관리 업무
③ 소독방역관리 업무
④ 조경시설물 관리 업무
⑤ 수질오염방지 업무
⑥ 실내공기 질 관리 업무
⑦ 건물 이미지 관리 업무
⑧ 건물미화관리 업무
⑨ 건물환경개선 업무 등

결론적으로 시설관리소장의 바람직한 역할은 대외적으로 시설관리사무소를 대표하는 것과 대내적으로 시설관리 업무를 총괄 및 지원하기 위해서는 복합적인 관리대상을 종합 오케스트라 지휘자 같이 지휘하고 조정하며 변화하는 관리현장 환경에 맞게 능동적으로 대처하며 입주자와 사용자들에 대한 끊임없는 봉사와 공동사회에 책임지는 역할을 감당해야 한다.

(6) 경영자, property manager 보좌 업무

경영자,property manager 보좌 업무는 수익성 건물의 경우 건물 소유자 · 경영자와 비수익성 건물의 관리주체나 관리권한 있는 자를 보좌하는 업무로서 가장 중요한 관리소장의 업무이다. 건물경영자나 관리주체를 보좌하기 위해서는 그들의 의도와 경영 및 관리정책이나 방침을 완전히 이해해야 한다. 뿐만 아니라 매일 또는 정기적으로 업무

현황을 보고하고 경영자가 의사결정을 바르게 할 수 있도록 보좌해야 한다.

또한 경영자가 결정한 경영목표 달성에 최선을 다해야 한다. 경영보좌 업무는 관리소장의 업무 중 가장 비중이 큰 업무로서 경영자 보좌 업무의 실패는 곧 바로 관리소장의 직책을 쉬게 하는 직접요인이 된다.

(7) FM manager(시설관리소장)의 역할

시설관리소장의 역할이라 함은 건물자산관리를 함에 있어서 관리소장이 해야 할 구실과 기능을 의미한다. 관리소장은 대내외로 매우 중요한 위치에 있는 자이므로 그 역할 역시 매우 중요하다.

시설관리소장의 주요 역할은 대체로 다음과 같다.

① 관리사무소 대표자 역할

② 건물경영자 대리역할 · 보좌역할

③ 건물관리 업무 총괄 지원자 역할

④ 건물관리감독자, 관리근무자, 종사자 등의 업무조정자 역할

⑤ 관리직원의 직무에 관한 교육자 역할

⑥ 관리문제 해결을 위한 해결 자 역할

⑦ 관리 업무 총괄관리자 역할

⑧ 관리직원을 내외부로부터 보호하는 보호자 역할

⑨ 관리의 공정과 적절한 관리를 위한 감독자 역할

⑩ 경영자로부터 관리행위 승인을 위한 결재승인, 의사결정 정보제공 역할

⑪ 관리협력자, 관계자로부터 적정한 지원과 공적 서비스와 사적 서비스 확보를 위한 인간관계 유지자 역할

⑫ 관리상 분쟁을 설득 · 조정 · 해결하기 위한 분쟁 조정자 역할

⑬ 관리상황 변화에 대처하기 위한 기획조사자 역할

⑭ 건물자산관리 오케스트라 지휘자 역할

⑮ 관리 업무 추진결과 최종 책임자 역할

⑯ 관리현장 비상시 진압 및 수습 자 역할

제4절 FM의 제안과 계약체결방법

1. FM의 제안

FM의 실무는 PMC 또는 건물소유주 나 관리주체에 대한 FM의 제안은 FM용역을 수주받기 위한 첫 단계의 FM실무로서 서면 상으로는 제안서와 함께 관리소요예산서를 첨부하여 제출하는 것이 일반적이다. 관리실행예산은 수주 받고자 관리대상건물의 규모나 용도 · 성격 등에 따라 상당히 상이한 내용이 되므로 본 절에서는 FM제안에 관한 일반사항과 표준성 있는 조달청의 용역계약방법을 원용키로 한다.

FM제안서의 주요 내용은 다음과 같다.

① 회사소개
② 사업영역과 재무능력
③ 시설관리시스템과 기술능력 및 보유 장비현황
④ 시설관리 주요 실적과 현장현황 소개
⑤ 현장조직과 지원조직 및 지원방안
⑥ 시설관리 성공사례
⑦ 시설관리 서비스 제공방안
⑧ 시설관리 소요예산
⑨ 기타 도움 되는 사항

이상의 정보를 순서대로 FM제안서에 보기 좋게 배열하고 한눈에 볼 수 있도록 컬러링 하여 편집함이 현명하다. 특히 FM제안서 작성 시 유의할 사항은 왜, 우리 회사가 귀하의 FMC(시설관리업체)로 선정되어야 하는 이유(이익이 되는 이유)를 각인될 수 있도록 제안서가 작성되어야 한다는 점이다. FM용역을 발주하는 건물주나 property manager의 최대 관심사항은 시설관리비이 최소화와 최적의 시설관리 품질에 있으며 이를 위한 시설관리 수행능력, 재정능력, 기술능력, 회사의 신용, 예정 관리소장의 자질과 기술능력 등을 중요시하므로 이를 적극적으로 부각시켜 작성해야 한다. 또한 최적의 시설관리 서비스 제공 방안을 집중 각인시켜 시설관리능력을 인정받도록 노력해야 한다.

2. FM용역 발주체계와 단계별 실무처리 절차

1) FM용역 발주체계

건물자산관리에 있어서 PM관리 방식이 적용되거나 FM 방식이 적용되는 일반 개인 소유건물자산 또는 법인자산에 대한 FM의 계약실무는 비 표준적이나 국유 또는 공공 건물에 대한 조달청의 시설관리용역 업무 처리절차나 단계별 업무 처리절차 및 계약방법과 낙찰방법은 표준성이 있으므로 조달청의 용역발주체계와 처리절차에 대한 FM용역 발주체계를 소개하면 [그림 19]와 같다.

[그림 19] 조달청 시설관리용역 발주체계

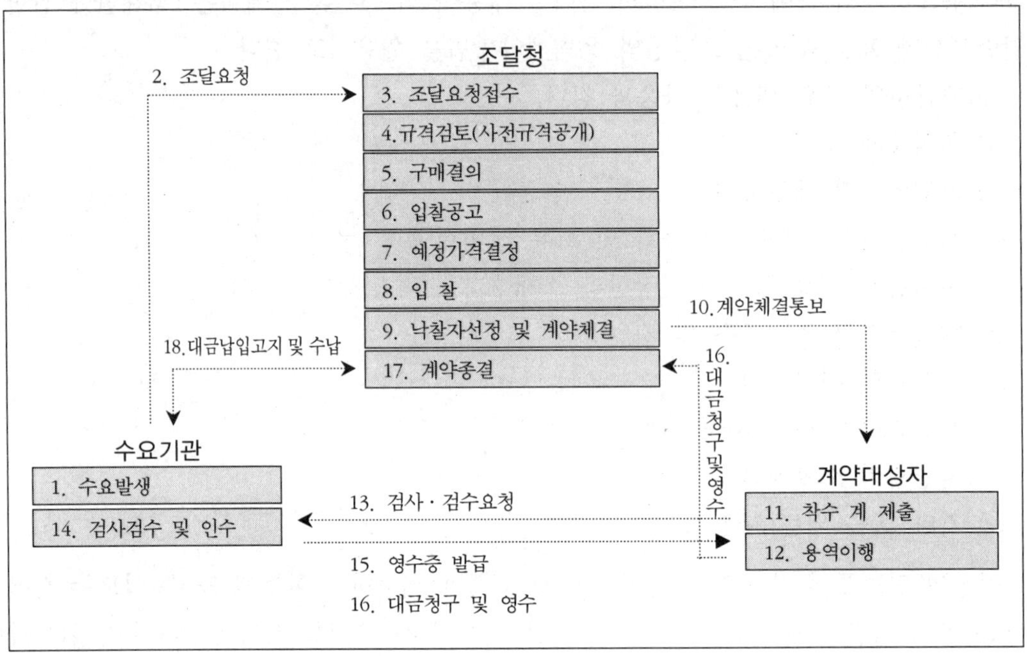

(자료출처 : 조달청용역 발주절차자료)

2) 시설관리용역 발주단계별 처리절차

표준성이 있는 조달청의 시설관리용역 발주절차는 일반 기업소유 건물의 시설관리용역 발주에 표준이 되는 절차이므로 이를 소개하면 (표 50)과 같다. 시설관리실무자는 소속회사의 발주사정에 따라 이를 업무에 참고할 때 가감하여 인용하는 것이 시설관리 실무에 도움이 될 것으로 판단된다.

(표 50) 시설물관리용역 발주단계별 업무처리절차

1. 수요발생	수요발생은 수요기관의 사업목적에 필요한 물품 및 용역에 따른 것이며, 해당 예산을 확보함으로써 발생한다.
2. 조달요청	수요기관의 장은 수요물자를 필요할 때는 품명, 규격, 납기, 특수조건 및 추산가격, 배정예산 및 물품수급 관리계획 반영 여부 등을 기재하여 나라장터 시스템을 이용하여 조달 요청한다.
3. 조달요청 접수	조달요청서는 본청 및 수요기관을 관할하는 지방청에서 접수하여 접수와 동시에 홈페이지에 게재하여 일반인에게 공개한다.
4. 규격검토 (사전규격공개)	용역구매는 일반경쟁을 원칙으로 하여 국가에 가장 유리한 구매가 가능하도록 규격을 검토하여 일정기간 동안 규격을 사전 공개하고 이해당사자의 의견을 청취한다. 그러나 수요기관이 요청하는 용역이 국가계약법 시행령 제26조 각호에 해당하는 경우에는 규격을 사전 공개하지 않고 수의계약에 의거 구매할 수 있다.
5. 구매결의	규격검토가 끝난 요청서는 가장 적합한 계약방법, 낙찰자선정 방식, 입찰일시 등을 결정하여 구매 결의 서를 작성한다.
6. 입찰공고	경쟁 입찰 방법에 의하여 낙찰자를 결정하고자 하는 경우에는 나라장터(G2B)를 이용하여 공고하여야 한다.
7. 예정가격결정	예정가격은 계약담당공무원이 구매를 위한 경쟁 입찰 또는 수의시담 하기 전에 당해 계약목적물의 특성 및 계약여건 등을 고려하여 예산의 범위 내에서 구매가격으로 적정하다고 판단하여 정한 가격을 말하며 동 가격은 입찰 또는 시담에 의한 낙찰자 선정의 기준이 되며 계약체결에 대한 최고 금액이 된다.
8. 입찰	입찰은 입찰공고에 명기된 입찰시간과 장소에서 실시한다.
9. 낙찰자선정 및 계약체결	계약체결은 권리, 의무변동(발생, 변경, 소멸)의 효과가 발생하는 법률행위로서 경쟁입찰은 입찰 후 낙찰예정자로 선정된 자와 수의계약은 수의계약 대상자와 계약서에 상호날인(전자계약인 경우 상호인증)함으로써 성립한다.
10. 계약체결통보	계약서에는 인지세법에 의한 인지 세액을 합산하여 과세문서(계약서)에 인지를 붙임으로써 납부하게 하고 계약당사자 및 수요기관에 송부한다(전자계약인 경우 인지세 미 징수).
11. 착수계 제출	계약상대자는 일반용역을 착수 시에는 관련 법령에서 정한 서류 및 착수신고서를 발주기관에 제출한다.
12. 용역 이행	계약상대자는 계약문서에 정하는 바에 따라 용역을 착수·이행하여야 한다.
13. 검사·검수 요청	계약상대자는 일반용역을 완성하였을 때에는 그 사실을 서면으로 계약담당공무원에게 통지하고 수요기관에 계약목적물에 대한 검사·검수 요청을 납품 일까지 서면으로 신청한다.
14. 검사·검수 및 인수	"검사"는 계약목적물이 관련법령에 의거 적합하고 구매규격대로 이행되었는지 여부를 검사공무원이 확인하는 것이며, "검수"는 검사에 합격된 계약목적물이 손상 또는 회손 품이 없고 납품 서류상의 수량대로 납품되었는지 여부를 물품출납공무원이 확인하는 것을 말한다.
15. 영수증 발급	계약물품을 이상 없이 검사·검수한 후 수요기관은 물품납품 및 영수증을 발급하여, 계약조건에 따른 하자보수보증금 및 세금계산서 발행 여부 등을 확인하여야 하며 기타 대금지급 시 참고할 내용을 부기한다.

16. 대금청구 및 영수	수요기관에서 검사·검수가 완료되어 물품납품 및 영수증, 기타 제출서류를 첨부하여 계약자가 조달청에 대금청구를 하는 경우에는 제반기재 사항, 계약물품의 규격 및 수량, 납품기한 대 실제 납품일, 하자보증금 적립 여부, 계약자에게 지급될 금액에 관한 사항 등을 확인 후 대금을 청구한다. 다만, 수요기관 직불의 경우에는 해당 수요기관에서 대금청구와 관련된 업무를 처리한다.
17. 계약종결	납품서류 확인결과 하자가 없거나 보완이 완료된 경우에는 계약종결서류를 작성하고, 계약종결 및 분할납품이행 내용(수요기관 직불의 경우는 수요기관 통보내용)을 조달 EDI에 입력한다. 경영법무담당관은 해당 계약과에서 지급을 의뢰한 계약종결서류를 확인하고 계약자에게 지급(계좌입금)을 한다.

3. FM계약체결 방법

1) 조달청 시설관리 계약방법

일반기업소유 건물자산의 계약 방식에는 A계약 방식, B계약 방식 그리고 C계약 방식이 있었으나 이는 일반건물자산에 대한 용역업자, 용역비 정산을 기준으로 설정한 계약 방식이나 조달청의 시설관리용역 발주 방식은 경쟁 여부를 기준으로 경쟁계약 방식과 수의계약 방식으로 분류하고 일정 용역금액이 초과되는 경우 반드시 일반경쟁계약 방식을 취하고 있다.

조달청의 시설관리계약 방식을 소개하면 (표 51)과 (표 52)와 같다.

(표 51) 시설관리경쟁계약 방식

구 분	개념	참가자격 및 기준
일반경쟁	- 불특정 다수의 입찰희망자를 경쟁 입찰에 참가토록한 후 그중에서 국가에 가장 유리한 조건을 제시한 자를 선정하여 계약을 체결하는 방법 - 입찰 방식의 기본원칙	- 당해 입찰목적물의 제조·공급에 필요한 시설, 점포를 소유하고 있는 자 - 관련법령의 규정에 의한 면허, 허가, 인가 등록 등을 받은 자 ※ 조달청 입찰참가자격 등록
제한경쟁	- 계약의 목적, 성질 등에 비추어 필요한 경우 경쟁참가자의 자격을 일정한 기준에 의하여 제한하여 입찰케 하는 방법	- 고시금액(2.1억 원) 미만의 용역에 대한 지역제 - 특수한 기술이 요구되는 용역계약의 경우 - 중소기업 간 경쟁지정 물품 - 재무상태 등에 의한 제한입찰
지명경쟁	- 기술력·신용 등에 있어서 적당하다고 인정하는 특정 다수의 경쟁 입찰참가자를 지명하여 입찰케 하는 방법	- 계약의 성질·목적에 비추어 특수한 기술 - 실적을 갖춘 자가 10인 이내인 경우 - 중소기업 간 경쟁지정 물품 - 수의계약에 의할 수 있는 경우

(표 52) 시설관리수의계약 방식

구 분	개 념	참가자격 및 기준
수의계약	- 경쟁 입찰에 부치지 않고 특정의 상대를 선정하여 그 자와 계약을 체결하는 것으로, 특수목적을 위하여 예외적으로 인정하는 경우	〈대상〉 - 천재지변, 긴급한 행사 등 경쟁에 부칠 여유가 없을 경우 - 비밀리에 할 필요가 있는 경우 - 특정인의 기술을 요하는 조사 · 설계 · 감리 · 특수 측량 · 훈련 · 시설관리 - 3천만 원 미만인 용역 - 중소기업(협)조합과의 단체수의계약 〈참가자격〉 - 일반경쟁 참가자격과 동일함
재공고에 의한 수의계약	- 입찰에 부쳤으나 입찰자가 없거나 입찰자가 있어도 낙찰자가 없어 유찰이 되는 등 입찰의 목적을 달성하지 못하였을 경우 실시하는 계약	〈대상〉 - 입찰참가자는 물론 당해 입찰에 참가하지 않은 자로서 국가에 가장 유리한 가격을 제시한 자 〈참가자격〉 - 일반경쟁 참가저격과 동일함
단체수의계약	-중소기업의 판로지원 및 육성을 위해 정부 등 공공기관이 중소기업 협동조합과 수의계약을 통하여 물품을 구매하는 제도	〈대상〉 - 단체수의계약에 의하여 당해 연도 우선 구매할 물 품은 중소기업청장이 물품분류번호, 물품명, 계약 대상 지역 및 해당 조합 명을 명시하여 매년 지정 〈참가자격〉 - 중소기업협동조합에 가입한 업체

2) 시설관리용역입찰 낙찰자 결정방법

(1) 적격심사제도

입찰자의 계약이행능력을 심사하여 일정 수준 이상의 평점을 받은 우량업체를 낙찰자로 결정하는 제도로서 덤핑입찰에 의한 낙찰 예방, 계약이행의 신뢰성 확보, 업체의 경영합리화 및 품질 향상을 유도하기 위하여 적격심사 제도를 적극 활용하고 있다.

(2) 시설관리용역계약 절차

시설관리용역계약 절차는 다음의 [그림 20]과 같다.

[그림 20] 시설관리용역계약 절차

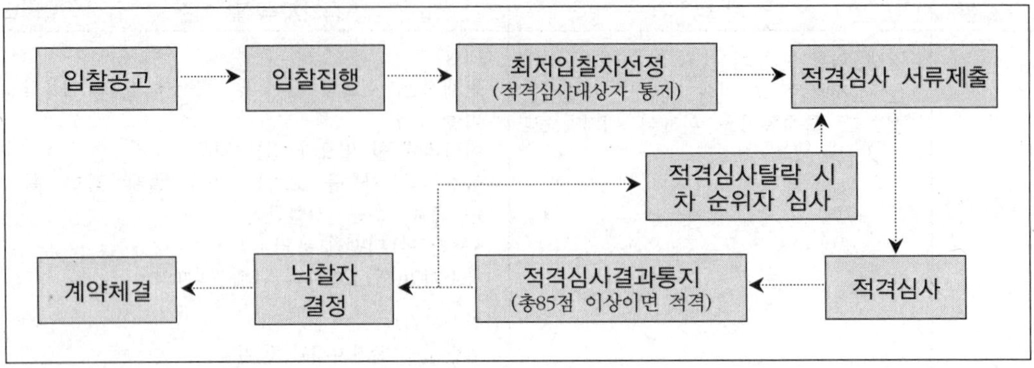

(3) 낙찰자 공급방법별 분류

공급방법별 분류와 내용은 (표 53)과 같다.

(표 53) 공급방법별 분류

구 분	개념	참가자격 및 기준
총액계약	- 당해 계약목적물 전체에 대하여 총액으로 계약체결	- 수요빈도가 적고, 제시된 규격에 의하여 제조· 납품하는 물품 및 용역
단가계약	- 제조, 수리, 공급, 사용 등 일정 기간 동안 계약목적물의 안정적 공급을 가능하게 하기 위하여 단가에 대하여 계약을 체결	- 수요빈도가 많고, 정형화된 규격에 의하여 제조 · 공급되는 물품(철근, 시멘트, 레미콘, 아스콘 등 계약물량을 조정 · 통제할 필요가 있는 물품)
제3자 단가계약	- 조달청에 계약자에게 납품 요구 - 계약방법의 특례로서 각 수요기관에서 공통적으로 사용하는 물자로 수요기관에서 직접 계약자에게 납품요구	- 행정사무자동화 기기, 우수제품 등 계약자 규격물품으로 제조 · 공급되는 물품(전자복사기, FAX 등)

(4) 2단계 규격과 가격분리 입찰

2단계 경쟁 및 규격 · 가격분리 입찰은 물품의 제조 · 구매 또는 용역계약에 있어서 미리 적절한 규격 등의 작성이 곤란하거나 기타 계약의 특성상 필요하다고 인정되는 경우의 입찰방법으로서 입찰자가 제출한 제안서를 평가하여 적격자로서 최저가격으로 입찰한 자를 낙찰자로 결정하는 방법으로 일반건물의 시설관리용역 입찰에도 유용하게 활용될 수 있을 것으로 판단된다.

2단계 규격과 가격분리 입찰의 계약절차는 [그림 21]과 같다.

[그림 21] 2단계 규격과 가격분리 입찰계약절차

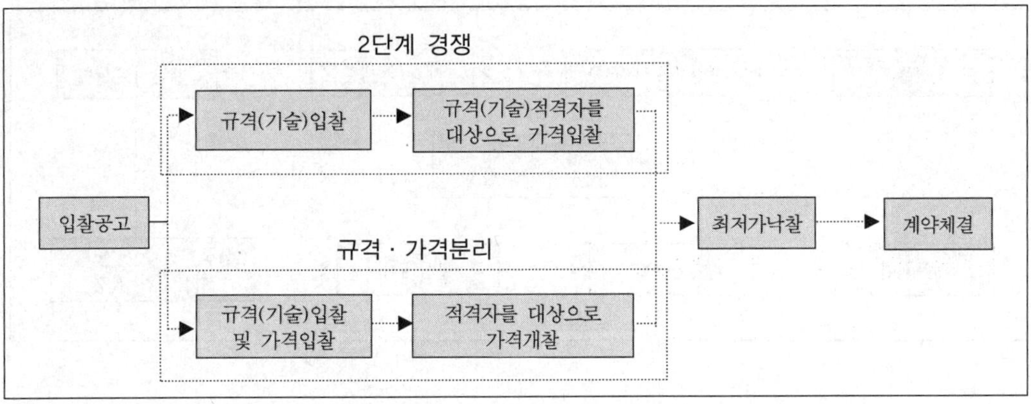

2단계 경쟁 입찰과 규격 · 가격분리 입찰의 차이점은 (표 54)와 같다.

(표 54) 2단계 경쟁과 규격 · 가격분리 입찰의 차이점

구 분	입찰 방식	입찰 유 · 무효	낙찰자 결정
2단계 경쟁 입찰	- 규격(기술)입찰을 먼저 실시, 적격자 선정 - 적격자를 대상으로 가격 입찰	- 각 단계별 2인 이상의 유효한 입찰	최저가 낙찰
규격 · 가격분리 입찰	- 규격(기술)입찰과 가격 입찰을 동시 실시 - 적격자를 대상으로 가격 개찰	- 규격과 가격입찰 2인 이상의 유효입찰 - 규격 적격자가 1인인 경우에도 가격개찰	최저가 낙찰

(5) 협상에 의한 용역계약

용역사업을 수행함에 있어서 계약이행의 전문성 · 기술성 · 긴급성 · 공공시설물의 안전성 및 그 밖에 국가안보목적 등의 이유로 필요하다고 인정되는 경우에는 입찰참가자가 제시한 제안서와 입찰가격을 종합 평가하여 국가에 가장 유리하다고 인정되는 자와 협상절차를 통하여 계약을 체결하는 것으로 특히, 정보과학기술 등 집약도가 높은 지식을 활용하여 고부가가치를 창출하는 지식기반사업의 계약을 체결하는 경우에 협상에 의한 계약을 우선적으로 적용함이 타당하다.

협상계약 절차는 다음의 [그림 22]와 같다.

[그림 22] 협상계약 절차

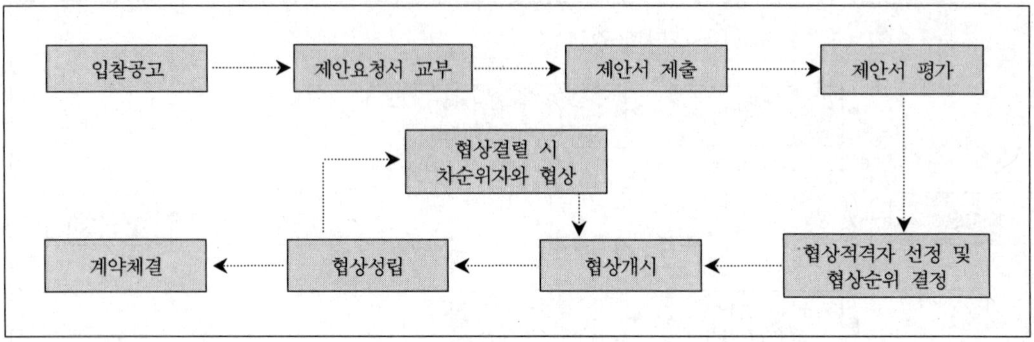

제5절 FM 실무활동

1. FM 실무활동의 의의

FM 실무활동이라 함은 건물자산관리 6대 관리영역 중 기초관리영역으로서 환경관리영역과 위험관리영역, 법률관리영역과 행정관리영역의 지원을 받아 사용가치를 높여 최유효 사용화함으로써 건물자산의 핵심관리영역으로서 수익가치를 높여 최유효 수익화의 핵심목표를 자기고 있는 건물자산의 경제관리를 직접 지원하는 기술환경, 안전측면의 물적 유지관리를 의미한다.

2. FM 실무활동의 영역과 주요 업무

FM 실무활동의 영역에는 기술관리영역, 환경관리영역, 안전관리영역 등이 있으며 주요 실무는 다음과 같은 업무가 있으나 구체적인 실무내용은 이 책의 해당 각론인 건물자산기술관리론, 건물자산 환경관리론, 건물자산위험관리론 등을 참고하기 바란다.

1) 기술관리영역 FM 실무활동

(1) 건축물유지관리 실무
(2) 건축설비 O&M 실무

(3) 기술작업관리 실무
(4) 에너지관리 실무

2) 환경관리영역 FM 실무활동

(1) 건물청소 위생관리 실무
(2) 건물 조경시설물 관리 실무
(3) 실내 공기 질 관리 실무

3) 경비보안관리영역 FM 실무활동

(1) 건물방범관리 실무
(2) 건물방화관리 실무
(3) 재난관리 실무
(4) 비상상황관리 실무
(5) 위험시설물관리 실무

REFERENCEREFERENCEREFERENCEREFERENCEREFERENCEREFERENCEREFERENCEREF

참고문헌

· 김일효, 건물자산관리학총론, 남두도서, 2010
· ______, 건물자산임대관리론, 남두도서, 2011
· ______, 건물자산운영관리론, 남두도서, 2009
· ______, 건물자산법률관리론, 남두도서, 2006
· ______, 건물자산환경관리론, 남두도서, 2010
· ______, 건물자산행정관리론, 남두도서, 2009
· ______, 건물자산위험관리론, 남두도서, 2007
· 김문중 외, 인적자원관리론, 현지사, 2012
· 김재명, 경영학원론, 박영사, 2001
· 김종희, 행정학원론, 범론사, 1996
· 김준호, 민법강의, 법문사, 2005
· 김준우 외, 경영학원론, 지식경영서비스연구원, 2012
· 김범석 외, 건물자산경제관리론, 남두도서. 2010
· 신창득 외, 자산관리, 부연사, 2005
· 신민식 외, 경영의 이해, 법문사, 2006
· 이건식, 경제학, 고시계, 1990
· 이래영, 부동산투자론, 삼영사, 2004
· 이창석, 부동산관리론, 신광문화사, 2001
· 정진환 외, 행정학원론, 학문사, 1997
· 조중환 외, 경제학개론, 동방의 빛, 2012
· 최정권 외, 마케팅, 동방의 빛. 2011
· 한국감정원, 유형고정자산 내용연수표, 1999
· 한국생산성 본부, 기업부동산자산관리실무, 2006
· 황재성 외, 부동산세법, 경록, 2001
· 김일효, 건물자산관리제도 개선방안에 관한 연구, 2007
· ______, FM직종별 적정인원 산정방안에 관한 연구, 2008
· ______, 건물유지관리 통합매뉴얼개발 연구, 2008
· 국토교통부 집합건물의 유지관리 및 보수기법 개발 연구, 2006
· 산업자원통상부 국가기술표준원, 시설관리 서비스 표준화 연구, 2006
· 최강진, 건물임대제도 개선방안에 관한 연구, 2005

||| 저자약력 |||

■ 김 일 효

〈학력 및 경력〉
- 건국대학교 법정대학 법학과 졸업(법학사)
- 건국대학교 행정대학원 부동산학과 수료(부동산경영 전공/행정학 석사)
- 극동대학교 대학원 경영학과 수료(빌딩경영학 전공/경영학 박사)
- 신승기업(주) 요르단 지점장/ 비서실장/이사
- 풍림산업(주) 사우디아라비아 현장 소장 및 사옥빌딩관리 부장
- 건국대학교 기성회장(1989~1991)
- 전북과학대학교 건물관리과 겸임교수
- 동원대학교 부동산컨설팅과 교수
- (사)한국경비협회 자문 교수
- (사)한국건물행정기술관리협회 이사(현)
- (사)한국건물위생관리협회 자문위원(현)
- 산업자원 통상부, 국가기술표준원 시설관리/건축물클리닝/경비서비스 KS 인증 심사원(현)
- (사)한국건물관리학회 회장(현)
- 극동대학교 대학원 경영학과(건물자산관리학 전공과정) 초빙교수(현)

〈저서 및 논문〉
- 건물자산관리학총론, 남두도서, 2009
- 건물자산관리학개론, 남두도서, 2006
- 건물자산운영관리론, 남두도서, 2011
- 건물자산법률관리론, 남두도서, 2006
- 건물자산위험관리론, 남두도서, 2007
- 건물자산행정관리론, 남두도서, 2009
- 건물자산환경관리론, 남두도서, 2010
- 건물자산경제관리론(공저), 남두도서, 2008
- 건물자산임대관리론, 남두도서, 2011
- 건물관리용역 수주영업수주실무(공저), 남두도서, 2013
- 부동산거래사고 예방대책에 관한 연구, 건국대학교 행정대학원, 1979
- 건물자산관리제도 개선방안에 관한 연구, 극동대학교 대학원, 2007
- FM 직종별 적정인원 산정에 관한 연구, 한국건물관리학회지, 2008
- 건물관리 통합매뉴얼개발 연구, 극동대학교 산학협력단, 2008
- 대학시설물 유지관리 평가모델 개발 연구, 동원대학교 논문집, 제14집, 2010
- 건물자산관리의 학문적 이론 체계화 연구, 한국건물관리학회, 건물관리연구 제3권 제1호, 2010

건물자산관리학원론

2014년 4월 25일 1판 1쇄 발행

저 자 김 일 효

발행인 남 승 우

발행처 도서출판 상尙 학學 당堂

서울시 동작구 사당로9가길 6(사당동)

TEL : 02) 595-1692~4

FAX : 02) 595-1394

E-mail : namdoo6@unitel.co.kr

신고 : 2-155호 (1968. 11. 29)

정가 35,000원

ISBN 978-89-6587-108-8 13320

〈디자인〉 편집 이선경 / 표지 나아기획